北京大学物理化学丛书

物　理　化　学

生命科学类(第2版)

高月英　戴乐蓉　程虎民　齐利民　编著

图书在版编目(CIP)数据

物理化学：生命科学类(第2版)/高月英等编著. —2版. —北京：北京大学出版社，2007.8
(北京大学物理化学丛书)
ISBN 978-7-301-04501-5

Ⅰ. 物… Ⅱ. 高… Ⅲ. 物理化学-高等学校-教材 Ⅳ. 064

中国版本图书馆CIP数据核字(2007)第125814号

书　　　名：物理化学：生命科学类(第2版)
著作责任者：高月英　戴乐蓉　程虎民　齐利民　编著
责 任 编 辑：赵学范
标 准 书 号：ISBN 978-7-301-04501-5/O·0461
出 版 发 行：北京大学出版社
地　　　址：北京市海淀区成府路205号　100871
网　　　址：http://www.pup.cn　电子信箱：zpup@pup.pku.edu.cn
电　　　话：邮购部62752015　发行部62750672　编辑部62767347　出版部62754962
印　刷　者：三河市博文印刷有限公司
经　销　者：新华书店
787毫米×1092毫米　16开本　22.5印张　560千字
2000年9月第1版
2007年8月第2版　2020年8月第5次印刷
印　　　数：9201～10700册
定　　　价：45.00元

内容简介

本书是参照国家教育部化学类专业教学指导分委员会制定的《普通高等学校本科化学专业规范(草案)》,在北京大学生命科学学院使用了20多年的《物理化学与胶体化学》讲义基础上,经多次修改编写而成的。

本书包括化学热力学、化学动力学、胶体与表面化学、结构化学与结构分析四大部分,共10章。每章后附有思考题、习题和参考读物。全书采用国际单位制(SI)和国家标准(GB)中规定的量、单位和符号。基于本书的读者对象,特别是根据生命科学发展的需要,本书对物理化学的基础知识进行了合理的取舍,增加了耗散结构理论简介、两亲分子有序组合体、结构化学和结构分析等内容,力求使书中介绍的知识与现代生命科学结合得更为紧密。

本书可作为综合性大学、高等师范院校生物类学科各专业的物理化学课程教材,也可作为医、药、农、林等院校有关专业的教材或教学参考书。

第 2 版 序

本书自 2000 年发行以来一直是北京大学非化学专业本科学生使用的教材，也有兄弟院校选用。鉴于科学技术的迅速发展和教学实践的迫切需要，并参考在使用过程中师生们提出的宝贵意见，我们决定对原书进行适当的补充和修订。修订后的第 2 版力求深入浅出地阐明物理化学的基本原理，并反映物理化学领域的新进展、新成果。具体修改内容如下：

第 2 章“不可逆过程热力学与耗散结构简介”中删除了对本科生来说专业性过强的“线性非平衡态热力学”和“动力学过程的分析”。第 3 章增加了分离物质新方法用的“超临界流体的相图”和分离提纯过程中常遇见的“三组分体系的相图”。第 4 章增加了生物体系中普遍存在的“多结合位平衡”。第 5 章增加了“离子选择性电极与化学修饰电极”和“不可逆电极过程简介”。第 6 章增加了“链反应”、“激光在化学中的应用”和“分子反应动态学简介”。第 7 章增加了“医用高分子材料的血液相容性”和“多重乳状液”。由于纳米科技的迅猛发展，纳米材料科学与纳米生物技术受到人们愈来愈多的关注，因此第 8 章增加了一个新的章节“纳米粒子与纳米生物技术”，以满足学生和其他读者的需求。原第 9 章与第 11 章合并成为新的一章“分子结构与分子光谱”，舍弃了分子轨道理论的数学推导，着重于基本原理与实际应用的联系，力图沟通结构-性能-应用相互之间的渠道。

考虑到物理化学中有些概念比较抽象，且容易混淆出错，在每一章后增加了一些富有启发性、且有助于深入理解物理化学基本内容的思考题，以指导学生课外复习。希望修改后的教材更适合于教学要求。

经过此次修订，本书内容共分为 10 章。其中第 1～4 章由高月英修订，第 5～7 章由戴乐蓉修订，第 8 章由齐利民修订，第 9～10 章由程虎民修订。在使用第 1 版教材的多年教学实践中，北京大学生命科学学院的同学们提出的问题、意见和建议对本书的修订有很大帮助。北京大学化学学院王远教授、徐东升教授和张锦教授为本次修订提出了许多好的建议。北京大学化学学院叶宪曾教授对书稿作了认真审读，北京大学教务部和北京大学出版社对本书的出版给予了大力支持，责任编辑赵学范编审对本书进行了认真仔细的审读加工。在此一并表示衷心感谢！

虽然我们作了较多的添加和修改，但由于水平所限，仍不免有疏漏、不妥甚至错误之处，真诚希望读者批评、指正。

编　者

2007 年 6 月于北京

第 1 版 序

本书参照综合性大学 B 类教材大纲编写，其基础为北大生物系物理化学教材——《物理化学与胶体化学》讲义。这门课已开设了 20 多年，使用的讲义也经多次反复修改。

本书根据生命科学发展的需要，对物理化学的基础知识作了合理的取舍：舍去了热力学函数之间关系的演导、电极过程等内容，增加了生物电化学、两亲分子在溶液中自组织形成的聚集体等部分，以使物理化学课程的内容与生命科学结合得更为紧密。鉴于生物体系是一个远离平衡态的、高度有序的开放体系，是一个靠与外界不断交换物质和能量而维持着的耗散结构，本书在热力学部分对自组织现象、耗散结构形成的条件及基本的动力学处理过程作了简单介绍。目前国内综合性大学用于生物类的物理化学教材中大多缺少结构化学的内容，而结构化学与结构分析又是从分子水平上认识与研究生命现象必不可少的理论和工具，本书用了约四分之一的篇幅介绍了有关的基本知识。

本书内容包括化学热力学、化学动力学、胶体与表面化学、结构化学与结构分析四大部分。共 11 章。第 1～4 章由高月英编写；第 5～8 章由戴乐蓉编写；第 9～11 章由程虎民编写。最后由高月英统稿。每章后面附有参考读物及习题，以利于学生对课程内容更广泛和深刻的理解。在长期的教学实践过程中，同学们提出的问题、意见和建议对本书的修改和编写有很大帮助。北大物理系欧阳颀教授、化学系周公度教授和技术物理系高宏成教授曾审阅过有关章节并予以指导。北京大学教材建设委员会、北京大学化学学院和生命科学学院的有关领导和老师对本书的编写给予很多支持和鼓励。丁慧君老师和本书责任编辑赵学范编审为本书的出版付出了大量辛勤的劳动，在此表示衷心感谢。

由于作者水平所限，在本书内容的选择安排以及与现代生物学的结合上若存在错误与不妥之处，恳请读者批评指正。

编　者

1999 年 10 月于北京

目　　录

绪　言

0.1　物理化学研究的对象及其方法

物质运动按照它们的特征可以区分为机械的、物理的、化学的、生物的运动。其中，与原子或原子团的重新排列或相互变化有关的一种运动形式称为化学运动。化学便是研究这类运动的科学。任何一个化学反应总是与各种物理过程相联系的。例如，化学反应有热量的吸收或释放，并常伴有体积或压力的变化；电池中的化学反应会产生电流；绿色植物从大气中吸收二氧化碳合成碳水化合物时需要吸收光能等等。另外，分子中电子的运动、分子的转动、振动、分子中原子的相互作用等微观物理运动状态又决定了物质的性质与化学反应的能力。这说明物理现象和化学现象是紧密相关的。物理化学就是从研究化学现象和物理现象之间的相互联系入手，找出物质变化的基本规律的一门科学。物理化学主要解决下列几个方面的问题：

1. 化学反应的方向和限度问题

在指定的条件下，一个化学反应能不能按预定方向进行以及进行到什么程度；外界条件对反应的方向和平衡位置有什么影响等等。这些问题的研究属于物理化学的一个分支，称为化学热力学。

2. 化学反应进行的速率和机理问题

一个化学反应的速率有多快，反应究竟是如何进行的(即反应的机理)；外界条件，如浓度、温度、压力、催化剂等对反应速率有何影响，如何控制反应速率等，这些问题的研究属于物理化学的另一个分支，称为化学动力学。

3. 物质的性质与其结构之间的关系

物质所具有的性质是由该物质内部的结构所决定的。研究物质的组成、结构与性能之间的关系属于物理化学的又一个分支，称为结构化学。

物理化学与化学中的其他分支(如无机化学、有机化学、分析化学等)有着密切的联系。这些分支学科各有自己特殊的研究对象，物理化学则着重研究更具普遍性、更本质的化学运动内在的规律性。现代化学的各分支在解决具体问题时，在很大程度上常常需要利用物理化学的规律与方法。

物理化学作为自然科学的一个分支学科，它的研究方法与自然科学中其他分支学科的研究方法有着共同之点，即遵循实践-理论-实践的认识过程。科学实验和生产实践是各种定律、假说、理论和学说的重要依据，又是检验和修正理论的唯一标准。在整个认识过程中，实践是第一位的。因此，在物理化学的研究中，应当充分认识实验的重要性，任何认为物理化学是专搞理论而轻视实验的想法都是不正确的。

除一般的科学方法外，物理化学本身还有其特殊的研究方法：热力学、统计力学和量子理论方法。热力学方法是以大量粒子构成的体系为对象，研究体系变化时，宏观性质热、功、能三者间关系的一种宏观的方法；量子理论方法是以构成体系的粒子为对象，研究粒子的结构和性能间关系的一种微观的方法；统计力学方法是应用概率统计理论研究粒子的微观性质与所构成的体系宏观性质间关系的方法。它们各有特点，也各有局限性，解决问题时可互相补充。在本课程中主要应用热力学方法，有时涉及到统计力学的一些基本概念。对量子理论方法也作了简单介绍。

在实验方面，除化学分析外，物理化学经常采用物理学的实验方法测定体系的温度、压力、热效应、电动势；测定分子的偶极矩、磁化率以及测得物质的各种发射、吸收、散射与衍射光谱、磁共振谱、质谱和光电子能谱等。

0.2　物理化学在生命科学中的应用

生命现象是自然界物质长期演变、进化的结果。生命过程有其独特的规律，但它的基础仍然离不开物理及化学变化，因为各种运动形式是相互联系着的。

生命科学的研究需应用物理化学的基本原理。例如，生物体内物质与能量的吸收和代谢遵守热力学基本原理；肌肉活动、心脏激动和收缩、肾脏作渗透功，其能量转换都符合能量守恒定律；化学动力学原理应用于生物体系可阐明酶催化作用的机理；电化学原理有助于了解生物呼吸链的电子转移过程及生物膜电势；表面与胶体化学知识可用于研究生物膜的性质和结构，以及生物体内物质、能量和信息的传递。

物理化学的实验方法对于生命科学的发展也是十分重要的。目前对生命现象的研究已推进到分子水平。从细胞中分离、提纯生物大分子，测定它们的摩尔质量和结构都要应用一系列物理化学实验方法：如选择吸附、排阻层析、电泳、渗透压、光散射等等。旋光色散、荧光、核磁共振、X 射线衍射等也常用于确定蛋白质分子的三级与四级结构。因此，对于生物工作者来说，在其工作中可能要付出许多时间与大量的辛勤劳动来从事上述分离、提纯与鉴定的工作。显然，了解与掌握物理化学实验方法对生命科学工作者是十分必要的。

物理化学的学习将为今后生命科学的研究奠定必要的理论和实验基础。

第 1 章　热力学第一定律

1.1　热力学研究的对象、限度及其发展

热力学是研究宏观体系在能量相互转化过程中所遵循的规律的学科。

用热力学的基本原理来研究化学及有关物理现象就称为化学热力学。化学热力学可以解决化学反应中能量如何转化、在指定条件下化学反应能朝着什么方向进行以及反应进行的限度问题。其主要内容是利用热力学第一定律来计算化学反应中的热效应；利用热力学第二定律来解决化学和物理变化的方向与限度，以及相平衡和化学平衡的问题；用热力学第三定律阐明绝对熵的数值。

热力学研究的对象是由大量粒子（原子、分子等）所构成的集合体。它所讨论的不是个别粒子的行为，而是大量粒子集体所表现出来的宏观性质（如温度 T，压力 p，体积 V，…）。因此，所得到的结论是大量粒子的平均行为，具有统计意义。而对个别或少数分子、原子的行为，热力学是无法回答的。其次，对热力学来说，只需知道体系的起始状态和最终状态以及过程进行的外界条件，就可进行相应的计算。它不依赖于物质结构的知识，也无需知道过程进行的机理，这是热力学所以能简易而方便地得到广泛应用的重要原因。例如，通过蛋白质变性前后的热力学量改变值，我们就可获得蛋白质稳定性等物理化学性质而毋需知道蛋白质的精细结构。但也正是由于这点，热力学不能深入到微观领域、从原子分子运动的水平上来阐明变化发生的原因。第三，热力学只能告诉我们在某种条件下，变化能否自动发生，发生到什么程度，但不能告诉我们变化所需的时间，即它不涉及过程进行的速率问题。虽然热力学的方法有这些局限性，但它仍然是一种非常有用的理论工具。它有着极其牢固的实验基础，由它推导出来的结论中没有什么假想的成分，因此所得结论具有高度的普遍性和可靠性。我们切不要浪费时间和精力试图去做违背热力学结论的事情。

热力学发展至今已有一百多年的历史，在研究宏观体系平衡态性质、处理体系在可逆过程中能量相互转化问题上已形成一套完整的理论和方法。但热力学又是一门不断发展中的科学，它已经从平衡态热力学（可逆过程热力学）经线性非平衡态热力学发展到非线性非平衡态热力学（非线性不可逆过程热力学）。近几十年来，远离平衡态的不可逆过程热力学的研究已取得了一些成果。1969 年，比利时著名科学家 I. Prigogine（普里戈京）等人经过几十年的研究创立了一门新学科——耗散结构理论，为此而荣获 1977 年 Nobel（诺贝尔）化学奖。

Prigogine 等人指出，一个远离平衡态的体系（物理、化学、生物的），如果是不断与外界交换物质和能量的“开放体系”，当外界条件变化达到一定的阈值时，可能从原来的无序状态转变为一种在时间、空间或功能上有序的状态。这种远离平衡态时形成的新的有序结构，由于它是依靠不断耗散物质和能量来维持的，所以称为“耗散结构”。

生物机体是一种典型的、远离平衡态的、高度组织的有序结构，它是靠与外界进行物质与能量的交换、不断进行新陈代谢而维持着的一种耗散结构。生命一旦由有序状态变为无序状

态，即由非平衡态转变为平衡态，就意味着生命的结束。耗散结构理论在生物学方面的应用正日益引起生物学家的很大兴趣。但是，平衡态热力学是研究非平衡态热力学的基础，平衡态热力学中的许多概念和方法被用于非平衡态热力学的研究之中。另一方面，生物体新陈代谢过程中，就局部的、单个的反应而言仍然需要用平衡态热力学的规律来处理。作为基础，我们先讨论平衡态热力学，然后简单介绍非平衡态热力学和耗散结构。

1.2　热力学的一些基本概念

1.2.1　热力学体系和环境

在用热力学方法研究问题时，首先要划出研究对象，确定其范围和界限。被划出来作为研究对象的这一部分物体及其空间就称为体系，而体系以外的其他部分就称为环境。为使问题简化，环境通常是指与体系有相互影响(物质或能量交换)的有限部分。体系和环境之间的边界可以是实在的物理界面，也可以是抽象的数学界面。例如在一封闭绝热的容器中，液态水和被水蒸气饱和的空气平衡共存。若我们以液态水作为体系，水蒸气和空气为环境，那么在体系和环境之间有明显的分界面；若我们以液态水以及与它平衡的水蒸气为体系，容器中的空气为环境，此时在体系与环境之间就没有明显的分界面。体系选择的原则是要使被研究的问题得到适当的解决，并使问题的处理尽量简单明确。

热力学中研究的体系又称为热力学体系。根据体系与环境的关系，热力学体系可分为三类：

(1) 敞开体系(开放体系)　体系与环境之间既有物质交换，也有能量交换。

(2) 封闭体系(关闭体系)　体系与环境之间只有能量交换，没有物质交换。

(3) 孤立体系(隔离体系)　体系与环境之间既无物质交换，也无能量交换。

自然界里显然没有真正的孤立体系，但是我们可以把所研究的对象连同与它有关系的环境看作一个整体，这时这个体系就可作为孤立体系来处理。

1.2.2　热力学状态和状态函数

热力学体系是一个处在一定宏观条件下由大量粒子组成的客体。由于宏观条件的不同，体系可呈现出各种不同的状态。原则上可分为平衡态和非平衡态两大类。热力学平衡态是指体系内各相本身的所有宏观性质均匀、而且不随时间改变的状态。热力学平衡包括：

(1) 热平衡　体系各部分温度相等，体系内无宏观的热量流动。

(2) 力学平衡　体系各部分压力相等，各部分之间无不平衡的力存在。

(3) 相平衡　物质在各相间分布达到平衡，各相间没有物质的净转移。

(4) 化学平衡　各物质之间的化学反应达到平衡，体系的组成和数量不随时间而改变。

经验表明，“一个孤立体系在足够长的时间内必将趋于唯一的平衡态，而且不能自动地离开它”(平衡态公理)。不满足上述条件者为非平衡态。处于非平衡态的体系，各部分的宏观物理量是不相等的。但若其状态不随时间而改变，称此体系处于定态。定态属于非平衡态，只是体系内部进行着的热传导、扩散或化学反应等宏观过程和与外部环境交换物质、能量过程的总效果使体系的宏观状态不随时间改变而已。生物体在发展的某个阶段可能处于一个宏观“不变”的状态，但生物体内必然进行着新陈代谢过程，因此就说生物体处于某个定态。生物体内新陈代谢过程停止就意味着死亡，此时生物体处于平衡态。在以后的讨论中，若无特别注明，说体系处于某个状态，即指热力学平衡态。

热力学体系的状态是该体系一切物理和化学性质的综合表现。热力学即用体系的宏观性质来描述和规定体系的状态。质量、体积、温度、压力等宏观物理量就是描述体系状态的状态性质。体系处于一定状态时，其状态性质都有确定的数值；这些性质中只要有一个发生了变化，我们就说体系的状态发生了变化。依据宏观性质与物质数量的关系，这些性质可分为两类：

1. 广度性质

这种性质的数值与体系中物质的数量成正比，故亦称广度量。整个体系的某广度量是体系中各部分该量的总和，即具有加和性。体积、质量、热容量、内能、焓、熵、Gibbs 自由能等都是广度量。

2. 强度性质

这种性质的数值与体系中物质的数量无关，无加和性，亦称强度量。温度、压力、黏度、密度、折射率、表面张力、化学势等都为强度量。有时，往往两个广度量之比就成为体系的强度量，如密度(质量与体积之比)、摩尔体积(体积与物质的量之比)、比热(热容量与质量之比)等。

体系的状态性质之间是相互关联的。所以要规定一个体系的热力学状态，只需要确定其中几个状态性质，其他的状态性质亦就随之而定了。在体系的性质中，通常我们选择最易测定的典型性质作为独立变量称作状态变量或热力学变量，而把其他性质表示成这些独立变量的函数，称它们为状态函数。T、p、V 以及热力学中讨论的热力学能 U、焓 H、熵 S、Helmholz(亥姆霍兹)自由能 F 和 Gibbs(吉布斯)自由能 G 都是状态函数。规定体系的状态究竟需要确定几个状态变量，热力学本身并不能预见，这只有靠经验来归纳。经验告诉我们，对于纯物质单相体系，在忽略重力场、表面相，无电、磁场，只考虑体积功的情况下，要规定它的状态，只需要 3 个状态变量，一般采用温度、压力和物质的量(T，p，n)。例如，理想气体的状态方程为 $pV=nRT$，当 n、T、p 确定时，V 也就随之而确定。因而我们可把 V 写成 n，T，p 的函数，即

$$V=f(n,p,T)=\frac{nRT}{p}$$

经验告诉我们，液体、固体也都存在着类似的函数关系 $V=f(n,T,p)$。当然，也可把温度和压力分别表示成 n、p、V 和 n、T、V 的函数，写成

$$T=f(n,p,V)$$

和

$$p=f(n,T,V)$$

对于多组分均相体系，要确定它的状态，除了 p，V，T 3 个变量外，还与其组成相关，可写成

$$T=f(p,V,\ n_1,\ n_2,\ \cdots,\ n_i)$$

对于一个多相体系，描写其平衡态的独立热力学变量数由相律决定。

体系的状态确定之后，它的每一个状态函数都有一个确定的数值。体系的状态发生变化时，状态函数的值可能发生改变，但其改变值只与改变过程的始、终态有关，而与体系变化的途径无关。当体系复原时，状态函数也恢复到原来数值，其改变量为零。例如，1×10^5 Pa、323 K 的水，其密度、黏度、表面张力等状态性质都有确定的数值，与它是由273 K水加热还是由373 K水冷却而来的过程无关。若此水经一系列变化，最终处于 1×10^5 Pa、293 K状态，那么水的上

述性质都会相应改变，其改变值与水是如何变化的过程无关。葡萄糖在生物体内的氧化要经历一系列复杂的生化反应，但由葡萄糖(始态)变成 CO_2 和 H_2O(终态)的焓变与葡萄糖在体外燃烧生成 CO_2 和 H_2O 的焓变是相等的。

数学上已经证明这些状态函数的微小改变量是全微分。设 Z 为一状态函数，它是 x、y 这两个参变量的函数，则 dZ 是全微分

$$dZ = \left(\frac{\partial Z}{\partial x}\right)_y dx + \left(\frac{\partial Z}{\partial y}\right)_x dy = Mdx + Ndy$$

其中

$$M = \left(\frac{\partial Z}{\partial x}\right)_y$$

$$N = \left(\frac{\partial Z}{\partial y}\right)_x$$

因 Z 是状态函数，其二阶偏微商与求导次序无关，因此

$$\left(\frac{\partial M}{\partial y}\right)_x = \left(\frac{\partial N}{\partial x}\right)_y \tag{1.2.1}$$

状态函数的这种性质给热力学函数中的数学处理带来很大的方便。

归纳起来，状态函数有下述性质：

(1) 状态函数是状态的单值函数。

(2) 状态函数的改变量只与体系的始、终态有关，与变化的途径无关。在始、终态相同的循环过程中，任意状态函数的变化必定为 0。

(3) 状态函数的集合(和、差、积、商)也是状态函数。

1.2.3　热力学过程和途径

简单地说，体系的状态随时间而发生变化就说体系进行着热力学过程。平衡态公理告诉我们，处于平衡态的体系只有与环境发生相互作用后才能改变其自身的状态，否则是不可能的。热力学所涉及的主要是热、力学和化学三种相互作用。因此，体系从一个平衡态(始态)变化到另一个平衡态(终态)可通过涉及不同相互作用的热力学过程来实现。常见的热力学过程有：

(1) 化学变化过程　体系中进行了化学反应，由于分子结构发生变化而引起组成改变的过程。

(2) 相变过程　体系内分子种类、数目未变，只是分子间距离和作用力变化而引起聚集态改变的过程。

(3) 简单状态变化过程　无化学反应，无相变，只是体系的温度、压力、体积等热力学变量有所改变的过程。

其中环境温度保持恒定，体系的始、终态温度与环境温度相同的过程称为等温过程；若在此过程中体系的温度也维持不变，称为恒温过程。外压力不变，体系的始、终态压力与所对抗的外压相同的过程称为等压过程；若等压过程中体系的压力也维持不变，称为恒压过程。若过程中体系的体积始终保持不变，称为等容过程；若过程中体系与环境之间没有热交换，称为绝热过程；若体系从某一状态出发，经过一系列变化，最后又回到原来状态，则称此变化为循环过程。热力学过程多种多样，以后陆续介绍。

完成某一状态变化所经历的具体步骤称为途径。当体系状态变化的始态和终态确定以后，实现体系状态变化的途径可以不同。例如，一定量的气体由 298 K、10 kPa 变到 373 K、1 kPa，完成这一变化的途径很多，下面列出两条具体途径：

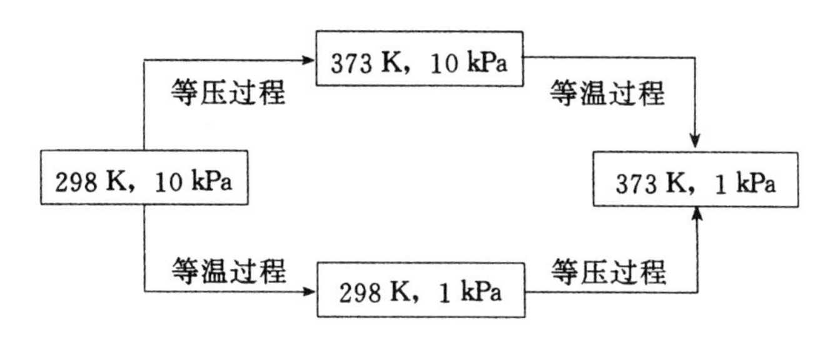

1.3 热力学第一定律

1.3.1 热力学能、热和功

在化学热力学中，通常是研究没有特殊外力场(如电磁场、离心力场等)存在的宏观静止体系。一般不考虑体系整体运动的动能及在外力场中的位能，只考虑体系的热力学能，用 U 表示。

热力学能又称内能，是热力学体系内物质所具有的各种能量的总和，它包括分子的平动、转动和振动能、分子间位能、电子运动能、原子核能等等。随着人们对于物质结构层次认识的不断深入，还会包括其他形式的能量，因此热力学能的绝对值是无法确定的。但是在处理热力学问题时并不需要知道其绝对值，而只涉及过程中的改变量。

热力学能 U 是体系内部能量的总和，所以是体系自身的性质，只决定于它所处的状态，在一定状态下应有一定的数值。可以证明，热力学能是一个状态函数。热力学能的变化(或称改变量)只决定于起始和终止的状态，而与变化的途径无关。

对于一定量的单相、单组分体系，只需两个独立变量就能确定其状态，热力学能 U 可写成 T、p 的函数

$$U = f(T, p)$$

对于一个微小的变化，热力学能的增量在数学上应当是全微分，它可表示为

$$\mathrm{d}U = \left(\frac{\partial U}{\partial T}\right)_p \mathrm{d}T + \left(\frac{\partial U}{\partial p}\right)_T \mathrm{d}p \tag{1.3.1a}$$

如果把 U 看作是 T、V 的函数，$U=f(T,V)$，则

$$\mathrm{d}U = \left(\frac{\partial U}{\partial T}\right)_V \mathrm{d}T + \left(\frac{\partial U}{\partial V}\right)_T \mathrm{d}V \tag{1.3.1b}$$

注意，$\left(\frac{\partial U}{\partial T}\right)_V \neq \left(\frac{\partial U}{\partial T}\right)_p$。

热力学体系在发生变化时，它和环境就会有能量的交换。能量交换的方式可分为两种：一种是热，一种是功。热是由于体系和环境间有温度差而引起交换或传递的能量，用 Q 表示。热与大量粒子的无规则运动相联系，粒子的无规则运动强度越大，它所构成的体系的温度就越高。当两个温度不同的体系相接触时，运动强度不同的粒子通过碰撞而交换能

量。经这种方式传递的能量就是热。物理化学中规定，体系在过程中吸热，Q 为正值；放热，Q 为负值。

除了热以外，其他各种被传递的能量都叫作功，用 W 表示。功作用于体系导致粒子作有序运动。功的概念来源于力学，机械功等于力（强度因素）乘以在力的方向上发生的位移（广度因素）。广义地看，各种形式的功都是由强度因素和广度因素组成的。强度因素（如压力 p、电势差 E、表面张力 γ 等）的大小决定能量传递的方向，而广度因素（如体积 V、电量 Q、表面积 A 等）则决定功的大小。强度因素与广度因素变化量的乘积就是功的数值。物理化学中遇到的有体积功（膨胀功）、电功和表面功等。通常体积功用 W 或 δW 表示，除体积功以外的其他功用 W' 或 $\delta W'$ 表示。功的数值以体系为主体，环境向体系作功，W 为正；体系向环境作功，W 为负值。通常环境对体系所作的功，可以表示为

$$\delta W = -p\mathrm{d}V + (X\mathrm{d}x + Y\mathrm{d}y + Z\mathrm{d}z + \cdots) = \delta W_{膨} + \delta W'$$

式中：X、Y、Z、…为强度因素，$\mathrm{d}x$、$\mathrm{d}y$、$\mathrm{d}z$、…为相应的广度因素的变化。

功和热都是体系与环境间被传递的能量，与变化过程有关。它们不是体系的性质，不是状态函数。体系处于某个状态，无变化过程也就没有功和热。因而说体系能作多少功或含多少热是毫无意义的。体系状态发生了变化，若始、终态相同而变化途径不同，功和（或）热的数值并不相同。因此，只知道始、终态而不知道具体途径是无法求算功和热的数值的。

1.3.2　热力学第一定律及其数学表达式

自然界的一切物质都具有能量，能量有各种不同形式。能量可以在物体之间传递，也可以从一种形式转化为另一种形式，在转化中能量的总值不变，这就是著名的能量转化与守恒定律。这个定律应用于宏观的热力学体系就是热力学第一定律。

对于我们所研究的热力学封闭体系来说，热力学第一定律可以表述为："任何封闭体系，在平衡态有一热力学能 U，它是状态函数。当体系从平衡态 A 出发经任一过程到达另一平衡态 B 时，体系热力学能的改变量 ΔU（$\Delta U = U_B - U_A$）等于在该过程中体系从环境吸收的热 Q 与环境对体系所作的功 W 之和。"用数学形式来表达，即为

$$\Delta U = Q + W \tag{1.3.2}$$

若体系发生的是一个无限小的变化，上式可以改写为

$$\mathrm{d}U = \delta Q + \delta W \tag{1.3.3}$$

式中：用"δ"是为了与微分符号"d"区分，表示 Q 和 W 不是状态函数，其微小改变量不具有全微分的性质。

在热力学第一定律表达式 $\Delta U = Q + W$ 中，左边的 ΔU 只与始、终态有关，与途径无关，而右边的 Q 和 W 却都与途径有关。体系始、终态确定后，不同变化途径将有不同的功和热，它们的数值可由实验测得，但 $Q+W$ 之值必然相等。热和功作用于体系后，转变成体系的热力学能，使体系热力学能发生变化，其改变值由测得的功和热按热力学第一定律计算而得。热力学能是与微观粒子运动相联系的能量，若忽略粒子间的相互作用能，体系的能量是各个粒子能量的总和。在由 N 个粒子组成的封闭体系中，设这些粒子以 n_1、n_2、…、n_i 粒子数分布在能量为 E_1、E_2、…、E_i 的不同能级上，则有

$$N = \sum_i n_i \tag{1.3.4}$$

$$U = \sum_i n_i E_i \tag{1.3.5}$$

封闭体系与外界相互作用时，体系状态发生变化具体表现在 n_i 与 E_i 的改变上。微分式(1.3.5)，得

$$dU = \sum_i n_i dE_i + \sum_i E_i dn_i \tag{1.3.6}$$

显然，热力学能的变化值是由两项构成的：第一项是各能级上粒子数不变、能级改变而引起的能量变化值；第二项是能级不变、分布在能级上的粒子数改变而引起的热力学能变化值。对于组成不变的封闭体系，热力学能的改变只能是由于体系和环境发生了热和功形式的能量交换。将式(1.3.6)和式(1.3.3)相对照，第一项对应于功，第二项对应于热。图 1.1 形象地说明了功(a)与热(b)作用于体系的结果。

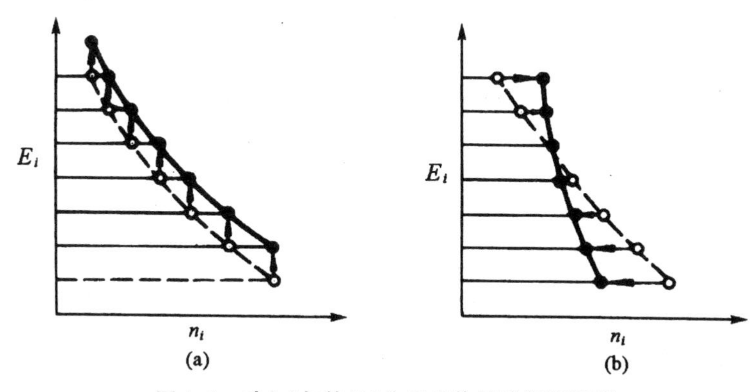

图 1.1 功(a)与热(b)作用于体系的微观说明

图中纵坐标代表能级能量，横坐标代表分布在各能级上的粒子数；虚线代表始态，实线代表终态。功作用于体系，使所有粒子的能级改变而改变了体系的能量；而热传递给体系，使部分粒子能级改变，粒子在能级上重新分布而改变了体系的能量。这与功是大量粒子以有序运动而传递的能量，热是大量粒子以无序运动方式而传递的能量相一致的。

热力学第一定律是由德国的 Mayer(迈耶)、英国的 Joule(焦耳)和 Grove(格罗夫)三位科学家几乎同时在 1842 年总结出来的。它是人类经验的总结。从第一定律所导出的结论，没有一个与实践发生矛盾，这就有力地证明了这个定律的正确性。根据第一定律可以设想，假若要制造一种机器，它既不靠外界供给能量，本身也不减少能量，却能不断地对外作功，这是不可能的。我们把这种假设的机器称为第一类永动机。因此，热力学第一定律也可以表述为："第一类永动机是不可能造成的"。第一类永动机显然与能量守恒定律矛盾，反过来，由于永动机永远不能造成，也就说明了能量守恒定律的正确。

1.4 功与过程

热力学能是状态函数，ΔU 值由体系的始、终态决定，与过程无关。功却与变化的途径密切相关。现以气体膨胀为例说明。

1.4.1 体积功

体积功是在压力作用下，体系的体积发生变化时，体系与环境间能量交换的一种形式。

假设将一定量气体置于横截面积为 A 的活塞圆筒中(如图1.2),活塞质量可以忽略,活塞与筒之间无摩擦力。若筒内气体抵抗外力 $f_{外}$ 使活塞在抵抗外力方向向上移动了 $\mathrm{d}L$ 距离。此时,环境对体系作功

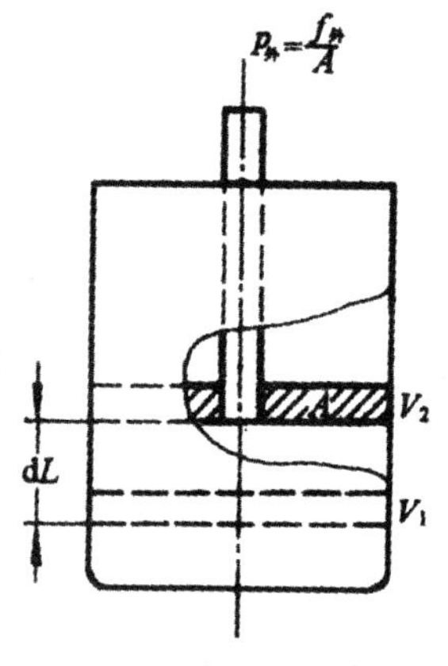

图 1.2　膨胀功示意图

$$\delta W = -f_{外}\,\mathrm{d}L = -p_{外}\,A\,\mathrm{d}L = -p_{外}\,\mathrm{d}V \qquad (1.4.1)$$

式中:$p_{外}$ 是外压,$p_{外}=f_{外}/A$;$\mathrm{d}V$ 是体系的体积变化,$\mathrm{d}V=A\mathrm{d}L$。体系抵抗外力作功是膨胀功,体积增加 $\mathrm{d}V>0$,功为负值;外力对体系作功是压缩功,体积减小,$\mathrm{d}V<0$,功为正值。

在等温下体系经由下列几种过程使体积从 V_1 胀大到 V_2、压力由 p_1 降至 p_2 时,环境对体系所作的功如下:

1. 自由膨胀过程

$p_{外}=0$ 的膨胀称为自由膨胀过程。因为体系克服的外压为零,体系对外不作功,即

$$W_1=0$$

2. 一次膨胀过程

外压维持恒定,等于 p_2[见图 1.3(a)],则环境对体系作功

$$W_2=-p_{外}\,\Delta V=-p_2(V_2-V_1)$$

功的数值在 p-V 图(图 1.4)上可用直线 CDB 下的矩形面积 CBV_2V_1 来表示。

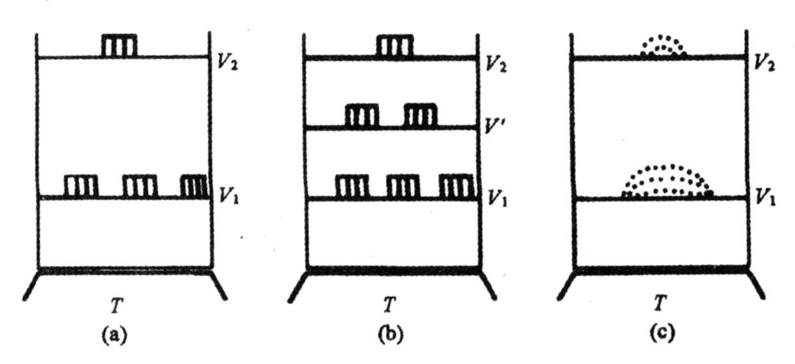

图 1.3　三种膨胀过程

3. 二次膨胀过程

外压先降为 $(p_1+p_2)/2$,体积膨胀到 V',然后外压改为 p_2,气体体积再膨胀到 V_2[见图 1.3(b)]。体系两次膨胀作的功,可分两步来计算,即

$$W_3=-\frac{p_1+p_2}{2}(V'-V_1)-p_2(V_2-V')$$

在 p-V 图上可用折线 EFDB 下的面积 $\mathrm{EFDB}V_2V_1$ 表示。

因为 $p_1>p_2$,所以 $(p_1+p_2)/2>p_2$,故

$$|W_3|>p_2(V'-V_1)+p_2(V_2-V')=|W_2|$$

显然,两次膨胀所作的功大于一次膨胀所作的功。假如膨胀的次数增多,则功值可以增大。

4. 准静态膨胀过程

设想活塞上有一堆细砂[见图 1.3(c)],其重力造成对气体的压力为 p_1,然后,每次拿下一

粒砂子，使外压降低 dp，相应体积就膨胀 dV，如此缓慢地进行，直到活塞上剩余的细砂对气体造成的压力为 p_2、体系达终态时为止。只要砂粒是无限的小，这个过程所需的时间则为无限的长。在此过程进行的每一步，体系的压力 $p_{内}$ 总是只比外压大一个无穷小量 dp，体系非常接近于平衡态。整个过程可以看成是由一系列极接近于平衡的状态所构成，这种过程称为准静态过程。可以用积分来求算体系作功的总值。

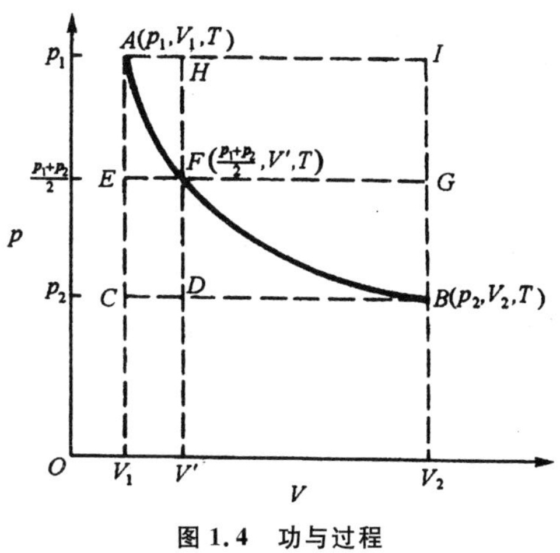

图 1.4 功与过程

过程中 $p_{外}=p_{内}-dp$，则

$$W_4=-\int_{V_1}^{V_2}p_{外}\,dV=-\int_{V_1}^{V_2}(p_{内}-dp)dV$$

$$=-\int_{V_1}^{V_2}p_{内}\,dV+\int_{V_1}^{V_2}dp\,dV$$

由于 dp 与 dV 都是无穷小量，因此 $dpdV$ 是二级无穷小量，可以忽略不计。若气体为理想气体且温度恒定，则

$$W_4=-\int_{V_1}^{V_2}p_{内}\,dV=-\int_{V_1}^{V_2}\frac{nRT}{V}dV$$

$$=-nRT\ln\frac{V_2}{V_1}$$

$$=-nRT\ln\frac{p_1}{p_2} \tag{1.4.2}$$

在 p-V 图(图 1.4)上，W_4 值可用曲线 AFB 下的面积 $AFBV_2V_1$ 来表示。

由以上四个过程所作的功看出，从同样的始态到同样的终态，体系对环境所作功的数值并不一样，所以功不是状态函数，而与过程有关。等温准静态过程中体系对环境所作的功最大。自由膨胀过程，等外压不可逆过程和准静态过程是可直接计算体积功的三个主要过程。

1.4.2 可逆过程

如果我们对 1.4.1 节中的体系作功，使体系从终态恢复到始态，那么，对一次压缩过程环境必须作功

$$W_2'=-p_1(V_1-V_2)=p_1(V_2-V_1)\qquad |W_2'|>|W_2|$$

其值由图 1.4 中面积 AV_1V_2I 表示。对于两次压缩过程，环境必须作功

$$W_3'=-\frac{p_1+p_2}{2}(V'-V_2)-p_1(V_1-V')\qquad |W_3'|>|W_3|$$

其值由图 1.4 中面积 $V'V_2GF+V_1V'HA$ 表示。显然，一次或两次压缩时环境对体系作的功比一次或两次膨胀时体系对环境作的功大，多作的功变成热传给了环境。

如果在缓慢膨胀之后再将取下的砂粒重新一粒一粒地加在活塞上，则在此压缩过程中，外压始终比体系的压力大一个无限小值，这时气体的压力 $p_{内}$ 就沿曲线 BA 以无限缓慢的速率上升，最终被压回到原体积。在此压缩过程中，环境所作之功为

$$W=-\int_{V_2}^{V_1}p_{内}\,dV=-\int_{V_2}^{V_1}\frac{nRT}{V}dV=-nRT\ln\frac{V_1}{V_2} \tag{1.4.3}$$

其数值仍是图 1.4 中曲线下的面积 ABV_2V_1，与无限缓慢的膨胀过程体系所作之功大小相同、符号相反。这就是说，当体系恢复到原来状态时，环境也同时恢复到原状，在环境中没有留下

任何痕迹。这种能通过原来过程的反方向变化而使体系和环境都同时复原、不留下任何痕迹的过程称为可逆过程；反之，称为不可逆过程。1.4.1节中所述的过程属不可逆过程。在这几种过程中，使压缩气体恢复原状时环境所消耗的功大于原来在膨胀过程中所得到的功，因此即使体系恢复到原状，环境却不能复原，它失去了一部分功却得到了一部分热。准静态过程在没有任何能量耗散情况下就是一种可逆过程，故为可逆膨胀过程。

在膨胀过程中，功的大小取决于 $p_{外}$ 的数值。在等温可逆膨胀时，体系对抗了始终只比 $p_{内}$ 差一个无限小量的外压，因而体系对环境作的功最大。而在等温可逆压缩过程中，由于 $p_{外}$ 始终只比 $p_{内}$ 大一个无限小量，环境所消耗的功最小。

可逆过程是以无限小的变化进行的，进行时体系的作用力与作用于体系的力几乎相等，在过程进行中体系始终处于非常接近平衡的状态，整个过程是由一系列连续的近似平衡的过程所构成。在反向的过程中，用同样的程序，循着原过程逆向进行，可以使体系和环境同时完全恢复到原来的状态。这是一种理想的过程，是一种科学的抽象。客观世界中并不真正存在可逆过程，但有些实际变化接近于可逆过程，如液体在其沸点时的蒸发、固体在其凝固点的熔化、原电池在外电压等于电池电压时的充电或放电等。在等压或等容下加热体系，若直接让体系与高温热源接触，升温达终态，传热是一个不可逆过程[如图1.5(a)]；若使体系依次与无限多个温差为无限小的热源接触[如图1.5(b)]，无限缓慢地使体系升温，其中每一步都趋于热平衡，整个过程由一系列连续的近似于平衡的状态所构成，这种传热过程也是一个可逆过程。

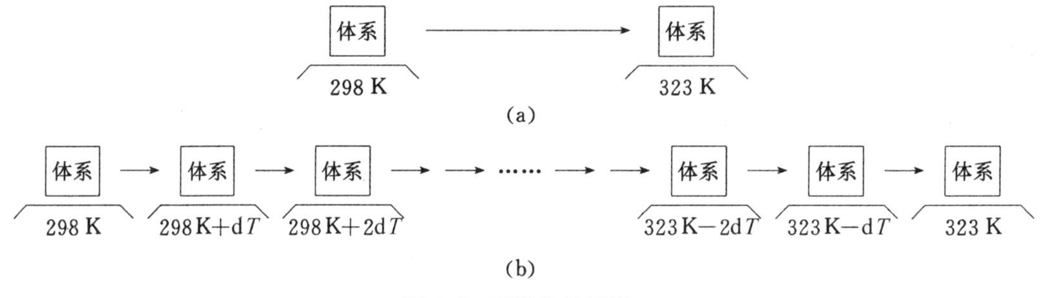

图1.5　不同传热过程

(a) 不可逆　(b) 可逆

可逆过程的概念很重要。可逆过程是在体系接近于平衡的状态下发生的，因此它和平衡态密切相关。以后我们可以看到，一些重要的热力学函数的改变量只有通过可逆过程才能求得。当体系对外作功时，可逆过程作最大功；当环境对体系作功时，可逆过程作最小功。从实用的观点看，这种过程最经济、能量利用效率最高。

1.4.3　相变过程中的体积功

物质发生相变，特别是凝聚相变成气相时也作体积功，其数值与具体过程有关。以水蒸发为例：

(1) 自由蒸发。将1 mol 373 K、$p^{\ominus}$的水向真空蒸发变成373 K、$p^{\ominus}$的水蒸气。由于 $p_{外}=0$，体系对外作功

$$W_1 = 0$$

(2) 水在外压为0.5$p^{\ominus}$、373 K时气化为水蒸气，再将此水蒸气等温可逆压缩为373 K、$p^{\ominus}$

的水蒸气。若将水蒸气视为理想气体，体系对外所作之功为两步所作功之和

$$W_2 = -p_{外}(V_g - V_l) - nRT\ln\frac{p_1}{p_2}$$

式中：V_l 为液体水的体积，V_g 为水蒸气的体积，$V_g \gg V_l$，V_l 可以忽略，则

$$\begin{aligned} W_2 &= -0.5p^{\ominus} \times \frac{nRT}{0.5p^{\ominus}} - nRT\ln\frac{0.5p^{\ominus}}{p^{\ominus}} \\ &= -nRT(1+\ln 0.5) \end{aligned}$$

(3) 水在 373 K 、$p^{\ominus}$下，等温等压气化成 373 K 、$p^{\ominus}$水蒸气。由于 $p^{\ominus}$是水在 373 K 时的饱和蒸气压，故 373 K 、$p^{\ominus}$时，气液两相平衡共存，此时蒸发是一个可逆过程，$p_{外} = p^{\ominus}$(水的饱和蒸气压)。因此

$$W_3 = -p_{外}(V_g - V_l) = -p^{\ominus}V_g = -nRT$$

由于 $\ln 0.5 < 0$，故 $|W_3| > |W_2| > |W_1|$，可逆过程体系作功最大。

1.5 热与焓

体系在发生化学变化、相变或简单状态变化时，常伴随有热量的吸收和放出。化学变化的热效应已形成化学的一个分支——热化学，在后面叙述。下面先讨论后两种情况中热的计算，然后介绍一个新的热力学函数——焓。

1.5.1 简单变温过程

在这种过程中没有相变和化学变化，只是由于吸收或放出热量而使体系的温度发生改变。体系每升高 1 K 时需要吸收的热量称为体系的热容，用 C 表示，其单位是 $J \cdot K^{-1}$。若物质的量为 1 mol，则称为摩尔热容，用 C_m 表示，单位是 $J \cdot K^{-1} \cdot mol^{-1}$。热容常随温度而变，故用以下形式表示

$$C = \frac{\delta Q}{dT} \tag{1.5.1}$$

δQ 表示温度增加 dT 时体系所吸收的热。热量与过程有关，因此热容也与过程相关。等容过程中测得的热容称为等容热容，用 C_V 表示；等压过程中测得的称为等压热容，用 C_p 表示。

$$C_V = \frac{\delta Q_V}{dT}, \qquad Q_V = \int_{T_1}^{T_2} C_V\,dT \tag{1.5.2}$$

$$C_p = \frac{\delta Q_p}{dT}, \qquad Q_p = \int_{T_1}^{T_2} C_p\,dT \tag{1.5.3}$$

C、C_p、C_V 一般都不是常数，它们都是温度的函数，具体形式可在手册上查到。通常是把各种物质的摩尔等压热容 $C_{p,m}$表示成温度函数的形式

$$C_{p,m} = a + bT + cT^2$$

或

$$C_{p,m} = a + bT + \frac{c'}{T^2}$$

式中：a、b、c、c'都是经验常数，使用时必须注意所对应的经验式形式及所适用的温度范围。确定 $C_{p,m}$的函数形式，代入式(1.5.3)可求得 Q_p。

1.5.2 相变过程

体系在等温等压下聚集态发生变化时总伴有热量交换，此时，热量的吸收与放出并不引起体系温度的改变，只是用来克服分子间的相互作用力，改变体系的状态，这种热量称为相变热。一般手册中都收集有各种物质的摩尔相变热。

$$\text{体系相变热} = \text{摩尔相变热} \times \text{物质的量} \tag{1.5.4}$$

1.5.3 焓

设体系在变化过程中只作体积功而不作其他功，即 $W'=0$，则

$$\Delta U = Q + W_{膨}$$

若体系的变化是等容过程，则

$$\mathrm{d}V = 0, W_{膨} = 0, \ \Delta U = Q_V \tag{1.5.5}$$

若体系的变化是等压过程，即 $p_2=p_1=p_{外}=p$；此时若体系膨胀，$V_2>V_1$，体系对环境作功，则

$$W_{膨} = -p(V_2-V_1)$$

$$\Delta U = U_2 - U_1 = Q_p - p(V_2 - V_1)$$

$$Q_p = (U_2 + pV_2) - (U_1 + pV_1)$$

式中：U、p、V 都是体系的状态函数，故 $(U+pV)$ 也是状态函数。在热力学上定义为焓，用 H 表示，即

$$H = U + pV \tag{1.5.6}$$

焓具有能量量纲，因此

$$Q_p = H_2 - H_1 = \Delta H \tag{1.5.7}$$

由于体系热力学能的绝对值不能确定，焓的绝对值也无法确定。但是，在一定条件下我们可以从体系和环境间热的传递来衡量体系热力学能与焓的变化值。在没有其他功的条件下，体系在等容过程中所吸收的热全部用以增加热力学能；在等压过程中所吸收的热，全部用于增加焓。这就是式(1.5.5)和(1.5.7)的物理意义。应当指出，式(1.5.6)中 pV 不是"功"，H 也不是"体系所含的热"。焓是体系的性质，在特定的情况下它的变化值可用 Q_p 来衡量。在非等压过程中体系也有焓变，只是其值不等于 Q_p，可用它的定义式计算。

由于一般化学反应和生物过程大都是在等压下进行的，所以焓比热力学能更有实用价值。

1.6 热力学第一定律对理想气体的应用

1.6.1 理想气体的热力学能和焓——Gay·Lussac-Joule(盖·吕萨克-焦耳)实验

Gay·Lussac(盖·吕萨克)在1807年，Joule(焦耳)在1843年做了如下实验：将两个容量相等的容器以活塞相连，放在大水浴中(图1.6)。其一装有气体，另一抽成真空。打开活塞，气体向真空膨胀。实验过程中没有观察到水浴的温度变化，即 $\Delta T=0$。由此可知，体系与环境没有热量的交换，即 $Q=0$。气体向真空膨胀，$p_{外}=0$，膨胀功 $W=0$。根据热力学第一定律得出：$\Delta U=0$。所以可从实验得出：气体经自由膨胀，热力学能不变，即

$$\mathrm{d}U = \left(\frac{\partial U}{\partial T}\right)_V \mathrm{d}T + \left(\frac{\partial U}{\partial V}\right)_T \mathrm{d}V = 0$$

上述实验中温度不变，即

$$dT = 0,\quad \left(\frac{\partial U}{\partial T}\right)_V dT = 0$$

故

$$\left(\frac{\partial U}{\partial V}\right)_T dV = 0$$

因 $dV \neq 0$，故

$$\left(\frac{\partial U}{\partial V}\right)_T = 0 \tag{1.6.1}$$

此式的意义是：在恒温时改变体积，气体的热力学能不变。

同法可证明：

$$\left(\frac{\partial U}{\partial p}\right)_T = 0 \tag{1.6.2}$$

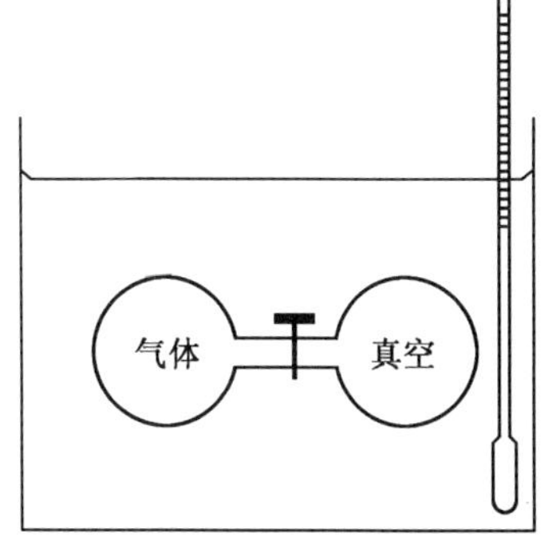

图 1.6 Joule 实验装置示意图

从式(1.6.1)和(1.6.2)可以说明气体的热力学能仅为温度的函数，与体积、压力无关，即

$$U = f(T) \tag{1.6.3}$$

Gay・Lussac-Joule 的实验是不够精确的。因为水浴中水的热容量很大，即使气体膨胀时吸收了一点热，水温的变化也未必能够测出。后来的精确实验表明：气体的压力越小，越趋近于式(1.6.3)。当 $p \to 0$ 时，与式(1.6.3)完全符合。对于理想气体可得出，其热力学能仅为温度的函数。这是因为理想气体是分子体积可忽略不计，分子间没有相互作用力的气体。当 T 不变而改变气体的 p、V 时，只是改变了分子间的距离。由于分子间无作用力要克服，因而无需吸收或放出能量，体系热力学能不变。只有改变 T，即改变分子的平均平动动能时，才需要吸收或放出能量，此时体系的热力学能改变。

式(1.6.3)也称为 Joule 定律，可把它作为气体达到理想气体条件的判据。至此，我们看到理想气体同时具有下列两种性质：

(1) $pV = nRT$

(2) $\left(\frac{\partial U}{\partial V}\right)_T = 0$，$\left(\frac{\partial U}{\partial p}\right)_T = 0$

这两点都是实际气体在低压下的极限情况。

对于理想气体，在等温条件下 $pV =$ 常数。根据焓的定义，很容易证明理想气体的焓也仅为温度的函数，即

$$\left(\frac{\partial H}{\partial p}\right)_T = 0,\quad \left(\frac{\partial H}{\partial V}\right)_T = 0$$

或

$$H = f(T) \tag{1.6.4}$$

理想气体的热力学能和焓都仅为温度的函数，而与 p、V 无关。因此，在理想气体的任何简单状态变化过程中皆有以下关系式

$$dU = C_V dT \tag{1.6.5}$$

$$dH = C_p dT \tag{1.6.6}$$

1.6.2 理想气体的 C_p 与 C_V 之差

根据焓的定义，可得

$$dH = dU + d(pV)$$

对于一定量的理想气体，将式(1.6.5)、(1.6.6)和理想气体状态方程 $pV=nRT$ 代入上式，得

$$C_p\mathrm{d}T = C_V\mathrm{d}T + nR\ \mathrm{d}T$$

即
$$C_p = C_V + nR,\quad C_p - C_V = nR \tag{1.6.7}$$

或
$$C_{p,\mathrm{m}} = C_{V,\mathrm{m}} + R,\quad C_{p,\mathrm{m}} - C_{V,\mathrm{m}} = R \tag{1.6.8}$$

式中：$C_{p,\mathrm{m}}$和 $C_{V,\mathrm{m}}$分别是理想气体的摩尔等压热容和摩尔等容热容，在常温下都是常数。根据物理学中能量均分原理，在常温下考虑各种分子平动和转动自由度的不同，其数值列于下表。

	单原子分子	双原子分子	非线型多原子分子
$C_{V,\mathrm{m}}$	$\frac{3}{2}R$	$\frac{5}{2}R$	$3R$
$C_{p,\mathrm{m}}$	$\frac{5}{2}R$	$\frac{7}{2}R$	$4R$

等容加热时，体系从环境所吸收的热全部用于增加它的热力学能。而等压加热时，体系除增加热力学能外，还要对外作膨胀功，升高 1 K 所需的能量要多一些，故 $C_{p,\mathrm{m}}$比 $C_{V,\mathrm{m}}$大。其差值就是等压时 1 mol 理想气体升高 1 K 时体积膨胀对外所作的膨胀功。

1.6.3　绝热过程

在绝热过程中，体系与环境之间无热量交换，即 $Q=0$。按热力学第一定律

$$\mathrm{d}U = \delta W$$

对于理想气体：
$$W = \Delta U = C_V(T_2 - T_1) \tag{1.6.9}$$

此式表明，在绝热过程中，功是由改变体系的热力学能得到的。若体系绝热膨胀对环境作功，体系温度下降。

对于理想气体绝热可逆过程，由于 $\mathrm{d}U=C_V\mathrm{d}T$，$\delta W=-p\mathrm{d}V=-\frac{nRT}{V}\mathrm{d}V$，故有

$$C_V\mathrm{d}T=-\frac{nRT}{V}\mathrm{d}V$$

整理后，得
$$\frac{\mathrm{d}T}{T}+\frac{nR}{C_V}\frac{\mathrm{d}V}{V}=0$$

前已证明：$C_p-C_V=nR$。令 $C_p/C_V=\gamma$，则

$$\frac{nR}{C_V}=\gamma-1$$

因此
$$\frac{\mathrm{d}T}{T}+(\gamma-1)\frac{\mathrm{d}V}{V}=0$$

$$\ln T+(\gamma-1)\ln V = 常数$$

即
$$T\,V^{\gamma-1} = 常数 \tag{1.6.10}$$

将理想气体的状态方程代入上式，还可得到

$$p\,V^{\gamma} = 常数 \tag{1.6.11}$$

或
$$p^{1-\gamma}\,T^{\gamma} = 常数 \tag{1.6.12}$$

式(1.6.10)、(1.6.11)和(1.6.12)是描写理想气体绝热可逆过程的过程方程式。过程方程式与状态方程式不同，状态方程式 $pV=nRT$ 是表述某一状态时体系 p、V、T 关系的方程式，而过程方程式是联系变化过程中体系所经历各个状态之间的 p、V、T 关系的方程式。类似的还

有等温过程方程式 pV=常数，等压过程方程式 V/T=常数，等容过程方程式 p/T=常数等。在 p-V 图（如图 1.7）上，任一点都代表体系的一个状态，任一点所对应的 p、V、T 都符合状态方程式 $pV=nRT$。而过程方程式对应的是联系体系各个状态的一条线，线上各个状态的 p、V 或 T 之间关系符合过程方程式。

从图 1.7 可以看出，绝热过程曲线（实线）的坡度比等温过程曲线（虚线）陡些，这是因为它们的过程方程式不同。用它们来求 $(\partial p/\partial V)$ 时分别得到值 $(-\gamma p/V)$（绝热过程）和 $(-p/V)$（等温过程），而且 $\gamma>1$。因此，如果从同一始态 A 出发，增加相同的体积（从 $V_1 \rightarrow V_2$），那么在绝热膨胀过程中体系压力的降低要比等温膨胀过程中大些（$p_2>p_3$），这是因为在绝热膨胀过程中体系的温度降低了。应该说明的是，对于理想气体绝热不可逆过程，式(1.6.10)～(1.6.12)不成立，但 $\mathrm{d}U=\delta W$ 仍然成立。

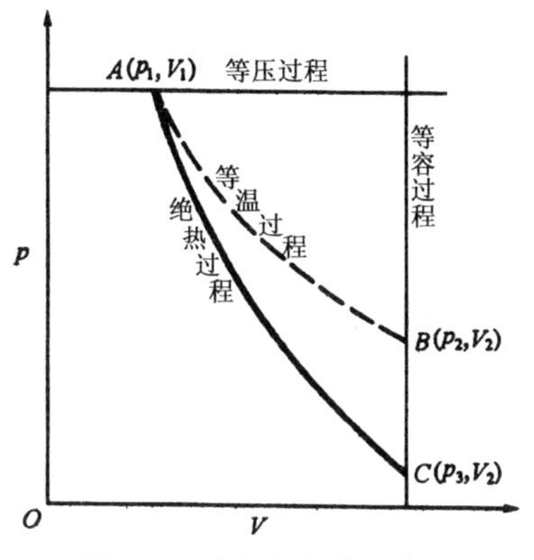

图 1.7 过程方程式示意图

【例 1.1】 氮气可看作双原子分子理想气体。若它从 273.2 K、500 kPa、10 dm³ 始态，经(1) 绝热可逆过程，(2) 在恒外压 100 kPa 下绝热膨胀，到压力为 100 kPa 终态。试计算两个过程的终态温度以及过程中的 Q、W、ΔU、ΔH。

解 体系状态变化过程为

$$N_2(500\ \mathrm{kPa},\ 10\ \mathrm{dm^3}, 273.2\ \mathrm{K}) \begin{array}{l} \xrightarrow{\text{绝热可逆膨胀}} N_2(100\ \mathrm{kPa},\ V_2, T_2) \\ \xrightarrow[\text{绝热恒外压膨胀}]{} N_2(100\ \mathrm{kPa},\ V_2', T_2') \end{array}$$

气体的物质的量为 $$n=\frac{p_1V_1}{RT_1}=\frac{5\times10^5\ \mathrm{Pa}\times10\times10^{-3}\ \mathrm{m^3}}{8.314\ \mathrm{J\cdot mol^{-1}\cdot K^{-1}}\times273.2\ \mathrm{K}}=2.2\ \mathrm{mol}$$

双原子分子理想气体 $$C_{V,\mathrm{m}}=\frac{5}{2}R, C_{p,\mathrm{m}}=\frac{7}{2}R$$

(1) 绝热可逆膨胀：$T_1^\gamma\ p_1^{1-\gamma}=T_2^\gamma\ p_2^{1-\gamma}$

$$\gamma=\frac{C_{p,\mathrm{m}}}{C_{V,\mathrm{m}}}=\frac{7}{5}$$

$$T_2=\left(\frac{p_1}{p_2}\right)^{\frac{1-\gamma}{\gamma}}T_1=\left(\frac{5\times10^5\ \mathrm{Pa}}{1\times10^5\ \mathrm{Pa}}\right)^{\frac{1-(7/5)}{7/5}}\times273.2\ \mathrm{K}=172.5\ \mathrm{K}$$

$Q=0$

$$\Delta U=nC_{V,\mathrm{m}}(T_2-T_1)=2.2\ \mathrm{mol}\times\frac{5}{2}\times8.314\ \mathrm{J\cdot mol^{-1}\cdot K^{-1}}\times(172.5-273.2)\mathrm{K}=-4604.7\ \mathrm{J}$$

$$\Delta H=nC_{p,\mathrm{m}}(T_2-T_1)=2.2\ \mathrm{mol}\times\frac{7}{2}\times8.314\ \mathrm{J\cdot mol^{-1}\cdot K^{-1}}\times(172.5-273.2)\mathrm{K}=-6446.6\ \mathrm{J}$$

$W=\Delta U=-4604.7\ \mathrm{J}$

(2) 绝热不可逆过程：$W=\Delta U$，而

$$p_2\left(\frac{nRT_2'}{p_2}-\frac{nRT_1}{p_1}\right)=nC_{V,\mathrm{m}}(T_1-T_2')$$

$$T_2'=\left(\frac{5}{7}+\frac{2p_2}{7p_1}\right)T_1=\left(\frac{5}{7}+\frac{2\times1\times10^5\ \mathrm{Pa}}{7\times5\times10^5\ \mathrm{Pa}}\right)\times273.2\ \mathrm{K}=210.75\ \mathrm{K}$$

$Q=0$

$$\Delta U=nC_{V,\mathrm{m}}(T_2'-T_1)=2.2\ \mathrm{mol}\times\frac{5}{2}\times8.314\ \mathrm{J\cdot mol^{-1}\cdot K^{-1}}\times(210.75-273.2)\mathrm{K}=-2855.6\ \mathrm{J}$$

$$\Delta H = nC_{p,\mathrm{m}}(T_2' - T_1) = 2.2\,\mathrm{mol} \times \frac{7}{2} \times 8.314\,\mathrm{J \cdot mol^{-1} \cdot K^{-1}} \times (210.75 - 273.2)\,\mathrm{K} = -3997.9\,\mathrm{J}$$

$$W = \Delta U = -2855.6\,\mathrm{J}$$

由此可见，从同一始态出发经绝热可逆和绝热不可逆过程不可能到达同一个终态，即使终态的压力相同，终态的温度却不同。因此，若体系从某一始态出发经历绝热不可逆过程到达某一终态，那么在该始、终态之间不可能再设计一条绝热可逆过程来实现这一状态变化。这与前面讨论的等温过程是不同的。由 1.4 节可知，等温下，理想气体从同一始态(p_1, V_1)出发，经自由膨胀，等外压膨胀和可逆膨胀可以到达同一个终态(p_2, V_2)。

【例 1.2】 298.2 K 时 2 mol 单原子分子理想气体分别以三种方式从 15.00 $\mathrm{dm^3}$膨胀到 40.00 $\mathrm{dm^3}$：(1) 等温可逆膨胀，(2) 等温对抗 100 kPa 外压，(3) 在外压与气体压力相等并保持恒定下加热。求过程的 W、Q、ΔU、ΔH。

解　变化过程为

单原子分子理想气体 $(p_1, 15.00\,\mathrm{dm^3}, 298.2\,\mathrm{K})$
- —等温可逆→ 单原子分子理想气体 $(p_2, 40.00\,\mathrm{dm^3}, 298.2\,\mathrm{K})$
- —等温等外压→ 单原子分子理想气体 $(100\,\mathrm{kPa}, 40.00\,\mathrm{dm^3}, 298.2\,\mathrm{K})$
- —等压→ 单原子分子理想气体 $(p_1, 40.00\,\mathrm{dm^3}, T_2)$

(1) 理想气体的热力学能和焓只是温度的函数，等温过程

$$\Delta U = \Delta H = 0$$

$$W = -nRT\ln\frac{V_2}{V_1} = -2\,\mathrm{mol} \times 8.314\,\mathrm{J \cdot mol^{-1} \cdot K^{-1}} \times 298.2\,\mathrm{K} \times \ln\frac{40.00\,\mathrm{dm^3}}{15.00\,\mathrm{dm^3}} = -4865\,\mathrm{J}$$

$$Q = -W = 4865\,\mathrm{J}$$

(2) 同上理由，$\Delta U = \Delta H = 0$

$$W = -p_{外}(V_2 - V_1) = -1 \times 10^5\,\mathrm{Pa} \times (40.00 - 15.00) \times 10^{-3}\,\mathrm{m^3} = -2500\,\mathrm{J}$$

$$Q = -W = 2500\,\mathrm{J}$$

(3) 气体压力为

$$p_1 = \frac{nRT}{V} = \frac{2\,\mathrm{mol} \times 8.314\,\mathrm{J \cdot mol^{-1} K^{-1}} \times 298.2\,\mathrm{K}}{15.00 \times 10^{-3}\,\mathrm{m^3}} = 330.56\,\mathrm{kPa}$$

$$W = -\int_{V_1}^{V_2} p\mathrm{d}V = 330560\,\mathrm{Pa} \times (40.00 - 15.00) \times 10^{-3}\,\mathrm{m^3} = -8264\,\mathrm{J}$$

$$C_{p,\mathrm{m}} = \frac{5}{2}R$$

$$T_2 = \frac{p_2V_2}{nR} = \frac{330560\,\mathrm{Pa} \times 40.00 \times 10^{-3}\,\mathrm{m^3}}{2\,\mathrm{mol} \times 8.314\,\mathrm{J \cdot mol^{-1} \cdot K^{-1}}} = 795.2\,\mathrm{K}$$

$$\Delta H = Q_p = nC_{p,\mathrm{m}}(T_2 - T_1) = 2\,\mathrm{mol} \times \frac{5}{2} \times 8.314\,\mathrm{J \cdot mol^{-1} \cdot K^{-1}} \times (795.2 - 298.2)\,\mathrm{K} = 20660\,\mathrm{J}$$

$$\Delta U = nC_{V,\mathrm{m}}(T_2 - T_1) = 2\,\mathrm{mol} \times \frac{3}{2} \times 8.314\,\mathrm{J \cdot mol^{-1} \cdot K^{-1}} \times (795.2 - 298.2)\,\mathrm{K} = 12396\,\mathrm{J}$$

1.7　热　化　学

化学反应常常伴随有吸热或放热现象发生。对于这些热效应进行精密测定并对其规律进行研究构成了化学热力学的一个重要组成部分——热化学。热化学是热力学第一定律在化学

过程中的具体应用。热化学数据是运用热力学方法处理、解决问题时最基本的实验数据。人们根据化学提供的资料设计化工设备和确定生产程序,以便更充分合理地利用能源。热能与生命现象也有着密切的关系,对生物工作者来说,了解生物机体内各种化学反应的热效应是研究生命现象不可缺少的内容,它是生物热力学的一个组成部分。

1.7.1 化学反应的热效应

通常情况下,反应物和产物所具有的总能量是不同的。因此化学反应一发生总伴随有能量的变化,这种变化以热的形式与环境交换就是化学反应热。物理化学中规定,在没有其他功条件下,体系发生化学反应后,使产物温度回到反应开始前反应物的温度,体系所吸收或放出的热量,称为该反应的热效应。通常也称为反应热。同样,规定体系吸热为正,放热为负。

反应热效应一般分为两种:若反应在等容条件下进行(如在弹式量热计中),其热效应称为等容反应热,用 Q_V 表示;若反应在等压条件下进行,其热效应称为等压反应热,用 Q_p 表示。虽然热是过程的属性,同一个化学反应在不同条件下进行时,其热效应一般是不相同的,但是,由热力学第一定律可知,当化学反应满足无其他功及等容或等压条件时,反应热 Q_V 和 Q_p 的数值正好分别等于热力学能和焓这两个状态函数的改变量。因此表现出只由始、终态决定,而与具体途径无关。

反应热的实验测定大多是在弹式量热计中进行的,测得的热量为 Q_V,而化学反应通常是在等压下进行的,常用的是 Q_p。根据焓的定义 $H=U+pV$,得

$$\Delta H = \Delta U + \Delta(pV) \tag{1.7.1}$$

在体系不作其他功时,$Q_V=\Delta U$,$Q_p=\Delta H$,故

$$Q_p = Q_V + \Delta(pV) \tag{1.7.2}$$

式中:$\Delta(pV)=(pV)_{产物}-(pV)_{反应物}$。若参与反应的物质中有气体,由于气体的体积比液、固体大得多,$\Delta(pV)$中只考虑气体而忽略凝聚相。假定气体为理想气体,则 $\Delta(pV)=\Delta nRT$。将其代入式(1.7.2),得

$$Q_p = Q_V + \Delta nRT \tag{1.7.3}$$

式中:Δn 是反应产物与反应物中气体物质的量的变化。若反应物和产物都是凝聚相,由于反应过程中体系体积变化很小,$\Delta(pV)$值与反应热相比可忽略不计,所以

$$Q_p \approx Q_V \tag{1.7.4}$$

绝大多数生物化学过程发生在固体或液体中,因此,在生物体系中,常常忽略 ΔH 与 ΔU(即 Q_p 与 Q_V)的差别,统称为生化反应的"能量变化"。

【例 1.3】 1 mol 柠檬酸(固体)在 298 K 定容下燃烧放热 1989.7 kJ。计算 10 g 固体柠檬酸在 298 K 定压下燃烧时放的热。

解 柠檬酸化学式为:

$$\begin{array}{c} CH_2—COOH \\ | \\ HO—C——COOH \\ | \\ CH_2—COOH \end{array}$$

,摩尔质量 $M=0.192\ kg\cdot mol^{-1}$

柠檬酸燃烧反应式为

$$\begin{array}{c} CH_2—COOH \\ | \\ HO—C——COOH\ (s) \\ | \\ CH_2—COOH \end{array} + \frac{9}{2}O_2\ (g) = 6CO_2\ (g) + 4H_2O(l)$$

$$\Delta n = 6 - \frac{9}{2} = 1.5$$

1 mol 柠檬酸定压燃烧时放出热量为

$$\begin{aligned}\Delta H &= \Delta U + \Delta nRT \\ &= -1989.7\ \mathrm{kJ \cdot mol^{-1}} + 1.5 \times 8.314 \times 10^{-3}\ \mathrm{kJ \cdot K^{-1} \cdot mol^{-1}} \times 298\ \mathrm{K} \\ &= -1986.0\ \mathrm{kJ \cdot mol^{-1}}\end{aligned}$$

10 g 柠檬酸燃烧放热

$$Q_p = \left(\frac{10}{192}\right)\mathrm{mol} \times (-1986.0\ \mathrm{kJ \cdot mol^{-1}}) = -103.44\ \mathrm{kJ}$$

1.7.2　反应进度

对于任一化学反应：

$$a\mathrm{A} + b\mathrm{B} \longrightarrow g\mathrm{G} + h\mathrm{H}$$

由于反应式的限制，各相应物质所转化的物质的量是彼此相关的，即有 $\mathrm{d}n_\mathrm{A}$(mol)的 A 与 $\mathrm{d}n_\mathrm{B}$(mol)的 B 反应，必有 $\mathrm{d}n_\mathrm{G}$(mol)的 G 与 $\mathrm{d}n_\mathrm{H}$(mol)的 H 生成。若反应向右进行，各物质的量的改变量之间应满足以下关系：

$$-\frac{\mathrm{d}n_\mathrm{A}}{a} = -\frac{\mathrm{d}n_\mathrm{B}}{b} = \frac{\mathrm{d}n_\mathrm{G}}{g} = \frac{\mathrm{d}n_\mathrm{H}}{h} = \mathrm{d}\xi \tag{1.7.5a}$$

式中：ξ 是表示反应进展程度的参数，简称为反应进度。一般用通式 $0 = \sum_\mathrm{B} \nu_\mathrm{B}\mathrm{B}$ 表示任一化学反应，式中 ν_B 表示参与化学反应的任一组分 B 的计量系数，对反应物取负值，生成物取正值。若以 $n_\mathrm{B}(0)$ 和 $n_\mathrm{B}(\xi)$ 分别表示组分 B 在反应开始($\xi=0$)时和反应进度为 ξ 时的物质的量，那么

$$n_\mathrm{B}(\xi) = n_\mathrm{B}(0) + \nu_\mathrm{B}\xi$$

$$\xi = \frac{n_\mathrm{B}(\xi) - n_\mathrm{B}(0)}{\nu_\mathrm{B}} = \frac{\Delta n_\mathrm{B}}{\nu_\mathrm{B}} \tag{1.7.5b}$$

ξ 的量纲与 n_B 相同，SI 单位为摩(mol)。当反应按所给反应方程式的系数比例进行了一个单位化学反应，即 Δn_B 值与 ν_B 相等时，反应进度 ξ 就等于 1 mol。

化学反应发生时，各物质的改变量遵循化学反应的计量原理而彼此相关，因此，选用生成物或反应物来计算某一时刻的反应进度都得相同的 ξ 值。但反应进度必须与给定的反应方程式相对应。反应式写法不同，$\xi=1$ mol 所代表的意义不同。例如，对于反应式

$$\mathrm{N_2} + 3\mathrm{H_2} = 2\mathrm{NH_3}$$

$\xi=1$ mol 是指 1 mol N_2 与 3 mol H_2 反应生成 2 mol NH_3 完成的一个单位化学反应。对于反应式

$$\frac{1}{2}\mathrm{N_2} + \frac{3}{2}\mathrm{H_2} = \mathrm{NH_3}$$

$\xi=1$ mol 是指 0.5 mol N_2 与(3/2)mol H_2 反应，生成 1 mol NH_3 完成的一个单位化学反应。

化学反应的热效应与反应进度相关。若反应进度为 ξ 时化学反应的焓变为 $\Delta_\mathrm{r}H$，则 $\Delta_\mathrm{r}H/\xi$ 称为反应的摩尔焓变，用 $\Delta_\mathrm{r}H_\mathrm{m}$ 表示，即

$$\Delta_\mathrm{r}H_\mathrm{m} = \frac{\Delta_\mathrm{r}H}{\xi} = \frac{\nu_\mathrm{B}\,\Delta_\mathrm{r}H}{\Delta n_\mathrm{B}} \tag{1.7.6}$$

显然，$\Delta_\mathrm{r}H_\mathrm{m}$ 表示的是反应进度 $\xi=1$ mol(即按所给反应式完成一个单位化学反应)时的焓变，

其量纲为 $J \cdot mol^{-1}$。

1.7.3 热化学方程式

表示化学反应与热效应关系的方程式称为热化学方程式。它就是在详细描述的普通化学方程式后面加写此反应的热效应 $\Delta_r H_m$(或 $\Delta_r U_m$)值。所谓“详细描述”就是在反应方程式中明确注明物态、温度、压力和组成等,对于固体还应该注明晶型。反应式后的 $\Delta_r H_m$(或 $\Delta_r U_m$)值代表在一定温度和压力下,反应进行时体系所吸收或放出的热量。若未注明温度和压力,则都是指温度为 298.15 K,压力为 100 kPa 而言的。

如前所述,热力学函数 H、U 等的绝对值都是不知道的,热力学定律能告诉我们的只是它们在变化过程中的改变值。为了使用方便,人们常常选定一些状态作为标准(简称标准态)来确定或计算热力学函数的变化值。在化学热力学中,选温度为 T、压力为 100 kPa 状态作为纯固体或纯液体的标准态;选温度为 T,压力为 100 kPa 的纯理想气体作为纯气体的标准态。由于理想气体并不存在,实际气体在 100 kPa 时并不具有理想气体性质,故标准态是一种假想状态。100 kPa 为标准压力,以 $p^\ominus$ 表示。此处温度 T 没有给定,对应每个 T 都有一个标准态。但一般常用 T 为 298.15 K 时的数据,例如 $V_m^\ominus(298.15\,K)$ 可表示纯凝聚态在298.15 K、$p^\ominus$时的摩尔体积,“$\ominus$”、“m”分别表示标准压力和 1 mol。如果参加反应的各物质都处于标准态,此时反应的焓变就称为标准焓变,用 $\Delta_r H_m^\ominus(298.15\,K)$ 表示。

必须注意,热化学中所写的方程式都是表示一个已经按反应方程式完成的反应,也就是反应进度 ξ 为 1 mol 的反应。例如

$$H_2(g,p^\ominus) + I_2(g,p^\ominus) = 2HI(g,p^\ominus) \qquad \Delta_r H_m^\ominus(573\,K) = -12.84\,kJ$$

表示在 573 K、标准压力 $p^\ominus$时,1 mol 氢气与 1 mol 碘蒸气完全反应生成 2 mol 碘化氢气体时放热 12.84 kJ;或者说,2 mol 碘化氢气体的焓与 1 mol 氢气、1 mol 碘蒸气焓之差为 -12.84 kJ,即

$$2H_m^\ominus(HI,573\,K) - H_m^\ominus(H_2,573\,K) - H_m^\ominus(I_2,573\,K) = \Delta_r H_m^\ominus(573\,K) = -12.84\,kJ$$

这是一个想象的过程,没有考虑混合,也没有考虑化学平衡。如果把 1 mol 氢气与 1 mol 碘蒸气混合,实际上不会有 12.84 kJ 热量放出。由于反应物和生成物混合,反应进行到一定程度就停止了。有一部分氢气和碘蒸气剩余下来,并没有发生反应。实际上,要将 1 mol 碘蒸气与 100 mol氢气相混合,才会有 12.84 kJ 热量放出。但这里多余的氢气没有发生变化,也不产生热效应,因而与反应式无关。另外,$\Delta_r H_m^\ominus(T)$的数值与反应方程式写法有关。若反应方程式系数加倍(或减半),反应的摩尔焓变 $\Delta_r H_m^\ominus(T)$也应加倍(或减半);当反应逆向进行时,逆向反应热应当与正向反应的 $\Delta_r H_m^\ominus(T)$数值相等而符号相反。

除化学反应外,各种物理变化也伴随焓的改变,其热效应也可用热化学方程式表示。例如固体的熔化、液体的蒸发、晶型的改变等这一类相变过程,其焓变都可写成

$$I_2(s) = I_2(g) \qquad \Delta_{sub} H_m^\ominus(298.15\,K) = H_m^\ominus[I_2(g)] - H_m^\ominus[I_2(s)] = 31.13\,kJ \cdot mol^{-1}$$

$$S(\text{斜方}) = S(\text{单斜}) \qquad \Delta_{trs} H_m^\ominus(298.15\,K) = H_m^\ominus[S(\text{单斜})] - H_m^\ominus[S(\text{斜方})] = 334\,J \cdot mol^{-1}$$

$\Delta_{sub} H_m^\ominus(298.15\,K)$称作摩尔升华焓,$\Delta_{trs} H_m^\ominus(298.15\,K)$称作摩尔晶型转变焓,类似的还有摩尔气化焓、摩尔熔化焓等。大分子在溶液中发生构象变化时也有焓变。例如,30°C 时聚 L-谷氨酸盐在 0.1 $mol \cdot dm^{-3}$ KCl 中从螺旋状态转变成无规线团状态,其焓变为

$$\Delta H^\ominus(303.2\,K) = 1.3\,kJ \cdot (\text{酰胺})^{-1}$$

小牛胸腺 DNA 在 345.2 K、0.15 mol·dm^{-3} NaCl 溶液中由双股螺旋转变成单股螺旋时，其焓变为

$$\Delta H^{\ominus}(345.2\ \text{K}) = 29.29\ \text{kJ}\cdot(\text{碱基对})^{-1}$$

1.8 Hess(赫斯)定律

1840 年 Hess(赫斯)在总结了大量实验结果的基础上，提出一条定律："任一化学反应不管是一步完成还是分几步完成，其热效应总是相同的"。这就是说，反应热只与反应的始、终态有关，而与反应所经历的途径无关。从热力学第一定律知道，热效应与途径有关。但在以下两个限制条件下：

(i) 体系只作膨胀功，不作其他功；

(ii) 过程进行时压力或体积恒定不变时，则过程的热效应就与途径无关。

恒压下： $Q_p = \Delta H$

恒容下： $Q_V = \Delta U$

所以很清楚，Hess 定律是热力学第一定律的必然结果，也是热力学第一定律在化学过程中的一个应用。

Hess 定律的用处很多。利用 Hess 定律可把热化学方程式像代数方程那样进行线性组合，从已经知道的一些化学反应的热效应来间接推求那些难于测准或根本不能测量的反应热。例如碳和氧化合成一氧化碳的反应热就不能直接用实验测定(因为很难防止 CO 的再燃烧)，但可以间接地根据下列两个反应式求出

$$C(s) + O_2(g) \longrightarrow CO_2(g) \qquad (1)$$

$$\Delta_r H_m^{\ominus}(1) = -393.5\ \text{kJ}$$

$$CO(g) + \frac{1}{2}O_2(g) \longrightarrow CO_2(g) \qquad (2)$$

$$\Delta_r H_m^{\ominus}(2) = -283\ \text{kJ}$$

式(1) − 式(2)，即 $C(s) + \frac{1}{2}O_2(g) \longrightarrow CO(g)$

$$\Delta_r H_m^{\ominus} = \Delta_r H_m^{\ominus}(1) - \Delta_r H_m^{\ominus}(2) = -110.5\ \text{kJ}$$

在生物体内，分步氧化过程对菌体的生长、营养的消耗都十分重要，但其反应热很难用实验测定，也可用 Hess 定律求得。例如，醋酸杆菌可通过乙醇的氧化而获得生长所需的能量，其过程分两步进行

$$C_2H_5OH \longrightarrow CH_3CHO \longrightarrow CH_3COOH$$

但每一步的氧化反应热很难测定。由物理化学手册查得，在 293 K、$p^{\ominus}$ 时，乙醇、乙醛和醋酸完全氧化的焓变(即燃烧焓)如下：

$$C_2H_5OH(l) + 3O_2(g) \longrightarrow 2CO_2(g) + 3H_2O(l) \qquad (1)$$

$$\Delta_c H_m^{\ominus} = -1371\ \text{kJ}\cdot\text{mol}^{-1}$$

$$CH_3CHO(l) + \frac{5}{2}O_2(g) \longrightarrow 2CO_2(g) + 2H_2O(l) \qquad (2)$$

$$\Delta_c H_m^{\ominus} = -1168\ \text{kJ}\cdot\text{mol}^{-1}$$

$$CH_3COOH(l) + 2O_2(g) \longrightarrow 2CO_2(g) + 2H_2O(l) \qquad (3)$$

$$\Delta_c H_m^\ominus = -876 \text{ kJ} \cdot \text{mol}^{-1}$$

根据 Hess 定律，由式(1)－式(2)，得

$$C_2H_5OH(l) + \frac{1}{2}O_2(g) \longrightarrow CH_3CHO(l) + H_2O(l)$$

$$\Delta_r H_m^\ominus = -1371 \text{ kJ} \cdot \text{mol}^{-1} - (-1168 \text{ kJ} \cdot \text{mol}^{-1}) = -203 \text{ kJ} \cdot \text{mol}^{-1}$$

这就是乙醇氧化成乙醛的反应热。

由式(2)－式(3)，得

$$CH_3CHO(l) + \frac{1}{2}O_2(g) \longrightarrow CH_3COOH(l)$$

$$\Delta_r H_m^\ominus = -1168 \text{ kJ} \cdot \text{mol}^{-1} - (-876 \text{ kJ} \cdot \text{mol}^{-1}) = -292 \text{ kJ} \cdot \text{mol}^{-1}$$

这就是乙醛氧化成乙酸的反应热。

1.9 几种热效应

1.9.1 生成焓

等温等压下化学反应的热效应($\Delta_r H_m^\ominus$)等于生成物焓的总和减去反应物焓的总和。如果能够知道参加反应的各个物质的焓值，反应热 $\Delta_r H_m^\ominus$ 可直接查表求得。但是，如前所述，焓的绝对值是无法测定的。为此，人们采用了一个相对标准，规定在标准压力 $p^\ominus$ 和指定温度(通常是 298.15 K)下，最稳定状态单质的摩尔生成焓为零，并把在标准压力 $p^\ominus$ 下，反应进行温度时，由最稳定的单质生成标准状态下 1 mol 化合物时的反应热称为该化合物的标准摩尔生成焓，用 $\Delta_f H_m^\ominus$ 表示。例如，在 298.15 K 时

$$\frac{1}{2}H_2(g, p^\ominus, 298.15\text{ K}) + \frac{1}{2}Cl_2(g, p^\ominus, 298.15\text{ K}) = HCl(g, p^\ominus, 298.15\text{ K})$$

$$\Delta_r H_m^\ominus(298.15\text{ K}) = -92.31 \text{ kJ} \cdot \text{mol}^{-1}$$

$$\begin{aligned}\Delta_r H_m^\ominus(298.15\text{ K}) &= H_m^\ominus(HCl, 298.15\text{ K}) - \frac{1}{2}H_m^\ominus(H_2, 298.15\text{ K}) - \frac{1}{2}H_m^\ominus(Cl_2, 298.15\text{ K}) \\ &= -92.31 \text{ kJ} \cdot \text{mol}^{-1}\end{aligned}$$

既然指定在 298.15 K 时稳定单质 H_2、Cl_2 的焓为零，即 $H_m^\ominus$(稳定单质，298.15 K)＝0，HCl(g)的生成焓为

$$\Delta_f H_m^\ominus(298.15\text{ K}) = -92.31 \text{ kJ} \cdot \text{mol}^{-1}$$

显然，一个化合物的生成焓并不是这个化合物的焓的绝对值，而是相对于合成它的稳定单质的相对焓。稳定单质是指在 298.15 K、$p^\ominus$ 下稳定形态的物质，例如，碳的稳定形态是石墨而不是金刚石，Br_2 的稳定形态是液态溴而不是气态溴。

对于不能直接由单质合成的化合物，如醋酸[$CH_3COOH(l)$ 或 HAc(l)]，可由 Hess 定律间接求得其生成焓

$$CH_3COOH(l) + 2O_2(g) \longrightarrow 2CO_2(g) + 2H_2O(l) \qquad (1)$$

$$\Delta_r H_m^\ominus(1) = -866.1 \text{ kJ} \cdot \text{mol}^{-1}$$

$$C(s) + O_2(g) \longrightarrow CO_2(g) \qquad (2)$$

$$\Delta_r H_m^\ominus(2) = -395.3 \text{ kJ} \cdot \text{mol}^{-1}$$

$$H_2(g)+\frac{1}{2}O_2(g)\longrightarrow H_2O(l) \tag{3}$$

$$\Delta_r H_m^{\ominus}(3)=-285.85\ kJ\cdot mol^{-1}$$

由[式(2)+式(3)]×2−式(1),得

$$2C(s)+2H_2(g)+O_2(g)\longrightarrow CH_3COOH(l)$$

醋酸的标准摩尔生成焓为

$$\begin{aligned}\Delta_f H_m^{\ominus}(HAc,l)&=2[\Delta_r H_m^{\ominus}(2)+\Delta_r H_m^{\ominus}(3)]-\Delta_r H_m^{\ominus}(1)\\&=[(-790.6)+(-571.7)-(-866.1)]\ kJ\cdot mol^{-1}\\&=-496.2\ kJ\cdot mol^{-1}\end{aligned}$$

许多化合物在298.15 K时的标准摩尔生成焓$\Delta_f H_m^{\ominus}(298.15\ K)$已经列表可查。查得后,可按下式求得反应热

$$\Delta_r H_m^{\ominus}(298.15\ K)=\sum_B(\nu_B\Delta_f H_m^{\ominus})_{产物}-\sum_B(\nu_B\Delta_f H_m^{\ominus})_{反应物} \tag{1.9.1}$$

即:任一反应的反应热等于产物的生成焓之和减去反应物的生成焓之和。例如,α-D-葡萄糖在醋酶作用下转变成乙醇反应在生化过程中十分重要,但由于反应太慢,反应热不能用量热计直接测量。查得参与反应各物质的标准摩尔生成焓分别为

	$C_6H_{12}O_6(s)$	$C_2H_5OH(l)$	$CO_2(g)$
$\Delta_f H_m^{\ominus}(298.15\ K)/(kJ\cdot mol^{-1})$	−1274.45	−277.63	−393.51

反应方程式为

$$C_6H_{12}O_6(s)=\!=\!=2C_2H_5OH(l)+2CO_2(g)$$

按式(1.9.1),得

$$\begin{aligned}\Delta_r H_m^{\ominus}(298.15\ K)&=[2\times(-277.63)+2\times(-393.51)-(-1274.45)]\ kJ\cdot mol^{-1}\\&=-67.83\ kJ\cdot mol^{-1}\end{aligned}$$

1.9.2 燃烧焓

无机化合物大部分可由单质直接合成。而许多有机化合物则很难由单质直接合成,故生成焓无法测得,但绝大部分有机物都能燃烧。有机化合物的燃烧焓定义为:1 mol的有机化合物在$p^{\ominus}$时完全燃烧时的焓变量,用$\Delta_c H_m^{\ominus}$表示。所谓完全燃烧,是指C变为$CO_2(g)$,H变为$H_2O(l)$,S变为$SO_2(g)$,N变为$N_2(g)$,Cl变为HCl水溶液等。根据燃烧焓,可按下式计算反应热

$$\Delta_r H_m^{\ominus}(298.15\ K)=\sum_B(\nu_B\Delta_c H_m^{\ominus})_{反应物}-\sum_B(\nu_B\Delta_c H_m^{\ominus})_{产物} \tag{1.9.2}$$

即任一反应的反应热等于反应物的燃烧焓之和减去产物的燃烧焓之和(实例见1.8节)。

1.9.3 溶解焓和稀释焓

在$p^{\ominus}$、298.15 K时,将1 mol某溶质溶于一定量溶剂中形成溶液时的热效应称为该浓度溶液的积分溶解焓(热),用$\Delta_{sol}H_m^{\ominus}$表示。显然,积分溶解焓(热)除与溶质和溶剂的性质有关外,还将随溶液浓度而变化。随着溶剂量的增加,积分溶解焓(热)逐渐趋于一定值。溶液为无限稀释时的积分溶解焓(热)称为无限稀释积分溶解焓(热)。当溶剂(如H_2O)确定后,各种溶

质的无限稀释积分溶解焓(热)有确定的数值,可以在有关物理化学手册中查到。例如:

$$\text{甘氨酸(s)} + \infty H_2O(l) \longrightarrow \text{甘氨酸}(\infty,aq) \qquad \Delta_{sol}H_m^{\ominus} = 15.69\ kJ \cdot mol^{-1}$$

$$\text{尿素(s)} + \infty H_2O(l) \longrightarrow \text{尿素}(\infty,aq) \qquad \Delta_{sol}H_m^{\ominus} = 13.93\ kJ \cdot mol^{-1}$$

两式分别表示 1 mol 甘氨酸或尿素溶于大量水中时产生的焓变。生化反应大多数在水溶液中进行,计算反应热时应考虑溶解焓(热)。例如,甘氨酸在生物体内氧化代谢成尿素、CO_2 和 H_2O,反应为

$$2\,\text{甘氨酸(s)} + 3O_2(g) = \text{尿素(s)} + 3CO_2(g) + 3H_2O(l)$$

查表得

化合物	$H_2O(l)$	$CO_2(g)$	尿素(s)	甘氨酸(s)
$\frac{\Delta_f H_m^{\ominus}}{kJ \cdot mol^{-1}}$	−285.85	−393.51	−333.19	−537.3

$$\begin{aligned}\Delta_r H_m^{\ominus} &= \Delta_f H_m^{\ominus}[\text{尿素(s)}] + 3\Delta_f H_m^{\ominus}[CO_2(g)] + 3\Delta_f H_m^{\ominus}[H_2O(l)] - 2\Delta_f H_m^{\ominus}[\text{甘氨酸(s)}] \\ &= -1296.67\ kJ \cdot mol^{-1}\end{aligned}$$

实际上该反应在水溶液中进行,需考虑甘氨酸和尿素的溶解焓,计算出它们在水溶液中的标准摩尔生成焓,即

$$\begin{aligned}\Delta_f H_m^{\ominus}[\text{甘氨酸}(\infty,aq)] &= \Delta_f H_m^{\ominus}[\text{甘氨酸(s)}] + \Delta_{sol}H_m^{\ominus}(\text{甘氨酸}) \\ &= -537.3\ kJ \cdot mol^{-1} + 15.69\ kJ \cdot mol^{-1} \\ &= -521.61\ kJ \cdot mol^{-1}\end{aligned}$$

$$\begin{aligned}\Delta_f H_m^{\ominus}[\text{尿素}(\infty,aq)] &= -333.19\ kJ \cdot mol^{-1} + 13.93\ kJ \cdot mol^{-1} \\ &= -319.26\ kJ \cdot mol^{-1}\end{aligned}$$

因此,此反应在水溶液中的反应热

$$\begin{aligned}\Delta_r H_m^{\ominus}(aq) &= [-319.26 + 3\times(-393.51) + 3\times(-285.85) - 2\times(-521.61)]\ kJ \cdot mol^{-1} \\ &= -1314.12\ kJ \cdot mol^{-1}\end{aligned}$$

此值是 298.15 K 时的数值,与人体实际反应的焓变非常接近。当然,在 310 K 时的数值需应用 Kirchhoff(基尔霍夫)定律求得。

在等温等压下,把溶剂加到含有 1 mol 溶质、浓度为 x_1 的溶液中,将该溶液冲淡到浓度为 x_2,该过程的热效应称为积分冲淡焓,亦称积分稀释焓,用 $\Delta_{dil}H_m^{\ominus}$ 表示。积分冲淡焓($\Delta_{dil}H_m^{\ominus}$)等于冲淡前后溶液积分溶解焓之差

$$\Delta_{dil}H_m^{\ominus} = \Delta_{sol}H_m^{\ominus}(2) - \Delta_{sol}H_m^{\ominus}(1) \tag{1.9.3}$$

1.9.4 离子生成焓

对于有离子参加的反应,若能知道离子的生成焓,则反应热即可求出。离子生成焓是指在 $p^{\ominus}$ 和指定温度下,由最稳定的单质生成 1 mol 溶于足够大量水中的相应离子时所产生的热效应。但是,在一个反应里正负离子总是同时存在,无法直接计算一种离子的生成焓。为此,必须建立一个相对标准。习惯上是规定 $H^+(\infty,aq)$ 的标准摩尔生成焓为零,即

$$\frac{1}{2}H_2(g) = H^+(\infty,aq) + e \qquad \Delta_f H_m^{\ominus}[H^+(\infty,aq)] = 0$$

由此可获得其他各种离子在无限稀水溶液中的相对生成焓,例如

$$H_2(g)+\frac{1}{2}O_2(g) \xlongequal{} H_2O(l)$$

$$\Delta_r H_m^{\ominus}(298.15\,K)=-285.83\,kJ\cdot mol^{-1}$$

$$H_2O(l) \xlongequal{} H^+(\infty,aq)+OH^-(\infty,aq)$$

$$\Delta_r H_m^{\ominus}(298.15\,K)=55.84\,kJ\cdot mol^{-1}$$

则

$$H_2(g)+\frac{1}{2}O_2(g) \xlongequal{} H^+(\infty,aq)+OH^-(\infty,aq)$$

$$\Delta_r H^m(298.15\,K)=-229.99\,kJ\cdot mol^{-1}$$

由于

$$\Delta_f H_m^{\ominus}[H^+(\infty,aq)]=0$$

所以

$$\frac{1}{2}H_2(g)+\frac{1}{2}O_2(g)+e \xlongequal{} OH^-(\infty,aq)$$

$$\Delta_r H_m^{\ominus}(298.15\,K)=-229.99\,kJ\cdot mol^{-1}$$

此即为 OH^- 离子的标准摩尔生成焓，即

$$\Delta_f H_m^{\ominus}[OH^-(\infty,aq)]=-229.99\,kJ\cdot mol^{-1}$$

又如，1 mol HCl(g) 在 298.15 K 时溶于大量水中形成 $H^+(\infty,aq)$和 $Cl^-(\infty,aq)$，此过程放热 75.14 $kJ\cdot mol^{-1}$。

$$HCl(g) \xlongequal{H_2O} H^+(\infty,aq)+Cl^-(\infty,aq)$$

$$\begin{aligned}\Delta_{sol}H_m^{\ominus}(298.15\,K)&=\Delta_f H_m^{\ominus}[H^+(\infty,aq)]+\Delta_f H_m^{\ominus}[Cl^-(\infty,aq)]-\Delta_f H_m^{\ominus}[HCl(g)]\\&=-75.14\,kJ\cdot mol^{-1}\end{aligned}$$

已知

$$\Delta_f H_m^{\ominus}[HCl(g)]=-92.30\,kJ\cdot mol^{-1}$$

则

$$\Delta_f H_m^{\ominus}[Cl^-(\infty,aq)]=(-75.14-92.30)kJ\cdot mol^{-1}=-167.44\,kJ\cdot mol^{-1}$$

生化反应大多数在水溶液中进行，其中不少涉及离子反应，计算反应热时应考虑离子生成焓。

1.10　反应热与温度的关系——Kirchhoff 定律

化学反应的热效应随温度的不同而改变。一般从手册上查得的是 298.15 K 时的数据，要求得同一反应在另一温度时的热效应，必须要了解 ΔH 与温度 T 的关系。

若已知下列反应在 T_1 时的反应热为 $\Delta_r H_m(T_1)$，该反应在 T_2 时的反应热 $\Delta_r H_m(T_2)$可根据状态函数的性质用下述方法求得

$$\begin{array}{ccc} aA+bB & \xrightarrow[\Delta_r H_m(T_2)]{T_2} & gG+hH \\ \downarrow \Delta H_m(1) & & \uparrow \Delta H_m(2) \\ aA+bB & \xrightarrow[\Delta_r H_m(T_1)]{T_1} & gG+hH \end{array}$$

(1) 将反应物 aA、bB 的温度从 T_2 降至 T_1，此过程为无化学反应的降温过程，其焓变为

$$\Delta H_m(1)=\int_{T_2}^{T_1}[a\,C_{p,m}(A)+b\,C_{p,m}(B)]dT=\int_{T_2}^{T_1}\sum C_p(\text{反应物})dT$$

(2) 在 T_1 时，aA、bB 发生反应生成 gG 和 hH，其热效应为 $\Delta_r H_m(T_1)$。

(3) 将生成物 gG、hH 的温度从 T_1 升至 T_2，此过程为无化学反应的升温过程，其焓变为

$$\Delta H_m(2) = \int_{T_1}^{T_2} [g\,C_{p,m}(G) + h\,C_{p,m}(H)]dT = \int_{T_1}^{T_2} \sum C_p(\text{产物})dT$$

ΔH 是状态函数，所以

$$\begin{aligned}\Delta_r H_m(T_2) &= \Delta H_m(1) + \Delta_r H_m(T_1) + \Delta H_m(2)\\ &= \Delta_r H_m(T_1) + \int_{T_1}^{T_2}\left[\sum C_p(\text{产物}) - \sum C_p(\text{反应物})\right]dT\\ &= \Delta_r H_m(T_1) + \int_{T_1}^{T_2} \Delta_r C_p\, dT \qquad (1.10.1)\end{aligned}$$

该式即为 Kirchhoff 定律。式中：$\Delta_r C_p$ 为产物等压热容总和与反应物等压热容总和的差值。在使用式(1.10.1)时，应注意在 $T_1 \to T_2$ 区间内反应物和产物都没有聚集态的变化。若有聚集态变化，$C_{p,m}$与 T 的关系是不连续的，必须分段积分，还应补加相变的潜热。

【例 1.4】 葡萄糖在细胞呼吸中的氧化作用可表示为

$$C_6H_{12}O_6(s) + 6O_2(g) \longrightarrow 6H_2O(l) + 6CO_2(g)$$

假定各物质的 $C_{p,m}^{\ominus}$在 298.15～310 K 范围内不变，求在生理温度 310 K 时此反应的焓变。

解　查表(附录Ⅱ，p.339～341)可得各物质在 298.15 K 时的 $\Delta_f H_m^{\ominus}$ 和 $C_{p,m}^{\ominus}$如下：

	$O_2(g)$	$CO_2(g)$	$H_2O(l)$	$C_6H_{12}O_6(s)$
$C_{p,m}^{\ominus}/(J\cdot mol^{-1}\cdot K^{-1})$	29.36	37.13	75.30	218.9
$\Delta_f H_m^{\ominus}/(kJ\cdot mol^{-1})$	0	−393.51	−285.85	−1274.45

根据式(1.9.2)，得

$$\begin{aligned}\Delta_r H_m^{\ominus}(298.15\,K) &= [6\times(-285.85) + 6\times(-393.51) - (-1274.45)]\ kJ\cdot mol^{-1}\\ &= -2801.71\ kJ\cdot mol^{-1}\end{aligned}$$

$$\begin{aligned}\Delta_r C_p &= [6\times(75.30+37.13) - 218.9 - 6\times 29.36]\ J\cdot mol^{-1}\cdot K^{-1}\\ &= 279.52\ J\cdot mol^{-1}\cdot K^{-1}\end{aligned}$$

根据式(1.10.1)，得

$$\begin{aligned}\Delta_r H_m(310\,K) &= \Delta_r H_m^{\ominus}(298.15\,K) + \int_{298.15}^{310} \Delta_r C_p\, dT\\ &= -2801.71\ kJ\cdot mol^{-1} + 279.52\times 10^{-3}\ kJ\cdot mol^{-1}\cdot K^{-1}\times(310-298.15)\ K\\ &= -2798.40\ kJ\cdot mol^{-1}\end{aligned}$$

1.11 新陈代谢与热力学

无数事实证明，所有生命过程都是遵守热力学第一定律的。无论是单个细胞还是复杂的人体，都不能凭空创造它所需的能量，而只能把摄入的各种能量转变成有机体的热力学能，然后再通过各种方式将其变为有机体活动的功或热。因此，人体也是一个热力学体系，而且是一个复杂的开放体系。人体通过消化系统和呼吸系统与外界交换物质，吸收所需的营养物和氧气，排出废物和 CO_2。适用于人体的热力学第一定律为

$$\Delta U = Q + W + U_m$$

在生物体系中，热力学能改变量 ΔU 相当于机体可转化为热形式储存的能量；体系与环境交换

的热 Q 包括三种形式：(i) 通过水分蒸发或凝结交换，(ii) 通过表面辐射交换，(iii) 通过对流交换；体系与环境交换的功 W 主要是在生产劳动和体育锻炼时必须作的机械功；式中 U_m 是通过所摄入的营养物质的代谢而传递的能量，实际上是摄入物和吸入 O_2 的能量与排泄物和呼出 CO_2 的能量之差值，它是生物体系所特有的内部能源。

生物体系除作上述机械功外，在其体内还必须作维持生命用的各种生理功，主要是：

(1) 进行生化反应，把简单小分子合成生物大分子，形成复杂的细胞，组成高度有序的生命结构所需的化学功。

(2) 维持体内各器官活动，如呼吸、血液循环、消化道蠕动，生物分子或离子的主动输运等的机械功。

(3) 维持神经信号传递所作的电功等等。

这些用于体内作功的部分能量最后都转化为热散发于体内，称作“代谢产热”。

植物利用光合作用把太阳能转变成化学能储存于植物之中。人类从植物和动物中得到碳水化合物、蛋白质、脂肪等富能物质，并利用吸入的氧气使这些物质在体内氧化而转变成 CO_2 和 H_2O，并把所包含的化学能逐步释放出来。生物体内的这种变化过程称为代谢过程，包括物质代谢和能量代谢。为了维持机体生命，必须保留一定水平的代谢活动，这个代谢水平称为基础代谢率。一个体重 60 kg 的人，必须保持的基础代谢率为 $6000\ kJ \cdot d^{-1}$。人体活动或劳动时能量消耗就会增加。通常人体需要 $8000 \sim 12\,000\ kJ \cdot d^{-1}$ 能量。这些能量一部分储存于体内(如生成高能化合物三磷酸腺苷 ATP)，随时供给各种需能反应；一部分用于作必须的各种生理功和生产劳动、体育锻炼时的机械功；还有一部分能量直接转化为热以维持人的正常体温。散发于体内的热量(如代谢产热等)由血液循环带到身体表面，由皮肤通过辐射、对流和水分蒸发等方式向外散发；另有一小部分随呼吸和排泄物放出。人每天要从皮肤和肺蒸发 $0.4 \sim 0.6\ dm^3$ 水分，相应带走 900～1500 kJ 的热。对于摄入一定食物能量的人体而言，若消耗于体力的能量减少，多余的能量常以脂肪形式储存于体内，人体就会发胖。

每克葡萄糖提供约 16 kJ 能量，每克脂肪提供约 40 kJ 能量，每克蛋白质提供约 20 kJ 能量。实验证明，虽然食物在机体内的氧化机制复杂，但其化学本质与它在体外燃烧是一样的。只要始、终态相同，这两种过程的热效应相等，可用 Hess 定律计算。差别只是食物在体内的氧化不是一次完成，而是分阶段完成，所含能量逐步释放出来。因此，我们可用热力学定律来计算生命活动中所需的能量，把热力学的某些规律应用于生物体系研究生物体系中的能量关系，探讨生命过程中的化学反应原理。

【例 1.5】　三羧酸循环是生物体内产生 ATP 的最主要途径，此循环的净反应是乙酸氧化为 CO_2 和 H_2O。

(1) 计算在 310 K 时该反应的焓变；

(2) 此循环所产生的能量用于生成 ATP 的吸能反应，若生成 1 mol ATP 需 29.3 kJ，那么，1 mol 乙酸氧化放出的能量最多可生成多少摩尔 ATP？

(3) 每摩尔乙酸氧化实际可产生 12 mol ATP，试计算此循环的能量利用率。

解　(1) 乙酸氧化为 CO_2 和 H_2O 的反应方程式为

$$CH_3COOH(l) + 2O_2(g) \longrightarrow 2CO_2(g) + 2H_2O(l)$$

查表，得

	$CH_3COOH(l)$	$CO_2(g)$	$H_2O(l)$	$O_2(g)$
$\Delta_f H_m^\ominus/(kJ\cdot mol^{-1})$	−484.3	−393.5	−285.8	0.0
$C_{p,m}/(J\cdot K^{-1}\cdot mol^{-1})$	125.52	38.08	75.24	29.59

$$\Delta_r H_m^\ominus(298\,K) = [2\times(-393.5)+2\times(-285.8)-(-484.3)]\,kJ\cdot mol^{-1} = -874.3\,kJ\cdot mol^{-1}$$

应用 Kirchhoff 定律，得

$$\begin{aligned}\Delta_r H_m^\ominus(310\,K) &= \Delta_r H_m^\ominus(298\,K) + \int_{T_1}^{T_2}\Delta C_p dT \\ &= -874.3\,kJ\cdot mol^{-1} + \int_{298\,K}^{310\,K}[(2\times 38.08+2\times 75.24)-125.52 \\ &\quad -(2\times 29.59)]\,J\cdot K^{-1}\cdot mol^{-1}dT \\ &= -874.3\,kJ\cdot mol^{-1} + 41.94\,J\cdot K^{-1}\cdot mol^{-1}\times(310\,K-298\,K) \\ &= -873.8\,kJ\cdot mol^{-1}\end{aligned}$$

(2) $\dfrac{873.8\,kJ}{29.3\,kJ\cdot mol^{-1}} = 29.8\,mol \approx 30\,mol$

(3) $\dfrac{12}{30}\times 100\% = 40\%$

近些年来，人们用精密微量量热计监测细菌生长、种子发芽等缓慢过程的微小热效应，得到这些代谢过程的热谱图(单位时间的热效应 $\partial Q/\partial T$ 随时间的变化图)。这些谱图可用于鉴别细菌、研究细菌生成代谢过程的机理，为探讨抗菌素类药物抑制其生长繁殖的作用提供科学依据。应用微量量热技术测定 ATP 水解、蛋白质的转化和相互作用、抗体和抗原反应、酶和底物相互作用的热效应，可得到这些生化反应的热力学函数 ΔH、ΔG，更深入地了解生物大分子之间的结合、反应及其功能调节的关系。热谱图涉及动植物的基础代谢、生长发育过程，其中蕴含着丰富的有关生命现象的信息。

参 考 读 物

[1] 何应森. 热力学的新进展. 化学通报，1989(4)：35
[2] 潘传智. 关于状态性质的加和性. 大学化学，1988，3(1)：14
[3] 谢乃贤，高倩雷. 功、热概念的新介绍. 化学通报，1989(8)：48
[4] 王乐珊，许志安. 无机热化学数据库. 化学通报，1985(6)：58
[5] 何法信. 离子的相对生成热和绝对生成热. 大学化学，1989，4(2)：50
[6] 谢昌礼，徐桂端，宋昭华，屈松生. 微量热化学及其应用. 物理化学教学文集(二)，1991，90
[7] 梁毅，屈松生，刘义，汪存信，黄在银，宋昭华. 热动力学研究新进展. 化学通报，1998(3)：13
[8] 薛万华，杨宏秀. 谈谈热力学. 化学通报，2000(3)：55
[9] 刘鹏，刘义，陈西贵，屈松生. 等温微量量热法在生命科学中的应用. 化学通报，2002(10)：682

思　考　题

1. 将一电热丝浸入一绝热箱内水中(如右图),通以电流,请判断下列各种情况下 ΔU、Q、W 是大于零、小于零,还是等于零?

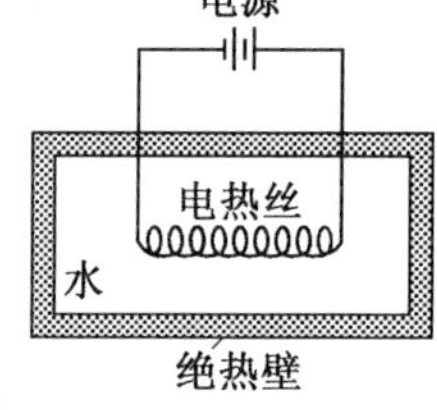

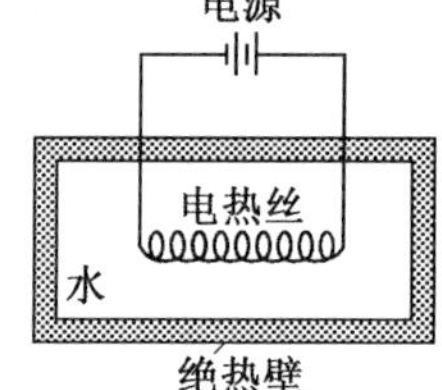

(1) 以电热丝为体系,其余为环境。

(2) 以电热丝和水为体系,其余为环境。

(3) 以水为体系,其余为环境。

(4) 以电热丝、电源、水及其他一切有影响部分为体系。

2. 什么是状态函数,状态函数有哪些特性?说明热力学能和焓是状态函数,而 Q 和 W 不是状态函数。

3. 什么是热力学中的可逆过程,化学中的可逆反应是否就是热力学中的可逆过程?

4. 功和热是什么?在什么情况下功和热才有意义?二者有何区别?能否说一个体系有多少功和多少热?

5. 如右图,一定量理想气体由状态 A 变到状态 B,问此过程是吸热还是放热?

6. 焓的物理意义是什么?是否只有等压过程才有 ΔH?应用 $\Delta H=Q_p$ 时要满足哪些条件?

7. 理想气体在外压一定下绝热膨胀。因为是等压,所以 $Q_p=\Delta H$,又因为绝热,所以 $Q_p=0$,因此可得 $\Delta H=Q_p=0$,对吗?为什么?

8. 设一理想气体从始态 A 点出发经不同过程分别到达终态 B 点和 C 点,若 B、C 两点在同一条绝热线上(如右图),问 ΔU_{AB} 与 ΔU_{AC} 哪个较大?若 B、C 两点在同一条等温线上,结果又如何?

9. 有氧、氮、二氧化碳三种物质的量相同的理想气体,在相同的初始状态下等容加热。若吸收的热量都相同,温度变化是否都相同?压力变化是否都一样?

10. 请指出下列各式适用的条件:

(1) $\mathrm{d}U=\delta Q+\delta W$　　(2) $\mathrm{d}U=\delta Q-p\mathrm{d}V$　　(3) $\Delta H=Q$

(4) $Q_p=Q_V$　　(5) $\delta Q=C_{V,\mathrm{m}}\mathrm{d}T+RT\mathrm{d}\ln V$

习　　题

1. 1 mol 单原子分子理想气体由 273 K、200 kPa 变为 323 K、100 kPa,可以经由以下两条途径:(1) 先恒压加热,再恒温可逆膨胀;(2) 先恒温可逆膨胀,再恒压加热。计算这两种途径的 Q、W、ΔU 和 ΔH,计算结果说明什么?

2. 273 K、500 kPa 的 2 dm^3 N_2对抗 100 kPa 的外压等温膨胀至 100 kPa,求此过程中的 Q、W、ΔU 和 ΔH;假设气体为理想气体,此过程是否可逆?

3. 1 mol 双原子分子理想气体,经等压过程从300 K、10 dm^3 膨胀到 20 dm^3,然后再经等温压缩使体系体积复原。求体系在整个过程中的 ΔU 和 ΔH?

4. 293 K、100 kPa 的某气体 3 dm^3,在等压下加热至 353 K,已知该气体的摩尔等容热容为:

$$C_{V,\mathrm{m}}/(\mathrm{J\cdot K^{-1}\cdot mol^{-1}}) = 31.4 + 13.4\times10^{-3}\ T$$

计算此过程中的 W、Q、ΔU 和 ΔH(可以近似按理想气体来处理)。

5. 1 mol 单原子理想气体,从 200 kPa、11.2 dm^3 始态,经 $pT=$常数的可逆过程压缩到 400 kPa 终态,试求:此过程中的 W、ΔU 和 ΔH。

6. 20 g 乙醇在其正常沸点时蒸发为气体。乙醇的蒸发热为 858 J·g^{-1}，蒸气的比容为 607 cm^3·g^{-1}，试求乙醇蒸发过程的 W、Q、ΔU 及 ΔH。假定乙醇蒸气可以看成理想气体。

7. 已知冰在 273 K、100 kPa 时的熔化热为 334.7 J·g^{-1}，水在 373 K、100 kPa 时的蒸发热为 2255 J·g^{-1}。今在 100 kPa 下，将 1 mol 的冰变成 373 K 的水蒸气，试计算此过程的 ΔU 和 ΔH。

8. 在 100 kPa 下，在 100 g 冷到 268 K(−5℃)的过冷水中加入极少量的冰屑(其量可忽略不计)，使过冷水很快部分结冰。由于该过程进行很快，可看作绝热过程。已知冰的熔化热为 333.5 J·g^{-1}，268～273 K时水的平均比热为 4.238 J·K^{-1}·g^{-1}，求：(1) 该混合物平衡时的温度；(2) 该过程的 ΔH；(3) 有多少克水结成冰？

9. 2 mol 压力为 202.65 kPa，体积为 V_1 的理想气体等温可逆膨胀到 $10V_1$，对外作功 41.85 kJ，试求 V_1 和体系的温度。

10. 298 K 时，反应 $H_2(g)+\frac{1}{2}O_2(g) \longrightarrow H_2O(l)$的反应热为−285.84 kJ·$mol^{-1}$，试计算 800 K 时反应热。

已知，$H_2O(l)$在 373 K、$p^{\ominus}$时的蒸发热为 40.65 kJ·mol^{-1}，且

$$C_{p,m}(H_2)=29.07\ J\cdot K^{-1}\cdot mol^{-1}-(8.36\times10^{-4}\ J\cdot K^{-2}\cdot mol^{-1})T$$

$$C_{p,m}(O_2)=36.16\ J\cdot K^{-1}\cdot mol^{-1}+(8.45\times10^{-4}\ J\cdot K^{-2}\cdot mol^{-1})T$$

$$C_{p,m}[H_2O(g)]=30.00\ J\cdot K^{-1}\cdot mol^{-1}+(10.7\times10^{-3}\ J\cdot K^{-2}\cdot mol^{-1})T$$

$$C_{p,m}[H_2O(l)]=75.26\ J\cdot K^{-1}\cdot mol^{-1}$$

11. 计算体温 310 K 时水的蒸发热(所需数据参见题 10)。

12. 将 1.20 g 人造奶油放入量热计的反应器中测定人造奶油的发热量。反应器浸放在 1400 mL 水中，充以过量氧气，反应完成后测得水温升高 5.16 K。已知量热计的热容量为 1882.8 J·K^{-1}，反应式为：$C_{57}H_{108}O_6(s)+81O_2(g) \longrightarrow 57CO_2(g)+54H_2O(l)$，请计算：

(1) 5.00 g 人造奶油的发热量；

(2) 人体内氧化(恒压)情况下的反应热 ΔH。

13. 已知葡萄糖和乙醇的燃烧焓分别为：−2803.03 kJ·mol^{-1}和−1366.83 kJ·mol^{-1}，试求 298 K、$p^{\ominus}$时葡萄糖发酵生成 1 mol 乙醇时放出多少热量？

14. 取 0.1265 g 蔗糖在弹式量热计中燃烧，起始温度为 298 K，燃烧后温度升高了。经测定，为升高同样温度要消耗电能 2082.3 J。(1) 计算蔗糖的燃烧焓；(2) 计算蔗糖的生成焓。

15. 延胡索酸(反式丁烯二酸)和马来酸(顺式丁烯二酸)在 298 K 时的燃烧焓分别为−1335.9和−1359.1 kJ·mol^{-1}。计算这两种同分异构体的生成焓和 298 K 时马来酸 $\longrightarrow$ 延胡索酸的异构化焓。(298 K 时 CO_2 和 H_2O 的生成焓分别为−393.5 和−285.85 kJ·mol^{-1})。

16. 一个体重为 60 kg 的人登上高 1524 m 的泰山，他所作的功多少？作此功要消耗他体内多少克葡萄糖？为了补充体能，他要吃巧克力。若摄入的巧克力可全部用于支持他垂直位移所作的功，那么他需要吃多少克巧克力？已知葡萄糖($C_6H_{12}O_6$)的燃烧焓为 2816 kJ·mol^{-1}，巧克力的燃烧焓为 15.7 kJ·g^{-1}。

17. 通过代谢作用，人体平均每天产生热 10 460 kJ。假定人体是一个隔离体系，其比热与水一样。试问一个体重为 60 kg 的人在一天内体温要升高多少？人实际上是一个开放体系，散热的途径是水的蒸发，试问此人每天需要蒸发多少水，体温才能维持不变？已知 310 K 时水的蒸发热为2406 J·g^{-1}。

第 2 章　热力学第二定律

热力学第一定律说明当一个体系的状态发生变化时，体系与环境之间的能量交换总是守恒的。在此基础上确立了热力学能 U 和焓 H 两个热力学函数，建立了各种热效应的概念，解决了物理变化和化学变化中的热效应问题。

自然界中所发生的一切变化都遵从热力学第一定律，但是许多并不违背热力学第一定律的变化却未必能自动发生。对于在指定条件下，体系中的某一状态变化(物理的或化学的)能否自动发生；若能发生，进行到什么程度为止；若不能自动发生，能否改变条件促使其发生？这类问题，热力学第一定律是无法回答的。热力学第一定律说明的是体系发生变化时所遵循的能量关系，对变化的方向并没有加任何限制。然而上述问题与生产、科研以及日常生活有着密切的关系，也是人们所关心的重要问题。例如：能否通过某种途径在常温常压下由 N_2 和 H_2 合成 NH_3？能否由石墨人工合成金刚石？这些问题都涉及到反应的方向和限度。解决这些问题所依据的原理就是热力学第二定律。大量事实证明，自然界中自动发生的变化都有一定的方向性。要想了解它的规律，必须研究自发变化的共同特点，从中找出判断自发过程方向和限度的准则，这就是热力学第二定律所要解决的问题。

2.1　自发变化的共同特征——不可逆性

自发变化是指无需外力帮助，任其自然即可发生的变化。自然界任何体系，如果任其自然，总是自动地、单向地趋于平衡态的，而其逆过程是不能自动发生的。例如：热量总是由高温物体自动传入低温物体，直到两者温度相等为止；其逆过程，即热量自低温物体流向高温物体，两者温差越来越大，是不会自动发生的。气体总是由压力高处向压力低处流动，直到各处压力相等为止，气体逆向流动是不可能自动进行的。两种纯气体放在一起就会自动混合直到完全均匀，混匀了的气体分离成两种纯气体是不会自动发生的。锌片投入硫酸铜溶液生成铜和硫酸锌，其逆过程也不会自动发生。

从这些例子中可以看出，一切自发变化都有一定的方向和限度，并且都不会自动逆向进行，这就是自发变化的共同特征。概括地说，自发变化是热力学的不可逆过程。这个结论是经验的总结，也是热力学第二定律的基础。

上述自发变化都不会自动逆向进行，但这并不意味着它们根本不可能逆转，借助于外力是可以使一个自发变化逆向进行的。例如，气体在恒温下向真空膨胀是一个自发过程，过程中 $Q=0, W=0, \Delta U=0$。若消耗外功(例如重物下落)将活塞等温压缩，能使气体恢复原来状态。但其结果是环境付出了功，并将这部分功转化为热传给储热器(也是环境的一部分)。即在体系恢复原状时，在环境中留下了功转化为热的后果。要使环境也恢复到原来的状态，必须能够从单一热源(储热器)中取出热量使其完全转变为功，然后把作用于活塞的重物举到原来的高度而不产生其他变化。实践证明这是不可能的。

又如，热由高温物体流入低温物体，这是一个自发变化。依靠外界(致冷机)作功可以使低温物体所得的热传回给高温物体，使体系复原。但致冷机所作的功在此过程中转化为热，即环境发生了变化。要使环境复原，必须使这部分热能完全转化为致冷机的电功。实际经验证明这也是不可能的。

同样，对于其他的自发变化，若要使其逆向进行，环境都要发生变化，留下后果。也就是说，一个自发变化发生之后，不可能使体系和环境同时恢复到原来状态，而不留下其他后果。这就是自发变化的共同特性——不可逆性。

一切自发过程都具有不可逆性，它们在进行时都具有确定的方向与限度，怎样才能知道一个自发过程进行的方向和限度呢？对于一些简单的自发过程来说，根据经验已可判断。如：用温度差 $\mathrm{d}T$ 可以判断热传导的方向和限度（$\mathrm{d}T=0$）；用压力差 $\mathrm{d}p$ 可以判断气体流动的方向和限度（$\mathrm{d}p=0$）；用电势差 $\mathrm{d}E$ 可以判断电流的方向和限度（$\mathrm{d}E=0$）等。但是，对于一些比较复杂的过程，例如各种化学反应，判断其自发进行的方向、限度就不那么简单了。大量的实践经验表明，各类自发过程其不可逆性不是孤立的，而是彼此相关的，而且都可归结为在借助外力使体系复原时在环境中留下了一定量的功转变成热的后果，因而有可能在各种不同的热力学过程之间建立起统一的、普遍适用的判据，并根据普适的判据去判断那些复杂过程的方向和限度。

2.2 热力学第二定律

当人们从大量实践中总结出热力学第一定律之后，宣告了第一类永动机（不需要外界供给能量而能不断循环作功的机器）的彻底破产。但是，在不违反热力学第一定律的情况下，能否设计出一种能从大海、空气这样巨大的单一热源中不断吸取热量，并把它全部转化为功而不产生其他后果的机器——第二类永动机[如图 2.1(a)]呢？如果能实现，那么这个大热源的热量几乎是取之不尽的。但是实践证明，第二类永动机是不可能造成的。人们从失败中总结出，要想把从单一热源吸取的热全部转变为功而不留下任何其他后果是不可能的。任何热机要连续工作，至少必须有温度不同的两个热源，从高温热源 T_2 处吸收热量 Q_2，其中只有一部分 $Q_2-Q_1=W$ 可以转化为功，另一部分 Q_1 必须散发给低温热源 T_1，如图 2.1(b)，否则热机不能循环连续工作。

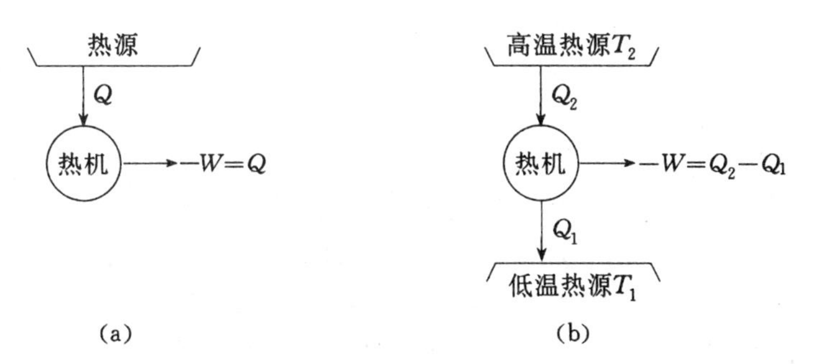

图 2.1 第二类永动机(a)与热机(b)示意图

Clausius（克劳修斯，1850）和 Kelvin（开尔文，1851）在深入研究了 Carnot（卡诺）热机，了解了功转变为热与热转变为功两者的不等价性以后，提出了关于热力学第二定律的两种经典说法。

Clausius 说法　不可能把热从低温物体传到高温物体，而不引起其他变化。

Kelvin 说法　不可能从单一热源取出热使之完全变为功，而不发生其他变化。

Clausius 和 Kelvin 的说法都是指一件事情是"不可能的"：Clausius 的说法是指明热传导的不可逆性，Kelvin 的说法是指明热功转化的不可逆性。两种说法实际上是等效的、一致的。

关于 Kelvin 说法，应注意这里并没有说热不能转变为功。事实上，许多热机（蒸气机、内燃机）就是把热转变为功。这里也没有说热不能全部转化为功。正确的理解是在不引起其他变化（或不产生其他影响）的条件下，热不能完全变为功。这个条件是必不可少的。例如理想气体等温膨胀时，$\Delta U=0$，$Q=W$，就将其吸收的热全部转化为功，但这时体系的状态发生了变化，体积变大了。如果要让它继续不断地工作，那就必须把体积压缩，这时原来体系作的功又完全还给体系了。所以说体系要从单一热源取出热，通过一个循环过程将其全部变成功而不发生任何其他变化是不可能的。

一个自发过程发生之后，后果可以转移，但不能消失。我们可以通过一定的方式把后果最终归结为热传导或热功转化的不可逆性。因此，原则上可以根据 Clausius 或 Kelvin 说法来判断一个过程的方向，但实际上这样做时很不方便，也太抽象，同时还不能指出过程的限度。能不能像热力学第一定律得出热力学能 U 和焓 H 那样，找到一些热力学函数，通过计算这些热力学函数的变化来判断过程的方向和限度呢？Clausius 从分析 Carnot 循环过程中的热功转化关系入手，最终发现了热力学第二定律中最基本的状态函数——熵。

2.3　熵

2.3.1　Carnot（卡诺）循环和熵函数的发现

所有热机至少必须在两个热源之间经过循环过程才能连续工作。热机工作时，总是工作物质从某一高温热源（锅炉）吸热，然后将所吸热的一部分转化为功，其余部分就流入低温热源（空气），而工作物质恢复了原状，周而复始连续工作。热转化为功的比率多少，反映出热机的效率。随着热机效率的改进，热转化为功的比率就增高。那么，当热机改进得十分完善，成为一个理想热机时，热能不能全部变为功？如果不能，在一定条件下，最多可以有多少热量转化为功？这是 19 世纪 20～30 年代很关心的一个重要问题。1824 年法国工程师 Carnot 证明：在一个理想热机中，工作物质（理想气体）在两个热源之间通过一个由两个恒温可逆过程和两个绝热可逆过程所组成的特殊可逆循环工作时，热转化为功的比率最大。这种循环我们称之为 Carnot 循环，它在热力学第二定律的发展中是一个重要的里程碑。现将 Carnot 循环阐明如下（见图 2.2）。

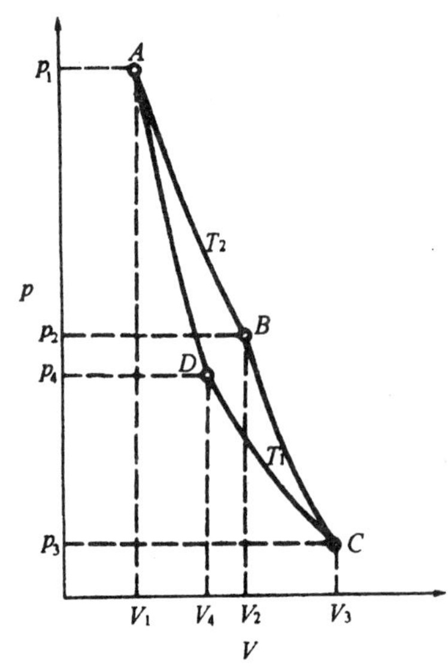

图 2.2　Carnot 循环

（1）初态为 $A(p_1,V_1,T_2)$ 的理想气体与高温热源 T_2 接触，恒温可逆膨胀到状态 $B(p_2,V_2,T_2)$，并吸热 Q_2。由于理想气体的热力学能仅为温度的函数，故 $\Delta U_1=0$。

$$Q_2 = -W_1 = \int_{V_1}^{V_2} p\mathrm{d}V = nRT_2 \ln \frac{V_2}{V_1}$$

(2) 由状态 B 经绝热可逆膨胀到状态 $C(p_3, V_3, T_1)$。体系消耗热力学能作功，气体温度由 T_2 降至 T_1。

$$Q_{绝} = 0$$
$$W_2 = \Delta U_2 = C_V(T_1 - T_2)$$

(3) 气体与低温热源 T_1 接触，由状态 C 恒温可逆压缩到状态 $D(p_4, V_4, T_1)$，压缩过程中向低温热源(T_1)放热 Q_1。由于

$$\Delta U_3 = 0$$
$$Q_1 = -W_3 = \int_{V_3}^{V_4} p\mathrm{d}V = nRT_1 \ln \frac{V_4}{V_3}$$

(4) 由状态 D 经绝热可逆压缩回到初态 A。外界对气体作功，体系热力学能增加，温度由 T_1 升至 T_2。

$$Q_{绝} = 0$$
$$W_4 = \Delta U_4 = C_V(T_2 - T_1)$$

Carnot 热机经过以上四步完成一个循环过程，其结果是：热机中理想气体恢复了原状，而高温热源 T_2 由于过程(1)损失了 Q_2 热量，低温热源由于过程(3)得到了 Q_1 热量。经过一次循环，所作的总功应当是 4 个过程作功的总和，即

$$\begin{aligned} W &= W_1 + W_2 + W_3 + W_4 \\ &= -nRT_2 \ln \frac{V_2}{V_1} + C_V(T_1 - T_2) - nRT_1 \ln \frac{V_4}{V_3} + C_V(T_2 - T_1) \\ &= -\left(nRT_2 \ln \frac{V_2}{V_1} + nRT_1 \ln \frac{V_4}{V_3}\right) \\ &= -(Q_2 + Q_1) \end{aligned} \qquad (2.3.1)$$

在 p-V 图上，W 表示为四边形 $ABCD$ 的面积(图 2.2)。

过程(2)和(4)都是绝热可逆过程，根据理想气体绝热可逆过程方程式

$$T_2 V_2^{\gamma-1} = T_1 V_3^{\gamma-1} \quad 和 \quad T_2 V_1^{\gamma-1} = T_1 V_4^{\gamma-1}$$

可得

$$\frac{V_2}{V_1} = \frac{V_3}{V_4}$$

代入式(2.3.1)，得

$$W = -nR(T_2 - T_1) \ln \frac{V_2}{V_1}$$

循环过程中气体从高温热源吸热 Q_2，对外作功 $|W|$，$|W|$ 与 Q_2 之比称为热机效率 η

$$\eta = \frac{|W|}{Q_2} = \frac{nR(T_2 - T_1)\ln \frac{V_2}{V_1}}{nRT_2 \ln \frac{V_2}{V_1}} = \frac{T_2 - T_1}{T_2} \qquad (2.3.2)$$

由此可见，Carnot 热机的效率与两个热源的温度差有关。两热源温差越大，热机效率越高。反之，当 $T_2 - T_1 = 0$ 时，$\eta = 0$，即从单一热源取出热量转化为功是不可能的。这与 Kelvin 说法是一致的，同时也说明第二类永动机是不可能造成的。当 $T_1 \to 0$ 或 $T_2 \to \infty$ 时，$\eta \to 1$。但热力

学第三定律(2.6.1 节)告诉我们，热力学零度是不可能达到的，而 $T_2 \to \infty$ 也是无法实现的。这就是说，即使是经历可逆过程的理想热机，其效率也不可能等于 1，再一次说明热不可能全部变为功而不引起其他变化。

将式(2.3.1)代入(2.3.2)，得

$$\frac{Q_2 + Q_1}{Q_2} = \frac{T_2 - T_1}{T_2}$$

整理后，可得

$$\frac{Q_1}{T_1} + \frac{Q_2}{T_2} = 0 \qquad (2.3.3)$$

结果说明，在 Carnot 循环过程中，虽然 $W \neq 0$，$Q_1 + Q_2 \neq 0$，但可逆过程的热效应与其热源温度的比值(即可逆过程中的热温商)的总和等于零。此结果可以推广到任意可逆循环*，即

$$\sum_i \left(\frac{\delta Q_i}{T_i}\right)_{\mathrm{R}} = 0$$

式中：下标 R 表示可逆。我们知道，在一个循环过程中，如果一个物理量改变值的总和为零，这个物理量是一个状态函数，其改变值完全由始、终态决定而与变化过程无关。这个状态函数称之为熵，用 S 表示，其量纲为 $\mathrm{J \cdot K^{-1}}$。

$$\mathrm{d}S = \frac{\delta Q_{\mathrm{R}}}{T} \qquad (2.3.4)$$

式中：δQ_{R} 表示各可逆过程中吸收或放出的热量。如令 S_A 和 S_B 分别代表始、终态的熵，则

$$S_B - S_A = \Delta S = \int_A^B \frac{\delta Q_{\mathrm{R}}}{T} \qquad (2.3.5)$$

ΔS 称为该过程的熵变。

2.3.2　过程方向的判断

Carnot 在导出了热机效率公式之后，又提出了著名的 Carnot 定理："所有工作于同温热源与同温冷源之间的热机，其效率都不能超过可逆机。"　用热力学第二定律可以证明这个定理**。对任一不可逆的热机来说，其效率 η' 比 Carnot 热机的效率 η 都要低，即

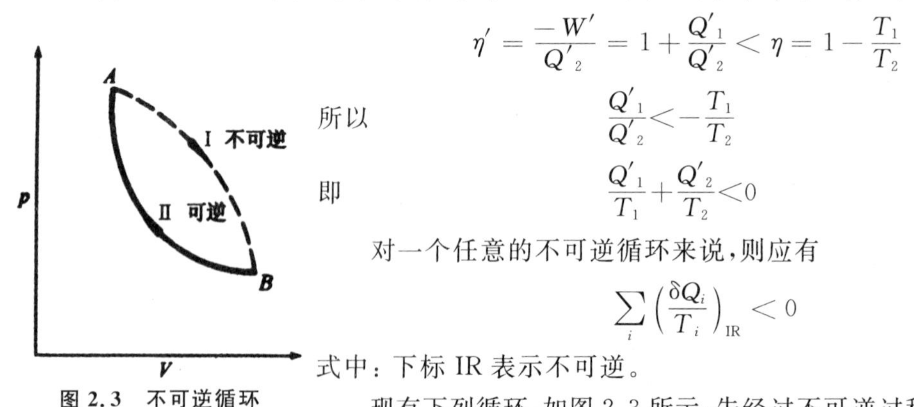

图 2.3　不可逆循环

$$\eta' = \frac{-W'}{Q'_2} = 1 + \frac{Q'_1}{Q'_2} < \eta = 1 - \frac{T_1}{T_2}$$

所以

$$\frac{Q'_1}{Q'_2} < -\frac{T_1}{T_2}$$

即

$$\frac{Q'_1}{T_1} + \frac{Q'_2}{T_2} < 0$$

对一个任意的不可逆循环来说，则应有

$$\sum_i \left(\frac{\delta Q_i}{T_i}\right)_{\mathrm{IR}} < 0$$

式中：下标 IR 表示不可逆。

现有下列循环，如图 2.3 所示：先经过不可逆过程Ⅰ，由 $A \to B$；然

* 和 * * 可参阅南京大学物理化学教研室傅献彩，沈文霞，姚天扬编写的物理化学(第 4 版)§2.4 和§2.3　。

后经过可逆过程Ⅱ，由 $B \to A$。对于一循环过程，只要其中有一小段过程是不可逆的，则整个循环过程是不可逆的。因此，必然有

$$\sum_{A\to B}\left(\frac{\delta Q_i}{T_i}\right)+\int_B^A \frac{\delta Q_R}{T}<0$$

根据式(2.3.5)，上式可改写为

$$\sum_{A\to B}\left(\frac{\delta Q_i}{T_i}\right)+(S_A-S_B)<0$$

即

$$S_B-S_A=\Delta S_{A\to B}>\sum_{A\to B}\left(\frac{\delta Q_i}{T_i}\right) \tag{2.3.6}$$

将式(2.3.5)与式(2.3.6)合并，得

$$\Delta S-\sum\frac{\delta Q}{T}\geqslant 0 \quad \begin{matrix}\text{不可逆}\\ \text{可逆}\end{matrix} \tag{2.3.7}$$

此公式称为 Clausius 不等式，其中 δQ 是实际过程中的热效应，T 是热源或环境的温度。熵是状态函数，当始、终态确定后，ΔS 有确定的数值，其大小由始、终态决定。若在此始、终态间进行一个可逆过程，其实际过程热温商之和就等于体系的熵变 ΔS，式(2.3.7)中用等号；若发生了一个不可逆过程，其实际过程热温商之和必小于体系的 ΔS，式(2.3.7)中用不等号。因此，上式可用来判断不可逆过程的方向性，它指出一个不可逆过程只能朝着 $\Delta S-\sum\frac{\delta Q}{T}>0$ 的方向进行，决不会出现 $\Delta S-\sum\frac{\delta Q}{T}<0$ 的情形。因此式(2.3.7)也可以作为热力学第二定律的数学表达式。

2.3.3 熵增加原理

如果体系的变化过程是在绝热的条件下进行的，则 $\delta Q=0$。根据式(2.3.7)，得到

$$\Delta S\geqslant 0 \quad \begin{matrix}\text{不可逆}\\ \text{可逆}\end{matrix} \qquad \text{或} \qquad \mathrm{d}S\geqslant 0 \quad \begin{matrix}\text{不可逆}\\ \text{可逆}\end{matrix} \tag{2.3.8}$$

这就是说，当体系由初态经绝热过程到达终态，它的熵值永远不会减少。如果过程是可逆的，则熵值不变；如果过程是不可逆的，则熵值增加。这就是熵增加原理。显然：

(i) 绝热可逆过程是一个等熵过程，而绝热不可逆过程却不是。因此，在绝热条件下，可以用计算体系 ΔS 的方法来判断变化过程是否可逆。

(ii) 从同一始态出发，绝热可逆与绝热不可逆两个过程不可能达到同一个终态。

(iii) 自发过程一定是不可逆过程，但一个不可逆过程未必是自发过程。在绝热条件下，体系和环境之间无热交换，但不排斥以功的形式交换能量。因此式(2.3.8)只能判断过程是否可逆，不能用于判断过程是否自发。

对于一个孤立体系，体系与环境之间没有功和热的交换。孤立体系必然是绝热的，上述结论推广到孤立体系，即可表述为：一个孤立体系的熵永远不会减少。这是熵增加原理的另一种说法。由于是孤立体系，外界对体系不能发生影响，整个体系只能是处于“不去管它，任其自然”的状态。在这种情况下，如果体系发生不可逆的变化，则必定是自发的。随着自发变化的进行，体系的熵不断增加，到达平衡以后，熵达到最大值，即

$$\Delta S_{孤立} \geqslant 0 \quad \begin{matrix} 不可逆(自发) \\ 可逆(平衡) \end{matrix} \tag{2.3.9}$$

但是实际上，我们经常涉及的体系都不是孤立体系，它们都与环境有着相互作用。我们如果把与体系密切相关的环境和体系包括在一起，当作一个孤立体系，则应有

$$\Delta S_{孤立} = \Delta S_{体系} + \Delta S_{环境} \geqslant 0 \tag{2.3.10}$$

当体系的熵变和环境熵变的总和大于零时，此过程即为自发过程。我们知道，任何自发过程都是由非平衡态趋向于平衡态，到平衡态时孤立体系的熵函数达到最大值。因此，自发的不可逆过程进行的限度是以熵函数达到最大值为准则。

综上所述，我们对熵函数应有以下的理解：

(1) 熵是体系的状态函数，其改变值只与体系的始、终态有关，而与变化的途径无关。始、终态确定后，熵变是由可逆过程的热温商量度的。但热力学第二定律只能给出熵变 ΔS 值，熵的绝对值要根据热力学第三定律才能确定。

(2) 熵是广度量，具有加和性，整个体系的熵是各个部分熵的总和。熵是宏观量，是构成体系的大量粒子集体呈现出的性质，个别粒子没有熵的概念。

(3) 利用熵函数可以判断过程的方向性。在孤立体系中，一切能自发进行的过程都引起体系总熵值的增大；若体系已处于平衡态，体系的熵达到最大值，此时 $\Delta S_{孤立}=0$，任何 $\Delta S_{孤立}<0$ 的变化不可能发生。在绝热过程中，若过程可逆，体系的熵值不变，$\Delta S_{绝热}=0$；若过程不可逆，则体系的熵增加。绝热不可逆过程向熵增加的方向进行，到熵达最大值、体系达平衡态为止。

(4) 孤立体系内不可能出现总熵减少的变化，但对于其中一个子体系，其熵有可能减少。只要另一个辅助子体系熵增加，而且能补偿该子体系熵的减少，使整个孤立体系的熵变满足 $\Delta S_{孤立}\geqslant 0$ 时，此局部过程就能进行。

2.4　熵变的计算

熵是热力学第二定律中用以判断过程方向和限度的函数。在一般体系中，只要求出总熵变(体系熵变和环境熵变的总和)就可用来判断此过程能否自发进行。因此，判断过程方向和限度就转化为熵变的计算。根据熵的定义，始、终态确定后，熵变由可逆过程的热温商来计算。物质的变化过程虽然多种多样，但在求熵变时，一般都可以化成一些简单变化的组合。因此，我们先介绍几种常见的简单变化过程熵变的计算，并用 Clausius 不等式来判断过程的方向和限度。化学变化的熵变留在后面叙述。

2.4.1　等温过程的熵变

等温过程是指体系的始、终态温度相同并等于环境温度的变化过程，其熵变需要设计始、终态相同的等温可逆过程求算，其公式为

$$\Delta S = S_B - S_A = \int_A^B \frac{\delta Q_R}{T} = \frac{Q_R}{T} \tag{2.4.1}$$

式中：Q_R 为等温可逆过程中体系吸收的热量。

1. 理想气体的等温变化过程

其熵变应为

$$\Delta S=\frac{nRT\ \ln\frac{V_2}{V_1}}{T}=nR\ \ln\frac{V_2}{V_1}=nR\ \ln\frac{p_1}{p_2} \tag{2.4.2}$$

2. 相变过程

相变一般是在等温等压条件下进行的。如果在此温度和压力下参加变化的两相可以平衡共存,则此时的相变是可逆的。体系在此相变过程中所吸收或放出的热量就是相变热。相变熵为

$$\Delta S=\frac{n\Delta H_{\mathrm{m}}}{T} \tag{2.4.3}$$

式中:n 为物质的量;T 为可逆相变时的温度;ΔH_{m} 为摩尔相变热(对蒸发过程,则是摩尔气化热;对熔化过程,则为摩尔熔化热)。

3. 等温下理想气体混合过程

在一定 T、p 情况下,抽去图 2.4 中的隔板,A、B 两种气体混合均匀。混合过程中每种气体单独存在时的压力相等,并等于混合气体的总压力 p。这种混合过程相当于 A、B 气体体积分别从 V_{A}、V_{B} 膨胀到 $V(V=V_{\mathrm{A}}+V_{\mathrm{B}})$ 的过程。

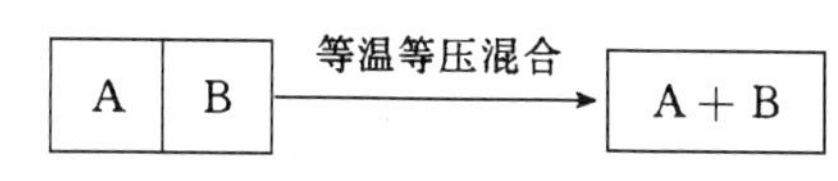

图 2.4 等温等压气体的混合

等温等压混合过程的熵变一般可写成

$$\begin{aligned}\Delta S_{混合}&=n_{\mathrm{A}}R\ \ln\frac{V_{\mathrm{A}}+V_{\mathrm{B}}}{V_{\mathrm{A}}}+n_{\mathrm{B}}R\ \ln\frac{V_{\mathrm{A}}+V_{\mathrm{B}}}{V_{\mathrm{B}}}\\&=-n_{\mathrm{A}}R\ \ln x_{\mathrm{A}}-n_{\mathrm{B}}R\ \ln x_{\mathrm{B}}\\&=-R\sum_i n_i\ \ln x_i>0\end{aligned} \tag{2.4.4}$$

式中:x 是摩尔分数;$\Delta S_{混合}$ 就是混合熵。由于 $x_i<1$,混合过程总是熵增加过程。

2.4.2 非等温(加热或冷却)过程的熵变

若对体系加热或冷却,使其温度发生变化,则体系的熵值也发生变化。

在等容变温过程中

$$\mathrm{d}S=\frac{C_V\mathrm{d}T}{T},\ \Delta S=\int_{T_1}^{T_2}\frac{C_V\mathrm{d}T}{T} \tag{2.4.5}$$

如果 C_V 不随温度变化,则

$$\Delta S=C_V\ln\frac{T_2}{T_1} \tag{2.4.6}$$

在等压变温过程中

$$\mathrm{d}S=\frac{C_p\mathrm{d}T}{T},\ \Delta S=\int_{T_1}^{T_2}\frac{C_p\mathrm{d}T}{T} \tag{2.4.7}$$

如果 C_p 不随温度变化,则

$$\Delta S=C_p\ln\frac{T_2}{T_1} \tag{2.4.8}$$

若 C_V、C_p 随温度而变化,则以 $C_V=f(T)$、$C_p=f(T)$ 代入式(2.4.5)或(2.4.7)积分,但在温度变化后,必须没有新相产生和旧相消失,否则热容将有一突然变化,不能连续积分。

2.4.3　环境的熵变

计算环境的熵变时，可认为环境是个大储热器，无论体系的变化实际上是如何进行的，环境吸热或放热的过程是可逆的。而且，环境的热容量很大，一定热量的传递不会引起温度改变，即 $T_{环}$ 是恒定的。在此基础上，用环境的温度去除环境吸收或放出的热量，就得到环境的熵变 $\Delta S_{环}$，即

$$\Delta S_{环} = \frac{-Q}{T_{环}} \tag{2.4.9}$$

【例 2.1】 2 mol 理想气体，在 300 K 通过下列三种方式膨胀，使压力由 600 kPa 降到 100 kPa：(1)可逆膨胀，(2)向真空自由膨胀，(3)对抗 100 kPa 的外压膨胀。试分别求算三个过程进行后体系和环境的熵变(环境是大热源——大气)。

解　(1) 理想气体等温可逆膨胀 $\Delta U=0$

$$\Delta S_{体} = nR\ \ln\frac{p_1}{p_2}$$

$$= 2\ \text{mol}\times 8.314\ \text{J}\cdot\text{mol}^{-1}\cdot\text{K}^{-1}\ \ln\frac{6\times 10^5\ \text{Pa}}{1\times 10^5\ \text{Pa}} = 29.8\ \text{J}\cdot\text{K}^{-1}$$

$$\Delta S_{环} = \frac{-Q_R}{T_{环}} = -29.8\ \text{J}\cdot\text{K}^{-1}$$

$\Delta S_{孤} = \Delta S_{体} + \Delta S_{环} = 0$　为可逆过程

(2) 向真空膨胀

$\Delta S_{体} = 29.8\ \text{J}\cdot\text{K}^{-1}$[因为起止状态同(1)，熵是状态函数，其改变值相同]

$\Delta S_{环} = 0$ (环境无变化)

$\Delta S_{孤} = \Delta S_{体} + \Delta S_{环} = 29.8 + 0 = 29.8\ \text{J}\cdot\text{K}^{-1} > 0$　为不可逆过程

(3) 对抗恒外压 1×10^5 Pa 的膨胀

$$\Delta S_{体} = 29.8\ \text{J}\cdot\text{K}^{-1}$$

$$\Delta S_{环} = \frac{-Q}{T_{环}} = -\frac{p\Delta V}{T} = -\frac{p_2}{T}\left(\frac{nRT}{p_2} - \frac{nRT}{p_1}\right) = -nR\left(1-\frac{p_2}{p_1}\right)$$

$$= -2\ \text{mol}\times 8.314\ \text{J}\cdot\text{mol}^{-1}\cdot\text{K}^{-1}\left(1-\frac{1\times 10^5\ \text{Pa}}{6\times 10^5\ \text{Pa}}\right) = -13.9\ \text{J}\cdot\text{K}^{-1}$$

$\Delta S_{孤} = \Delta S_{体} + \Delta S_{环} = (29.8-13.9)\ \text{J}\cdot\text{K}^{-1} = 15.9\ \text{J}\cdot\text{K}^{-1} > 0$　为不可逆过程

$\Delta S_{体}>0$，说明体系经等温膨胀体积增加后其熵值是增大的。

【例 2.2】 1 mol H_2O(g) 从 473 K 冷却到 298 K 变为 H_2O(l)，求此过程的 ΔS。已知 H_2O 的 $C_{p,m}(g)=(30.21+9.92\times 10^{-3}T)\ \text{J}\cdot\text{mol}^{-1}\cdot\text{K}^{-1}$，$C_{p,m}(l)=75.31\ \text{J}\cdot\text{mol}^{-1}\cdot\text{K}^{-1}$，水的蒸发热为 $2255\ \text{J}\cdot\text{g}^{-1}$。

解　$H_2O(g, 473\ \text{K}) \xrightarrow{\Delta S_1} H_2O(g, 373\ \text{K}) \xrightarrow{\Delta S_2} H_2O(l, 373\ \text{K}) \xrightarrow{\Delta S_3} H_2O(l, 298\ \text{K})$

$$\Delta S_1 = \int_{T_1}^{T_2}\frac{C_{p,m}(g)}{T}dT = \int_{473}^{373}\left(\frac{30.21}{T} + 9.92\times 10^{-3}\right)dT = -8.17\ \text{J}\cdot\text{K}^{-1}$$

$$\Delta S_2 = \frac{n\Delta H_m(相变)}{T_b} = \frac{-2255\ \text{J}\cdot\text{g}^{-1}\times 18\ \text{g}}{373\ \text{K}} = -108.8\ \text{J}\cdot\text{K}^{-1}$$

$$\Delta S_3 = \int_{T_1}^{T_2} C_{p,m}(l)\frac{dT}{T} = \int_{373}^{298}\frac{75.31}{T}dT = -16.91\ \text{J}\cdot\text{K}^{-1}$$

$$\Delta S = \Delta S_1 + \Delta S_2 + \Delta S_3 = -133.9\ \text{J}\cdot\text{K}^{-1}$$

ΔS_1 和 ΔS_3 分别是水蒸气和水在等压降温过程中的熵变。显然：当温度下降时，$\Delta S<0$，即体系的熵随温度下降而减小。ΔS_2 是水和水蒸气在 373.2 K、101325 Pa 平衡相变条件下的熵变，$\Delta S_2<0$，说明体系由气态变成液态时熵是减小的，即 $S(\mathrm{l})<S(\mathrm{g})$。

对于一个不可逆过程或一个不知是否可逆的过程，计算其熵变时需要设计始态和终态与所求过程相同的一个或一组可逆过程。计算出该可逆过程的熵变，此熵变即为上述所求过程的熵变。

【例 2.3】 试判断在 268.2 K、$p^{\ominus}$下，过冷的液体苯是否会自动凝结为固体苯。已知苯的凝固点为 278.2 K，苯在 278.2 K 时的熔化热 $\Delta H_{\mathrm{m}}=9940\ \mathrm{J\cdot mol^{-1}}$，在 268.2～278.2 K 温度间隔内，液体苯和固体苯的平均热容量为

$$C_{p,\mathrm{m}}(\mathrm{l}) = 126.8\ \mathrm{J\cdot K^{-1}\cdot mol^{-1}},\quad C_{p,\mathrm{m}}(\mathrm{s}) = 122.6\ \mathrm{J\cdot K^{-1}\cdot mol^{-1}}$$

解　268.2 K 低于苯的正常凝固点，268.2 K 的液体苯的凝结过程不知是否为可逆过程。为此，需设计已知的一组可逆过程（始、终态与所求过程相同），以便计算体系的 ΔS。所设计的一组可逆过程为

$$\begin{array}{ccc}
C_6H_6(\mathrm{l},268.2\ \mathrm{K}) & \xrightarrow{\Delta S} & C_6H_6(\mathrm{s},268.2\ \mathrm{K}) \\
\text{恒压可逆升温}\ \Big\downarrow \Delta S_1 & & \Delta S_3 \Big\uparrow\ \text{恒压可逆降温} \\
C_6H_6(\mathrm{l},278.2\ \mathrm{K}) & \xrightarrow[\text{可逆相变}]{\Delta S_2} & C_6H_6(\mathrm{s},278.2\ \mathrm{K})
\end{array}$$

$$\begin{aligned}
\Delta S_{体} &= \Delta S_1 + \Delta S_2 + \Delta S_3 \\
&= \int_{268.2}^{278.2} \frac{C_p(\mathrm{l})}{T}\mathrm{d}T + \frac{\Delta H}{T_{\mathrm{f}}} + \int_{278.2}^{268.2} \frac{C_p(\mathrm{s})}{T}\mathrm{d}T \\
&= \int_{268.2}^{278.2} \frac{C_p(\mathrm{l}) - C_p(\mathrm{s})}{T}\mathrm{d}T + \frac{\Delta H}{T_{\mathrm{f}}} \\
&= (126.8 - 122.6)\ln\frac{278.2}{268.2}(\mathrm{J\cdot K^{-1}\cdot mol^{-1}}) \times 1\ \mathrm{mol} - \frac{9940\ \mathrm{J\cdot mol^{-1}}}{278\ \mathrm{K}} \times 1\ \mathrm{mol} \\
&= -35.60\ \mathrm{J\cdot K^{-1}}
\end{aligned}$$

$\Delta S_{体}<0$，并不能说明此过程不自发。若要判断过程的方向，还应计算环境的熵变。在计算环境熵变时，需要知道 268.2 K 此过程发生时实际的热效应。根据 Kirchhoff 定律

$$\begin{aligned}
\Delta H(268.2\ \mathrm{K}) &= \Delta H(278.2\ \mathrm{K}) + \int_{278.2}^{268.2} \Delta C_p \mathrm{d}T \\
&= -9940\ \mathrm{J\cdot mol^{-1}} \times 1\ \mathrm{mol} + [(122.6 - 126.8) \times (-10)]\ \mathrm{J\cdot mol^{-1}} \times 1\ \mathrm{mol} \\
&= -9898\ \mathrm{J}
\end{aligned}$$

$$\Delta S_{环} = \frac{-\Delta H(268.2\ \mathrm{K})}{T} = \frac{9898\mathrm{J}}{268.2\ \mathrm{K}} = 36.93\ \mathrm{J\cdot K^{-1}}$$

$$\Delta S_{总} = \Delta S_{体} + \Delta S_{环} = 1.33\ \mathrm{J\cdot K^{-1}} > 0$$

此过程是自发的不可逆过程。

2.5　热力学第二定律的本质——熵的统计意义

由热力学第一定律导出了状态函数热力学能，它是体系内物质所具有的各种能量的总和。由热力学第二定律导出了状态函数熵，它有什么物理意义呢？要阐明熵的微观本质，涉及到统计热力学。

统计热力学研究的都是大量粒子的集合体。在统计热力学中，体系的宏观状态是用一组宏观物理量（如温度、压力、体积等）描述的；体系的微观状态是体系内每个粒子的微观量（如动量，能量等）都有确切描述时体系所呈现的状态。在一定条件下，描述体系的宏观物理量都有一定的数值，体系的宏观状态也不随时间而改变。但构成体系的分子、原子是在不停地运动着的，故体系的微观状态是千变万化的。不过只要宏观条件确定，体系总的微观状态数 W 是一个定值。由于粒子的无规则运动，每一种微观状态出现的概率应该是均等的，都为 $(1/W)$。现以 a、b、c、d 4 个分子在一个盒子中体积相同的两部分（$V_1=V_2=V/2$）中的分布方式为例来说明（图 2.5）。

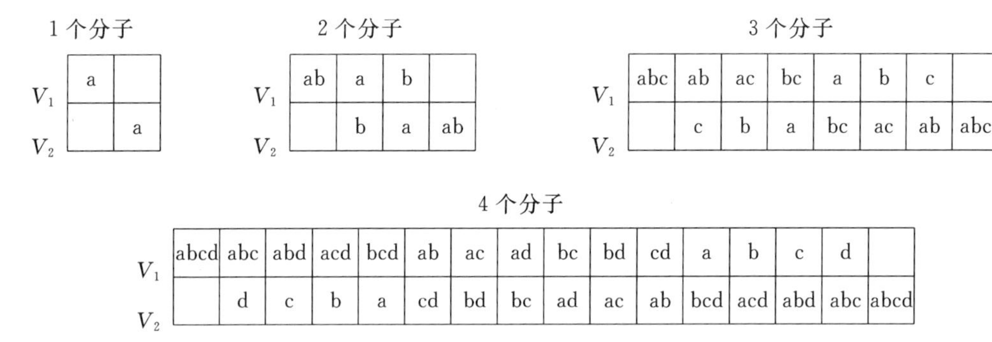

图 2.5　分子分布的可能状态

由图 2.5 可以看出，4 个分子总微观状态数 $W=16=2^4$，每种微观状态出现的概率为

$$\frac{1}{16}=\left(\frac{1}{2}\right)^4$$

这 16 种微观状态对应于不同的分布方式，其中均匀分布所包含的微观状态数为最多。一种宏观状态或一种分布所包含的微观状态数叫作这种宏观状态的热力学概率，用 Ω 表示。这种分布出现的数学概率为 Ω/W。表 2.1 是不同体系的分布概率。由表中可以看出，当只有 1 个分子时，分子在 V_1 中的数学概率为 1/2；有 2 个分子时，相应为 1/4（见图 2.5）；当分子数 N 为 6.023×10^{23} 时，所有分子都集中在 V_1 的概率为 $(1/2)^{6.023\times10^{23}}$。这个数值非常小，几乎为零，而均匀分布的概率则趋近于 1。倘若开始时分子都在盒子的 V_1 中（用隔板与 V_2 隔开），抽去隔板后，分子便迅速扩散并占据整个容器，成为均匀分布（即最混乱分布）而达到平衡状态。

表 2.1　不同体系的分布概率

体系分子数	总微观状态数	分子都在 V_1 的热力学概率	分子都在 V_1 的数学概率	均匀分布的热力学概率[a]
1	$2^1=2$	1	$\frac{1}{2}$	
2	$2^2=4$	1	$\left(\frac{1}{2}\right)^2=\frac{1}{4}$	$C_2^1=2$
3	$2^3=8$	1	$\left(\frac{1}{2}\right)^3=\frac{1}{8}$	
4	$2^4=16$	1	$\left(\frac{1}{2}\right)^4=\frac{1}{16}$	$C_4^2=6$

气体的自由膨胀是一个典型的不可逆过程，体系是由 N 个分子都集中在 V_1，其热力学概率为 1、数学概率为 $(1/2)^N$ 的始态变到 N 个分子在 V 中均匀分布，其热力学概率为 2^N、数学概率为 1 的终态。如前所述，气体的自由膨胀是一个熵增加的过程。显然，自发变化向着熵值增加的方向进行，其实质就是向着分布最均匀、热力学概率最大、混乱度（无序度）最大的方向进行，所以热力学概率也被称为体系的混乱度（无序度）。

在自发过程中，体系的热力学概率 Ω 和体系的熵有相同的变化方向，都趋向于增加。因此状态函数熵与热力学概率 Ω 之间必有一定的联系，可用函数关系表示

$$S = f(\Omega)$$

设体系由两个独立的子体系构成，其熵及热力学概率分别是 S_1、Ω_1 和 S_2、Ω_2。因为熵是广度性质的量，整个体系的熵 S 是两个子体系熵之和，即 $S=S_1+S_2$。而根据概率定理，体系总的热力学概率 Ω 应为两个子体系热力学概率之乘积，即 $\Omega=\Omega_1\Omega_2$。

又因
$$S_1=f(\Omega_1),\quad S_2=f(\Omega_2)$$

故
$$S = S_1 + S_2 = f(\Omega) = f(\Omega_1\Omega_2) = f(\Omega_1) + f(\Omega_2) \tag{2.5.1}$$

在此只有借助于对数关系，才能把它们联系起来，即

$$S \propto \ln\Omega \quad 或 \quad S = k\ln\Omega \tag{2.5.2}$$

这就是著名的 Boltzmann（玻兹曼）公式，式中 k 就是 Boltzmann 常数。因为熵是宏观物理量，而热力学概率是一个微观量，这个公式成为宏观与微观联系的重要桥梁。通过该公式，使热力学与统计力学发生了联系，为用统计力学计算热力学函数开辟了一条途径。

应用式(2.5.1)处理理想气体自由膨胀，得

$$\Delta S = S_2 - S_1 = k\ln\Omega_2 - k\ln\Omega_1 = k\ln\frac{\Omega_2}{\Omega_1} = k\ln\frac{2^N}{1} = R\ \ln2$$

上式与 1 mol 理想气体等温由体积为 $V/2$ 自由膨胀到体积 V 过程的熵变

$$\Delta S=R\ \ln\frac{V}{V/2}=R\ \ln2$$

完全一致。

综上所述，从微观的角度来看，熵具有统计意义，它是体系可达微观状态数（即无序度）对数的定量量度。在孤立体系中进行一个可逆过程，其无序度不变，$\Delta S=0$；发生一个自发变化，体系将由热力学概率小（无序度小）的状态变成热力学概率大的状态，体系无序度增大，熵也增加。当无序度增至给定情况下所允许的最大值时，熵也为最大，体系达到平衡态。这就是孤立体系熵增加原理，也就是热力学第二定律的本质。

体系的熵值大小与体系的无序度有关，因而凡是能使无序度增加的因素都会对体系的熵值有贡献。同种物质聚集态不同，其无序度不同，熵值也不相同。气态最无序，液态次之，固态较为有序，故 $S(\mathrm{g})>S(\mathrm{l})>S(\mathrm{s})$。一个体系中，分子除了由于空间位置的混乱排布而形成不同的微观状态之外，温度升高也增加体系的无序度。因为随着温度升高体系的能量增加，分子可分配到更高的能级上，这改变了分子在各能级上的分布，相应的微观状态数就增加。由于能级间距与体积相关，若体系体积增大，能级间隔就变小，这使分子可占据的能级增多，因而能实现的微观状态数增加。这种由于分子的能级排布发生变化而出现的微观状态数，称为热混乱度，其相应的熵称为热熵。此外，分子空间构型分布的变化也有相应的熵值，这种熵叫构型熵。例如，等温等压下两种气体混合，微观状态数增加，所产生的混合熵就属于构型熵。晶体中

不对称分子排列时，不同的取向也增加微观状态数，也属于构型熵。分子中包含的原子数目、原子种类越多，其熵值越大；同分异构体中不对称性越高者，其熵值越大，也都来自于构型熵。大分子化合物构型的改变往往伴随熵的变化，也属于构型熵。天然蛋白质分子是一种有规则结构，当加进乙醇、尿素等变性剂时，蛋白质变性。其构型由 α 螺旋状态渐渐松开，变成为无规则线团状态，分子内各原子团的运动自由度增大，分子无序度增加，熵值也增加。DNA 的解链和伸展也是如此。

热力学第二定律的基础在于：虽然热和功的转化在数量上是相等的，但在本质上是不同的。功是分子有序运动的结果，而热是与分子的无规则运动相联系的。功转变为热是分子有序运动转化为无序运动、混乱度增加的过程，而热转变为功是分子由无序运动转化为有序运动、混乱度减小的过程。在 Carnot 热机中，气体从高温热源吸热后分子动能增加，可及的能级数也增加，分子在能级上的分布也发生改变，其混乱度上升。这些分子碰撞活塞、碰撞器壁以及彼此碰撞的频率和强度都会增加。但只有碰撞活塞、推动活塞才能作功，后两种碰撞都不能作功。气体分子的热运动是完全无序的，要它们只作第一种碰撞不作后两种碰撞是不可能的，因此，从高温热源吸的热完全变成功也是不可能的。

两个温度不同的物体接触时，热量从高温物体传给低温物体、最后达热平衡是一个典型的不可逆过程。在这个过程中，能量并没有损失，它是守恒的，但作功的机会“丢失”了。我们本可以把它们当作热机的高温热源和低温热源，在热量从高温热源中取出并传递到低温热源的过程中得到一些机械功。但它们一接触，温度变均匀，也就丢失了热转变为功的机会，而且丢失的这种机会是不可能自动挽回的。上述过程中熵是增加的，但热量变得不能利用了。因此可以把熵看作是能量不可用程度的量度。一个不可逆过程发生后，体系熵增加了，能量的可用性减少了。

根据能量最低原理，自然界中自发变化总是向着能量最低状态进行的。但有些现象，如两种气体的自动混合、食盐溶解于水（吸热）及一些能自发进行的吸热反应等，用能量最低原理是无法解释的。它们的共同点是体系从较为有序状态变到无序状态，熵增加了。熵与能量在各能级上的分布相关。熵达极大的平衡态相应于能量最可几分布状态。可见，自然界自发变化的方向是由能量及能量分布（或状态混乱度）共同决定的。

2.6　热力学第三定律和标准熵

2.6.1　热力学第三定律

熵是体系混乱度的量度，体系混乱度越低，熵值就越低。对于一种物质来讲，从气态、经液态到分子排列成晶格的固态，其混乱度逐渐减小，其熵值也相应逐渐降低。随着固态温度降低，体系的熵值也进一步下降。

20 世纪初，Nernst（能斯特）、Planck（普朗克）、Lewis（路易斯）等人根据这一观点和一系列实验现象提出：在热力学零度（0 K）时，任何纯的完美晶体的熵值为零，这就是热力学第三定律。用数学形式可表示为

$$\lim_{T\to 0} S = 0 \qquad (2.6.1)$$

所谓完美晶体，是指整个晶体中原子（离子）完全按周期性的点阵排列。在 0 K 时，原子在其平衡位置附近的振动也已停止。整个晶体中的原子只有一种排列方式，即一种微观状态，$\Omega=1$。

$$S_0 = k\ln\Omega = 0 \tag{2.6.2}$$

热力学第三定律的另一种表述是："不可能用有限的手续使一物体冷却到热力学温度的零度。" 其意义是热力学零度只能趋近，不能达到。

2.6.2 标准熵

在等压可逆条件下(不作其他功，无相变和化学反应)

$$dS = \frac{dH}{T} = \frac{C_p}{T}dT$$

将此式自 0→T 积分，得

$$S_T - S_0 = \int_0^T \frac{C_p}{T}dT$$

因 $S_0=0$，故任何物质在温度 T 时的熵值为

$$S_T = \int_0^T C_p d\ln T \tag{2.6.3}$$

若 0 K～T 之间物质有相变，则要进行分段积分，并把相变熵包括在 S_T 内。从实验上测定 C_p 与 T 的关系，用图解积分法，以 C_p/T 对 T(或以 C_p 对 $\ln T$)作图(图 2.6)，则相应温度区间内曲线下的面积加上相变熵就是该物质在 T 时的熵值。

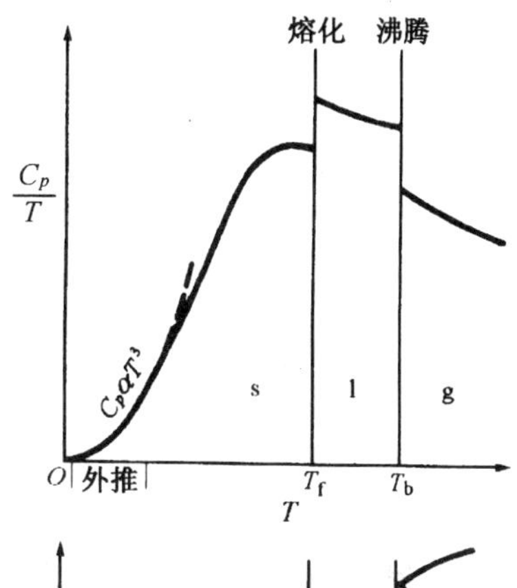

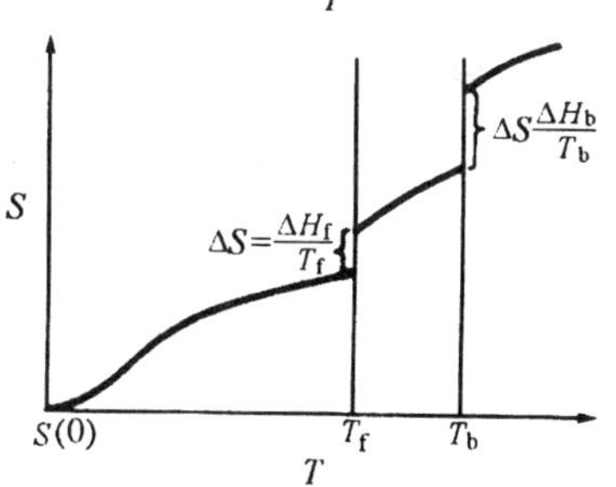

图 2.6 由热容数据计算熵

在等压下，将 1 mol 纯物质从 0 K 升高到 T 时的熵变称为该物质在温度 T、压力 p 时的摩尔规定熵。在 $p^\ominus$、T 时，纯物质的摩尔规定熵称为在 T 时该物质的标准熵。通常规定 T 为 298.15 K，标准熵用 $S_m^\ominus$(298.15 K)表示。

1 mol 纯物质在 $p^\ominus$ 下，从 0 K 的晶体到 T 的气体(设此物质只有一种晶型)一般经历下列步骤：

$$\underset{0\,\text{K}}{\text{晶体}} \xrightarrow{\text{升温}} \underset{(T_f)}{\text{晶体}} \xrightarrow[T_f]{\text{熔化 }\Delta H_f} \underset{(T_f)}{\text{液体}} \xrightarrow{\text{升温}} \underset{(T_b)}{\text{液体}} \xrightarrow[T_b]{\text{气化，}\Delta H_b} \underset{(T_b)}{\text{气体}} \longrightarrow \underset{(T)}{\text{气体}}$$

$$\Delta S_m^\ominus(T) = \int_0^{T_f}\frac{C_p(\text{s})}{T}dT + \frac{\Delta H_f}{T_f} + \int_{T_f}^{T_b}\frac{C_p(\text{l})}{T}dT + \frac{\Delta H_b}{T_b} + \int_{T_b}^{T}\frac{C_p(\text{g})}{T}dT$$

而
$$S_m^\ominus(298.15\,\text{K}) = \Delta S_m^\ominus(298.15\,\text{K})$$

许多纯物质的标准熵数据 $S_m^\ominus$(298.15 K)已制成表格备查。

2.6.3 化学反应标准熵变的计算

因为一般化学反应都是在不可逆情况下进行的，所以其反应热不是 Q_R。因此化学反应的熵变一般不能直接用反应热除以反应温度来计算。若知各物质的标准熵 $S_m^\ominus$(298.15 K)，就可以很方便地计算化学反应的熵变。对于任意化学反应

$$0 = \sum_B \nu_B B$$

反应的标准熵变为

$$\Delta_r S_m^\ominus(298.15\,\mathrm{K}) = \sum_B [\nu_B S_m^\ominus(B, 298.15\,\mathrm{K})]_{产物} - \sum_B [\nu_B S_m^\ominus(B, 298.15\,\mathrm{K})]_{反应物}$$

$$= \sum_B \nu_B S_m^\ominus(B, 298.15\,\mathrm{K}) \tag{2.6.4}$$

在任意温度 T 时,化学反应的标准熵变为

$$\Delta_r S_m^\ominus(T) = \Delta_r S_m^\ominus(298.15\,\mathrm{K}) + \int_{298.15\,\mathrm{K}}^{T} \frac{\sum_B \nu_B C_{p,m}(B)}{T} \mathrm{d}T \tag{2.6.5}$$

若从 298.15 K 至 T 温度间隔内物质有相变,则还应把相变熵包括在内。需注意的是,一般化学反应都不是在孤立体系中或绝热条件下进行的,因此不能用化学反应的熵变来直接判断反应的方向和限度。

2.7　Helmholtz(亥姆霍兹)自由能与 Gibbs(吉布斯)自由能

在热力学第二定律中,熵是基本函数。但是只有孤立体系或封闭体系的绝热过程才能用熵增加原理来判断过程的方向和限度。为此,必须同时计算体系和环境的熵变,应用起来很不方便。下面我们讨论在特定条件下,引入新的热力学辅助函数,只需根据体系自身的该种函数的改变值就可以判断过程变化的方向和限度,而无需考虑环境,这样在实际应用时就方便得多。

2.7.1　Helmholtz 自由能

把第一定律的公式 $\delta Q = \mathrm{d}U - \delta W$ 代入第二定律基本公式 $\mathrm{d}S - \frac{\delta Q}{T_{环}} \geqslant 0$,得

$$-(\mathrm{d}U - T_{环}\,\mathrm{d}S) \geqslant -\delta W$$

在等温条件下,$T_1 = T_2 = T_{环} = T$,则有

$$-\mathrm{d}(U - TS)_T \geqslant -\delta W \tag{2.7.1}$$

定义

$$F \equiv U - TS \tag{2.7.2}$$

可得

$$-(\mathrm{d}F)_T \geqslant -\delta W \quad 或 \quad -(\Delta F)_T \geqslant -W \tag{2.7.3}$$

F 称为 Helmholtz 自由能或 Helmholtz 函数,有时亦称功函。定义式中 U、T、S 都是状态函数,故 F 也是状态函数,并具有与能量相同的量纲。式(2.7.3)的物理意义是:在一个等温过程中,封闭体系对外所能作出的总功,不可能大于体系 Helmholtz 自由能 F 的降低值。在可逆过程中,所作的总功等于体系 F 的降低值;在不可逆过程中,则小于 F 的降低值。因此,F 可理解为等温条件下体系作功的本领。

若在等温、等容且不作其他功的条件下,即 $\delta W = -p_{外}\,\mathrm{d}V + \delta W' = 0$,则有

$$-(\Delta F)_{T,V} \geqslant 0 \qquad 或 \qquad (\Delta F)_{T,V} \leqslant 0 \quad \begin{matrix}不可逆\\可逆\end{matrix} \tag{2.7.4}$$

式(2.7.4)是在等温、等容、不作其他功条件下,过程方向与限度的判据。因此 F 又称为等温等容位。在等温、等容条件下,封闭体系中发生的自发变化总是向着 F 减少的方向进行,直至

该条件下体系的 F 最小，达到平衡为止。当体系不作其他功时，体系内不会自动发生 $(\Delta F)_{T,V}>0$ 的变化。

2.7.2 Gibbs 自由能

式(2.7.1)中的 δW 包括体积功 $p\mathrm{d}V$ 和其他功 $\delta W'$，因而可写成

$$-\mathrm{d}(U-TS)_T \geqslant p_{外}\,\mathrm{d}V-\delta W'$$

在等温、等压条件下，$p_1=p_2=p_{外}=p$，则有

$$-\mathrm{d}(U+pV-TS)_{T,p} \geqslant -\delta W'$$

定义

$$G \equiv U+pV-TS \equiv H-TS \tag{2.7.5}$$

则得

$$-(\mathrm{d}G)_{T,p} \geqslant -\delta W' \tag{2.7.6}$$

G 称为 Gibbs 自由能、Gibbs 函数或自由焓。显然，G 也是状态函数，具有与能量相同的量纲。式(2.7.6)的物理意义是：在等温等压过程中，一个封闭体系对外所能作出的其他功，不可能大于体系 Gibbs 自由能 G 的降低值。在可逆过程中，所能作出的其他功等于 G 的降低值；在不可逆过程中，它小于 G 的降低值。

若在等温等压且不作其他功的条件下，则有

$$-(\Delta G)_{T,p} \geqslant 0,\ (\Delta G)_{T,p} \leqslant 0 \quad \begin{matrix}\text{不可逆}\\ \text{可逆}\end{matrix} \tag{2.7.7}$$

在等温等压条件下，封闭体系内发生的自发变化总是向 Gibbs 自由能减少的方向进行，直至该条件下体系的 G 最小、达到平衡为止。当体系不作其他功时，体系内不可能自发发生 $(\Delta G)_{T,p}>0$ 的变化。因此式(2.7.7)可作为在等温等压条件下，体系不作其他功时，过程方向和限度的判据。所以 G 又叫等温等压位。

我们已经介绍了 U、H、S、F 和 G 5 个热力学函数。在不同的特定条件下，它们都可以成为过程方向、限度的判据。例如，在孤立体系中，可用熵增加原理；在等温等容不作其他功的条件下，可用 Helmholtz 自由能减少原理；在等温等压不作其他功的条件下，可用 Gibbs 自由能减少原理来判断过程的方向与限度。由于化学反应、相变过程等通常是在等温等压下进行的，所以 Gibbs 自由能判据最为重要。

2.8 热力学函数之间的一些重要关系式

热力学第一定律中，热力学能 U 是基本函数，焓 H 是导出的辅助函数。

热力学第二定律中，熵 S 是基本函数，Helmholtz 自由能 F 和 Gibbs 自由能 G 是导出的辅助函数。

这 5 个热力学函数在化学热力学中应用最多，它们之间的关系为

$$H \equiv U+pV$$

$$F \equiv U-TS$$

$$G \equiv H-TS$$

上述关系示意于图 2.7 中。

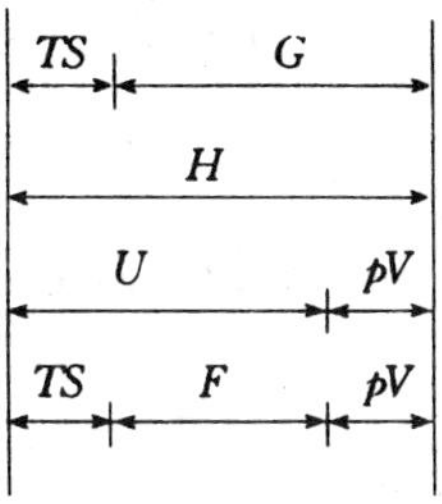

图 2.7 热力学函数间的关系

2.8.1 封闭体系的热力学基本公式

根据热力学第一定律，可得

$$dU = \delta Q + \delta W = \delta Q - p dV + \delta W'$$

根据热力学第二定律，对可逆过程

$$dS = \frac{\delta Q}{T} \quad 或 \quad \delta Q = T dS$$

将两式合并，可得

$$dU = T dS - p dV + \delta W' \tag{2.8.1}$$

分别将 $H = U + pV$、$F = U - TS$ 和 $G = H - TS$ 微分，然后将式(2.8.1)代入，可得

$$dH = T dS + V dp + \delta W' \tag{2.8.2}$$

$$dF = - S dT - p dV + \delta W' \tag{2.8.3}$$

$$dG = - S dT + V dp + \delta W' \tag{2.8.4}$$

当体系只做膨胀功而不作其他功时，$\delta W' = 0$，式(2.8.1)～(2.8.4)可简化为

$$dU = T dS - p dV \tag{2.8.1a}$$

$$dH = T dS + V dp \tag{2.8.2a}$$

$$dF = - S dT - p dV \tag{2.8.3a}$$

$$dG = - S dT + V dp \tag{2.8.4a}$$

式(2.8.1a)～(2.8.4a)是热力学的 4 个基本公式，适用于只作体积功不作其他功、组成不变的封闭体系。这 4 个公式是由可逆过程导出的，但也适用于不可逆过程。因为公式中所有物理量 U、H、S、F、G、T、p、V 都是体系的性质，皆为状态函数。它们都只与体系的始、终态相关而与过程无关。不过，在可逆过程中，$T dS$ 代表体系吸收(或放出)的热，$p dV$ 代表体系所作的功。而在不可逆过程中，它们只代表体系某一物理量改变量与另一物理量的乘积，并无上述含义。

由以上 4 个公式可以看出热力学自然地把 U、H、F 和 G 分别表示成为下列状态变量的函数，即

$$U = U(S, V) \qquad H = H(S, p)$$

$$F = F(T, V) \qquad G = G(T, p)$$

U、H、F、G 分别称为特征变量(S, V)、(S, p)、(T, V)和(T, p)的特性函数。由此函数关系及以上(2.8.1a～2.8.4a)4 个公式，可得到许多有用的热力学关系式。

2.8.2 对应系数关系式

$$G = G(T, p)$$

根据状态函数的微小变化是全微分，可以写为

$$dG = \left(\frac{\partial G}{\partial T}\right)_p dT + \left(\frac{\partial G}{\partial p}\right)_T dp$$

把上式与式(2.8.4a)比较，则得

$$\left(\frac{\partial G}{\partial T}\right)_p = - S \tag{2.8.5}$$

$$\left(\frac{\partial G}{\partial p}\right)_T = V \tag{2.8.6}$$

它表示了热力学函数之间的变化关系，十分有用。式(2.8.5)表示恒压下 Gibbs 自由能随温度的变化率。式(2.8.6)表示在恒温下 Gibbs 自由能随压力的变化率。

用同样方法，还可以得到类似的关于 U、H、F 相对于自己各变量的变化率公式。

$$\left(\frac{\partial U}{\partial S}\right)_V = T \tag{2.8.7}$$

$$\left(\frac{\partial U}{\partial V}\right)_S = -p \tag{2.8.8}$$

$$\left(\frac{\partial H}{\partial S}\right)_p = T \tag{2.8.9}$$

$$\left(\frac{\partial H}{\partial p}\right)_S = V \tag{2.8.10}$$

$$\left(\frac{\partial F}{\partial T}\right)_V = -S \tag{2.8.11}$$

$$\left(\frac{\partial F}{\partial V}\right)_T = -p \tag{2.8.12}$$

式(2.8.5)～(2.8.12)这一组 8 个等式称为对应系数关系式，在热力学推演过程中及处理实际问题时很有用处。

2.8.3 Maxwell(麦克斯韦)关系式

根据状态函数的二阶偏微商与求导次序无关，将式(1.2.1)用于热力学的 4 个基本公式，则有

$$\left(\frac{\partial T}{\partial V}\right)_S = -\left(\frac{\partial p}{\partial S}\right)_V \tag{2.8.13}$$

$$\left(\frac{\partial T}{\partial p}\right)_S = \left(\frac{\partial V}{\partial S}\right)_p \tag{2.8.14}$$

$$\left(\frac{\partial S}{\partial V}\right)_T = \left(\frac{\partial p}{\partial T}\right)_V \tag{2.8.15}$$

$$\left(\frac{\partial S}{\partial p}\right)_T = -\left(\frac{\partial V}{\partial T}\right)_p \tag{2.8.16}$$

式(2.8.13)～(2.8.16)这一组 4 个式子称为 Maxwell 关系式。由这些关系式，可以用一些实验上易于测得的量，如$\left(\frac{\partial p}{\partial T}\right)_V$、$\left(\frac{\partial V}{\partial T}\right)_p$ 来代替那些实验上难于测定的量，如$\left(\frac{\partial S}{\partial V}\right)_T$ 和$\left(\frac{\partial S}{\partial p}\right)_T$。

【例 2.4】 试证明理想气体的热力学能只是温度的函数，与体积无关，而 van der Waals(范德华)气体的热力学能随体积增加而增加。

证

$$dU = TdS - pdV$$

$$\left(\frac{\partial U}{\partial V}\right)_T = T\left(\frac{\partial S}{\partial V}\right)_T - p$$

将式$\left(\frac{\partial S}{\partial V}\right)_T = \left(\frac{\partial p}{\partial T}\right)_V$ 代入上式，可得

$$\left(\frac{\partial U}{\partial V}\right)_T = T\left(\frac{\partial p}{\partial T}\right)_V - p \tag{2.8.17}$$

(1) 理想气体

$$p = \frac{nRT}{V}\ ,\ \left(\frac{\partial p}{\partial T}\right)_V = \frac{nR}{V}$$

将上式代入式(2.8.17),得

$$\left(\frac{\partial U}{\partial V}\right)_T = T\frac{nR}{V} - p = p - p = 0$$

理想气体的热力学能 U 与体积 V 无关。

(2) van der Waals 气体

van der Waals 气体的行为服从 van der Waals 方程

$$\left(p + \frac{a_0}{V^2}\right)(V - b_0) = nRT$$

$$p = \frac{nRT}{V - b_0} - \frac{a_0}{V^2}$$

$$\left(\frac{\partial p}{\partial T}\right)_V = \frac{nR}{V - b_0}$$

$$\begin{aligned}\left(\frac{\partial U}{\partial V}\right)_T &= T\frac{nR}{V - b_0} - p \\ &= \frac{nRT}{V - b_0} - \frac{nRT}{V - b_0} + \frac{a_0}{V^2} \\ &= \frac{a_0}{V^2} > 0\end{aligned}$$

van der Waals 气体的热力学能随体积 V 增大而增加。

2.9　ΔG 的计算

Gibbs 自由能是一个很重要的热力学函数,它的改变量 ΔG 是最常见的等温等压条件下过程方向和限度的判据,在相平衡、化学平衡、电化学各章中都要用到。

2.9.1　简单状态等温变化过程的 ΔG

根据热力学基本公式(2.8.4)或(2.8.4a),当 $\delta W'=0, \mathrm{d}T=0$ 时

$$\mathrm{d}G = V\mathrm{d}p$$

$$\Delta G = \int_{p_1}^{p_2} V\mathrm{d}p \tag{2.9.1}$$

把 $V=f(p)$ 的函数关系代入积分,即可求出 ΔG。

对于理想气体

$$\Delta G = \int_{p_1}^{p_2} \frac{nRT}{p}\mathrm{d}p = nRT\ln\frac{p_2}{p_1} \tag{2.9.2}$$

对于液体和固体

$$V = f(p) = V_0(1 + \beta p)$$

式中:β 称为压缩系数,它是由实验测定的一个物理量。若压力变化范围不大,可近似把 V 看作常数,此时可得

$$\Delta G = V\int_{p_1}^{p_2}\mathrm{d}p = V(p_2 - p_1) \tag{2.9.3}$$

【例 2.5】 试比较 1 mol 水与 1 mol 理想气体在 300 K 由 100 kPa 增压到 1000 kPa 时的 ΔG。

解 1 mol 水，$V_m=0.018\ dm^3\cdot mol^{-1}$

$$\Delta G_m(l)=V_m(p_2-p_1)=0.018\ dm^3\cdot mol^{-1}\times(1000-100)kPa=16.2\ J\cdot mol^{-1}$$

1 mol 理想气体在 300 K 时

$$\Delta G_m(g)=RT\ln\frac{p_2}{p_1}=8.314\ J\cdot mol^{-1}\cdot K^{-1}\times 300\ K\times\ln\frac{1000\ kPa}{100\ kPa}=5743\ J\cdot mol^{-1}$$

显然，$\Delta G_m(g)>\Delta G_m(l)$，即在等温条件下，压力对凝聚相 Gibbs 自由能的影响比对气体的影响小得多。在气、液同时存在的体系中，忽略 $\Delta G_m(l)$，对结果影响不大。

2.9.2 等温等压下相变过程的 ΔG

在体系只作膨胀功的条件下，等温等压的可逆相变过程，其 Gibbs 自由能变化值应等于零，即$(\Delta G)_{T,p}=0$.

若是等温等压的非可逆相变，则应通过设计起止状态相同的可逆过程求算 ΔG。

【例 2.6】 计算 H_2O(l,298 K,101325 Pa)⟶ H_2O(g, 298 K,101325 Pa)过程的 ΔG，并判断此过程能否自发进行。已知 H_2O(l)在 298 K 时的饱和蒸气压为 3167.74 Pa。

解 设计下列可逆过程：

$$\begin{array}{ccc} H_2O(l,298\ K,101325\ Pa) & \xrightarrow{\Delta G} & H_2O(g,298\ K,101325\ Pa) \\ \downarrow \Delta G_1=\int_{p_1}^{p_2}V(l)dp & & \uparrow \Delta G_3=\int_{p_2}^{p_1}V(g)dp \\ H_2O(l,298\ K,3167.74\ Pa) & \xrightarrow{\Delta G_2=0} & H_2O(g,298\ K,3167.74\ Pa) \end{array}$$

在 298 K、饱和蒸气压 3167.74 Pa 下，液态水与其蒸气平衡，此相变是可逆相变，故 $\Delta G_2=0$。

$$\Delta G_1=\int_{p_1}^{p_2}V(l)dp=0.018\ dm^3\cdot mol^{-1}\times(3167.74-101325)Pa=-1.77\ J\cdot mol^{-1}$$

$$\Delta G_3=\int_{p_2}^{p_1}V(g)dp=RT\ln\frac{p_2}{p_1}=8.314\ J\cdot mol^{-1}\cdot K^{-1}\times 298\ K\times\ln\frac{101325\ Pa}{3167.74\ Pa}=8585.57\ J\cdot mol^{-1}$$

$$\Delta G=\Delta G_1+\Delta G_2+\Delta G_3=(-1.77+0+8585.57)\ J\cdot mol^{-1}=8583.8\ J\cdot mol^{-1}>0$$

此过程是在等温等压(298 K、101325 Pa)下进行的，ΔG 可用作判据。$\Delta G>0$，说明此过程不能自发进行。也就是说，在 298 K、101325 Pa 时，液态水是稳定的。

2.9.3 化学反应过程的 ΔG

$$G\equiv H-TS$$

在等温条件下，$(\Delta G)_T=\Delta H-T\Delta S$。对于等温等压下的化学反应，可以通过查热力学函数表的方法，计算出在标准状态下(298.15 K,100 kPa)化学反应的 Gibbs 自由能变化值。

【例 2.7】 光合作用是将 CO_2(g)和 H_2O(l)转化成葡萄糖的复杂过程，其总反应方程式为

$$6CO_2(g)+6H_2O(l)=\!=\!=C_6H_{12}O_6(s)+6O_2(g)$$

求此反应在 298.15 K、100 kPa 的 ΔG，并判断此条件下反应是否自发。

解 由热力学函数表查得

	$CO_2(g)$	$H_2O(l)$	$C_6H_{12}O_6(s)$	$O_2(g)$
$\Delta_f H_m^\ominus(298.15\ K)/(kJ\cdot mol^{-1})$	−393.51	−285.85	−1274.45	0
$S_m^\ominus(298.15\ K)/(J\cdot mol^{-1}\cdot K^{-1})$	213.8	69.96	212.13	205.2

按反应方程式,得

$$\Delta_r H_m^\ominus(298.15\ K) = \Delta_f H_m^\ominus(C_6H_{12}O_2) + 6\Delta_f H_m^\ominus(O_2) - 6[\Delta_f H_m^\ominus(H_2O) + \Delta_f H_m^\ominus(CO_2)]$$
$$= [-1274.45 - 6\times(-393.51 - 285.85)]\ kJ\cdot mol^{-1} = 2801.71\ kJ\cdot mol^{-1}$$

$$\Delta_r S_m^\ominus(298.15\ K) = S_m^\ominus(C_6H_{12}O_2) + 6S_m^\ominus(O_2) - 6[S_m^\ominus(H_2O) + S_m^\ominus(CO_2)]$$
$$= [212.13 + 6\times 205.2 - 6\times(213.8 + 69.96)]\ J\cdot mol^{-1}\cdot K^{-1}$$
$$= -259.23\ J\cdot mol^{-1}\cdot K^{-1}$$

$$\Delta_r G_m^\ominus(298.15\ K) = \Delta_r H_m^\ominus(298.15\ K) - T\Delta_r S_m^\ominus(298.15\ K)$$
$$= [2801.71 - 298.15\times(-259.23)\times 10^{-3}]\ kJ\cdot mol^{-1}$$
$$= 2879.0\ kJ\cdot mol^{-1} > 0$$

显然,上述化学反应在 298.15 K、100 kPa 条件下是不能自发进行的。实际上,此反应是在叶绿素和阳光作用下进行的。靠叶绿素吸收光能,然后转化成体系的 Gibbs 自由能,使反应自发过程得以实现。具体情况将在第 6 章描述。

2.10　温度和压力对 ΔG 的影响

2.10.1　温度对 ΔG 的影响——Gibbs-Helmholtz 公式

由式(2.8.5),相应可导出

$$\left(\frac{\partial \Delta G}{\partial T}\right)_p = -\Delta S \tag{2.10.1}$$

式中:左方表示在等压下 ΔG 随温度的变化率。在温度 T 时

$$\Delta G = \Delta H - T\Delta S$$

$$-\Delta S = \frac{\Delta G - \Delta H}{T}$$

代入式(2.10.1),得

$$\left(\frac{\partial \Delta G}{\partial T}\right)_p = \frac{\Delta G - \Delta H}{T} \tag{2.10.2}$$

因 ΔG 和 ΔH 都与 T 有关,式(2.10.2)无法直接积分。将式(2.10.2)两边同乘以 $1/T$,再移项整理,得

$$\frac{1}{T}\left(\frac{\partial \Delta G}{\partial T}\right)_p - \frac{\Delta G}{T^2} = -\frac{\Delta H}{T^2}$$

上式左边是($\Delta G/T$)对 T 的偏微商,可写成

$$\left[\frac{\partial\left(\frac{\Delta G}{T}\right)}{\partial T}\right]_p = -\frac{\Delta H}{T^2} \tag{2.10.3}$$

式(2.10.2)和(2.10.3)都称为 Gibbs-Helmholtz 公式,它表示温度 T 对 ΔG 的影响。将式(2.10.3)积分,可得

$$\frac{\Delta G_2}{T_2} - \frac{\Delta G_1}{T_1} = \int_{T_1}^{T_2} -\frac{\Delta H}{T^2}\mathrm{d}T \tag{2.10.4}$$

根据式(2.10.4),若已知 T_1、p 时的 ΔG_1 和 $\Delta H = f(T)$的具体函数关系,可以计算 T_2、p 时的 ΔG_2。若温度变化范围不大,ΔH 可近似看作常数,则由式(2.10.4)积分,可得

$$\frac{\Delta G_2}{T_2} - \frac{\Delta G_1}{T_1} = \Delta H\left(\frac{1}{T_2} - \frac{1}{T_1}\right) \tag{2.10.5}$$

【例 2.8】 反应 $H_3N^+CH_2CONHCH_2COO^-(aq)+H_2O(l) \longrightarrow 2H_3N^+CH_2COO^-(aq)$在298 K、$p^\ominus$下的 $\Delta_r G_m=-32.05$ kJ，求上述水解反应在 310 K、$p^\ominus$下的 $\Delta_r G_m$。已知 $\Delta_r H_m^\ominus=-43.35\ \text{kJ}\cdot\text{mol}^{-1}$，并在此温度区间内不随温度变化。

解 根据式(2.10.5)，可得

$$\frac{\Delta G_2}{T_2}-\frac{\Delta G_1}{T_1}=\Delta H\times\left(\frac{1}{T_2}-\frac{1}{T_1}\right)$$

$$\frac{\Delta_r G_m(310\ \text{K})}{310\ \text{K}}-\frac{\Delta_r G_m(298\ \text{K})}{298\ \text{K}}=-43350\ \text{J}\cdot\text{mol}^{-1}\times\left(\frac{1}{310\ \text{K}}-\frac{1}{298\ \text{K}}\right)$$

$$\Delta_r G_m(310\ \text{K})=-31.6\ \text{kJ}\cdot\text{mol}^{-1}$$

2.10.2 压力对 ΔG 的影响

由式(2.8.6)，可得

$$\left(\frac{\partial \Delta G}{\partial p}\right)_T=\Delta V \tag{2.10.6}$$

式(2.10.6)表示温度恒定时，压力对变化过程 ΔG 的影响。将式(2.10.6)积分，得

$$\Delta G_2-\Delta G_1=\int_{p_1}^{p_2}\Delta V\mathrm{d}p \tag{2.10.7}$$

若知道 ΔV 与 p 的关系，即可求出恒温时不同压力条件下的 ΔG。

【例 2.9】 已知在 298 K、$p^\ominus$下

$$\text{C(s,石墨)} \longrightarrow \text{C(s,金刚石)}$$

反应之 $\Delta_r G_m^\ominus=2845\ \text{J}\cdot\text{mol}^{-1}$。试问，反应压力增至多大，上述反应方能自发进行。已知石墨与金刚石的摩尔体积分别为 5.33 和 3.42 $\text{cm}^3\cdot\text{mol}^{-1}$。

解 在 298 K、$p^\ominus$下 $\Delta_r G_m^\ominus=2845\ \text{J}\cdot\text{mol}^{-1}>0$，因而在此条件下，反应不能进行。必须改变反应的压力至反应的 $\Delta G<0$ 时，方能进行。

对于凝聚态体系，可以近似认为 ΔV 不随压力而变化。由式(2.10.7)，可得

$$\Delta G_{p_2}-\Delta G_{p_1}=\Delta V(p_2-p_1)$$

对上述反应，则有

$$\begin{aligned}\Delta G_{p_2}&=\Delta G_{p_1}+[V_m(\text{金刚石})-V_m(\text{石墨})](p_2-p_1)\\&=2845\ \text{J}\cdot\text{mol}^{-1}-1.91\times10^{-6}(p-10^5)\ \text{J}\cdot\text{mol}^{-1}\\&=(2845-1.91\times10^{-6}p+0.191)\ \text{J}\cdot\text{mol}^{-1}<0\end{aligned}$$

$$p>\frac{2845.2\ \text{J}}{1.91\times10^{-6}\ \text{m}^3}=14896\times10^5\ \text{Pa}$$

在此，为了计算方便，假设 ΔV 在这样大的压力范围内不变化。这与实际有出入。在实际生产人工金刚石时，压力要比 1.5×10^9 Pa(15000 atm)高得多。

2.11 不可逆过程热力学与耗散结构简介

经典热力学研究的主要对象是平衡体系以及从一个平衡态变到另一个平衡态的过程。它不涉及时间因素，并限制在与环境不发生物质交换的封闭体系。而在实际生活中，出现更多的是非平衡态以及与周围环境有物质交换的开放体系。经典热力学中，孤立体系的熵随时间单调地增加，体系随之变得越来越无序，直至体系达到平衡。此时熵达极大值，体系处于给定条件下最无序的状态。体系处于平衡态，其中各部分的温度、压力等性质都相同，因而是均匀、对

称、简单的。体系朝简单、均匀、消除差别的方向发展，是一种趋于低级运动形式的退化。与此相反，生物界随时间而发生的变化总是由简单到复杂、由低级到高级的。单细胞生命逐渐自然淘汰，而被结构更为有序、功能更为复杂、机体极不对称的高级生物所取代。这是一种进化，经典热力学对此无法给予解释。长期以来，人们一直以为生物界、人类社会似乎遵循着与无生命的自然界完全不同的规律。但是，生物体系也属于热力学体系，也遵守热力学第一定律。而且只要仔细观察，无生命自然界中的许多现象，如天上的云彩、木星大气层中的涡旋状结构、Bénard（贝纳尔）花纹、激光、化学振荡等等（见 2.11.3），也都是在一定条件下自发形成的宏观有序结构。生命起源和演化过程中的一些环节和 Bénard 花纹的出现类似，与激光有序光场的形成有相同之处。要解释这些现象，把整个自然界统一起来，必须跳出经典热力学的框框，发展新的理论。不可逆过程热力学，耗散结构理论就是在此基础上形成并不断发展的。

2.11.1　开放体系的熵变

熵是与体系的无序度相联系的，体系的无序度越大，熵越大。在孤立体系中自发地进行一个由非平衡态到平衡态的不可逆过程时，体系的熵总是不断增加，一直增加到熵取极大值，体系达平衡态为止，即

$$\mathrm{d}S_{孤} \geqslant 0 \tag{2.11.1}$$

体系处于非平衡态时，其内部性质，如温度、压力、浓度等是各不相同的。所述熵增加是体系内发生不可逆变化时，由于内部各种不平衡因素引起的混乱度增大而产生的，称为内致熵变，简称熵产生。其值可正（不可逆过程）、可为零（平衡可逆过程），但永不为负值。

对于一个开放体系，除了考虑体系内部的熵变之外，还必须考虑与外界的熵交换。体系的总熵变

$$\mathrm{d}S = \mathrm{d_i}S + \mathrm{d_e}S \tag{2.11.2}$$

式中：$\mathrm{d_i}S$ 就是体系内不可逆过程中产生的内熵变——熵产生，故

$$\mathrm{d_i}S \geqslant 0 \tag{2.11.3}$$

$\mathrm{d_e}S$ 是由于体系与环境相互作用（交换物质和能量）引起的外熵变，亦称熵流，其值可正、可负，也可为零。

对于孤立体系，体系与环境没有熵的交换，$\mathrm{d_e}S=0$，因此

$$\mathrm{d}S = \mathrm{d_i}S \geqslant 0 \tag{2.11.4}$$

这就是前述热力学第二定律的数学表达式。它适用于孤立体系，但不能用于封闭体系和开放体系。热力学第二定律最一般的数学表达式应该是式（2.11.3）。

对于一个开放体系，当 $\mathrm{d_e}S<0$，其值恰好抵消体系内部的熵产生时，体系就处于一个所有状态变量都不随时间而改变的定态（生命维持有序不变）。若这个负熵流足够强，它除了抵消体系内部的熵产生 $\mathrm{d_i}S$ 外，还使体系的总熵减少，就可使体系朝着更为有序的方向发展（处于生命进化过程）。一个成熟的生物体系，基本上处于非平衡的定态。体内时刻都在进行着如生化反应、血液流动、物质输运等不可逆过程，这些都在不断增加体内的熵，因而 $\mathrm{d_i}S>0$。而进入体内的蛋白质、淀粉等都是高度有序的低熵大分子，经生物体内消化后变成大量无序的 CO_2、H_2O 等高熵小分子排出体外，此过程 $\mathrm{d_e}S<0$。生物界就是靠从外界吸入低熵物质排出高熵物质的新陈代谢过程而维持着的。生物体系的生长、发育、进化都是“以负熵为生”，建立在“摄入负熵流”的基础之上的。

2.11.2　最小熵产生原理

体系内部单位时间的熵产生称作熵产生率，用 P 表示。可以证明，处于近平衡态体系随时间的发展总是朝着熵产生率减少的方向进行的，一直进行到体系达一个定态，此时熵产生率取极小，体系不再随时间而变化，这就是最小熵产生原理。

对于孤立体系，$d_eS=0$。若体系内不平衡，必朝着熵增加方向发展，直至熵达到极大值，体系达到平衡态。此时，$dS=0$，$P=0$。一个处于近平衡态的开放体系，受外界条件约束，体系不能达到平衡态，但其熵产生率会随时间不断减小，直到熵产生率为极小，体系达到非平衡定态。此时，若体系受不同方向的微扰偏离定态，由于其熵产生率必比定态时大，遵循最小熵产生原理，体系必返回原定态。若除去外界约束，体系就离开非平衡定态而最终趋于平衡态。显然，近平衡态不是趋于定态就是趋于平衡态，不会自发地形成时空有序的结构。

2.11.3　自然科学中的自组织现象

1. Bénard(贝纳尔)花纹

在两块各与一恒温热源相连的大平行板中，存有一薄层流体[图 2.8(a)]，两板温度分别为 T_1 和 T_2。当两板温度 $T_1=T_2$ 时，流体处于平衡态；当 $T_2>T_1$ 时，流体内存在温度梯度，处于非平衡态。但只要 $\Delta T=T_2-T_1$ 不大，流体仍保持静止热传导状态，液体分子在各个方向上作杂乱无章的热运动。随着 ΔT 增大，流体越来越远离平衡态，当 ΔT 超过某一临界值 ΔT_c时，流体的静止热传导状态突然被打破，在整个液层内出现非常有序的对流花纹——Bénard 花纹[图 2.8(b)]。

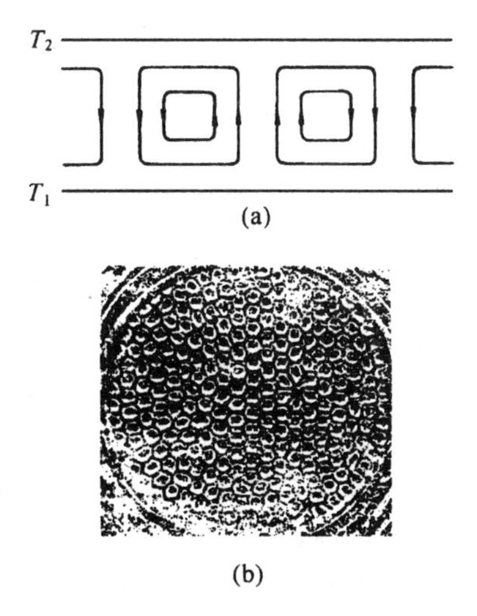

图 2.8　Bénard 对流花纹

(a)箭头表示液体的宏观流动　(b)从上到下观察到的对流花纹

2. 激光

当外界输入激光器的能量功率不大时，激光器就像一个普通灯泡，每一个活性原子都独立无规则地发射光子。光子的频率、相位和方向都是无规则的，整个光场处于无序状态。但当输入功率超过某一临界值时，各个活性原子似乎组织了起来，以统一的频率和相位朝同一方向发出光波，形成单色、单方向、强度大、相干性极好的激光。此时的光场处于非平衡的有序状态。

3. 化学振荡——B-Z 反应

1958 年，苏联化学家 Belousov(贝洛索夫)用铈离子催化柠檬酸的溴酸氧化反应时发现，当反应物浓度远离平衡态比例时，容器内混合物的颜色会出现周期性变化。Zhabotinski(查布廷斯基)用丙二酸替代柠檬酸，不仅观察到颜色的周期性变化，还看到反应体系中能形成许多漂亮的花纹图案(如图2.9)。这是反应组分的浓度随时间或空间有规则周期性变化或分布而形成的，称之为化学振荡。

图 2.9　B-Z 反应中的螺旋波纹

通常，不论是在热传导还是在化学反应中，分子的运动是随机无序的，分布是均匀的。但在特定的外界条件下，形成了宏观上时空有序的结构，整齐的组织在无序的热运动中产生。重要的是这些有序结构是分子自组织而形成的。在对流现象中，温差是均匀地分布在上下板平面上的；在 B-Z 反应中，外界控制的只是反应物的浓度和体系温度。人们并没有强迫分子作统一的“蛋卷”式的对流，也没有在不同时刻、不同区域加入或取走某种物质。但分子似乎被某种力量组织了起来，呈现出一定的流动花纹；反应器内物质的浓度随时间和空间变化产生时大时小的振荡。可见，宏观有序的产生根源不在于外部环境，而在于体系内部。外部的特定环境只是提供了触发体系宏观有序的条件，并没有对体系有序结构的形成作什么干预。这种有序化和组织都是体系内部自发形成的。这些现象说明，在一定条件下，无生命的自然界中也能出现从微观的低级运动向宏观有序运动的转化。这也是一种进化，可以与生物的进化、社会的前进统一起来。Prigogine 的耗散结构理论完成了这种统一。该理论认为：一个远离平衡态的开放体系，不论是有生命的还是无生命的，都可能在一定条件下通过与外界交换物质和能量以及内部的不可逆过程(能量耗散过程)形成新的稳定的有序结构——耗散结构，从而实现由无序向有序的转化。

2.11.4　耗散结构形成的条件

只有远离平衡态的开放体系才有可能形成耗散结构，而且，其内部还必须具有非线性的正反馈机制。

1. 开放体系

热力学告诉我们，一个孤立体系，不管它原状态是否有序，随着时间的进展，最终它都是趋于无序度最高、熵值最大的平衡状态的，亦即 $dS_{孤} \geqslant 0$。这样的体系是不可能产生时空有序的耗散结构的。只有与外界有物质和能量交换的开放体系才能引进负熵流，使体系的熵减少而趋于有序。

2. 远离平衡态

在 2.11.3 节中列举的三种现象中，只有当两板温差 ΔT_c、输入功率或反应物浓度比例超过某临界值，体系远离平衡态时，体系内部才可能产生宏观有序结构。非平衡态热力学最小熵产生原理可以证明：开放体系若处于近平衡态，其自发倾向仍然是返回原定态或趋于平衡态，绝不会产生耗散结构。只有跃出了近平衡区，远离平衡态的开放体系才有可能形成耗散结构。由此可见，开放体系，并远离平衡态是形成耗散结构的必要条件。但是，开放体系远离平衡态只是形成耗散结构所需的外部条件。能形成耗散结构的体系，其内部还必须具有非线性的正反馈机制。

3. 非线性项

体系原状态失稳，形成耗散结构的过程在数学上可用一组微分方程来描述。已经证明，对于能形成耗散结构的体系，描写其动力学过程的微分方程中必须包括适当的非线性项，否则不可能出现耗散结构。图 2.10 是用稳定性理论处理描述体系状态变化的微分方程所得的结果。图中纵坐标 x 是说明体系状态变化的量，叫状态变量；还可用它来说明体系的有序程度，因而又叫序参量。例如，激光体系中的激光强度，化学振荡中某产物的浓度等。横坐标 A 代表外界对体系的控制，叫控制参量。例如，Bénard 实验中的两板温差、输入激光器的能量功率等。A_c 代表控制参量的一个临界值。图中实线代表体系处于稳定状态，虚线代表不稳定状态。图中：(a)序参量为零，表示体系处于无序的热力学平衡状态，无有序结构产生；(b)是体系失稳状态；(c)和(c′)序参量为非零值，表示体系处于某种时空有序的耗散结构状态。图中：$O \to A_c \to A$ 后，体系原热力学平衡状态失稳，但不出现有序结构；而 $O \to A_c \to$(c)或(c′)是内部有非线性反馈机制的体系状态随控制参量 A 的演变情况。在控制参量 A 超过临界值 A_c 后，原热力学平衡状态失稳，出现了序参量为非零值的耗散结构状态。

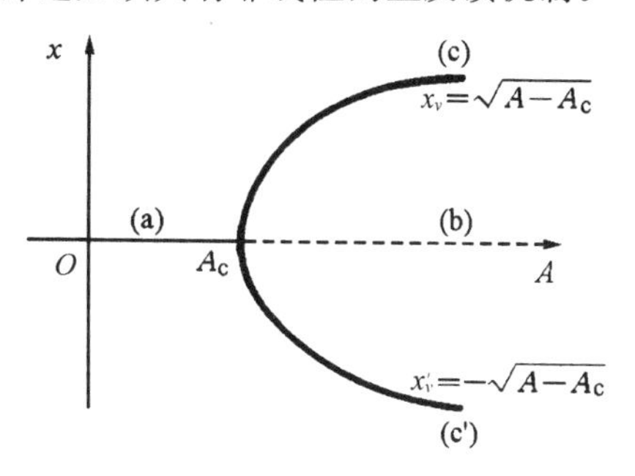

图 2.10 分岔现象

(a)热力学分支 (b)热力学分支的不稳定部分 (c)和(c′)耗散结构分支

4. 正反馈机制

正反馈机制是一种自我复制、自我放大的机制。激光中的受激辐射、化学中的自催化反就、生物体系中的繁殖都是正反馈机制。任何体系内都始终存在着一些随机涨落。体系处于平衡态时，这种涨落不大，随时间而衰减，体系最终回到原稳定的平衡态；若体系远离平衡态，控制参量大于临界值时，体系内的正反馈机制能使偏离平均值的微小涨落不断放大，成为“巨涨落”而使体系原状态失稳。原状态失稳后，体系不一定能形成新的稳定的有序结构。如前所述，只有其微分方程中有非线性项，体系才能重新稳定到新的耗散结构分支上去。体系中与非线性项相对应的非线性相互作用是使各子体系间产生协同作用和相干效应、使其成为一个有机整体的力量。它是组织和协调体系内各子体系，协调体系与环境，促使体系从量变到质变出现耗散结构的内在动力。

一个远离平衡态的开放体系，只要具备上述条件，都可能形成耗散结构。

2.11.5 应用

耗散结构论是一门发展迅速、涉及面广但还不成熟的新兴学科。它所提供的一些新的科学概念和新的科学方法，可广泛应用于自然科学和社会科学的各个领域。用它可解释物理学中的 Bénard 对流花纹和激光现象、化学中的化学振荡及聚合物溶液中的分岔现象。生物体系是一个开放的、远离平衡态的、极其复杂的有序客体。生命过程从分子、细胞到机体、群体在不同水平上都有时间周期行为，可见耗散结构和生物有机体之间有着极为密切的关系。人们已用耗散结构的基本原理和基本方法研究了生物体新陈代谢中极为重要的糖酵解过程。通过对实验数据的分析、引入一些合理的假设后，列出了 14 个与糖酵解反应速率有关的动力学方程。

求解这些方程，得出结论——在一定条件下，体系确实会出现周期性振荡。理论计算得到的糖酵解过程中一些物质的浓度振荡图形如图 2.11，与实验结果相当吻合。

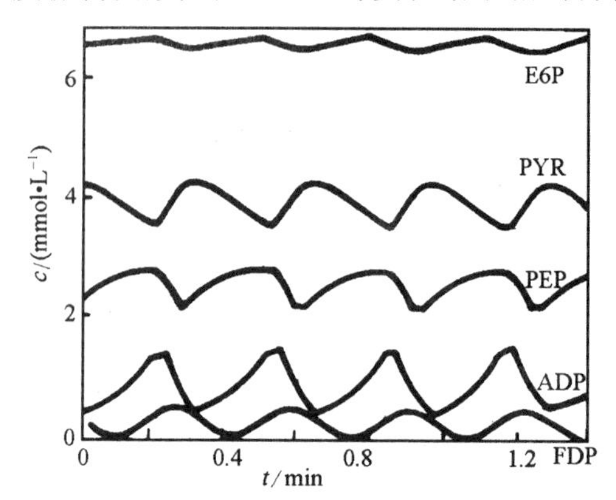

图 2.11　理论模型计算出的糖酵解过程中主要中间产物的浓度-时间关系

E6P：6-磷酸果糖　PYR：丙酮酸

PEP：磷酸烯醇丙酮酸　ADP：二磷酸腺苷

FDP：1,6-二磷酸果糖

对于盘基杆菌类阿米巴虫由独立运动均匀分布的单细胞状态聚集成由 10 万个单细胞组成的、有一定空间结构的复细胞[图 2.12(a)]也作了深入研究。发现这种自组织现象是饥饿的阿米巴虫体内振荡合成环状腺苷酸(CAMP)，并周期性释放到环境中所致。人们提出了 CAMP 周期合成的模型及有关动力学方程，得出体系的极限环型持续振荡曲线[图 2.12(b)]，与聚集中心 CAMP 浓度周期性变化十分一致。

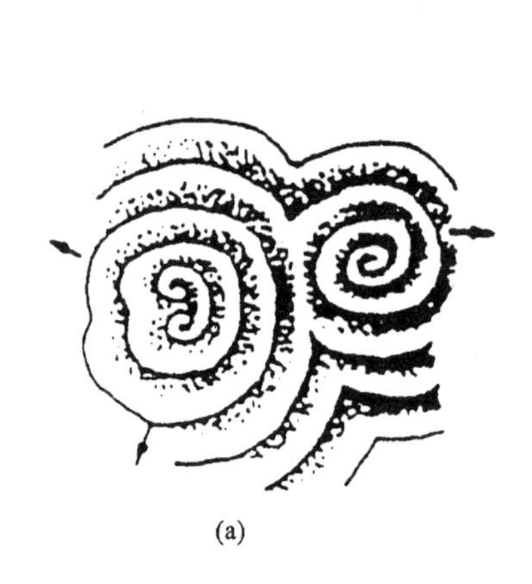

(a)

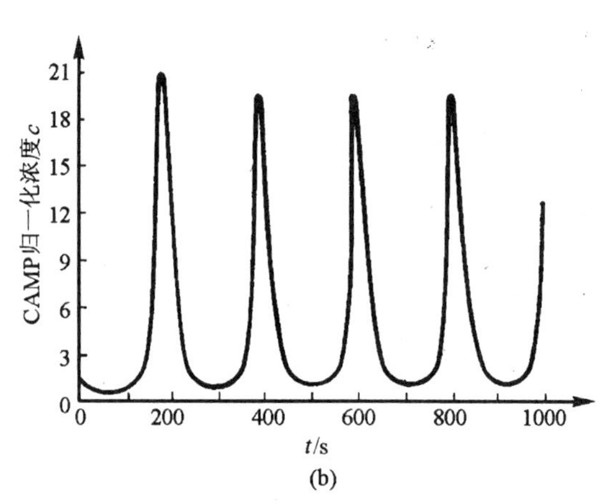

(b)

图　2.12

(a) 盘基杆菌阿米巴虫聚集成的波样花纹

(b) CAMP 浓度的周期性变化

把耗散结构理论应用到生物竞争与进化，可解释生物界的“物竞天择”、“适者生存”的法则。应用到生态体系，可解释低等动物，如蚂蚁、蜜蜂等的群体行为及社会协作性。我国部分科学工作者用耗散结构论来解释中医的“天人相应”论和调整理论。他们认为，人(体系)与天(环境)相适应时，生命活动正常，人体处于一个非平衡的定态。此时人的血压、心律等都有一些随机涨落，但都属正常范围。即使受到内、外各种因素干扰，出现暂时的功能失调（失稳现象），但人体的自我调节机能（即自组织能力）可使人体恢复，保持适应环境、协调有序的状态。不过当气血阻滞、阴阳失调、人体自我调节能力失常时，体系失稳，人就得病，人体处于另一种定态（病态）。吃药治病是药物（外部因素）给人体一个涨落，促使人体从一个生病的定态跃迁到另一个健康定态的过程。中医从人体的整体性、自发性、协调性出发来开方配药，强调整体的调理，与耗散结构的基本出发点大体一致。希望耗散结构理论可用于升华传统的中医理论，使中医达到一个全新的阶段。

参 考 读 物

[1] 邵美成. 熵的概念及其在化学中的应用. 化学通报，1974(2)：120
[2] 苏文煅. 热力学基本关系式的建立及其应用条件. 化学通报，1985(3)：47
[3] 吴征铠. 关于熵和绝对熵. 自然杂志，1982(8)：563
[4] 邹经文. 熵增加原理的发展及其应用. 自然杂志，1986(4)：255
[5] 王正刚. 总熵判据和自由焓判据. 化学通报，1982(12)：45
[6] 吴征铠. 热力学的几个问题. 物理化学教学文集，1986，52
[7] 许海涵. 生物活性的热力学. 物理化学教学文集(二)，1991，189
[8] 沈小峰，胡岗，姜璐. 耗散结构论. 上海：上海人民出版社，1987
[9] 湛垦华，沈小峰等编. 普利高津与耗散结构理论. 西安：陕西科学技术出版社，1982
[10] 李如生. 非平衡态热力学和耗散结构. 北京：清华大学出版社，1986
[11] 颜泽贤. 耗散结构与体系演化. 福州：福建人民出版社，1987
[12] 高月英. 耗散结构论简介中的几个要点. 大学化学，1997(2)：13

思 考 题

1. (1) 熵是状态函数，它的变化与过程性质无关，为什么熵变值又能作为过程性质的判据？

(2) 体系在自发过程中的熵变是否都大于零？

(3) 在相同的始态和终态之间，分别进行可逆过程和不可逆过程，二者对体系所引起的熵变是否相同，为什么？可逆过程与不可逆过程所引起后果的差别表现在什么地方？

(4) 体系若发生了绝热不可逆过程，是否可以设计一个绝热可逆过程来计算它的熵变？

2. 问下列过程中，ΔU、ΔH、ΔS、ΔF 和 ΔG 何者为零？

(1) 理想气体的 Carnot 循环；

(2) 理想气体绝热自由膨胀；

(3) 373 K、$p^{\ominus}$下水的蒸发；

(4) H_2 和 O_2 在绝热钢瓶中反应生成 H_2O。

3. 1 mol 理想气体从始态(p_1，V_1，T_1)变到终态(p_2，V_2，T_2)可经由两种不同途径：①等温可逆膨胀，然后等容可逆加热；②等温可逆膨胀，然后等压可逆加热。

(1) 请在 p-V 图上作出过程的示意图；

(2) 求两种不同途径中的 Q 和 ΔS。

4. 对于理想气体的 Carnot 循环 $A \to B \to C \to D \to A$，若以温度 T 为纵坐标、熵 S 为横坐标，应是什么样子？图中各线围成的面积代表什么？

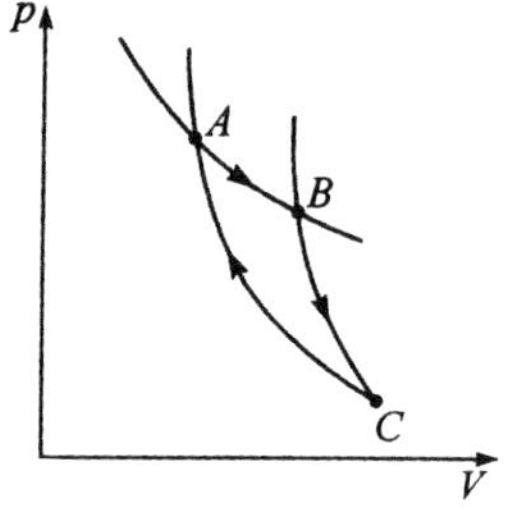

5. 如右图所示，理想气体由始态 A 经等温可逆膨胀到 B，再经绝热可逆膨胀到 C，然后由绝热可逆压缩回到 A，构成了一个循环而不断对外作功。此循环能实现吗？为什么？

6. (1) 在 373.2 K、101.325 kPa 情况下，1 mol 水蒸气冷凝为液态水，体系的熵、总熵和体系的 Gibbs 自由能将会如何变化？增加、减少，还是不变？

(2) 若此过程在 363.2 K 下进行，已知此时水的蒸气压为 70.117 kPa，1 mol水汽在 363.2 K、101.325 kPa 条件下冷凝，此时体系的熵、总熵和 Gibbs 自由能将如何变化？

7. (1) 苯的熔点为 278.7 K。请判断在 $p^{\ominus}$下，下列过程中苯的 ΔG 的符号。

① $C_6H_6(l, 278.7\ K) \longrightarrow C_6H_6(s, 278.7\ K)$

② $C_6H_6(l, 273.2\ K) \longrightarrow C_6H_6(s, 273.2\ K)$

③ $C_6H_6(l, 283.2\ K) \longrightarrow C_6H_6(s, 283.2\ K)$

(2) 苯的沸点为 353.3 K。设苯的蒸气为理想气体，求在 353.3 K 下，1 mol 苯在下列过程中的 ΔG。

① $C_6H_6(l, p^{\ominus}) \longrightarrow C_6H_6(g, p^{\ominus})$

② $C_6H_6(l, 0.9\ p^{\ominus}) \longrightarrow C_6H_6(g, 0.9\ p^{\ominus})$

③ $C_6H_6(l, 1.1\ p^{\ominus}) \longrightarrow C_6H_6(g, 1.1\ p^{\ominus})$

8. 请指出在标准压力下，下列反应是在高温、低温，还是所有温度下都是自发进行的？

(1) $\frac{1}{2}O_2(g)+\frac{1}{2}N_2(g) \longrightarrow NO(g)$　$\Delta_r H_m^{\ominus}=90.3\ kJ \cdot mol^{-1}$　$\Delta_r S_m^{\ominus}=3.0\ J \cdot K^{-1} \cdot mol^{-1}$

(2) $2NO_2(g) \longrightarrow N_2O_4(g)$　$\Delta_r H_m^{\ominus}=-58.0\ kJ \cdot mol^{-1}$　$\Delta_r S_m^{\ominus}=-177\ J \cdot K^{-1} \cdot mol^{-1}$

(3) $H_2O_2(l) \xrightarrow{\text{过氧化氢酶}} H_2O(l)+\frac{1}{2}O_2(g)$　$\Delta_r H_m^{\ominus}=-98.3\ kJ \cdot mol^{-1}$

$\Delta_r S_m^{\ominus}=80.0\ J \cdot K^{-1} \cdot mol^{-1}$

(4) 核糖核酸酶由天然态$\longrightarrow$变性态的热力学函数随 pH 而变：

pH 为 1.13 时，变性过程：$\Delta_r H_m^{\ominus}=253.2\ kJ \cdot mol^{-1}$，$\Delta_r S_m^{\ominus}=0.848\ kJ \cdot K^{-1} \cdot mol^{-1}$；

pH 为 3.5 时，$\Delta_r H_m^{\ominus}=222.6\ kJ \cdot mol^{-1}$，$\Delta_r S_m^{\ominus}=0.639\ kJ \cdot K^{-1} \cdot mol^{-1}$。

(5) 肌红蛋白变性过程：$\Delta_r H_m^{\ominus}=176.4\ kJ \cdot mol^{-1}$，$\Delta_r S_m^{\ominus}=399\ J \cdot K^{-1} \cdot mol^{-1}$。

9. “在等温等压下，封闭体系内 Gibbs 自由能降低的过程必定是自发过程”，此叙述准确吗？

10. 某物质在空气中由高温自然冷却到室温。这是自发过程，其 Gibbs 自由能会降低吗？

习　题

1. 1 mol 理想气体经过可逆 Carnot 循环过程，请列表示出每一步变化中的 ΔU、ΔH 及 ΔS。

2. 设 5 mol 氦(He)从 273 K、100 kPa 变化到 298 K、1×10^6 Pa，求 ΔS。$C_{V,m}=\frac{3}{2}R$。

3. 现将 100 g、283 K 的水与 200 g、313 K 的水混合，求这一混合过程的熵变。设水的平均比热为 $4.184\ J \cdot K^{-1} \cdot g^{-1}$。

4. 1 mol $H_2O(g)$从 473 K 冷却到 298 K，变为 $H_2O(l)$，试求此过程的 ΔS。已知 $H_2O(g)$的 $C_{p,m}=(30.21+9.92\times10^{-3}T)\ J \cdot K^{-1} \cdot mol^{-1}$，$H_2O(l)$的比热为 $4.184\ J \cdot K^{-1} \cdot g^{-1}$，373 K 时每克水的蒸发热为$2255\ J \cdot g^{-1}$。

5. 在 298 K 将 1 mol O_2 从 101.325 kPa 等温可逆压缩到 607.95 kPa，求此过程中的 Q、W、ΔU、ΔH、ΔF、ΔG、$\Delta S_{体系}$、$\Delta S_{环境}$和 $\Delta S_{孤立}$。

6. $p^{\ominus}$时 1 mol 甲苯在其沸点 383 K 时蒸发为蒸气。试求该过程中的 W、Q、ΔH、ΔU、ΔS、和 ΔG。已知在该温度时甲苯的蒸发热是 $361.9\ J \cdot g^{-1}$。

7. 在 298 K、100 kPa 下，0.5 mol O_2 和 0.5 mol N_2 混合，请计算混合过程中的 ΔG、ΔS、ΔH。设气体为理想气体。

8. 请计算 1 mol 水在 H_2O(l,298 K,101.325 kPa) $\longrightarrow$ H_2O(g,298 K,101.325 kPa)过程中的 ΔG，已知水在298 K时的饱和蒸气压为 3.17 kPa(计算时，假定水蒸气为理想气体)。

9. 在 293 K 下，将 1 mol 乙醇(l)的压力从 100 kPa 增加至 2533 kPa，求此过程的 ΔG。已知乙醇遵守下述物态方程

$$V = V_0(1-\beta p)$$

乙醇的 $\beta=1.04\times10^{-6}(\text{kPa})^{-1}$；293 K、100 kPa 时的密度 $\rho=0.789\ \text{g}\cdot\text{cm}^{-3}$。

10. 298 K、$p^\ominus$时，C(金刚石)和 C(石墨)的摩尔熵分别为 2.439 和 5.694 $\text{J}\cdot\text{K}^{-1}$，金刚石和石墨的燃烧热分别是 −395.32 和 −393.44 $\text{kJ}\cdot\text{mol}^{-1}$，它们的密度分别是 3.513 和 2.260 $\text{g}\cdot\text{cm}^{-3}$，试求：

(1) 298 K 及 100 kPa 下，石墨 $\longrightarrow$ 金刚石转变的 ΔG。

(2) 试比较在 298 K 及 100 kPa 下，石墨与金刚石中哪一个晶型较稳定。

(3) 增加压力能否使石墨转变为金刚石？问需要增加多少压力才能如此。

11. 某一化学反应在 298.2 K、$p^\ominus$条件下进行，放热 40.0 kJ；若使该反应通过可逆电池来完成，则吸热 4.0 kJ。(1) 计算该反应的 $\Delta_r S_m$；(2) 求环境的熵变及总熵变；(3)计算体系可能作的最大非体积功。(注：在可逆电池中 $Q_R=T\Delta_r S_m$)

12. 在 310 K 时，哺乳动物肝脏内发生下列反应

天冬氨酸盐＋瓜氨酸 $\rightleftharpoons$ 精氨琥珀酸盐＋H_2O　　$\Delta_r G_m^\ominus=34.3\ \text{kJ}\cdot\text{mol}^{-1}$

精氨琥珀酸盐 $\rightleftharpoons$ 精氨酸＋延胡索酸盐　　$\Delta_r G_m^\ominus=11.7\ \text{kJ}\cdot\text{mol}^{-1}$

延胡索酸盐＋NH_4^+ $\rightleftharpoons$ 天冬氨酸盐　　$\Delta_r G_m^\ominus=-15.5\ \text{kJ}\cdot\text{mol}^{-1}$

计算 310 K 时，精氨酸水解为瓜氨酸和 NH_4^+ 的 $\Delta_r G_m^\ominus$。

13. 活细胞内谷酰胺是由谷氨酸盐酰胺化而合成的，反应式为

谷氨酸盐＋NH_4^+ $\rightleftharpoons$ 谷酰胺

反应的 $\Delta_r G_m^\ominus$ 为 15.69 $\text{kJ}\cdot\text{mol}^{-1}$。实际生物合成是在 ATP 参与下完成的。测得 ATP 在 37°C 中性溶液中水解时的 $\Delta_r H_m^\ominus=-20.08\ \text{kJ}\cdot\text{mol}^{-1}$，$\Delta_r S_m^\ominus=35.21\ \text{J}\cdot\text{K}^{-1}\cdot\text{mol}^{-1}$，反应式为

ATP $\rightleftharpoons$ ADP＋Pi(无机磷酸盐)

请写出总反应方程式，并求出它的 $\Delta_r G_m^\ominus$。

14. 生物合成天冬酰胺的 $\Delta_r G_m^\ominus$ 为 −19.25 $\text{kJ}\cdot\text{mol}^{-1}$，反应式为

天冬氨酸＋NH_4^+＋ATP $\rightleftharpoons$ 天冬酰胺＋AMP＋PPi(无机焦磷酸盐)

已知此反应是由下面四步完成的：

天冬氨酸 ＋ ATP $\rightleftharpoons$ β-天冬氨酰腺苷酸 ＋ PPi　　(1)

β-天冬氨酰腺苷酸 ＋ NH_4^+ $\rightleftharpoons$ 天冬酰胺 ＋ AMP　　(2)

β-天冬氨酰腺苷酸 ＋ H_2O $\rightleftharpoons$ 天冬氨酸 ＋ AMP　　(3)

ATP ＋ H_2O $\rightleftharpoons$ AMP ＋ PP_i　　(4)

已知反应(3)和(4)的 $\Delta_r G_m^\ominus$ 分别为 −41.84 $\text{kJ}\cdot\text{mol}^{-1}$和 −33.47 $\text{kJ}\cdot\text{mol}^{-1}$，求反应(2)的 $\Delta_r G_m^\ominus$。

15. 在人体和蛙体中进行的三羧酸循环中有反应

延胡索酸盐$^{2-}$ ＋ H_2O $\rightleftharpoons$ 苹果酸盐$^{2-}$

298 K 时，此反应的 $\Delta_r G_m^\ominus=-3.68\ \text{kJ}\cdot\text{mol}^{-1}$，$\Delta_r H_m^\ominus=14.89\ \text{kJ}\cdot\text{mol}^{-1}$。计算在人体(310 K)和蛙体(280 K)中的 $\Delta_r G_m^\ominus$。

第 3 章　溶液与相平衡

两种或两种以上的物质均匀混合，彼此以分子或离子状态分布所形成的体系称为溶体。按体系聚集状态的不同，溶体又可分为气态溶体(混合气体)、固态溶体(固溶体)和液态溶体(简称溶液)。通常所讲的溶液多是指气体、液体或固体溶于液体所得的液态溶体。一般把含量较少的被溶解组分称为溶质，把含量大的溶解溶质的组分称为溶剂。溶液的性质与溶剂和溶质的成分密切相关。对生物体系来说，最重要的是水溶液。生物体内存在着血液、胆汁、尿等多种水溶液。许多重要的生化反应及生理过程都是在水溶液中完成的。了解一些溶液的性质，对研究生物过程是十分重要的。

溶液　是一个多组分的均相体系。偏摩尔量，尤其是偏摩尔 Gibbs 自由能(即化学势)是讨论溶液时必不可少的重要物理量。溶液的各个组分及其性质都可用化学势来表示。本章着重介绍不同形态物质的化学势及其在讨论溶液性质中的实际应用。

相平衡　是讨论物质在体系各相之间平衡共存的问题。例如体系中有几个相共存？各相所处状态如何？多相体系的状态如何随温度、压力、浓度而变化等等。相平衡及相律的知识是分离和提纯各种物质时所用蒸馏、萃取等方法的理论基础，也是讨论膜平衡这类问题的出发点。

3.1 偏 摩 尔 量

前面所讨论的热力学公式都只适用于质量一定的纯物质或组成不变(体系中粒子种类和数目不变)的封闭体系。对于这类体系，只需确定两个状态变量(如 T、p)，体系的状态就确定了，体系的一切性质也都有了确定值。但是对于在研究化学反应和相平衡时经常遇到的组成可变的多组分体系，尽管体系与环境之间没有物质交换，但其内部各相及各组分物质的量(n_B)可能由于相变化与化学变化而发生改变。此时，单用 T、p 和体系各物质的总质量就不能确定体系的状态。实验表明，要确定一个多组分单相体系的状态，除了需要指明温度 T 和压力 p 两个状态变量外，还需指明各个组分的物质的量。

3.1.1　偏摩尔量的定义

我们知道，不论在什么体系中，质量总是具有加和性的，体系的质量等于构成该体系各部分的质量总和。但除了质量之外，其他广度量，除非在纯物质中或理想溶液中，一般都不具有加和性。现以乙醇和水在混合前后体积的变化为例来说明。在 293 K、$p^\ominus$下，1 g 乙醇的体积是1.267 cm^3，1 g水的体积是 1.004 cm^3。若将乙醇与水以不同的比例混合，使溶液的总质量为100 g，实验结果如表 3.1 所示。

从表中最后一栏可以看出，溶液的体积并不等于各组分在纯态时的体积之和；混合前后的体积差值 ΔV 随浓度的不同而有所变化。这是由于乙醇分子和水分子的相互作用力不同于乙醇分子(或水分子)间的相互作用力而引起的。说明在多组分体系中，一种物质的性质(在此为体积)不仅和本身的特点有关,而且和其周围存在的物质及其浓度有关。因此体系任何一种广度量 X(如 V,G,U,S 等)应该是 $T,p,n_1,n_2,\cdots$ 的函数。写成函数形式,则为

$$X=f(T,p,n_1,n_2,\cdots,n_k)$$

表 3.1 乙醇与水混合液的体积与乙醇质量分数 w 的关系

w(乙醇) (%)	V(乙醇)/cm^3	V(水)/cm^3	混合前的体积相加值/cm^3	混合后的实际总体积/cm^3	偏差 $\Delta V/cm^3$
10	12.67	90.36	103.03	101.84	1.19
20	25.34	80.32	105.66	103.24	2.42
30	38.01	70.28	108.29	104.84	3.45
40	50.68	60.24	110.92	106.93	3.99
50	63.35	50.20	113.55	109.43	4.12
60	76.02	40.16	116.18	112.22	3.96
70	88.69	36.12	118.81	115.25	3.56
80	101.36	20.08	121.44	118.56	2.88
90	114.03	10.04	124.07	122.25	1.82

当体系的状态发生任一无限小的变化时,体系的性质 X 也相应地改变。因 X 是状态函数,$\mathrm{d}X$ 为全微分,故

$$\mathrm{d}X=\left(\frac{\partial X}{\partial T}\right)_{p,n_1,n_2,\cdots,n_k}\mathrm{d}T+\left(\frac{\partial X}{\partial p}\right)_{T,n_1,n_2,\cdots,n_k}\mathrm{d}p+\left(\frac{\partial X}{\partial n_1}\right)_{T,p,n_2,n_3,\cdots}\mathrm{d}n_1$$
$$+\left(\frac{\partial X}{\partial n_2}\right)_{T,p,n_1,n_3,\cdots}\mathrm{d}n_2+\cdots+\left(\frac{\partial X}{\partial n_k}\right)_{T,p,n_1,\cdots,n_{k-1}}\mathrm{d}n_k$$

在等温、等压条件下,上式可写为

$$\mathrm{d}X=\sum_{\mathrm{B}=1}^{k}\left(\frac{\partial X}{\partial n_\mathrm{B}}\right)_{T,p,n_\mathrm{C}}\mathrm{d}n_\mathrm{B}$$

如令

$$\left(\frac{\partial X}{\partial n_\mathrm{B}}\right)_{T,p,n_\mathrm{C}}=X_{\mathrm{B,m}} \tag{3.1.1}$$

则有

$$\mathrm{d}X=X_{1,\mathrm{m}}\mathrm{d}n_1+X_{2,\mathrm{m}}\mathrm{d}n_2+\cdots+X_{k,\mathrm{m}}\mathrm{d}n_k=\sum_{\mathrm{B}=1}^{k}X_{\mathrm{B,m}}\mathrm{d}n_\mathrm{B} \tag{3.1.2}$$

$X_{\mathrm{B,m}}$称为物质 B 某种性质的偏摩尔量,式(3.1.1)为其定义。它的物理意义是:在等温等压下,在大量的体系中,除了 B 组分以外,保持其他组分的数量不变(即 n_C 不变,C 代表除 B 以外的其他组分),加入 1 mol B 时所引起体系广度量 X 的改变;或是在有限量的体系中,因加入 $\mathrm{d}n_\mathrm{B}$ 的 B 而引起体系广度量 X 的改变量 $\mathrm{d}X$ 与 $\mathrm{d}n_\mathrm{B}$ 的比值。由式(3.1.1)看出,偏摩尔量本身为两广度量之比,故应当是一强度量。它与体系中物质数量的多少无关,与 T、p 和体系的浓度有关。若体系只有一个组分,偏摩尔量 $X_{\mathrm{B,m}}$ 就变成摩尔量 $X_\mathrm{m}^*(\mathrm{B})$。但对于多组分体系,$X_{\mathrm{B,m}}\neq X_\mathrm{m}^*(\mathrm{B})$。偏摩尔量是研究多组分体系性质的重要热力学量,对它的定义要有确切的认识:

(i) 只有在 T、p、$n_{\mathrm{B}\neq\mathrm{C}}$不变的条件下,均相体系的广度量对 n_B 的偏微商才是偏摩尔量,其中"T、p、$n_{\mathrm{B}\neq\mathrm{C}}$恒定"、"均相"、"广度量",一个都不能少。

(ii) 偏摩尔量是一个强度量,是一状态函数。

(iii) 只有某 B 组分在某多相体系中某一相态的偏摩尔量,不存在体系的偏摩尔量。

(iv) 偏摩尔量可正可负,因此,对于偏摩尔量 $X_{\mathrm{B,m}}$,我们只能说组分 B 对体系某个量 X

(如体积)的贡献多少,而不说 B 组分真正有 X 量(体积)多少,因为体积不能为负值。

3.1.2 偏摩尔量的集合公式

偏摩尔量是一强度量,其数值与体系中各组分的浓度相关而与混合物的总量无关。如果对一多组分体系,在恒温、恒压和维持溶液浓度不变的条件下,逐步按比例地加入各种物质,从 0 到 $n_1, n_2, \cdots, n_k$(mol),则 $X_{1,\mathrm{m}}, X_{2,\mathrm{m}}, X_{k,\mathrm{m}}$ 都不变化。

$$X = X_{1,\mathrm{m}}\int_0^{n_1} \mathrm{d}n_1 + X_{2,\mathrm{m}}\int_0^{n_2} \mathrm{d}n_2 + \cdots + X_{k,\mathrm{m}}\int_0^{n_k} \mathrm{d}n_k$$

积分上式

$$X = n_1 X_{1,\mathrm{m}} + n_2 X_{2,\mathrm{m}} + \cdots + n_k X_{k,\mathrm{m}} = \sum_{\mathrm{B}=1}^{\mathrm{K}} n_{\mathrm{B}} X_{\mathrm{B,m}} \tag{3.1.3}$$

式(3.1.3)称为多种物质的偏摩尔量集合公式。它表示多组分体系中某个广度性质热力学量 X 应当等于体系中各个组分的对应偏摩尔量与其物质的量的乘积之和,因而对 U, H, S, F, G, V 等热力学量都适用,例如

$$H = \sum_{\mathrm{B}} n_{\mathrm{B}} H_{\mathrm{B,m}},\ S = \sum_{\mathrm{B}} n_{\mathrm{B}} S_{\mathrm{B,m}},\ G = \sum_{\mathrm{B}} n_{\mathrm{B}} G_{\mathrm{B,m}},\ V = \sum_{\mathrm{B}} n_{\mathrm{B}} V_{\mathrm{B,m}}$$

在多组分的均相体系中,考虑偏摩尔量是有一定意义的。因为多组分体系的整体性质是各组分共同相互作用的结果,而不是组成此体系纯物质性质的简单加和。每一种物质对所形成体系热力学量的贡献与它们单独存在时也不相同。例如,摩尔体积与偏摩尔体积之间可能存在着很大的差别。固体 $MgCl_2$ 的 $V_{\mathrm{m}} = 40\ \mathrm{cm}^3$,而在稀的水溶液中 $MgCl_2$ 的偏摩尔体积却是负的,即加入少量 $MgCl_2$ 到水中去使溶液体积减少。我们把这种因加入可电离的溶质而引起溶液体积减小的作用称为电缩作用。这是由于小离子上的静电荷强烈地吸引水分子,使周围的水分子组合成比无此离子时更为密集的结构而造成的。像核酸钠那样的聚电解质,其形成水溶液时也有显著的电缩作用。甘氨酸在稀水溶液中以 $H_3N^+CH_2COO^-$ 离子形式存在,它的偏摩尔体积为43.5 $\mathrm{cm}^3 \cdot \mathrm{mol}^{-1}$,比与它有相同实验式但在水中不电离的乙二醇酰胺($HOCH_2CONH_2$)的偏摩尔体积56.3 $\mathrm{cm}^3 \cdot \mathrm{mol}^{-1}$小,也是这个道理。

3.2 化　学　势

3.2.1 化学势的定义

在所有偏摩尔量中,偏摩尔 Gibbs 自由能最为重要,它又称为化学势。体系中 B 组分的化学势用符号 μ_{B} 表示,可写为

$$\mu_{\mathrm{B}} = \left(\frac{\partial G}{\partial n_{\mathrm{B}}}\right)_{T,p,n_{\mathrm{C}}} \tag{3.2.1}$$

对于多种物质的均相体系来说,按照

$$G = f(T, p, n_1, n_2, \cdots, n_k)$$

应有

$$\mathrm{d}G = \left(\frac{\partial G}{\partial T}\right)_{p,n_{\mathrm{B}}} \mathrm{d}T + \left(\frac{\partial G}{\partial p}\right)_{T,n_{\mathrm{B}}} \mathrm{d}p + \sum_{\mathrm{B}=1}^{k} \left(\frac{\partial G}{\partial n_{\mathrm{B}}}\right)_{T,p,n_{\mathrm{C}}} \mathrm{d}n_{\mathrm{B}}$$

因为

$$\left(\frac{\partial G}{\partial T}\right)_{p,n_B} = -S, \quad \left(\frac{\partial G}{\partial p}\right)_{T,n_B} = V$$

故
$$dG = -SdT + Vdp + \sum \mu_B dn_B \tag{3.2.2}$$

用类似的方法，我们可以把 $U=f(S,V,n_1,n_2,\cdots,n_k)$，$H=f(S,p,n_1,n_2,\cdots,n_k)$，$F=f(T,V,n_1,n_2,\cdots,n_k)$写成全微分形式，最后可得到

$$\mu_B = \left(\frac{\partial U}{\partial n_B}\right)_{S,V,n_C} = \left(\frac{\partial H}{\partial n_B}\right)_{S,p,n_C} = \left(\frac{\partial F}{\partial n_B}\right)_{T,V,n_C} = \left(\frac{\partial G}{\partial n_B}\right)_{T,p,n_C}$$

这 4 个偏微商都叫作化学势，但必须注意其右下角标的不同。只有用 Gibbs 自由能表示的化学势(其下标是 T,p)才是偏摩尔量，通常所说的化学势也是指$\left(\frac{\partial G}{\partial n_B}\right)_{T,p,n_C}$。化学势是一个极为重要的状态函数，其量纲为 $J \cdot mol^{-1}$。它是一个强度量，它可以作为多组分体系的化学变化及相变中物质迁移方向和限度的一个判据。化学势的绝对值不能确定，因此不同物质的化学势大小无法进行比较。应当注意，化学势总是指某个均相体系中某种物质的化学势，没有某个体系的化学势，也不能笼统地说多相体系中某物质的化学势。此外，化学势是偏摩尔 Gibbs 自由能，因此，偏摩尔量的一些性质、公式它都适用。

因此，对于组成可变的多组分体系，在不作其他功的条件下，4 个热力学基本公式可写成

$$\begin{aligned} dU &= TdS - pdV + \sum_B \mu_B dn_B \\ dH &= TdS + Vdp + \sum_B \mu_B dn_B \\ dF &= -SdT - pdV + \sum_B \mu_B dn_B \\ dG &= -SdT + Vdp + \sum_B \mu_B dn_B \end{aligned} \tag{3.2.3}$$

在等温、等压无其他功时，$dG \leqslant 0$ 是变化过程方向及限度的判据。由式(3.2.2)，判据变为

$$(dG)_{T,p} = \sum_B \mu_B dn_B \leqslant 0 \tag{3.2.4}$$

$\sum_B \mu_B dn_B < 0$ 的过程为自发过程；$\sum_B \mu_B dn_B = 0$ 的过程为可逆过程。

3.2.2 化学势在相平衡中的应用

设体系有 α、β 两相，两相均为多组分体系。要保持两相平衡，首先两相的温度和压力必须相等，否则在两相中将有热的传递和体积的变化。设在一定 T、p 下，β 相中有 dn_B^β(mol)的 B 种物质转移到 α 相中，体系 Gibbs 自由能的总变化为

$$dG = dG^\alpha + dG^\beta = \mu_B^\alpha dn_B^\alpha + \mu_B^\beta dn_B^\beta$$

因为 α 相所得等于 β 相所失，即

$$dn_B^\alpha = -dn_B^\beta$$

$$dG = (\mu_B^\alpha - \mu_B^\beta) dn_B^\alpha$$

因为 $dn_B^\alpha > 0$，等温、等压条件下变化过程方向、限度的判据 $dG \leqslant 0$ 变成

$$\mu_B^\alpha - \mu_B^\beta \leqslant 0 \tag{3.2.5}$$

如果 $\mu_B^\alpha < \mu_B^\beta$，B 组分由 β 相向 α 相转移是自发的；如果 $\mu_B^\alpha = \mu_B^\beta$，B 组分在两相间的分配已达平衡。由此可见，在两相体系中，组分 B 只能自发地从化学势较高的相向化学势较低的相迁

移，直到 B 在两相中的化学势相等为止；相反的过程是不可能自动发生的。因而可以说物质的化学势是决定物质传递方向和限度的一个强度因素，这也就是化学势的物理意义。推而广之，多种物质多相体系平衡的条件是：除体系中各相的温度和压力必须相等外，各物质在各相中的化学势必须相等，即

$$\mu_B^{\alpha} = \mu_B^{\beta} = \cdots = \mu_B^{\varphi} \tag{3.2.6}$$

3.2.3　化学势与温度、压力的关系

根据偏微商的规则

$$\begin{aligned}\left(\frac{\partial \mu_B}{\partial p}\right)_{T,n_B,n_C} &= \left[\frac{\partial}{\partial p}\left(\frac{\partial G}{\partial n_B}\right)_{T,p,n_C}\right]_{T,n_B,n_C} \\ &= \left[\frac{\partial}{\partial n_B}\left(\frac{\partial G}{\partial p}\right)_{T,n_B,n_C}\right]_{T,p,n_C} \\ &= \left[\frac{\partial V}{\partial n_B}\right]_{T,p,n_C} \\ &= V_{B,m}\end{aligned} \tag{3.2.7a}$$

$$\begin{aligned}\left(\frac{\partial \mu_B}{\partial T}\right)_{p,n_B,n_C} &= \left[\frac{\partial}{\partial T}\left(\frac{\partial G}{\partial n_B}\right)_{T,p,n_C}\right]_{p,n_B,n_C} \\ &= \left[\frac{\partial}{\partial n_B}\left(\frac{\partial G}{\partial T}\right)_{p,n_B,n_C}\right]_{T,p,n_C} \\ &= \left[\frac{\partial(-S)}{\partial n_B}\right]_{T,p,n_C} \\ &= -S_{B,m}\end{aligned} \tag{3.2.7b}$$

$V_{B,m}$ 和 $S_{B,m}$ 分别是物质 B 的偏摩尔体积和偏摩尔熵。对于纯物质，我们得到过式(2.8.5)和(2.8.6)。将其与上两式相比较，可以看出，只要把纯物质体系热力学函数关系式中的摩尔量替换成偏摩尔量，这些关系式就可以保留其形式而适用于多组分体系。例如

纯物质 B	多组分体系 B 组分
$G_m = H_m - TS_m$	$\mu_B = H_{B,m} - TS_{B,m}$
$\left(\frac{\partial G_m}{\partial T}\right)_p = -S_m$	$\left(\frac{\partial \mu_B}{\partial T}\right)_p = -S_{B,m}$
$\left(\frac{\partial G_m}{\partial p}\right)_T = V_m$	$\left(\frac{\partial \mu_B}{\partial p}\right)_T = V_{B,m}$
$\frac{\partial\left(\frac{\Delta G_m}{T}\right)}{\partial T} = \frac{-\Delta H_m}{T^2}$	$\frac{\partial\left(\frac{\Delta \mu_B}{T}\right)}{\partial T} = \frac{-\Delta H_{B,m}}{T^2}$

【例 3.1】　(1) 在压力一定时，升高温度，纯物质的化学势如何变化？温度对气、液、固哪一种物态的化学势影响最大？(2) 温度一定时，加大压力情况又如何？

解　(1) $\left(\frac{\partial \mu_B}{\partial T}\right)_p = -S_{B,m}$

因为 $S_{B,m} > 0$，故升高温度，μ_B 下降。

因为 $S_{B,m}^{g} > S_{B,m}^{l} > S_{B,m}^{s}$，故压力一定时温度对气态化学势影响最大，液态次之，固态最小。

(2) $\left(\frac{\partial \mu_B}{\partial p}\right)_T = V_{B,m} > 0$，故压力增加时，$\mu_B$ 增大。

因为 $V^g_{B,m} > V^l_{B,m}$ 或 $V^s_{B,m}$，故温度一定时，压力对气态的化学势影响最大。

在相平衡和化学平衡中，将频繁地应用化学势，需要知道各种形态物质化学势的表示式。化学势的绝对值是不知道的，但我们可以选定某一状态作为标准来确定某一物质的化学势。当然，所选标准态不同，所确定的化学势数值也不同。原则上，标准态的选取是任意的；实际上，我国已根据国际标准制定了我国的国家标准，情况如下。

3.3　理想气体的化学势

对于单组分理想气体

$$\left(\frac{\partial \mu}{\partial p}\right)_T = V_m = \frac{RT}{p}$$

积分

$$\int_{\mu^\ominus}^{\mu} d\mu = \int_{p^\ominus}^{p} \frac{RT}{p} dp$$

得

$$\mu(T,p) = \mu^\ominus(T) + RT\ln\frac{p}{p^\ominus} \tag{3.3.1}$$

式中：$\mu(T,p)$是理想气体在温度为 T、压力为 p 时的化学势，它是 T、p 的函数，常简写为 μ；$\mu^\ominus(T)$是理想气体在温度为 T、压力为 $p^\ominus$时的化学势，通常选处于 T、$p^\ominus$时的理想气体状态作为标准状态。由于标准状态压力已经给定为 $p^\ominus$，故标准状态化学势 $\mu^\ominus(T)$仅是温度的函数。

对于混合理想气体，由于理想气体分子的体积可以忽略，分子间的相互作用力也可不考虑，混合理想气体中任何一种气体的行为与该气体单独占有混合气体总体积时的行为相同。所以，混合理想气体中任意组分 B 的化学势表示式与它处于纯态时的化学势表示式相同。

$$\mu_B = \mu_B^\ominus(T) + RT\ln\frac{p_B}{p^\ominus} \tag{3.3.2}$$

但式中 p_B 为组分 B 的分压，$\mu_B^\ominus(T)$是温度为 T、分压 p_B 等于 $p^\ominus$时组分 B 的化学势，它也仅为 T 的函数。将 Dalton(道尔顿)分压定律 $p_B = px_B$ 代入上式，得

$$\begin{aligned}\mu_B &= \mu_B^\ominus(T) + RT\ln\frac{px_B}{p^\ominus}\\ &= \mu_B^\ominus(T) + RT\ln\frac{p}{p^\ominus} + RT\ln x_B\\ &= \mu_B^\ominus(T,p) + RT\ln x_B\end{aligned}$$

式中：p 是混合理想气体的总压；x_B 是组分 B 的摩尔分数；$\mu_B^\ominus(T,p)$ 由 $\mu_B^\ominus(T)$ 和 $RT\ln(p/p^\ominus)$两项组成，它是 B 种理想气体在 T、p 时的化学势。应当指出，$\mu_B^\ominus(T,p)$ 不是标准态的化学势，指定 T、p 时的 B 种理想气体状态也不是标准态。其标准态应该是温度为 T、分压为 $p^\ominus$时的 B 种理想气体状态。标准态的化学势应当是 $\mu_B^\ominus(T)$。

3.4　实际气体的化学势

对于实际气体，只要将它的状态方程式代入式(3.2.7)积分，也可以得到它的化学势表示式。由于实际气体的状态方程式比较复杂，代入积分后所得到的表示式更为复杂，用起来极不方便。为了使表示式简洁、统一，Lewis(路易斯)提出了一个简单的办法，让实际气体的化学

势表示式采用理想气体化学势相同的形式，而把同温同压下实际气体与理想气体化学势的偏差集中在对实际气体压力的校正上来，亦即式(3.3.1)中的压力项乘上一个校正因子 γ，写成

$$\mu=\mu^{\ominus}(T)+RT\ln\frac{\gamma p}{p^{\ominus}}=\mu^{\ominus}(T)+RT\ln\frac{f}{p^{\ominus}} \tag{3.4.1}$$

式中：$f=\gamma p$，称为逸度，可看作校正后的压力(或有效压力)，γ 称为逸度系数。对于理想气体，$\gamma=1$，$f=p$。式(3.4.1)就是纯实际气体化学势表示式。显然，只要把理想气体化学势表示式中的压力 p 改成逸度 f，即成为实际气体化学势表示式。它们的形式相同，所选标准态也相同，仍为温度 T、压力 $p^{\ominus}$ 的理想气体。

对于混合非理想气体，任一组分的化学势可表示为

$$\mu_{\mathrm{B}}=\mu_{\mathrm{B}}^{\ominus}(T)+RT\ln\frac{f_{\mathrm{B}}}{p^{\ominus}} \tag{3.4.2}$$

式中：f_{B} 是混合气体中B组分的逸度。

3.5　理想溶液各组分的化学势

3.5.1　Raoult(拉乌尔)定律及理想溶液的定义

纯溶剂在一定温度下有一定的饱和蒸气压。当有非挥发性溶质溶入时，溶剂的蒸气压降低。这是由于溶质加入后，单位体积中溶剂分子数减少，因而单位时间内离开液体表面而进入气相的溶剂分子数也相应减少，导致溶液中溶剂的蒸气压比纯溶剂蒸气压低。

在1887年，Raoult经过多次实验后，得出下述定量规律：在定温下的稀溶液中，溶剂的蒸气压等于纯溶剂的蒸气压乘以溶剂的摩尔分数。如果用 p_{A}^{*} 表示一定温度下纯溶剂A的蒸气压，p_{A} 表示同温度时溶液中溶剂的蒸气压，x_{A} 表示溶剂在溶液中的摩尔分数，则Raoult定律可表示为

$$p_{\mathrm{A}}=p_{\mathrm{A}}^{*}x_{\mathrm{A}} \tag{3.5.1}$$

若溶液中仅有A、B两个组分，$x_{\mathrm{A}}+x_{\mathrm{B}}=1$，则可得

$$\frac{p_{\mathrm{A}}^{*}-p_{\mathrm{A}}}{p_{\mathrm{A}}^{*}}=x_{\mathrm{B}} \tag{3.5.2}$$

即溶剂蒸气压降低值与其饱和蒸气压之比等于溶质的摩尔分数。

一般说来，只有在稀溶液中的溶剂才能较准确地遵守Raoult定律。因为只有在稀溶液中，溶剂分子之间的引力受溶质分子的影响很小，溶剂分子周围的环境与纯溶剂几乎相同，所以溶剂的饱和蒸气压只与单位体积溶液中溶剂的分子数(摩尔分数)有关，而与溶质的性质无关。当溶液浓度变大时，溶质分子对溶剂分子之间的引力就有较明显的影响。此时溶剂的蒸气压就不仅与溶剂的浓度有关，还与溶质的性质有关。溶剂的蒸气压与其摩尔分数不再成正比关系，因而不遵守Raoult定律。但有些同位素化合物的混合物、同分异构体的混合物、同系物的混合物，如 H_2O-D_2O、左旋樟脑-右旋樟脑、苯-甲苯、正己烷-正庚烷……，它们可以在较高浓度范围内，甚至在全浓度范围内都遵守Raoult定律。

由两种或两种以上挥发性液体组成的溶液，若其各个组分在全浓度范围内都遵守Raoult定律，该溶液称为理想溶液。理想溶液中任一组分B的蒸气压，在全浓度范围内都有如下关系

$$p_B = p_B^* x_B$$
（B为任意组分，x_B 从 0→1）

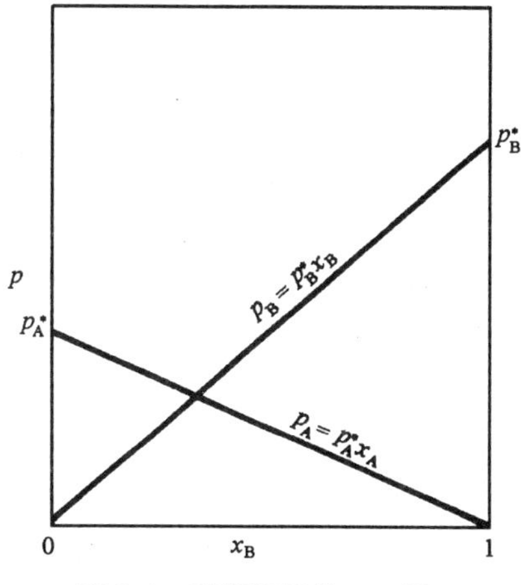

图 3.1 理想溶液的 p-x 图

二组分理想溶液的蒸气压-成分图如图 3.1 所示。与理想气体不同，理想溶液并不忽略分子自身的体积，也不忽略分子间的相互作用力。它只是假定溶液中各组分分子的大小相仿，分子间作用力相近。溶液中各组分分子的处境与它们在纯态时极为相似，各组分自溶液中逸出的能力仅与单位体积内该组分的摩尔分数相关。由各纯组分混合形成溶液时，总体积等于各纯组分体积之和，即混合前后体系的总体积不变，$\Delta V_{混合}=0$。混合过程中没有能量的变化，不产生热效应，即混合前后体系的焓相等，$\Delta H_{混合}=0$。由此可得出：理想溶液中各组分在溶液中的偏摩尔体积和偏摩尔焓与它们在纯态时各自的摩尔体积、摩尔焓相等，即

$$V_{B,m}=V_m(B), \quad H_{B,m}=H_m(B)$$

当然，如各个组分混合形成理想溶液，则体系的熵必定增加。与理想气体的混合熵[见式(2.4.4)]相同，形成理想溶液时的混合熵为

$$\Delta S_{混合} = -R\sum_B n_B \ln x_B \tag{3.5.3}$$

式中：n_B、x_B 分别为任意组分 B 的物质的量与摩尔分数。由于 $x_B<1$，故 $\Delta S_{混合}>0$。混合 Gibbs 自由能可由 $\Delta G=\Delta H-T\Delta S$ 得出

$$\Delta G_{混合} = RT\sum_B n_B \ln x_B \tag{3.5.4}$$

由于 $x_B<1$，故 $\Delta G_{混合}<0$。

理想溶液与理想气体一样，是由实验事实抽象出的极限概念。在实际溶液中，只有前面提到的那些特殊混合物才可以看作或近似看作理想溶液，也有一些溶液在某个浓度范围内可当作理想溶液来处理。但理想溶液模型简单，对实际溶液的研究有一定的启发与指导作用。

3.5.2 理想溶液各组分的化学势

假定温度 T 时，理想溶液与其蒸气相达到平衡。此时溶液中任意组分 B 在两相中的化学势应该相等，即

$$\mu_B^l = \mu_B^g$$

若蒸气是混合理想气体，其中 B 组分蒸气的分压为 p_B，则

$$\mu_B^g = \mu_B^\ominus(T) + RT\ln\frac{p_B}{p^\ominus}$$

溶液服从 Raoult 定律，即

$$p_B = p_B^* x_B^l$$

代入前式，得

$$\mu_B^l = \mu_B^\ominus(T) + RT\ln\frac{p_B^*}{p^\ominus} + RT\ln x_B^l$$

将右方第一、二项合并，得

$$\mu_B^l = \mu_B^{\ominus,g}(T, p_B^*) + RT\ln x_B^l$$

由于纯 B 组分气液两相平衡，即

$$\mu_B^{\ominus,g}(T, p_B^*) = \mu_B^{\ominus,l}(T, p_B^*)$$

所以

$$\mu_B^l = \mu_B^{\ominus,l}(T, p_B^*) + RT\ln x_B^l$$

假定压力对凝聚相的化学势影响很小，即

$$\mu_B^{\ominus,l}(T, p^*) = \mu_B^{\ominus,l}(T, p)$$

得

$$\mu_B^l = \mu_B^{\ominus,l}(T, p) + RT\ln x_B^l$$

亦即

$$\mu_B = \mu_B^{\ominus}(T, p) + RT\ln x_B \tag{3.5.5}$$

这就是理想溶液中各组分化学势的表示式，它是溶液中热力学处理的基本公式。理想溶液的一些基本性质，如 $\Delta V_{混合}=0$，$\Delta H_{混合}=0$，式(3.5.3)和(3.5.4)都可由此式导出。显然，该式包含了蒸气是理想气体、溶液服从 Raoult 定律和压力对凝聚相的化学势影响很小等条件。式中 $\mu_B^{\ominus}(T,p)$是当 $x_B=1$，即纯组分 B 在 T、p 时的化学势，它是 T、p 的函数。理想溶液中各组分的标准态就是温度为 T、压力为 p 的纯组分 B。

【例 3.2】 (1) 设各为 1 mol 的苯与甲苯在 298 K、$p^{\ominus}$下形成理想溶液，问该溶液中苯的化学势与同温同压下纯苯的化学势哪个大？大多少？在 298 K、$p^{\ominus}$下将纯苯与大量苯-甲苯溶液放在同一个钟罩内，将出现什么现象，过程进行到什么状态为止？

(2) 298 K、$p^{\ominus}$下将 1 mol 纯苯转移到大量的等摩尔混合的苯-甲苯溶液中去，此过程 ΔG 为多少？

解　(1) 纯苯中苯的化学势为 $\mu_{苯}^{\ominus}(T,p)$；理想溶液中苯的化学势为 $\mu_{苯}=\mu_{苯}^{\ominus}(T,p)+RT\ln x_{苯}$；甲苯的化学势为：$\mu_{甲苯}=\mu_{甲苯}^{\ominus}(T,p)+RT\ln x_{甲苯}$。

纯苯的化学势>溶液中苯的化学势，两者之差为

$$\mu_{苯}^{\ominus}(T,p)-[\mu_{苯}^{\ominus}(T,p)+RT\ln x_{苯}]=-RT\ln x_{苯}=-RT\ln 0.5=1717\ \text{J}\cdot\text{mol}^{-1}$$

在同一钟罩内将发生物质从化学势大向化学势小的方向迁移，直到两者化学势相等为止。即自动发生纯苯向溶液中迁移，甲苯向纯苯中迁移，直至它们的化学势相等为止。

(2) $\Delta G=G_{苯,m}-G_{苯,m}^*$

$G_{苯,m}$是苯的偏摩尔 Gibbs 自由能，就是苯的化学势，即

$$G_{苯,m}=\mu_{苯}=\mu_{苯}^{\ominus}(T,p)+RT\ln x_{苯}$$

$G_{苯,m}^*$是纯苯的摩尔 Gibbs 自由能，亦即纯苯的化学势，即

$$G_{苯,m}^*=\mu_{苯}^{\ominus}(T,p)$$

因此

$$\begin{aligned}\Delta G &=\mu_{苯}-\mu_{苯}^{\ominus}(T,p)=\mu_{苯}^{\ominus}(T,p)+RT\ln x_{苯}-\mu_{苯}^{\ominus}(T,p)=RT\ln x_{苯}\\ &=8.314\ \text{J}\cdot\text{mol}^{-1}\cdot\text{K}^{-1}\times 298\ \text{K}\times\ln 0.5=-1717\ \text{J}\cdot\text{mol}^{-1}\end{aligned}$$

3.6　稀溶液及其各组分的化学势

3.6.1　Henry(亨利)定律与稀溶液

1807 年 Henry 在研究一定温度下气体在某种溶剂中的溶解度时，发现气体的溶解度与溶液面上该气体的平衡压力成正比。后来发现，此规律对挥发性溶质也适用。因此 Henry 定律可以叙述为：在一定温度下，一种挥发性溶质的平衡分压与溶质在溶液中的摩尔分数成正比。可表示为

$$p_B = K_x x_B \tag{3.6.1}$$

式中：p_B 为与溶液平衡的溶质的蒸气压(或溶解气体的分压)；x_B 是挥发性溶质(或气体)在溶液中的摩尔分数；K_x 为比例常数，其数值与温度、溶质与溶剂的性质相关。

从上式可以看出，Henry 定律的形式与 Raoult 定律差不多。但是 Henry 定律中的比例系数 K_x 不等于纯溶质在该温度时的饱和蒸气压，其数值与溶剂分子对溶质分子引力大小相关。当溶剂分子对溶质分子的引力大于溶质分子本身之间的引力时，$K_x < p_B^*$；当溶剂分子对溶质分子的引力小于溶质分子本身之间的引力时，$K_x > p_B^*$；当溶剂分子对溶质分子的引力等于溶质分子之间的引力时，$K_x = p_B^*$，这时 Henry 定律就表现为 Raoult 定律的形式。一般地说，只有在稀溶液中溶质才能比较准确地遵守 Henry 定律。

在物质的量分别为 n_A 和 n_B 的二组分体系中，组分 B 的浓度可用摩尔分数 x_B、质量摩尔浓度 m_B 以及物质的量浓度 c_B 表示。在稀溶液中，它们分别为

$$x_B = \frac{n_B}{n_A + n_B} \approx \frac{n_B}{n_A}$$

$$m_B = \frac{n_B}{W_A} = \frac{n_B}{n_A M_A} \approx \frac{x_B}{M_A}$$

$$c_B = \frac{n_B}{V} = \frac{n_B \rho}{n_A M_A + n_B M_B} \approx \frac{\rho n_B}{M_A n_A} \approx \frac{\rho x_B}{M_A}$$

式中：W_A 和 M_A 分别是溶剂 A 的质量和摩尔质量，ρ 和 V 分别是溶液的密度和体积。将以上浓度换算式分别代入 Henry 定律式(3.6.1)中，可得到用质量摩尔浓度和物质的量浓度表示的 Henry 定律

$$p_B = K_x M_A m_B = K_m m_B \tag{3.6.2a}$$

$$p_B = K_x \frac{M_A}{\rho} c_B = K_c c_B \tag{3.6.2b}$$

式中：K_x、K_m、K_c 都叫 Henry 常数。由上可见，采用不同的浓度单位时，Henry 定律中的比例常数不同，在查手册时应特别注意它们的单位。此外，它们的数值还与压力的单位有关。对同一种气体来说，在不同溶剂中的 Henry 常数不同。若在相同的气体分压下进行比较，K 值较小则溶解度较大。所以，Henry 常数 K 可以作为选择吸收气体溶剂的重要依据。此外，随温度升高，K 值增大。由 $p_B = K_x x_B$ 知，在相同的平衡分压条件下，随温度升高，气体的溶解度将降低。

Henry 定律对生物体系有很重要的应用，例如测得气体的分压可通过 Henry 定律了解水中氧的含量、血液中 CO_2 的含量等等。在深海工作的人必须缓慢地从海底回到海面，也可用 Henry 定律解释。人在深海处经受较大的压力，氮气在血液中的溶解度比在陆地上正常压力时大许多倍。如果潜水员迅速从海下回到海面上来，原先在高压时溶解在血液中的氮就从溶液中析出，可能形成血栓(血液循环中的气泡)，或发生所谓潜函病，轻则眩晕，重则死亡。

在一定温度和压力下，溶剂遵守 Raoult 定律、溶质遵守 Henry 定律的溶液称为稀溶液。实际溶液在浓度足够稀时，具有稀溶液的性质。

稀溶液中溶质分子很少，每个溶质分子 B 几乎全被溶剂分子 A 所包围。溶质分子逸出液相的能力不仅与单位体积溶液中溶质分子数有关，还与 A-B 分子间的相互作用力有关。因此在 Henry 定律中的比例常数不是 p_B^* 而是 K_x。形成稀溶液时有热效应发生，即 $\Delta H_{混} \neq 0$，导

致稀溶液中溶质化学势的表示式与理想溶液中溶质组分不同。

3.6.2　稀溶液中溶剂的化学势

稀溶液中溶剂遵守 Raoult 定律，它的化学势与理想溶液中各组分化学势表示式相同

$$\mu_{A} = \mu_{A}^{\ominus}(T,p) + RT\ln x_{A} \tag{3.6.3}$$

式中：$\mu_{A}^{\ominus}(T,p)$是在指定温度 T、压力 p 时纯溶剂($x_{A}=1$)的化学势。在 T、p 时的纯溶剂就是稀溶液中溶剂的标准态。

3.6.3　稀溶液中溶质的化学势

稀溶液中溶质服从 Henry 定律 $p_{B}=K_{x}x_{B}$. 用同样的方法，可以得出

$$\begin{aligned}\mu_{B} = \mu_{B}^{g} &= \mu_{B}^{\ominus}(T) + RT\ln\frac{p_{B}}{p^{\ominus}} \\ &= \mu_{B}^{\ominus}(T) + RT\ln\frac{K_{x}}{p^{\ominus}} + RT\ln x_{B} \\ &= \mu_{B,x}^{\ominus}(T,p) + RT\ln x_{B}\end{aligned} \tag{3.6.4}$$

式中：$\mu_{B,x}^{\ominus}(T,p) = \mu_{B}^{\ominus}(T) + RT\ln\frac{K_{x}}{p^{\ominus}}$ 是 T、p 的函数，在一定温度、压力下有定值，但它不是纯溶质 B 的化学势。它是 $x_{B}=1$ 而仍遵守 Henry 定律、饱和蒸气压之值等于 K_{x} 的假想状态的化学势。参看图 3.2(a)，纯 B 状态由点 W 表示，其蒸气压为 p_{B}^{*}，化学势为

$$\mu_{B,x}^{*}(T,p) = \mu_{B}^{\ominus}(T) + RT\ln\frac{p_{B}^{*}}{p^{\ominus}}$$

显然，$\mu_{B,x}^{*}(T,p) \neq \mu_{B,x}^{\ominus}(T,p)$ 。假想状态是延长 $p_{B}=K_{x}x_{B}$ 直线到 $x_{B}=1$ 处得到的 R 点。因为溶质 B 并不在 $x_{B}=0\rightarrow1$ 全浓度范围内都服从 Henry 定律，这个引申而得的状态 R 实际上并不存在。但是，这个假想状态就是当溶质浓度用摩尔分数表示时溶质的标准态。

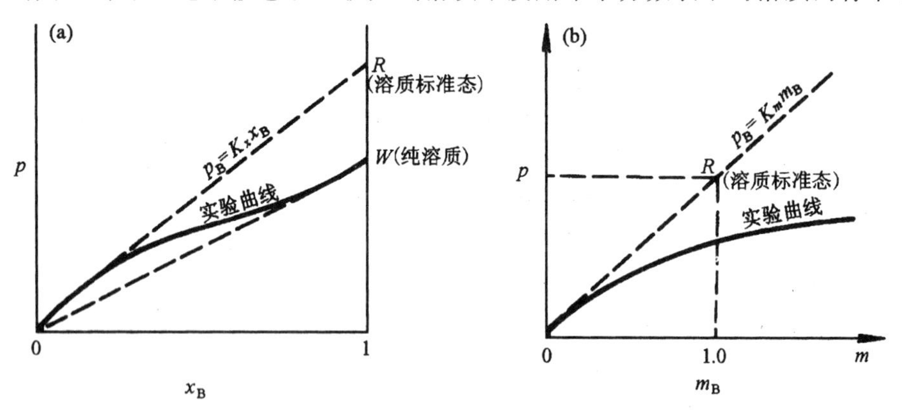

图 3.2　溶液中溶质的标准态

(a) 摩尔分数为 x_{B}　(b) 质量摩尔浓度为 m_{B}

若 Henry 定律写作 $p_{B}=K_{m}m_{B}$ 或 $p_{B}=K_{c}c_{B}$，溶质 B 的化学势可表示为

$$\mu_{B} = \mu^{\ominus}(T) + RT\ln\frac{K_{m}m^{\ominus}}{p^{\ominus}} + RT\ln\frac{m_{B}}{m^{\ominus}}$$

$$= \mu_{B,m}^{\ominus}(T,p) + RT\ln\frac{m_B}{m^{\ominus}} \tag{3.6.5}$$

或

$$\mu_B = \mu^{\ominus}(T) + RT\ln\frac{K_c c^{\ominus}}{p^{\ominus}} + RT\ln\frac{c_B}{c^{\ominus}}$$

$$= \mu_{B,c}^{\ominus}(T,p) + RT\ln\frac{c_B}{c^{\ominus}} \tag{3.6.6}$$

式中：$\mu_{B,m}^{\ominus}(T,p)$ 和 $\mu_{B,c}^{\ominus}(T,p)$ 分别是 $m_B = 1\,\text{mol}\cdot\text{kg}^{-1}$ 和 $c_B = 1\,\text{mol}\cdot\text{dm}^{-3}$ 仍服从 Henry 定律的假想状态[如图 3.2(b)中 R 点]的化学势。这两个假想状态分别是浓度用 m 和 c 表示时溶质的标准态，式中乘除 $m^{\ominus}$(或 $c^{\ominus}$)是为了确保对数的自变量为无量纲的数。

应当指出，$\mu_{B,x}^{\ominus}(T,p)$，$\mu_{B,m}^{\ominus}(T,p)$ 和 $\mu_{B,c}^{\ominus}(T,p)$ 因所选标准态不同具有不同的数值，其相应的溶质浓度值也不相同。但对于一个组成确定的体系，在一定 T、p 下，溶质的化学势 μ_B 的数值是一定的，不会因溶质浓度的表示方式不同而异。在计算溶质化学势的变化值时，只要选用相同的标准态，并不影响计算结果，因为标准态的化学势在计算过程中是可以消去的。此外，式(3.6.4)～(3.6.6)虽然是由挥发性溶质导出的，但对非挥发性溶质也适用。因为根据溶液的其他性质，也可导出上述结果。

3.7　稀溶液的依数性

将一非挥发性溶质溶于某一溶剂时，溶液的蒸气压将比纯溶剂的蒸气压有所降低；溶液的沸点有所升高；溶液的凝固点将比纯溶剂的凝固点有所下降；在溶液与纯溶剂之间若用半透膜隔开，将会产生渗透压。对于稀溶液来说，以上“蒸气压降低”、“沸点升高”、“凝固点降低”、“渗透压”等数值仅与溶液中溶质的粒子数有关，而与溶质的性质无关，因此我们称它们为“依数性”。这些依数性的定量关系，可根据稀溶液中溶剂遵守 Raoult 定律这一共性，用热力学方法推导得出。

3.7.1　蒸气压降低

对于非挥发性溶质的二组分体系

$$p_A = p_A^* x_A = p_A^*(1 - x_B)$$

$$\Delta p_A = p_A^* - p_A = p_A^* x_B \tag{3.7.1}$$

式中：Δp_A 是溶质的摩尔分数为 x_B 时，溶液的蒸气压 p_A 比纯溶剂(同温度、压力下)的蒸气压 p_A^* 降低的数值。

$$\frac{\Delta p_A}{p_A^*} = x_B = \frac{n_B}{n_A + n_B} \approx \frac{n_B}{n_A} = \frac{W_B/M_B}{W_A/M_A}$$

$$M_B = \frac{W_B}{W_A} M_A \frac{p_A^*}{\Delta p_A} \tag{3.7.2}$$

由上式，可以根据溶液蒸气压降低的数值 Δp_A 来计算非挥发性溶质的摩尔质量 M_B。式中：W_A 和 W_B 分别表示溶液中溶剂和溶质的质量，M_A 为溶剂的摩尔质量。

3.7.2　凝固点降低

纯液体的凝固点是指在一定压力下，液相和它的固相平衡共存时的温度。溶液的凝固点是指在一定压力下，溶液与其溶剂构成的固相平衡共存时的温度。与溶液能平衡共存的固相有两种，一种是纯溶剂的固相，另一种是溶剂与溶质形成的固溶体。只有当溶液与纯溶剂的固相平衡共存时，溶液的凝固点才会降低。固相中出现固溶体时，溶液的凝固点未必降低。

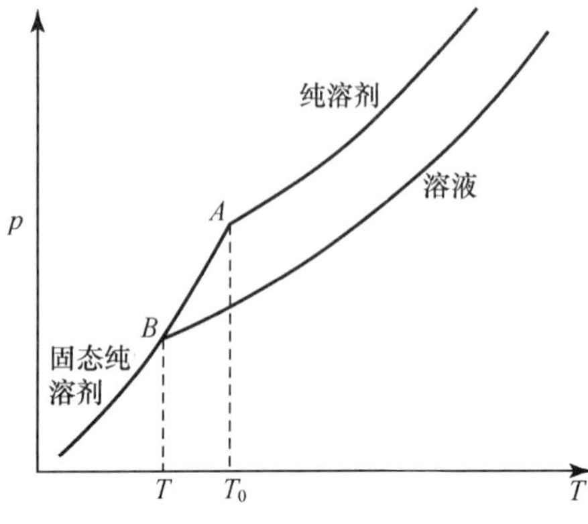

图 3.3　溶液的凝固点下降示意图

图3.3是溶液、纯溶剂的液态和固态的蒸气压曲线。对纯溶剂来说，在 A 点处固相与液相的蒸气压相等，其对应的温度 T_0 是纯溶剂的凝固点。B 点所对应的温度 T 是溶液的凝固点，是溶液与纯溶剂固相成平衡时的温度。$T_0>T$，所以凝固点下降。

纯溶剂A的固相和溶液平衡共存时，A在固相和液相中的化学势应相等，即

$$\mu_A^s(T,p)=\mu_A^l(T,p)$$
$$=\mu_A^\ominus(T,p)+RT\ln x_A$$
$$-\ln x_A=\frac{1}{RT}[\mu_A^\ominus(T,p)-\mu_A^s(T,p)]$$

当溶剂的摩尔分数 x_A 不同时，凝固点随之变动。为研究它们之间的变化率关系，对温度求微商，得

$$-\frac{\mathrm{d}\ln x_A}{\mathrm{d}T}=\frac{\mathrm{d}}{\mathrm{d}T}\left[\frac{\mu_A^\ominus(T,p)-\mu_A^s(T,p)}{RT}\right]$$

式中：$\mu_A^\ominus(T,p)$ 和 $\mu_A^s(T,p)$ 是纯A在液态和固态的化学势。根据第3.2.3节中的 $\frac{\partial(\Delta\mu_B/T)}{\partial T}=-\frac{\Delta H_{B,m}}{T^2}$，可得

$$-\frac{\mathrm{d}\ln x_A}{\mathrm{d}T}=\frac{1}{R}\,\frac{-\Delta H_m}{T^2}$$

式中：ΔH_m 是纯A的摩尔熔化热 $\Delta_{fus}H_m$。假定把它看成与温度无关的常数，移项积分上式，得

$$\int_{\ln 1}^{\ln x_A}\mathrm{d}\ln x_A=\int_{T_0}^{T}\frac{\Delta_{fus}H_m}{RT^2}\mathrm{d}T$$

$$\ln x_A=\frac{\Delta_{fus}H_m}{R}\left(\frac{1}{T_0}-\frac{1}{T}\right)$$

$$-\ln x_A=\frac{\Delta_{fus}H_m}{R}\,\frac{\Delta T_f}{T_0T}$$

式中：T_0 为纯溶剂的凝固点，T 是溶剂摩尔分数为 x_A 时的凝固点，$\Delta T_f=T_0-T$ 为溶剂的凝固点降低值。对于稀溶液来说，$T\approx T_0$，x_B 又很小，因此

$$-\ln x_A=-\ln(1-x_B)\approx x_B\approx\frac{n_B}{n_A}$$

式中：n_A 和 n_B 分别是溶液中A和B的物质的量(mol)。代入上式，可写为

$$\Delta T_f=\frac{RT_0^2}{\Delta_{fus}H_m}\,\frac{n_B}{n_A}=\frac{RT_0^2}{\Delta_{fus}H_m}m_BM_A=K_f\,m_B \qquad (3.7.3)$$

这就是稀溶液凝固点降低公式。式中

$$K_f = \frac{RT_0^2}{\Delta_{fus} H_m} M_A \tag{3.7.4}$$

称为质量摩尔凝固点降低常数,简称凝固点降低常数。其数值只与溶剂性质有关,与溶质性质无关。测定凝固点降低值后,可由式(3.7.3)求得溶质的摩尔质量 M_B

$$\Delta T_f = K_f\, m_B = K_f \frac{W_B/M_B}{W_A}$$

$$M_B = \frac{K_f}{\Delta T_f} \frac{W_B}{W_A} \tag{3.7.5}$$

式中:W_A 和 W_B 分别是溶液中溶剂和溶质的质量。

3.7.3 沸点升高

沸点是液体蒸气压等于外压时的温度。在相同温度时,含有非挥发性溶质的溶液的蒸气压总是比纯溶剂低,因此,溶液的蒸气压等于外压时所需的温度必定比纯溶剂的沸点高。图3.4是纯溶剂和溶液的蒸气压随温度变化图。当外压为 $p^{\ominus}$ 时,纯溶剂沸点为 T_0,而溶液的沸点为 T_b,$T_b > T_0$。

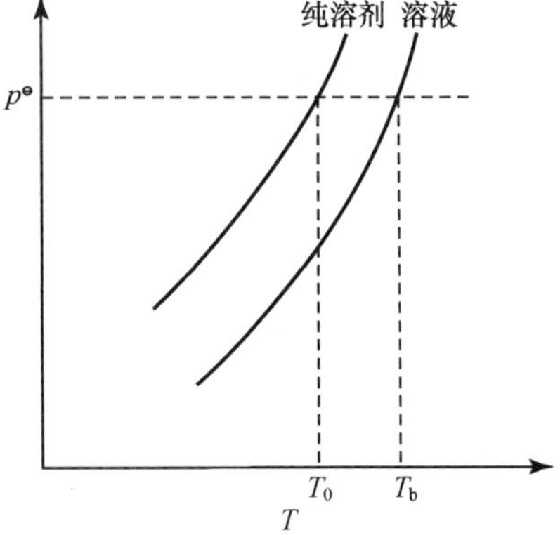

图 3.4 溶液沸点升高示意图

当溶液与其蒸气平衡时,溶剂 A 在液相的化学势应与气相的化学势相等,则有

$$\mu_A^g(T,p) = \mu_B^l(T,p,x_A)$$

用类似于凝固点降低的热力学分析,对于沸点升高也可以得到以下结果

$$\Delta T_b = K_b m_B \tag{3.7.6}$$

其中

$$K_b = \frac{RT_0^2}{\Delta_{vap} H_m} M_A \tag{3.7.7}$$

式(3.7.6)称为稀溶液沸点升高公式。式中:K_b 叫作沸点升高常数,它也只与溶剂性质有关;$\Delta T_b = T_b - T_0$ 为溶液的沸点升高值;$\Delta_{vap} H_m$ 是溶剂的摩尔蒸发热。利用式(3.7.6),也可求得溶质的摩尔质量

$$M_B = K_b \frac{W_B}{\Delta T_b W_A} \tag{3.7.8}$$

式中:W_A、W_B 分别是溶剂和溶质的质量。

应该说明:(i) 式(3.7.5)和(3.7.8)常用于测定物质的摩尔质量,但对大分子溶质并不适用,因为大分子溶液的凝固点或沸点变化值太小,很难测准。(ii) 在溶液依数性中起作用的是溶质的独立粒子数,若溶质粒子发生离解或缔合,独立粒子数变化,相应的 ΔT 值就改变,在确定溶质的摩尔质量时必须注意。(iii) 凝固点降低法只限于溶质不进入纯溶剂固相的体系,但对溶质是否有挥发性没有限定。而沸点升高法只适用于非挥发性溶质形成的稀溶液,对挥发性溶质的稀溶液不适用。

表 3.2 给出了一些常用溶剂的凝固点降低常数和沸点升高常数。表 3.3 是健康者与病者体液的平均凝固点。当一个人得病时,其体液相对于正常人来说发生了一些变化,体液的凝固点下降值 ΔT_f 也有所改变,这个数据对疾病的诊断有一定的参考价值。

表 3.2　一些常用溶剂的沸点升高常数和凝固点降低常数

物质名称	$K_b/(K\cdot mol^{-1}\cdot kg)$	物质名称	$K_f/(K\cdot mol^{-1}\cdot kg)$
水(H_2O)	0.51	水(H_2O)	1.86
乙醇(C_2H_5OH)	1.22	苯(C_6H_6)	5.12
苯(C_6H_6)	2.57	醋酸(CH_3COOH)	3.90
三氯甲烷($CHCl_3$)	3.63	萘($C_{10}H_8$)	6.8
甲苯($C_6H_5CH_3$)	3.37	樟脑($C_{10}H_{16}O$)	40

表 3.3　健康者与病人体液的平均凝固点

体　液	健康者	急性脑膜炎	肝硬化	胸膜炎	心脏病
血清	272.583 K	272.579 K	272.652 K	272.635 K	272.617 K
脑脊髓液	272.585 K	272.611 K			
腹水			272.641 K		272.616 K

3.7.4　渗透压

一定温度下，在一个 U 形容器内，用半透膜将纯溶剂和溶液隔开(如图 3.5)。若半透膜只允许溶剂分子通过，溶质分子不能通过。由于纯溶剂的化学势大于溶液中溶剂的化学势，溶剂分子会自发地通过半透膜进入溶液，此种现象称为渗透现象。欲制止渗透现象发生，必须在溶液上方增加压力，以使溶液中溶剂的化学势增加，直到两边溶剂的化学势相等不再发生渗透作用为止。如果在平衡时纯溶剂上方的压力为 p_0，溶液上方的压力为 p，则

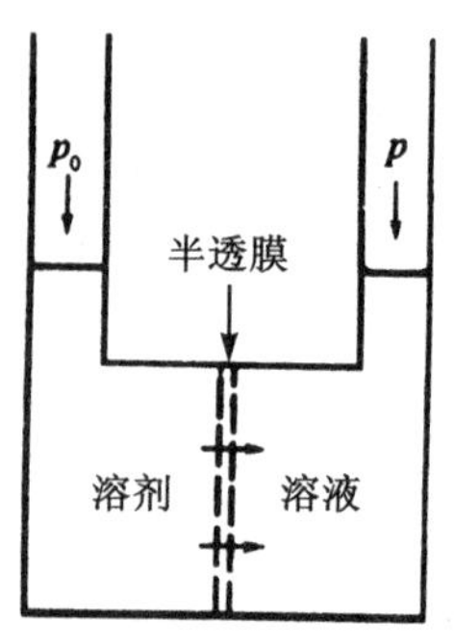

图 3.5　渗透压示意图

$$\Pi = p - p_0 \tag{3.7.9}$$

式中：压力差 Π 称为渗透压，因此可以把渗透压理解为要阻止纯溶剂向溶液渗透时必须在溶液上方所增加的压力。

在温度 T 达到渗透平衡时，纯溶剂 A 的化学势为 $\mu_A^*(T,p_0)$，溶剂的摩尔分数为 x_A 的溶液中溶剂 A 的化学势为 $\mu_A^\ominus(T,p)+RT\ln x_A$，那么

$$\mu_A^*(T,p_0) = \mu_A^\ominus(T,p) + RT\ln x_A$$

$$\ln x_A = \frac{\mu_A^*(T,p_0) - \mu_A^\ominus(T,p)}{RT}$$

p_0 不变的情况下，对应于每一个 x_A，渗透平衡时就有一个相应的 p。将上式对 p 求微商，得

$$\left[\frac{\partial \ln x_A}{\partial p}\right]_T = -\frac{1}{RT}\left[\frac{\partial \mu_A^\ominus(T,p)}{\partial p}\right]_T = -\frac{V_m(A)}{RT}$$

式中：$V_m(A)$为 T、p 时纯溶剂的摩尔体积。积分上式，得

$$\int_0^{\ln x_A} d\ln x_A = -\frac{V_m(A)}{RT}\int_{p_0}^{p} dp$$

$$-\ln x_A = \frac{V_m(A)\,\Pi}{RT}$$

溶液很稀时，x_B 很小，则

$$-\ln x_A = -\ln(1-x_B) \approx x_B \approx \frac{n_B}{n_A}$$

代入上式，得

$$\Pi = \frac{n_B RT}{n_A V_m(A)} \approx \frac{n_B RT}{V} = c_B RT \quad 或 \quad \Pi = \frac{C_B}{M_B}RT \tag{3.7.10}$$

此式称为 van't Hoff(范托夫)渗透压公式。式中：V 为溶液体积，$V \approx n_A V_{A,m}$；M_B 为物质 B 的摩尔质量；c_B 为物质 B 的物质的量浓度，单位为 $mol \cdot dm^{-3}$；C_B 为物质 B 的质量浓度(令 $C_B = W_B/V$，式中 W_B 为溶质的质量)，单位为$kg \cdot dm^{-3}$。此式与理想气体的状态方程形式上相似。

渗透压是稀溶液依数性中最灵敏的一种，特别适用于测定大分子化合物的摩尔质量。由渗透压求溶质的摩尔质量 M_B 公式为

$$M_B = \frac{W_B RT}{\Pi V} = \frac{C_B RT}{\Pi} \tag{3.7.11}$$

式中：W_B 为溶质的质量。

【例 3.3】 298 K 时测得浓度为0.020 $kg \cdot dm^{-3}$的血红蛋白水溶液的渗透压为7.78×10^{-2} m 液柱高。已知溶液在298 K时密度为1.0 $kg \cdot dm^{-3}$，求血红蛋白的摩尔质量。

解 液柱产生的静压力等于它的渗透压。

$$\Pi = \rho gh = 1\times10^3 kg \cdot m^{-3} \times 9.8\ m \cdot s^{-2} \times 7.78\times10^{-2}\ m = 762.5\ Pa$$

$$M = \frac{0.02\times10^3\ kg \cdot m^{-3} \times 8.314\ J \cdot mol^{-1} \cdot K^{-1} \times 298\ K}{762.5\ Pa} = 64.94\ kg \cdot mol^{-1}$$

渗透压在生物体内极为重要，它是调节生物细胞内外水分及可渗透溶质的一个主要因素，在养分的分布和输运方面也起着重要作用。生物的细胞膜起着半透膜的作用，细胞内有些物质不能透过，维持着一定的渗透压。与细胞液具有相等渗透压的溶液称为细胞的等渗溶液；渗透压大于细胞液的溶液称为高渗溶液，反之，称为低渗溶液。将渗透压不等的两溶液用半透膜隔开时，水总是由低渗溶液向高渗溶液转移，直到两溶液浓度相等、渗透压相等为止。一般植物细胞液的渗透压在 405～2026 kPa 之间。若植物细胞与高渗溶液接触，细胞内水分将迅速向外渗透，细胞萎缩。盐碱地土壤中含盐分多，导致植物枯萎死亡就是这个原因。若细胞与低渗溶液接触，水将进入细胞内部，细胞将膨胀甚至破裂。只有等渗溶液与细胞接触，才能维持细胞的正常活动。哺乳动物血液的渗透压几乎是恒定的。人类血液的渗透压在体温时平均为770 kPa，变化范围仅在 710～860 kPa 之间。超出这个范围就是病理状态。对人体静脉注射时，应该注意溶液的浓度，它必须与血液等渗。人体通过肾脏调节维持血液正常的渗透压。当体内水量增加，血液的渗透压降低时，肾脏就排出稀薄的尿。当吃入盐类物质过多，血液的渗透压升高时，肾脏就排出浓缩的尿。人在生病发烧时，血液中可失去大量水，渗透压增高，以致肾脏完全不能排出水分，病人即发生不尿症。很多生理过程的研究与渗透压密切相关。

【例 3.4】 人类血浆的凝固点为 272.59 K，问 310 K 时血浆的渗透压为多少？与血浆等渗的葡萄糖和生理盐水的质量摩尔浓度各为多少？

解 $K_f = 1.86\ K \cdot mol^{-1} \cdot kg$

$\Delta T_f = (273.15 - 272.59)K = 0.56\ K$

$$m=\frac{\Delta T_f}{K_f}=\frac{0.56\ \mathrm{K}}{1.86\ \mathrm{K\cdot mol^{-1}\cdot kg}}=0.3011\ \mathrm{mol\cdot kg^{-1}}$$

对于稀溶液，$c \approx m = 0.3011\ \mathrm{mol\cdot dm^{-3}}$

$$\Pi = c_B RT = 301.1\ \mathrm{mol\cdot m^{-3}} \times 8.314\ \mathrm{J\cdot mol^{-1}\cdot K^{-1}} \times 310\ \mathrm{K} = 776\ \mathrm{kPa}$$

与血浆等渗的葡萄糖浓度与血浆的质量摩尔浓度相等，即为 $0.3011\ \mathrm{mol\cdot dm^{-3}}$。生理盐水为 NaCl 水溶液。NaCl 溶于水离解成 Na^+ 和 Cl^-，粒子数增加一倍。因此，与血浆等渗的生理盐水质量摩尔浓度为

$$0.3011\ \mathrm{mol\cdot kg^{-1}} \times \frac{1}{2} = 0.1506\ \mathrm{mol\cdot kg^{-1}}$$

3.7.5　生物体内的渗透功

对可通透的物质而言，自发渗透总是由化学势高（浓度高）一侧向化学势低（浓度低）一侧渗透。但在生物体内有些情况下需反渗透，以维持半透膜两侧溶质的非平衡浓度梯度，这需要作功，消耗能量。例如，哺乳动物肌肉细胞内外$[K^+]$和$[Na^+]$离子浓度相差很大

$$\frac{[K^+]_{膜内}}{[K^+]_{膜外}}=\frac{155}{4}=39,\quad \frac{[Na^+]_{膜外}}{[Na^+]_{膜内}}=\frac{145}{12}=12$$

对抗浓度梯度，进行反渗透将 K^+ 由细胞膜外转移至细胞膜内，同时将 Na^+ 由细胞膜内转移至细胞膜外，这个过程作功所需的能量由 ATP 水解时释放能量提供，所作的功称为渗透功。假定体液为稀溶液，其中溶质的化学势为

$$\mu_B = \mu^{\ominus}_{B,m}(T,p) + RT\ln\frac{m_B}{m^{\ominus}}$$

将 1 mol B 从质量摩尔浓度为 m_B 处迁移到 m_B' 处的 Gibbs 自由能变化值为

$$\Delta G = \mu_B' - \mu_B = RT\ln\frac{m_B'}{m_B} \tag{3.7.12}$$

【例 3.5】　设尿素在血浆内的浓度 $m_B = 0.005\ \mathrm{mol\cdot kg^{-1}}$，在尿中的浓度 $m_B' = 0.333\ \mathrm{mol\cdot kg^{-1}}$。排泄过程中将 1 mol 尿素从血浆中反渗透进入尿中，肾脏必须作的最小渗透功为多少？

解

$$\begin{aligned}\Delta G = -W &= RT\ln\frac{m_B'}{m_B}\\ &= 8.314\ \mathrm{J\cdot mol^{-1}\cdot K^{-1}} \times 310\ \mathrm{K} \times \ln\frac{0.333\ \mathrm{mol\cdot kg^{-1}}}{0.005\ \mathrm{mol\cdot kg^{-1}}}\\ &= 10.82\ \mathrm{kJ\cdot mol^{-1}}\end{aligned}$$

3.8　非理想溶液及其各组分的化学势

许多实际溶液并非是理想溶液，溶液浓度也不很稀，其中溶剂不遵守 Raoult 定律，溶质不遵守 Henry 定律，此类溶液被称为非理想溶液。电解质溶液、大分子溶液都是常见的非理想溶液。组成此类溶液的各组分分子大小及作用力有着较大的差别，有的还有着化学相互作用。因此，各种物质的分子在溶液中所处的状态与在纯态时很不相同，形成溶液时常伴随有体积的变化并产生热效应。它们的化学势表示式与理想溶液和稀溶液各组分也有所不同。但是，为了使非理想溶液中各组分化学势的表示式在热力学运算中简单易用，又便于与理想溶液和稀溶液中相应组分的表示式进行比较，采用了保留理想溶液（或稀溶液）中各组分化学势表示式以及原有标准态的方法，而把相对于理想溶液和稀溶液的偏差完全集中到浓度项上来加以校正。亦即用乘上一个校正因子（活度系数 γ）后的有效浓度（活度 a）来代替浓度，所得的化学势

表示式可用于任何体系。

3.8.1 非理想溶液中溶剂的化学势

非理想溶液中的溶剂通常是相对于遵守 Raoult 定律的溶液组分(理想溶液或稀溶液中的溶剂)进行浓度校正来确定其化学势表示式的。

理想溶液 $\mu_{\rm B}=\mu_{\rm B}^{\ominus}(T,p)+RT\ln x_{\rm B}$

非理想溶液中的溶剂

$$\mu_{\rm A}=\mu_{\rm A}^{\ominus}(T,p)+RT\ln \gamma_{\rm A}x_{\rm A}=\mu_{\rm A}^{\ominus}(T,p)+RT\ln a_{\rm A} \tag{3.8.1}$$

式中:$\mu_{\rm A}^{\ominus}(T,p)$所对应的状态即溶剂的标准态是指定温度 T 及总压力 p 时的纯溶剂;$\gamma_{\rm A}$ 是溶剂的摩尔分数 $x_{\rm A}$ 的校正因子;“$\gamma_{\rm A}\ x_{\rm A}$”可以理解为“有效浓度”,称为“活度”,用 $a_{\rm A}$ 表示

$$a_{\rm A}=\gamma_{\rm A}x_{\rm A} \tag{3.8.2}$$

此处的 $\gamma_{\rm A}$ 称为“溶剂型活度系数”,其特点是:当 $x_{\rm A}$ 趋近于 1,即溶液极稀时,活度系数趋近于 1。此时活度 $a_{\rm A}$ 就等于溶剂的摩尔分数 $x_{\rm A}$。活度是校正后的有效浓度值,其量纲为一;活度系数表示实际溶液与理想溶液的偏差,是一个衡量溶液非理想程度的物理量,其量纲也为一。

3.8.2 非理想溶液中溶质的化学势

一般非理想溶液中的溶质是相对于遵守 Henry 定律的稀溶液中的溶质来进行浓度校正并确定其化学势表示式的。

因为所用浓度单位不同时,Henry 定律有三种表示形式。相应的,溶质化学势也有三种表示式

$$\mu_{\rm B}=\mu_{{\rm B},x}^{\ominus}(T,p)+RT\ln \gamma_x x_{\rm B}=\mu_{{\rm B},x}^{\ominus}(T,p)+RT\ln a_x$$
$$(a_x=\gamma_x x_{\rm B}) \tag{3.8.3a}$$

$$\mu_{\rm B}=\mu_{{\rm B},m}^{\ominus}(T,p)+RT\ln \gamma_m\frac{m_{\rm B}}{m^{\ominus}}=\mu_{{\rm B},m}^{\ominus}(T,p)+RT\ln a_m$$
$$\left(a_m=\gamma_m\frac{m_{\rm B}}{m^{\ominus}}\right) \tag{3.8.3b}$$

$$\mu_{\rm B}=\mu_{{\rm B},c}^{\ominus}(T,p)+RT\ln \gamma_c\frac{c_{\rm B}}{c^{\ominus}}=\mu_{{\rm B},c}^{\ominus}(T,p)+RT\ln a_c$$
$$\left(a_c=\gamma_c\frac{c_{\rm B}}{c^{\ominus}}\right) \tag{3.8.3c}$$

式中:$\mu_{{\rm B},x}^{\ominus}(T,p)$、$\mu_{{\rm B},{\rm m}}^{\ominus}(T,p)$ 和 $\mu_{{\rm B},c}^{\ominus}(T,p)$ 所对应的状态,即非理想溶液中溶质的标准态分别是指温度 T 及总压力 p 时 $x_{\rm B}=1$,$m_{\rm B}=1$ 和 $c_{\rm B}=1$ 而仍能遵守 Henry 定律的假想状态。γ_x、γ_m 和 γ_c 称为“溶质型活度系数”,其特点是当溶质浓度 $x_{\rm B}$、$m_{\rm B}$ 或 $c_{\rm B}$ 趋近于零时,$\gamma_{\rm B}$ 趋近于 1。

在引入了“活度”概念以后,对于非理想溶液,只要用活度 a 代替浓度 x(或 m,或 c),其化学势表示式与理想溶液(或稀溶液)的化学势形式完全相同。运用此式,对非理想溶液也可以进行一系列热力学处理。活度系数 γ 可能大于 1,也可能小于 1。γ 与 1 偏差的大小可以反映实际溶液的非理想程度。通常,对于溶液中的某一组分来说,其活度系数随溶液浓度而变化。对于多组分体系,还可能受其他组分浓度的影响。活度系数一般都须通过实验来测定。

3.8.3　活度与活度系数的测定

测定非理想溶液中挥发性组分的活度和活度系数，最常用的方法是蒸气压法。

设有一非理想溶液，在一定的温度 T、压力 p 时气液两相达到平衡

$$\mu_A^l = \mu_A^\ominus(T,p) + RT\ln a_A = \mu_A^\ominus(T) + RT\ln\frac{p_A^*}{p^\ominus} + RT\ln a_A$$

$$\mu_A^g = \mu_A^\ominus(T) + RT\ln\frac{p_A}{p^\ominus}$$

溶剂在两相中的化学势相等

$$\mu_A^l = \mu_A^g$$

即

$$RT\ln p_A^* + RT\ln a_A = RT\ln p_A$$

$$a_A = \frac{p_A}{p_A^*},\quad \gamma_A = \frac{a_A}{x_A} = \frac{p_A}{p_A^* x_A}$$

式中：p_A^* 为 T、p 时纯溶剂 A 的饱和蒸气压；p_A 为 T、p 时非理想溶液中溶剂的蒸气压。

对于溶质，其化学势表示式为

$$\mu_B^l = \mu_B^\ominus(T) + RT\ln\frac{K_x}{p^\ominus} + RT\ln a_x$$

用同样的方法，可得

$$a_x = \frac{p_B}{K_x},\quad a_m = \frac{p_B}{K_m m^\ominus}\quad 和\quad a_c = \frac{p_B}{K_c c^\ominus}$$

$$\gamma_x = \frac{p_B}{K_x x_B},\quad \gamma_m = \frac{p_B}{K_m m_B}\quad 和\quad \gamma_c = \frac{p_B}{K_c c_B}$$

式中：p_B 是溶质 B 的平衡分压，可由实验测定。除了蒸气压法外，通过测定溶液的凝固点、渗透压也可求得活度系数。电解质溶液的活度系数可通过测电动势而求得，极稀电解质溶液的活度系数还可由理论计算。

仔细比较各种形态物质的化学势表示式可看出，都可统一写成

$$\mu_B = \mu_B^\ominus(T,p) + RT\ln a_B$$

它们都是标准态化学势 $\mu_B^\ominus(T,p)$与活度 a_B 的函数 $RT\ln a_B$ 之和。其差别只是对于不同的物质，$\mu_B^\ominus(T,p)$有不同的实际内容，a_B 有不同的具体含义。详细情况列在表 3.4 中。要注意的是，按 GB(国标)3102.8-93 规定，溶液中各组分的标准态都是“在标准压力 $p^\ominus$下”的状态，而大多数教科书中标准态都是“在溶液压力 p 下”的状态。但由于压力对凝聚相化学势的影响很小，故两者基本上是相同的。此外，对所有标准态都没有固定温度，因此，随着温度变化，可以有无数个物质的标准态，但一般都选 298.15 K 作为参考温度。

表 3.4　各种形态物质活度、标准态及其化学势的表示式

物　质	标准态	标准态化学势 $\mu_B^\ominus(T,p)$	活度 a_B
理想气体	T、$p^\ominus$时的理想气体	$\mu^\ominus(T)$	$\frac{p}{p^\ominus}$
实际气体	T、$p^\ominus$时的理想气体	$\mu^\ominus(T)$	$\frac{f}{p^\ominus}$
理想溶液各组分 B	T、p 时的纯组分 B	$\mu_B^\ominus(T,p)=\mu_B^\ominus(T)+RT\ln\frac{p_B^*}{p^\ominus}$	x_B

续表

物　质	标准态	标准态化学势 $\mu_B^\ominus(T,p)$	活度 a_B
稀溶液溶剂 A	T、p 时的纯溶剂 A	$\mu_A^\ominus(T,p)=\mu_A^\ominus(T)+RT\ln\dfrac{p_A^*}{p^\ominus}$	x_A
溶质 B	T、p 时能遵守 Henry 定律的假想状态纯溶质 B	$\mu_{B,x}^\ominus(T,p)=\mu_A^\ominus(T)+RT\ln\dfrac{K_x}{p^\ominus}$	x_B
	T、p 时能遵守 Henry 定律 $m=1$ 的假想状态	$\mu_{B,m}^\ominus(T,p)=\mu_B^\ominus(T)+RT\ln\dfrac{K_m m^\ominus}{p^\ominus}$	$\dfrac{m_B}{m^\ominus}$
	T、p 时能遵守 Henry 定律 $c=1$ 的假想状态	$\mu_{B,c}^\ominus(T,p)=\mu_B^\ominus(T)+RT\ln\dfrac{K_c c^\ominus}{p^\ominus}$	$\dfrac{c_B}{c^\ominus}$
非理想溶液溶剂 A	同稀溶液溶剂 A	$\mu_A^\ominus(T,p)=\mu_A^\ominus(T)+RT\ln\dfrac{p_A^*}{p^\ominus}$	$\gamma_x x_A$
溶质 B	同稀溶液溶质 B	$\mu_{B,x}^\ominus(T,p)=\mu_B^\ominus(T)+RT\ln\dfrac{K_x}{p^\ominus}$	$\gamma_x x_B$
		$\mu_{B,m}^\ominus(T,p)=\mu_B^\ominus(T)+RT\ln\dfrac{K_m m^\ominus}{p^\ominus}$	$\gamma_m \dfrac{m_B}{m^\ominus}$
		$\mu_{B,c}^\ominus(T,p)=\mu_B^\ominus(T)+RT\ln\dfrac{K_c c^\ominus}{p^\ominus}$	$\gamma_c \dfrac{c_B}{c^\ominus}$
纯液(固)体 B	T、p 时的纯液(固)体 B	——	$x_B=1$

3.9 电解质溶液

在溶液中能产生离子的物质叫电解质。离子化合物溶解时，离子溶剂化进入溶液；极性化合物在溶解过程中受溶剂分子作用解离成离子，都形成电解质溶液。以电解质溶液在中等浓度时导电能力的大小分为强电解质和弱电解质。NaCl、HCl 等是强电解质，$NH_3 \cdot H_2O$、CH_3COOH 等是弱电解质。电解质溶液的行为与理想溶液差别很大，浓度不大时也是非理想溶液。电解质溶液中既有离子与溶剂分子的相互作用，又有离子间的相互作用，情况比非电解质溶液复杂。下面主要讨论强电解质稀水溶液的活度与活度系数。

3.9.1 电解质溶液中各组分的化学势、活度与活度系数

电解质溶液中的溶剂通常是非电解质，其化学势可用式(3.8.1)表示，即

$$\mu_A = \mu_A^\ominus(T,p) + RT\ln \gamma_A x_A$$

按非理想溶液溶质化学势表示式，电解质 B 的化学势可写成

$$\mu_B = \mu_{B,m}^\ominus(T,p) + RT\ln a_m \tag{3.9.1}$$

强电解质溶于水完全电离成正、负离子，离子间相互吸引，但正、负电荷总数相等，溶液呈中性。设电解质 B 的化学式为 $M_{\nu+}A_{\nu-}$，在溶液中解离为

$$M_{\nu+}A_{\nu-} \longrightarrow \nu_+ M^{z+} + \nu_- A^{z-}$$

其中：ν_+、ν_-、$z+$、$z-$分别为正、负离子的数目和离子价数。正、负离子的化学势分别为

$$\mu_+ = \mu_+^\ominus(T,p) + RT\ln a_+$$

$$\mu_- = \mu_-^\ominus(T,p) + RT\ln a_-$$

电解质 B 的化学势应该是各离子化学势的总和，即

$$\begin{aligned}\mu_B &= \nu_+\mu_+ + \nu_-\mu_- \\ &= \nu_+\mu_+^\ominus(T,p) + \nu_+ RT\ln a_+ + \nu_-\mu_-^\ominus(T,p) + \nu_- RT\ln a_-\end{aligned}$$

$$= \nu_+ \mu_+^{\ominus}(T,p) + \nu_- \mu_-^{\ominus}(T,p) + RT\ln a_+^{\nu_+} a_-^{\nu_-} \qquad (3.9.2)$$

但是，在电解质溶液中，单种离子是不能独立存在的。实验上也无法直接测得单种离子的活度和化学势，只能测得电解质作为整体的化学势 μ_B 和活度 a_B。电解质 $M_{\nu+}A_{\nu-}$ 可离解出 $\nu=\nu_+ + \nu_-$ 个离子。若以离子为单位，设平均每个离子的化学势为 $\mu_\pm$，离子平均活度为 $a_\pm$，则

$$\mu_B = \nu\mu_\pm = \nu\mu_\pm^{\ominus}(T,p) + RT\ln a_\pm^{\nu}$$

与式(3.9.1)、(3.9.2)相比，有

$$\mu_{B,m}^{\ominus}(T,p) = \nu_+ \mu_+^{\ominus}(T,p) + \nu_- \mu_-^{\ominus}(T,p) = \nu\mu_\pm^{\ominus}(T,p)$$

$$a_B = a_+^{\nu_+} a_-^{\nu_-} = a_\pm^{\nu} \qquad (3.9.3)$$

按理　　$a_+ = \gamma_+ \dfrac{m_+}{m^{\ominus}},\quad a_- = \gamma_- \dfrac{m_-}{m^{\ominus}}$

但实验上无法测得 γ_+ 和 γ_-，得到的只能是离子平均活度系数 $\gamma_\pm$。溶液中也无未电离的 $M_{\nu+}A_{\nu-}$ 存在，必须导出离子平均质量摩尔浓度 $m_\pm$。为了保持电解质在溶液中的活度和活度系数间有一个与非电解质类似的简明关系

$$a_\pm = \gamma_\pm \frac{m_\pm}{m^{\ominus}} \qquad (3.9.4)$$

可以从

$$a_\pm^{\nu} = \left(\gamma_+ \frac{m_+}{m^{\ominus}}\right)^{\nu_+}\left(\gamma_- \frac{m_-}{m^{\ominus}}\right)^{\nu_-} = \gamma_+^{\nu_+}\gamma_-^{\nu_-}\left(\frac{m_+}{m^{\ominus}}\right)^{\nu_+}\left(\frac{m_-}{m^{\ominus}}\right)^{\nu_-} = \gamma_\pm^{\nu}\left(\frac{m_\pm}{m^{\ominus}}\right)^{\nu}$$

得

$$\gamma_\pm^{\nu} = \gamma_+^{\nu_+}\gamma_-^{\nu_-} \qquad (3.9.5)$$

$$m_\pm^{\nu} = m_+^{\nu_+} m_-^{\nu_-} \qquad (3.9.6)$$

若电解质 B 的质量摩尔浓度为 m_B，因为

$$m_+ = \nu_+ m_B,\quad m_- = \nu_- m_B$$

$$m_\pm^{\nu} = m_B^{\nu}(\nu_+^{\nu_+}\nu_-^{\nu_-})$$

即

$$m_\pm = m_B(\nu_+^{\nu_+}\nu_-^{\nu_-})^{\frac{1}{\nu}} \qquad (3.9.7)$$

这样，电解质溶液中溶质化学势表示式可写成

$$\mu_B = \mu_{B,m}^{\ominus}(T,p) + RT\ln\left(\gamma_\pm \frac{m_B}{m^{\ominus}}\right)^{\nu}(\nu_+^{\nu_+}\nu_-^{\nu_-}) \qquad (3.9.8)$$

为计算方便，现将不同类型电解质的 $m_\pm$、$a_\pm$、a_B 与 m_B 的关系列入表 3.5 中。

表 3.5　不同类型电解质的 $m_\pm$、$a_\pm$、a_B 与 m_B 的关系

类　型	电解质实例	$m_\pm = (\nu_+^{\nu_+}\nu_-^{\nu_-})^{\frac{1}{\nu}} m_B$	$a_\pm = \gamma_\pm m_\pm/m^{\ominus}$	$a_B = a_\pm^{\nu}$
MA	NaCl, $CuSO_4$, LaFe(CN)$_6$	m_B	$\gamma_\pm m_B/m^{\ominus}$	$\gamma_\pm^2(m_B/m^{\ominus})^2$
M_2A MA_2	K_2SO_4, $MgCl_2$	$4^{\frac{1}{3}} m_B$	$4^{\frac{1}{3}}\gamma_\pm m_B/m^{\ominus}$	$4\gamma_\pm^3(m_B/m^{\ominus})^3$
M_3A MA_3	$K_3Fe(CN)_6$, $LaCl_3$	$27^{\frac{1}{4}} m_B$	$27^{\frac{1}{4}}\gamma_\pm m_B/m^{\ominus}$	$27\gamma_\pm^4(m_B/m^{\ominus})^4$
M_2A_3	$Al_2(SO_4)_3$	$108^{\frac{1}{5}} m_B$	$108^{\frac{1}{5}}\gamma_\pm m_B/m^{\ominus}$	$108\gamma_\pm^5(m_B/m^{\ominus})^5$

【例 3.6】　已知 0.2 mol·kg^{-1}的 H_2SO_4，其离子平均活度系数 $\gamma_\pm=0.210$，试计算 H_2SO_4 的 $m_\pm$，$a_\pm$，a_B。

解　H_2SO_4 中：$\nu_+=2$，$\nu_-=1$，$\nu=3$，$m_+=2m_B$，$m_-=m_B$

$$m_{\pm} = (m_{+}^{2} m_{-})^{\frac{1}{3}} = [(2 \times 0.2\,\mathrm{mol \cdot kg^{-1}})^{2} \times 0.2\,\mathrm{mol \cdot kg^{-1}}]^{\frac{1}{3}}$$

$$= 4^{\frac{1}{3}} \times 0.2\,\mathrm{mol \cdot kg^{-1}} = 0.317\,\mathrm{mol \cdot kg^{-1}},$$

$$a_{\pm} = \gamma_{\pm} m_{\pm} / m^{\ominus} = 0.210 \times 0.317\,\mathrm{mol \cdot kg^{-1}} / (1\mathrm{mol \cdot kg^{-1}}) = 0.0667$$

$$a_{\mathrm{B}}(\mathrm{H_2SO_4}) = a_{\pm}^{3} = 0.000296$$

3.9.2 离子平均活度系数的理论计算

1923 年 Debye(德拜)和 Hückel(休克尔)根据溶液中电解质正、负离子间的相互吸引作用,提出了离子氛的概念,在此基础上建立了强电解质溶液理论,可以定量地计算离子平均活度系数。他们假设:(i) 强电解质在溶液中完全电离,在很稀的溶液中,离子可以看成一个点电荷;(ii) 离子间相互作用的势能小于其热运动的动能;(iii) 溶液中每个离子都被电荷符号相反的离子氛包围(如图 3.6),离子氛中的离子服从 Boltzmann 分布;(iv) 电解质溶液与理想溶液之间的偏差是由于正、负离子间的静电引力而引起的。因此,也将此理论称为离子互吸理论。

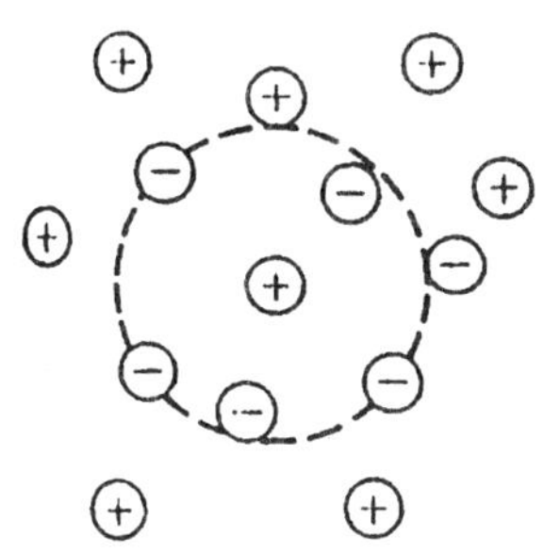

图 3.6 离子氛示意图

Debye 和 Hückel 计算了每个中心离子在离子氛中因其他离子存在而产生的平均电势,再将离子的自由能和离子的活度系数联系起来,得出电解质平均活度系数的表示式为

$$\lg\gamma_{\pm} = -B \mid z_{+} z_{-} \mid \sqrt{I} \tag{3.9.9}$$

式中:z_{+}、z_{-} 分别是正负离子的价数;B 是常数;I 为溶液的离子强度,其定义为

$$I = \frac{1}{2} \sum_{i} m_i z_i^2 \tag{3.9.10}$$

式中:m_i 与 z_i 是离子 i 的质量摩尔浓度与价数。离子强度是溶液中所有离子所产生的电场强度的量度。

对于 298 K 下的电解质水溶液,式(3.9.9)可写为

$$\lg\gamma_{\pm} = -0.509 \mid z_{+} z_{-} \mid \sqrt{I} \tag{3.9.11}$$

式(3.9.9)及式(3.9.11)称为 Debye-Hückel 极限公式,是因为推导过程中的一些假设只有在溶液极稀时才能严格成立。该式一般只适用于离子强度 $I < 0.01\,\mathrm{mol \cdot kg^{-1}}$ 的稀溶液;当 $I > 0.01\,\mathrm{mol \cdot kg^{-1}}$ 时,公式计算值与测定值就产生偏差,公式需要修正。

3.10 大分子溶液及其渗透压

通常把相对分子质量大于 10^4 的物质称为大分子。蛋白质、核酸、淀粉、纤维素等都是大分子化合物。大分子是由许多重复的结构单元组成的,例如,蛋白质是由各种氨基酸以肽键按一定顺序连接而成的;核酸是由千万个核苷酸单体聚合而成的。这些重复的结构单元叫链节,大分子中所含链节的数目叫聚合度。分子中链节的数量、连接的形式、顺序决定着大分子的结构,影响着大分子的性质。

3.10.1 大分子溶液的非理想性

大分子分散在液体介质中形成大分子溶液,但大分子溶解过程比小分子缓慢得多。首先是溶剂分子渗入大分子内部,使大分子体积膨胀(称为溶胀),然后是大分子均匀分散在溶剂

中，完全溶解。溶液中的大分子以分子形态存在，形成的真溶液是热力学稳定的平衡体系。但大分子溶液的行为与理想溶液有很大的偏离，它是一种非理想溶液。大分子溶液的蒸气压比 Raoult 定律的计算值小得多；其渗透压比 van't Hoff 公式的计算值大得多；形成溶液时，有特别大的混合熵。大分子链中相邻基团能自由转动，分子中相距较远的各部分的运动可彼此独立而互不相关。在溶液中长链大分子起作用的基本单元不是整个链分子，而是长链中各个独立运动的部分。这样，一个大分子起着相当于几个小分子的作用。大分子链的柔顺性越好，链段越多，其非理想性也越显著。

如前所述，理想溶液的混合焓 $\Delta_{mix}H=0$，混合熵可用式(3.5.3)表示，形成溶液过程中 Gibbs 自由能变化为

$$\Delta_{mix}G = RT(n_1\ln x_1 + n_2\ln x_2) < 0$$

而大分子溶液 $\Delta_{mix}H\neq 0$，即溶解时有热效应。若大分子链节与溶剂分子间引力很大，原卷曲成无规线团状的大分子链可在溶液中伸展，这种溶剂称为此大分子的良溶剂，混合形成溶液时体系放热，$\Delta_{mix}H<0$；若大分子链节间相互作用很强，溶剂中的大分子趋于卷曲状态，这种溶剂是此大分子的劣溶剂(或不良溶剂)，混合时，$\Delta_{mix}H>0$。其次，形成溶液的两种分子大小相差悬殊，它们的混合熵不能用式(3.5.3)表示，而用 Flory(弗洛瑞)提出的线型柔性大分子溶液的混合熵表示

$$\Delta_{mix}S = -R(n_1\ln\varphi_1 + n_2\ln\varphi_2) \qquad (3.10.1)$$

式中：φ_1 和 φ_2 分别是溶剂与大分子的体积分数。自式(3.10.1)计算出的混合熵比自式(3.5.3)算出的理想溶液的混合熵大。

显然，与混合前卷曲或无规线团的固体状态相比，大分子在溶液中能实现的构象数更多，可出现的概率大大增加，混合熵也特别大。在 $\Delta_{mix}G=\Delta_{mix}H-T\Delta_{mix}S$ 中，$\Delta_{mix}S$ 起着决定性作用。因此，不论大分子溶解过程是吸热或放热，大分子溶液对理想溶液总是表现为负偏差，即溶剂的活度低于其理想值。只有当浓度极稀时，其行为才接近于理想溶液。因此，在涉及大分子溶液性质的测定时，都需求出其在无限稀释时的外推值。

3.10.2　大分子溶液的渗透压

大分子溶液的渗透压与浓度关系一般不服从 $\Pi=\frac{C}{M}RT$ 的 van't Hoff 公式，而用下式表示

$$\Pi = RT(A_1C + A_2C^2 + A_3C^3 + \cdots) \qquad (3.10.2)$$

式中：C 为溶质的质量浓度($C=m/V$，单位为 $kg\cdot m^{-3}$ 或 $kg\cdot dm^{-3}$)；$A_1, A_2, A_3, \cdots$ 为 virial(维利)系数，其中第一维利系数 $A_1=1/M$，第二、第三维利系数代表溶液的非理想性，它反映了大分子间、大分子与溶剂分子间的相互作用。对大分子的稀溶液，C^2 项以后可以忽略，因此

$$\Pi = RT\left(\frac{C}{M} + A_2C^2\right)$$

$$\frac{\Pi}{C} = \frac{RT}{M} + A_2CRT \qquad (3.10.3)$$

测定一系列浓度的大分子溶液的渗透压，再以$\frac{\Pi}{C}$对 C 作图，得一直线，外推至 $C\to 0$ 处的截距为

$$\left(\frac{\Pi}{C}\right)_{C\to 0}=\frac{RT}{M}$$

由此可以计算出大分子的摩尔质量。通常用渗透压测定的摩尔质量范围约在 $6\times10^5\sim1\times10^4$。其上限取决于渗透压测定的精确度,下限取决于膜的半渗透性能。

3.10.3 Donnan(唐南)平衡

对于蛋白质等大分子电解质,当半透膜存在时,由于离解的大离子不能透过膜,而能透过膜的小离子受带电大离子电荷的影响,平衡时在膜两边的浓度不等,这种不平均分布的平衡称为 Donnan 平衡。这种平衡作用对生物学中研究电解质在体液中的分配有很大意义。

现在讨论一种简单的 Donnan 平衡,如图 3.7 所示。用半透膜将浓度为 c_1 的蛋白质钠盐

膜内		膜外			膜内		膜外	
c_1	Na^+	Na^+	c_2		c_1+x	Na^+	Na^+	c_2-x
c_1	P^-	Cl^-	c_2		c_1	P^-	Cl^-	c_2-x
					x	Cl^-		
平衡前					平衡后			

图 3.7 一种简单的 Donnan 平衡示意图

NaP 溶液与浓度为 c_2 的 NaCl 溶液分开。蛋白质的巨大负离子 P^- 不能透过半透膜,而 Na^+ 和 Cl^- 离子却可以自由通过膜。为了保持膜两边的电中性,当一个 Na^+ 透过膜时,一个 Cl^- 必须一同过去(当然 Na^+ 也可与对方的 Na^+ 交换,但这对膜两边浓度无影响),因而引起浓度变化。当达到平衡时膜两边 NaCl 的化学势相等,即

$$\mu(\text{NaCl},\text{膜内})=\mu'(\text{NaCl},\text{膜外})$$

$$RT\ln a(\text{NaCl})=RT\ln a'(\text{NaCl})$$

$$a(Na^+)a(Cl^-)=a'(Na^+)a'(Cl^-)$$

对于稀溶液,可用浓度代替活度,在平衡时为

$$(c_1+x)x=(c_2-x)^2$$

$$x=\frac{c_2^2}{c_1+2c_2} \tag{3.10.4}$$

式中: x 代表平衡时由膜外进入膜内的 NaCl 浓度。

若 $c_1\gg c_2$, $x\approx(c_2^2/c_1)\to0$, NaCl 几乎都留在膜外;若 $c_2\gg c_1$ 则 $x\approx c_2/2$, NaCl 在膜两边分布是均匀的。这说明细胞膜对许多离子的透过性并不完全决定于膜孔的大小,而与细胞膜内的蛋白质浓度有关。当蛋白质与电解质有一个相同的离子时,如果细胞膜内蛋白质浓度很小($c_1\ll c_2$),细胞膜对于电解质显得完全能透过。当细胞膜内蛋白质很浓($c_1\gg c_2$),细胞膜对于外部的电解质就显得不能通过。

由于 Donnan 平衡影响小离子在膜两边的分布,自然就会影响渗透压的数值。我们已知,若溶液中溶质完全电离为 i 个离子,其渗透压应为 $\Pi=icRT$。如果半透膜的左边是浓度较大的溶液 c',右边不是纯溶剂,而是浓度较小的溶液 c'',则此时所测得的渗透压为

$$\Pi=c'RT-c''RT=\Delta cRT$$

综合以上两点,考虑 NaP 与 NaCl 完全电离,形成 Donnan 平衡时,膜内浓度为 c_1+x,膜外浓度为 c_2-x,则

$$\Delta c = 2(c_1 + x) - 2(c_2 - x) = 2c_1 - 2c_2 + 4x$$

将平衡时 $x=\dfrac{c_2^2}{c_1+2c_2}$的数值代入，得

$$\Pi = \Delta cRT = 2c_1\left(\frac{c_1 + c_2}{c_1 + 2c_2}\right)RT \tag{3.10.5}$$

若 $c_1 \gg c_2$，即膜内大分子电解质浓度远大于膜外的小分子电解质浓度，则

$$\Pi \approx \frac{2RTc_1^2}{c_1} = 2c_1RT$$

若 $c_2 \gg c_1$，即膜外小分子电解质浓度远高于膜内大分子电解质浓度，则

$$\Pi \approx \frac{2RTc_1c_2}{2c_2} = c_1RT$$

由此看出，在测定大分子电解质溶液的渗透压计算其摩尔质量时，由于 Donnan 平衡，少量杂质的存在将会带来很大的误差。增加膜外电解质的浓度，降低大分子电解质的浓度，使 $c_1 \ll c_2$，再调节溶液的 pH，使溶液 pH 处于大分子电解质等电点附近(带电量少)，可以消除 Donnan 平衡对渗透压测定结果的影响。

3.11　相　　律

对于一个单组分、单相的封闭体系，只需要 T、p 两个状态变量就可以描述该体系的状态。对于一个多组分的单相(封闭)体系，描述体系状态的变量除了 T、p 以外，还需要知道体系的组成($n_1, n_2, n_3, \cdots, n_k$)。对于一个多相平衡体系，描述体系状态的变量数随平衡时体系中共存的相数而改变。例如，描述气态水或液态水(单相)的状态，需同时指定温度和压力。但对于纯水与其蒸气平衡共存的体系，在 T、p 两个状态变量中只有一个是独立的。当指定温度 T 时，体系的压力 p(平衡蒸气压)就有确定的数值，不能再任意指定，否则就会有旧相的消失或新相的产生。因此，描述一个多相平衡体系所需的变量数除了 T、p 及体系的组成外，还与体系中平衡共存的相数有关。相律就是表述平衡体系内相数、组分数、自由度数以及影响体系性质的其他因素(为温度、压力、……)之间关系的规律。应用相律，可以简明、定量地研究相平衡问题，但也常用能表示多相平衡体系状态及其演变规律的几何图形——相图来讨论相平衡。相图能直观、整体地给出可存在的相态及可实现的相变、相组成以及它们随 T、p、浓度的变化。在相律指导下认识相图，可用于解决一些简单的实际问题。

3.11.1　相平衡中的几个重要概念

1. 相和相数

体系内物理和化学性质完全均一的部分称为一个“相”。相与相之间有一明显的界面，界面两边的性质有突变。体系中所具有的相的总数称为“相数”，用符号 Φ 表示。

通常，各种气体都可以分子状态均匀混合，所以体系内不论有多少种气体，都只有一个气相。液体由于其互溶程度的不同，一个体系中可以出现一个、两个甚至三个液相共存(一般不超过三相)。固体除形成固溶体外，一般是有一种固体就有一相。同种固体，若晶型不同，几种晶型共存就有几相。

同一体系在不同条件下，可以有不同的相和不同的相数。例如 NaCl 水溶液，在常温常压下且浓度低时，只有 NaCl 不饱和溶液一相；浓度高到超过其溶解度时，固体 NaCl 与它的饱和

溶液两相平衡共存；若温度降低到其凝固点以下，则有固体冰、固体 NaCl 及其饱和溶液三相平衡共存；有时还应考虑固体冰、固体 NaCl、饱和溶液及水蒸气四相平衡共存。

2. 物种数和组分数

体系中所含化学物质种类的数目称为体系的“物种数”，用符号 S 表示。用于表示平衡体系中各相组成所需要最少的独立物种数称为“组分数”，用符号 K 表示。体系中有多少种物质，物种数就是多少，而组分数则不一定和物种数相同。若体系中各物质之间没有发生化学反应，组分数就等于物种数。例如 NaCl 溶于水，组分数为 2。若体系中各物质间发生了化学反应，建立了化学平衡，由于各种物质的平衡组成必须满足平衡常数的关系式，独立物质的数目将减少。例如由 PCl_5、PCl_3、Cl_2 三种气体组成的单相体系中，三种物质要满足下述平衡

$$PCl_5 \rightleftharpoons PCl_3 + Cl_2$$

三个物种只有两个是独立的。第三种物质可以由其他两种物质之间的化学反应产生出来，它在平衡时的含量可由其他两种物质的含量通过平衡常数而获得。因此，此体系物种数为 3，但组分数仅为 2。如果体系中物质的浓度之间还有一些限制条件，独立物质的数目还将减少。例如，对上述反应若限定 PCl_3 和 Cl_2 的浓度比例为 1∶1，那么，只要有一种物质 PCl_5，就能通过上述反应产生出浓度比为 1∶1 的 PCl_3 和 Cl_2。此时，体系的组分数仅为 1。

由此看来，若体系中各物种之间所必须满足的独立化学平衡关系式有 R 个，浓度限制条件数为 R' 个，则体系的物种数 S 与组分数 K 之间关系为

$$K = S - R - R'$$

应该注意的是，R 所对应的是 S 种物质能发生的独立化学反应的数目。由独立反应组合而成的反应平衡关系式不包括在内。浓度限制条件是指几种物质在同一相中的浓度总能保持着的某种比例关系。在上述例子中，如果组成体系时投放的 PCl_3 和 Cl_2 满足 1∶1 浓度比，或者组成体系时只投放 PCl_5，那么，无论体系中发生什么变化，PCl_3 和 Cl_2 浓度比为 1∶1 这个关系始终保持着，$R'=1$。如果组成该体系时，投放三种物质的数量是任意的，那么，虽然三种物质间存在着化学平衡，但三种物质的浓度之间不存在任何固定的数量关系，则 $R'=0$。此外，物质之间浓度关系的限制条件只有在同一相中方能应用，不同相中不存在此种限制条件。

对于同一个体系，物种数 S 值可随人们考虑问题的出发点不同而有所差别，但组分数总是个定值。例如，有固体 NaCl 存在的饱和 NaCl 水溶液，把它看作是由 NaCl 和 H_2O 组成的，两者之间没有化学反应，也无浓度限制关系，$K=S=2$。若把它看作是由 NaCl(固)、H_2O、Na^+、Cl^-、H^+、OH^- 组成的，$S=6$。但是，体系中存在着两个化学平衡关系式($R=2$)

$$NaCl \rightleftharpoons Na^+ + Cl^-$$

和

$$H_2O \rightleftharpoons H^+ + OH^-$$

同时存在着两个浓度限制关系($R'=2$)

$$c(Na^+)=c(Cl^-) \quad 和 \quad c(H^+)=c(OH^-)$$

因此，$K=S-R-R'=6-2-2=2$。

3. 自由度和自由度数

在不引起旧相消失和新相形成的前提下，可以在一定范围内自由变动的强度量(如温度、压力、浓度)，称为体系在指定条件下的自由度。为表明体系在某一状态时所需的独立变量的数目称为体系的自由度数，用符号 f 表示。例如，表明一定量水的状态，需要指定水所处的温度和压力，$f=2$。表明水与其蒸气平衡共存状态，由于体系的压力必须等于体系所处温度下

水的饱和蒸气压，因此只有一个独立变量，$f=1$。

3.11.2 相律的推导

假设平衡体系中有 K 个组分，Φ 个相。若 K 个组分在每一相中均存在，则在每一相中只要任意指定 $(K-1)$ 个组分的浓度，就可以表明该相的浓度。因为另一组分的浓度不是独立的，它们遵循 $\sum_{B} x_B = 1$ 的关系。体系中有 Φ 个相，需要指定 $\Phi(K-1)$ 个浓度才能确定体系中各相的浓度。若不考虑重力场、电场、表面能等因素，只考虑温度和压力两因素对相平衡的影响，应再加变量数 2。因此，表明体系状态所需的变量数为

$$\Phi(K-1)+2$$

但是，这些变量之间并不是完全独立的。因为在多相平衡时，每一组分在各相中的化学势相等，即

$$\mu_B^{\alpha}=\mu_B^{\beta}=\cdots=\mu_B^{\Phi}$$

每一个组分在 Φ 个相中应有 $(\Phi-1)$ 个化学势相等的关系式，体系中共有 $K(\Phi-1)$ 个化学势相等的关系式。因此，描述体系状态所需的独立变量数 f 为

$$f=\Phi(K-1)+2-K(\Phi-1)=K-\Phi+2 \tag{3.11.1}$$

这就是联系体系内相数、组分数、自由度数和外界因素间关系的相律表达式。应当注意，相律告诉我们的只是平衡体系中共存的相的数目或自由度数，但不能确定是哪几个相或是什么自由度。解决这些问题，需要具体的相图。

3.12 单组分体系的相平衡

组分数为 1 的体系叫作单组分体系。水、CO_2、乙醇等纯物质都是单组分体系。相律应用于单组分体系，得

$$f=K-\Phi+2=1-\Phi+2=3-\Phi$$

因自由度数最少为 $f=0$，所以单组分体系中最多共存的相数 $\Phi=3$；相数最少为 $\Phi=1$，因此单组分体系中自由度数最多为 $f=2$。这两个自由度即是指温度 T 和压力 p。

单组分体系中最常见的是气-液、气-固或液-固两相平衡共存的问题。此时 $\Phi=2$，$f=1$。这表明单组分体系两相平衡共存时 T、p 之中只有一个可以自由变动，另一个是它的函数。该函数关系式即是 Clapeyron(克拉珀龙)方程。

3.12.1 Clapeyron(克拉珀龙)方程

设在温度 T、压力 p 时，单组分体系内 α 和 β 两相平衡共存，此时体系中物质在两相中的化学势必定相等

$$\mu^{\alpha}(T,p)=\mu^{\beta}(T,p)$$

若温度改变 $\mathrm{d}T$，相应地压力改变 $\mathrm{d}p$ 后，两相仍保持平衡，那么

$$\mu^{\alpha}(T,p)+\mathrm{d}\mu^{\alpha}=\mu^{\beta}(T,p)+\mathrm{d}\mu^{\beta}$$

因此

$$\mathrm{d}\mu^{\alpha}=\mathrm{d}\mu^{\beta}$$

因为单组分体系即纯物质，故

$$d\mu = dG_m = -S_m dT + V_m dp$$

代入上式，得

$$-S_m^\alpha dT + V_m^\alpha dp = -S_m^\beta dT + V_m^\beta dp$$

或

$$\frac{dp}{dT} = \frac{S_m^\beta - S_m^\alpha}{V_m^\beta - V_m^\alpha} = \frac{\Delta S_m}{\Delta V_m}$$

在等温等压不作其他功时，可逆相变过程中

$$\Delta S_m = \frac{\Delta H_m}{T}$$

因此

$$\frac{dp}{dT} = \frac{\Delta H_m}{T\Delta V_m} \tag{3.12.1}$$

此式称为 Clapeyron 方程。它告诉我们，若要继续保持两相平衡，当体系温度改变时，压力也要随之变化，变化率与其摩尔相变焓成正比，与温度和摩尔相变体积的乘积成反比。Clapeyron方程可应用于任何纯物质的蒸发、熔化、升华等两相平衡体系，只是摩尔相变热 ΔH_m 应与相变时摩尔体积改变量 ΔV_m 相一致。

对于气-液或气-固两相平衡来说，凝聚相的体积与气相相比可以忽略不计，因此，$\Delta V_m \approx V_m(g)$。若再假定蒸气为理想气体，那么

$$\frac{dp}{dT} = \frac{\Delta_{vap} H_m}{T\,V_m(g)} = \frac{\Delta_{vap} H_m p}{RT^2}$$

或

$$\frac{d\ln p}{dT} = \frac{\Delta_{vap} H_m}{RT^2} \tag{3.12.2}$$

式(3.12.2)称为 Clausius-Clapeyron(克劳修斯-克拉珀龙)方程。若温度变动范围不大，ΔH_m 可近似看作常数。积分式(3.12.2)，得

$$\ln p = -\frac{\Delta_{vap} H_m}{R}\frac{1}{T} + I \tag{3.12.3}$$

式中：I 为积分常数。若以 $\ln p$ 对 T^{-1} 作图可得一直线，由直线的斜率可求得 ΔH_m。

若对式(3.12.2)作定积分，得

$$\ln\frac{p_2}{p_1} = \frac{\Delta_{vap} H_m}{R}\left(\frac{1}{T_1} - \frac{1}{T_2}\right) \tag{3.12.4}$$

若已知 $\Delta_{vap} H_m$，可按式(3.12.4)由 T_1 时的 p_1 求 T_2 时的 p_2。

当液体的气化热数据缺乏时，可应用经验规则近似估计。例如，对于分子不缔合的非极性液体，可应用 Trouton(特鲁顿)规则。它告诉我们，在正常沸点时的摩尔气化热与正常沸点之比为一常数，即

$$\frac{\Delta_{vap} H_m}{T_b} = 88\,J \cdot mol^{-1} \cdot K^{-1} \tag{3.12.5}$$

【例 3.7】 在 273.2～373.2 K 范围内，液态水的蒸气压 p 与 T 的关系为

$$\ln p(kPa) = 18.655 - \frac{5216.3}{T}$$

求：(1) 在该温度范围内水的平均气化热；(2) 气压为 60 kPa 高原地区水的沸点；(3) 在正常沸点 373.2 K 附近的 dp/dT。

解 (1) $\ln p(kPa) = 18.655 - \frac{5216.3\,K}{T}$ 与式(3.12.3)对照，得

$$\Delta_{vap} H_m = 5216.3\,K \times 8.314\,J \cdot mol^{-1} \cdot K^{-1} = 43\,368\,J \cdot mol^{-1}$$

(2) $\ln 60=-\dfrac{5216.3\ \mathrm{K}}{T}+18.655$　　　$T=358.2\ \mathrm{K}$

在高原地区,水在85℃沸腾。

(3) $\dfrac{\mathrm{d}p}{\mathrm{d}T}=\dfrac{\Delta_{\mathrm{vap}}H_{\mathrm{m}}p}{RT^2}=\dfrac{43\ 368\ \mathrm{J\cdot mol^{-1}}\times 101.325\ \mathrm{kPa}}{8.314\ \mathrm{J\cdot mol^{-1}\cdot K^{-1}}\times(373.2\ \mathrm{K})^2}=3.795\ \mathrm{kPa\cdot K^{-1}}$

【例3.8】 有一种非极性有机物,正常沸点为423 K。试估计该物质在298 K时的饱和蒸气压。

解　$\Delta_{\mathrm{vap}}H_{\mathrm{m}}=88\ \mathrm{J\cdot mol^{-1}\cdot K^{-1}}\times 423\ \mathrm{K}=37\ 224\ \mathrm{J\cdot mol^{-1}}$

$$\ln p_2=\ln p_1+\frac{\Delta_{\mathrm{vap}}H_{\mathrm{m}}(T_2-T_1)}{R(T_1T_2)}$$

$$=\ln 101.325\ \mathrm{kPa}+\frac{37\ 224\ \mathrm{J\cdot mol^{-1}}\times(298-423)\ \mathrm{K}}{8.314\ \mathrm{J\cdot mol^{-1}\cdot K^{-1}}\times 423\ \mathrm{K}\times 298\ \mathrm{K}}$$

$$=0.1785$$

$$p_2=1.1954\ \mathrm{kPa}$$

3.12.2　单组分体系的相图——水和CO_2的相图

相图是根据实验数据,描述多相平衡体系的状态如何随体系的T、p、浓度等强度量而变化的图。由相图可以看出体系由哪些相构成,各相的组成是什么,以及平衡体系中相数随T、p和浓度变化的情形。相图上每一点都表示一个状态,都有明确的物理意义。相图上表示体系总组成的点称为"物系点",表示某个相组成的点称为"相点",单相区相点就是物系点。两相共存区,相点和物系点是不同的。

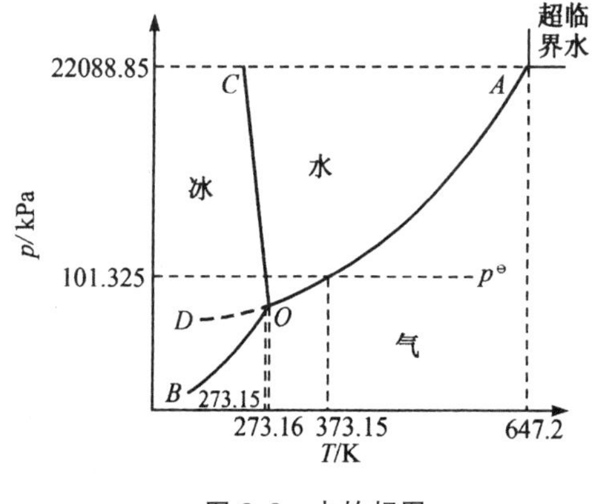

图3.8　水的相图

单组分体系$K=1$,应用相律得$f=3-\Phi$。若体系为单相,$\Phi=1$,则$f=2$,称之为双变量体系;若体系为两相,$\Phi=2$,$f=1$,称为单变量体系;若体系有三相,$\Phi=3$,则$f=0$,为无变量体系。这表明单组分体系最多只能三相平衡共存,最多只能有两个自由度,所以其相图可用双变量的平面图来表示。图3.8是以T、p为变量通过实验绘制而成的水的相图,它是单组分体系中最简单的相图。图上,"水"、"冰"、"气"是三个单相面。在这三个区域内,$\Phi=1$,$f=2$,温度和压力都可有限地独立改变而不引起旧相的消失和新旧的形成。体系的状态必须在同时指定温度和压力两个变量后才能完全确定。图上OA、OB和OC是三条两相平衡共存线,在线上$\Phi=2$,$f=1$。这里只有一个独立变量,指定了温度就不能再任意指定压力,其T、p互为函数:$p=f(T)$或$T=f(p)$,它们的关系可由Clapeyron方程描述。OA是水蒸气-水两相平衡共存线,即水在不同温度下的蒸气压曲线。因为$\Delta H_{蒸发}>0$,$\Delta V_{蒸发}>0$,故$(\mathrm{d}p/\mathrm{d}T)>0$,$OA$线斜率为正值。$OA$线向上不能任意延长,只能延伸到水的临界点(647.2 K,22.1 MPa)。在临界点,液体的密度与蒸气的密度相等,液态与气态之间的界面消失;在此点以上,水处于超临界状态。OA线向下延伸则为OD线,这时的水为过冷水。OD为不稳定的液-气平衡线,因而用虚线表示。从图3.8中可以看出,此时水的饱和蒸气压要大于冰的饱和蒸气压(OD线高于OB线)。所以,此种液-气平衡是一种介稳状态,只要稍受外界因素干扰(如搅动或有小冰晶放入),立即会出现冰。OB线是气-冰两相平衡共存线,即冰的升华曲线。同理,OB线斜率为正。OB线向上不能越过O点,因为不存在过热的冰；OB 线向下，可延长到热力学零度附近。OC 线是冰-水两相共存线，即冰的熔化曲线。$\Delta H_{熔化}>0$，但 $\Delta V_{熔化}<0$，因此$(\mathrm{d}p/\mathrm{d}T)<0$，$OC$ 线斜率为负。压力增大，冰的熔点下降，这是由于 V_m(水)$<V_m$(冰)造成的，这在生命演化某一段长时间内十分重要，冰下的水温为4 ℃，生命能得以发展。OC 线不能无限向上延长，大约在 2.03×10^8 Pa 开始出现多种晶型的冰，相图变得复杂。向下不能过三相点——O 点，即冰、水、气三相共存的平衡点。在此点，$\Phi=3$，$f=0$。体系的温度与压力均已确定不能改变，其温度为 0.00989 ℃、压力为610.6 Pa。由于水三相点的温度固定不变，并且容易测定，现在国际单位制确定水的三相点的温度为273.16 K，并以此来规定热力学温标单位，即每一开[尔文](K)是水的三相点热力学温度的1/273.16(即在 0 K 和水的三相点的温度之间，分为 273.16 格，每一格就是 1 K)。

应当指出，水的三相点与通常所说的水的冰点不是一回事。三相点涉及的是严格的单组分体系，而通常所说的冰点则是指暴露在空气中的水的三相共存体系的温度。在此情况下，水已被空气所饱和，液相变为溶液，故已非单组分体系。水中溶解了空气，使冰点降低了 0.0024 K；液面上的压力从 610.6 Pa 增大到 101325 Pa，又使冰点下降 0.0075 K。这两种效应之和为

$$0.0024+0.0075=0.0099\approx0.01\ \mathrm{K}$$

所以通常水的冰点为273.15 K(或 0 ℃)，这就是水的冰点与三相点不一致的原因。

图 3.9 是 CO_2 的相图。与水的相图相比，CO_2 相图有几点差别：

(i) CO_2 相图上的 OC 线斜率为正，表明随压力增加 CO_2 凝固点上升。

(ii) CO_2 的三相点(O 点)在 101.3 kPa 之上。压力为 101.3 kPa 时，只存在固-气平衡，不存在液-气平衡。固体 CO_2 称为干冰。在101.3 kPa时，干冰受热升华为蒸气而不熔化为液体。要形成液体 CO_2，必须加压，压力必须在 517.8 kPa之上。在298.15 K时，CO_2 若为液体，压力应在 6788.8 kPa之上。

(iii) A为临界点，CO_2 的临界常数为：$p_c=7376.5$ kPa，$T_c=304.2$ K。与水的临界点($p_c=22\,088.9$ kPa，$T_c=647.2$ K)相比，CO_2 的临界常数小得多，因而有实用价值。

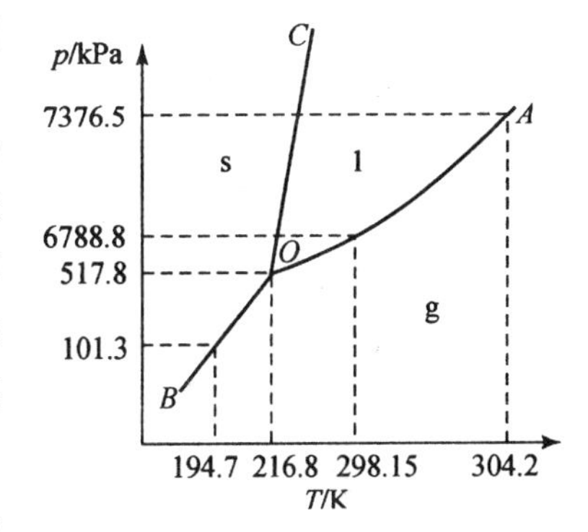

图 3.9　CO_2 的相图(示意)

在临界点以上的超临界流体兼有液体和气体的双重特性，其密度和溶剂化能力接近于液体；其黏度和扩散性质介于气、液体之间。在临界点附近，超临界流体的物理化学性质随温度、压力变化十分敏感，在不改变化学组成的条件下，可通过改变压力、温度调节流体的密度、黏度、离子积、介电常数等性质，使其成为物化性质不同的介质，可溶解不同类型的化合物，在其中进行不同的化学反应。CO_2 是非极性物质，但在超临界 CO_2 中加入少量共溶剂(如丙酮、$CHClF_2$ 等)可增大它对离子型、极性物质的溶解能力。一些含氟表面活性剂在超临界 CO_2 中形成的反胶束、CO_2 包水微乳液等可溶解酶、蛋白质等生物大分子。超临界水能与许多气体相溶，也能溶解有机化合物，因此可使有机物的氧化反应在均相条件下进行，几秒钟内就可使有机物完全氧化成水、CO_2、N_2 等(超临界水氧化法)。聚合物在超临界水中可有效地解聚、降解；一些水合、脱水和水解反应都可在无酸、碱催化的情况下在超临界水中进行。这些反应的转化率和选择性可用压力和少量共溶剂调节，在有机合成、废旧塑料回收、污水处理中有良好的应用前景。超临界水和 CO_2 都无毒、无味、惰性、价廉，也不产生环境污染，可用于从天然产

物中萃取分离中药、保健品、饮料等的有效成分。尤其是超临界 CO_2，其 T_c 较低，用它萃取分离这些有效成分，既保持了它们的天然活性，又无任何残留的有机溶剂。同时，处理过后分离工艺简单、操作方便，也不产生废水、废气和废物。作为正在发展使用的绿色化工工艺，它在生态、经济、安全等方面具备明显的优势。

单组分体系的相图是蒸发、干燥、升华、提纯及气体液化等过程的重要依据，在科研与生产实践中经常遇到。我们应了解相图上点、线、面所代表的平衡状态，学会利用相图来描述相变化的过程。

3.13　二组分体系的相图及其应用

二组分体系 $K=2, f=4-\Phi$。$\Phi=1$ 时 $f=3$，指的是 T、p 和组成（浓度）。所以要完善地表达二组分体系的状态，需要用 3 个坐标代表 3 个变量。单相区用空间的一个立方体表示。两相平衡时 $\Phi=2, f=2$，用空间的一个面表示。三相平衡时 $\Phi=3, f=1$，用空间的一条线表示。四相共存时 $\Phi=4, f=0$，相应于空间的一个点。二组分体系最多可由四相平衡共存，情况比单组分体系复杂些。但经常遇到的、对生产实践有用的是固定一个变量而得到的截面图。固定 p 时，得温度-组成图，即 T-x 图。固定 T 时，得蒸气压-组成图，即 p-x 图。常碰到的是二组分气-液和固-液体系。对于二组分气-液体系，鉴于两种液体互溶程度的不同，又可分为完全互溶、部分互溶和完全不互溶体系三种。本节主要讨论完全互溶二组分体系的 p-x 和 T-x 图。它们对于指导分离和提纯很有实用价值。

3.13.1　二组分理想体系的 *p-x* 图和 *T-x* 图

理想 A、B 二组分体系，两个组分在全浓度范围内都服从 Raoult 定律，蒸气服从分压定律。各组分在溶液中的行为与纯态时一样，溶液形成时没有体积变化和热效应。根据 Raoult 定律

$$p_A = p_A^* x_A, \quad p_B = p_B^* x_B$$

$$p = p_A + p_B = p_A^* + (p_B^* - p_A^*) x_B \tag{3.13.1}$$

式中：p_A^*、p_B^* 分别为温度 T 时 A、B 两组分的饱和蒸气压，p 为总蒸气压，x_A、x_B 分别为溶液中两组分的摩尔分数。若温度 T 时，以 p 对 x_B 作图，可得一条直线（图 3.10a，液相线）。

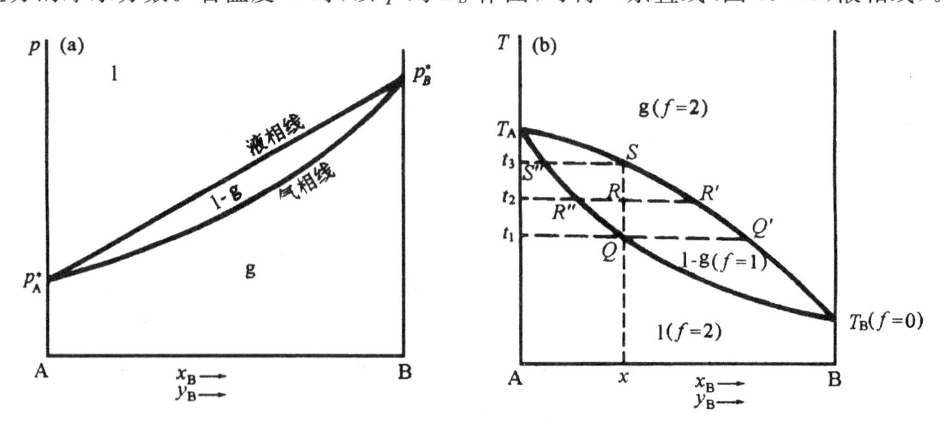

图 3.10　理想二组分体系的 *p-x* 图(a)和 *T-x* 图(b)

由于A、B两组分的蒸气压不同，与溶液平衡共存的气相组成和液相组成并不相同。设气相组成为 y_A 与 y_B，且 $y_A+y_B=1$，则

$$\frac{y_A}{y_B}=\frac{p_A/p}{p_B/p}=\frac{p_A^*}{p_B^*}\frac{x_A}{x_B} \tag{3.13.2}$$

若 $p_A^*<p_B^*$，则 $y_B>x_B$，即蒸气压较大的组分在气相中的浓度大于它在液相中的浓度。若把气相组成 y_B 对蒸气压 p 作图，得气相线。在 p-x 图中，气相线总是在液相线下面的一条曲线(图3.10a)。然而在两端，体系是纯A或纯B，气液两相组成相同。因此，理想二组分体系的 p-x 图应该是气相线位于液相线下方，两端重合而中间不重合的梭形线。中间不重合处，气液两相共存。

恒定压力101.325 kPa时，气-液两相的平衡温度就是体系的正常沸点，所以 T-x 图也叫沸点-组成图。溶液的蒸气压越高，达到101.325 kPa所需的温度就越低，其沸点越低。若 $p_A^*<p_B^*$，则 $T_A>T_B$。如前所述，在气-液平衡时两相温度相同，蒸气压高的易挥发组分在气相中的浓度一定比液相中高，故气相点一定居于液相点的水平右侧。因此，理想二组分体系的 T-x 图是气相线处于液相线上方，两端重合、中间不重合的曲线[如图3.10(b)]。比较 p-x 与 T-x 图可发现，气相区与液相区、气相线与液相线及两曲线形成的梭形区两端点位置恰好颠倒。

在 T-x 图上，p 恒定，故 $f=2-\Phi+1=3-\Phi$。气相线之上是气相区，液相线以下是液相区，在这些区域 $\Phi=1$，$f=2$(即 T 和 x)。气相线和液相线之间是气液两相平衡共存区，它是溶液部分气化或蒸气部分冷凝时的情形。在此区域，$\Phi=2$，$f=1$，这表明只要 T 一定，气、液两相的组成就确定下来了。图3.10(b)中通过两相共存区中物系点 R 的水平线与液相线相交点 R''为液相点，它给出液相的组成；与气相线相交点 R'为气相点，它给出气相的组成。在一定温度下，随着体系总组成 x 变化，物系点在两相平衡区内沿水平方向移动，气、液两相的相对数量改变，但两相的组成不变。两相物质的量之比符合杠杆规则：即在某温度两个相点的连线以物系点为界分成两个线段，一相物质的量乘以本侧线段的长度等于另一相物质的量乘以另一侧线段的长度。若用 $n_{液}$、$n_{气}$ 分别代表液、气两相中两组分的物质的量之和，则

$$n_{液}\times\overline{RR''}=n_{气}\times\overline{RR'} \tag{3.13.3}$$

利用杠杆规则，可从相图上求出两相物质的量。

设体系组成为 x，随着温度上升，物系点沿 x 的垂直线上移，此时体系呈液态单相。当 $T=t_1$时，物系点为 Q，体系开始气化，气相点为 Q'。由杠杆规则可知，此时气相量很少，但气相中易挥发组分B的浓度比液相中高；继续升温，气相量逐渐增多，液相量逐渐减少。到温度 t_2 时，物系点为 R，气、液相点分别为 R'和 R''；到温度 t_3 时，物系点达 S，气化将完成，留下最后一滴液体，其相点是 S''，其中难挥发组分A的浓度比气相中高。当 $T>t_3$ 时，液相消失，体系完全变成气体。由此可知，二组分溶液与纯液体不同。在一定压力下，纯液体的沸点是一个定值，在气-液两相共存的全过程中，体系的 T 不变。而二组分体系的沸点不是一个定值，从气化开始到完成，体系的温度是逐渐升高的，气相和液相的组成也是不断改变的。气相成分从 $Q'\to R'\to S$；液相成分从 $Q\to R''\to S''$，都不是定值。

图3.11是分馏过程的 T-x 图。当组成为 x 的混合物在 T_4 沸腾时，混合液部分气化，分成组成为 x_4 的液相和组成为 y_4 的气相。显然，易挥发组分B在 y_4 中的浓度比原溶液高，而难挥发组分A在 x_4 中的浓度比原溶液高。冷凝气相 y_4 到 T_3，得到液相 x_3 和气相 y_3。B在 y_3 中的浓度比在 y_4 中更高。不断重复冷凝-蒸发过程，气相组成沿 $y_4\to y_3\to y_2\to y_1$ 变化，其

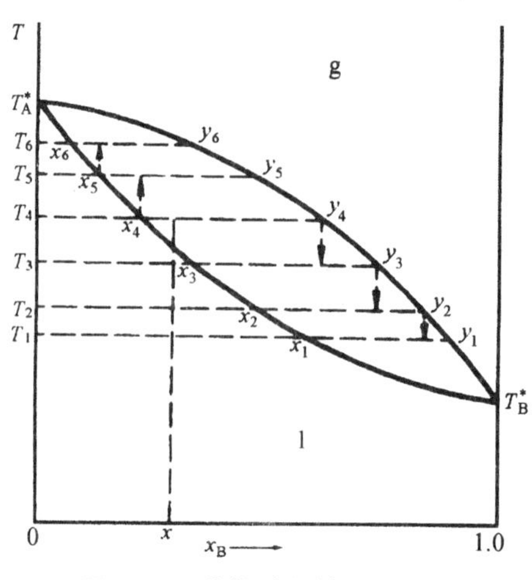

图 3.11　分馏过程的 *T-x* 图

中易挥发组分 B 的浓度越来越高，最后得到的蒸气组成可接近于纯 B。同理，反复加热液相 x_4、x_5、x_6 分别到温度 T_5、T_6，所得液相中难挥发组分 A 的浓度越来越高，最终得到纯 A。总之，多次反复部分蒸发和部分冷凝，可将两组分分开，这就是分馏的原理。

3.13.2　二组分非理想溶液的 *p-x* 图和 *T-x* 图

非理想溶液由于不同分子间引力差别较大，它们的蒸气压与按 Raoult 定律计算值相比有一定的偏差。对于由 A、B 二组分形成的溶液，若 A-B 分子间引力小于 A-A 和 B-B 分子间引力，B 分子掺入就会减少 A 分子受到的引力，使 A 分子容易逸出，其蒸气压就增高，产生正偏差。反之，就产生负偏差。若 A 原为缔合分子，形成溶液时又解离，正偏差尤为明显。解离需要吸热，所以形成这类溶液时常伴有温度降低和体积增加效应。若 A-B 间形成化合物，负偏差特别明显。形成化合物时常伴有放热，故形成这类溶液时温度升高且体积缩小。实验表明，溶液中某一组分发生正（负）偏差，另一组分也发生正（负）偏差，溶液的总蒸气压也发生正（负）偏差。偏离的程度随组分种类以及温度而不同。最常见的情形如图3.12(a)和(b)所示，偏离程度不大，在全浓度范围内溶液的总蒸气压一直处在 p_A^* 和 p_B^* 之间。出现正偏差的体系有四氯化碳-环己烷、四氯化碳-苯、甲醇-水等，出现负偏差的有乙醚-氯仿等。若偏差很大时，总蒸气压曲线上就会出现极大值或极小值，见图 3.12(c)和(d)。相应的 *T-x* 图上就出现极小值或极大值。极值处气相线与液相线相切于一点，所对应状态的溶液相与平衡蒸气相组成相同。*T-x* 图上的极大和极小值点称为最高恒沸点和最低恒沸点，溶液叫作恒沸混合物。在 *p-x* 图上出现极大值的有二硫化碳-丙酮、苯-环己烷和水-乙醇等，出现极小值的有 HNO_3-H_2O、氯仿-丙酮、H_2O-HCl 和水-醋酸等。

对于形成最高恒沸点或最低恒沸点的体系，不能用简单的分馏法将它们分离为两个纯组分。如图 3.12(c)所示，如果原始溶液成分在 AC 之间，分馏的结果只能得到纯 A 与最低恒沸混合物 C；若溶液原始成分在 CB 之间，分馏的结果只能得到纯 B 与最低恒沸混合物 C。乙醇与水就是一典型的例子，它们的恒沸点是 78.15 ℃，恒沸混合物中乙醇的质量分数为95.57%。要想得到无水乙醇，可在 95.57%的乙醇中加入 CaO，使它与其中的水反应生成$Ca(OH)_2$，然后蒸馏，方可得到。表 3.6 列出一些常见的恒沸混合物。

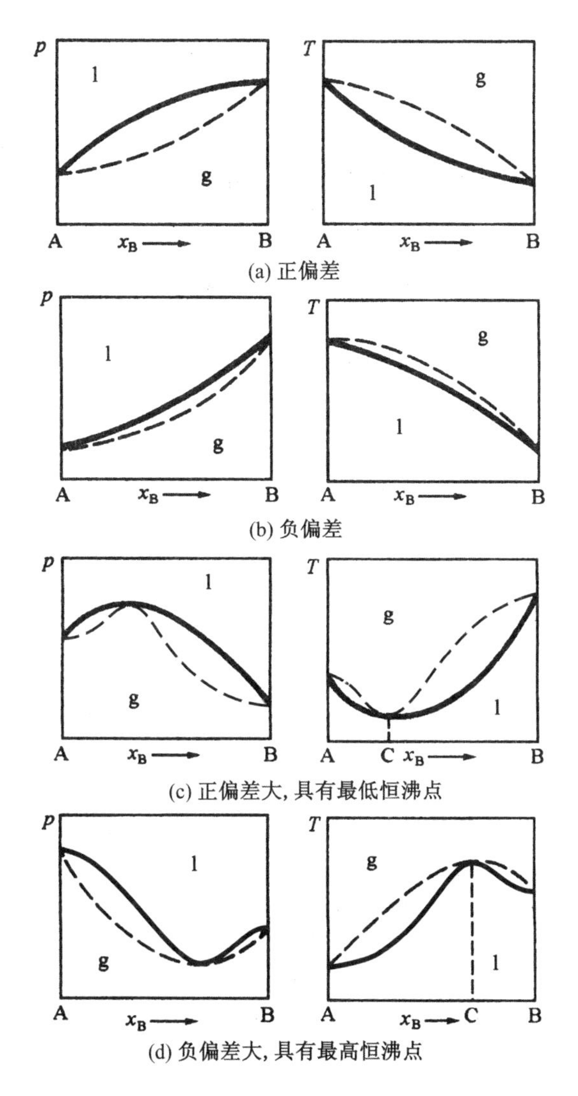

图 3.12 非理想溶液的 p-x 图和 T-x 图

表 3.6 恒沸混合物

组 分		最低恒沸点混合物		组 分		最高恒沸点混合物	
A	B	恒沸点/°C	w_B/(%)	A	B	恒沸点/°C	w_B/(%)
水	乙醇	78.15	95.57	水	HNO_3	120.5	68
乙醇	苯	68.24	67.63	水	HCl	108.5	20.24
二硫化碳	乙酸乙酯	46.10	3	水	HBr	126.0	47.5
醋酸	苯	80.05	98	水	甲酸	107.1	77
乙醇	三氯甲烷	59.4	93.0	三氯甲烷	丙酮	64.7	20

3.13.3　不互溶的双液系——水蒸气蒸馏

两种不互溶液体组成的体系中，各组分的蒸气压与它们单独存在时相同，与另一组分存在与否及数量多少无关，总蒸气压等于该两组分蒸气压之和，即 $p=p_A^*+p_B^*$。因此，只要两种液体共存，体系的总蒸气压总高于其中任一组分的蒸气压，而沸点恒低于任一组分的沸点。

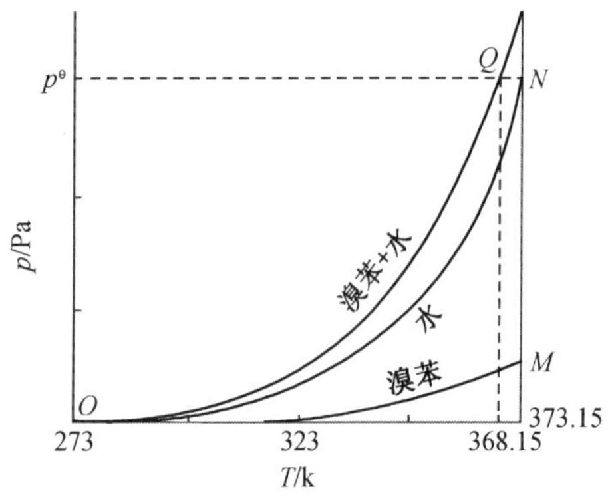

图 3.13　水蒸气蒸馏

有些高沸点有机物高温时易分解，不能用蒸馏法来分离提纯。若它们和水彼此不互溶，就可用水蒸气蒸馏法来分离提纯。

溴苯和水互不相溶，溴苯的正常沸点为 429 K，其蒸气压曲线如图 3.13 中 *OM* 所示。图中 *ON* 是水的蒸气压曲线，*OQ* 是体系总蒸气压 $p=p_{H_2O}^*+p_{溴苯}^*$ 曲线。*OQ* 与标准压力 $p^\ominus$ 的水平线相交于 *Q* 点，所对应的温度为 368.15 K，这就是混合体系的沸点，它低于纯溴苯、纯水的沸点。沸腾时，溴苯和水同时馏出，由于它们互不相溶，很容易将它们分开。馏出物中两组分的质量比可如下求出

$$p_{水}^* = px_{水}^{g} = p\frac{n_{水}}{n_{水}+n_{溴苯}}$$

$$p_{溴苯}^* = px_{溴苯}^{g} = p\frac{n_{溴苯}}{n_{水}+n_{溴苯}}$$

$$\frac{w_{溴苯}}{w_{水}} = \frac{p_{溴苯}^*}{p_{水}^*}\times\frac{M_{溴苯}}{M_{水}} \tag{3.13.4}$$

式中：$n_{水}$、$n_{溴苯}$为气相中(也即馏出物中)水和溴苯的物质的量；$w_{水}$、$w_{溴苯}$为水和溴苯的质量；$M_{水}$、$M_{溴苯}$分别为它们的摩尔质量。由式(3.13.4)可以看出，有机物(如溴苯)的蒸气压或摩尔质量越大，馏出一定量有机物所需的水量越小，水蒸气蒸馏效率越高。

3.14　三组分体系的相图及其应用

三组分体系中，$k=3$，$f=3-\Phi+2=5-\Phi$。$\Phi=1$ 时，$f=4$，指的是温度、压力和两个组分的浓度，完整描述其相图需要四维空间。若固定 p，也需要三维空间表示。实际应用中常固定 T、p，绘成平面相图。目前广泛采用的是 Roozeboom(罗斯布恩)提出的等边三角形表示法。

3.14.1　等边三角形坐标表示法

如图 3.14，正三角形的三个顶点分别代表三个纯组分 A、B、C，三角形的每一条边 AB、BC 和 CA 分别代表二组分体系 A-B、B-C 和 C-A 的组成，其坐标可用摩尔分数或质量分数标志。三角形内任意一点 p 代表三组分体系 A-B-C 的组成。通过 p 点作平行于 BC、AC、AB 三边的平行线，分别与 AC、AB、BC 边相交于 a、b、c 三点，则 a、b、c 三点所示的读数就是 A、B、C 三组分的组成，而且 $pa+pb+pc=\text{AB}=\text{BC}=\text{CA}$。反之，若已知 p 点的组成要确定它在三角形相图中的位置时，可在 AC 边上取 Ca=A，在 AB 边上取 Ab=B，通过 a 点作平行于 BC 的平行线，通过 b 点作平行于 AC 的平行线，两条平行线的交点就是该物系点的坐标点。

用正三角形坐标表示三组分体系时，有下列特点：

(i) 平行于三角形某一边直线上的诸物系，所含由顶点所代表组分的含量彼此相等。如图 3.14 上 ce 线各点上，C 的含量都为同一值。

(ii) 通过顶点(A 或 B 或 C)到对边所作直线上各点代表组成不同的体系，但其他两顶点组分的组成比保持恒定。图 3.14 上 Cd 线上，各点组分 C 的含量从 C 到 d 逐渐减少，但组分 A 与 B 含量之比为一常数，都等于 dB : Ad。

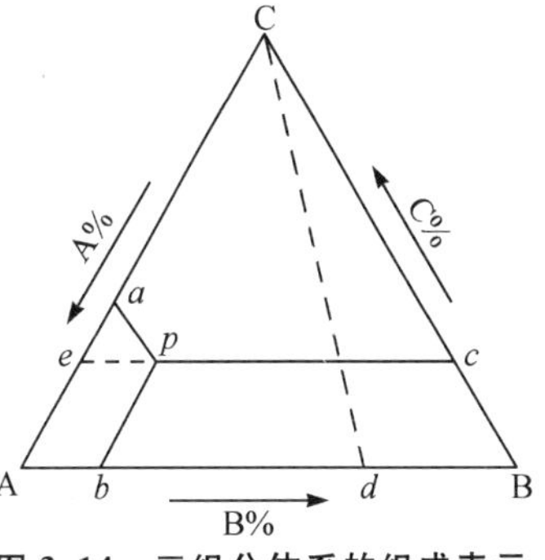

图 3.14　三组分体系的组成表示

3.14.2　三组分液-液体系相图

液体之间可以完全互溶、部分互溶或完全不互溶。这里只讨论部分互溶的三组分体系。

图 3.15 是一定 T、p 下氯仿-水-醋酸体系的相图。氯仿和醋酸、醋酸和水都完全互溶，而氯仿和水部分互溶。相图上曲线 akb_3b 称为溶解度曲线，曲线以外是单相区，氯仿、水和醋酸彼此完全互溶形成一相；曲线以下是两相区，平衡共存的两相组成落在此曲线上，以连接线相连。如图中 p_1 为由两相构成的三组分体系的物系点，a_1、b_1 为相点，a_1b_1 为连接线。a_1b_1 线的倾斜度决定于组分 C(醋酸)在这两相中的相对含量，若含量相等，a_1b_1 线与底边 AB 线平行。a_1、b_1 所代表的溶液称为共轭溶液。图上 k 称为临界点，它是连接线缩短的极限点，在 k 点两共轭溶液的组成相同，体系变为单相，但 k 点不一定是溶解度曲线上的最高点。

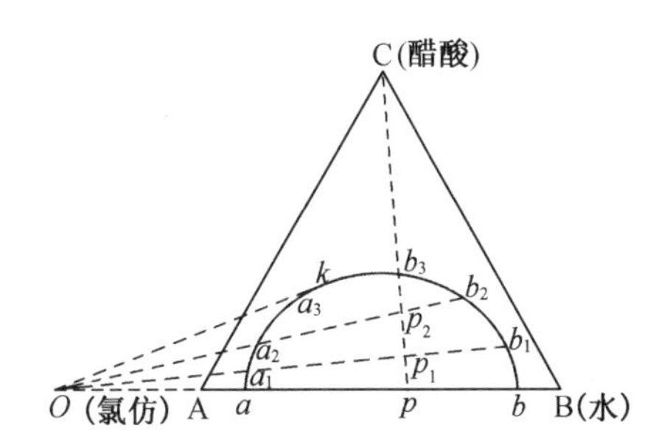

图 3.15　一定 T、p 下部分互溶的三组分体系的相图

将氯仿和水放在瓶内，若其组成为 p(在 a、b 之间)，充分摇动后放置平衡即分成两层。一层是水在氯仿中的饱和溶液，组成为 a；另一层是氯仿在水中的饱和溶液，组成为 b。加少许醋酸，物系点为 p_1。平衡后醋酸分布在 a、b 溶液内，成为两个共轭的三组分溶液，组成为 a_1 和 b_1。醋酸的加入使氯仿和水的互溶度增加，因此，连接线 a_1b_1 比 ab 线短，而且醋酸越多，连接线越短。a_1、b_1 两溶液的数量比可由杠杆规则计算

$$\frac{\text{氯仿层 } a_1 \text{ 的量}}{\text{水层 } b_1 \text{ 的量}} = \frac{b_1p_1}{a_1p_1} \tag{3.14.1}$$

随着醋酸加入量的增加，因氯仿和水的数量比不变，物系点组成沿 pC 上升，此时，氯仿层与水层数量之比越来越小。当物系点达 b_3 时，氯仿层消失，只剩下水层而为单相。虽然在 b_3 点和 k 点物系都将成为单相，但情况不同。在 k 点是两个液相因组成相同而变为单相，而在 b_3 点是物系中一相消失而剩下另一相变为单相。

此外，若将两相区所有连接线延长都将交于一点(O点)，这是由经验得出的结果。应用此规律可由少数连接线得出所需的或所有的连接线，这在萃取分离上有一定的指导作用。

由上述讨论可知，在部分互溶的液体体系中(如氯仿和水)，加入第三种液体(如醋酸)，只要该液体在部分互溶的两种液体中都能溶解，它就可使它们的互溶度增加，在适当配比下可形成一均匀的澄清溶液。在医药学上已将其广泛用于把难溶于水的药物配制成水溶性制剂。

3.14.3　分配定律与萃取原理

实验表明：在定温定压下，若一物质溶解在两个共存而又互不相溶的液体中，达平衡后，该物质在两液相中的浓度比等于常数。这种关系称为分配定律，可表示为

$$c_B^\alpha/c_B^\beta = K \tag{3.14.2}$$

式中：c_B^α、c_B^β分别为溶质B在溶剂α、β中的浓度，K称为分配系数。影响K的因素有温度、压力、溶质及两种溶剂的性质。当溶液浓度不太大时，该式能很好地与实验结果相符。

从热力学的关系式，可以证明上式。令μ_B^α、μ_B^β分别代表α、β两相中溶质B的化学势，在定温定压下，当平衡时：$\mu_B^\alpha=\mu_B^\beta$，即

$$\mu_B^{\ominus\alpha} + RT\ln a_B^\alpha = \mu_B^{\ominus\beta} + RT\ln a_B^\beta$$

$$\frac{a_B^\alpha}{a_B^\beta} = \exp\frac{\mu_B^{\ominus\beta} - \mu_B^{\ominus\alpha}}{RT} = K \tag{3.14.3}$$

如果B在α和β相中的浓度不大，则活度可以用浓度代替。

应用分配定律时应注意，如果溶质在任一溶剂中有缔合现象或离解现象，则分配定律仅能适用于在溶剂中分子形态相同的部分。

利用一种溶剂从一不相混溶的另一溶液中分离出某一种有用的溶质叫作萃取。萃取对于提取产品、精制产品、药物分析都是很重要的方法。分配定律是简单萃取的理论依据。根据分配定律，可以计算萃取的效率。而且可以得出：只要某溶质在两溶剂中没有缔合、解离、化学变化等作用，对于一定量的萃取溶剂来说，分若干份进行多次萃取要比将全部溶剂一次萃取的效率高。

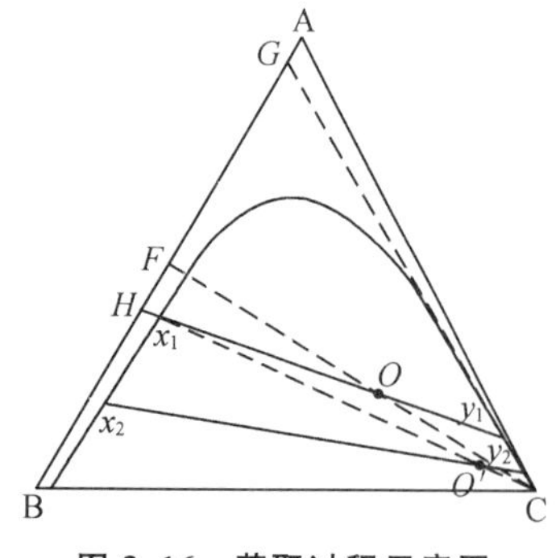

图3.16　萃取过程示意图

当溶质在两液层中浓度较大时，分配定律已不适用，可用三组分相图来说明连续多级萃取过程。

图3.16为一定T、p下，A、B、C三组分相图，A是需萃取的溶质，溶于B形成待处理溶液，其浓度为F。加入与B互溶度很小的萃取剂C后，体系沿FC向C方向变化。当总组成为O点时，待处理液量×OF=萃取剂量×CO(杠杆规则)。平衡时，体系分成两相，组成分别为x_1和y_1。若把这两层溶液分开，分别蒸去溶剂，得到由G、H点所代表的两个溶液(G在Cy_1延长线上，H在Cx_1延长线上)。G中含组分A比F多。H中所含组分B比F多。若对浓度为x_1层的溶液再加入萃取剂C，此时物系点将沿x_1C向C变化，如达O'点，平衡时，两相的组成分别为x_2和y_2，y_2中所含A又比y_1中多；x_2中所含B也比x_1多。如此反复，理论上可得到不含B的A和不含A的B，使A、B分离。

【例 3.9】 苯酚和水是部分互溶的，在 293 K 时两共轭液层的组成分别为含酚 8.4%和 72.2%(质量百分数)。现有样品 500 g，含酚 50%，求每层中酚的质量。

解 共轭溶液的组成就是相点的组成。50%为物系点组成。相点和物系点之间可用杠杆规则。设水层的质量为 xg，苯酚层的质量为(500－x)g，则

$$x\text{g}\times(50.0\%-8.4\%)=(500-x)\text{g}\times(72.2\%-50.0\%)$$

$$x=173.98$$

水层中酚的含量为：$m_{酚}$(水)＝173.98 g×8.4%＝14.61 g

酚层中酚的含量为：$m_{酚}$(酚)＝(500－173.98) g×72.2%＝235.39 g

参考读物

[1] 杨成祥.关于逸度、活度问题的几点浅见.化学通报，1981(9)：53

[2] 姚允斌.热力学标准态和标准热力学函数.大学化学，1988(4)：40

[3] 周书天.关于二元溶液对 Raoult 定律偏差的讨论.化学通报，1987(7)：36

[4] 赵慕愚.相律中独立组分数的确定.化学教育，1981(5)：1

[5] 印永嘉，袁云龙.关于相律中自由度的概念.大学化学，1989(1)：39

[6] 赵善成.相律中有关独立组分的若干问题.物理化学教育文集，1986，141

[6] 赵善成.相律中有关独立组分的若干问题.物理化学教育文集，1986，141

[7] 刘志敏，张建玲，韩布兴.超(近)临界水中的化学反应.化学进展，2005，17(2)：266

[8] 张腾云，钟理.超临界 CO_2 中的表面活性剂.化学通报，2005(8)：585

思 考 题

1. 什么叫偏摩尔量？在下列 4 个表示式中，哪个是偏摩尔量？哪个是化学势？

$$\left(\frac{\partial F}{\partial n_B}\right)_{T,V,n_C},\left(\frac{\partial H}{\partial n_B}\right)_{S,p,n_C},\left(\frac{\partial \mu_B}{\partial n_B}\right)_{T,p,n_C} 和 \left(\frac{\partial U}{\partial n_B}\right)_{T,p,n_C}$$

2. 稀溶液中溶质 B 的浓度可用 x_B、m_B、c_B 表示，请写出相应的三种标准态及其化学势。三种标准态化学势是否相等？溶质 B 的化学势是否相等？

3. 试比较下列状态水的化学势大小：

A. 373.2 K，101.325 kPa $H_2O(l)$　　B. 373.2 K，101.325 kPa $H_2O(g)$

C. 373.2 K，202.65 kPa $H_2O(l)$　　D. 373.2 K，202.65 kPa $H_2O(g)$

E. 374.2 K，101.325 kPa $H_2O(l)$　　F. 374.2 K，101.325 kPa $H_2O(g)$

(1) μ_A 与 μ_B，(2) μ_A 与 μ_C，(3) μ_B 与 μ_D，(4) μ_D 与 μ_C，(5) μ_E 与 μ_F。

4. 298 K、$p^{\ominus}$下，溶于 1000 g 水中的 NaCl 的物质的量为 n_2 与所成溶液的体积 $V(cm^3)$的关系为：

$$V=1001.38+16.6253n_2+1.7738\,n_2^{3/2}+0.1194\,n_2^2$$

(1) 求出 $V_{1,m}$，$V_{2,m}$与 n_2 的关系式，$V_{1,m}$，$V_{2,m}$分别为水和 NaCl 的偏摩尔体积；

(2) 求出质量摩尔浓度为 0.5 mol·kg^{-1}的 NaCl 水溶液的 $V_{1,m}$和 $V_{2,m}$。

5. 在相同 T、p 下，相同质量摩尔浓度的葡萄糖和食盐水溶液的渗透压是否相等？若溶质为少量乙醇，结果又会怎样？

6. 两种二组分理想溶液含有相同的溶质和不同的溶剂，若溶液质量摩尔浓度相等，其凝固点降低值是否相等？若它们含有相同的溶剂、不同的溶质，其质量摩尔浓度也相等，ΔT_f 是否相等？

7. 物系点与相点有什么不同？水的三相点与冰点有什么不同？水在冰点时自由度数为多少？

8. 温度为 T(K)时，液体 A、B 的饱和蒸气压分别为 50 kPa 和 60 kPa，A 和 B 可形成完全互溶的二元溶液。当 $x_A=0.5$ 时，A 和 B 的分压分别是23 kPa和 25 kPa。请画出此二组分体系的 p-x 图和 T-x 图。

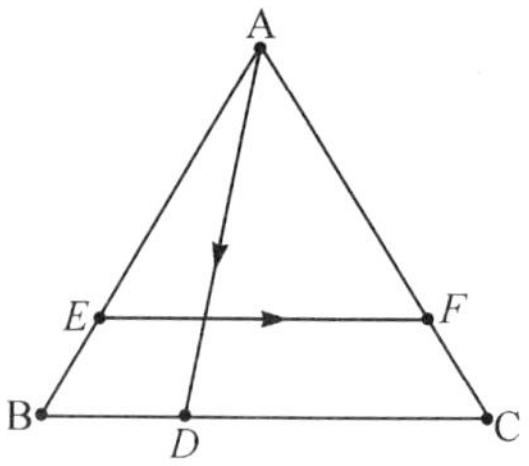

9. 将(A) 0.3 mol・kg^{-1}蔗糖和 0.2 mol・kg^{-1}尿素的水溶液和(B) 0.4 mol・kg^{-1}蔗糖和 0.3 mol・kg^{-1}尿素水溶液用半透膜隔开。若半透膜只允许水分子通过，平衡时 A、B 哪边液柱高？若半透膜允许水和尿素分子通过，哪边液柱高？

10. 请阐述物系点在右图 AD 或 EF 线上变动时，此物系点的特性。

习　题

1. 288 K 时，1 mol 葡萄糖溶于 4.6 mol 水中，形成的溶液的蒸气压为 596.5 Pa。已知水在 288 K 时饱和蒸气压为 1705 Pa，试计算：(1) 溶液中水的活度系数；(2) 溶液中水的化学势与纯水化学势之差。

2. 将摩尔质量为 423 g・mol^{-1}的水溶性海洛因与蔗糖混合成的试样 0.100 g 溶于 1.00 g 水中，该混合溶液的凝固点下降 0.5 K。请估计试样中海洛因的质量分数。

3. 12.2 g 苯甲酸(C_6H_5COOH)溶于 100 g 乙醇后，使乙醇沸点升高 1.20 K。若将 12.2 g 苯甲酸溶于苯中后，则使苯的沸点升高 1.30 K。计算苯甲酸在两种溶剂中的摩尔质量(已知 $K_b^{乙醇}=1.22$ K・mol^{-1}・kg，$K_b^{苯}=2.57$ K・mol^{-1}・kg)，计算结果说明什么问题？

4. 求 4.40%葡萄糖($C_6H_{12}O_6$)的水溶液，在 300 K 时的渗透压。若该溶液与水用半透膜隔开，试问在溶液一方需要多高的水柱才能平衡(溶液的密度为 1.015 g・cm^{-3})。

5. 在 310 K 时，水的蒸气压为 6282 Pa。现有与浓度 0.3 mol・kg^{-1}的蔗糖溶液成等渗的血液，计算此血液中水在 310 K 时的蒸气压(设此为理想溶液)。

6. 298 K 时水的饱和蒸气压为 3.168×10^3 Pa，求将 0.1 mol 蔗糖和 0.06 mol 的尿素同时溶解于 1000 g 水中所成溶液的渗透压和蒸气压。

7. 三氯甲烷(A)和丙酮(B)的混合物，若液相的组成为 $x_B=0.713$，则在 301.30 K 时的总蒸气压为 29.38 kPa；蒸气中的丙酮的摩尔分数 $x_B^g=0.818$；在该温度时，纯三氯甲烷的蒸气压为29.59 kPa。试计算：(1) 混合物中三氯甲烷的活度；(2) 三氯甲烷的活度系数。

8. 一些豆科植物种子中含有木苏糖(多糖)，水解时生成单糖($C_6H_{12}O_6$)。285 K 时，有浓度为 10 g・dm^{-3}的木苏糖水溶液，测得其渗透压为 35.55 kPa。求木苏糖的摩尔质量，并推断它是三糖、四糖还是五糖？

9. 请写出 310.2 K、101.325 kPa 压力下，活细胞中进行着的 $NaCl_{内}$(0.04 mol・dm^{-3})$\longrightarrow$$NaCl_{外}$(0.48 mol・dm^{-3})过程化学势变化的表示式。此过程是否自发？如何才能进行？

10. 从血浆产生胃液，要求 H^+ 从 pH=7 的血液中迁移到 pH=1 的环境中，求在 310 K 为反抗浓度梯度，迁移 1 mol H^+ 所需的最小功是多少？

11. 计算下列各溶液的离子强度：(1) 0.025 mol・dm^{-3}的 NaCl；(2) 0.025 mol・dm^{-3}的$CuSO_4$；(3) 0.025 mol・dm^{-3}的 $LaCl_3$。

12. 应用 Debye-Hückel 极限公式，计算 298 K 时：(1) 0.002 mol・dm^{-3}的 $MgCl_2$ 和0.002 mol・dm^{-3} $ZnSO_4$ 混合液中 $ZnSO_4$ 的平均活度系数；(2) 0.001 mol・dm^{-3} $K_3Fe(CN)_6$ 的平均活度系数。

13. (1) 已知 HCl 的平均活度系数 $\gamma_{\pm}=0.768$，计算 0.2 mol・kg^{-1}的 HCl 水溶液的 a(HCl)和 $a_{\pm}$；(2) 已知 H_2SO_4 的平均活度系数 $\gamma_{\pm}=0.210$，计算 0.2 mol・kg^{-1}的 H_2SO_4 溶液的 $a(H_2SO_4)$和 $a_{\pm}$。

14. 一组聚异丁烯在苯中的浓度及 298 K 时的渗透压数据如下：

浓度 $c/[\mathrm{g}\cdot(100\ \mathrm{cm}^3)^{-1}]$	0.50	1.00	1.50	2.00
渗透压 Π/cm 液柱	1.03	2.10	3.22	4.39

已知以上溶液密度为 880 $\mathrm{kg\cdot m^{-3}}$，求聚异丁烯的摩尔质量。

15. 在 298 K 时，半透膜一边是浓度为 0.1 $\mathrm{mol\cdot dm^{-3}}$的大分子电解质 RCl，但 R^+ 不能透过半透膜，另一边是浓度为 0.5 $\mathrm{mol\cdot dm^{-3}}$的 NaCl 溶液。计算膜两边平衡后各种离子的浓度和溶液的渗透压。

16. 指出下述体系中各含有多少物种数、组分数、相数与自由度数？

(1) 将任意量的 N_2、H_2、NH_3 气体在 298 K 及 101.325 kPa 下共置于一容器内（此时无化学反应发生）。

(2) 在 723 K 时将一定量的 NH_3 放入容器内，使其成为 $2NH_3(g) \rightleftharpoons N_2(g)+3H_2(g)$ 的平衡体系。

(3) 在 723 K 时把任意比例的 N_2 与 H_2 放入容器内，成为 N_2、H_2 与 NH_3 的平衡体系。

(4) 在 723 K 时把体积比为 1∶3 的 N_2 与 H_2 放入容器内，成为 N_2、H_2 与 NH_3 的平衡体系。

17. 指出下列平衡体系的组分数、自由度数各是多少。

(1) $NH_4Cl(g)$部分分解为 $NH_3(g)$和 $HCl(g)$；

(2) 若在上述体系中额外再加入少量的 $NH_3(g)$；

(3) $NH_4HS(s)$和任意的 $NH_3(g)$及 $H_2S(g)$平衡；

(4) $C(s)$，$CO(g)$，$CO_2(g)$，$O_2(g)$在 1273 K 时达平衡。

18. $FeCl_3$ 和 H_2O 能形成下列四种水合物：$FeCl_3\cdot 6H_2O$，$2FeCl_3\cdot 7H_2O$，$2FeCl_3\cdot 5H_2O$ 和 $FeCl_3\cdot 2H_2O$。试问这个体系的组分数是多少？这个体系在恒压条件下最多能有几相平衡共存？

19. $p^\ominus$下水的沸点是 373 K，在该温度时水的蒸发热是 40.67 $\mathrm{kJ\cdot mol^{-1}}$。试求：(1) 348 K 时水的蒸气压；(2) 设在某高山上，大气压力为 79.95 kPa，计算此时水的沸点是多少？

20. 已知苯甲酰乙酯的正常沸点为 486 K，此时它的摩尔蒸发热是 44.18 $\mathrm{kJ\cdot mol^{-1}}$。试求苯甲酰乙酯在26.65 kPa下的沸点。

21. 滑冰鞋下面的冰刀与冰接触处的长度为 7.62 cm，宽度为 0.00245 cm。(1) 若滑冰人体重为 60 kg，试问单脚着冰时施加于冰上的压力为若干？(2) 在该压力下，冰的熔点是多少？

已知冰的熔化热 $\Delta H=6009.5\ \mathrm{J\cdot mol^{-1}}$，熔点 $T_f=273.16$ K，冰的密度为 0.92 $\mathrm{g\cdot cm^{-3}}$，水的密度为1.00 $\mathrm{g\cdot cm^{-3}}$。

第 4 章　化 学 平 衡

热平衡、相平衡与化学平衡是化学热力学三个重要研究对象。热平衡主要讨论物质状态变化和化学反应过程中的热效应，已在第 1 章的热化学中作了介绍。相平衡是涉及体系的各相之间物质迁移的平衡，已在第 3 章中叙述。本章主要讨论有关化学物质之间转化的化学平衡。

大多数化学反应都可以同时向正、反两个方向进行，进行到一定程度之后会达到化学平衡状态。此时，反应体系中各种物质的数量均不随时间而改变，产物与反应物的数量之间成一定的比例关系。化学平衡是一种动态平衡，表观上反应似乎已经停止，实际上反应仍在进行，只是正、逆反应速率相等。在给定条件下，不同化学反应所能进行的程度很不相同；同一个化学反应在不同条件下进行的程度也有所不同。应用化学热力学基本原理讨论化学反应的方向与限度，了解温度、压力等外界条件的变化对化学平衡的影响是本章要讨论的主要问题。生物体系内存在着的电解质平衡、生物大分子的水解平衡，三羧酸循环过程中一系列中间产物之间的平衡都属于化学平衡。应用化学平衡的规律，导出平衡时物质的数量关系有利于生物体内物质代谢的研究。

4.1　化学反应的方向和限度

4.1.1　化学势在化学变化中的应用

如式(3.2.3)所示，对于组成发生变化的多组分体系，在不作其他功条件下，体系 Gibbs 自由能的变化为

$$dG = -SdT + Vdp + \sum_B \mu_B dn_B$$

在等温等压条件下

$$dG = \sum_B \mu_B dn_B$$

对于化学反应

$$aA + bB \rightleftharpoons gG + hH$$

根据反应进度 ξ 的定义 $dn_B = \nu_B d\xi$，可得

$$dG = (g\mu_G + h\mu_H - a\mu_A - b\mu_B)d\xi$$

$$\left(\frac{\partial G}{\partial \xi}\right)_{T,p} = \sum_B \nu_B \mu_B \tag{4.1.1}$$

$\xi=0$ 时，反应还没有开始；$\xi=1$ 时，进行了一个单位反应。当 ξ 从 0 逐渐变到 1 时，各物质的量、各物质的浓度以及与浓度相关的化学势都将逐渐改变，体系的总 Gibbs 自由能也随 ξ 而变，如图 4.1。但对于一个确定的 ξ，各物质的浓度、因而其化学势都有一个确定数值，体系的总 Gibbs 自由能也有一个定值。

设体系在反应进度为ξ时又发生了极小量的变化 $d\xi$。由于 $d\xi$ 如此之小,不足以引起各物质浓度的变化,可以认为各物质的化学势不变,还保持着反应进度为ξ时的数值,并且遵守式(4.1.1)。或者设想,在一个无限大的体系中发生了一个单位化学反应,各物质数量的变化相对于无限大体系而言是微不足道的,各物质浓度不变,因而其化学势也仍为原来的数值,没有改变。此时,式(4.1.1)可写成

$$(\Delta_r G_m)_{T,p} = \sum_B \nu_B \mu_B \qquad (4.1.2)$$

式中:$(\Delta_r G_m)_{T,p}$称作化学反应的 Gibbs 自由能变化值,它表示在一定 T、p 下在无限大量体系中发生一个单位化学反应时体系 Gibbs 自由能的变化;或是在有限量体系中,反应进度为ξ时体系 Gibbs 自由能随反应的变化率

$$若 \left(\frac{\partial G}{\partial \xi}\right)_{T,p} < 0,\ 即(\Delta_r G_m)_{T,p} < 0 \ 或 \ \sum_B \nu_B \mu_B < 0 \qquad (4.1.3)$$

表示正向反应自发进行。

$$若 \left(\frac{\partial G}{\partial \xi}\right)_{T,p} > 0,\ 即(\Delta_r G_m)_{T,p} > 0 \ 或 \ \sum_B \nu_B \mu_B > 0 \qquad (4.1.4)$$

则逆向反应能自发进行。

$$若 \left(\frac{\partial G}{\partial \xi}\right)_{T,p} = 0,\ 即(\Delta_r G_m)_{T,p} = 0 \ 或 \ \sum_B \nu_B \mu_B = 0 \qquad (4.1.5)$$

表示体系到达化学平衡状态。

上述情况可用图 4.1 表示,图中ξ_e为平衡时的反应进度。

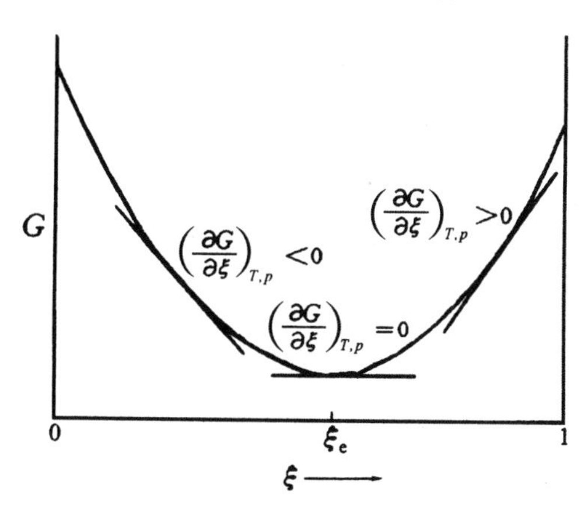

图 4.1 体系的 G 随反应进度ξ的变化

由此可见,对于一个化学反应,若将化学反应方程式等号左右看作两方,化学反应总是自发地由化学势总和较高的一方向化学势总和较低的一方转化,直到两方的化学势总和相等为止,此时就达到了化学平衡,相反的过程是绝不可能自动发生的。化学平衡就是化学反应进行的限度,式(4.1.5)就是化学平衡的条件。

4.1.2 化学平衡的存在

在等温等压条件下,能自发进行的化学反应,其产物化学势总和必小于反应物化学势的总和。随着反应的进行,体系的总 Gibbs 自由能总是逐渐减少的。但是,绝大多数的化学反应都

不能进行到底，都只能把一部分(不是全部)反应物转换成产物，最后达到化学平衡。这是因为存在着混合 Gibbs 自由能。它是个负值，使体系的总 Gibbs 自由能进一步下降，在 $G_{总}$-ξ 图上曲线出现最低点。

图 4.2 是化学反应 $A+B \rightleftharpoons 2C$ 体系的总 Gibbs 自由能在反应过程中变化的示意图。图上 G_R 是纯 A 和纯 B 未混合前的 Gibbs 自由能总和。一旦把反应物 A 和 B 混合，还未开始反应，体系的 Gibbs 自由能就下降到 G_S。差值 $G_S - G_R = RT(n_A \ln x_A + n_B \ln x_B)$ 是 A 与 B 的混合 Gibbs 自由能，由于 $x_i < 1$，故 $G_S - G_R < 0$。G_P 是纯 C Gibbs 自由能的 2 倍。假如产物分子一生成就立即分离出去，则反应过程 $G_{总}$ 的变化可用 $G_S E G_P$ 直线代表，此时反应可完全进行到底。但由于产物一生成就与反应物混合在一起，使体系的 $G_{总}$ 不是沿 $G_S E G_P$ 直线，而是按 $G_S T G_P$ 曲线变化。T 为曲线上的最低点，体系在 T 点达化学平衡。Gibbs 自由能的差值 $G_T - G_S$ 由两部分组成：一部分是 A 和 B 反应生成 C 引起的 Gibbs 自由能降低值 $G_E - G_S$，另一部分是反应物与生成物混合而引起的 Gibbs 自由能降低值 $G_T - G_E$。

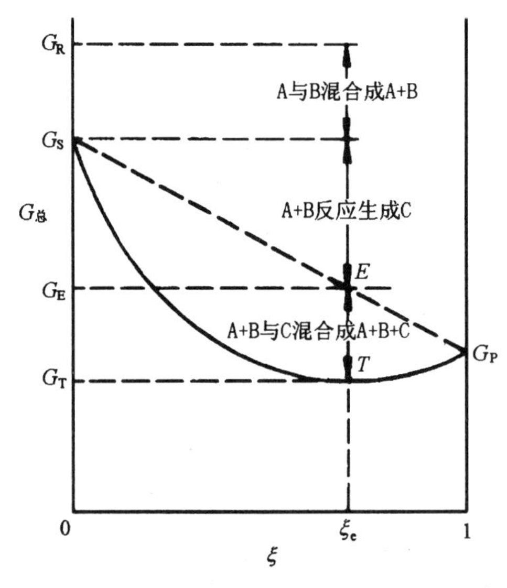

图 4.2　体系的 Gibbs 自由能 $G_{总}$ 随反应进度变化的示意图

化学反应总是朝着 Gibbs 自由能降低的方向进行的。若不考虑混合 Gibbs 自由能，体系的 $G_{总}$ 应在 $\xi=1$ 时最低，反应似乎应进行到底。但事实上，所有化学反应过程中反应物与产物总处于混合状态，$G_{总}$ 因混合而降低，$G_{总}$ 与 ξ 的关系图必然成一条有最低点的曲线，其最低点在$0<\xi<1$之间。此时反应达化学平衡，$\left(\frac{\partial G}{\partial \xi}\right)_{T,p} = \sum_B \nu_B \mu_B = 0$

4.1.3　化学反应等温式

我们知道，任一物质在温度 T 时的化学势可表示为

$$\mu_B = \mu_B^\ominus + RT\ln a_B$$

因此，式(4.1.2)可写为

$$\begin{aligned}(\Delta_r G_m)_{T,p} &= \sum_B \nu_B \mu_B = (g\mu_G + h\mu_H) - (a\mu_A + b\mu_B) \\ &= [g(\mu_G^\ominus + RT\ln a_G) + h(\mu_H^\ominus + RT\ln a_H)]\end{aligned}$$

$$-[a(\mu_A^\ominus + RT\ln a_A) + b(\mu_B^\ominus + RT\ln a_B)]$$

$$= \sum_B \nu_B \mu_B^\ominus + RT\ln \frac{a_G^g\, a_H^h}{a_A^a\, a_B^b} \tag{4.1.6}$$

在平衡时$(\Delta_r G_m)_{T,p}=0$,上式可写为

$$-\sum_B \nu_B \mu_B^\ominus = RT\ln\left(\frac{a_G^g\, a_H^h}{a_A^a\, a_B^b}\right)_{平衡} \tag{4.1.7}$$

$$\ln\left(\frac{a_G^g\, a_H^h}{a_A^a\, a_B^b}\right)_{平衡} = -\frac{1}{RT}\sum_B \nu_B \mu_B^\ominus = -\frac{1}{RT}\Delta_r G_m^\ominus$$

式中:$\Delta_r G_m^\ominus = \sum\limits_B \nu_B \mu_B^\ominus$ 称为化学反应的标准 Gibbs 自由能变化值。它是指反应体系中各种物质的活度都为1,即各种物质都处于标准状态下时,发生一个单位反应体系自由能的改变值。由于 $\mu_B^\ominus$ 是 T 或 T、p 的函数,在等温、等压的反应条件下,$\mu_B^\ominus$ 是常数,因此上式的左方也应为一常数,则有

$$\left(\frac{a_G^g\, a_H^h}{a_A^a\, a_B^b}\right)_{平衡} = \exp\left[-\frac{1}{RT}\sum_B \nu_B \mu_B^\ominus\right] = K_a^\ominus \tag{4.1.8}$$

在此,常数 $K_a^\ominus$ 是化学反应在一定条件下达到平衡时,产物活度的反应系数次方的乘积与反应物活度的反应系数次方的乘积之比。它反映了反应物和产物平衡活度间的关系,故称其为平衡常数。将 $K_a^\ominus$ 代入式(4.1.6)和(4.1.7),得到化学反应等温式

$$\Delta_r G_m = -RT\ln K_a^\ominus + RT\ln \frac{a_G^g\, a_H^h}{a_A^a\, a_B^b}$$

$$= -RT\ln K_a^\ominus + RT\ln Q_a \tag{4.1.9}$$

式中:$Q_a = \dfrac{a_G^g\, a_H^h}{a_A^a\, a_B^b}$ 称为活度商,它是指体系在反应某时刻所具有的产物活度与反应物活度的配比。利用化学反应等温式,可以判断指定反应在任一选定的活度配比下反应进行的方向和最终可能达到的限度。

对于一个有限反应体系来说,在反应进行过程中,反应物和产物的活度都在不断发生变化,相应的化学势也在不断改变,因而活度商 Q_a 也在不断改变。

当 $Q_a < K_a^\ominus$ 时,$(\Delta_r G_m)_{T,p} < 0$,正向反应自发进行。

当 $Q_a = K_a^\ominus$ 时,$(\Delta_r G_m)_{T,p} = 0$,这时在给定条件下体系 Gibbs 自由能已降到最低,反应达到平衡。

当 $Q_a > K_a^\ominus$ 时,$(\Delta_r G_m)_{T,p} > 0$,则此正向反应不能自发进行。

若设法改变反应条件,例如降低产物的活度(不断取出产物)或增加反应物的活度,使 Q_a 下降;或改变温度、压力,使 K_a 增大,从而使 $Q_a < K_a$,则正向反应可自发进行。这说明热力学能给我们指出一个解决化学反应方向问题的途径。

【例 4.1】 一种氨基转移酶能催化谷氨酸盐和丙酮酸盐之间的转氨基反应,形成α-酮戊二酸盐和L-丙氨酸。298 K 时反应的平衡常数 $K_a^\ominus = 1.107$。(1) 请计算 $\Delta_r G_m^\ominus$,并说明计算结果;(2) 若L-谷氨酸盐和丙酮酸盐浓度各为 $1\times10^{-4}\,mol\cdot dm^{-3}$,α-酮戊二酸盐和L-丙氨酸浓度各为 $1\times10^{-2}\,mol\cdot dm^{-3}$,将它们混合,能否有新的L-丙氨酸生成?

解 反应式为:L-谷氨酸盐+丙酮酸盐 $\rightleftharpoons$ α-酮戊二酸盐+L-丙氨酸

(1) $\Delta_r G_m^\ominus = -RT\ln K_a^\ominus = -8.314\,J\cdot K^{-1}\cdot mol^{-1}\times 298\,K\times \ln 1.107 = -252\,J\cdot mol^{-1}$

$\Delta_r G_m^\ominus$ 是指反应物和产物都处于标准状态，亦即它们的活度都等于 1 时 Gibbs 自由能之差。$\Delta_r G_m^\ominus <0$，说明若反应物和产物都处于标准状态时，由于 $Q_a=1$，$Q_a<K_a^\ominus$，应有新的 L-丙氨酸生成。但在一般(非标准态)情况下，$\Delta_r G_m^\ominus$ 不能用于判断反应能否自发进行。

(2)
$$Q_a=\frac{1\times 10^{-2}\times 1\times 10^{-2}}{1\times 10^{-4}\times 1\times 10^{-4}}=10^4$$
$$Q_a>K_a^\ominus$$
说明在此情况下，体系中无新的 L-丙氨酸生成。

4.2　化学反应平衡常数表示式

由以上讨论，可得
$$\Delta_r G_m^\ominus=\sum_B \nu_B \mu_B^\ominus=-RT\ln K_a^\ominus \tag{4.2.1}$$
式中：$\mu_B^\ominus$ 是物质 B 在标准态的化学势。对于气体来说，它只是温度 T 的函数；对于溶液中溶剂、溶质来说，它是 T、p 的函数，但由于压力对凝聚态物质化学势影响不大，故也可把它看作只是温度的函数。因此，由式(4.2.1)导出的 $K_a^\ominus$ 也只是温度的函数，它是一个量纲为一的量，常称之为标准平衡常数或热力学平衡常数。通常，$K_a^\ominus$ 的数值越大，表示体系达到平衡后，反应向右完成的程度越大。所以平衡常数可以看成是在给定条件下，反应所能达到限度的标志。

4.2.1　气相反应

由表 3.4 可知，气体的活度是压力(或逸度)与标准压力的比值，即 $p/p^\ominus$ 或 $f/p^\ominus$。若反应物与生成物都是气体，其热力学平衡常数 $K_a^\ominus$ 就是 $K_f^\ominus$ 或 $K_p^\ominus$。平衡时
$$\begin{aligned}K_a^\ominus=K_f^\ominus&=\frac{(f_G/p^\ominus)^g(f_H/p^\ominus)^h}{(f_A/p^\ominus)^a(f_B/p^\ominus)^b}\\&=\frac{(\gamma_G p_G/p^\ominus)^g(\gamma_H p_H/p^\ominus)^h}{(\gamma_A p_A/p^\ominus)^a(\gamma_B p_B/p^\ominus)^b}\\&=K_r K_p(p^\ominus)^{-\Delta\nu}\end{aligned} \tag{4.2.2}$$
式中：$\Delta\nu$ 是反应前后计量系数之差，且有
$$K_r=\frac{\gamma_G^g\ \gamma_H^h}{\gamma_A^a\ \gamma_B^b};\quad K_p=\frac{p_G^g\ p_H^h}{p_A^a\ p_B^b} \tag{4.2.3}$$
K_p 称为用压力表示的经验平衡常数，它具有因给定反应的物质的量变化引起的压力量纲。当 $\Delta\nu=0$ 时，其量纲为一。因为标准压力 $p^\ominus$ 为 100 kPa，故一般情况下，热力学平衡常数与经验平衡常数除量纲不同之外，其数值也不相同。根据标准热力学函数算得的热力学平衡常数在右上角加“$\ominus$”符号，以示区别。

对于理想气体，$K_r=1$，$K_f^\ominus$ 即为 $K_p^\ominus$
$$K_f^\ominus=K_p^\ominus=K_p(p^\ominus)^{-\Delta\nu} \tag{4.2.4}$$

根据理想气体的状态方程，$p_B V=n_B RT$，$p_B=\frac{n_B}{V}RT=c_B RT$
$$K_p=\frac{(c_G RT)^g(c_H RT)^h}{(c_A RT)^a(c_B RT)^b}=\frac{c_G^g c_H^h}{c_A^a c_B^b}(RT)^{g+h-a-b}=K_c(RT)^{\Delta\nu} \tag{4.2.5}$$

式中：$K_c=\frac{c_G^g c_H^h}{c_A^a c_B^b}$ 是以平衡浓度表示的经验平衡常数，p_B、n_B、c_B 分别为各气体的压力、物质的

量和物质的量浓度；V 为气体总体积。根据分压定律，$p_B = px_B$。

$$K_p = \frac{(px_G)^g(px_H)^h}{(px_A)^a(px_B)^b} = \frac{x_G^g x_H^h}{x_A^a x_B^b} p^{g+h-a-b} = K_x p^{\Delta\nu} \tag{4.2.6}$$

式中：p 是反应体系的总压，x_B 为气体 B 的摩尔分数，$K_x = \frac{x_G^g x_H^h}{x_A^a x_B^b}$ 是以摩尔分数表示的经验平衡常数。

K_p、K_c、K_x 三种经验平衡常数间关系为：$K_p = K_c(RT)^{\Delta\nu} = K_x p^{\Delta\nu}$。由此可看出：参与反应的物质所采用的物理量不同，经验平衡常数具有不同的数值。显然，对于 $\Delta\nu = 0$ 的反应，$K_p = K_c = K_x$。对于理想气体，K_p、K_c 只是温度的函数，与总压等其他因素无关。但 K_x 不仅与温度有关，而且是总压 p 的函数。在 $\Delta\nu \neq 0$ 的情况下，K_p、K_c 分别具有压力和浓度的量纲，而 K_x 的量纲为一。在解决不同类型的问题时，选用不同的平衡常数会带来方便。

【例 4.2】 温度 300 K，压力 200 kPa 时，5 mol A(g) 与 10 mol B(g) 发生反应：$A(g) + 2B(g) \Longrightarrow AB_2(g)$。已知反应达平衡时，已反应掉 A(g) 的摩尔分数为 0.5。设参加反应的气体皆为理想气体，求反应的平衡常数 $K_p^\ominus$、K_p、K_c、K_x。

解	A(g)	+	2B(g) $\rightleftharpoons$	AB_2(g)
起始物质的量/mol	5		10	0
平衡时物质的量/mol	5×(1−0.5)=2.5		10×(1−0.5)=5	2.5
总物质的量	2.5+5+2.5=10 mol			

$$x_A = \frac{2.5\text{ mol}}{10\text{ mol}} = 0.25\ ,\ x_B = \frac{5\text{ mol}}{10\text{ mol}} = 0.5\ ,\ x_{AB_2} = \frac{2.5\text{ mol}}{10\text{ mol}} = 0.25$$

$$K_x = \frac{x_{AB_2}}{x_A x_B} = \frac{0.25}{0.25 \times 0.5^2} = 4$$

$$K_p = K_x(p)^{\Delta\nu} = 4 \times (200\text{ kPa})^{1-3} = 1 \times 10^{-4}(\text{kPa})^{-2}$$

$$K_p^\ominus = K_p(p^\ominus)^{-(1-3)} = 1 \times 10^{-4}(\text{kPa})^{-2} \times (100\text{ kPa})^2 = 1$$

$$K_c = \frac{K_p}{(RT)^{\Delta\nu}} = \frac{1 \times 10^{-4}(\text{kPa})^{-2}}{(8.314\text{ J}\cdot\text{mol}^{-1}\cdot\text{K}^{-1} \times 300\text{ K})^{-2}} = 622.1 \times 10^{-6}(\text{mol}\cdot\text{m}^{-3})^{-2}$$

4.2.2　溶液反应

参与溶液反应的物质大多为溶质。溶质的活度 a_B 是参与反应物质的有效浓度与标准态浓度的比值。

$$a_B = \gamma_c \frac{c_B}{c^\ominus} \quad \text{或} \quad a_B = \gamma_m \frac{m_B}{m^\ominus} \quad \text{或} \quad a_B = \gamma_x x_B$$

所选的标准态分别是 $c^\ominus = 1\text{ mol}\cdot\text{dm}^{-3}$ 或 $m^\ominus = 1\text{ mol}\cdot\text{kg}^{-1}$ 或 $x_B = 1$ 而仍服从 Henry 定律的假想状态。相应的热力学平衡常数 $K_a^\ominus$ 为

$$K_{a,c}^\ominus = \frac{\left(\gamma_G \frac{c_G}{c^\ominus}\right)^g \left(\gamma_H \frac{c_H}{c^\ominus}\right)^h}{\left(\gamma_A \frac{c_A}{c^\ominus}\right)^a \left(\gamma_B \frac{c_B}{c^\ominus}\right)^b} = \frac{\gamma_G^g \gamma_H^h}{\gamma_A^a \gamma_B^b} \times \frac{(c_G/c^\ominus)^g (c_H/c^\ominus)^h}{(c_A/c^\ominus)^a (c_B/c^\ominus)^b} = K_{r(c)} K_c^\ominus \tag{4.2.7}$$

或

$$K_{a,m}^\ominus = \frac{\left(\gamma_G \frac{m_G}{m^\ominus}\right)^g \left(\gamma_H \frac{m_H}{m^\ominus}\right)^h}{\left(\gamma_A \frac{m_A}{m^\ominus}\right)^a \left(\gamma_B \frac{m_B}{m^\ominus}\right)^b} = \frac{\gamma_G^g \gamma_H^h}{\gamma_A^a \gamma_B^b} \times \frac{(m_G/m^\ominus)^g (m_H/m^\ominus)^h}{(m_A/m^\ominus)^a (m_B/m^\ominus)^b} = K_{r(m)} K_m^\ominus \tag{4.2.8}$$

或 $$K_{a,x}^{\ominus}=\frac{(\gamma_{G}x_{G})^{g}(\gamma_{H}x_{H})^{h}}{(\gamma_{A}x_{A})^{a}(\gamma_{B}x_{B})^{b}}=\frac{\gamma_{G}^{g}\gamma_{H}^{h}}{\gamma_{A}^{a}\gamma_{B}^{b}}\times\frac{(x_{G})^{g}(x_{H})^{h}}{(x_{A})^{a}(x_{B})^{b}}=K_{r(x)}K_{x}^{\ominus} \tag{4.2.9}$$

式中
$$K_{c}^{\ominus}=\frac{(c_{G}/c^{\ominus})^{g}(c_{H}/c^{\ominus})^{h}}{(c_{A}/c^{\ominus})^{a}(c_{B}/c^{\ominus})^{b}}$$
$$K_{m}^{\ominus}=\frac{(m_{G}/m^{\ominus})^{g}(m_{H}/m^{\ominus})^{h}}{(m_{A}/m^{\ominus})^{a}(m_{B}/m^{\ominus})^{b}}$$
$$K_{x}^{\ominus}=\frac{(x_{G})^{g}(x_{H})^{h}}{(x_{A})^{a}(x_{B})^{b}}$$

而且 $K_{r(c)}\neq K_{r(m)}\neq K_{r(x)}$。

对于非理想溶液，热力学平衡常数 $K_{a}^{\ominus}$ 在 T、p 恒定时有定值，并满足 $\Delta_{r}G_{m}^{\ominus}=-RT\ln K_{a}^{\ominus}$。平衡常数 $K_{c}^{\ominus}$、$K_{m}^{\ominus}$ 和 $K_{x}^{\ominus}$ 在 T、p 恒定时无确定值，随溶液浓度而变，它们彼此也不相等，而且 $\Delta_{r}G_{m}^{\ominus}\neq-RT\ln K_{c}^{\ominus}$，$\Delta_{r}G_{m}^{\ominus}\neq-RT\ln K_{m}^{\ominus}$，$\Delta_{r}G_{m}^{\ominus}\neq-RT\ln K_{x}^{\ominus}$。

对于稀溶液，γ_{c}、γ_{m} 和 γ_{x} 都趋于1，所以

$$K_{a,c}^{\ominus}=K_{c}^{\ominus}=\frac{(c_{G}/c^{\ominus})^{g}(c_{H}/c^{\ominus})^{h}}{(c_{A}/c^{\ominus})^{a}(c_{B}/c^{\ominus})^{b}} \tag{4.2.10}$$

$$K_{a,m}^{\ominus}=K_{m}^{\ominus}=\frac{(m_{G}/m^{\ominus})^{g}(m_{H}/m^{\ominus})^{h}}{(m_{A}/m^{\ominus})^{a}(m_{B}/m^{\ominus})^{b}} \tag{4.2.11}$$

$$K_{a,x}^{\ominus}=K_{x}^{\ominus}=\frac{(x_{G})^{g}(x_{H})^{h}}{(x_{A})^{a}(x_{B})^{b}}$$

理想溶液各组分的活度就是它们的摩尔分数。因此，理想溶液中热力学平衡常数为

$$K_{a,x}^{\ominus}=K_{x}^{\ominus}=\frac{x_{G}^{g}\,x_{H}^{h}}{x_{A}^{a}\,x_{B}^{b}} \tag{4.2.12}$$

溶液标准态的选择与溶液组成表示方法有关，同一种溶质，浓度表示方法不同，相应活度数值不同。因此，虽然 $K_{a,c}^{\ominus}$，$K_{a,m}^{\ominus}$，$K_{a,x}^{\ominus}$ 都是溶液反应的标准热力学平衡常数，其量纲均为一，但对于同一个化学反应，在相同温度下，其数值也不相等。同理，在稀溶液中 $K_{c}^{\ominus}\neq K_{m}^{\ominus}\neq K_{x}^{\ominus}$。

相应的经验平衡常数 K_{c}、K_{m}、K_{x} 也常用到

$$K_{c}=\frac{c_{G}^{g}c_{H}^{h}}{c_{A}^{a}c_{B}^{b}};\quad K_{m}=\frac{m_{G}^{g}m_{H}^{h}}{m_{A}^{a}m_{B}^{b}};\quad K_{x}=\frac{x_{G}^{g}x_{H}^{h}}{x_{A}^{a}x_{B}^{b}} \tag{4.2.13}$$

它们是温度、压力的函数，而且 K_{m}、K_{c} 是有量纲的。

对于 H_2O 参与的反应，若反应在水溶液中进行，H_2O 既是溶剂，又是反应物或产物。在生化反应中通常规定：稀水溶液中，H_2O 的活度为1，H_2O 不进入平衡常数项。例如，卤代烃的水解反应

$$CH_3X+H_2O\xrightleftharpoons{H^+}HX+CH_3OH$$

$$K_{c}=\frac{c(HX)\,c(CH_3OH)}{c(CH_3X)}$$

在非水溶液中，则水与其他参与反应的物质同样对待。

【例4.3】 细胞内三磷酸腺苷(ATP)水解生成二磷酸腺苷(ADP)和无机磷酸盐(Pi)

$$ATP+H_2O\rightleftharpoons ADP+Pi$$

此反应在310 K时，$\Delta_{r}G_{m}^{\ominus}=-30.5\ \text{kJ}\cdot\text{mol}^{-1}$。(1) 若ADP和Pi的浓度分别为 $3\ \text{mmol}\cdot\text{dm}^{-3}$ 和 $1\ \text{mmol}\cdot\text{dm}^{-3}$，问310 K时与它们平衡的ATP浓度是多少？(2) 实际测得的ATP浓度为 $10\ \text{mmol}\cdot\text{dm}^{-3}$，问此条件下，细胞内该反应的 $\Delta_{r}G_{m}$ 为多少？

解 (1) $\Delta_r G_m^\ominus = -RT\ln K_a^\ominus$，$K_a^\ominus = K_c^\ominus$

$$\ln K_c^\ominus = -\frac{\Delta_r G_m^\ominus}{RT} = \frac{30\ 500\ \mathrm{J \cdot mol^{-1}}}{8.314\ \mathrm{J \cdot mol^{-1} \cdot K^{-1}} \times 310\ \mathrm{K}} = 11.834$$

$$K_c^\ominus = 1.378 \times 10^5$$

反应在稀水溶液中进行

$$K_c^\ominus = \frac{([ADP]/[ADP]^\ominus)([Pi]/[Pi]^\ominus)}{[ATP]/[ATP]^\ominus}$$

$[ADP]^\ominus$、$[Pi]^\ominus$和$[ATP]^\ominus$都是各物质的标准态浓度，其值均为 $1\ \mathrm{mol \cdot dm^{-3}}$。

$$K_c^\ominus = \frac{3 \times 10^{-3} \times 1 \times 10^{-3}}{\dfrac{[ATP]}{1\ \mathrm{mol \cdot dm^{-3}}}} = 1.378 \times 10^5$$

$$[ATP] = \frac{3 \times 10^{-3} \times 1 \times 10^{-3}}{1.378 \times 10^5} \times 1\ \mathrm{mol \cdot dm^{-3}} = 2.177 \times 10^{-8}\ \mathrm{mmol \cdot dm^{-3}}$$

(2) ATP 的实测浓度为 $10\ \mathrm{mmol \cdot dm^{-3}}$，大大超过算得的平衡浓度，此时，细胞内该反应的 $\Delta_r G_m$ 为

$$\begin{aligned}\Delta_r G_m &= \Delta_r G_m^\ominus + RT\ln Q_a \\ &= \Delta_r G_m^\ominus + RT\ln \frac{([ADP]/[ADP]^\ominus)([Pi]/[Pi]^\ominus)}{[ATP]/[ATP]^\ominus} \\ &= -30\ 500\ \mathrm{J \cdot mol^{-1}} + 8.314\ \mathrm{J \cdot mol^{-1} \cdot K^{-1}} \times 310\ \mathrm{K} \times \ln \frac{3 \times 10^{-3} \times 1 \times 10^{-3}}{10 \times 10^{-3}} \\ &= -51.4\ \mathrm{kJ \cdot mol^{-1}}\end{aligned}$$

显然，$\Delta_r G_m \ll 0$，正向反应能自发进行。ATP 不断水解放出能量，供生物体内的合成代谢等需要。

4.2.3 复相反应

参加反应的物质不是在同一相中的反应称为复相反应。如果凝聚相都处于纯态，不形成固溶体或溶液，反应平衡常数的表示式极为简单。在 T、p 恒定时，纯凝聚相的标准态就是纯固体或纯液体，其活度 $a=1$，压力对凝聚相化学势的影响又很小，它们的化学势可以认为只是温度的函数。所以当有纯凝聚相参与反应时，它们不进入平衡常数项。例如，对于反应

$$CaCO_3(s) \rightleftharpoons CaO(s) + CO_2(g)$$

$$K_p^\ominus = \frac{p(CO_2)}{p^\ominus} \quad 或 \quad K_p = p(CO_2) \tag{4.2.14}$$

式中的压力称为离解压力，在定温下有定值。在一定温度下，当外界 CO_2 的分压小于离解压力时，反应正向进行，$CaCO_3$ 分解；当 CO_2 的分压大于离解压力时，反应逆向进行。若分解产物不止一种，则产物的总压 p 称为离解压力，如

$$NH_4HS(s) \rightleftharpoons NH_3(g) + H_2S(g)$$

$$p(NH_3) = p(H_2S) = p/2$$

$$K_p^\ominus = \left(\frac{p(NH_3)}{p^\ominus}\right)\left(\frac{p(H_2S)}{p^\ominus}\right) = \left(\frac{p}{2}\right)^2 (p^\ominus)^{-2}$$

$$K_p = p(NH_3)p(H_2S) = \left(\frac{p}{2}\right)^2$$

离解压力为 $$p = p(NH_3) + p(H_2S)$$

如果凝聚相为溶液，参加反应各物质的浓度单位不一致，我们就得到一个“杂”平衡常数。例如，$CO_2(g) + 2NH_3(g) = H_2O(l) + CO(NH_2)_2(aq, m=1)$。其反应物 CO_2，NH_3 是气体，产

物是 $CO(NH_2)_2$ 水溶液。若气体为理想气体，反应在稀溶液中进行，则平衡常数为

$$K=\frac{x(H_2O)\left(\frac{m[CO(NH_2)_2]}{m^\ominus}\right)}{\left(\frac{p(CO_2)}{p^\ominus}\right)\left(\frac{p(NH_3)}{p^\ominus}\right)^2}\quad 或\quad K=\frac{\frac{m[CO(NH_2)_2]}{m^\ominus}}{\left(\frac{p(CO_2)}{p^\ominus}\right)\left(\frac{p(NH_3)}{p^\ominus}\right)^2}\tag{4.2.15}$$

值得注意的是，平衡常数与化学反应的计量方程式是一一对应关系，正向与逆向反应的平衡常数互为倒数。对于同一个化学反应，若反应方程式的计量系数不同，则其相应的平衡常数也不相同。例如合成氨反应可写作

$$N_2(g)+3H_2(g)\rightleftharpoons 2NH_3(g)\tag{1}$$

$$K_p(1)=\frac{p^2(NH_3)}{p(N_2)p^3(H_2)}$$

$$\frac{1}{2}N_2(g)+\frac{3}{2}H_2(g)\rightleftharpoons NH_3(g)\tag{2}$$

$$K_p(2)=\frac{p(NH_3)}{p^{\frac{1}{2}}(N_2)p^{\frac{3}{2}}(H_2)}$$

显然，$K_p(1)=K_p^2(2)$。

4.2.4　平衡常数的测定

平衡常数是解决有关化学平衡问题时最有用的数据。它可以由 $\Delta_r G_m^\ominus=\Delta_r H_m^\ominus-T\Delta_r S_m^\ominus$ 和式(4.2.1)，利用反应物及产物的标准生成焓 $\Delta_f H_m^\ominus$ 或标准燃烧焓 $\Delta_c H_m^\ominus$ 和标准熵 $S_m^\ominus$ 计算而得。也可由实验测定化学反应达平衡时各物质的平衡浓度或分压，直接计算而得。还可由化合物的标准生成 Gibbs 自由能获得。详见下述讨论。

1. 由实验测定值计算平衡常数

用物理或化学方法测定反应达平衡时各物质的平衡浓度或分压，直接计算平衡常数。

【例 4.4】 谷氨酰胺水解反应在 298 K 达平衡时，实验测得混合物中含有 0.92 mmol・dm^{-3}谷氨酰胺和0.98 mol・dm^{-3}谷氨酸铵，相应物质的量浓度的活度系数分别为 0.94 和 0.54。请计算热力学平衡常数 $K_a^\ominus$ 和 $K_c^\ominus$。

解　水解反应为：谷氨酰胺$+H_2O\rightleftharpoons NH_4^+$+谷氨酸$^-$

$$K_a^\ominus=\frac{0.54\times\frac{0.98\ mol\cdot dm^{-3}}{1\ mol\cdot dm^{-3}}\times 0.54\times\frac{0.98\ mol\cdot dm^{-3}}{1\ mol\cdot dm^{-3}}}{0.94\times\frac{0.92\ mol\cdot dm^{-3}\times 10^{-3}}{1\ mol\cdot dm^{-3}}}=324$$

$$K_c^\ominus=\frac{\frac{0.98\ mol\cdot dm^{-3}}{1\ mol\cdot dm^{-3}}\times\frac{0.98\ mol\cdot dm^{-3}}{1\ mol\cdot dm^{-3}}}{\frac{0.92\times 10^{-3}\ mol\cdot dm^{-3}}{1\ mol\cdot dm^{-3}}}=1044$$

计算结果表明，$K_c^\ominus$ 与 $K_a^\ominus$ 相差达 3 倍多。

2. 利用热力学函数 $\Delta_r H_m^\ominus$、$\Delta_r S_m^\ominus$ 计算

利用反应物及产物的标准生成焓 $\Delta_f H_m^\ominus$ 或标准燃烧焓 $\Delta_c H_m^\ominus$，计算出化学反应的焓变 $\Delta_r H_m^\ominus$；再由标准熵 $S_m^\ominus$，算出化学反应的熵变 $\Delta_r S_m^\ominus$；然后由 $\Delta_r G_m^\ominus=\Delta_r H_m^\ominus-T\Delta_r S_m^\ominus$ 和 $\Delta_r G_m^\ominus=-RT\ln K_a^\ominus$，计算出化学反应的平衡常数 $K_a^\ominus$。

例如，查得 298 K 时反应 $C_6H_{12}O_6$（葡萄糖）$\xlongequal{}$ $2C_2H_5OH$（乙醇）$+2CO_2$ 中各物质的热力学函数(见下表)：

物 质	$\Delta_f H_m^\ominus/(kJ \cdot mol^{-1})$	$S_m^\ominus/(J \cdot K^{-1} \cdot mol^{-1})$
$C_6H_{12}O_6(s)$	−1 274.45	212.13
$C_2H_5OH(l)$	−277.63	160.7
$CO_2(g)$	−393.51	213.8

由于$\Delta_r H_m^\ominus = 2\Delta_f H_m^\ominus(C_2H_5OH) + 2\Delta_f H_m^\ominus(CO_2) - \Delta_f H_m^\ominus(C_6H_{12}O_6)$

$= [2\times(-277.63)+2\times(-393.51)-(-1\,274.45)]\ kJ \cdot mol^{-1}$

$= -67.83\ kJ \cdot mol^{-1}$

$\Delta_r S_m^\ominus = 2S_m^\ominus(C_2H_5OH) + 2S_m^\ominus(CO_2) - S_m^\ominus(C_6H_{12}O_6)$

$= 2\times 160.7\ J \cdot K^{-1} \cdot mol^{-1} + 2\times 213.8\ J \cdot K^{-1} \cdot mol^{-1} - 212.13\ J \cdot K^{-1} \cdot mol^{-1}$

$= 536.87\ J \cdot K^{-1} \cdot mol^{-1}$

故 $\Delta_r G_m^\ominus = \Delta_r H_m^\ominus - T\Delta_r S_m^\ominus$

$= -67.83\ kJ \cdot mol^{-1} - 298\ K \times 536.87\ J \cdot K^{-1} \cdot mol^{-1} \times 10^{-3}\ kJ \cdot J^{-1}$

$= -227.82\ kJ \cdot mol^{-1}$

又因 $\Delta_r G_m^\ominus = -RT\ln K_a^\ominus$

故 $$\ln K_a^\ominus = \frac{\Delta_r G_m^\ominus}{-RT} = \frac{227.82\times 10^3\ J \cdot mol^{-1}}{8.314\ J \cdot K^{-1} \cdot mol^{-1} \times 298\ K} = 91.95$$

平衡常数 $K_a^\ominus = 8.578\times 10^{39}$。

3. 由已知反应的 $\Delta_r G_m^\ominus$，求未知反应的 $K_a^\ominus$

例如：在 310 K，在氨基酸氧化酶作用下，L-丙氨酸(L-$C_3H_7O_2N$)按以下方式转化为丙酮酸根($C_3H_3O_3^-$)

$$L\text{-}C_3H_7O_2N + O_2 + H_2O \rightleftharpoons C_3H_3O_3^- + NH_4^+ + H_2O_2$$

若已知 pH=7 时，$L\text{-}C_3H_7O_2N + H_2O \rightleftharpoons C_3H_3O_3^- + NH_4^+ + H_2$ (1)

$$\Delta_r G_m^\ominus(1) = 54.4\ kJ \cdot mol^{-1}$$

$$H_2O_2 \rightleftharpoons O_2 + H_2 \quad (2)$$

$$\Delta_r G_m^\ominus(2) = 136.8\ kJ \cdot mol^{-1}$$

那么由(1)—(2)，即为

$$L\text{-}C_3H_7O_2N + H_2O + O_2 \rightleftharpoons C_3H_3O_3^- + NH_4^+ + H_2O_2$$

由此，可得此反应的 $\Delta_r G_m^\ominus = \Delta_r G_m^\ominus(1) - \Delta_r G_m^\ominus(2)$

$= 54.4\ kJ \cdot mol^{-1} - 136.8\ kJ \cdot mol^{-1}$

$= -82.4\ kJ \cdot mol^{-1}$

$$\ln K_a^\ominus = \frac{\Delta_r G_m^\ominus}{-RT} = \frac{82.4\times 10^3\ J \cdot mol^{-1}}{8.314\ J \cdot K^{-1} \cdot mol^{-1} \times 310\ K} = 31.97$$

因此，L-丙氨酸转化为丙酮酸的 $K_a^\ominus = 7.67\times 10^{13}$。

4. 利用化合物的标准生成 Gibbs 自由能计算

直接由物化手册中查出参与反应各化合物的标准生成 Gibbs 自由能，求出反应的 $\Delta_r G_m^\ominus$，再计算出反应的 $K_a^\ominus$。详细内容将在 4.3.2 节中介绍。

4.2.5　平衡常数的应用

平衡常数是表明一定条件下化学反应限度的特征物理量，其值反映了平衡时反应进行的程度，用途很多。主要是包括下述几方面。

1. 判断指定活度商情况下化学反应进行的方向

【例 4.5】 已知反应 $Fe(s)+H_2O(g) \longrightarrow FeO(s)+H_2(g)$ 在 933 K 时的 $K_a^{\ominus}=2.35$。(1) 若在此温度时用总压为 100 kPa 的等物质的量 $H_2O(g)$ 和 $H_2(g)$ 混合气体处理 Fe，Fe 会不会变成 FeO？(2) 若要 Fe 不变成 FeO，$H_2O(g)$ 的分压最多不能超过多少？

解　(1) $K_a^{\ominus}=2.35$

$$p(H_2O)+p(H_2)=100\ \text{kPa}\qquad n(H_2O):n(H_2)=1$$

所以

$$p(H_2O)=p(H_2)=\frac{1}{2}\times 100\ \text{kPa}=50\ \text{kPa}$$

因为在 T、p 恒定时，纯固体的活度等于 1，即 $a(Fe)$ 和 $a(FeO)$ 都等于 1

$$Q_a=\frac{p(H_2)}{p(H_2O)}=1$$

$Q_a<K_a^{\ominus}$，因此，正向反应自发进行，Fe 会变成 FeO。

(2) 若要 Fe 不变成 FeO，对应的最大 $p(H_2O)$ 可由 $Q_a=K_a^{\ominus}$ 求出

$$Q_a=\frac{p(H_2)}{p(H_2O)}=\frac{100\ \text{kPa}-p(H_2O)}{p(H_2O)}=2.35$$

$$p(H_2O)=29.85\ \text{kPa}$$

即 $H_2O(g)$ 的分压不能大于 29.85 kPa；否则，正向反应自发进行，Fe 会变成 FeO。

2. 标志反应进行的限度，估计反应的可能性

通常用 $\Delta_r G_m^{\ominus}=40\ \text{kJ}\cdot\text{mol}^{-1}$，即 $K_a^{\ominus}=10^{-7}$ 作为参考。若 $\Delta_r G_m^{\ominus}>40\ \text{kJ}\cdot\text{mol}^{-1}$，$K_a^{\ominus}$ 将很小，可近似地看作反应不能进行；若 $\Delta_r G_m^{\ominus}<-40\ \text{kJ}\cdot\text{mol}^{-1}$，$K_a^{\ominus}>10^7$，反应可进行“彻底”，这一反应就有实验、生产价值。当然，判断反应的方向应该用 $\Delta_r G_m$，但如上用 $\Delta_r G_m^{\ominus}$ 或 $K_a^{\ominus}$ 对反应进行的可能性作一个粗略的估计，也有一定的实用意义。

3. 求反应体系平衡时的组成或产物含量，计算反应体系的平衡转化率

平衡转化率也叫作理论转化率或最高转化率，是体系达平衡后反应物转化为产物的百分数。

$$\text{平衡转化率}=\frac{\text{平衡时已转化的某反应物量}}{\text{某反应物的投入量}}\times 100\% \tag{4.2.16}$$

例如，1000 K 时乙烷脱氢反应

$$C_2H_6(g) \longrightarrow C_2H_4(g)+H_2(g)$$

其 $K_p=90$ kPa，则 1000 K、总压为 152 kPa 时，2 mol 乙烷脱氢的平衡转化率可如下计算：

设平衡时有 x mol 乙烷转化成乙烯，则有

	$C_2H_6(g)$ ⟶	$C_2H_4(g)$ +	$H_2(g)$
开始时(mol)	2	0	0
平衡时(mol)	$2-x$	x	x
平衡时总物质的量	$n=2-x+2x=2+x$		

$$K_p = \frac{p(C_2H_4)p(H_2)}{p(C_2H_6)} = \frac{\left(\frac{x}{2+x}\times 152\ \text{kPa}\right)\left(\frac{x}{2+x}\times 152\ \text{kPa}\right)}{\left(\frac{2-x}{2+x}\right)\times 152\ \text{kPa}} = 90\ \text{kPa}$$

$$x = 1.22$$

那么,其平衡转化率$=\frac{1.22}{2.00}\times 100\% = 61\%$。

4.3 标准生成 Gibbs 自由能

4.3.1 标准状态下反应 Gibbs 自由能的变化值

由式(4.1.6)和(4.2.1),可得

$$\Delta_r G_m = \Delta_r G_m^\ominus + RT\ln\frac{a_G^g\ a_H^h}{a_A^a\ a_B^b} \qquad (4.3.1)$$

式中:$\Delta_r G_m^\ominus$ 是反应物和产物活度都为 1,即反应物和产物均处于标准态时反应 Gibbs 自由能的变化,称为反应的"标准 Gibbs 自由能变化值"。在生物化学中,常用的是生化标准态和生化标准 Gibbs 自由能改变值。生化标准态与物理化学标准态的差别在于对氢离子标准态的规定。在物理化学中是以各种物质的活度为 1 时的状态作为标准态的。对于氢离子,规定氢离子活度为 1,即 pH=0 的状态为氢离子的标准态。而在生物化学中,这种规定是不适用的。在 pH=0、$a(H^+)=1$状态,一些反应物会变性。许多生化反应都是在 pH=7 的中性溶液中进行的,因此,在生物化学中规定:以 pH=7 时氢离子的活度,即 $a(H^+)=10^{-7}\ \text{mol}\cdot\text{dm}^{-3}$作为氢离子的标准态,其他物质仍以活度为 1 的状态为标准态。各物质处于生化标准态时,生化反应 Gibbs 自由能的改变值用 $\Delta_r G_m^\oplus$ 表示。因此,在生化反应过程中,凡涉及氢离子的反应,$\Delta_r G_m^\oplus$ 与 $\Delta_r G_m^\ominus$ 数值是不同的。设反应

$$A + B \rightleftharpoons C + xH^+$$

生化标准状态是指$[A]=[B]=[C]=1\ \text{mol}\cdot\text{dm}^{-3}$,$[H^+]=10^{-7}\text{mol}\cdot\text{dm}^{-3}$状态,$\Delta_r G_m^\ominus$ 与 $\Delta_r G_m^\oplus$ 之间的关系为

$$\begin{aligned}\Delta_r G_m^\oplus &= \Delta_r G_m^\ominus + RT\ln\left[\frac{[H^+]}{c^\ominus}\right]^x \\ &= \Delta_r G_m^\ominus + xRT\ln 10^{-7}\end{aligned} \qquad (4.3.2)$$

若 $x=1$,$T=298.2\ \text{K}$,则

$$\Delta_r G_m^\oplus = \Delta_r G_m^\ominus - 39.95\ \text{kJ}\cdot\text{mol}^{-1} \qquad (4.3.3)$$

此时,$\Delta_r G_m^\oplus < \Delta_r G_m^\ominus$。如果 H^+ 作为反应物出现,则

$$\Delta_r G_m^\oplus = \Delta_r G_m^\ominus + 39.95\ \text{kJ}\cdot\text{mol}^{-1} \qquad (4.3.4)$$

此时,$\Delta_r G_m^\oplus > \Delta_r G_m^\ominus$。若反应中不包含 H^+,则 $\Delta_r G_m^\oplus = \Delta_r G_m^\ominus$。对应于 $\Delta_r G_m^\oplus$ 的热力学平衡常数为

$$\Delta_r G_m^\oplus = -RT\ln K^\oplus$$

对于上述反应

$$K^\oplus = \frac{(a_C/c^\ominus)(a_{H^+}/c^\oplus)^x}{(a_A/c^\ominus)(a_B/c^\ominus)} \qquad (4.3.5)$$

式中：$c^{\oplus}$为 H^{+}生化标准态浓度，$c^{\oplus}=10^{-7}\mathrm{mol\cdot dm^{-3}}$。

【例4.6】 NAD^{+}和NADH是烟酰胺腺嘌呤二核苷酸的氧化态和还原态。

(1) 已知298.2 K时，反应

$$\mathrm{NADH+H^{+} \rightleftharpoons NAD^{+}+H_2}$$

的 $\Delta_r G_m^{\ominus}=-21.83\ \mathrm{kJ\cdot mol^{-1}}$，试计算该反应的 $K_a^{\ominus}$、$\Delta_r G_m^{\oplus}$ 和 $K_a^{\oplus}$。

(2) 若$[\mathrm{NADH}]=1.5\times10^{-2}\ \mathrm{mol\cdot dm^{-3}}$，$[\mathrm{H^{+}}]=3\times10^{-5}\ \mathrm{mol\cdot dm^{-3}}$，$[\mathrm{NAD^{+}}]=4.6\times10^{-3}\ \mathrm{mol\cdot dm^{-3}}$，$p(\mathrm{H_2})=1.013\ \mathrm{kPa}$，请分别用 $\Delta_r G_m^{\ominus}$ 和 $\Delta_r G_m^{\oplus}$ 计算该反应的 $\Delta_r G_m$。

解　(1) $\Delta_r G_m^{\ominus}=-RT\ln K_a^{\ominus}$　　由此得：$K_a^{\ominus}=6697.3$

$$\Delta_r G_m^{\oplus}=\Delta_r G_m^{\ominus}+39.95\ \mathrm{kJ\cdot mol^{-1}}=18.12\ \mathrm{kJ\cdot mol^{-1}}$$

$$\Delta_r G_m^{\oplus}=-RT\ln K_a^{\oplus}\qquad 由此得：\ K_a^{\oplus}=6.70\times10^{-4}$$

$K^{\ominus}/K^{\oplus}=10^{7}$，是所选 H^{+}标准态不同而引起的。

(2) 若用 $\Delta_r G_m^{\ominus}$，则

$$\begin{aligned}\Delta_r G_m &= \Delta_r G_m^{\ominus}+RT\ln\frac{([\mathrm{NAD^{+}}]/c^{\ominus})\times(p(\mathrm{H_2})/p^{\ominus})}{([\mathrm{NADH}]/c^{\ominus})\times([\mathrm{H^{+}}]/c^{\ominus})}\\ &=-21\,830\ \mathrm{J\cdot mol^{-1}}+8.314\ \mathrm{J\cdot mol^{-1}\cdot K^{-1}}\times298.2\ \mathrm{K}\times\ln\frac{4.6\times10^{-3}\times0.01}{1.5\times10^{-2}\times3\times10^{-5}}\\ &=-10.36\ \mathrm{kJ\cdot mol^{-1}}\end{aligned}$$

若用 $\Delta_r G_m^{\oplus}$，则

$$\begin{aligned}\Delta_r G_m &= \Delta_r G_m^{\oplus}+RT\ln\frac{([\mathrm{NAD^{+}}]/c^{\ominus})\times(p(\mathrm{H_2})/p^{\ominus})}{([\mathrm{NADH}]/c^{\ominus})\times([\mathrm{H^{+}}]/c^{\oplus})}\\ &=18\,120\ \mathrm{J\cdot mol^{-1}}+8.314\ \mathrm{J\cdot mol^{-1}\cdot K^{-1}}\times298.2\ \mathrm{K}\times\ln\frac{4.6\times10^{-3}\times0.01}{1.5\times10^{-2}\times3\times10^{2}}\\ &=-10.36\ \mathrm{kJ\cdot mol^{-1}}\end{aligned}$$

计算表明，无论用哪一种标准态，该反应的Gibbs自由能变化值是一样的。

应该指出，决定化学反应能否自发进行的是 $\Delta_r G_m$，而不是 $\Delta_r G_m^{\ominus}$ 或 $\Delta_r G_m^{\oplus}$。但 $\Delta_r G_m^{\ominus}$ 或 $\Delta_r G_m^{\oplus}$ 直接与平衡常数相关，因而在化学反应中很有用处。

4.3.2　标准生成Gibbs自由能

若能知道各物质在标准状态下的Gibbs自由能数值，只要求出产物与反应物标准Gibbs自由能之差，就可计算出反应的 $\Delta_r G_m^{\ominus}$。但是一个化合物的标准Gibbs自由能的绝对值是不能测定的，所以必须假设一个相对标准。我们采用与处理生成焓相同的办法，规定在反应的温度下稳定单质的标准Gibbs自由能等于零，即 $G_{单质}^{\ominus}=0$。在标准压力 $p^{\ominus}$下，从稳定单质生成1 mol标准状态的化合物时的Gibbs自由能改变值称为该化合物的标准生成Gibbs自由能，简称为生成Gibbs自由能，用 $\Delta_f G_m^{\ominus}$ 表示。例如，在298 K时

$$\mathrm{H_2(g,}p^{\ominus})+\frac{1}{2}\mathrm{O_2(g,}p^{\ominus})=\!=\!=\mathrm{H_2O(g,}p^{\ominus})$$

此反应的 $\Delta_r G_m^{\ominus}$ 即为 H_2O(g)的标准生成Gibbs自由能 $\Delta_f G_m^{\ominus}(\mathrm{H_2O})$。附录Ⅱ的表中列出了一些物质在298.15 K时的标准生成Gibbs自由能。从参加反应各物质的 $\Delta_f G_m^{\ominus}$ 可与式(1.9.1)类似，求得该反应的标准Gibbs自由能变化值

$$\Delta_r G_m^{\ominus} = \sum_B [\nu_B \Delta_f G_m^{\ominus}(B)]_{产物} - \sum_B [\nu_B \Delta_f G_m^{\ominus}(B)]_{反应物} \tag{4.3.6}$$

【例 4.7】 已知柠檬酸盐、顺乌头酸盐和水在 298 K 时的标准生成 Gibbs 自由能 $\Delta_f G_m^{\ominus}$ 分别为 $-1168.2\ \mathrm{kJ \cdot mol^{-1}}$、$-922.6\ \mathrm{kJ \cdot mol^{-1}}$和$-237.2\ \mathrm{kJ \cdot mol^{-1}}$。

(1) 试求 298 K 时，下述反应的平衡常数 $K_c^{\ominus}$。

$$柠檬酸盐 \rightleftharpoons 顺乌头酸盐 + H_2O$$

(2) 若达平衡时顺乌头酸盐的浓度为 $0.4 \times 10^{-3}\ \mathrm{mol \cdot dm^{-3}}$，柠檬酸盐的浓度为多少？

解 (1) $\Delta_r G_m^{\ominus} = \Delta_f G_m^{\ominus}(顺乌头酸盐) + \Delta_f G_m^{\ominus}(水) - \Delta_f G_m^{\ominus}(柠檬酸盐)$

$= [(-922.6) + (-237.2) - (-1168.2)]\ \mathrm{kJ \cdot mol^{-1}}$

$= 8.4\ \mathrm{kJ \cdot mol^{-1}}$

由 $\Delta_r G_m^{\ominus} = -RT\ln K_c^{\ominus}$，得

$$K_c^{\ominus} = 3.38 \times 10^{-2}$$

(2) 因 $K_c^{\ominus} = \dfrac{[顺乌头酸盐]/c^{\ominus}}{[柠檬酸盐]/c^{\ominus}} = \dfrac{[顺乌头酸盐]}{[柠檬酸盐]}$，故

$$[柠檬酸盐] = \frac{[顺乌头酸盐]}{K_c^{\ominus}} = \frac{0.4 \times 10^{-3}\ \mathrm{mol \cdot dm^{-3}}}{3.38 \times 10^{-2}} = 1.18 \times 10^{-2}\ \mathrm{mol \cdot dm^{-3}}$$

4.3.3 溶液中物质的标准生成 Gibbs 自由能

一般手册上查到的 $\Delta_f G_m^{\ominus}$ 是 298 K 时由稳定单质生成 1 mol 标准状态纯化合物的 Gibbs 自由能。化合物在水溶液中的标准生成 Gibbs 自由能用 $\Delta_f G_m^{\ominus}(B,aq)$表示，与 $\Delta_f G_m^{\ominus}(B)$是不同的。因为在溶液中溶质的标准态不是纯态，而是 $c = 1\ \mathrm{mol \cdot dm^{-3}}$ 或 $m = 1\ \mathrm{mol \cdot kg^{-1}}$、符合 Henry 定律的假想状态。它的标准生成 Gibbs 自由能需要通过换算才能得到。从稳定单质到化合物，它们在溶液中标准态为

$$稳定单质 \xrightarrow{\Delta_f G_m^{\ominus}(B)} 化合物\ B(纯态) \xrightleftharpoons{\Delta G_1 = 0} B(饱和溶液，浓度为\ c_s) \xlongequal{\Delta G_2} B(c_B^{\ominus} = 1\ \mathrm{mol \cdot dm^{-3}})$$

（由稳定单质直接到 $B(c_B^{\ominus} = 1\ \mathrm{mol \cdot dm^{-3}})$：$\Delta_f G_m^{\ominus}(B,aq)$）

在 B 的饱和溶液中，未溶解的纯化合物与溶解了的化合物（溶质）相平衡，处于标准状态的化合物等温转化为其饱和溶液中的溶质时没有 Gibbs 自由能的变化，$\Delta G_1 = 0$。ΔG_2 是 B 的饱和溶液转变为标准状态溶液的 Gibbs 自由能变化值，可由化学势求得

$$\Delta G_2 = \mu_B(标准) - \mu_B(饱和) = RT\ln \frac{c^{\ominus}}{\gamma_c c_s}$$

式中：c_s 是 B 的饱和浓度，γ_c 是相应的活度系数。

因此

$$\Delta_f G_m^{\ominus}(B,aq) = \Delta_f G_m^{\ominus}(B) + RT\ln \frac{c^{\ominus}}{\gamma_c c_s} \tag{4.3.7}$$

同样，可得

$$\Delta_f G_m^{\ominus}(B,aq) = \Delta_f G_m^{\ominus}(B) + RT\ln \frac{m^{\ominus}}{\gamma_m m_s} \tag{4.3.8}$$

表 4.1 是几种氨基酸及其在水溶液中的标准生成 Gibbs 自由能。

表 4.1　几种氨基酸的标准生成 Gibbs 自由能

化合物	固　态	水溶液		
	$\Delta_f G_m^\ominus/(kJ\cdot mol^{-1})$	溶解度/$(mol\cdot kg^{-1})$	活度系数 γ_m	$\Delta_f G_m^\ominus/(kJ\cdot mol^{-1})$
丙氨酸	−370.29	1.9	1.046	−371.99
甘氨酸	−377.69	3.33	0.729	−379.89
丙氨酰甘氨酸	−532.62	3.161	0.73	−533.46
亮氨酸	−356.48	0.165	1.0	−352.02

若化合物在水中电离，它在水溶液中电离形态的标准生成 Gibbs 自由能应该是 $\Delta_f G_m^\ominus$(B,aq)与其电离作用的 $\Delta G^\ominus$之和。

【例 4.8】 298 K 时 L-谷氨酸饱和溶液浓度为 0.0595 $mol\cdot dm^{-3}$，并有 3.8%离解。已知 $\Delta_f G_m^\ominus$(L-谷氨酸)＝−730.95 $kJ\cdot mol^{-1}$，L-谷氨酸电离的 $\Delta G^\ominus$＝24.64 $kJ\cdot mol^{-1}$，饱和溶液中未离解的 L-谷氨酸的活度系数为 0.55，试计算：(1) L-谷氨酸在水溶液中的 $\Delta_f G_m^\ominus$；(2) 谷氨酸离子在水溶液中的 $\Delta_f G_m^\ominus$。

解　(1)

$$\Delta_f G_m^\ominus(\text{L-谷氨酸,aq}) = \Delta_f G_m^\ominus(\text{L-谷氨酸}) + RT\ln\frac{c^\ominus}{\gamma_c c_s}$$

$$= -730.95\ kJ\cdot mol^{-1} + 8.314\times10^{-3}\ kJ\cdot mol^{-1}\cdot K^{-1}\times 298\ K$$

$$\ln\frac{1\ mol\cdot dm^{-3}}{0.55\times(1-3.8\%)\times 0.0595\ mol\cdot dm^{-3}} = -722.38\ kJ\cdot mol^{-1}$$

(2)

$$\Delta_f G_m^\ominus(\text{L-谷氨酸离子}) = \Delta_f G_m^\ominus(\text{L-谷氨酸,ag}) + \Delta G^\ominus$$

$$= -722.38\ kJ\cdot mol^{-1} + 24.64\ kJ\cdot mol^{-1}$$

$$= -697.74\ kJ\cdot mol^{-1}$$

当参与反应的物质中有水溶液，计算“杂”平衡常数必须用 $\Delta_f G_m^\ominus$(B,ag)。见下例。

【例 4.9】 在催化剂作用下，乙烯(g)通过水柱生成乙醇水溶液。已知 298 K 时乙醇的饱和蒸气压为 7.6×10^3 Pa，其标准态 $c^\ominus(C_2H_5OH)=1\ mol\cdot dm^{-3}$时的平衡蒸气压为 5.33×10^2 Pa，求反应的平衡常数。

解　反应为：$C_2H_4(g)+H_2O(l) \xlongequal{} C_2H_5OH(aq)$

查表，得

物　质	$C_2H_5OH(l)$	$H_2O(l)$	$C_2H_4(g)$
$\dfrac{\Delta_f G_m^\ominus}{kJ\cdot mol^{-1}}$	−174.77	−237.19	68.4

$\Delta_f G_m^\ominus(C_2H_5OH,aq)$可按下式求得

$$\begin{array}{ccc} C_2H_5OH(l) & \xrightarrow{\Delta G_1} & C_2H_5OH(c=1\ mol\cdot dm^{-3}) \\ \Updownarrow \Delta G_2 & & \Updownarrow \Delta G_4 \\ C_2H_5OH(g,7.6\times10^3\ Pa) & \xrightarrow{\Delta G_3} & C_2H_5OH(g,5.33\times10^2\ Pa) \end{array}$$

$$\Delta G_1=\Delta G_2+\Delta G_3+\Delta G_4=0+RT\ln\frac{5.33\times10^2\ Pa}{7.6\times10^3\ Pa}+0=-6.582\ kJ\cdot mol^{-1}$$

$$\Delta G_1=\Delta_f G_m^\ominus(C_2H_5OH,c=1\ mol\cdot dm^{-3})-\Delta_f G_m^\ominus(C_2H_5OH,l)$$

$$\Delta_f G_m^\ominus(C_2H_5OH,c=1\ mol\cdot dm^{-3})=\Delta G_1+\Delta_f G_m^\ominus(C_2H_5OH,l)$$

$$=-6.582\ kJ\cdot mol^{-1}+(-174.77)\ kJ\cdot mol^{-1}$$

$$=-181.35\ kJ\cdot mol^{-1}$$

$$\Delta_r G_m^\ominus = \Delta_f G_m^\ominus(C_2H_5OH, c=1\ mol\cdot dm^{-3}) - \Delta_f G_m^\ominus(C_2H_4, g) - \Delta_f G_m^\ominus(H_2O, l)$$
$$= [(-181.35)-(68.4)-(-237.19)]\ kJ\cdot mol^{-1}$$
$$= -12.56\ kJ\cdot mol^{-1}$$
$$\Delta_r G_m^\ominus = -RT\ln K_a^\ominus = -8.314\ J\cdot mol^{-1}K^{-1}\times 298\ K\times \ln K_a^\ominus = -12.56\ kJ\cdot mol^{-1}$$
$$K_a^\ominus = 159.1$$

4.4 化学平衡的移动

任何化学平衡都是在一定温度、压力、浓度条件下的动态平衡。一旦反应条件发生变化，原有的平衡状态就被破坏，向新的平衡状态转化。根据平衡移动原理：如果对一个化学平衡施加外部影响，平衡将向减少这种外部影响的方向移动。若增加反应物浓度，平衡向减少反应物浓度的方向移动；若增加总压力，反应向减少分子数目的方向移动；若升高反应温度，平衡就向吸热的方向移动。但是，热力学平衡常数 $K_a^\ominus$ 只是温度的函数，在一定温度下为一定值。改变反应物、产物的浓度(或分压)只可能改变平衡时体系的相应组成的量，不可能改变平衡常数。平衡原理定性地指明了平衡移动的方向，而利用平衡常数可具体计算平衡移动的程度。

4.4.1 浓度(或分压)对化学平衡的影响

由化学反应等温式，可知

$$\Delta_r G_m = -RT\ln K_a^\ominus + RT\ln Q_a = RT\ln\frac{Q_a}{K_a^\ominus} \tag{4.4.1}$$

式中：$K_a^\ominus$ 只是温度的函数，在一定温度下有确定的数值；Q_a 则随体系中各物质的活度不同而有所变化。改变各组分的浓度(或分压)，就改变了各组分的活度，因而也改变了 Q_a 与 $K_a^\ominus$ 的比值。而 $Q_a/K_a^\ominus$ 之值可决定 $\Delta_r G_m$ 的符号，因此，也决定了化学平衡移动的方向。

对于一个处于化学平衡状态的体系，$Q_a=K_a^\ominus$，$\Delta_r G_m=0$。改变反应物或产物的浓度(或分压)时，$Q_a\neq K_a^\ominus$，原来的平衡遭到破坏。此时，体系将自发地再进行反应，趋于新的平衡，使反应物、产物活度之间的关系重新符合平衡常数 $K_a^\ominus$ 的要求，即 Q_a 重新等于 $K_a^\ominus$，不过平衡发生了移动。

【例 4.10】 310 K，pH=7 时延胡索酸盐可氨化为天冬氨酸盐。此反应的 $\Delta_r G_m^\oplus=-15.56\ kJ\cdot mol^{-1}$。请计算以下两种情况延胡索酸盐的平衡转化率：(1)延胡索酸盐浓度和铵盐的浓度都为 1 mol·L^{-1}，(2)延胡索酸盐和铵盐浓度分别为 1 mol·L^{-1}和 10 mol·L^{-1}。

解　延胡索酸盐$+NH_4^+ \rightleftharpoons$ 天冬氨酸盐

$$\Delta_r G_m^\oplus = -RT\ln K_c^\oplus$$

$$\ln K_c^\oplus = -\frac{\Delta_r G_m^\oplus}{RT} = \frac{15\,560\ J\cdot mol^{-1}}{8.314\ J\cdot mol^{-1}\cdot K^{-1}\times 310\ K} = 6.0372$$

$$K_c^\oplus = 418.72$$

设平衡时有 x mol·L^{-1}延胡索酸转化为天冬氨酸盐，则

(1)
$$K_c^\oplus = \frac{(\text{天冬氨酸盐}/c^\ominus)}{(\text{延胡索酸盐}/c^\ominus)(\text{铵盐}/c^\ominus)} = \frac{x}{(1-x)^2} = 418.72$$

解方程，得　$x=0.952$

平衡转化率为 95.2%。

(2)
$$K_c^{\oplus}=\frac{x}{(1-x)(10-x)}=418.72$$

解此方程，得　　　　$x=0.9997$

平衡转化率为 99.97%。

由此可以看出，增加铵盐的浓度提高了延胡索酸盐的平衡转化率。在化工生产中，对于两种或多种反应物的反应，可用增加廉价原料的浓度来提高贵重或不易得原料的平衡转化率。但对于只有一种反应物的反应，增加其浓度未必能提高其转化率。

4.4.2　温度对平衡常数的影响

浓度、总压、惰性气体等因素对平衡常数的影响都只能改变平衡的组成，而不能改变平衡常数 $K_a^{\ominus}$ 之值。但温度对平衡常数的影响与此有所不同。$K_a^{\ominus}$ 是温度的函数，温度改变，$K_a^{\ominus}$ 就要发生变化。

一般手册上列举的都是 298 K 时的 $\Delta_f G_m^{\ominus}(B)$，由此只能算出 298 K 时的平衡常数。若需知道其他温度时的平衡常数，必须研究温度对平衡常数的影响。

根据式(2.16.3)，若参加反应的物质均处于标准状态，则应有

$$\left[\frac{\partial\left(\frac{\Delta_r G_m^{\ominus}}{T}\right)}{\partial T}\right]_p=-\frac{\Delta_r H_m^{\ominus}}{T^2}$$

把 $\Delta_r G_m^{\ominus}=-RT\ln K_a^{\ominus}$ 代入上式，得

$$\left(\frac{\partial \ln K_a^{\ominus}}{\partial T}\right)_p=\frac{\Delta_r H_m^{\ominus}}{RT^2} \tag{4.4.2}$$

式中：$\Delta_r H_m^{\ominus}$ 是各物质均处于标准状态下的反应热。由于焓变随压力变化很小，通常可以把 $\Delta_r H_m^{\ominus}$ 写作 $\Delta_r H_m$，不会有多大误差。因此，式(4.4.2)可写成

$$\left(\frac{\partial \ln K_a^{\ominus}}{\partial T}\right)_p=\frac{\Delta_r H_m}{RT^2} \tag{4.4.3}$$

其中：$\Delta_r H_m$ 为等压反应的热效应。式(4.4.3)称为 van't Hoff (范托夫)方程式或反应等压方程式，它表明温度对于平衡常数的影响：

(1) 如果反应是吸热的，即 $\Delta_r H_m>0$，则 $\left(\frac{\partial \ln K_a^{\ominus}}{\partial T}\right)_p>0$，$K_a^{\ominus}$ 随温度上升而增大，增加温度有利于该反应的进行。

(2) 若反应是放热的，$\Delta_r H_m<0$，则 $\left(\frac{\partial \ln K_a^{\ominus}}{\partial T}\right)_p<0$，$K_a^{\ominus}$随温度的增加而减少，增加温度不利于该反应的进行。

若温度变化范围不大，$\Delta_r H_m$ 可看作常数。对式(4.4.3)积分，得

$$\ln K_a^{\ominus}=-\frac{\Delta_r H_m}{RT}+I \tag{4.4.4}$$

用 $\ln K_a^{\ominus}$ 对 $1/T$ 作图应得一直线，由直线斜率可求得 $\Delta_r H_m$，直线截距为积分常数 I。

对式(4.4.3)定积分，得

$$\ln K_{a_2}^{\ominus}-\ln K_{a_1}^{\ominus}=\frac{\Delta_r H_m}{R}\left(\frac{1}{T_1}-\frac{1}{T_2}\right) \tag{4.4.5}$$

若已知 $\Delta_r H_m$ 及某一温度时的 $K_a^{\ominus}$，即可求出另一温度时的 $K_a^{\ominus}$。

若温度变化范围大，应把 $\Delta_r H_m$ 与 T 的函数关系代入式(4.4.2)，可求得任一温度时的平

衡常数。但应用于生物化学，式(4.4.5)已足够精确。

【例 4.11】 已知 309 K 时，ATP 水解反应的 $\Delta_r G_m^{\ominus}=-30\ 960\ J \cdot mol^{-1}$，$\Delta_r H_m^{\ominus}=-20\ 080\ J \cdot mol^{-1}$。求在 278 K 的肌肉中该水解反应的 $\Delta_r G_m^{\ominus}$ 和平衡常数 $K_a^{\ominus}$。

解

$$\ln K_2^{\ominus}-\ln K_1^{\ominus}=\frac{\Delta_r H_m^{\ominus}}{R}\left(\frac{1}{T_1}-\frac{1}{T_2}\right)$$

$$\frac{\Delta G_2^{\ominus}}{T_2}-\frac{\Delta G_1^{\ominus}}{T_1}=\Delta_r H_m^{\ominus}\left(\frac{1}{T_2}-\frac{1}{T_1}\right)$$

$$\frac{\Delta G_2^{\ominus}}{278\ K}-\frac{-30\ 960\ J \cdot mol^{-1}}{309\ K}=-20\ 080\ J \cdot mol^{-1}\left(\frac{1}{278\ K}-\frac{1}{309\ K}\right)$$

$$\Delta G_2^{\ominus}=-29\ 870\ J \cdot mol^{-1}$$

$$\ln K_2^{\ominus}=-\frac{\Delta G_2^{\ominus}}{RT}=\frac{29\ 870\ J \cdot mol^{-1}}{8.314\ J \cdot mol^{-1} \cdot K^{-1}\times 278\ K}=12.92$$

$$K_2^{\ominus}=4.10\times 10^5$$

【例 4.12】 磷酸甘油酸移位酶催化反应

2-磷酸甘油酸酯 $\rightleftharpoons$ 3-磷酸甘油酸酯

其热力学平衡常数随温度的变化可表示为

$$\ln K_a^{\ominus}=\frac{479.25\ K}{T}+0.15$$

试计算 310 K 和 pH=7.0 时反应的 $\Delta_r G_m^{\ominus}$、$\Delta_r H_m^{\ominus}$ 和 $\Delta_r S_m^{\ominus}$。

解 $\ln K_a^{\ominus}=-\frac{\Delta_r H_m^{\ominus}}{RT}+C$

对应可得

$$\Delta_r H_m^{\ominus}=\text{斜率}\times R=-479.25\ K\times 8.314\ J \cdot mol^{-1} \cdot K^{-1}=-3984.5\ J \cdot mol^{-1}$$

$$\begin{aligned}\Delta_r G_m^{\ominus}&=-RT\ln K_a^{\ominus}\\&=-8.314\ J \cdot mol^{-1} \cdot K^{-1}\times 310\ K\times\left(\frac{479.25\ K}{310\ K}+0.15\right)\\&=-4371.1\ J \cdot mol^{-1}\end{aligned}$$

由 $\Delta_r G_m^{\ominus}=\Delta_r H_m^{\ominus}-T\Delta_r S_m^{\ominus}$，则

$$\begin{aligned}\Delta_r S_m^{\ominus}&=\frac{\Delta_r H_m^{\ominus}-\Delta_r G_m^{\ominus}}{T}=\frac{-3984.5\ J \cdot mol^{-1}+4371.1\ J \cdot mol^{-1}}{310\ K}\\&=1.247\ J \cdot mol^{-1} \cdot K^{-1}\end{aligned}$$

4.5 多重平衡

前面我们所讨论的都是单一体系的化学平衡问题，但实际的化学过程，尤其是在生物体系中往往有若干种平衡状态同时存在，一种物质同时参与几种平衡，这种现象就叫作多重平衡。例如，当气态的 SO_2、SO_3、NO、NO_2 及 O_2 在一个反应器里共存时，至少会有下述三种平衡关系共存。

① $SO_2+\frac{1}{2}O_2 = SO_3$ $\qquad K_{p_1}=\frac{p(SO_3)}{p(SO_2)\,p_{(O_2)}^{1/2}}$

② $NO_2 = NO+\frac{1}{2}O_2$ $\qquad K_{p_2}=\frac{p(NO)\,p_{(O_2)}^{1/2}}{p(NO_2)}$

③ $SO_2+NO_2 = SO_3+NO$ $\qquad K_{p_3}=\frac{p(SO_3)\,p(NO)}{p(SO_2)\,p(NO_2)}$

其中：SO_2 既参加平衡①，又参加平衡③。因为处于同一个体系中，SO_2 的分压只可能有一个数值，即 K_{p_1} 中的 $p(SO_2)$ 和 K_{p_3} 中的 $p(SO_2)$ 必定是相等的；同理，K_{p_2} 中的 $p(NO)$ 也必定等于 K_{p_3} 中的 $p(NO)$。因此 K_{p_1}、K_{p_2} 和 K_{p_3} 之间必定有某种联系，这可以从 $\Delta_r G_m^\ominus$ 与 $K_p^\ominus$ 的关系得到论证。先查出有关物质的 $\Delta_f G_m^\ominus$，再分别计算这 3 个反应的 $\Delta_r G_m^\ominus$ 和 $K_p^\ominus$。

物　质	$SO_3(g)$	$SO_2(g)$	$NO(g)$	$NO_2(g)$	$O_2(g)$
$\frac{\Delta_r G_m^\ominus(298\ K)}{kJ \cdot mol^{-1}}$	−371.1	−300.2	87.6	51.3	0

① $SO_2 + \frac{1}{2}O_2 = SO_3$

$$\Delta_r G_m^\ominus(1) = [-371.1-(-300.2)]\ kJ \cdot mol^{-1} = -70.9\ kJ \cdot mol^{-1}$$

$$\ln K_{p_1}^\ominus = -\frac{\Delta G_1^\ominus}{RT} = \frac{70.9\times 10^3}{8.31\times 298} = 28.63$$

$$K_{p_1}^\ominus(298\ K) = 2.8\times 10^{12}$$

② $NO_2 = NO + \frac{1}{2}O_2$

$$\Delta_r G_m^\ominus(2) = (87.6-51.3)\ kJ \cdot mol^{-1} = 36.3\ kJ \cdot mol^{-1}$$

$$\ln K_{p_2}^\ominus = -\frac{36.3\times 10^3}{8.314\times 298} = -14.65$$

$$K_{p_2}^\ominus(298\ K) = 4.33\times 10^{-7}$$

③ $SO_2 + NO_2 = NO + SO_3$

$$\Delta_r G_m^\ominus(3) = [-371.1+87.6-(-300.2)-51.3]\ kJ \cdot mol^{-1} = -34.6\ kJ \cdot mol^{-1}$$

$$\ln K_{p_3}^\ominus = \frac{34.6\times 10^3}{8.31\times 298} = 13.97$$

$$K_{p_3}^\ominus(298\ K) = 1.169\times 10^6$$

$\Delta_r G_m^\ominus$ 是广度性质状态函数，可按热化学定律进行计算，因为反应①＋反应②＝反应③，所以

$$\Delta_r G_m^\ominus(1) + \Delta_r G_m^\ominus(2) = \Delta_r G_m^\ominus(3)$$

$$-RT\ln K_{p_1}^\ominus - RT\ln K_{p_2}^\ominus = -RT\ln K_{p_3}^\ominus$$

$$\ln K_{p_1}^\ominus + \ln K_{p_2}^\ominus = \ln K_{p_3}^\ominus$$

$$K_{p_1}^\ominus \times K_{p_2}^\ominus = K_{p_3}^\ominus$$

即 $2.8\times 10^{12}\times 4.33\times 10^{-7} = 1.169\times 10^6$，因此也可由 $K_1^\ominus$ 和 $K_2^\ominus$ 求 $K_3^\ominus$。

用多重平衡概念间接求平衡常数，在化学中有重要应用。

4.6　反应的偶联

在等温等压下，一个化学反应若能自发进行，其 $\Delta_r G_m$ 必小于零。生物体内，在310 K、pH＝7 时活细胞中进行的许多反应，其 $\Delta_r G_m^\oplus$ 具有很大的正值，而生命活动仍然顺利进行。一种可能是反应在细胞内进行，其所处的条件与标准状态有很大差别，虽然 $\Delta_r G_m^\oplus > 0$，而实际反应的 $\Delta_r G_m < 0$。但对于许多 $\Delta_r G_m^\oplus \gg 0$ 的生化反应，改变反应条件是不可能使 $\Delta_r G_m < 0$ 的。但若有一个 $\Delta_r G_m^\oplus \ll 0$ 的放能反应与实际的吸能反应偶联，就可使总反应的 $\Delta_r G_m < 0$，因而可自发

进行。反应偶联是指体系中发生的两个化学反应，若一个反应的产物是另一个反应的反应物之一，这两个反应就偶合关联。此时一个反应能消耗另一反应的某种产物，使得原不能自发进行的反应可以进行。显然，其中一个反应必定 $\Delta_r G_m^{\ominus} \ll 0$。例如，葡萄糖代谢中第一步反应为

$$葡萄糖 + 磷酸盐 \rightleftharpoons 葡萄糖\text{-}6\text{-}磷酸 + H_2O$$

此反应 $\Delta_r G_m^{\ominus} = 16.7\ kJ \cdot mol^{-1} > 0$，在标准状态下不会发生。

若与下述反应偶联

$$ATP + H_2O \rightleftharpoons ADP + 磷酸盐 \qquad \Delta_r G_m^{\ominus} = -30.9\ kJ \cdot mol^{-1}$$

可得
$$ATP + 葡萄糖 \rightleftharpoons ADP + 葡萄糖\text{-}6\text{-}磷酸$$

则
$$\Delta_r G_m^{\ominus} = [16.7 + (-30.9)]\ kJ \cdot mol^{-1} = -14.2\ kJ \cdot mol^{-1}$$

总反应可顺利进行。

又如

$$\alpha\text{-}酮戊二酸盐 + 丙氨酸 \rightleftharpoons 谷氨酸盐 + 丙酮酸盐 \qquad \Delta_r G_m^{\ominus} = 0.25\ kJ \cdot mol^{-1}$$

此反应若与丙酮酸盐氧化成乙酰辅酶 A 的放能反应（$\Delta_r G_m^{\ominus} = -258.6\ kJ \cdot mol^{-1}$）偶联，可使谷氨酸盐形成反应得到促进。

生物体内许多由单一酶催化的反应，可以看作为吸能反应和具有更大效应的放能反应偶联的结果。例如，活细胞内谷酰胺生物合成反应为

$$谷氨酸盐 + NH_4^+ + ATP \rightleftharpoons 谷酰胺 + ADP + 无机磷酸盐 \qquad \Delta_r G_m^{\ominus} = -15.21\ kJ \cdot mol^{-1}$$

可以看成是下述两反应偶联而成的：

$$谷氨酸盐 + NH_4^+ \rightleftharpoons 谷酰胺 \qquad \Delta_r G_m^{\ominus} = 15.69\ kJ \cdot mol^{-1}$$

$$ATP \rightleftharpoons ADP + 无机磷酸盐 \qquad \Delta_r G_m^{\ominus} = -30.9\ kJ \cdot mol^{-1}$$

ATP 在活细胞内进行的许多代谢反应中起着能量“转运站”的作用。它与放能的氧化过程相偶联，把氧化过程中产生的能量以磷酸高能键的形式储存起来，它又与合成代谢反应偶联，为合成代谢反应提供所需的能量。过程图示如下

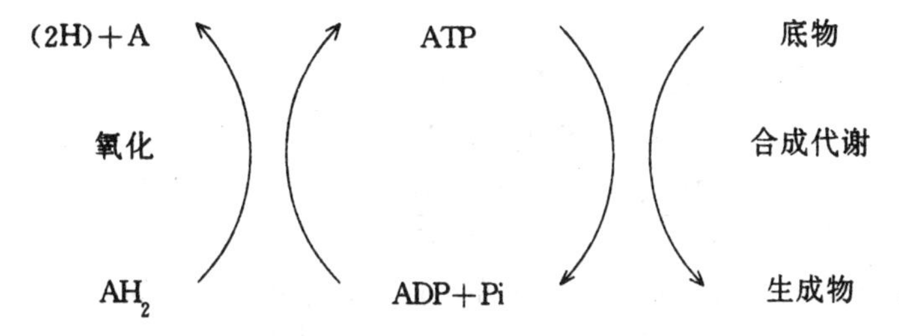

放能反应与吸能反应通常通过公用一个共同的中间物或载体而使能量沟通，只要总反应的 Gibbs 自由能变化值 $\Delta G < 0$，此偶联反应就可自发进行。生物体内的许多反应都属于这类偶联反应。

4.7 多结合位平衡

生物大分子常拥有一些与特异小分子（称为配体）相互作用的位置（称为结合位）。因此，生物体系中存在着大量配体与生物大分子结合位之间的结合-解离平衡。这些平衡是许多生命过程的重要内容。例如，血红蛋白与氧的结合，离子与蛋白质、核酸间的相互作用，酶与底物，激素与激素受体之间的相互作用等等的配体平衡反应已是许多生物学家的研究方向。在

此只作简单介绍。

当一个大分子 P 可以和几个小分子 A 结合并建立平衡时，出现多结合位平衡。为了使公式简洁，在此用[X]表示物质 X 浓度与标准态浓度的比值，那么各结合位的配位平衡为每个 P 分子上有 n 个结合位，可以结合 1，2，…，n 个 A 分子，以 P，PA，PA_2，…，PA_{n-1}，PA_n形式存在。

$$[P]_{总} = [P]+[PA]+[PA_2]+\cdots+[PA_{n-1}]+[PA_n]$$

反　　应	结合常数
$P+A \rightleftharpoons PA$	$K_1^\ominus=\dfrac{[PA]}{[P][A]}$
$PA+A \rightleftharpoons PA_2$	$K_2^\ominus=\dfrac{[PA_2]}{[PA][A]}$
⋮	⋮
$PA_{n-2}+A \rightleftharpoons PA_{n-1}$	$K_{n-1}^\ominus=\dfrac{[PA_{n-1}]}{[PA_{n-2}][A]}$
$PA_{n-1}+A \rightleftharpoons PA_n$	$K_n^\ominus=\dfrac{[PA_n]}{[PA_{n-1}][A]}$

可结合 A 的位置数为

$$n[P]_{总} = n\{[P]+[PA]+[PA_2]+\cdots+[PA_{n-1}]+[PA_n]\}$$

现在已与 P 结合的 A 分子数为

$$[A]_{结合} = [PA]+2[PA_2]+3[PA_3]+\cdots+(n-1)[PA_{n-1}]+n[PA_n]$$

由于

$$[PA]=K_1^\ominus[P][A]$$

$$[PA_2]=K_2^\ominus[PA][A]=K_2^\ominus K_1^\ominus[P][A]^2$$

$$\vdots \qquad\qquad \vdots$$

$$[PA_n]=K_1^\ominus K_2^\ominus\cdots K_n^\ominus[P][A]^n$$

各结合位置中已被 A 占据的百分数用 Y 表示，即

$$Y=\frac{[A]_{结合}}{n[P]_{总}}=\frac{[PA]+2[PA_2]+\cdots+(n-1)[PA_{n-1}]+n[PA_n]}{n\{[P]+[PA]+[PA_2]+\cdots+[PA_{n-1}]+[PA_n]\}} \tag{4.7.1}$$

假定大分子中各个可结合位置都是一样的；小分子与每个位置的结合都是独立的，彼此无相互影响；小分子与每个位置结合的微观结合常数都为 k，那么，Y 与[A]的关系式为

$$Y=\frac{k[A]}{1+k[A]} \tag{4.7.2}$$

每个大分子平均结合的小分子数用 $\bar{n}$ 表示

$$\bar{n}=\frac{[A]_{结合}}{[P]_{总}}=\frac{nk[A]}{1+k[A]} \tag{4.7.3}$$

把上式改写成线性形式，得

$$\frac{1}{\bar{n}}=\frac{1}{n}+\frac{1}{nk[A]} \tag{4.7.4}$$

用$\dfrac{1}{\bar{n}}$对$\dfrac{1}{[A]}$作图可得一条直线，直线斜率为$\dfrac{1}{nk}$，截距为$\dfrac{1}{n}$，由此可求得 n 和 k 值。

肌红蛋白是一种储氧蛋白，存在于肌肉之中。它是一种单一多肽链，仅包含一个血红素基团。一个肌红蛋白分子可结合一个氧分子，结合常数 $K^{\ominus}=\frac{[PA]}{[P][A]}$。对于它，每个大分子平均结合的小分子数 $\bar{n}$ 与每个结合位置中已被小分子占据的百分数 Y 相等，用气相中氧的分压 $p(O_2)$ 来代替[A]，则有

$$Y=\bar{n}=\frac{k'p(O_2)}{1+k'p(O_2)} \qquad (4.7.5)$$

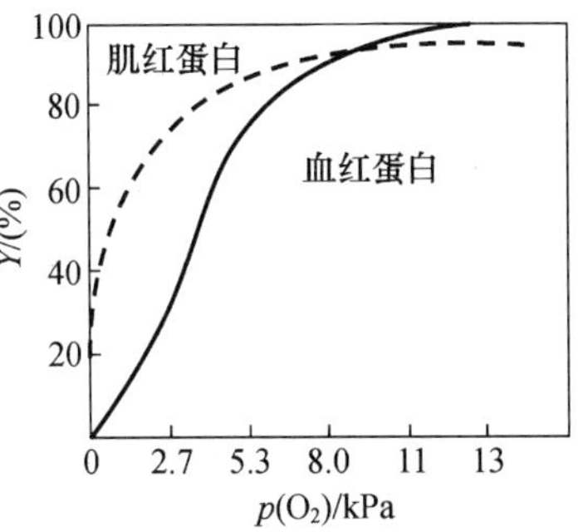

图 4.3　肌红蛋白和血红蛋白的氧合曲线

在此，Y 也称作氧饱和度，Y 对 $p(O_2)$ 所作的图称作氧合曲线。图 4.3 中的虚线是肌红蛋白的氧合曲线。当 $p(O_2)$ 较低时，$k'p(O_2)$ 很小，$Y\approx k'p(O_2)$，Y 与 $p(O_2)$ 成正比；当 $p(O_2)$ 很高时，$k'p(O_2)\gg 1$，$Y\approx 1$，即各结合部位几乎完全被 O_2 占据。这种曲线被称为 L 形曲线。

血红蛋白是生物体内一种输氧蛋白，它由 4 条多肽链组成，每一条肽链含有一个血红素基团。一个血红蛋白分子饱和时，可结合 4 个氧分子。其结合曲线可用式(4.7.1)表示，此处 $n=4$，用气相中氧的分压 $p(O_2)$ 来代替[A]，则

$$Y=\frac{k_1p(O_2)+2k_1k_2p^2(O_2)+3k_1k_2k_3p^3(O_2)+4k_1k_2k_3k_4p^4(O_2)}{4[1+k_1p(O_2)+k_1k_2p^2(O_2)+k_1k_2k_3p^3(O_2)+k_1k_2k_3k_4p^4(O_2)]} \qquad (4.7.6)$$

由于氧分子与血红蛋白中 4 个位置的结合是彼此相关的，血红蛋白在结合了一个氧分子后，改变了与随后结合的氧分子的亲和力。随着结合氧分子数的增加，微观结合常数 k 亦将连续地改变，呈现配体结合的协同性作用。由于这种协同性作用，血红蛋白的氧合曲线(图 4.3 中实线)不是 L 形曲线而是 S 形曲线。S 形曲线表示随着氧被血红蛋白结合，结合力更增强了(不像普通平衡那样，当配体依次被结合时，结合力下降)。生物体系内氧与血红蛋白的协同效应使它能有效地担负输氧功能。生物体内与此相似的众多类型配体平衡反应适应了不同生理过程的需要。

参 考 读 物

[1] 朱志昂. 关于化学反应教学中的几个问题. 化学通报，1987(7)：38

[2] 刘士荣，杨爱云. 关于化学反应等温式的几个问题. 化学通报，1988(7)：50

[3] 高执棣. 关于 $\Delta H^{\ominus}$ 和 $\Delta G^{\ominus}$ 的一些问题. 大学化学，1987(2)：48

[4] 施印华. 理想溶液反应 $\Delta G^{\ominus}$ 与平衡常数 K 的关系. 化学通报，1986(1)：44

[5] 朱志昂. 热力学标准态及化学反应的标准热力学函数. 物理化学教学文集(二)，1991，65

[6] 李庆国，汪和睦，李安之. 分子生物生理学. 北京：高等教育出版社，1992

[7] 朱文涛，邱新平. 热力学标准态与平衡常数. 化学通报，1999(10)：50

思 考 题

1. 在公式 $\Delta_r G_m^{\ominus}=-RT\ln K_a^{\ominus}$ 中，$\Delta_r G_m^{\ominus}$ 与平衡常数相关，所以 $\Delta_r G_m^{\ominus}$ 代表化学平衡时体系自由能的变化值。当 $\Delta_r G_m^{\ominus}<0$ 时，正向反应一定能自发进行，对吗？为什么？

2. $\mu^{\ominus}(T)$ 值与所选标准态相关。选取不同标准态时，$\mu^{\ominus}(T)$ 不同，因此，$\Delta_r G_m^{\ominus}$ 也不相同，对吗？按反应等温式 $\Delta_r G_m=\Delta_r G_m^{\ominus}+RT\ln Q_p$ 计算出来的 $\Delta_r G_m$ 也不相同，对吗？为什么？

3. 平衡浓度是否随时间变化？是否随起始浓度变化？是否随温度变化？

4. 平衡常数 $K^\ominus$是否随起始浓度变化？$K^\ominus$值变了，平衡位置是否移动？平衡位置移动了，$K^\ominus$值是否改变？

5. 等温方程式 $\Delta_r G_m = \Delta_r G_m^\ominus + RT\ln Q_a$ 中 $\Delta_r G_m$ 和 $\Delta_r G_m^\ominus$ 有什么不同？若把此式分别应用于平衡体系和处于标准态的体系，会得出什么结果？

6. 碳的不完全燃烧反应为 $2C(s)+O_2(g) \longrightarrow 2CO(g)$，其 $\Delta_r G_m^\ominus = -232\,600-167.8\,T$。温度升高，$\Delta_r G_m^\ominus$ 变得更负，因而反应进行得更完全，这种说法对吗？

7. 在标准状态下 α-HgS $\rightleftharpoons$ β-HgS 转化反应的 $\Delta_r G_m^\ominus = 980-1.456\,T$。试问，则在 373 K 时哪个稳定？

8. 反应 $C(s)+H_2O(g) \longrightarrow CO(g)+H_2(g)$在 673 K 达到平衡。已知 $\Delta_r H_m = 133.5$ kJ，问：下述情形分别对平衡有什么影响？(1)增加温度；(2)增加水蒸气分压；(3)增加总压；(4)加入氮气；(5)增加碳的量。

习　题

1. 乙酰辅酶 A(CoA)在活细胞中的水解反应为：乙酰 CoA$+H_2O \rightleftharpoons CH_3COO^{-1}+H^+ +$CoA，$\Delta_r G_m^\ominus = -15.48\ \mathrm{kJ\cdot mol^{-1}}$。计算在 298 K，pH＝7，醋酸盐、CoA、乙酰 CoA 的浓度均为 $0.01\ \mathrm{mol\cdot dm^{-3}}$时，此反应的 $\Delta_r G_m$(假设活度系数都为 1)。

2. 葡萄糖磷酸变位酶催化反应为

$$1\text{-磷酸葡萄糖} \rightleftharpoons 6\text{-磷酸葡萄糖}$$

若 298 K 达化学平衡时，1-磷酸葡萄糖还剩 5%，请计算：

(1) 反应的 $K_a^\ominus$ 和 $\Delta_r G_m^\ominus$；

(2) 反应物和生成物浓度各为 $1\times10^{-2}\ \mathrm{mol\cdot dm^{-3}}$和 $1\times10^{-4}\ \mathrm{mol\cdot dm^{-3}}$时，反应的 $\Delta_r G_m$。

3. 已知 457 K、总压力为 101.325 kPa 时，NO_2 有 5%分解，求反应 $2NO_2(g) \rightleftharpoons 2NO(g)+O_2(g)$的 K_p。

4. 已知 1000 K 时，反应 $2SO_3 \rightleftharpoons 2SO_2+O_2$ 的 $K_c=0.00354$(浓度为 $\mathrm{mol\cdot dm^{-3}}$)，求：

(1) 反应 $2SO_3 \rightleftharpoons 2SO_2+O_2$ 的 K_p；

(2) 反应 $SO_3 \rightleftharpoons SO_2+\frac{1}{2}O_2$ 的 K_p 和 K_c。

5. 已知 298 K 时，NO_2 和 N_2O_4 的标准生成 Gibbs 自由能分别是 51.84 和 98.07 $\mathrm{kJ\cdot mol^{-1}}$，试求 298 K及 $p^\ominus$时，反应 $N_2O_4 \rightleftharpoons 2NO_2$ 的 K_p。

6. 反应 $C(s)+2H_2(g) \longrightarrow CH_4(g)$的 $\Delta_r G_m^\ominus$ (1000 K)＝19.288 $\mathrm{kJ\cdot mol^{-1}}$。若参加反应的各气体物质的摩尔分数分别为：10% CH_4、80% H_2 及 10% N_2，试问在 1000 K 及 101.325 kPa 下能否有甲烷生成？

7. 试求 298 K 时下列气相反应 $CO_2(g)+H_2(g) \rightleftharpoons H_2O(g)+CO(g)$的 $\Delta_r G_m^\ominus$ 和平衡常数。已知 298 K 时，

$CO_2(g)+4H_2(g) \rightleftharpoons CH_4(g)+2H_2O(g)$　　$\Delta_r G_m^\ominus = -112.6\ \mathrm{kJ\cdot mol^{-1}}$

$2H_2(g)+O_2(g) \rightleftharpoons 2H_2O(g)$　　$\Delta_r G_m^\ominus = -456.11\ \mathrm{kJ\cdot mol^{-1}}$

$2C(s)+O_2(g) \rightleftharpoons 2CO(g)$　　$\Delta_r G_m^\ominus = -272.04\ \mathrm{kJ\cdot mol^{-1}}$

$C(s)+2H_2(g) \rightleftharpoons CH_4(g)$　　$\Delta_r G_m^\ominus = -51.07\ \mathrm{kJ\cdot mol^{-1}}$

8. 一种酶在三羧酸循环中催化以下反应

$$\text{柠檬酸盐} \rightleftharpoons \text{顺乌头酸盐}+H_2O \rightleftharpoons \text{异柠檬酸盐}$$

若在 298 K、pH＝7 时，平衡混合物中含 90.9%柠檬酸盐、2.9%顺乌头酸盐和 6.2%异柠檬酸盐，试计算：在 pH＝7 时，(1) 柠檬酸盐形成顺乌头酸盐的 $\Delta_r G_m^\ominus$；(2) 顺乌头酸盐形成异柠檬酸盐的 $\Delta_r G_m^\ominus$；(3) 柠

檬酸盐形成异柠檬酸盐的 $\Delta_r G_m^{\ominus}$。

9. 反应：甘油＋磷酸 $\rightleftharpoons$ 甘油磷酸酯＋水，在 298 K 时 $\Delta_r G_m^{\ominus}$ 为 11.09 kJ · mol^{-1}。如果开始时用 1 mol · dm^{-3}的甘油和 0.5 mol · dm^{-3}的磷酸，在平衡时甘油磷酸酯的浓度是多少。

10. 298 K 时，磷酸葡萄糖变位酶催化以下反应

$$1\text{-磷酸葡萄糖} \rightleftharpoons 6\text{-磷酸葡萄糖苷} \qquad \Delta_r G_m^{\ominus} = -7.28\ \text{kJ} \cdot \text{mol}^{-1}$$

同时，6-磷酸葡萄糖可被磷酸葡萄糖异构化酶催化转变为 6-磷酸果糖，其反应为

$$6\text{-磷酸葡萄糖} \rightleftharpoons 6\text{-磷酸果糖} \qquad \Delta_r G_m^{\ominus} = 2.09\ \text{kJ} \cdot \text{mol}^{-1}$$

如果开始用 0.1 mol · dm^{-3}的 1-磷酸葡萄糖，在平衡时混合物的组分各是多少？

11. 三磷酸腺苷（ATP）在 310 K 及 pH＝7 时的水解平衡常数是 1.3×10^5。如果 $\Delta_r H_m^{\ominus} = -20.08$ kJ · mol^{-1}，试计算 298 K 和 273 K 时的水解平衡常数。

12. 一种酯的酶水解平衡常数在 298 K 是 32，在 310 K 是 50。计算在 310 K 时的反应热 $\Delta_r H_m^{\ominus}$ 和 $\Delta_r G_m^{\ominus}$。

13. 磷酸化酶 b · 单磷酸腺苷 $\rightleftharpoons$ 磷酸化酶 b＋单磷酸腺苷。此反应的分解常数 K 随温度的变化列于下表，计算在 303 K 时反应的 $\Delta_r H_m^{\ominus}$、$\Delta_r S_m^{\ominus}$ 和 $\Delta_r G_m^{\ominus}$。

T/K	285.5	289	300	312.5
$10^5 K$	2.75	3.1	4.2	5.9

14. 试从下列已知数据（298 K），求出 600 K 时，变换反应 $CO(g) + H_2O(g) \rightleftharpoons CO_2(g) + H_2(g)$ 的 K_p。

	CO	H_2O	CO_2	H_2
$\dfrac{S_m^{\ominus}(298\ \text{K})}{\text{J} \cdot \text{K}^{-1} \cdot \text{mol}^{-1}}$	197.90	188.74	213.64	130.58
$\dfrac{\Delta_f H_m^{\ominus}(298\ \text{K})}{\text{kJ} \cdot \text{mol}^{-1}}$	−110.46	−241.83	−393.50	0

15. 酵母羰化酶促丙酮酸的分解反应为

$$CH_3COCOOH(l) \xrightarrow{\text{酵母羰化酶}} CH_3CHO(g) + CO_2(g)$$

已知 298 K 时丙酮酸、乙醛和 CO_2 的标准生成 Gibbs 自由能分别为：−463.38 kJ · mol、−133.72 kJ · mol^{-1}和−394.38 kJ · mol^{-1}。

(1) 请计算此反应在 298 K 时的 $K_p^{\ominus}$；

(2) 若此反应的 $\Delta_r H_m^{\ominus}$ 为 25.01 kJ · mol^{-1}，此反应在 310 K 时的 $K_p^{\ominus}$ 为多少？

16. 298 K 时水的饱和蒸气压为 3.168 kPa，已知液态水的标准生成 Gibbs 自由能为 −237.19 kJ · mol^{-1}，求水蒸气的标准生成 Gibbs 自由能。

17. 298 K 时 L-天冬氨酸在其 0.0355 mol · kg^{-1}饱和水溶液中的活度系数 $\gamma_m = 0.45$，已知 L-天冬氨酸(s)的 $\Delta_f G_m^{\ominus} = -721.4$ kJ · mol^{-1}。此溶液中 L-天冬氨酸离子的 $\Delta_f G_m^{\ominus} = -699.2$ kJ · mol^{-1}，试计算 L-天冬氨酸电离的 $\Delta_r G_m^{\ominus}$。

18. ATP 硫酸化酶催化反应为

$$\text{ATP} + SO_4^{2-} \rightleftharpoons \text{腺苷-5'-磷酸硫酸酐} + \text{PPi}$$

298 K 下此反应的 $K_a^{\oplus} = 10^{-8}$。试计算腺苷-5′-磷酸硫酸酐水解成为 AMP＋SO_4^{2-} 时的 $\Delta_r G_m^{\oplus}$（已知 ATP 水解成 AMP＋PPi 的 $\Delta_r G_m^{\oplus} = -33.47$ kJ · mol^{-1}）。

第5章 电 化 学

电化学是研究化学现象与电现象之间关系的科学。它研究由化学能转变为电能(电池)或由电能转变为化学能(电解)时所遵循的规律,以及在转化中所涉及的电解质溶液的特性。这些规律和特性的研究在理论和实践上都有重要意义。在工业上,电解和电镀是制造和加工许多金属制品、生产某些重要化工产品的方法,如碱金属、铝、镁的生产,氢氧化钠、氯气的制备等。化学电源(包括原电池和蓄电池)是不可缺少的能源之一,新型的高能电池、燃料电池、微型电池在科技、国防上起重要作用。此外,电化学还为测定许多热力学函数提供了很好的方法。以电化学原理为依据,建立了许多电化学分析方法,如电势滴定、极谱分析、离子选择电极、化学修饰电极、化学传感器等在分析测试中得到广泛的应用。

用电化学理论和实验方法去研究生物现象形成了生物电化学学科,其研究内容包括生物体系的电势、代谢过程、神经传导的电化学、生物分子电化学、生物电催化、外加电磁场对活细胞的作用、电化学与疾病、生物科学与医学中的电化学方法等。生物电化学是20世纪后期电化学研究中的新兴领域,也将是21世纪的前沿学科。

目前的电化学理论主要包括电解质的电离理论,强电解质溶液的离子互吸和电导理论,原电池电动势的产生理论,电极反应动力学理论等。

本章主要讨论电解质溶液(5.1～5.3节),可逆电池的电动势(5.4～5.9节)和不可逆电极过程(5.10节)。

5.1 离子的迁移

5.1.1 电解质溶液导电机理与Faraday(法拉第)定律

1. 电解质溶液的导电机理

按物质导电的方式不同,可将导体分为电子导体(如金属、石墨等)和离子导体(如电解质溶液及熔融状态的电解质)。物理化学主要研究后一类导体。把两个电极插入电解质溶液中,并将它们与一直流电源相接,与电源正极相连接的电极,电势较高,与电源负极相连接的电极,电势较低(如图5.1所示)。当电流通过电解质溶液时,溶液中的阳离子向负极迁移,从负极上取得电子而发生还原反应。与此同时,阴离子向正极迁移,在正极上失去电子而发生氧化反应。上面这两种过程称为电极反应。在此应注意电极命名法。在电化学装置中,电势高的电极称为正极,电势低的电极称为负极;凡是进行氧化反应的电极称为阳极,凡是进行还原反应的称为阴极。在电解池中,正极为阳极,负极为阴极。在原电池中,发生氧化反应的

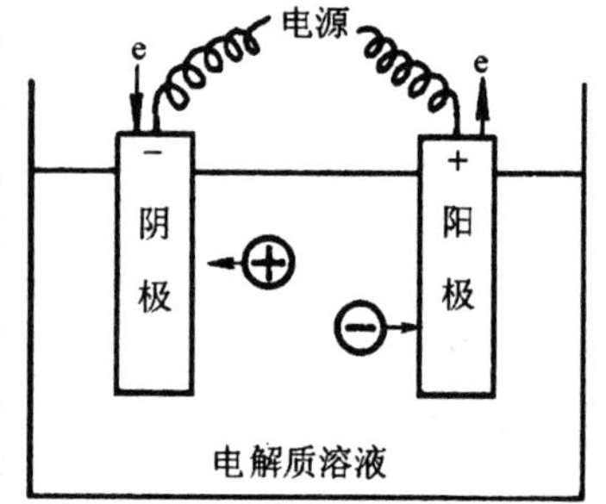

图5.1 电解质溶液的导电机理

是负极,发生还原反应的是正极。切勿将其混淆。

当电流通过电解池时,电解质溶液中离子迁移,同时电极上分别发生氧化与还原反应。具体进行何种反应,这和电解质溶液的种类、浓度、电极材料、温度等条件有关。

2. Faraday 电解定律

1833 年 Faraday 在研究电解作用时,从大量实验结果归纳出 Faraday 电解定律。

(1) 在两电极上所析出物质的质量与通过的电量成正比。

(2) 在各种不同的电解质溶液中通过相同的电量时,在各个电极上所析出物质的质量与其摩尔质量成正比。

由电解质溶液导电的机理可知,对于给定的电极,通过的电量愈多,在电极上被夺取或放出的电子数目愈多,必然发生化学变化的物质的数量也多。

1 mol 质子所带的电荷量(1 mol 电子所带电量的绝对值)称为 1 个 Faraday 单位,用 F 表示(为简化计算,一般将 1 F 作为常数 F 代入公式中),即

$$F = N_A e = 6.022 \times 10^{23}\,\text{mol}^{-1} \cdot 1.602 \times 10^{-19}\,\text{C}$$
$$= 96485\,\text{C} \cdot \text{mol}^{-1} \approx 96500\,\text{C} \cdot \text{mol}^{-1}$$

式中:N_A 为 Avogadro 常数,e 为元电荷。若在含有正离子 M^{z+} 的电解质溶液中通电,电荷数为 z 的正离子需得到 z 个电子,被还原为金属 M,电极反应式为

$$M^{z+} + z\text{e} \longrightarrow M$$

在阴极上生成 1 mol 金属 M 所需的电子数为 $N_A z$,相应的电量为 zF。当通过的电量为 Q 时,所沉积出的金属物质的物质的量 n,可表示为

$$n = \frac{Q}{zF} \quad \text{或} \quad Q = nzF \tag{5.1.1}$$

若用 w_B 表示所沉积金属的质量,则应有

$$w_B = \frac{QM}{zF} \tag{5.1.2}$$

式中:M 是金属元素的摩尔质量。式(5.1.1)与(5.1.2)是 Faraday 定律的数学表示式,它反映电荷和物质之间有着确定的结合关系。

【例 5.1】 将两个铂电极插入 $CuCl_2$ 溶液中,通以 0.50 A 的电流 30 min,求阴极析出铜的质量数。

解

$$w_B = \frac{QM}{zF} = \frac{ItM}{zF}$$
$$= \frac{0.50\,\text{A} \times 30 \times 60\,\text{s} \times 63.55\,\text{g} \cdot \text{mol}^{-1}}{2 \times 96500\,\text{C} \cdot \text{mol}^{-1}}$$
$$= 0.296\,\text{g}$$

5.1.2 离子迁移数和离子迁移速率

1. 通过电解质溶液中某截面的离子数量与总电量的关系

若在 HCl 溶液中通过 1 F 的电量,那么,在阴极附近一定有 1 mol H^+ 还原成 0.5 mol H_2,相应在阳极附近也有 1 mol Cl^- 氧化为 0.5 mol Cl_2,即在两电极上均有 1 F 电量通过。在电路中各个截面上所通过的电量必定相同,否则会有电荷累积,所以在上述电解质溶液中,与电流方向垂直的任何一个截面上通过的电量也必然是 1 F。这 1 F 的电量是由在电场作用下向阴极方向迁移的 H^+ 和向阳极方向迁移的 Cl^- 共同传输的。因此,通过上述截面的 H^+ 和 Cl^- 都

不是1 mol，而两者之和才等于 1 mol。也就是说，在电极上放电的某种离子，其数量与在该溶液中通过某截面的该种离子的数量是不相同的，而通过电极的电量与通过溶液中任一垂直截面的电量应是相等的。

由电解实验可知，在电解质溶液通电后，在两电极附近溶液的浓度降低，各自浓度下降的程度不同，它与正、负离子通过某截面的数量有关。

2. 离子迁移数与离子迁移速率

每一种离子所传输的电量在通过溶液的总电量中所占的分数，称为该种离子的迁移数，用符号 t 表示。

正离子的迁移数

$$t_+ = \frac{\text{正离子传输的电量 } Q_+}{\text{总电量 } Q}$$

负离子的迁移数

$$t_- = \frac{\text{负离子传输的电量 } Q_-}{\text{总电量 } Q}$$

可知
$$t_+ + t_- = 1$$

通常，正、负离子的迁移数与其传输的电量多少有关，一种离子传输的电量与该种离子的迁移速率成正比。在同样的电场力作用下，对于多数电解质来说，其正、负离子迁移的速率并不相等，亦即$t_+ \neq t_-$。

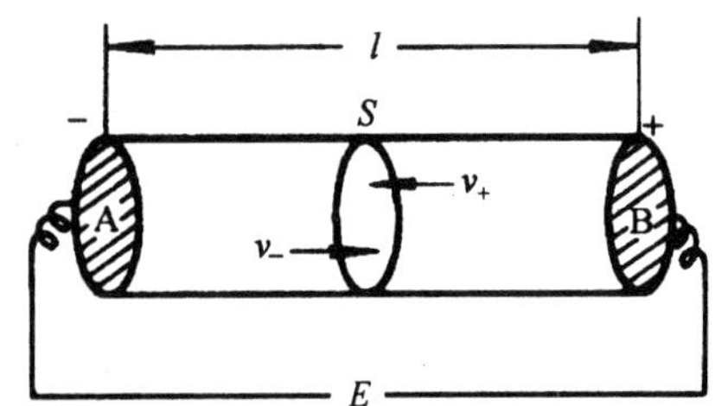

图 5.2 离子迁移速率与传输的电量

假设在相距为 l(单位为 m)、面积为 1 m^2 的 A 与 B 两电极之间盛有某电解质溶液(见图 5.2)，此溶液中正、负离子的浓度与电荷数分别为 c_+ 和 c_-(单位为 $mol \cdot m^{-3}$)、z_+ 和 z_-，电极间的电势差为 E。在此电势梯度 E/l 下，正、负离子的迁移速率分别为 ν_+ 和 ν_-，则每秒钟内通过任意截面 S 的正、负离子所传输的电量 Q_+、Q_- 和总电量 Q 分别为

$$Q_+ = (c_+)(\nu_+)(z_+)F$$

$$Q_- = (c_-)(\nu_-)(z_-)F$$

$$Q = Q_+ + Q_- = (c_+)(\nu_+)(z_+)F + (c_-)(\nu_-)(z_-)F$$

因为任何电解质溶液都是电中性的，均有$(c_+)(z_+) = (c_-)(z_-)$的关系，所以

$$t_+ = \frac{Q_+}{Q} = \frac{\nu_+}{\nu_+ + \nu_-}, \quad t_- = \frac{Q_-}{Q} = \frac{\nu_-}{\nu_+ + \nu_-} \tag{5.1.3}$$

由式(5.1.3)可看出离子迁移数同离子迁移速率的关系，并可进一步得出

$$\frac{t_+}{t_-} = \frac{\nu_+}{\nu_-}$$

离子在电场中的运动速率与离子本性和电势梯度 dE/dl 皆有关，可表示为

$$v = u\frac{dE}{dl} \tag{5.1.4}$$

式中：u 为离子迁移率，又称为离子淌度。它代表单位电势梯度($1\ V \cdot m^{-1}$)下离子运动的速率，反映出不同离子的迁移能力的大小。离子迁移率的数值除了与离子本性有关外，还与温度、浓度有关。表 5.1 列出了一些常见离子在 298 K 无限稀释水溶液中的离子迁移率。

表 5.1 298 K 时一些离子在无限稀释时的离子迁移率 u

正离子	$u_{+}^{\infty}\times10^{7}/(\mathrm{m^{2}\cdot s^{-1}\cdot V^{-1}})$	负离子	$u_{-}^{\infty}\times10^{7}/(\mathrm{m^{2}\cdot s^{-1}\cdot V^{-1}})$
H^{+}	3.620	OH^{-}	2.050
Li^{+}	0.388	Cl^{-}	0.791
Na^{+}	0.520	Br^{-}	0.812
K^{+}	0.762	I^{-}	0.796
Mg^{2+}	0.550	NO_3^{-}	0.740
Ca^{2+}	0.616	SO_4^{2-}	0.827
NH_4^{+}	0.760	HCO_3^{-}	0.461
Ag^{+}	0.642	CH_3COO^{-}	0.424

5.2 电解质溶液的电导

5.2.1 电导、电导率和摩尔电导率

电解质溶液的电导和金属导体一样，溶液的电导 G(单位为西[门子]，S)是电阻 R(单位为欧[姆]，Ω)的倒数，电阻与外加电压 U 和通过的电流 I 的关系服从欧姆定律，即

$$U = IR = \frac{I}{G} \tag{5.2.1}$$

溶液的电阻与浸入溶液的两电极间的距离 l 成正比，与电极面积 A 成反比，即

$$R = \rho\frac{l}{A}$$

式中：电阻率 ρ 表示两电极相距为 1 m、极板面积各为 1 $\mathrm{m^2}$ 时溶液的电阻。电阻率的倒数为电导率 κ，即

$$\kappa = \frac{1}{\rho}$$

则

$$G = \kappa\frac{A}{l} \tag{5.2.2}$$

电导率 κ 是比例系数，它的物理意义是电极面积各为 1 $\mathrm{m^2}$、两电极相距 1 m 时溶液的电导，其数值与电解质的种类、浓度及温度等因素有关，单位为 $\mathrm{S\cdot m^{-1}}$。

表示电解质导电能力，更常用的是摩尔电导率 Λ_m。摩尔电导率 Λ_m 是指：把含有 1 mol 电解质的溶液置于相距为 1 m 的两个平行电极之间，溶液所具有的电导(图 5.3)。根据 Λ_m 的定义，应有以下表示式

$$\Lambda_\mathrm{m} = \kappa V_\mathrm{m} = \frac{\kappa}{c} \tag{5.2.3}$$

式中：V_m 为含有 1 mol 电解质溶液的体积，单位为 $\mathrm{m^3\cdot mol^{-1}}$；$c$ 为电解质溶液的物质的量浓度，单位为 $\mathrm{mol\cdot m^{-3}}$；$1/c$ 即为 V_m。由式(5.2.3)知，Λ_m 的单位为 $\mathrm{S\cdot m^2\cdot mol^{-1}}$。

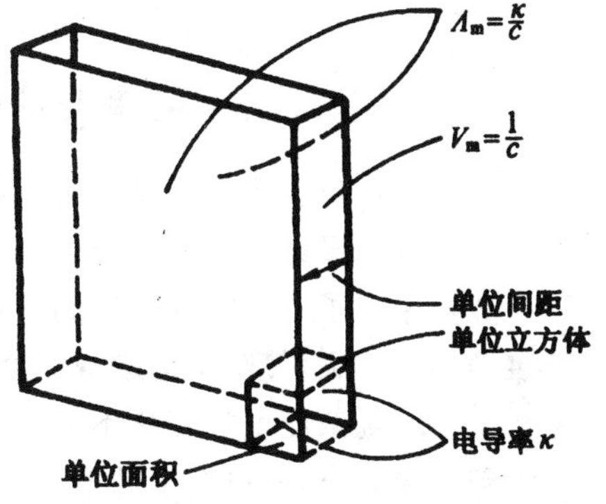

图 5.3 摩尔电导率的定义

引入摩尔电导率的概念是为了便于比较不同类型电解质的导电能力。通常，电解质的电

导率在不太浓的条件下都是随着浓度增高而变大，因为导电的离子数目增加了。若选用摩尔电导率，所有的电解质溶液中都具有 1 mol 的电解质，同时电极间距离都是单位距离。在使用摩尔电导率时，经常采用荷电量相同的基本单元表示(本书亦采用此表示法)。例如

$$\Lambda_m(KCl),\ \Lambda_m\left(\frac{1}{2}CaCl_2\right),\ \Lambda_m\left(\frac{1}{3}La(NO_3)_3\right)\text{等}$$

它们分别代表各电解质溶液中正、负离子各具有 6.02×10^{23} 个荷电量时，溶液中离子的导电能力。应注意，$\Lambda_m(CaCl_2)$ 与 $\Lambda_m\left(\frac{1}{2}CaCl_2\right)$ 都可称摩尔电导率，但 $\Lambda_m(CaCl_2)=2\Lambda_m\left(\frac{1}{2}CaCl_2\right)$。

电解质溶液电导的测定与金属电阻的测定方法相同，即采用 Wheatston(惠斯通)电桥法。将待测电导的溶液装入有两个固定铂黑片(Pt)电极的电导池内，接入线路，测其电阻，就可求出电导。

溶液的电导率可按式(5.2.2)求算出

$$\kappa=\frac{l}{A}G \tag{5.2.4}$$

对一电导池而言，l/A 称为电导池常数。要准确测出两电极间的距离 l 与电极面积 A 很困难，所以常用实验直接测定电导池常数。将一精确已知电导率数值的标准溶液(通常用一定浓度的 KCl 溶液)装入电导池内，在指定的温度下测出其电导，根据式(5.2.4)，即可求出该电导池常数。

【例 5.2】 298 K 时在一电导池中装以 $0.0100\ mol\cdot dm^{-3}$ 的 KCl 溶液($\kappa=0.1409\ S\cdot m^{-1}$)，测得电阻为 $150.00\ \Omega$；若装以 $0.0100\ mol\cdot dm^{-3}$ 的 HCl 溶液，电阻为 $51.40\ \Omega$。试求该电导池常数及 $0.0100\ mol\cdot dm^{-3}$ HCl 溶液的电导率和摩尔电导率。

解　电导池常数 $\frac{l}{A}=\kappa(KCl)\times R(KCl)=0.1409\ S\cdot m^{-1}\times150.00\ \Omega=21.13\ m^{-1}$

$0.0100\ mol\cdot dm^{-3}$ HCl 的电导率和摩尔电导率

$$\kappa=\frac{1}{R}\left(\frac{l}{A}\right)=\frac{21.13\ m^{-1}}{51.40\ \Omega}=0.4111\ S\cdot m^{-1}$$

$$\Lambda_m=\frac{\kappa}{c}=\frac{0.4111\ S\cdot m^{-1}}{0.0100\times1000\ mol\cdot m^{-3}}=0.04111\ S\cdot m^2\cdot mol^{-1}$$

注意：当浓度单位以 $mol\cdot dm^{-3}$ 表示时，使用式(5.2.3)时要将浓度换算为 $mol\cdot m^{-3}$ 表示。

5.2.2 电导率、摩尔电导率与浓度的关系

电解质溶液电导率与浓度的关系如图 5.4 所示，其中强电解质溶液的电导率与浓度的关系曲线上存在一极大值。在低浓度下，溶液的电导率随浓度的增加而升高，这是因为单位体积中离子数目增多了。但浓度增加到一定程度后，离子已相当密集，正、负离子间的相互作用力随浓度增加而加大，使离子运动速率降低，电导率反而下降。与强电解质溶液不同，弱电解质溶液的电导率随浓度增加变化不显著。因为浓度增大时，虽然溶液中电解质分子数增多了，但电离度却相应减小，所以离子数变化不明显。

与电导率不同，强、弱电解质溶液的摩尔电导率均随着浓度的增大而降低(见图 5.5)。对强电解质来说，随着浓度下降，摩尔电导率逐渐上升，并接近一极限值，即无限稀释时的摩尔电导率 Λ_m^∞。而且在低浓度范围内，强电解质的摩尔电导率 Λ_m 与物质的量浓度 c 之间有下列经验关系式

$$\Lambda_m=\Lambda_m^\infty(1-\beta\sqrt{c}) \tag{5.2.5}$$

此为一线性方程。式中：在一定温度下，β 对一定的电解质和溶剂来说是一常数。将图 5.5 中各线的直线部分外推至与纵坐标相交，所得的截距即为各电解质溶液在无限稀释时的摩尔电导率 Λ_m^∞。

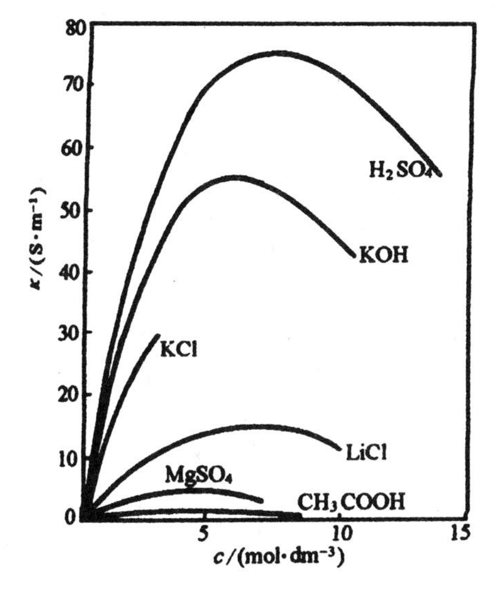

图 5.4 一些电解质溶液电导率随浓度的变化

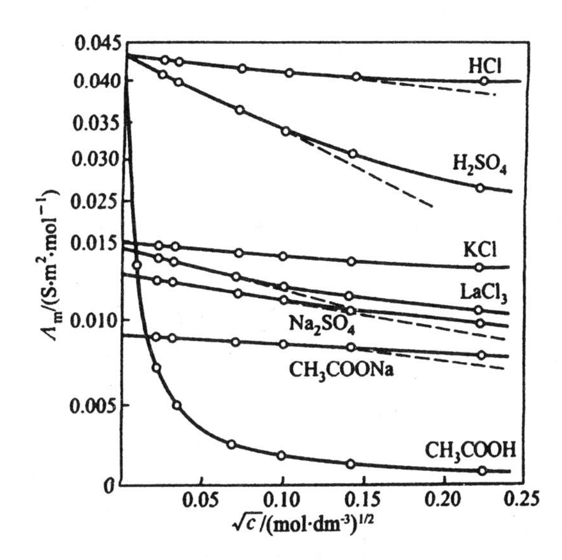

图 5.5 一些电解质在水溶液中的摩尔电导率与浓度的关系

对弱电解质，不能用外推法求 Λ_m^∞，因 Λ_m 与$\sqrt{c}$之间不存在式(5.2.5)的关系。弱电解质溶液在稀释至很稀的浓度时，Λ_m 的数值随浓度的变化很大。弱电解质的 Λ_m^∞ 需用其他方法求算。

从摩尔电导率的定义可知，溶液中电解质的数量都是 1 mol，稀释前后数量不变。对强电解质，因其在水中完全电离，在稀释后浓度下降，离子间引力变小，离子迁移速率略有增加，导致 Λ_m 逐渐增加，但变化不大。对弱电质则不同，虽然电解质的数量未变，但因稀释后弱电解质的离解度大为增加，离子数目大大增多，Λ_m 数值随之显著变大。

5.2.3 离子独立移动定律和离子摩尔电导率

无限稀释时，电解质的摩尔电导率 Λ_m^∞ 代表离子之间没有相互作用时电解质所具有的导电能力。Kohlrausch(科尔劳乌施)在实验中发现，在无限稀释的溶液中，每一种离子的导电能力不受其他离子的影响，例如 KCl 和 LiCl、KNO_3 与 $LiNO_3$、KOH 与 LiOH 三对电解质的 Λ_m^∞ 的差值相等，皆为 $3.49\times10^{-3}\,S\cdot m^2\cdot mol^{-1}$，说明 K^+ 与 Li^+ 的导电能力不受共存的负离子影响。同样，HCl 和 HNO_3、KCl 和 KNO_3、LiCl 和 $LiNO_3$ 三对电解质 Λ_m^∞ 的差值也相等，皆为 $4.9\times10^{-4}\,S\cdot m^2\cdot mol^{-1}$，说明 Cl^- 与 NO_3^- 的导电能力则不受共存的正离子影响。由此，Kohlrausch得出离子独立移动定律：在无限稀释时，所有的电解质都全部电离，离子间的相互作用力为零，离子彼此独立运动。每一种离子对电解质的摩尔电导率都有一定的贡献，而与溶液中其他离子无关。

当电流通过电解质溶液时，正、负离子分别输送电量，无限稀释时电解质的 Λ_m^∞ 应是溶液中正离子摩尔电导率 $\lambda_{m,+}^\infty$ 与负离子摩尔电导率 $\lambda_{m,-}^\infty$ 之和，对于 1-1 价电解质，用公式表示为

$$\Lambda_m^\infty = \lambda_{m,+}^\infty + \lambda_{m,-}^\infty \tag{5.2.6}$$

式(5.2.6)称为离子独立移动定律。根据此定律，在无限稀释的 HCl、NHO_3 和 HAc 溶液中，氢离子的 $\lambda_m^\infty(H^+)$是相同的，而与共存的其他离子性质无关。也就是说，在一定的温度下，任何一种离子的无限稀释的摩尔电导率都有确定的数值。由此出发，我们可以从强电解质的 Λ_m^∞ 求算出弱电解质的 Λ_m^∞。例如

$$\begin{aligned}\Lambda_m^\infty(HAc) &= \lambda_m^\infty(H^+) + \lambda_m^\infty(Ac^-)\\ &= [\lambda_m^\infty(H^+) + \lambda_m^\infty(Cl^-)] + [\lambda_m^\infty(Na^+) + \lambda_m^\infty(Ac^-)] - [\lambda_m^\infty(Na^+) + \lambda_m^\infty(Cl^-)]\\ &= \Lambda_m^\infty(HCl) + \Lambda_m^\infty(NaAc) - \Lambda_m^\infty(NaCl)\end{aligned}$$

醋酸的无限稀释的摩尔电导率，可由强电解质 HCl、NaAc 和 NaCl 无限稀释摩尔电导率的数据求算出。

由于一种离子的迁移数为该种离子所传输电量在总电量中所占的分数，亦可看成是该种离子导电能力占电解质总导电能力的分数。对 1-1 价型的电解质，在无限稀释时

$$\Lambda_m^\infty = \lambda_{m,+}^\infty + \lambda_{m,-}^\infty$$

$$t_+^\infty = \frac{\lambda_{m,+}^\infty}{\Lambda_m^\infty}, \quad t_-^\infty = \frac{\lambda_{m,-}^\infty}{\Lambda_m^\infty}$$

则有

$$\lambda_{m,+}^\infty = \Lambda_m^\infty t_+^\infty, \quad \lambda_{m,-}^\infty = \Lambda_m^\infty t_-^\infty \tag{5.2.7}$$

对浓度不太大的强电解质，相应可近似地存在

$$\lambda_{m,+} = \Lambda_m t_+, \quad \lambda_{m,-} = \Lambda_m t_- \tag{5.2.8}$$

Λ_m^∞ 和 t_+^∞、t_-^∞ 或 Λ_m 和 t_+、t_- 的数值皆可由实验测得，从而可以计算出离子的摩尔电导率。表5.2中列出常见离子在 298 K 时无限稀释的离子摩尔电导率。

表 5.2 298 K 无限稀释时常见离子的离子摩尔电导率

正离子	$\lambda_{m,+}^\infty/(S\cdot m^2\cdot mol^{-1})$	负离子	$\lambda_{m,-}^\infty/(S\cdot m^2\cdot mol^{-1})$
H^+	0.034982	OH^-	0.0198
Li^+	0.003869	F^-	0.0054
Na^+	0.005011	Cl^-	0.007634
K^+	0.007352	Br^-	0.00784
NH_4^+	0.00734	I^-	0.00768
Ag^+	0.006192	NO_3^-	0.007144
$\frac{1}{2}Zn^{2+}$	0.0054	CH_3COO^-	0.00409
$\frac{1}{2}Mg^{2+}$	0.005306	MnO_4^-	0.00613
$\frac{1}{2}Ca^{2+}$	0.00595	$\frac{1}{2}CO_3^{2-}$	0.0083
$\frac{1}{2}Sr^{2+}$	0.005946	$\frac{1}{2}SO_4^{2-}$	0.00798
$\frac{1}{2}Ba^{2+}$	0.006364	$\frac{1}{2}C_2O_4^{2-}$	0.00240
$\frac{1}{3}La^{3+}$	0.00696	$\frac{1}{3}Fe(CN)_6^{3-}$	0.00991

从表中可见,H^+ 和 OH^- 离子的离子摩尔电导率比其他离子的数值高许多倍,这是因在电场作用下,H^+ 与相邻的水分子之间可进行质子的链式传递,如图 5.6 所示,其效果如同 H^+ 以很高的速率迁移。OH^- 的传导亦类似,只是质子从水分子上转移至 OH^- 离子上。

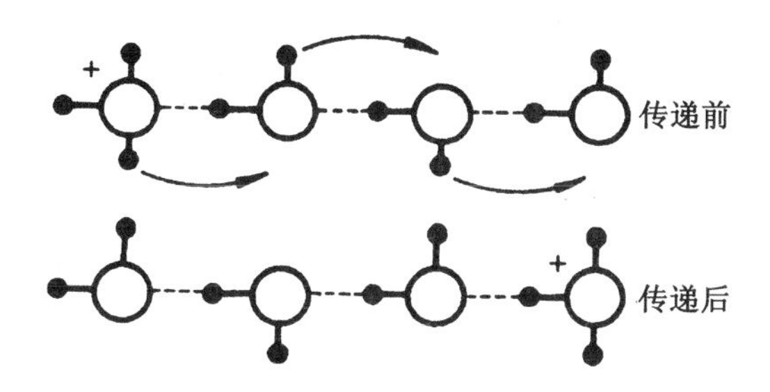

图 5.6 H^+ 在相邻水分子中的传递机理示意图

5.3 电导测定的应用

5.3.1 弱电解质的电离度和电离常数的测定

弱电解质的电离度 α 与摩尔电导率的关系为

$$\alpha = \frac{\Lambda_m}{\Lambda_m^\infty} \tag{5.3.1}$$

利用离子独立移动定律,可求出 Λ_m^∞,实验测定某浓度下的摩尔电导率 Λ_m,即可得 α。普通浓度下弱电解质的电离度较小,产生的离子浓度较低,离子间的作用力可以忽略,因而 Λ_m 与 Λ_m^∞ 的差别可以看成是由部分电离与全部电离产生的离子数目不同的结果。自 α,可进一步求得电离常数 K_c。以二元等电荷的弱电解质为例

$$\begin{matrix} AB & \rightleftharpoons & A^+ & + & B^- \\ c(1-\alpha) & & c\alpha & & c\alpha \end{matrix}$$

平衡时

$$K_c = \frac{\alpha^2\left(\frac{c}{c^\ominus}\right)}{1-\alpha} = \frac{\left(\frac{\Lambda_m}{\Lambda_m^\infty}\right)^2\left(\frac{c}{c^\ominus}\right)}{1-\frac{\Lambda_m}{\Lambda_m^\infty}} = \frac{\Lambda_m^2\left(\frac{c}{c^\ominus}\right)}{\Lambda_m^\infty(\Lambda_m^\infty-\Lambda_m)} \tag{5.3.2}$$

【例 5.3】 现有浓度为 $0.100\ \mathrm{mol\cdot dm^{-3}}$ 的醋酸溶液,298 K 时测得其摩尔电导率是 $5.201\times10^{-4}\mathrm{S\cdot m^2\cdot mol^{-1}}$。求醋酸在该浓度下的电离度和电离平衡常数 K_c。

解 自表 5.2 知

$$\begin{aligned}\Lambda_m^\infty(\mathrm{HAc}) &= \lambda_m^\infty(\mathrm{H^+})+\lambda_m^\infty(\mathrm{Ac^-}) \\ &= 0.03498\ \mathrm{S\cdot m^2\cdot mol^{-1}}+0.00409\ \mathrm{S\cdot m^2\cdot mol^{-1}} \\ &= 0.03907\ \mathrm{S\cdot m^2\cdot mol^{-1}}\end{aligned}$$

电离度

$$\alpha=\frac{\Lambda_m}{\Lambda_m^\infty}=\frac{5.201\times10^{-4}\ \mathrm{S\cdot m^2\cdot mol^{-1}}}{3.907\times10^{-2}\ \mathrm{S\cdot m^2\cdot mol^{-1}}}=0.01331$$

电离平衡常数

$$K_c=\frac{\alpha^2\left(\frac{c}{c^\ominus}\right)}{1-\alpha}=\frac{(0.01331)^2\times\frac{0.100\ \mathrm{mol\cdot dm^{-3}}}{1\ \mathrm{mol\cdot dm^{-3}}}}{1-0.01331}=1.795\times10^{-5}$$

5.3.2 难溶盐溶解度的测定

利用电导测定法，可方便地求出各种难溶盐，如 $BaSO_4$、AgI 等在水中的溶解度。通常用已测得电导率 $\kappa(H_2O)$ 的纯水来配制待测难溶盐的饱和溶液，再测出此饱和溶液的电导率 $\kappa(Sln)$。因溶液极稀，水的电导率也起作用，$\kappa(Sln)$ 应是难溶盐和水的电导率之和，所以

$$\kappa(盐)=\kappa(Sln)-\kappa(H_2O)$$

由于难溶盐的溶解度很小，溶液极稀，其摩尔电导率 $\Lambda_m(盐)\approx\Lambda_m^\infty(盐)=\lambda_{m,+}^\infty+\lambda_{m,-}^\infty$，其数值可自表 5.2 中查得。自式(5.2.3)，可得该难溶盐的饱和溶液浓度 c

$$c=\frac{\kappa(盐)}{\Lambda_m^\infty(盐)}=\frac{\kappa(Sln)-\kappa(H_2O)}{\lambda_{m,+}^\infty+\lambda_{m,-}^\infty} \tag{5.3.3}$$

其中：c 的单位为 $mol\cdot m^{-3}$；并注意所取粒子的基本单元，如 AgI、$\frac{1}{2}BaSO_4$ 等。

【例 5.4】 298 K 时，使用高纯度水及其配制出的 $BaSO_4$ 饱和溶液的电导率分别为 $1.05\times10^{-4}S\cdot m^{-1}$ 和 $4.20\times10^{-4}S\cdot m^{-1}$。试求 $BaSO_4$ 在该温度下的溶解度。

解 $\kappa(BaSO_4)=\kappa(Sln)-\kappa(H_2O)$

$$=(4.20-1.05)\times10^{-4}\ S\cdot m^{-1}=3.15\times10^{-4}\ S\cdot m^{-1}$$

查表知 $\Lambda_m^\infty\left(\frac{1}{2}BaSO_4\right)=\lambda_m^\infty\left(\frac{1}{2}Ba^{2+}\right)+\lambda_m^\infty\left(\frac{1}{2}SO_4^{2-}\right)$

$$=(63.64+79.8)\times10^{-4}\ S\cdot m^2\cdot mol^{-1}$$

$$=1.434\times10^{-2}\ S\cdot m^2\cdot mol^{-1}$$

$$c\left(\frac{1}{2}BaSO_4\right)=\frac{\kappa}{\Lambda_m^\infty\left(\frac{1}{2}BaSO_4\right)}=\frac{3.15\times10^{-4}\ S\cdot m^{-1}}{1.434\times10^{-2}\ S\cdot m^2\cdot mol^{-1}}$$

$$=2.197\times10^{-2}\ mol\cdot m^{-3}$$

$$=2.197\times10^{-5}\ mol\cdot kg^{-1}$$

(溶液极稀，密度与水相同，为 $1\times10^3kg\cdot m^{-3}$)。$\frac{1}{2}BaSO_4$ 的摩尔质量为 $\frac{1}{2}\times0.233\ kg\cdot mol^{-1}$，$BaSO_4$ 的溶解度 s 为

$$s(BaSO_4)=M\left(\frac{1}{2}BaSO_4\right)\times c\left(\frac{1}{2}BaSO_4\right)$$

$$=\frac{1}{2}\times0.233\ kg\cdot mol^{-1}\times2.197\times10^{-5}\ mol\cdot kg^{-1}$$

$$=2.56\times10^{-6}\ kg\cdot kg^{-1}水$$

5.3.3 电导滴定

电导滴定是测定体系电导的改变来确定滴定终点。其原理是基于滴定过程中离子的浓度发生变化，具有某种迁移速率的离子被另一迁移速率的离子所代替，从而改变了溶液的电导。电导滴定可用于酸碱中和、氧化还原及沉淀反应。

以强碱 NaOH 滴定强酸 HCl 为例，滴定曲线见图 5.7 之 ABC。在滴加 NaOH 之前，溶液中的电解质全部是 HCl，因 $\lambda_m(H^+)$ 数值大，H^+ 较多，则溶液的电导较高。逐渐滴加 NaOH 后，由于 H^+ 与 OH^- 结合成水，溶液中导电能力强的 H^+ 减少了，而增加了导电能力弱的 Na^+，所以溶液电导逐渐降低。达到滴定终点 B 时，溶液电导为最低；越过终点后，由于

NaOH 中的 OH^- 存在，并具有较大的导电能力，随着 NaOH 的过量程度增加，电导又急剧升高。

若以强碱 NaOH 滴定弱酸 HAc，由于弱酸解离度很小，故在滴定前电导较低；随着 NaOH 的加入，弱酸被完全解离的盐 NaAc 所替代，电导逐渐升高；达到终点以后，溶液中过量的 NaOH 使电导较快的增加，如图 5.7 中之 $A'B'C'$，转折点 B' 为滴定的终点。在电导滴定中滴定剂的浓度应适当高些，以减少滴定过程中因体积增大而引起的电导变化。电导滴定时不需指示剂，也不必担心滴过终点。可由两直线的交点得出终点。

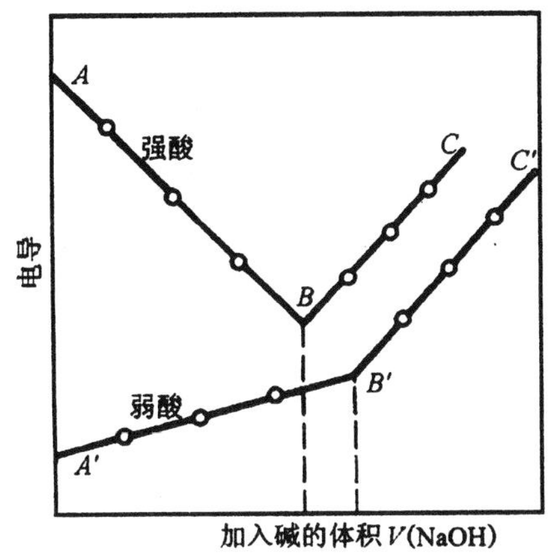

图 5.7　以强碱滴定酸的电导滴定曲线

此外，电导测定可用来检验水的纯度。普通蒸馏水的 κ 约为 $1\times10^{-3}\,S\cdot m^{-1}$，二次重蒸水（即蒸馏水经 $KMnO_4$ 和 KOH 溶液处理，以除去有机杂质和 CO_2，再重新蒸馏 1～2 次）的 κ 在 $1\times10^{-4}\,S\cdot m^{-1}$ 以下。在生物学上，用电导测定法可以检知蛋白质的配制中是否有电解质存在及活细胞膜通透性的变化。

5.4　可逆电池及其热力学

电化学反应可将化学能直接转变为电能，完成此能量转化的装置称为化学电池。若上述转变是以热力学上的可逆方式进行的，则体系自由能的降低 $-(\Delta_r G_m)_{T,p}$ 应等于体系对外所作的最大电功，即

$$-(\Delta_r G_m)_{T,p} = nEF$$

式中：n 为电池反应中转移的电子数，E 为可逆电池的电动势，F 是 Faraday 常数。这一关系式十分重要，它是联系热力学与电化学的基本公式。如果化学能以不可逆的方式转化为电能，则不能得到最大电功。此时，$-(\Delta_r G_m)_{T,p} > nE'F$，电池两极之间的电势差 E' 小于可逆电池的电动势 E。

研究可逆电池的电动势，既能了解某反应化学能转变为电能的最高限度，又为解决热力学问题提供电化学的手段和方法。

5.4.1　可逆电池

将一块锌片放入 $CuSO_4$ 溶液中，立即可看到锌的表面上有金属铜生成，此自发反应为

$$Zn(s) + Cu^{2+}(aq) \longrightarrow Zn^{2+}(aq) + Cu(s)$$

若氧化-还原反应以上述方式进行，不能将化学能转化为电能。现将锌片和铜片分别插入 $ZnSO_4$ 和 $CuSO_4$ 的溶液中，两溶液之间用盐桥（装满饱和 KCl 溶液的琼脂胶冻的 U 形玻璃管）连接，再将两金属片用导线接通，电子将沿着此导线从锌极流向铜极，如图 5.8 所示，这就是由锌电极（Zn-$ZnSO_4$）和铜电极（Cu-$CuSO_4$）构成的原电池。在电池中，锌片虽未和 $CuSO_4$ 溶液直接接触，但在导线接通时，锌以 Zn^{2+} 溶入左边容器的溶液中，Cu^{2+} 在铜极上变成金属铜。盐桥的作用是构成电子通路，允许正、负离子扩散，这种扩散可消除两电极溶液之间的液体接界电势。在电池中的氧化-还原反应可用两个电极反应来表示

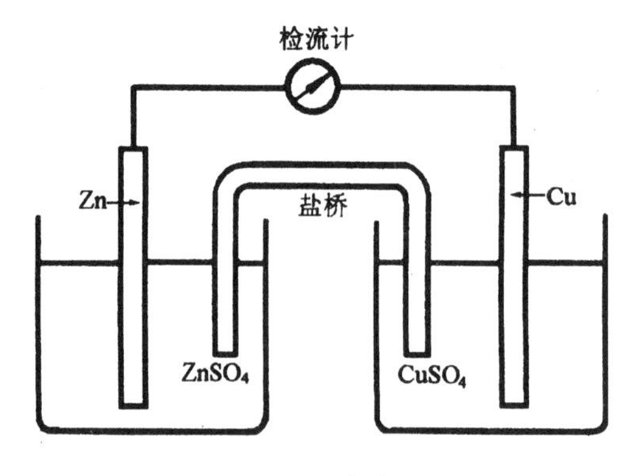

负极:锌电极

$$Zn(s)-2e \longrightarrow Zn^{2+}$$

正极:铜电极

$$Cu^{2+}+2e \longrightarrow Cu(s)$$

图 5.8　原电池

锌极电势低,为负极,发生氧化反应,失去电子;铜极电势高,为正极,发生还原反应,得到电子。在连接两电极的导线上,电流由铜极流向锌极(与电子流方向相反),即从高电势流向低电势。此两极之间存在的电势差,称为该电池的电动势,用 E 表示。

欲将一个电池的化学能与相应的各种热力学函数的改变量联系起来,电池必须以可逆的方式发生变化。当给电池的外线路中加上一个外接电动势 $E_{外}$,其数值与电池电动势 E 完全相等,但方向相反,此时电池内不发生化学反应。若无限小地降低或增加外接电动势,使 $E_{外}=E\pm dE$,电池会放电或充电,同时,电池内的化学反应将相应按正向或逆向进行。由于在充电或放电时 dE 都无限小,通过的电流也无限小,充电时储存的电能与放电时释放的电能相等,不会转变为热能,即电能的转化是可逆的,同时电极上的化学反应也是互为逆反应。

当 $E_{外}=E-dE$ 时,电池放电,反应为

$$Zn(s)+Cu^{2+} \longrightarrow Zn^{2+}+Cu(s)$$

当 $E_{外}=E+dE$ 时,电池充电,反应为

$$Zn^{2+}+Cu(s) \longrightarrow Zn(s)+Cu^{2+}$$

由上可知,电池中的物质和能量的变化皆为可逆的电池,放电时作最大电功,称为可逆电池,可以用热力学方法来研究。凡不能满足上述条件的电池均称为不可逆电池。

用热力学方法可以对可逆电池的电动势进行计算,得出电动势与温度、电池反应物质性质及浓度的关系。还可以了解电动势与电池反应平衡常数及热力学函数改变量 $\Delta_r H_m$、$\Delta_r S_m$ 之间的联系。

5.4.2　Nernst(能斯特)方程

设在 T、p 恒定时,下述电池反应可逆地进行

$$aA(a_A)+bB(a_B) \rightleftharpoons gG(a_G)+hH(a_H)$$

根据化学反应等温式

$$-\Delta_r G_m = RT\ln K_a^{\ominus} - RT\ln\frac{a_G^g a_H^h}{a_A^a a_B^b} = nFE \tag{5.4.1}$$

$$E=\frac{RT}{nF}\ln K_a^{\ominus}-\frac{RT}{nF}\ln\frac{a_G^g a_H^h}{a_A^a a_B^b} \tag{5.4.2}$$

若参与反应各物质的活度都等于1($a_i=1$),则此时的电动势称为电池的标准电动势$E^\ominus$

$$E^\ominus = \frac{RT}{nF}\ln K_a^\ominus \tag{5.4.3}$$

将式(5.4.3)代入式(5.4.2),可得Nernst方程式

$$E = E^\ominus - \frac{RT}{nF}\ln \frac{a_G^g a_H^h}{a_A^a a_B^b} \tag{5.4.4}$$

式中:$\frac{a_G^g a_H^h}{a_A^a a_B^b}$是指某一时刻电池反应体系中同时存在的产物活度的反应系数次方与反应物活度的反应系数次方之比,n是电池反应中得失电子的数目。

Nernst方程式是计算可逆电池电动势的基本公式,它定量地说明了影响电动势的各个因素,即电池反应、温度及各物质的活度之间的关系。在应用Nernst方程时,首先应了解电池反应,明确反应物和产物。出现纯固态物质时,其活度为1;对于溶液中的各个溶质,一般用与质量摩尔浓度相应的活度a_m。当浓度很小时,可用浓度代替活度。对于一个自发的电池反应,由Nernst方程式求得的电动势应为正值。

Nernst方程式也是电动势测定应用方面最基本的公式。

若$T=298\,\mathrm{K}$,并用常用对数表示,为

$$E = E^\ominus - \frac{0.0592}{n}\lg \frac{a_G^g a_H^h}{a_A^a a_B^b} \tag{5.4.5}$$

5.4.3 标准电动势与电池反应的平衡常数

在T、p恒定条件下,对于一个可逆电池反应

$$\Delta_r G_m = -nFE$$

若反应物和产物都处于标准态($a_i=1$),则

$$\Delta_r G_m^\ominus = -nFE^\ominus \tag{5.4.6}$$

$E^\ominus$为可逆电池的标准电动势。

由化学平衡已导出

$$\Delta_r G_m^\ominus = -RT\ln K_a^\ominus$$

故

$$E^\ominus = \frac{RT}{nF}\ln K_a^\ominus$$

若已知可逆电池的标准电动势$E^\ominus$,即可求出该电池反应的平衡常数$K_a^\ominus$。

5.4.4 电动势E及其温度系数$\left(\frac{\partial E}{\partial T}\right)_p$与电池反应其他有关热力学量的关系

根据Gibbs-Helmholtz公式

$$T\left(\frac{\partial \Delta_r G_m}{\partial T}\right)_p = \Delta_r G_m - \Delta_r H_m$$

将$\Delta_r G_m = -nFE$代入,可得

$$\Delta_r H_m = -nFE + nFT\left(\frac{\partial E}{\partial T}\right)_p \tag{5.4.7}$$

式中:$\Delta_r H_m$是化学反应的焓变,相当于只有体积功的恒压热效应,即在热化学中所说的反应热。由此式可知,只要测定E随温度的变化,得出电动势的温度系数$(\partial E/\partial T)_p$,就可以根据

式(5.4.7)求出反应的 $\Delta_r H_m$。因为电动势测定的精确度很高,所以此法求得的反应热比热化学法测定的结果精确。

若将热力学公式 $\Delta_r H_m = \Delta_r G_m + T\Delta_r S_m$ 与式(5.4.7)比较,即可得 $\Delta_r S_m$ 的表示式

$$\Delta_r S_m = nF\left(\frac{\partial E}{\partial T}\right)_p \tag{5.4.8}$$

式中:$\Delta_r S_m$ 表示反应的熵变。在可逆电池反应中,真正热效应 Q_R 为

$$Q_R = T\Delta_r S_m = nFT\left(\frac{\partial E}{\partial T}\right)_p \tag{5.4.9}$$

由 $(\partial E/\partial T)_p$ 的符号,可以确定电池工作时是放热还是吸热。

【例 5.5】 298 K 时,电池 Ag(s)-AgCl(s) | KCl(m) | Hg_2Cl_2(s)-Hg(l)的电动势 $E=0.0455$ V,$(\partial E/\partial T)_p=3.38\times10^{-4}\,\mathrm{V\cdot K^{-1}}$。求此电池反应的 $\Delta_r H_m$、$\Delta_r S_m$ 及可逆放电时的热效应 Q_R。

解

$$\begin{aligned}\Delta_r H_m &= -nF\left[E - T\left(\frac{\partial E}{\partial T}\right)_p\right]\\ &= -1\times96500\,\mathrm{C\cdot mol^{-1}}(0.0455\,\mathrm{V} - 298\,\mathrm{K}\times3.38\times10^{-4}\,\mathrm{V\cdot K^{-1}})\\ &= 5328\,\mathrm{J\cdot mol^{-1}}\end{aligned}$$

$$\begin{aligned}\Delta_r S_m &= nF\left(\frac{\partial E}{\partial T}\right)_p\\ &= 1\times96500\,\mathrm{C\cdot mol^{-1}}\times3.38\times10^{-4}\,\mathrm{V\cdot K^{-1}}\\ &= 32.61\,\mathrm{J\cdot K^{-1}\cdot mol^{-1}}\end{aligned}$$

$$Q_R = T\Delta S = 298\,\mathrm{K}\times32.61\,\mathrm{J\cdot K^{-1}\cdot mol^{-1}} = 9718.6\,\mathrm{J\cdot mol^{-1}}$$

5.5 可逆电极与可逆电池的书写方式

5.5.1 可逆电极的种类

每个电池总是由两个电极构成的,构成可逆电池的电极其本身必须是可逆的。

可逆电极的种类很多,结构各异。按电极结构或其上进行的反应,电极可分为三类。

1. 电极物质插入含有该物质离子的溶液中所成的电极

这类电极的反应为电极物质与其离子间的可逆反应。在这类电极中,因电极物质性质不同,又可分为两类。

(1) 金属电极

此类电极是将金属浸入含有该金属离子的溶液中,即金属与其离子成平衡的电极。其电极反应可表示为

$$M^{n+} + ne \longrightarrow M(s)$$

对于比较活泼的金属,如 Na、K 等不能在空气及水中稳定存在,可以把它们溶于汞中作成汞齐,再与溶液中的该金属离子呈平衡,以构成电极。

(2) 非金属(特别是气体)电极

此类电极是非金属与其离子成平衡的电极。由于构成此种电极的物质是非金属,它们不能导电,因此在做成电极时,需用一惰性金属(如铂、金、钯等)作为导体插入含该离子的溶液中,并通入气体。其电极反应(除氢气外)可表示为

$$A(g)+ne \longrightarrow A^{n-}$$

常见的如氢电极、氧电极和氯电极，它们分别是将被 H_2、O_2、Cl_2 气流冲击的铂片浸入含有 H^+、OH^- 和 Cl^- 的溶液中而构成，常用符号 $(Pt)H_2|H^+$ 或 $(Pt)H_2|OH^-$、$(Pt)O_2|OH^-$ 或 $(Pt)O_2|H_2O,H^+$ 以及 $(Pt)Cl_2|Cl^-$ 来表示。其电极反应分别为

$$2H^+ +2e \longrightarrow H_2(g) \quad 或 \quad 2H_2O+2e \longrightarrow H_2(g)+2OH^-$$

$$O_2(g)+2H_2O+4e \longrightarrow 4OH^- \quad 或 \quad O_2(g)+4H^+ +4e \longrightarrow 2H_2O$$

$$Cl_2(g)+2e \longrightarrow 2Cl^-$$

2. 微溶盐电极和微溶氧化物电极

(1) 微溶盐电极

此类电极是将金属表面覆盖一薄层该金属的一种微溶盐，然后浸入含有该微溶盐负离子的溶液中而构成。最常用的微溶盐电极有氯化银电极、甘汞电极等，它们分别用符号表示为 $Ag(s)\text{-}AgCl(s)|Cl^-$ 和 $Hg(l)\text{-}Hg_2Cl_2(s)|Cl^-$。电极反应各为

$$AgCl(s)+e \longrightarrow Ag(s)+Cl^-$$

$$Hg_2Cl_2(s)+2e \longrightarrow 2Hg(l)+2Cl^-$$

(2) 微溶氧化物电极

此类电极是将金属表面上覆盖一薄层该金属的氧化物，然后浸在含有 H^+ 或 OH^- 的溶液中而构成。以汞-氧化汞电极为例，电极可表示为 $Hg(l)\text{-}HgO(s)|H^+$ 或 $Hg(l)\text{-}HgO(s)|OH^-$。电极反应为

$$HgO(s)+2H^+ +2e \longrightarrow Hg(l)+H_2O$$

$$HgO(s)+H_2O+2e \longrightarrow Hg(l)+2OH^-$$

第二类电极在电化学中比较重要，因为有许多负离子(如 SO_4^{2-}、$C_2O_4^{2-}$ 等)没有对应的第一类电极，但可形成对应的第二类电极。另一个优点是第二类电极的电势比较稳定，又容易制备。因此有些负离子如 Cl^-、OH^- 等即使有对应的第一类电极，但通常还是用其第二类电极更为方便。

3. 氧化还原电极

氧化还原电极是由惰性金属(如 Pt)插入含有某种离子的两种不同氧化态的溶液中而构成。应当指出，实际上任何电极上发生的反应都是氧化还原反应，这里的氧化还原电极只是指两种不同氧化态的离子之间的相互转化，而惰性金属本身只起传导电流的作用。以 $Fe^{2+}\text{-}Fe^{3+}$ 电极为例，用符号 $(Pt)|Fe^{2+},Fe^{3+}$ 表示，电极反应为

$$Fe^{3+}+e \longrightarrow Fe^{2+}$$

上述三类电极上发生的充电与放电反应都互为逆反应。用这样的两个电极组成的电池，其充、放电时电池反应互为逆反应。若在满足 $E_{外}=E\pm dE$ 的条件下工作，则可构成一可逆电池。

5.5.2 电池的书写方式及其与电池反应的对应关系

1. 电池的书写方式

为了能在书面上简单方便而又科学地表达一个电池，通常作如下规定。

(1) 以化学式表示电池中各种物质的组成，并需注明物态，气体应标明压力及依附的惰性电极，溶液则应注明浓度。

(2) 用单线"|"表示不同物相之间的接界(有时也用逗号表示),以表明此处有电势差存在。用双线"‖"表示两液相间的液体接界电势已设法消除。书写电池表示式时,各化学式及符号的排列顺序要真实反映电池中各物质的接触次序。

(3) 发生氧化作用的负极写在左方,发生还原作用的正极写在右方。这样写法表示电池反应为自发反应,电动势为正值。

按如上述规定,图 5.8 中的电池可以表示为

$$\mathrm{Zn(s)|ZnSO_4}(m_1)\,\|\,\mathrm{CuSO_4}(m_2)\mathrm{|Cu(s)}$$

2. 电池表示式与电池反应之间的对应关系

写出一个电池表示式所对应的化学反应(即电池反应),方法很简单。首先分别写出负极上发生氧化作用和正极上发生还原作用的电极反应,然后将两个电极反应相加即为整个电池的电池反应。例如,将电池 $\mathrm{Hg(l)\text{-}Hg_2Cl_2(s)|KCl}(m)\mathrm{|Cl_2}(\mathrm{g},p)\mathrm{,Pt}$ 的电池反应写出

负极 $\quad 2\mathrm{Hg(l)}+2\mathrm{Cl^-}-2\mathrm{e}\longrightarrow \mathrm{Hg_2Cl_2(s)}$

正极 $\quad \mathrm{Cl_2(g)}+2\mathrm{e}\longrightarrow 2\mathrm{Cl^-}$

电池反应 $\quad 2\mathrm{Hg(l)}+\mathrm{Cl_2(g)}\longrightarrow \mathrm{Hg_2Cl_2(s)}$

要将一个化学反应设计成电池,可分成两种情况考虑。

(1) 若所给的反应中各有关元素的氧化态在反应前后有变化

例如 $\quad \mathrm{Zn(s)}+\mathrm{Cd^{2+}}\longrightarrow \mathrm{Zn^{2+}}+\mathrm{Cd(s)}$

及 $\quad \mathrm{Pb(s)}+\mathrm{HgO(s)}\longrightarrow \mathrm{Hg(l)}+\mathrm{PbO(s)}$

则可将发生了氧化作用的元素所对应的电极作为负极,写于左侧;将发生了还原作用的元素所对应的电极作为正极,写于右侧即可。

(2) 若所给的反应中各有关元素的氧化态在反应前后无变化

例如 $\quad \mathrm{Ag^+}+\mathrm{Br^-}\longrightarrow \mathrm{AgBr(s)}$

此时应首先根据产物及反应物的种类确定应属于哪一类电极。确定其中一个电极后,再用总反应与该电极反应之差确定另一电极。电池设计好之后,写出对应的电池反应,核对与所给化学反应是否一致,以判断其是否正确。

【例 5.6】 将下列化学反应设计成电池

(1) $\mathrm{Pb(s)}+\mathrm{HgO(s)}\longrightarrow \mathrm{Hg(l)}+\mathrm{PbO(s)}$

(2) $\mathrm{Ag^+}(m_+)+\mathrm{Br^-}(m_-)\longrightarrow \mathrm{AgBr(s)}$

解 (1) 此反应中各有关元素之氧化态有变化,HgO 和 Hg、PbO 和 Pb 均对应于一微溶氧化物电极,并对 $\mathrm{OH^-}$ 离子皆有可逆反应,可共用一个溶液。因此,该反应对应的电池为

$$\mathrm{Pb(s)\text{-}PbO(s)|OH^-}(m_-)\mathrm{|HgO(s)\text{-}Hg(l)}$$

电极反应为

负极 $\quad \mathrm{Pb(s)}+2\mathrm{OH^-}-2\mathrm{e}\longrightarrow \mathrm{PbO(s)}+\mathrm{H_2O}$

正极 $\quad \mathrm{HgO(s)}+\mathrm{H_2O}+2\mathrm{e}\longrightarrow \mathrm{Hg(l)}+2\mathrm{OH^-}$

电池反应 $\quad \mathrm{Pb(s)}+\mathrm{HgO(s)}\longrightarrow \mathrm{Hg(l)}+\mathrm{PbO(s)}$

该电池反应与所给化学反应一致。

(2) 此反应中有关元素之氧化态表观上无变化。由产物中的 AgBr 和反应物中的 $\mathrm{Br^-}$ 来看,与第二类电极 $\mathrm{Ag\text{-}AgBr(s)|Br^-}$ 的氧化作用相对应,电极反应为 $\mathrm{Ag(s)}+\mathrm{Br^-}-\mathrm{e}\longrightarrow \mathrm{AgBr(s)}$。所给电池反应与该电极反应之差为

$$
\begin{array}{r}
Ag^{+}+Br^{-} \longrightarrow AgBr(s) \\
\underline{-)\ Ag(s)+Br^{-}-e \longrightarrow AgBr(s)} \\
Ag^{+}+e \longrightarrow Ag(s)
\end{array}
$$

所得另一电极反应对应于第一类电极 $Ag^{+}|Ag$ 的还原作用。因此，该化学反应所给出的电池为

$$Ag(s)\text{-}AgBr(s)|Br^{-}(m_{-})\|Ag^{+}(m_{+})|Ag(s)$$

电极反应为

负极 $\quad Ag(s)+Br^{-}(m_{-})-e \longrightarrow AgBr(s)$

正极 $\quad Ag^{+}(m_{+})+e \longrightarrow Ag(s)$

电池反应 $\quad Ag^{+}(m_{+})+Br^{-}(m_{-}) \longrightarrow AgBr(s)$

电池反应与所给化学反应一致。

5.5.3 电池电动势的实验测定

一个可逆电池必须满足的条件之一是通过的电流为无限小的数值，否则它将不可能成为可逆电池。另外，在有限电流通过时，在电池内阻上要产生电势降，也造成在两极间电势差较电池电动势为小。只有在没有电流通过电池时，两电极间的电势差才与电池的电动势相等。因此，我们不能直接用伏特计来测量可逆电池的电动势，因为必须有一定的电流通过回路才能使伏特计的指针偏转。结果得到的是不可逆电池的两极电势差，而不是可逆电池的电动势。

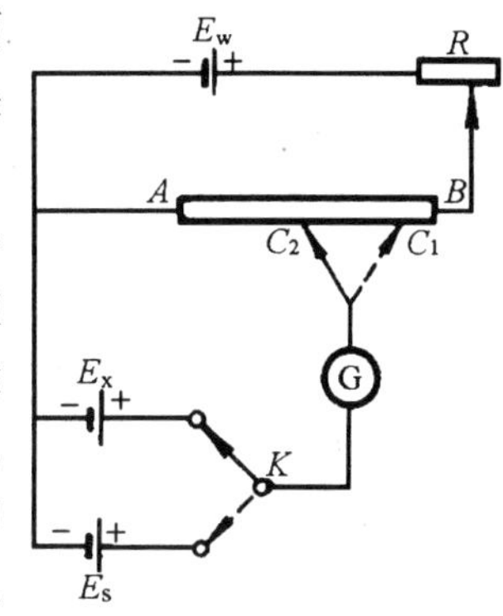

图 5.9 对消法测电动势

通常是采用对消法来测定电池的电动势。该法的原理是在外电路中与原电池并联一个电流方向相反、数值相等的外电动势，使连接两电极的导线上无电流通过。这时所加的外电动势的数值就等于待测电池的电动势。其具体测定线路如图 5.9 所示。工作电池 E_w 是比待测电池 E_x 电动势高的电池，将 E_w 与可变电阻 R 和均匀滑线电阻 AB 构成一通路。E_s 是具有精确电动势的可逆电池，常用 Weston（韦斯顿）标准电池，在 298.15 K 时 $E_s=1.01832$ V。在测量时先令 E_s 与 E_w 回路相通，调节 R，使电流计 G 指示为零，以校准 AB 滑线单位长度的电势降数值，使 E_s 与 AC_1 的电势降等值；再通过双向电键 K 使 E_w 回路与 E_x 相通，使 AC_2 的电位降与 E_x 对消。AC_2 的数值即为 E_x 的电动势。

5.6 电极电势

一个电池的电动势应是该电池中各个相界面上电势差的代数和，其中主要包括电极-溶液界面电势差（又称为绝对电极电势）。两种溶液（种类不同或种类相同但浓度不同）间的电势差，称为液体接界电势；不同金属间的电势差，称为接触电势。

5.6.1 电极与溶液界面上电势差的产生

当一电极插入相应的溶液中时，在电极与溶液的界面上产生电势差。这种电势差是如何产生的？我们以金属电极为例来说明。

当金属电极插入相应金属离子的水溶液中与溶液接触后，金属晶格上的原子因受到溶液中水分子的极化、吸引，发生水化作用，使一部分金属离子成为水合离子而进入溶液中，金属电极上留下相应数量的电子而带负电；反之，溶液中的离子也可能被吸附到金属表面上来。这种

金属离子在相间的转移倾向，由金属离子在电极相中与在溶液相中的电化学势的大小决定，即金属离子会从电化学势较高的相中转入电化学势较低的相中。当金属离子在两相中的电化学势相等时，则达到动态平衡。平衡时，若总结果是金属离子由电极相进入溶液相而把电子留在电极上，则电极荷负电，而溶液荷正电；若总结果是金属离子由溶液相进入电极相，则电极荷正电，而溶液荷负电。无论哪种情况发生，都破坏了电极-溶液相界面处的电中性，使相间产生电势差。

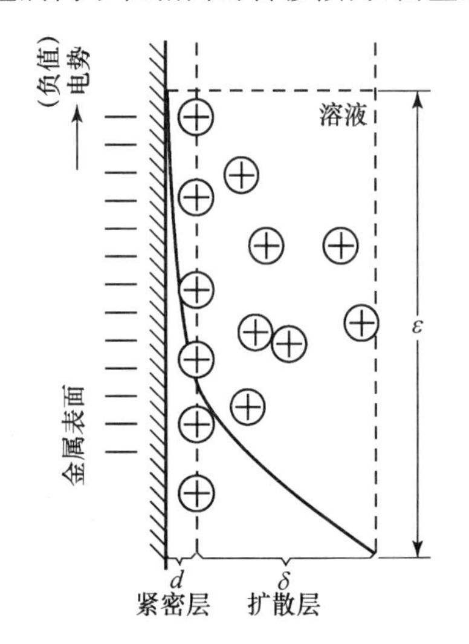

图 5.10 双电层结构与电势分布示意图

电极所带的电荷是集中在电极表面上，而溶液中荷异号电荷的离子，一方面受到电极表面上电荷的吸引，趋向于排列在紧靠电极表面的地方。另一方面，由于热运动，这些异号电荷离子又会向溶液内部扩散。当达到平衡时，在电极与溶液的界面处形成一个扩散双电层。若规定溶液内部电中性处的电势为零，电极的电势为 ε，则电极-溶液界面电势差就是 ε(图 5.10)。

5.6.2 电极电势

如果我们能从实验上测定或从理论上计算出任一电极与溶液界面上的电势差 ε，再设法消除液体接界电势差，那么电池的电动势就很容易求得。但是很遗憾，现在尚无法由实验测定一个单独电极的 ε，理论上计算也有困难。因此，用求各个相界面上电势差的代数和以确定电池电动势的方法，实际上还是行不通的。我们若能选一相对标准，确定出各种电极的相对电极电势 φ 之值，同时设法消除液体接界电势，则用

$$E=\varphi_{+}-\varphi_{-}$$

可以方便地计算出任意电池的电动势。

1. 标准氢电极

为确定各不同电极的相对电极电势数值，目前普遍是选用"标准氢电极"作为标准电极。把镀有铂黑的铂片浸入 $a(H^+)=1$ 的溶液中，并以 $p(H_2)=p^\ominus$ 的干燥氢气不断冲击到铂电极上就构成标准氢电极(见图 5.11)。规定在任意温度下标准氢电极的电极电势 $\varphi^\ominus(H_2)$ 等于零。其他电极的电极电势均是相对于标准氢电极而得到的。

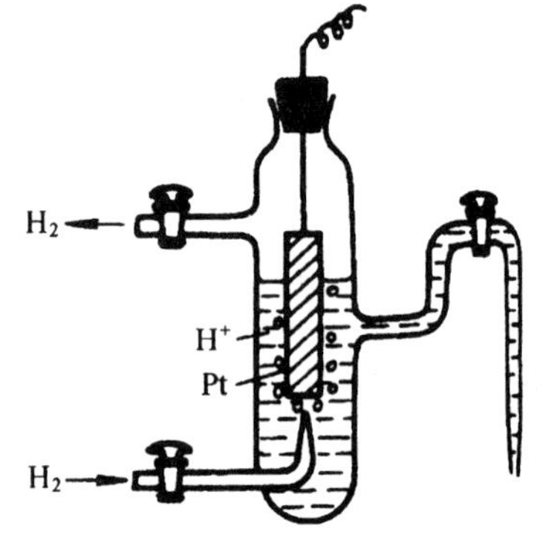

图 5.11 氢电极构造简图

2. 任意电极的电极电势 φ

根据 1953 年"国际纯粹化学与应用化学联合会"所作的规定，将标准氢电极作为发生氧化作用的负极，而将待定电极作为发生还原作用的正极，组成一个电池

$$(Pt)H_2[p(H_2)=p^\ominus]\,|\,H^+[a(H^+)=1]\,\|\,\text{待定电极}$$

在此电池中，待定电极反应必定是电极物质获得电子由氧化态变为还原态。用对消法测定该电池的电动势，这个电池电动势的数值和符号就是待定电极的电极电势的数值和符号。测得的电极电势称为还原电势。

例如,要确定铜电极 $Cu|Cu^{2+}[a(Cu^{2+})=0.1]$的电极电势,可组成电池

$$(Pt)H_2[p(H_2)=p^{\ominus}]|H^+[a(H^+)=1]\parallel Cu^{2+}[a(Cu^{2+})=0.1]|Cu(s)$$

测得电池电动势为 0.307 V,即 $Cu|Cu^{2+}[a(Cu^{2+})=0.1]$的电极电势等于 0.307 V。

又如,欲确定锌电极 $Zn|Zn^{2+}[a(Zn^{2+})=0.01]$的电极电势,可组成电池

$$(Pt)H_2[p(H_2)=p^{\ominus}]|H^+[a(H^+)=1]\parallel Zn^{2+}[a(Zn^{2+})=0.01]|Zn(s)$$

由于标准氢电极的电势高于此锌电极的电极电势,上述电池的电动势为负值,$E=-0.822$ V(若电池正负极对换,$E=0.822$ V),则 $Zn|Zn^{2+}[a(Zn^{2+})=0.01]$的电极电势为$-0.822$ V。

5.6.3 电极电势的 Nernst(能斯特)方程式,标准电极电势

前面已经讨论过电池电动势的 Nernst 方程式。下面从一个具体例子着手,讨论电极电势的 Nernst 方程。

今有一电池

$$(Pt)H_2[p(H_2)]|H^+[a(H^+)]\parallel Cu^{2+}[a(Cu^{2+})]|Cu(s)$$

其电池反应为

$$H_2[p(H_2)]+Cu^{2+}[a(Cu^{2+})]\longrightarrow 2H^+[a(H^+)]+Cu(s)$$

这个反应可分成氢的氧化和铜的还原两部分,即

$$H_2[p(H_2)]-2e \longrightarrow 2H^+[a(H^+)]$$

$$Cu^{2+}[a(Cu^{2+})]+2e \longrightarrow Cu(s)$$

电池的电动势为

$$E=E^{\ominus}-\frac{RT}{2F}\ln\frac{a^2(H^+)a(Cu)}{(p_{H_2}/p^{\ominus})a(Cu^{2+})}$$

因为 $E=\varphi_+-\varphi_-$,可以把电动势公式分成两部分

$$\begin{aligned}E&=[\varphi^{\ominus}(Cu^{2+}|Cu)-\varphi^{\ominus}(H^+|H_2)]-\left[\frac{RT}{2F}\ln\frac{a(Cu)}{a(Cu^{2+})}-\frac{RT}{2F}\ln\frac{p(H_2)/p^{\ominus}}{a^2(H^+)}\right]\\&=\left[\varphi^{\ominus}(Cu^{2+}|Cu)-\frac{RT}{2F}\ln\frac{a(Cu)}{a(Cu^{2+})}\right]-\left[\varphi^{\ominus}(H^+|H_2)-\frac{RT}{2F}\ln\frac{p(H_2)/p^{\ominus}}{a^2(H^+)}\right]\\&=\varphi(Cu^{2+}|Cu)-\varphi(H^+|H_2)\end{aligned}$$

因此

$$\varphi(Cu^{2+}|Cu)=\varphi^{\ominus}(Cu^{2+}|Cu)-\frac{RT}{2F}\ln\frac{a(Cu)}{a(Cu^{2+})}$$

$$\varphi(H^+|H_2)=\varphi^{\ominus}(H^+|H_2)-\frac{RT}{2F}\ln\frac{p(H_2)/p^{\ominus}}{a^2(H^+)}$$

推广到任意电极,得到电极电势的 Nernst 方程式

$$\varphi=\varphi^{\ominus}-\frac{RT}{nF}\ln\frac{a(\text{还原态})}{a(\text{氧化态})} \tag{5.6.1}$$

或

$$\varphi=\varphi^{\ominus}+\frac{RT}{nF}\ln\frac{a(\text{氧化态})}{a(\text{还原态})} \tag{5.6.2}$$

若 $T=298$K,并以常用对数表示为

$$\varphi=\varphi^{\ominus}-\frac{0.0592}{n}\lg\frac{a(\text{还原态})}{a(\text{氧化态})}=\varphi^{\ominus}+\frac{0.0592}{n}\lg\frac{a(\text{氧化态})}{a(\text{还原态})} \tag{5.6.3}$$

式中：$\varphi^{\ominus}$是指电极反应中各物质的活度均为1时的电极电势，称为“标准电极电势”。所以，某电极的标准电极电势$\varphi^{\ominus}$，是指以标准氢电极为负极、电极反应中各物质的活度$a_i=1$的待定电极为正极所组成的电池的电动势。表5.3中列出一些电极的标准(还原)电极电势。

表5.3 298.15 K时水溶液中一些电极的标准(还原)电极电势*

电极分类	电极反应	$\varphi^{\ominus}$/V
(1) 正离子为可逆的电极	$Li^+ + e \longrightarrow Li$	−3.040
	$Rb^+ + e \longrightarrow Rb$	−2.98
	$K^+ + e \longrightarrow K$	−2.931
	$Ba^{2+} + 2e \longrightarrow Ba$	−2.912
	$Sr^{2+} + 2e \longrightarrow Sr$	−2.899
	$Ca^{2+} + 2e \longrightarrow Ca$	−2.868
	$Na^+ + e \longrightarrow Na$	−2.713
	$Mg^{2+} + 2e \longrightarrow Mg$	−2.372
	$Al^{3+} + 3e \longrightarrow Al$	−1.662
	$Mn^{2+} + 2e \longrightarrow Mn$	−1.183
	$Zn^{2+} + 2e \longrightarrow Zn$	−0.7618
	$Cr^{3+} + 3e \longrightarrow Cr$	−0.744
	$Fe^{2+} + 2e \longrightarrow Fe$	−0.447
	$Cd^{2+} + 2e \longrightarrow Cd$	−0.407
	$Tl^+ + e \longrightarrow Tl$	−0.336
	$Co^{2+} + 2e \longrightarrow Co$	−0.28
	$Ni^{2+} + 2e \longrightarrow Ni$	−0.257
	$Sn^{2+} + 2e \longrightarrow Sn$	−0.1375
	$Pb^{2+} + 2e \longrightarrow Pb$	−0.1262
	$Fe^{3+} + 3e \longrightarrow Fe$	−0.037
	$2H^+ + 2e \longrightarrow H_2$	0.000
	$Cu^{2+} + 2e \longrightarrow Cu$	0.3419
	$Cu^+ + e \longrightarrow Cu$	0.521
	$Hg_2^{2+} + 2e \longrightarrow 2Hg$	0.7973
	$Ag^+ + e \longrightarrow Ag$	0.7996
	$Hg^{2+} + 2e \longrightarrow Hg$	0.851
	$Au^{3+} + 3e \longrightarrow Au$	1.498
	$Au^+ + e \longrightarrow Au$	1.692
(2) 负离子为可逆的电极	$Te + 2e \longrightarrow Te^{2-}$	−1.143
	$Se + 2e \longrightarrow Se^{2-}$	−0.924
	$S + 2e \longrightarrow S^{2-}$	−0.47627
	$\frac{1}{2}O_2 + H_2O + 2e \longrightarrow 2OH^-$	0.401
	$I_2 + 2e \longrightarrow 2I^-$	0.5355
	$Br_2 + 2e \longrightarrow 2Br^-$	1.066
	$Cl_2 + 2e \longrightarrow 2Cl^-$	1.35827
	$F_2 + 2e \longrightarrow 2F^-$	2.866

续表

电极分类	电极反应	$\varphi^{\ominus}$/V
(3) 金属及其难溶盐的电极	$PbSO_4 + 2e \longrightarrow Pb + SO_4^{2-}$	−0.3588
	$AgI + e \longrightarrow Ag + I^-$	−0.15224
	$Hg_2I_2 + 2e \longrightarrow 2Hg + 2I^-$	0.0405
	$AgBr + e \longrightarrow Ag + Br^-$	0.07133
	$Hg_2Br_2 + 2e \longrightarrow 2Hg + 2Br^-$	0.13923
	$AgCl + e \longrightarrow Ag + Cl^-$	0.22233
	$Hg_2Cl_2 + 2e \longrightarrow 2Hg + 2Cl^-$	0.26808
	$Hg_2SO_4 + 2e \longrightarrow 2Hg + SO_4^{2-}$	0.6125
(4) 氧化还原电极	$Cr^{3+} + e \longrightarrow Cr^{2+}$	−0.407
	$Sn^{4+} + 2e \longrightarrow Sn^{2+}$	0.151
	$C_6H_4O_2 + 2H^+ + 2e \longrightarrow C_6H_4(OH)_2$	0.6994
	$Fe^{3+} + e \longrightarrow Fe^{2+}$	0.771
	$PbO_2 + 4H^+ + 2e \longrightarrow Pb^{2+} + 2H_2O$	1.455
	$PbO_2 + 4H^+ + SO_4^{2-} + 2e \longrightarrow PbSO_4 + 2H_2O$	1.6913

* 摘自 David R Lide. CRC Hand Book of Chemistry and Physics (82nd Ed.). 2001～2002, 8-21～27

从上面的讨论中我们还可以看到，φ 和 ε 这两个物理量的物理意义是不同的：φ 是以标准氢电极为参考标准的相对电极电势；而 ε 是电极-溶液界面电势差，又称为“绝对电极电势”，目前在实验上还无法单独测定各电极的 ε。

此外，因反应的 $\Delta_r G_m^{\ominus}$ 随温度而变化，所以标准电极电势 $\varphi^{\ominus}$ 也是一个随温度而变化的量。

另一点值得注意的，是 $\Delta_r G_m^{\ominus}$ 具有加和性。若反应(1)+(2)=(3)，则

$$\Delta_r G_m^{\ominus}(1) + \Delta_r G_m^{\ominus}(2) = \Delta_r G_m^{\ominus}(3)$$

但是电极电势 $\varphi^{\ominus}$ 不具有加和性，相应的 $\varphi_1^{\ominus} + \varphi_2^{\ominus}$ 不一定等于 $\varphi_3^{\ominus}$。

【例 5.7】 已知：(1) $Fe^{3+} + e \longrightarrow Fe^{2+}$　　$\varphi_1^{\ominus} = 0.771\ V$

(2) $Fe^{2+} + 2e \longrightarrow Fe$　　$\varphi_2^{\ominus} = -0.447\ V$

求：(3) $Fe^{3+} + 3e \longrightarrow Fe$　　$\varphi_3^{\ominus} = ?$

解　反应(1)+(2)=(3)，故

$$\Delta_r G_m^{\ominus}(1) + \Delta_r G_m^{\ominus}(2) = \Delta_r G_m^{\ominus}(3)$$

$$\Delta_r G_m^{\ominus}(1) = -n_1 F\varphi_1^{\ominus}, \quad \Delta_r G_m^{\ominus}(2) = -n_2 F\varphi_2^{\ominus}, \quad \Delta_r G_m^{\ominus}(3) = -n_3 F\varphi_3^{\ominus}$$

代入上式，则

$$n_1\varphi_1^{\ominus} + n_2\varphi_2^{\ominus} = n_3\varphi_3^{\ominus}$$

$$\varphi_3^{\ominus} = \frac{n_1\varphi_1^{\ominus} + n_2\varphi_2^{\ominus}}{n_3} = \frac{0.771\ V - 2 \times 0.44\ V}{3} = -0.041\ V$$

5.6.4 参比电极

氢电极在测定电动势时精确度很高,可达 1×10^{-6} V。但由于氢电极在制备和使用过程中要求很严,使用起来很不方便。因此,在实际测定电极电势时,常常使用一种制备容易、电势稳定的电极作为参比电极。最常用的参比电极是甘汞电极,其结构如图 5.12 所示:在内管的导线之下装入一层汞,再装一层汞和甘汞(Hg_2Cl_2)的糊体;下部塞以素瓷塞,以防止管中物流出,但又能使内管物与外管中的饱和氯化钾溶液相接触。其电极电势表示式为

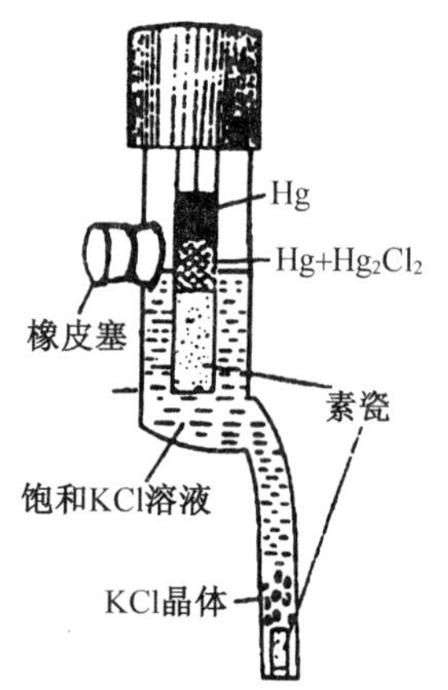

图 5.12 甘汞电极的结构

$$\varphi(Hg_2Cl_2) = \varphi^{\ominus}(Hg_2Cl_2) - \frac{RT}{F}\ln a(Cl^-)$$

在 298 K,$\varphi^{\ominus}(Hg_2Cl_2, Cl^- | Hg) = 0.2681$ V,所使用的甘汞电极的电极电势 $\varphi(Hg_2Cl_2, Cl^- | Hg)$ 与 KCl 溶液的活度有关,常用的饱和甘汞电极中装有饱和 KCl 溶液,在 298 K 的电势为0.2412 V。

5.6.5 生化标准电极电势

在生物体系中,许多氧化还原过程除了电子的得失以外,还同时涉及到 H^+ 离子的转移

$$A + H^+ + ne \longrightarrow B$$

因为 H^+ 是反应的直接参与者,相应的电极电势必然受溶液中氢离子活度的影响。在物理化学中,我们是以 $a(H^+)=1$ 作为标准态。但是在生物体系内的反应大部分是在接近中性的条件下进行的,因此,选择 $a(H^+)=10^{-7}$ 作为标准,其他物质的标准与物理化学中相同更为方便。根据上述原则选择的标准态称为生化标准态。在生物体系中,凡是涉及 H^+ 离子参与的反应,其标准电极电势应该使用生化标准电极电势。以 $a(H^+)=10^{-7}$,其他各物质的活度 $a_B=1$ 的待定电极为正极,以标准氢电极为负极,所组成的电池的电动势即为该待定电极的生化标准电极电势。不涉及 H^+ 离子参与的反应,仍用物理化学中的标准电极电势。生化标准电极电势用 $\varphi^{\oplus}$ 表示。以上反应式中 H^+ 为反应物,则 $\varphi^{\oplus}$ 与 $\varphi^{\ominus}$ 的关系如下

$$\varphi^{\oplus} = \varphi^{\ominus} - \frac{RT}{nF}\ln\frac{a_B}{a_A a(H^+)} = \varphi^{\ominus} - \frac{RT}{nF}\ln\frac{1}{1\times10^{-7}} \tag{5.6.3}$$

$$= \varphi^{\ominus} - \frac{RT}{nF}\ln(1\times10^{7})$$

298 K 时

$$\varphi^{\oplus} = \varphi^{\ominus} - 0.414/n$$

若 H^+ 作为产物出现,则相应的关系为

$$\varphi^{\oplus} = \varphi^{\ominus} + 0.414/n$$

表 5.4 列出一些生化物质在 298 K 时的生化标准(还原)电极电势(标准态为 pH=7)。下面的例题说明如何利用生化标准电极电势的数值进行计算。

表 5.4 一些生化物质在 298 K(pH=7)时的生化标准还原电极电势 $\varphi^{\oplus}$

体系	半电池反应	$\varphi^{\oplus}$/V
O_2/H_2O	$O_2(g)+4H^++4e \longrightarrow 2H_2O$	+0.816
Cu^{2+}/Cu^+ 血蓝蛋白	$Cu^{2+}+e \longrightarrow Cu^+$	+0.540
$Cytf^{3+}/Cytf^{2+}$ 细胞色素	$Fe^{3+}+e \longrightarrow Fe^{2+}$	+0.365
$Cyta^{3+}/Cyta^{2+}$ 细胞色素	$Fe^{3+}+e \longrightarrow Fe^{2+}$	+0.29
$Cytc^{3+}/Cytc^{2+}$ 细胞色素	$Fe^{3+}+e \longrightarrow Fe^{2+}$	+0.254
Fe^{3+}/Fe^{2+} 血红蛋白	$Fe^{3+}+e \longrightarrow Fe^{2+}$	+0.17
Fe^{3+}/Fe^{2+} 肌红蛋白	$Fe^{3+}+e \longrightarrow Fe^{2+}$	+0.046
延胡索酸盐/琥珀酸盐	$^-OOCCH=CHCOO^-+2H^++2e \longrightarrow {}^-OOCCH_2CH_2COO^-$	+0.031
MB/MBH_2	$MB+2H^++2e \longrightarrow MBH_2$	+0.011
草酰乙酸盐/苹果酸盐	$^-OOC-COCH_2COO^-+2H^++2e \longrightarrow {}^-OOCCHOHCH_2COO^-$	−0.166
丙酮酸盐/乳酸盐	$CH_3COCOO^-+2H^++2e \longrightarrow CH_3CHOHCOO^-$	−0.185
乙醛/乙醇	$CH_3CHO+2H^++2e \longrightarrow CH_3CH_2OH$	−0.197
$FAD/FADH_2$	$FAD+2H^++2e \longrightarrow FADH_2$	−0.219
$NAD^+/NADH$	$NAD^++2H^++2e \longrightarrow NADH+H^+$	−0.320
$NADP^+/NADPH$	$NADP^++2H^++2e \longrightarrow NADPH+H^+$	−0.324
CO_2/甲酸盐	$CO_2+H^++2e \longrightarrow HCOO^-$	−0.42
H^+/H_2	$2H^++2e \longrightarrow H_2$	−0.421
Fe^{3+}/Fe^{2+} 铁氧还蛋白	$Fe^{3+}+e \longrightarrow Fe^{2+}$	−0.432
乙酸/乙醛	$CH_3COOH+2H^++2e \longrightarrow CH_3CHO+H_2O$	−0.581
乙酸盐/丙酮酸盐	$CH_3COOH+CO_2+2H^++2e \longrightarrow CH_3COCOOH+H_2O$	−0.70

摘自 Sober H A (Ed.). Handbook of Biochemistry. The Chemical Rubber Co., 1968

【例 5.8】 已知乙醛转变为乙醇的电极反应为

$$CH_3CHO+2H^++2e \longrightarrow CH_3CH_2OH$$

其生化标准电极电势 $\varphi^{\oplus}=-0.197$ V。试计算 298 K 下 pH=6 时，乙醇和乙醛浓度为 1×10^{-5} $mol\cdot dm^{-3}$时的电极电势数值为多少？

解 自电极电势 Nernst 公式，可写出电极电势表示式

$$\varphi=\varphi^{\oplus}-\frac{RT}{nF}\ln\frac{c(CH_3CH_2OH)/c^{\oplus}}{[c(CH_3CHO)/c^{\oplus}][c(H^+)/c^{\oplus}]^2}$$

自表 5.4 中知 $\varphi^{\oplus}$ 为−0.197 V，乙醇与乙醛浓度皆为 $1\times10^{-5}mol\cdot L^{-1}$，$H^+=1\times10^{-6}mol\cdot L^{-1}$，$n=2$，则有

$$\varphi=-0.197\ V-\frac{8.314\ J\cdot K^{-1}\cdot mol^{-1}\cdot 298\ K}{2\times96500\ C\cdot mol^{-1}}\ln\frac{1\times10^{-5}/1}{[1\times10^{-5}/1][1\times10^{-6}/1\times10^{-7}]^2}$$

$$=-0.197+\frac{0.02568\ V}{2}\ln100$$

$$=-0.138\ V$$

【例 5.9】 298 K 时，将乙醛|乙醇和 NAD^+|NADH 两电极组成一电池，自标准生化电极电势数据求该电池反应的平衡常数 $K^\ominus$。

解 自表 5.4 中知 $\varphi^\oplus$(乙醛|乙醇)$=-0.197$ V，$\varphi^\oplus(NAD^+|NADH)=-0.320$ V。若将两电极组成电池，前者为正极，后者为负极，电池反应为

负极(氧化) $NADH-2e \longrightarrow NAD^+ + H^+$ $\varphi^\oplus=-0.320$ V

正极(还原) $CH_3CHO+2H^+ +2e \longrightarrow CH_3CH_2OH$ $\varphi^\oplus=-0.197$ V

电池反应 $CH_3CHO+NADH+H^+ \longrightarrow CH_3CH_2OH+NAD^+$ $E^\oplus=0.123$ V

根据式(5.4.3)，知

$$E^\ominus=\frac{RT}{nF}\ln K_a^\ominus$$

则

$$E^\oplus=\frac{RT}{nF}\ln K_a^\oplus$$

$E^\oplus$ 与 $K_a^\oplus$ 分别为生化标准电池电动势与生化平衡常数，即以$[H^+]=1\times10^{-7}$ mol·L^{-1}为标准态。

$$K^\oplus=\exp\left(\frac{nFE^\oplus}{RT}\right)$$

$$=\exp\left(\frac{2\times96500\ \mathrm{C\cdot mol^{-1}}\times0.123\ \mathrm{V}}{8.314\ \mathrm{J\cdot K^{-1}\cdot mol^{-1}}\times298\ \mathrm{K}}\right)=1.45\times10^4$$

$$K^\oplus=\frac{[c(CH_3CH_2OH)/c^\oplus][c(NAD^+)/c^\oplus]}{[c(CH_3CHO)/c^\oplus][c(NADH)/c^\oplus][c(H^+)/1\times10^{-7}]}=1.45\times10^4$$

反应的生化平衡常数为

$$K^\ominus=\frac{[c(CH_3CH_2OH)/c^\ominus][c(NAD^+)/c^\ominus]}{[c(CH_3CHO)/c^\ominus][c(NADH)/c^\ominus][c(H^+)/1]}$$

$$\frac{K^\ominus}{K^\oplus}=\frac{1}{10^{-7}}\qquad K^\ominus=\frac{K^\oplus}{10^{-7}}=\frac{1.45\times10^4}{10^{-7}}=1.45\times10^{11}$$

5.7 由电极电势计算电池电动势

5.7.1 液体接界电势与盐桥

如果在一个电池中存在着两种电解质溶液，当两电解质种类相同而浓度不同、或种类不同而浓度相同、或种类和浓度皆不同时，在两液相的界面上都会产生液体接界电势。这是由于正、负两种离子从一种溶液通过界面迁入另一种溶液的速率不同所造成的。例如，浓度相同的 $AgNO_3$ 溶液与 HNO_3 溶液相接触时，可看作界面上没有 NO_3^- 的扩散，但 H^+ 向 $AgNO_3$ 一侧扩散比 Ag^+ 向 HNO_3 一侧扩散得快，必然使界面处 $AgNO_3$ 一侧带上正电，而 HNO_3 一侧带上负电，因此在液体接界处产生了电势差。当界面两侧带电后，会使扩散较快的离子减速，而使扩散较慢的离子加速，很快就达成一稳定状态，两种离子以等速通过界面。此时在界面上形成稳定不变的电势差，这就是“液体接界电势”，也称为“扩散电势”。

液体接界电势目前既难于单独测量，又不好准确计算。由于有液体接界电势的存在，电池的电动势不能用 $E=\varphi_+-\varphi_-$ 的公式来表示。(因为液体接界电势的数值并不包括在 $\varphi_+-\varphi_-$ 之中。)虽然液体接界电势之值小于 0.03 V，有时可能接近于零，但考虑电池的电动势时仍不能忽视它。通常采用“盐桥法”消除液体接界电势。接界电势是正负离子的迁移速率不同所造成的，将正负离子迁移数较接近的电解质，如 KCl 的饱和溶液(约 4.2 mol·dm^{-3})与 3%的琼

脂加热后，共装在U形管内，冷却凝成半固体可制成盐桥。将此U形管插入两个半电池的溶液中，此时以盐桥与两个溶液的接界代替了原来两个半电池溶液的一个接界。因为盐桥中电解质的浓度很大，主要扩散作用来自盐桥。K^+与Cl^-的迁移数分别为0.496与0.504，两者很相近，在两个界面上产生的液体接界电势数值很小，而且常常又是符号相反，它可以使液体接界电势的数值降低到只有1～2 mV，在一般的电动势测量中已可忽略不计。若半电池中的溶液与KCl有作用而生成沉淀时，可用NH_4NO_3代替KCl作盐桥。

5.7.2 各种类型的电池及其电动势的计算

按照物质所发生的变化，可把电池分为两类：凡电池中的变化是构成一化学反应的电池称为“化学电池”；凡电池内物质变化仅是由高浓度变为低浓度的电池则称为“浓差电池”。下面介绍一些电池类型及其电动势的计算方法。

1. 单液化学电池

例如：$(Pt)H_2(p=p^\ominus)|HCl(m=0.1\ mol\cdot kg^{-1},\gamma_\pm=0.796)|AgCl(s)\text{-}Ag(s)$，此电池由氢电极及银-氯化银电极所组成，其电极反应为

负极 $\quad \frac{1}{2}H_2(p) \longrightarrow H^+(a_+)+e$

正极 $\quad AgCl+e \longrightarrow Ag+Cl^-(a_-)$

电池反应 $\quad \frac{1}{2}H_2(p)+AgCl \longrightarrow Ag+H^+(a_+)+Cl^-(a_-)$

此电池的电动势可以由整个电池的化学反应来计算，也可由两电极的电极电势来计算，所得结果是一样的。根据总反应，电动势的表示式为

$$E=E^\ominus-\frac{RT}{F}\ln\frac{a(H^+)a(Cl^-)a(Ag)}{a(AgCl)[p(H_2)/p^\ominus]^{1/2}}$$

因纯固体物质活度等于1和$p(H_2)=p^\ominus$，则得

$$\begin{aligned}E&=E^\ominus-\frac{RT}{F}\ln a_+a_-\\&=E^\ominus-\frac{RT}{F}\ln a_\pm^2\\&=E^\ominus-\frac{2RT}{F}\ln\frac{\gamma_\pm m_\pm}{m^\ominus}\end{aligned}$$

在25 ℃时，该电池的电动势为

$$\begin{aligned}E&=\varphi^\ominus(AgCl|Ag)-\varphi^\ominus(H^+|H_2)-2\times0.0592\ V\times\lg(0.796\times0.1)\\&=0.222\ V-0\ V+0.130\ V\\&=0.352\ V\end{aligned}$$

如果由电极电势计算，则为

$$\begin{aligned}E&=\varphi(AgCl|Ag)-\varphi(H^+|H_2)\\&=\left[\varphi^\ominus(AgCl|Ag)-\frac{RT}{F}\ln\frac{a(Ag)a(Cl^-)}{a(AgCl)}\right]-\left[\varphi^\ominus(H^+|H_2)-\frac{RT}{F}\ln\frac{(p(H_2)/p^\ominus)^{\frac{1}{2}}}{a(H^+)}\right]\\&=\varphi^\ominus(AgCl|Ag)-\varphi^\ominus(H^+|H_2)-\frac{RT}{F}\ln a(H^+)a(Cl^-)\end{aligned}$$

$$= \varphi^{\ominus}(\mathrm{AgCl}|\mathrm{Ag}) - \varphi^{\ominus}(\mathrm{H}^+|\mathrm{H}_2) - \frac{2RT}{F}\ln a_{\pm}$$

$$= \varphi^{\ominus}(\mathrm{AgCl}|\mathrm{Ag}) - \varphi^{\ominus}(\mathrm{H}^+|\mathrm{H}_2) - \frac{2RT}{F}\ln \frac{\gamma_{\pm} m_{\pm}}{m^{\ominus}}$$

结果与电池反应求算法相同,在298 K时

$$E = (0.222\ \mathrm{V} - 0.0592\ \mathrm{V} \times \lg 0.796 \times 0.1) - \left(0 - 0.0592\ \mathrm{V} \times \lg \frac{1^{\frac{1}{2}}}{0.796 \times 0.1}\right)$$
$$= (0.222\ \mathrm{V} + 0.065\ \mathrm{V}) - (-0.065\ \mathrm{V})$$
$$= 0.352\ \mathrm{V}$$

2. 双液化学电池

电池中有两种电解质溶液,且用盐桥消除了液体接界电势。例如

$\mathrm{Zn(s)}|\mathrm{ZnCl_2}\,(m=0.5\ \mathrm{mol\cdot kg^{-1}}, \gamma_{\pm}=0.376) \,\|\, \mathrm{CdSO_4}\,(m=0.1\ \mathrm{mol\cdot kg^{-1}}, \gamma_{\pm}=0.137)|\mathrm{Cd(s)}$

其反应为

负极　　$\mathrm{Zn} \longrightarrow \mathrm{Zn^{2+}} + 2\mathrm{e}$

正极　　$\mathrm{Cd^{2+}} + 2\mathrm{e} \longrightarrow \mathrm{Cd}$

电池反应　　$\mathrm{Zn} + \mathrm{Cd^{2+}} \longrightarrow \mathrm{Zn^{2+}} + \mathrm{Cd}$

与单液电池中相同,可用两种方法写出电动势表示式,其结果相同,为

$$E = E^{\ominus} - \frac{RT}{2F}\ln \frac{a(\mathrm{Zn^{2+}})a(\mathrm{Cd})}{a(\mathrm{Zn})a(\mathrm{Cd^{2+}})}$$

$$= \varphi^{\ominus}(\mathrm{Cd^{2+}}|\mathrm{Cd}) - \varphi^{\ominus}(\mathrm{Zn^{2+}}|\mathrm{Zn}) - \frac{RT}{2F}\ln \frac{a(\mathrm{Zn^{2+}})}{a(\mathrm{Cd^{2+}})}$$

$$= \varphi^{\ominus}(\mathrm{Cd^{2+}}|\mathrm{Cd}) - \varphi^{\ominus}(\mathrm{Zn^{2+}}|\mathrm{Zn}) - \frac{RT}{2F}\ln \frac{\gamma(\mathrm{Zn^{2+}})m(\mathrm{Zn^{2+}})/m^{\ominus}}{\gamma(\mathrm{Cd^{2+}})m(\mathrm{Cd^{2+}})/m^{\ominus}}$$

在该式中,出现了单独离子的活度或活度系数,而它们是无法测定的。因此,通常需作一近似处理,即假设一溶液中 $\gamma_+ = \gamma_- = \gamma_{\pm}$,以可测量的 $\gamma_{\pm}$ 代替不可测量的 γ_+ 或 γ_-。在298 K时,该电池的电动势为

$$E = -0.407\ \mathrm{V} - (-0.762\ \mathrm{V}) - \frac{0.0592\ \mathrm{V}}{2} \times \lg \frac{0.376 \times 0.5}{0.137 \times 0.1}$$
$$= 0.355\ \mathrm{V} - 0.034\ \mathrm{V}$$
$$= 0.321\ \mathrm{V}$$

3. 浓差电池

浓差电池中两电极的物质组成完全相同,但浓度不同。当电池的两极分别进行氧化还原反应产生电动势时,伴随着物质从高浓度向低浓度处的转移,直至浓度相等为止。例如,下列电池

$$\mathrm{Ag}|\mathrm{AgNO_3}(m_1) \,\|\, \mathrm{AgNO_3}(m_2)|\mathrm{Ag}$$

其电池内的反应为

负极　　$\mathrm{Ag} \longrightarrow \mathrm{Ag^+}(m_1) + \mathrm{e}$

正极　　$\mathrm{Ag^+}(m_2) + \mathrm{e} \longrightarrow \mathrm{Ag}$

电池反应　　$\mathrm{Ag^+}(m_2) \longrightarrow \mathrm{Ag^+}(m_1)$

其电动势为

$$E = -\frac{RT}{F}\ln \frac{a_1(\mathrm{Ag^+})}{a_2(\mathrm{Ag^+})} = \frac{RT}{F}\ln \frac{a_2(\mathrm{Ag^+})}{a_1(\mathrm{Ag^+})} = \frac{RT}{F}\ln \frac{(\gamma_{\mathrm{Ag^+}} m/m^{\ominus})_2}{(\gamma_{\mathrm{Ag^+}} m/m^{\ominus})_1}$$

由上式可以看出，这类电池的 E 与两个溶液中相应离子的浓度有关。计算电动势时，因式中有单独离子活度，以 $\gamma_{\pm}$ 代替 γ_{+} 或 γ_{-} 作近似计算。

浓差电池也可由两个压力不同的气体电极构成。如 $\mathrm{Pt}, \mathrm{H_2}(p_1)|\mathrm{HCl}(m)|\mathrm{H_2}(p_2), \mathrm{Pt}$，其反应为

负极　$\frac{1}{2}\mathrm{H_2}(p_1) \longrightarrow \mathrm{H^+}(m)+\mathrm{e}$

正极　$\mathrm{H^+}(m)+\mathrm{e} \longrightarrow \frac{1}{2}\mathrm{H_2}(p_2)$

电池反应　$\frac{1}{2}\mathrm{H_2}(p_1) \longrightarrow \frac{1}{2}\mathrm{H_2}(p_2)$

此时，电动势应为

$$E = -\frac{RT}{F}\ln\left(\frac{p_2/p^{\ominus}}{p_1/p^{\ominus}}\right)^{\frac{1}{2}} = \frac{RT}{F}\ln\left(\frac{p_1/p^{\ominus}}{p_2/p^{\ominus}}\right)^{\frac{1}{2}}$$

5.8　电动势测定的应用

5.8.1　求难溶盐类的溶度积

难溶盐的溶度积实质上就是难溶盐离解反应的平衡常数。将难溶盐溶解后形成离子的过程组成一电池反应，测出该电池的标准电动势，即可求出该盐的溶度积。例如：求 AgCl 的溶度积，可选择电极 $\mathrm{Ag}|\mathrm{AgNO_3}$ 和 $\mathrm{Ag},\mathrm{AgCl}|\mathrm{KCl}$ 组成电池

$$\mathrm{Ag(s)}|\mathrm{AgNO_3} \| \mathrm{KCl}|\mathrm{AgCl},\mathrm{Ag(s)}$$

负极　$\mathrm{Ag} \longrightarrow \mathrm{Ag^+}+\mathrm{e}$

正极　$\mathrm{AgCl}+\mathrm{e} \longrightarrow \mathrm{Ag}+\mathrm{Cl^-}$

电池反应　$\mathrm{AgCl} \longrightarrow \mathrm{Ag^+}+\mathrm{Cl^-}$

在 25 ℃时，电池的标准电动势为

$$E^{\ominus}=\varphi_{+}^{\ominus}-\varphi_{-}^{\ominus}=0.2223\ \mathrm{V}-0.7996\ \mathrm{V}=-0.5773\ \mathrm{V}$$

因

$$\Delta_{\mathrm{r}}G_{\mathrm{m}}^{\ominus}=-nFE^{\ominus}=-RT\ln K_{\mathrm{sp}}$$

$$\lg K_{\mathrm{sp}}=\frac{nFE^{\ominus}}{2.303\,RT}=\frac{-0.5773\ \mathrm{V}}{0.0592}=-9.7517$$

$$K_{\mathrm{sp}}=1.77\times10^{-10}$$

5.8.2　电解质活度系数的测定

例如要求盐酸的活度系数，我们可以设计下面的电池

$$(\mathrm{Pt})\mathrm{H_2}(p=p^{\ominus})|\mathrm{HCl}(m)|\mathrm{AgCl},\mathrm{Ag(s)}$$

其反应为

负极　$\frac{1}{2}\mathrm{H_2}(p^{\ominus}) \longrightarrow \mathrm{H^+}(m)+\mathrm{e}$

正极　$\mathrm{AgCl}+\mathrm{e} \longrightarrow \mathrm{Ag}+\mathrm{Cl^-}(m)$

电池反应 $\frac{1}{2}H_2(p^\ominus)+AgCl \longrightarrow Ag+H^+(m)+Cl^-(m)$

其电动势为

$$E=E^\ominus-\frac{RT}{F}\ln a(H^+)a(Cl^-)$$

$$=E^\ominus-\frac{2RT}{F}\ln a_\pm=E^\ominus-\frac{2RT}{F}\ln\frac{\gamma_\pm m_\pm}{m^\ominus}$$

$$=E^\ominus-\frac{2RT}{F}\ln\frac{\gamma_\pm m}{m^\ominus}$$

式中：$\gamma_\pm=(\gamma_{H^+}\gamma_{Cl^-})^{\frac{1}{2}}$，是 HCl 的平均活度系数。在 298 K 时

$$E=E^\ominus-0.1183\lg(m/m^\ominus)-0.1183\lg\gamma_\pm$$

$$\lg\gamma_\pm=\frac{E^\ominus-[E+0.1183\lg(m/m^\ominus)]}{0.1183} \tag{5.8.1}$$

式中：$E^\ominus=\varphi^\ominus(AgCl|Ag)-\varphi^\ominus(H^+|H_2)=\varphi^\ominus(AgCl|Ag)-0=\varphi^\ominus(AgCl|Ag)$。若配制不同浓度($m$)的 HCl 溶液，测定其 E 值，由 $E^\ominus$ 即可求出不同浓度的 HCl 的平均活度系数。

5.8.3 离子选择性电极与化学修饰电极

测定电动势求得各种物质的浓度，需由两个电极组成一个电池，其中一个为电极势稳定的参比电极(通常用甘汞电极)，另一个为电极势对某种待测物质浓度有灵敏响应的指示电极。常用的指示电极有离子选择性电极和化学修饰电极。

1. 离子选择性电极

离子选择性电极结构的关键是电极中含有选择性的敏感膜。例如，常用的玻璃电极中就有对 H^+ 有选择性的玻璃膜。改变玻璃膜的组成比，加入相应离子的氧化物，就可制得 Na^+、K^+、Ag^+、Tl^+、Li^+、Rb^+、Cs^+ 等各种离子的指示电极。此外，采用某些晶体膜，可制得 F^-、Cl^-、Br^-、CN^-、S^{2-} 等不同的离子选择性电极。

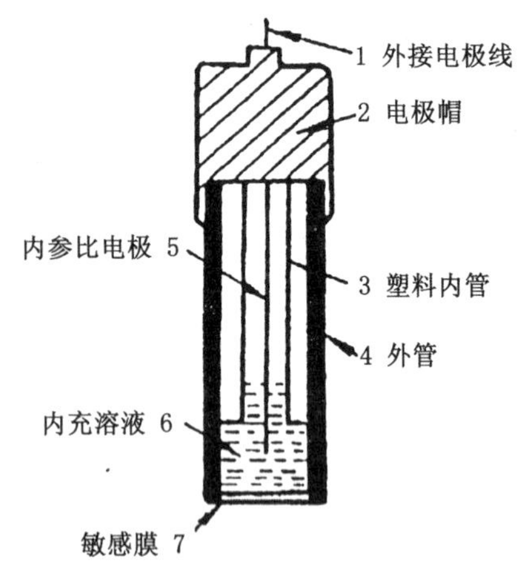

图 5.13 离子选择电极结构示意图

各种类型的离子选择性电极的结构虽各有特点，但大体构造基本相同，其敏感膜固定在由玻璃或其他聚合物材料制成的电极管上，管内装有一定浓度的、与待测离子相同的强电解质溶液，中间插入一内参比电极，常用 Ag-AgCl 电极(如图 5.13 所示)。若以阳离子选择电极为例，电极膜是对某一种阳离子 M^{n+} 有选择穿透性的薄膜。将此指示电极插入含有该种离子的待测溶液中，由于膜内与膜外 M^{n+} 离子浓度不同，在膜两侧会产生电势差，称为膜电势 $\varphi_{膜}$。通常，膜电势随离子活度的变化服从 Nernst 公式。离子选择性电极的电极电势为

$$\varphi_{膜}=\varphi^\ominus-\frac{RT}{nF}\ln\frac{1}{a(M^{n+})} \tag{5.8.2}$$

将参比电极与离子选择性电极组成电池后，电池的电动势 E 可表示为

$$E=\varphi_{参比}-\varphi_{膜}=\varphi'-\frac{RT}{nF}\ln a(M^{n+})$$

根据上式，只要配制一系列浓度 c 不同的标准溶液，并测出相应的电动势 E 值，绘制出 E-ln$c$ 工作曲线，再测得未知样品的 E 值，自工作曲线可求出未知溶液中待测离子的浓度。

在用玻璃电极测定 H^+ 离子浓度时，采用玻璃电极与饱和甘汞电极组成的电池，首先用已知 pH 的标准缓冲溶液测定出其电动势 E_s，然后测定未知 pH 溶液的电动势 E_x，则可得出

$$pH = pH_{已知} + \frac{E_x - E_s}{2.303 \times \frac{RT}{F}} \tag{5.8.3}$$

2. 化学修饰电极

化学修饰电极是指通过物理的、化学的手段在电极的表面上涂敷、键合、吸附或聚合单分子、多分子、离子或聚合物的微结构，以给予电极某种预定功能的电极。它突破了电极上电子转移的单一作用，可以有选择地在电极上进行所期望的反应，在分子水平上实现了电极功能的设计。特别是超微化学修饰电极，它结合超微电极和化学修饰电极的优点，既可降低样品的检测下限，又有高度的选择性，还可将物质的分析提高到细胞水平。例如，将一对 5～10 μm 的铂超微化学修饰电极仔细地插到巨藻细胞中，可保持细胞膜的完整。在巨藻细胞所浸泡的溶液中加入不同的电活性物质，通过微分脉冲伏安法，可测定细胞膜内有无活性物质通透。实验证实，带正电荷的物质可以穿透细胞膜，而带负电荷的物质则不能穿透。同时，物质穿透细胞膜的速率与细胞膜内外的浓度差和光照条件皆有关，光照强、浓差大，物质穿透细胞膜的速率就大。

化学修饰电极不仅推动了电极过程动力学的基本理论研究，而且在电催化、光电催化、电化学传感、选择富集分离等多方面有越来越多的应用前景。

3. 化学传感器

化学传感器(chemical sensor)是以化学物质为检测参数的装置。一般它由接受器、换能器(信号转换器)和电子线路组成。其中接受器具有分子识别功能，当待测物质的分子、离子通过它与敏感材料相互接触时，产生的电极电势及表面化学反应立即由换能器转化为光电信号，通过电子系统处理给出显示。近年来已有许多广泛应用的传感器设备，如 pH 计、血气分析仪、血液电解质分析仪、葡萄糖检测仪等。在工业上也有作为易燃、易爆及有害气体的监测和自控装置。

目前化学传感器可归纳为电化学式、光学式、热学式、质量式多种化学传感器，其中以电化学式传感器最为成熟，应用亦最广泛。例如，测定 CO_2 的化学传感器是以 CO_2 气敏电极为接受器，它用厚度为 0.1 mm 的聚四氟乙烯微孔膜作为选择电极的敏感膜(该膜只允许 CO_2 气体通过)，电极的内充液为固定浓度的 $NaHCO_3$ 溶液。当此气敏电极插入含有 CO_2 的溶液中，CO_2 与 H_2O 作用生成的 H_2CO_3 会影响膜内 $NaHCO_3$ 的电离平衡，内充液中的 H^+ 浓度即发生变化，从而使气敏电极的电极势变化，通过换能器和电子系统的处理，立即显示出溶液中 CO_2 的含量。在医学中将此电极做成探针形式，可检测血液中 CO_2 的含量或表皮上 CO_2 的含量，可为临床监护病人提供即时检测结果。

5.9 生物电化学

生物电化学是通过电化学的基本原理和实验方法来研究生物体系在分子和细胞水平上电荷和能量传输的运动规律，以及对生物体系活动功能的影响。它涉及生物体系的各种氧化还

原反应(如呼吸链、光合链等)的热力学(反应机制、生物催化等);生物膜和人工模拟膜上电荷与物质的分离和转移(生物膜界面结构、界面电势、跨膜电势等);生物体系中的电动力学(膜及生物体系的介电性质和外加电磁场对细胞分裂、融合、生长过程的影响等);应用生物电化学,包括生物电极和电池、电化学在医学与药学中的应用等方面。由此可见,电化学已成为生命科学中最基本的学科之一,电化学的基本理论和实验方法,不仅能在生命个体和有机组织的整体水平上,而且可在分子与细胞水平上揭示和研究生命过程中的化学本质,它对生物学科的发展及应用都有重要的意义。在此仅对生物氧化、生物膜电势及生物传感器作一些介绍,以略见生物电化学的一斑。

5.9.1 生物氧化

生物氧化是糖、脂肪和蛋白质分解代谢的主要方式,也是能量释放的重要途径。其净反应是从"燃料"分子中转移电子,使氧分子还原成水。它是靠亚细胞器中的线粒体将生物氧化第一阶段的代谢物,如丙酮酸、苹果酸、乳酸、谷氨酸等进行链式酶催化反应,称为末端氧化链或呼吸链。一个葡萄糖分子氧化,共有12对电子通过呼吸链,总自由能改变为

$$12\times(-220)\ \mathrm{kJ\cdot mol^{-1}}=-2640\ \mathrm{kJ\cdot mol^{-1}}$$

葡萄糖的燃烧热为$-2808\ \mathrm{kJ\cdot mol^{-1}}$,可见,葡萄糖氧化时能利用的自由能在代谢的呼吸链中绝大部分被释放出来了。生物氧化与燃烧反应的区别在于,前者处于酶催化的呼吸链中,在水溶液和体温的条件下进行。在链中,电势低的物质容易失去电子,电势高的物质可以氧化电势低的物质,能量是逐步释放和受调节的。而燃烧时的能量是集中大量释放的,会引起体系温度骤然升高。此外,生物氧化主要是脱氢和电子转移的反应,氢与氧化合成水。而燃烧则包含有氧与代谢物的碳原子生成二氧化碳的氧化作用。

生物氧化可形成生物燃料电池。燃料电池与常规化学电源的区别是普通化学电池的反应物质储存于电池内部,这些物质耗尽时电池不能提供电能。而燃料电池的燃料与氧化剂储存于外部的容器中,只要连续向电池供给燃料和氧化剂,它就能不断地输出电能。例如氢、氧燃料电池,阳极活性物质为H_2,阴极活性物质为O_2。在人体液中存在的葡萄糖和氧可分别作为阳极和阴极反应的活性物质,可将载有阳极催化剂(Pt或Pt-Ru合金)与阴极催化剂(Pt或Au合金)的电极与体液组成生物体内的燃料电池,其电极反应为

阳极(负极)　$C_6H_{12}O_6+24OH^--24e\longrightarrow 6CO_2+18H_2O$

阴极(正极)　$6O_2+12H_2O+24e\longrightarrow 24OH^-$

电池反应　$C_6H_{12}O_6+6O_2\longrightarrow 6CO_2+6H_2O$

依靠体液的活性物质为燃料,在体内组成生物燃料电池,作为体内人造器官的持续电源是完全可能的。

5.9.2 细胞膜电势

生物细胞膜是一种特殊类型的半透膜。膜的两侧存在着由多种离子组成的电解质溶液。在正常情况下,神经细胞膜内、外K^+浓度分别为$400\ \mathrm{mmol\cdot dm^{-3}}$与$20\ \mathrm{mmol\cdot dm^{-3}}$,膜内$K^+$浓度比膜外的约高20倍;而膜内、外$Na^+$浓度则分别为$50\ \mathrm{mmol\cdot dm^{-3}}$与$440\ \mathrm{mmol\cdot dm^{-3}}$,膜内$Na^+$浓度比膜外的低许多。此外,细胞膜对离子的通透性$P$是可以调

变的。在通常静息状态时，神经细胞膜对 K^+ 的通透性约比对 Na^+ 的大 100 倍。由于细胞膜两侧离子浓度不同而产生的膜电势，可根据 Goldman（戈德曼）方程给出

$$\varphi_{膜} = \frac{RT}{nF}\ln\frac{P(K^+)a_{外}(K^+) + P(Na^+)a_{外}(Na^+)}{P(K^+)a_{内}(K^+) + P(Na^+)a_{内}(Na^+)}$$

$$= \frac{RT}{nF}\ln\frac{a_{外}(K^+)[P(K^+)/P(Na^+)] + a_{外}(Na^+)}{a_{内}(K^+)[P(K^+)/P(Na^+)] + a_{内}(Na^+)}$$

式中：$a(K^+)$、$a(Na^+)$与 $P(K^+)$、$P(Na^+)$分别是 K^+ 和 Na^+ 离子活度与通透性，注脚表示细胞内和细胞外。在 310 K 时，可得静息电势为

$$\varphi_{膜} = \frac{8.314\ J \cdot K^{-1} \cdot mol^{-1} \times 310\ K}{96500\ C \cdot mol^{-1}}\ln\frac{20\times100+440}{400\times100+50} \approx -0.075\ V = -75\ mV$$

这表明细胞内壁比细胞外壁电势低 75 mV，因此细胞内侧是带负电的。静息电势的计算值与实验测定值（-70 mV）接近。通常，静止肌肉细胞膜电势约为 -90 mV，肝细胞膜电势约为 -40 mV。

当神经细胞受到电的、化学的或机械的刺激时，引起膜的通透性改变，细胞膜对 Na^+ 的通透性突然增大，并超过了对 K^+ 的通透性，$P(Na^+)/P(K^+) = 12$，立即引起膜电势的变化。用 Goldman 方程计算为

$$\varphi_{膜} = \frac{8.314\ J \times K^{-1} \cdot mol^{-1} \times 310\ K}{96500\ C \cdot mol^{-1}}\ln\frac{20\times\frac{1}{12}+440}{400\times\frac{1}{12}+50} \approx 0.05\ V = 50\ mV$$

膜电势的突变称为电势活化，它在大约 1×10^{-4} s 内即完成。受刺激后的膜电势叫动作电势。动作电势会产生电流沿神经纤维传播，这就是生物电。

由浓差引起扩散而产生膜电势是自发过程，不需要供给能量。但是使细胞在受刺激后恢复原状，维持膜内外 K^+ 和 Na^+ 的正常不均匀分布，这需要依靠细胞膜上的钠泵蛋白通过消耗 ATP 来完成。

Goldman 方程实际上是 Nernst 方程的推广应用。但应看到，在膜电势突变时有电流产生，此时膜两侧的电极过程实际上已不是可逆过程，而 Nernst 方程只适用于可逆电极过程。此外，在动物细胞膜上通过不同的电流，并同时测定膜电势的数值，Mandle（曼德尔）发现活细胞膜并不是一个简单的电阻，膜电势的产生与电极过程有关。而死组织的细胞膜上无新陈代谢作用，细胞膜就成为一个简单的电阻。电化学家认为，膜电势产生的本质是在膜与溶液界面上进行着电荷传递过程，在细胞膜的一侧进行有机物的氧化反应，而在另一侧进行氧的还原反应。关于膜电势产生的机理，还有待深入研究。根据膜电势变化的规律来研究生物机体活动的情况，是当前生物电化学研究中的一个十分活跃的领域，并得到广泛的应用。膜电势的存在，表明每个细胞膜上都有一个双电层，相当于许多电偶极子分布在表面上。跨膜电势的测定、膜电势的控制在医学上有重要的意义。例如，心肌收缩与松弛时，心肌细胞膜电势相应发生变化，心脏的总偶极矩也随着变化。心电图就是测量人体表面几组对称点之间因心脏偶极矩改变所引起电势差随时间的变化，据此来检查心脏工作的情况。此外，脑电图、肌动电流图都为了解大脑神经细胞的电活动、肌肉的活动提供了直接有效的检测手段。

5.9.3 生物传感器

生物传感器是化学传感器的一种特殊形式，在电极表面上连接着生物物质，它们可分为两类：一类是具有催化功能的物质，如酶、复合酶（包括细胞内的小器官）、微生物细胞等；另一类是能形成稳定复合体的物质，如抗体、键合蛋白质等。它们在分子识别中有很强的专一性与灵敏性，例如，酶只识别其相应的底物、抗体识别抗原等。以上这些生物识别物很多是水溶性的，并且不稳定，难以直接用它们做传感器，通常需将它们转化为固体状态，固定在电极表面上。方法为：(i) 通过形成共价键、离子键或配位键等使分子识别物质直接结合在电极表面上。(ii) 电极表面用高分子物质修饰，将分子识别材料包埋或吸附在该高分子载体的多孔膜中。(iii) 聚合物先连接上分子识别物质，再将其涂在电极上，以此制得生物功能电极。

一般的酶传感器是由电化学检测装置和酶膜组成。例如，葡萄糖酶电极是在 Pt 电极表面上先涂上一层氧气可以通透的高分子膜，然后在其上面再贴一层葡萄糖氧化酶(GOD)膜，便制得测定葡萄糖的酶传感器。将此传感器插入葡萄糖水溶液中，葡萄糖分子与酶膜接触，则发生酶促反应

$$\beta\text{-D-葡萄糖} + O_2 \xrightarrow{\text{GOD}} \text{葡萄糖酸} + H_2O$$

存在于膜中的 GOD 只对 β-D-葡萄糖起催化作用，不断消耗 O_2。同时，溶解在溶液中的 O_2 也会扩散，通过酶膜与高分子膜到达 Pt 电极的表面而被还原。O_2 的还原电流减少的速度与葡萄糖的浓度有关。利用葡萄糖氧化酶传感器测定糖尿病患者血液中葡萄糖含量，只需0.01 cm^3 血液，20～30 s 即可得出结果。

结合蛋白质是某种蛋白质与特定物质所形成的稳定蛋白质复合体，它具有优良的分子识别功能。利用结合蛋白质的亲和电势测定，可制成不同的传感器。例如，利用抗生素蛋白可制作维生素 H 传感器；利用蛋白质 A 可制作免疫球蛋白 G 传感器。此外，以微生物作为识别材料，可制成微生物传感器。例如，在环境监测中生物耗氧量(BOD)是一个非常重要的指标，常规分析方法需用 5 d(天)时间，利用丝孢酵母菌传感器仅用 15 min 即可得出 BOD 的数值。此外，微生物传感器可用于致癌物质的测定。因为许多致癌物质能使微生物变性，使微生物中的 DNA 受到损伤而使其丧失呼吸功能。利用某些特定的微生物菌株制成的微生物传感器，可进行致癌物质的筛选。生物传感器的研究发展与微电子、微机技术和超微电极等高科技紧密相连，它在生理过程的跟踪、活体检测、发展生物芯片等方面有着十分广阔的前景。

5.10 不可逆电极过程简介

5.10.1 电极的极化与超电势

在实际的电化学过程中，只有电流通过才能实现化学能与电能的相互转化。此时，电极的平衡状态被破坏，电极过程变为不可逆过程，通过的电流密度（单位电极表面的电流强度 I/A）愈大，电极电势与可逆电势产生的偏差就愈大。这种对可逆电极电势产生偏差的现象称为电极的极化，两者偏差的绝对值称为超电势。

无论在原电池还是在电解池中，若有电流通过，就必定有极化现象。它主要包括浓差极化和电化学极化。

1. 浓差极化

当电流通过电极时，电极反应会消耗或产生某种离子，而本体溶液中离子扩散速率较慢，导致电极表面附近有关离子的浓度与本体溶液的浓度不同，从而引起的极化称为浓差极化。现以银电极 $Ag^+|Ag$ 为例，说明浓差极化的两种不同情况。

当 $Ag^+|Ag$ 作为阴极时，电极附近的 Ag^+ 很快地沉积到电极上。由于电极附近的 Ag^+ 浓度 $c(Ag^+)_{阴极}$ 小于本体溶液中的银离子浓度 $c(Ag^+)$，其效果类似于把 $Ag^+|Ag$ 插入浓度较小的溶液中一样；当 $Ag^+|Ag$ 作为阳极时，电极上 Ag 氧化产生的 Ag^+ 迅速溶入电极附近的溶液中，阳极附近的银离子浓度 $c(Ag^+)_{阳极}$ 就大于本体溶液中银离子的浓度 $c(Ag^+)$，其效果相当于把 $Ag^+|Ag$ 插入浓度较大的溶液中一样。

若近似地以浓度代替活度，上述情况的电极电势可分别表示为

可逆电极 $$\varphi_r(Ag^+|Ag)=\varphi^\ominus(Ag^+|Ag)+\frac{RT}{F}\ln c(Ag^+)$$

不可逆电极 $$\varphi_i(Ag^+|Ag)_{阴极}=\varphi^\ominus(Ag^+|Ag)+\frac{RT}{F}\ln c(Ag^+)_{阴极}$$

$$\varphi_i(Ag^+|Ag)_{阳极}=\varphi^\ominus(Ag^+|Ag)+\frac{RT}{F}\ln c(Ag^+)_{阳极}$$

由上可知，浓差极化时，$c(Ag^+)_{阴极}<c(Ag^+)$，所以阴极电极电势总是低于相应的可逆电极的电极电势；而 $c(Ag^+)_{阳极}>c(Ag^+)$，则阳极的电极电势总是高于相应的可逆电极的电极电势。因浓差极化而造成的电极电势与可逆电极电势之差的绝对值称为浓差超电势，用 η(浓差)表示。

阴极 $$\eta(浓差)=\varphi_r-\varphi_i=\frac{RT}{nF}\ln\frac{c(本体)}{c(阴极)} \tag{5.10.1}$$

阳极 $$\eta(浓差)=\varphi_i-\varphi_r=\frac{RF}{nF}\ln\frac{c(阳极)}{c(本体)} \tag{5.10.2}$$

浓差超电势一般只有几十毫伏，它与电流密度、溶液温度、搅拌情况等因素有关。升温和强烈搅拌可加速离子的扩散、减小浓差极化。浓差极化也可以加以利用。例如，利用滴汞电极的浓差极化可进行极谱分析。

2. 电化学极化

通电流时因电极上电化学反应进行迟缓，导致电极电势偏离可逆电极电势的现象称为电化学极化，又称活化极化。两者电势差的绝对值称为电化学超电势，其大小是电化学极化程度的量度。通常在电极上的反应是分若干步来完成的，在连续反应中可能某一步骤需要较高的活化能，它使得电子的转移速率变慢。只有提高电极电势，补充额外的电能方能保持恒定的电流密度。发生电化学极化时，阴极电极电势总是比可逆电极电势低，阳极电极电势总是比可逆电极电势高。

实验表明，在电解时除 Fe、Co、Ni 等过渡元素离子外，一般金属离子还原成金属时，在阴极上电化学超电势的数值都较小。但有气体析出时，电化学超电势的数值都比较大。

由上可知，不论在电解池还是在原电池中，各种极化作用所产生的超电势 η 与可逆电极电势 φ_r 的关系，可表示为

$$\varphi_c=\varphi_r-\eta_c;\quad \varphi_a=\varphi_r+\eta_a \tag{5.10.3}$$

即在阴极的超电势 η_c 使阴极的电极电势 φ_c 降低，在阳极的超电势 η_a 使阳极的电极电势 φ_a 升高。

5.10.2 电解池的分解电压与电池的端电压

在电解池中通过电流 I 时，两极间所需的实际分解电压 U(外加电压)可表示为：

$$U = \varphi_a - \varphi_c + IR = E_r + \eta_a + \eta_c + IR \tag{5.10.4}$$

式中：E_r 为必须克服对应的可逆电池的电动势，即理论分解电压；R 是电池的内阻，若电流不大，IR 项可以忽略。若电流趋向零，极化作用可以不考虑，此时分解电压在数值上等于可逆电池的反电动势。

在原电池中，通电时两电极间的端电压 U'(输出电压)可表示为

$$U' = \varphi_c(\text{正极}) - \varphi_a(\text{负极}) = E_r - (\eta_c + \eta_a) \tag{5.10.5}$$

即当有电流通过电池时，两电极间的端电压一定小于可逆电池的电动势 E_r。

通常，采用电极电势随电流密度变化的极化曲线来描述电极的极化情况，图 5.14(a)与(b)分别代表电解池与原电池的极化曲线。

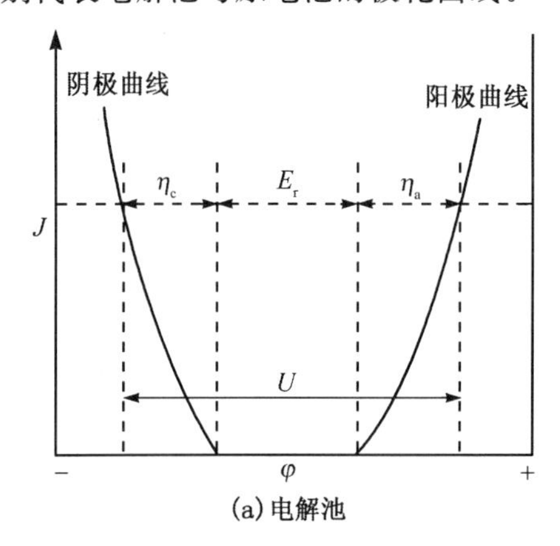

(a) 电解池

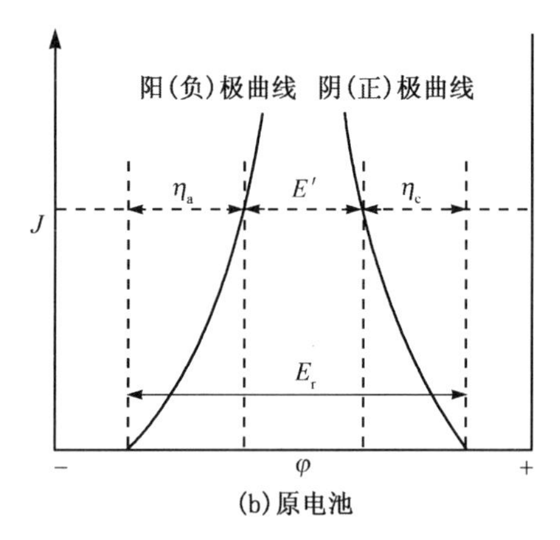

(b) 原电池

图 5.14 极化曲线

由图可见，阴极(电解池的负极、原电池的正极)的不可逆电极电势皆随电流密度的增大而变小。阳极(电解池的正极、原电池的负极)的不可逆电极电势皆随电流密度的增大而升高。图 5.14(a)表明，在电解池中的极化作用随电流密度增大而加剧，外加的分解电压亦不断升高，消耗的电能也更多。图 5.14(b)表明，在原电池中随输出的电流密度增大，电池的端电压不断减小，作功的能力下降。由上可知，超电势的存在使能效降低，对能量的利用是不利的。但它也有可利用的一面，例如 $H_2(g)$ 在大多数金属上都有超电势，在电解时利用这一特性，使许多比氢气活泼的金属，如 Zn、Sn、Ni 等在水溶液中完成电镀，而 H_2 却不会析出。

参考读物

［1］ 杨文治. 电化学基础. 北京：北京大学出版社，1981
［2］ 徐丰. 什么是生物电化学. 化学通报，1987(3)：60
［3］ 吴仲达. 电动势形成机理和电极势的含义. 化学教育，1983(3)：5

[4] 吴辉煌.电极电势的若干现行概念.化学通报,1990(3):52

[5] 梁逸曾.生物传感器.化学通报,1988(6):13

[6] 赵藻藩.生物电分析化学的兴起.大学化学,1986(4):99

[7] Milazzo G,Martin Blank,肖科等译.生物电化学——生物氧化还原反应.天津:天津科学技术出版社,1990,313

[8] 高体玉,冯军,慈云祥.细胞电化学研究进展.化学进展,1998(3):305

[9] 苏文煅.电极/溶液界面双电层分子模型发展.大学化学,1994(5):34

思 考 题

1. 如何定义正极和负极、阴极和阳极?在原电池和电解池中,它们分别是什么关系?

2. 在电解质溶液中,其电导率、摩尔电导率与电解质浓度的关系有何不同?试说明之。

3. 在温度、浓度和电场梯度都相同的情况下,氯化氢、氯化钠和氯化钾三种溶液中,Cl^- 的运动速率是否相同?Cl^- 的迁移数是否相同?

4. 在测定电池电动势时,为什么要采用对消法?如果发现检流计始终偏向一边,可能是什么原因?

5. 标准电极电势是否等于电极与周围活度为 1 的电解质溶液之间的电势差?

6. 某电池反应可写成以下两种形式:

(1) $\frac{1}{2}H_2(p^\ominus)+\frac{1}{2}Cl_2(p^\ominus) \xlongequal{\quad} HCl(p^\ominus)$; (2) $H_2(p^\ominus)+Cl_2(p^\ominus) \xlongequal{\quad} 2HCl(p^\ominus)$

它们所计算的电动势 E、标准摩尔 Gibbs 自由能和标准平衡常数的数值是否相同?

7. 根据公式 $\Delta_r H_m=-nEF+nFT\left(\frac{\partial E}{\partial T}\right)_p$,若电池的 $\left(\frac{\partial E}{\partial T}\right)_p$ 为负值,则$(-\Delta_r H_m)>nEF$,表示化学反应的热效应一部分转变为电功,余下的部分以热的形式放出,这表示在相同的始、终态条件下化学反应的 $\Delta_r H_m$ 比电池反应的焓变值大。这种理解是否正确?

8. 通电于含有 Fe^{2+}、Ca^{2+}、Zn^{2+}、Cu^{2+} 的电解质溶液中,若不考虑超电势,在惰性电极上金属析出的次序应如何?

9. 可逆电池的电动势是否随压力而改变?

10. 在电解池和原电池中,极化曲线有何异同?

习 题

1. 当 1 A 的电流通过 80 cm^3、0.1 $mol \cdot dm^{-3}$ 的 $Fe_2(SO_4)_3$ 溶液时,需多少时间才能完全还原为$FeSO_4$?

2. 当电解水时,5 A 电流通过 1 h,问生成 H_2 和 O_2 各若干升($T=300$ K,$p=p^\ominus$)?若所用电压为 5 V,所耗电功是多少?

3. 有一电导池,其中两个圆形的平行铂电极的直径为 1.34 cm,两电极的距离为 1.72 cm。291 K 时,在两极间加 0.5 V 电压。(1) 当两极间充满 0.05 $mol \cdot dm^{-3}$ $NaNO_3$ 溶液时,有 1.85×10^{-3}A 电流通过溶液,求溶液的电导率和摩尔电导率;(2) 若在该电导池中装 0.02 $mol \cdot dm^{-3}$的 KCl 溶液(291 K 时的电导率为 0.2397 $S \cdot m^{-1}$),其电阻为 515.6 Ω,由此计算 $NaNO_3$ 溶液的摩尔电导率为若干?这两种求法的结果何者较精确?何故?

4. NH_4Cl 溶液在无限稀释时的摩尔电导率为 0.01497 $S \cdot m^2 \cdot mol^{-1}$,$OH^-$ 和 Cl^- 无限稀释时的离子摩尔电导率分别为 0.0198 和 0.00763 $S \cdot m^2 \cdot mol^{-1}$,求 NH_4OH 溶液在无限稀释时的摩尔电导率。

5. 298 K 时,HCl 水溶液的电导率为 0.00658 $S \cdot m^{-1}$,试求溶液中 H^+ 的浓度。H^+ 和 Cl^- 无限稀

释时的摩尔电导率分别为 0.03498 及 0.007524 $S \cdot m^2 \cdot mol^{-1}$。

6. 298 K 时，$BaSO_4$ 饱和溶液的电导率为 4.58×10^{-4} $S \cdot m^{-1}$，$BaSO_4$ 溶液在无限稀释时的摩尔电导率 $\Lambda_m^{\infty}\left(\frac{1}{2}BaSO_4\right)$ 为 0.0143 $S \cdot m^2 \cdot mol^{-1}$，水的电导率为 1.52×10^{-4} $S \cdot m^{-1}$。求每 dm^3 溶液中含 $BaSO_4$ 多少克？

7. LiCl 无限稀释时的摩尔电导率是 115.03×10^{-4} $S \cdot m^2 \cdot mol^{-1}$，LiCl 溶液阴离子的迁移数外推到无限稀释时的值是 0.6636(298 K)，试计算 Cl^- 和 Li^+ 的摩尔离子电导率。

8. 已知 $\lambda_m^{\infty}(H^+)=0.03498$ $S \cdot m^2 \cdot mol^{-1}$，$\lambda_m^{\infty}(OH^-)=0.01986$ $S \cdot m^2 \cdot mol^{-1}$。298 K 时，测得纯水的电导率为 5.5×10^{-6} $S \cdot m^{-1}$。求纯水在 298 K 时的电离度与离子积。

9. 0.05 $mol \cdot dm^{-3}$ CH_3COOH 溶液的电导率为 3.24×10^{-2} $S \cdot m^{-1}$，无限稀释时的摩尔电导率为 0.03478 $S \cdot m^2 \cdot mol^{-1}$，求该溶液的摩尔电导率、醋酸的电离度和电离常数及溶液中的 H^+ 浓度。

10. 用 0.500 $mol \cdot dm^{-3}$ 的 NH_4OH 溶液去滴定 100 cm^3 CH_3COOH 的稀溶液，得下表中数据。请据此求算醋酸的浓度。

$V(NH_4OH)/cm^3$	8.00	9.00	10.00	11.00	12.00	13.00	15.00	17.00
电阻/Ω	75.0	68.0	62.0	57.0	53.0	50.8	51.5	52.1

11. 298 K 时，AgCl 在水中的溶解度为 1.27×10^{-5} $mol \cdot dm^{-3}$。请计算下述反应的 $\Delta_r G_m^{\ominus}$，并利用 Debye-Hückel 公式计算在离子强度 $I=0.010$ $mol \cdot kg^{-1}$ 的 KNO_3 溶液中 AgCl 的溶解度。

$$AgCl(s) \longrightarrow Ag^+ + Cl^-$$

12. 写出以下电池的电池反应式，并查表计算各电池的标准电动势。

(1) $Zn|Zn^{2+} \| Cu^{2+}|Cu$；

(2) $Pt, H_2|H^+ \| Ag^+|Ag$；

(3) $Pt, H_2|H^+ \| Cl^-|AgCl, Ag$；

(4) $Fe|Fe^{2+} \| Fe^{3+}, Fe^{2+}|Pt$；

(5) $Pt|NADH, NAD^+ \| CH_3COCOO^-, CH_3CHOHCOO^-|Pt$。

13. 试将下列化学反应设计成电池。

(1) $Zn + H_2SO_4 \longrightarrow ZnSO_4 + H_2$；

(2) $H_2 + I_2(s) \longrightarrow 2HI$；

(3) $AgCl + I^- \longrightarrow AgI + Cl^-$；

(4) $H^+ + OH^- \longrightarrow H_2O(l)$。

14. 298 K 时，液体水生成自由能为 -237.23 $kJ \cdot mol^{-1}$，电离为 H^+ 和 OH^- 的电离自由能为 79.705 $kJ \cdot mol^{-1}$，求下列电池的电动势。

$$Pt,\ H_2(p^{\ominus})|H^+(a_{\pm}=1) \| OH^-(a_{\pm}=1)|O_2(p^{\ominus}),\ Pt$$

该电池反应为：$H_2 + \frac{1}{2}O_2 + H_2O \longrightarrow 2H^+ + 2OH^-$。

15. 298 K 时，测得下列各物质的熵值($J \cdot K^{-1} \cdot mol^{-1}$)为：Ag=43.1，AgCl=97.9，Hg(l)=74.5，$Hg_2Cl_2=194.1$。下列反应的 $\Delta_r H_m=7950$ $J \cdot mol^{-1}$，求电池：$Ag, AgCl|KCl$ 溶液$|Hg_2Cl_2, Hg$ 在298 K 的电动势及其温度系数。

$$Ag + \frac{1}{2}Hg_2Cl_2 \longrightarrow AgCl + Hg$$

16. 从镉汞标准电池的温度对电动势影响的公式

$$E_T/V = 1.01845 - 4.05\times10^{-5}(T/K-293) - 9.5\times10^{-7}(T/K-293)^2 + 1\times10^{-8}(T/K-293)^3$$

求电池反应 Cd(汞齐)$+Hg_2SO_4(s) \longrightarrow CdSO_4(s)+2Hg(l)$在 298 K 的 $\Delta_r G_m$，$\Delta_r S_m$ 和 $\Delta_r H_m$。

17. 有下列反应：$2FeCl_2+H_3AsO_4+2HCl \rightleftharpoons 2FeCl_3+H_3AsO_3+H_2O$，且 $Fe^{3+} \mid Fe^{2+}$ 的标准电极电势为 0.77 V，$AsO_4^{3-} \mid AsO_3^{3-}$ 的标准电极电势为 0.61 V。如盐酸为过量，求该反应在 298 K 的平衡常数。

18. 已知$\varphi^{\oplus}(NAD^+ \mid NADH)=-0.32$ V，试求下列电池反应在 pH=7、298 K 时的标准电池电动势 $E^{\oplus}$、标准自由能改变 $\Delta_r G_m^{\oplus}$，及其反应平衡常数 $K^{\oplus}$。

$$NADH+H^+ +\frac{1}{2}O_2 \rightleftharpoons NAD^+ +H_2O$$

19. 由 Hg，$Hg_2Cl_2 \mid Cl^-(a=0.1)$和 $Zn \mid Zn^{2+}(a=0.01)$两个电极组成的电池，写出其电池反应，并求其在298 K的电动势。

20. 写出下列电池的反应式，并求其在 298 K 的电动势。

$$H_2(p^{\ominus}) \mid H_2SO_4(m=0.05\ mol \cdot kg^{-1}, \gamma_{\pm}=0.34) \mid Hg_2SO_4, Hg$$

21. 求下列电池在 298 K 时的电动势。

$$Cu \mid Cu^{2+}(a_1=0.1) \parallel Cu^{2+}(a_2=1) \mid Cu$$

若 $a_2=0.5$，电池的电动势又为多少？

22. 从下列两个电池，求胃液的 pH。已知 298 K 时

$$Pt, H_2(p=p^{\ominus}) \mid 胃液 \parallel KCl(0.1\ mol \cdot dm^{-3}) \mid Hg_2Cl_2, Hg \qquad E=0.420\ V$$

$$Pt, H_2(p=p^{\ominus}) \mid H^+(a=1) \parallel KCl(0.1\ mol \cdot dm^{-3}) \mid Hg_2Cl_2, Hg \qquad E=0.338\ V$$

23. 298 K 时，测得饱和甘汞电极与氢醌电极组成的电池之电动势为 0.179 V。写出电极反应与电池反应，并求此电池中溶液的 pH。

24. 有一电池：玻璃电极|缓冲溶液‖饱和甘汞电极，在 298 K、缓冲溶液的 pH=4.00 时的电动势为 0.112 V。当换成一未知 pH 的缓冲溶液后，测得电动势为 0.3865 V。求该缓冲溶液的 pH。

25. 电池 $Zn \mid ZnCl_2(0.01021\ mol \cdot kg^{-1}) \mid AgCl, Ag$，在 298 K 时 $E=1.1566$ V。求 $ZnCl_2$ 浓度为 $0.01021\ mol \cdot kg^{-1}$时的平均活度和平均活度系数。

26. 已知 298 K 时，下述电极的标准电极电势

(1) $Cu^{2+}+e \longrightarrow Cu^+ \quad \varphi_1^{\ominus}=0.153$ V

(2) $Cu^{2+}+2e \longrightarrow Cu \quad \varphi_2^{\ominus}=0.337$ V

同温度下，CuI 的活度积 $K_{sp}=1.0\times10^{-12}$。求电极反应 $CuI+e \longrightarrow Cu+I^-$ 的标准电极电势。

第 6 章　化学动力学

化学动力学是研究化学反应速率的学科，它的基本任务是：(i) 研究浓度、温度、介质和催化剂等反应条件对反应速率的影响；(ii) 阐明化学反应的机理(反应的历程)，了解反应经过的中间步骤及中间产物；(iii) 研究物质结构和它们反应性能之间的关系，其目的是为了控制化学反应按所需要的过程与速率进行，以满足生产与科技的要求。

热力学只研究平衡态，讨论化学反应从给定的初始态变化到终态的可能性，但不涉及变化所需的时间及所经过的途径。要完成某一反应，必须从热力学与动力学两方面考虑，才能实现。例如，在室温下氢与氧生成水的反应 $\Delta_r G_m^{\ominus} = -237.19\ \text{kJ} \cdot \text{mol}^{-1}$。从热力学看，反应发生的可能性很大，但因反应速率太低，实际上将两种气体混合后观察不到任何变化。若在反应混合物中加入火花或催化剂，反应瞬时即完成。由此可见，如果一个化学反应只在热力学上是有利的，而在动力学上是不利的，仍不能有效进行。要改变不利的状况，必须开展化学动力学的研究。

6.1　化学反应速率方程

6.1.1　化学反应速率表示法

化学反应速率是用来表示化学反应进行快慢程度的标量。通常可以用反应物浓度或产物浓度随时间的变化率来表示，如图 6.1 所示。在一般化学反应式中，反应物与生成物的计量系数常不相同，因而用反应物或生成物浓度随时间的变化率表示同一反应的速率时，其数值就会不同。为使结果统一，现采用反应进度 ξ 随时间的变化率来表示反应速率。

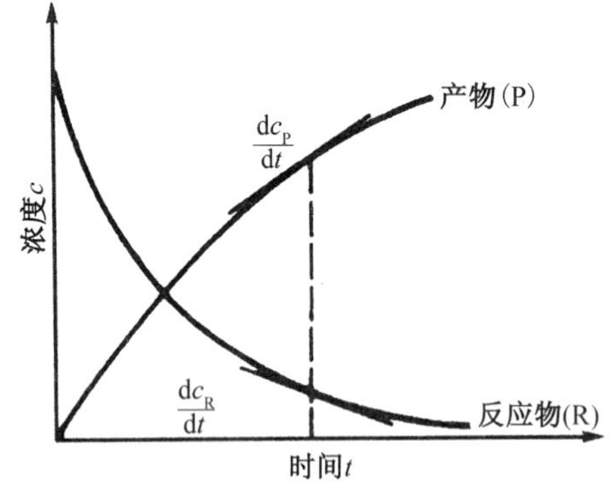

图 6.1　反应物和产物的浓度随时间的变化

对一任意化学反应

$$aA + bB \longrightarrow gG + hH$$

其化学反应速率 r 为

$$r = \frac{1}{V}\frac{d\xi}{dt} = -\frac{1}{a}\frac{dc_A}{dt} = -\frac{1}{b}\frac{dc_B}{dt} = \frac{1}{g}\frac{dc_G}{dt} = \frac{1}{h}\frac{dc_H}{dt} \tag{6.1.1}$$

式中：V 是反应体系的体积，r 是整个反应的速率，其量纲为浓度·时间$^{-1}$($\text{mol} \cdot \text{dm}^{-3} \cdot \text{s}^{-1}$)。它的数值单一，不受选取反应体系中不同物质作速率测定的影响。

反应速率的实验测定，是通过测定反应物(或产物)浓度随时间变化而得到的。按分析方法划分，有化学法和物理法两种。

化学法是用化学分析的方法来测定不同时间的反应物(或生成物)浓度。所用的方法应该是越迅速越好。在测定浓度时可采取骤冷、稀释、移去催化剂或加入阻化剂等措施,以使反应停止或减慢。化学法的特点是能直接得出浓度随时间变化的绝对值,但费时较多,操作不便。

物理法是测量反应体系的某些与浓度有关的物理性质,如压力、体积、颜色、旋光度、折射率、电导、介电常数、电动势等。从这些性质随时间的变化值来衡量反应的速率。采用何种物理性质,要根据具体的反应体系而定。物理法较化学法迅速而方便,并常可以制成自动的连续记录装置,以记录某物理性质在反应中的变化。在测定时,可以不必中断反应的进行;但是由于物理法不是直接测量浓度,所以在使用前必须先找出浓度变化与物理性质之间的关系。

6.1.2 化学反应的速率方程

在一定温度下,表示反应速率与浓度的函数关系(微分形式)或表示浓度与时间关系的方程(积分形式)称为化学反应的速率方程,也称为动力学方程。它是反应速率的经验表达式,必须由实验得出,其中基元反应的速率方程式的形式最为简单。

1. 基元反应和非基元反应

我们所熟悉的许多化学反应并不是按照化学反应计量方程式所表示的那样,由反应物直接转变为生成物的。例如,HCl 的气相合成反应

$$H_2+Cl_2 = 2HCl$$

已经证明,上述反应需要经过以下一系列单一的、直接的步骤来完成。

$$Cl_2+M \longrightarrow 2Cl+M \tag{1}$$

$$Cl+H_2 \longrightarrow HCl+H \tag{2}$$

$$H+Cl_2 \longrightarrow HCl+Cl \tag{3}$$

$$Cl+Cl+M \longrightarrow Cl_2+M \tag{4}$$

式中:M 为第三体分子或器壁分子,只起传递能量作用。若一化学反应中反应物分子由单一的、直接的作用变为生成物分子,这种反应称为基元反应。反之,则是非基元反应。上例中(1)～(4)都是基元反应,由一系列基元反应组成的 HCl 合成反应则是非基元反应或称为总(包)反应。绝大多数化学反应都是非基元反应。要了解一个非基元反应的动力学,就要阐明该总反应是由哪些基元反应构成。这些基元反应代表了反应经过的途径,称为反应历程或称反应机理。上述(1)～(4)反应是 HCl 合成反应的历程。总反应的动力学特征可以用构成它的各基元反应的动力学特性来表示。

在基元反应中所涉及的反应分子(分子、原子、离子或自由基)数,称为反应分子数。根据基元反应中参与反应的分子数不同,可分为单分子反应、双分子反应[上例(1),(2),(3)]和三分子反应[上例(4)]。在气相中,反应分子数大于 3 的基元反应从未发现过。应该强调,只有基元反应才有反应分子数,它应当是正整数。

19 世纪末,Guidberg(古德堡)和 Waage(瓦格)总结出著名的质量作用定律:基元反应的速率与反应物浓度的计量系数方次的乘积成正比,与生成物的浓度无关。设一个基元反应的计量方程为

$$aA+bB = gG+hH$$

则反应的速率公式——质量作用定律为

$$r = kc_A^a c_B^b \tag{6.1.2}$$

式中：k 为速率常数。质量作用定律表明，对于基元反应，可以从它的计量方程式直接写出它的速率方程。对于总包反应，质量作用定律不适用，其速率方程只能由实验来确定。

2. 反应级数和反应的速率常数

(1) 反应级数

由实验所确定的化学反应速率方程，在多数情况下具有反应物浓度乘积的形式

$$r = kc_A^a c_B^b c_D^d \tag{6.1.3}$$

式中：c_A、c_B、c_D 分别为反应物 A、B、D 的浓度，a、b、d 为相应的指数，k 为比例常数。各浓度项指数的代数和称为总反应的级数，用 n 表示。相应于式(6.1.3)的反应级数为

$$n = a + b + d \tag{6.1.4}$$

例如对 HI 合成反应，测得速率方程为

$$r = kc(H_2)c(I_2)$$

故总反应的级数为 $n=1+1=2$，称为二级反应。

表 6.1 列出一些有代表性反应的速率方程和反应级数。反应级数是由实验测出的，从表 6.1 中知，HCl、HBr、HI 的生成反应的计量方程相同，但反应级数完全不同。这反映出它们各自有不同的反应历程。从理论上看，反应级数在动力学中的意义是探讨反应历程的引路石；在应用上，它是化学反应在生产中设计反应器的重要依据。

表 6.1　一些反应的速率方程和反应级数

化学计量式	速率方程	反应级数
$H_2 + Cl_2 \longrightarrow 2HCl$	$r=k[H_2][Cl_2]^{\frac{1}{2}}$	1.5
$H_2 + I_2 \longrightarrow 2HI$	$r=k[H_2][I_2]$	2
$H_2 + Br_2 \longrightarrow 2HBr$	$r=\dfrac{k[H_2][Br_2]^{\frac{1}{2}}}{k'+[HBr]/[Br_2]}$	很复杂
$C_2H_5OH \xrightarrow{\text{肝脏酶}} CH_3CHO + H_2$	$r=$常数	0
蔗糖$+H_2O \xrightarrow{H^+}$ 果糖＋葡萄糖	$r=k$[蔗糖]	1
L-异亮氨酸$\longrightarrow$ D-异亮氨酸	$r=k$[L-异亮氨酸]	1
${}^{14}_{6}C \longrightarrow {}^{14}_{7}N + \beta^-$	$r=k[{}^{14}_{6}C]$	1
$2N_2O_5 \longrightarrow 4NO_2 + O_2$	$r=k[N_2O_5]$	1
$2NO_2 \longrightarrow 2NO + O_2$	$r=k[NO_2]^2$	2

反应级数与反应分子数是两个不同的概念。在基元反应中，反应分子数为一次直接的化学相互作用中参加反应的分子数。根据质量作用定律，对于基元反应，反应的分子数与级数数值相同，皆为正整数。即单分子反应就是一级反应，其余类推。而对宏观总反应而言，反应级数可以是整数、分数、零或负数，有时甚至不一定存在。对一个化学反应，即使不知其反应历程，也可直接从实验求出它的级数(如果有级数存在)。但是要确定一个反应的分子数，首先就要对这个反应的历程进行研究，以确认其是否为基元反应，才能得出结论。

(2) 反应的速率常数

在反应速率公式(6.1.2)中，比例常数 k 称为反应的速率常数，或称反应比速，它与反应物的浓度无关。严格而论，k 并非一个常数，它与反应的温度、有无催化剂存在、甚至有时与反应器的材料及表面处理等因素有关。只有当上述因素都固定后，k 才是常数。

速率常数 k 可看作是反应物的浓度均为单位浓度时的反应速率，因为在式(6.1.2)中，如果 $c_A=c_B=c_D=1$，则此时 $r=k$，这就是 k 被称为反应比速的原因。k 的数值不受浓度的影响，其大小可直接体现出反应体系速率的快慢及特征。

速率常数是有量纲的常数，其因次随反应级数的不同而异。对于一级反应，k 的因次是时间的倒数，与浓度无关；对二级反应，k 的因次是[浓度]$^{-1}$·[时间]$^{-1}$；对三级反应，则是[浓度]$^{-2}$·[时间]$^{-1}$。因此，从 k 的因次可以看出反应的级数是多少。

由于文献中在不同的情况下使用了不同的浓度和时间单位，反应速率常数的数值会不同，在引用时要注意单位的换算。

6.2 具有简单级数反应的速率公式

凡反应级数为零或正整数的反应称为具有简单级数反应。尽管反应级数简单，但其反应机制可能很复杂。在实际中，对具体的反应常用反应级数的动力学来分类，这样不必了解反应的机理，只需实验便可得知反应速率与反应物浓度的关系。在生产过程中，常需要了解浓度随时间的变化或达到一定的产率要求反应多长时间，这就需要将微分形式的速率方程化为积分形式。本节分别介绍具有简单级数反应速率方程的微分式、积分式、半衰期等特征。

6.2.1 一级反应

凡是反应速率只与反应物浓度一次方成正比的反应称为一级反应。一级反应可写为

$$\mathrm{A} \xrightarrow{k_1} \mathrm{P}$$

$$t=0 \qquad c_A^0=a \qquad c_P^0=0$$

$$t=t \qquad c_A=a-x \qquad c_P=x$$

若以 a 表示反应物起始浓度 c_A^0，c_A 与 x 分别表示 t 时刻反应物的浓度和已反应掉的反应物浓度，c_A 应为 $a-x$。反应速率方程的微分式为

$$r=-\frac{\mathrm{d}c_A}{\mathrm{d}t}=\frac{\mathrm{d}c_p}{\mathrm{d}t}=k_1c_A \tag{6.2.1}$$

将上式重排，得

$$-\frac{\mathrm{d}c_A}{c_A}=k_1\mathrm{d}t \quad 或 \quad \frac{\mathrm{d}x}{a-x}=k_1\mathrm{d}t \tag{6.2.2}$$

对式(6.2.2)两边积分，得

$$-\int_{c_A^0}^{c_A}\frac{\mathrm{d}c_A}{c_A}=\int_0^t k_1\mathrm{d}t \quad 或 \quad \int_0^x\frac{\mathrm{d}x}{a-x}=\int_0^t k_1\mathrm{d}t$$

可得

$$\ln\frac{c_A^0}{c_A}=\ln\frac{a}{a-x}=k_1t \tag{6.2.3}$$

$$k_1=\frac{1}{t}\ln\frac{c_A^0}{c_A}=\frac{1}{t}\ln\frac{a}{a-x} \tag{6.2.4}$$

式(6.2.3)和式(6.2.4)为一级反应速率公式的积分形式，式(6.2.3)可写为

$$\ln c_A=\ln c_A^0-k_1t \tag{6.2.5}$$

式(6.2.5)为一线性方程。对于一级反应，若以 $\ln c$ 对时间 t 作图，应得一直线(图 6.2)，直线

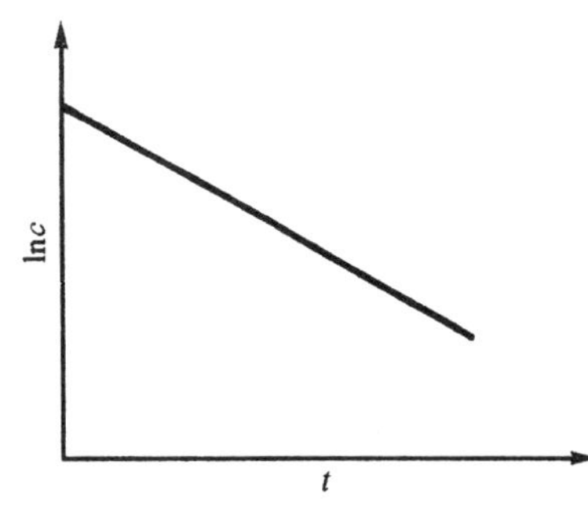

图 6.2　一级反应的 lnc-t 图

的斜率为 $-k_1$，截距为 $\ln a$。一级反应速率常数 k_1 的单位是[时间]$^{-1}$，如 $\min^{-1}$、s^{-1} 等，因此 k_1 与浓度单位无关。

式(6.2.3)可表示为

$$a - x = a e^{-k_1 t} \tag{6.2.6}$$

若 $y = x/a$ 表示反应所消耗的质量分数，式(6.2.6)可写为

$$1 - y = e^{-k_1 t} \tag{6.2.7}$$

式中：y 与浓度无关，即一级反应中所消耗的反应物的质量分数与浓度无关。

通常，把反应物分解一半($c_A = a/2$ 或 $y = 1/2$)所需要的时间称为半衰期，用 $t_{1/2}$ 表示。代入(6.2.4)式，可得出

$$k_1 = \frac{0.693}{t_{1/2}} \quad 或 \quad t_{1/2} = \frac{0.693}{k_1} \tag{6.2.8}$$

一级反应的半衰期是一个与浓度无关的常数。显然，速率常数越小，半衰期越大，反应越慢。

许多化学反应都为一级反应，如放射性衰变反应、热分解反应、分子异构化反应、水解反应等。此外，蔗糖的水解反应也是一级反应

$$C_{12}H_{22}O_{11}(蔗糖) + H_2O \xrightarrow{H^+} C_6H_{12}O_6(葡萄糖) + C_6H_{12}O_6(果糖)$$

其转化速率应为

$$-\frac{dc}{dt} = k_2 c_{水} c_{蔗糖}$$

该式表明它应是二级反应。但由于该反应是在水溶液中进行的，反应中所消耗的水量与溶剂水的量相比是微不足道的。反应前后水的浓度可视为不变，上式可改写为

$$-\frac{dc}{dt} = k_1 c_{蔗糖}$$

故此反应变为一级反应，而速率常数 k_1 中包含着恒定不变的水浓度。这种由于一种反应物大大过量于另一种反应物，而使某反应降为一级的反应称为准一级反应。

利用一级反应速率的积分公式，可以求算出速率常数 k_1。只要知道了 k_1 与 a 的数值，即可求算任意时刻 t 的反应物浓度，或反过来计算产物达到一定浓度所需的时间。

【例 6.1】 配制每毫升 400 单位的某种药物溶液，经一个月后，分析其含量为每毫升含有 300 单位。若此药物溶液的分解服从一级反应，问：(1)配制 40 d(天)后其含量为多少？(2)药物分解一半时，需经多少天？

解　(1) 先求出速率常数 k_1

$$k_1 = \frac{1}{30\ \mathrm{d}} \ln \frac{400}{300} = 0.0096\ \mathrm{d}^{-1}$$

$$0.0096\ \mathrm{d}^{-1} = \frac{1}{40\ \mathrm{d}} \ln \frac{400}{c}$$

配制 40 d 后，药物溶液的含量为 $c = 273$ 单位 $\cdot \mathrm{cm}^{-3}$。

(2) $t_{1/2} = \dfrac{0.693}{k_1} = \dfrac{0.693}{0.0096} = 72.2\ \mathrm{d}$

6.2.2 二级反应

反应速率与反应物浓度的二次方成正比的反应称为二级反应。例如，氢与碘的化合、二氧化氮的分解、乙酸乙酯皂化等反应。二级按反应的类型可写为

$$2A \xrightarrow{k_2} P \tag{1}$$

$$\begin{array}{llll} & A\ + & B \xrightarrow{k_2} & P \\ t=0 & a & b & 0 \\ t=t & a-x & b-x & x \end{array} \tag{2}$$

在反应类型(2)中，以 a 和 b 分别表示反应物 A 和 B 的起始浓度；在反应进行到 t 时刻，A 和 B 均有 x 浓度已反应掉，此时 A 和 B 的浓度各为 $a-x$ 和 $b-x$，反应的速率方程可写为

$$r=-\frac{\mathrm{d}c_A}{\mathrm{d}t}=-\frac{\mathrm{d}c_B}{\mathrm{d}t}=-\frac{\mathrm{d}(a-x)}{\mathrm{d}t}=-\frac{\mathrm{d}(b-x)}{\mathrm{d}t}=k_2(a-x)(b-x)$$

或

$$\frac{\mathrm{d}x}{\mathrm{d}t}=k_2(a-x)(b-x) \tag{6.2.9}$$

反应物 A 和 B 的起始浓度可以不同，也可以相同。若 $a=b$，则式(6.2.9)可写为

$$\frac{\mathrm{d}x}{\mathrm{d}t}=k_2(a-x)^2 \tag{6.2.10}$$

类型(1)的反应速率公式与式(6.2.10)相同。对该式移项作不定积分后，得

$$\frac{1}{a-x}=k_2t+\text{常数}$$

积分常数可由初始条件 $t=0$、$x=0$ 得出。上式可写为

$$\frac{1}{a-x}-\frac{1}{a}=k_2t \tag{6.2.11}$$

或

$$k_2=\frac{1}{t}\frac{x}{a(a-x)} \tag{6.2.12}$$

自式(6.2.11)看出：对于二级反应，若以$\frac{1}{a-x}$对 t 作图，应得一直线，直线的斜率即为 k_2(见图6.3)。

从式(6.2.12)知，二级反应的半衰期与反应物初始浓度成反比，即

$$t_{1/2}=\frac{1}{k_2}\frac{a/2}{a(a-a/2)}=\frac{1}{k_2a} \tag{6.2.13}$$

或

$$k_2=\frac{1}{at_{1/2}} \tag{6.2.14}$$

二级反应的半衰期与一级反应不同，它不是一个常数，而是与原始浓度有关，即初始浓度越大，半衰期越小。

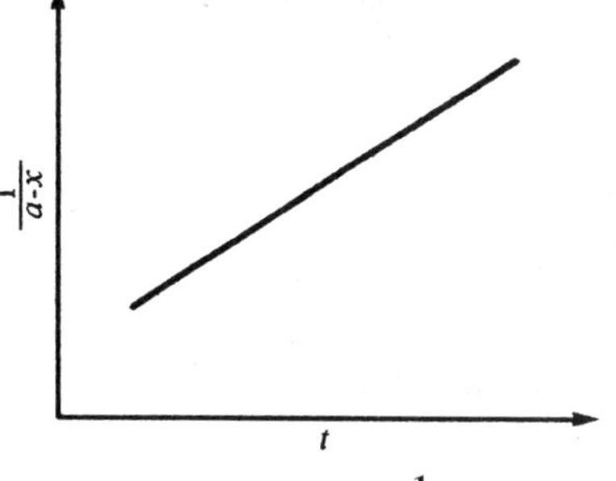

图 6.3 二级反应的$\frac{1}{a-x}$-t 图

二级反应的速率常数 k_2 的量纲是[浓度]$^{-1}$·[时间]$^{-1}$，浓度的单位常用 $\mathrm{mol\cdot dm^{-3}}$，时间单位可用 s、min、h 等，例如 k_2 的单位可用 $\mathrm{mol^{-1}\cdot dm^3\cdot s^{-1}}$ 表示。

若 A 和 B 的初始浓度不同 $a\neq b$，则积分后的结果为

$$k_2=\frac{1}{t(a-b)}\ln\frac{b(a-x)}{a(b-x)} \tag{6.2.15}$$

若以 $\ln\dfrac{b(a-x)}{a(b-x)}$ 对 t 作图，可得一条直线，由该线的斜率可得出 k_2。由于 $a \neq b$，因而对 A 和 B 来说，半衰期是不相同的。

在溶液中进行的有机化学反应大多属于二级反应，如一些加成反应、替代反应及分解反应等。

【例 6.2】 用辅酶 A(CoASH)和氯化乙酰反应，可制得重要的生化中间物乙酰辅酶 A，此为二级反应。当两反应物的起始浓度皆为 $0.0100\ \text{mol}\cdot\text{dm}^{-3}$ 时，反应 5 min 后，辅酶 A 的浓度降低为 $0.0030\ \text{mol}\cdot\text{dm}^{-3}$。请计算：(1)速率常数；(2)反应的半衰期。

解　(1)
$$k_2 = \frac{x}{ta(a-x)} = \frac{0.0070\ \text{mol}\cdot\text{dm}^{-3}}{5\ \text{min}\times 0.0100\ \text{mol}\cdot\text{dm}^{-3}\times 0.0030\ \text{mol}\cdot\text{dm}^{-3}}$$
$$= 46.7\ \text{mol}^{-1}\cdot\text{dm}^{3}\cdot\text{min}^{-1}$$

(2)
$$t_{1/2} = \frac{1}{ak_2} = \frac{1}{0.0100\ \text{mol}\cdot\text{dm}^{-3}\times 46.7\ \text{mol}^{-1}\cdot\text{dm}^{3}\cdot\text{min}^{-1}} = 2.14\ \text{min}$$

6.2.3　三级反应

凡是反应速率与反应物浓度的三次方成正比的称为三级反应。它常有下列几种形式

$$\text{A} + \text{B} + \text{C} \xrightarrow{k_3} \text{P}$$

$$2\text{A} + \text{B} \xrightarrow{k_3} \text{P}$$

$$3\text{A} \xrightarrow{k_3} \text{P}$$

其速率方程为

$$\frac{\text{d}x}{\text{d}t} = k_3(a-x)(b-x)(c-x) \tag{6.2.16}$$

式中：a、b、c 分别为反应物 A、B 和 C 的初始浓度，x 为 t 时刻已反应掉的 A、B、C 的浓度，而 $a-x$、$b-x$、$c-x$ 分别为 t 时刻反应物 A、B 和 C 的浓度。若使反应物初始浓度相同，即 $a=b=c$，则可将式(6.2.16)写为

$$\frac{\text{d}x}{\text{d}t} = k_3(a-x)^3$$

将上式移项作定积分，则得

$$\frac{1}{2(a-x)^2} - \frac{1}{2a^2} = k_3 t \tag{6.2.17}$$

在三级反应中，若以 $1/(a-x)^2$ 对 t 作图，可得一条直线。其半衰期与初始浓度的二次方成反比

$$t_{1/2} = \frac{3}{2k_3 a^2} \tag{6.2.18}$$

k_3 的单位是[浓度]$^{-2}$·[时间]$^{-1}$，如 $\text{mol}^{-2}\cdot\text{dm}^{6}\cdot\text{s}^{-1}$。三级反应较少，气相中仅有 5 个，皆与 NO 有关。在乙酸或硝基苯溶液中含有不饱和碳-碳双键的化合物的加成作用常是三级反应。

6.2.4　零级反应

凡是反应速率与反应物浓度无关的反应称为零级反应。零级反应的速率为一常数，其反应为

$$\mathrm{A} \xrightarrow{k_0} \mathrm{P}$$

可将零级反应的速率方程表示为

$$r = -\frac{\mathrm{d}c_{\mathrm{A}}}{\mathrm{d}t} = \frac{\mathrm{d}x}{\mathrm{d}t} = k_0 \tag{6.2.19}$$

上式移项积分，得

$$x = k_0 t \tag{6.2.20}$$

若以 x 对 t 作图，得一直线，其斜率为 k_0。k_0 的单位是[浓度]·[时间]$^{-1}$。零级反应的半衰期为

$$t_{1/2} = \frac{a}{2k_0} \tag{6.2.21}$$

半衰期与初始浓度成正比，初始浓度愈大，半衰期愈长。

属于零级反应类型的有某些光化学反应、表面催化反应、电解反应等，它们的反应速率与浓度无关，而分别与光强、表面状态及通过的电量有关。

现将上述几种简单级数反应的公式列于表 6.2 中，便于查用。

表 6.2　简单反应的速率公式

级数	微 分 式	积 分 式	k 的单位	半衰期 $t_{1/2}$	线性关系
一级	$\frac{\mathrm{d}x}{\mathrm{d}t}=k_1(a-x)$	$k_1=\frac{1}{t}\ln\frac{a}{a-x}$	[时间]$^{-1}$	$\frac{0.693}{k_1}$	$\ln(a-x)$ 对 t
二级	$\frac{\mathrm{d}x}{\mathrm{d}t}=k_2(a-x)^2$	$k_2=\frac{x}{ta(a-x)}$	[浓度]$^{-1}$·[时间]$^{-1}$	$\frac{1}{k_2 a}$	$\frac{1}{a-x}$ 对 t
	$\frac{\mathrm{d}x}{\mathrm{d}t}=k_2(a-x)(b-x)$	$k_2=\frac{1}{t(a-b)}\ln\frac{b(a-x)}{a(b-x)}$			$\ln\frac{b(a-x)}{a(b-x)}$ 对 t
三级	$\frac{\mathrm{d}x}{\mathrm{d}t}=k_3(a-x)^3$	$k_3=\frac{1}{2t}\left[\frac{1}{(a-x)^2}-\frac{1}{a^2}\right]$	[浓度]$^{-2}$·[时间]$^{-1}$	$\frac{3}{2k_3 a^2}$	$\frac{1}{(a-x)^2}$ 对 t
零级	$\frac{\mathrm{d}x}{\mathrm{d}t}=k_0$	$k_0=\frac{x}{t}$	[浓度]·[时间]$^{-1}$	$\frac{a}{2k_0}$	x 对 t

6.2.5　反应级数的测定

反应级数不但能直接告诉我们作用物的浓度如何影响反应的速率，并且能对反应的机理给予一定的启示。反应级数的确定常用以下几种方法。

1. 尝试法(积分法)

将实验获得的 c-t 的数据直接代入表 6.2 中的各积分式中，逐个计算速率常数 k。若代入某式中，在各浓度下所求的 k 值是不变的，该公式的级数为反应的级数。

例如，在 298 K 时乙酸乙酯的皂化反应，NaOH 与 $CH_3COOC_2H_5$ 的起始浓度都是 0.01 mol·dm^{-3}。用电导法测定乙酸乙酯的皂化作用，数据列于下表。将数据代入不同级数

的积分式中，求出 k。

t/min	x/(mol · dm^{-3})	k		
		零级 $k_0=\frac{x}{t}$ (mol · dm^{-3} · min^{-1})	一级 $k_1=\frac{1}{t}\ln\frac{a}{a-x}$ (min^{-1})	二级 $k_2=\frac{x}{ta(a-x)}$ (mol^{-1} · dm^3 · min^{-1})
5	0.00245	4.90×10^{-4}	0.0562	6.49
7	0.00313	4.47×10^{-4}	0.0536	6.51
9	0.00367	4.08×10^{-4}	0.0508	6.44
11	0.00414	3.76×10^{-4}	0.0486	6.42
13	0.00459	3.53×10^{-4}	0.0473	6.53

从表中所列的计算结果可以看出，最后一行的 k_2 几乎相等，故为二级反应，并得出 k_2 的平均值为 6.48 mol^{-1} · dm^3 · min^{-1}。

这种方法的主要优点是只要一次实验数据就能进行尝试，但它的缺点是有时不够灵敏。倘若实验的浓度范围不够大，很难区别究竟是哪一级的反应。如果代入所有的简单的积分式中，k 都不是常数，这个反应没有简单级数。

2. 半衰期法

利用各级反应的半衰期与初始浓度的不同关系，可判断整个反应的级数。若某一反应中反应物的初始浓度相同或只有一种反应物，则由各级反应半衰期公式的特征，可得到半衰期与反应物起始浓度 a 的一般关系

$$t_{1/2}=A\frac{1}{a^{n-1}}$$

式中：n 为反应级数，A 为与速率常数有关的比例常数。

如果对同一化学反应做两次实验，第一次初始浓度为 a'，第二次为 a''，其半衰期分别为 $t'_{1/2}$ 及 $t''_{1/2}$，则由上式得

$$\frac{t'_{1/2}}{t''_{1/2}}=\left(\frac{a''}{a'}\right)^{n-1}$$

取对数后，得

$$n=1+\frac{\lg(t'_{1/2}/t''_{1/2})}{\lg(a''/a')} \tag{6.2.22}$$

即反应级数可由两次的实验数据 a'、a''及 $t'_{1/2}$、$t''_{1/2}$ 代入式(6.2.22)后求出。

3. 图解法

利用各级反应所特有的线性关系来确定反应级数。若某反应中反应物初始浓度相同或只有一种反应物，如以 $\ln(a-x)$对 t 作图得一直线，则为一级反应；如以 $1/(a-x)$对 t 作图得一直线，则为二级反应；如以 $1/(a-x)^2$ 对 t 作图得一直线，则为三级反应。

4. 微分法

若在某反应中反应物初始浓度相同或只有一种反应物，则其反应速率与反应物浓度的关系为

$$r=-\frac{\mathrm{d}c}{\mathrm{d}t}=kc^n \tag{6.2.23}$$

由实验测出 t 时反应物的浓度 c，并将 c 对 t 作图，曲线在某点的斜率即为在该点上的反应速率 $-\mathrm{d}c/\mathrm{d}t$（见图 6.4）。

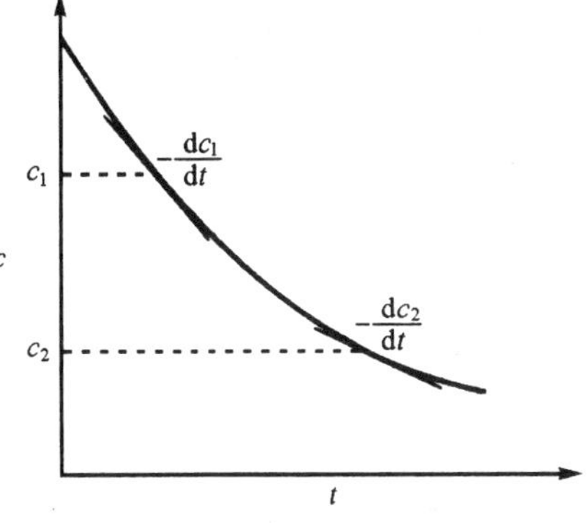

图 6.4 反应物浓度对时间的关系

按上式，在 c_1 时

$$-\frac{\mathrm{d}c_1}{\mathrm{d}t}=kc_1^n$$

在另一浓度 c_2 时

$$-\frac{\mathrm{d}c_2}{\mathrm{d}t}=kc_2^n$$

通过图上的 c_1 及 c_2 点作切线，并从切线的斜率求算出 $-\mathrm{d}c_1/\mathrm{d}t$、$-\mathrm{d}c_2/\mathrm{d}t$，$c_1$ 与 c_2 为已知。将以上两式相除，并取对数，即可求出

$$n=\frac{\lg\left(-\frac{\mathrm{d}c_1}{\mathrm{d}t}\right)-\lg\left(-\frac{\mathrm{d}c_2}{\mathrm{d}t}\right)}{\lg c_1-\lg c_2} \tag{6.2.24}$$

此外，对速率公式(6.2.23)取对数，可得

$$\lg\left(-\frac{\mathrm{d}c}{\mathrm{d}t}\right)=\lg k+n\lg c \tag{6.2.25}$$

在 c-t 图上取较多的点，得出不同浓度下的反应速率，以 $\lg(-\mathrm{d}c/\mathrm{d}t)$ 对 $\lg c$ 作图，所得直线的斜率即为反应级数，截距为 $\lg k$。此法比两点法准确。

另一种较好的测定方法是：在几种不同的起始浓度下，测量不同的起始速率，然后以这些起始速率的对数与相应起始浓度的对数作图，所得直线的斜率为反应级数 n。这种方法的优点是能避免产物的生成对反应级数的干扰。

5. 孤立法

当速率方程式中包括不止一种物质，例如

$$-\frac{\mathrm{d}c}{\mathrm{d}t}=kc_{\mathrm{A}}^{\alpha}c_{\mathrm{B}}^{\beta}c_{\mathrm{E}}^{\gamma}$$

上述测定级数的方法虽然可行，但程序往往很繁琐。孤立法选择这样的实验条件，即除了使一种物质（如 A）的浓度变化外，其他物质 B 和 E 的浓度均过量很多，因而它们的浓度可以看作是不变的。在此情况下，用上述几种方法可以求出 A 的级数 α。用类似方法，可以依次求出对于 B 和 E 的级数 β 和 γ，α、β、γ 之和则为该反应之反应级数。

6.3 几种典型的复杂反应

许多没有简单级数的反应通常是许多个反应过程复合的结果。两个或两个以上的基元反应可组合成复杂反应，其组合方式大体上可分为三类：对峙反应、平行反应和连续反应。这些反应还可以再进一步组合，成为更为复杂的反应。下文将对上述三类最简单的复杂反应的动力学特性作一些讨论。

6.3.1　对峙反应(可逆反应)

实际上许多化学反应都可以逆向进行,因而在这样的反应体系里,正向和逆向反应同时进行,净反应速率(即实验测量的反应速率)是正、逆向反应速率之差。

对峙反应的 c-t 曲线有一个特点,即当反应时间足够长时,反应物和生成物的浓度都趋向于定值(见图6.5)。当反应到达平衡态,正向和逆向反应的速率相等,净反应速率等于零,各反应物的浓度不再随时间而变。

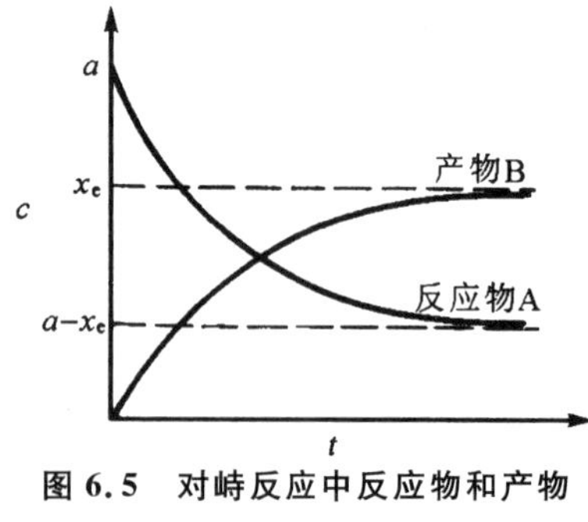

图 6.5　对峙反应中反应物和产物的浓度与反应时间的关系

现在我们讨论正、逆向皆为一级反应的情形

$$A \underset{k_{-1}}{\overset{k_1}{\rightleftharpoons}} B$$

		A	B
起始	$t=0$	a	0
反应中	$t=t$	$a-x$	x
平衡	$t=t_e$	$a-x_e$	x_e

净的正向反应速率为

$$\frac{dx}{dt} = k_1(a-x) - k_{-1}x = k_1 a - (k_1 + k_{-1})x$$

移项并积分,得

$$\ln\frac{k_1 a}{k_1 a - (k_1 + k_{-1})x} = (k_1 + k_{-1})t \tag{6.3.1}$$

此式即正、逆向反应均为一级的可逆反应动力学方程式。若已知反应达到平衡时产物的浓度为 x_e,因为达到平衡时 $dx/dt=0$,则

$$k_1(a-x_e) = k_{-1}x_e$$

$$\frac{x_e}{a-x_e} = \frac{k_1}{k_{-1}} = K \tag{6.3.2}$$

式中:K 就是该可逆反应的平衡常数,其数值等于正、逆向反应的速率常数之比。自式(6.3.2)知

$$k_{-1} = \frac{k_1(a-x_e)}{x_e} \tag{6.3.3}$$

将此关系代入式(6.3.1),简化后得

$$k_1 = \frac{x_e}{ta}\ln\frac{x_e}{x_e - x} \tag{6.3.4}$$

若已知 x_e 及反应在 t 时刻 A 物质反应掉的浓度 x,自式(6.3.4)可求得正向反应速率常数 k_1。再将 k_1 代入式(6.3.3),即可求出逆反应速率常数

$$k_{-1} = \frac{a-x_e}{ta}\ln\frac{x_e}{x_e - x} \tag{6.3.5}$$

或根据式(6.3.2),从已知的平衡常数 K 求出 k_{-1}。属于对峙反应的实例,有葡萄糖的变旋反应、酸与醇的酯化反应、γ-羟基丁酸转变为内酯的反应等。

6.3.2　平行反应

反应物能同时进行几个反应时称为平行反应。在生物体内由一种物质转化为两种不同化合物的例子很多，如 AMP(腺苷酸)可以转化为 ATP 和 AMP(肌苷酸)。注射到体内的同位素标记化合物的浓度变化，是同位素的放射性衰变和化合物体内排出两个平行反应的总结果。

一般在平行反应中，我们将速率较大的反应称为主反应，而将其余的反应称为副反应。如果相互之间速率相差不大时，则把我们所需要的反应称为主反应，而将其他反应称为副反应。

平行反应的反应速率(以反应物浓度表示)是各反应速率之和。

现以平行的一级反应(见右式)为例，讨论反应速率与浓度的关系。

$$\mathrm{A} \begin{cases} \xrightarrow{k_1} \mathrm{B} \\ \xrightarrow{k_2} \mathrm{C} \end{cases}$$

反应的总速率为

$$r = -\frac{\mathrm{d}c_\mathrm{A}}{\mathrm{d}t} = k_1 c_\mathrm{A} + k_2 c_\mathrm{A} = (k_1 + k_2) c_\mathrm{A}$$

积分

$$\int_a^{c_\mathrm{A}} -\frac{\mathrm{d}c_\mathrm{A}}{c_\mathrm{A}} = \int_0^t (k_1 + k_2)\mathrm{d}t$$

得

$$\ln\frac{a}{c_\mathrm{A}} = (k_1 + k_2)t$$

或

$$c_\mathrm{A} = a\mathrm{e}^{-(k_1+k_2)t} \tag{6.3.6}$$

若已知 A 的初始浓度 a 及反应到 t 时 A 的浓度 c_A，则可由上式求出 k_1+k_2。又因形成产物 B 及 C 的速率分别为

$$\frac{\mathrm{d}c_\mathrm{B}}{\mathrm{d}t} = k_1 c_\mathrm{A} = k_1 a\mathrm{e}^{-(k_1+k_2)t}$$

及

$$\frac{\mathrm{d}c_\mathrm{C}}{\mathrm{d}t} = k_2 c_\mathrm{A} = k_2 a\mathrm{e}^{-(k_1+k_2)t}$$

若反应开始时 B 及 C 的浓度为零，则将上两式积分，得

$$c_\mathrm{B} = \frac{k_1 a}{k_1 + k_2}[1 - \mathrm{e}^{-(k_1+k_2)t}]$$

$$c_\mathrm{C} = \frac{k_2 a}{k_1 + k_2}[1 - \mathrm{e}^{-(k_1+k_2)t}]$$

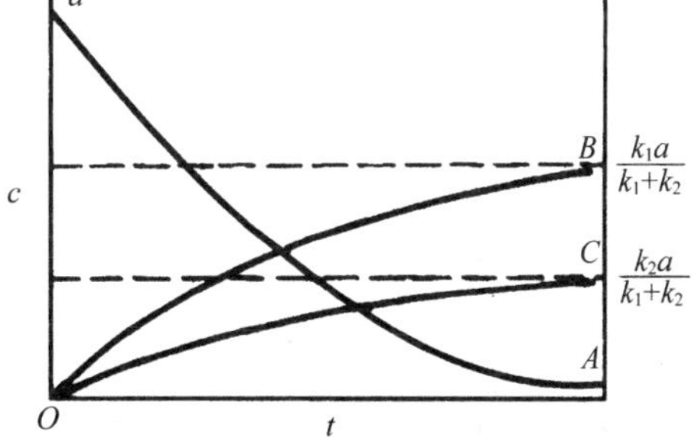

图 6.6　平行反应中反应物和产物的浓度与时间的关系

对于每种反应物的浓度与时间的关系，表示在图 6.6 中。将两式相除，得

$$\frac{c_\mathrm{B}}{c_\mathrm{C}} = \frac{k_1}{k_2} \tag{6.3.7}$$

从式(6.3.7)可以看出：在平行反应中，产物浓度之比只决定于其速率常数之比，与时间无关。反应产物的比率可由温度、溶剂、催化剂等加以调整，使我们所需要的其中某一反应加速，其余的副反应减慢。例如我们要得到 B 物质，可以在不同的温度下进行实验，求出 k_1/k_2 的比值，出现最大值时所处的温度，就是最适宜温度。

6.3.3　连续反应

如果化学反应需经过几步反应后方能达到最终产物，前一步的产物成为下一步反应的反应物，如此连续进行，称为连续反应，或连串反应。如放射性同位素的衰变及多糖的水解等都属于这类反应。

连续反应的动力学计算一般比较复杂，现以最简单的两个连续一级反应为例，来讨论反应速率与浓度的关系。

$$A \xrightarrow{k_1} B \xrightarrow{k_2} C$$

	A	B	C
起始　$t=0$	a	0	0
反应中 $t=t$	c_A	c_B	c_C

它们的速率分别为

$$-\frac{dc_A}{dt} = k_1 c_A \tag{6.3.8}$$

$$\frac{dc_B}{dt} = k_1 c_A - k_2 c_B \tag{6.3.9}$$

$$\frac{dc_C}{dt} = k_2 c_B \tag{6.3.10}$$

将式(6.3.8)积分，得

$$c_A = a e^{-k_1 t} \tag{6.3.11}$$

式中：a 为 A 的初始浓度。将该式代入式(6.3.9)，得

$$\frac{dc_B}{dt} + k_2 c_B - k_1 a e^{-k_1 t} = 0$$

此式为一阶线性微分方程，该式的解为

$$c_B = \frac{a k_1}{k_2 - k_1}\left(e^{-k_1 t} - e^{-k_2 t}\right) \tag{6.3.12}$$

由于 $c_A + c_B + c_C = a$，则

$$c_C = a\left(1 + \frac{k_1 e^{-k_2 t}}{k_2 - k_1} - \frac{k_2 e^{-k_1 t}}{k_2 - k_1}\right) \tag{6.3.13}$$

若已知 k_1 和 k_2，根据(6.3.11)、(6.3.12)、(6.3.13)三式，即可求出 c_A、c_B、c_C 与反应时间 t 的关系(如图 6.7 所示)。其中，反应物浓度 c_A 总是随时间增加而减少(线 A)；生成物浓度 c_C 随时间而增大(线 C)；中间物浓度 c_B 随时间先增大，经过一极大值 $c_{B,max}$后逐渐降低(线 B)。这表明在反应初期反应物 A 的浓度大，生成 B 的速率快。随着 A 的消耗，生成 B 的速率逐渐减慢，直至 A 生成 B 的量不能补偿 B 变成 C 的量时，B 的浓度开始降低。c_B 达到极大点的时间，称为中间产物最佳时间 t_{max}。将式(6.3.12)对 t 微分，并令其为零，即可得到 t_{max}和 B 的最大浓度 $c_{B,max}$的公式。

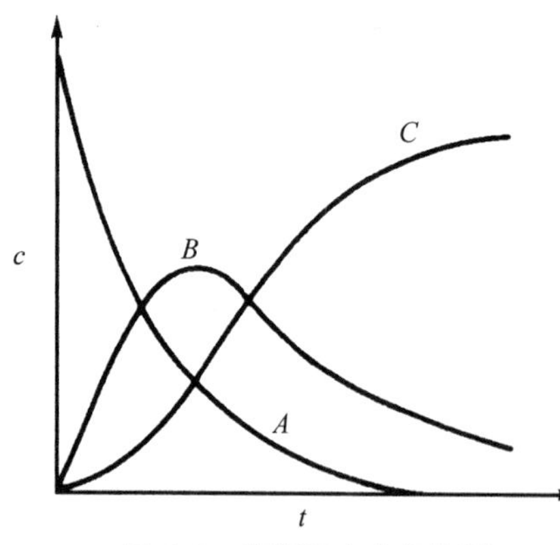

图 6.7　连续反应中各物质浓度与时间的关系

$$t_{max} = \frac{\ln(k_1/k_2)}{k_1 - k_2} \tag{6.3.14a}$$

$$c_{B,max} = a\left(\frac{k_1}{k_2}\right)^{\frac{k_2}{k_2 - k_1}} \tag{6.3.14b}$$

当 $k_2>k_1$ 时，在 $c\text{-}t$ 图中 $t_{\max}$ 向原点方向靠近，$c_{B,\max}$ 变小。当 $k_2\gg k_1$ 时，B 的浓度在全部反应的进程中将是很少的，而且 $c_{B,\max}$ 的数值很小，$t_{\max}$ 在原点附近(图 6.8)，即反应在开始不久后就能建立稳态。

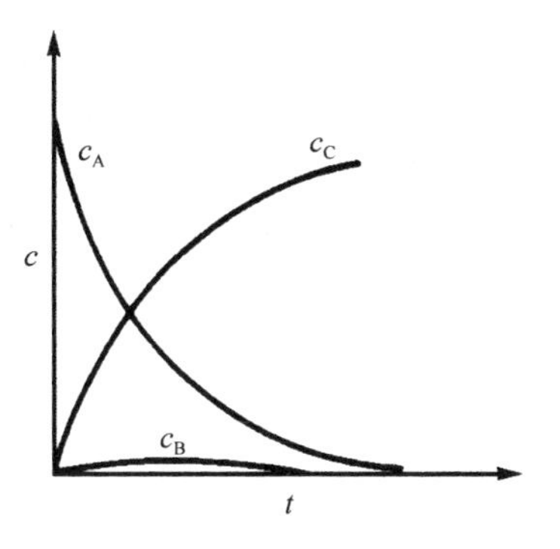

图 6.8　$k_2\gg k_1$ 的连续反应示意图

长链脂肪酸在生物组织中氧化时，进行的就是连续反应，每反应一步，碳链就缩短一截。在正常情况下，虽然每天有成百克的脂肪酸被氧化，但只有极少量的中间阶段的产物被发现。当有糖尿病时，连续反应的某些环节发生障碍，反应速率大大降低，因而某些中间阶段产物就会聚积起来，它们在血液、组织及尿中皆可发现。式(6.3.14a)及(6.3.14b)可用于连续反应定量计算，也可以用于研究药物在体内代谢最大血药浓度的时间计算。即把药物在体内的吸收和消除两个过程近似地视为一个连续反应，而 k_1 作为一级吸收常数，k_2 作为一级消除常数，可求出达到最大血药浓度的时间和相应的最大血药浓度。

【例 6.3】 已知 2,3-,4,6-二丙酮左罗糖酸在酸性溶液中水解生成抗坏血酸的反应是一级连续反应：2,3-,4,6-二丙酮左罗糖酸 $\xrightarrow{k_1}$ 抗坏血酸 $\xrightarrow{k_2}$ 分解产物，在一定条件下测得 323.15 K 时的 $k_1=0.42\times10^{-2}\,\text{min}^{-1}$，$k_2=0.20\times10^{-4}\,\text{min}^{-1}$，求：323.15 K 时生成抗坏血酸的最佳反应时间及相应的最大产率。

解　将数据代入式(6.3.14a)及(6.3.14b)，得

$$t_{\max}=\frac{\ln(k_1/k_2)}{k_1-k_2}=1279.4\,\text{min}=21.3\,\text{h}$$

$$c_{B,\max}=a\left(\frac{k_1}{k_2}\right)^{\frac{k_2}{k_2-k_1}}=1\times\left(\frac{42\times10^{-4}}{0.2\times10^{-4}}\right)^{\frac{42\times10^{-4}}{0.2\times10^{-4}-42\times10^{-4}}}=0.0046\,\text{mol}\cdot\text{dm}^{-3}$$，最大产率为 0.46%。

6.3.4 稳态假定和决速步骤

1. 稳态假定

有许多连续反应，特别是链反应，其中间物 B(有时不止一种中间物)是反应性能非常强的自由原子、自由基或处于高度激发态的分子。这些中间物进行下一步反应的速率比形成它们的速率快得多，也就是 $k_2\gg k_1$。这时，活泼的中间物 B，在很短的时间内，即几乎是从反应开始就达到稳态，它的生成速率恰好与它消耗速率相等，而使 c_B 保持一很小的数值，并且几乎不随时间而变化。即使有极微小的变化，把它看成 $dc_B/dt=0$，也不会引起多大的误差，这样，则可以得到

$$\frac{dc_B}{dt}=k_1c_A-k_2c_B=0$$

这个假定在化学动力学中叫作稳态假定，或称为稳态近似法。稳态假定(近似法)的重要性在于它大大地简化了复杂的连续反应过程中速率方程的求解，能很方便地求出中间物 B 的稳态浓度，即

$$c_B=\frac{k_1}{k_2}c_A$$

显然，当 $k_2\gg k_1$ 时，c_B 的稳态浓度是非常小的，同时可以看出，从微分方程解出的结果式(6.3.12)也变为上式。这个方法在研究反应机理时经常用到，它是一个近似处理方法，但却有足够的精确度。稳态近似法对 $A\rightarrow B\rightarrow C$ 这样最简单的连续反应来说，其用处还不明显，因为它的微分方程是容易严格求解的；但对于复杂的连续反应，则十分有用，只需对高活性的中

间物写出其速率公式，并令其等于 0，然后从这些代数式求出中间物的浓度。

生物体内多为一系列复杂的连续反应，在处理动力学方程时，经常用稳态假定来计算中间活性物的浓度。例如，在推导酶反应动力学公式时，酶与底物形成的不稳定络合物的浓度，即可用稳态假定求出，以后将加以讨论。

2. 决速步骤

在一个连续反应中，各步反应的速率经常差别很大，其中反应速率最慢的一步决定了总的反应动力学的特征，我们把这个最慢的步骤称为决速步骤。现以一个简单的连续反应为例，来说明这一点。设一反应 $A+B \longrightarrow P$ 由以下 3 个基元反应组成

$$A \xrightarrow{k_1} A^* \tag{1}$$

$$A^* \xrightarrow{k_2} A \tag{2}$$

$$B + A^* \xrightarrow{k_3} P \tag{3}$$

其中：A 和 B 为反应物，A^* 为高活性中间物，P 为生成物。反应(2)实际上是反应(1)的逆反应，可表示为

$$A \underset{k_2}{\overset{k_1}{\rightleftharpoons}} A^*,\ A^* + B \xrightarrow{k_3} P$$

这三个基元反应的速率方程分别为

$$-\frac{dc_A}{dt} = k_1 c_A - k_2 c_{A^*}$$

$$\frac{dc_{A^*}}{dt} = k_1 c_A - k_2 c_{A^*} - k_3 c_B c_{A^*}$$

$$\frac{dc_P}{dt} = k_3 c_B c_{A^*}$$

式中：dc_P/dt 为最终产物的生成速率。它应代表总反应的速率，因为 A^* 为高活性的中间物，具有$k_2 + k_3 c_B \gg k_1$的特点。对它可应用稳态假定，即有

$$\frac{dc_{A^*}}{dt} = k_1 c_A - k_2 c_{A^*} - k_3 c_B c_{A^*} = 0$$

由此可求中间物 A^* 的稳态浓度

$$c_{A^*} = \frac{k_1 c_A}{k_2 + k_3 c_B}$$

总反应速率

$$r = \frac{dc_P}{dt} = k_3 c_B c_{A^*} = \frac{k_1 k_3 c_A c_B}{k_2 + k_3 c_B}$$

此反应的速率方程中不含有中间活性物 A^* 的浓度，但 r 与 3 个元反应的速率常数和反应物 A 与 B 的浓度有关。它表明该反应无简单的级数，但在特殊的条件下，它将具有简单级数。在符合上述公式推导条件下，如果 3 个元反应的速率相差很大。当反应(3)的速率最慢，并且反应(2)的速率远大于反应(3)的速率，即 $k_2 \gg k_3 c_B$ 并使平衡能维持，则总反应速率可表示为

$$r = \frac{k_1 k_3}{k_2} c_A c_B = K k_3 c_A c_B$$

其中：$K = k_1/k_2$ 为反应(1)与(2)构成的可逆反应的平衡常数。此动力学方程表现为二级反应，反应的决速步骤是反应(3)。此时由实验测得的反应速率常数为

$$k_{实} = \frac{k_1}{k_2} k_3 = K k_3$$

由上看出，在包含有对峙反应的连续反应中，反应(3)为决速步骤。总反应速率及表观速率常数与决速步骤及它以前的平衡过程有关，在前的各反应步骤的正向和逆向反应的平衡关系可以继续保持，而不受影响。

如果是相反的情况，反应(1)为最慢，它是反应的决速步骤，而且反应(3)的速率远大于反应(2)的速率，即 $k_3c_B \gg k_2$，则有

$$r = k_1 c_A$$

此时总的反应表现为一级反应，它反映出第一个反应的特征，实际上总的反应速率就等于反应(1)的速率。实验测得的速率常数就是 k_1，它不包括反应(1)以后的各个快反应的体系。由此可知，反应的总速率与决速步骤以前的所有各步骤的速率常数有关，而与决速步骤以后的各个快反应步骤的速率无关。

【例 6.4】 高温下 DNA 双螺旋分解为两个单链，冷却时两链上互补的碱基配对，又恢复双螺旋结构。此为连续反应，动力学过程如下

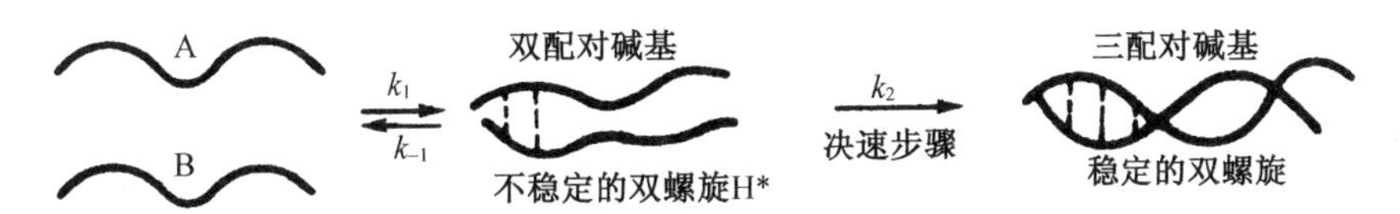

其中双配对碱基不稳定，解离比形成快；三配对碱基形成最慢，一旦形成，此后形成完整双螺旋结构的各步骤皆十分迅速。已知实验测得该总反应的速率常数 $k_{实} = 10^6\ mol^{-1} \cdot dm^3 \cdot s^{-1}$。不稳定双螺旋 H^* 形成的平衡常数

$$K = k_1/k_{-1} = [H^*]/[A][B] = 0.1\ mol^{-1} \cdot dm^3$$

试写出该反应的速率方程，并求出决速步骤的速率常数 k_2。

解　在连续反应中，反应的总速率与决速步骤以后的快速步骤无关，形成双螺旋的速率方程为

$$r = \frac{d[P]}{dt} = k_2[H^*]$$

因为不稳定双螺旋体 H^* 为高活性中间物，可用稳态假定，则

$$\frac{d[H^*]}{dt} = k_1[A][B] - (k_{-1} + k_2)[H^*] = 0$$

$$[H^*] = \frac{k_1}{k_{-1} + k_2}[A][B]$$

$$r = k_2 \frac{k_1}{k_{-1} + k_2}[A][B]$$

因为 $k_{-1} \gg k_2$，则

$$r = k_2 \frac{k_1}{k_{-1}}[A][B] = k_2 K[A][B] = k_{实}[A][B]$$

由此看出，虽然决速步骤的基元反应是一级反应，但总反应表现为二级反应。

$$k_{实} = k_2 K$$

$$k_2 = \frac{k_{实}}{K} = \frac{10^6\ mol^{-1} \cdot dm^3 \cdot s^{-1}}{0.1\ mol^{-1} \cdot dm^3} = 10^7\ s^{-1}$$

由计算数值可见,DNA双螺旋结构形成过程中,最慢的一步反应的 k_2 为 $10^7\ s^{-1}$,即1秒钟内可形成 10^7 配对碱基,3个配对基在DNA复制过程中传递一个生物密码。此数据表明,生物体系中遗传信息传递速度是多么惊人。

6.4 反应速率与温度的关系

6.4.1 Arrhenius(阿伦尼乌斯)公式

温度对反应速率的影响比浓度更为显著。多数化学反应速率常数 k 随温度升高而增大,反应速率加快。经验上,反应温度升高10℃,反应速率约增加到原来的2～4倍。在总结了大量实验结果的基础上,1889年Arrhenius(阿伦尼乌斯)提出了温度与速率常数的定量关系式

$$\ln k = -\frac{E_a}{RT} + B \tag{6.4.1}$$

其指数形式为

$$k = A e^{-\frac{E_a}{RT}} \tag{6.4.2}$$

式中:k 是速率常数,R 为摩尔气体常数,E_a 为活化能,A 称为指前因子或频率因子,E_a、A、B 皆为常数。根据式(6.4.1)可以看出,若以 $\ln k$ 对 $1/T$ 作图应得一条直线,其斜率为 $-E_a/R$,截距为 B。若将式(6.4.1)对 T 微分,可得

$$\frac{d\ln k}{dT} = \frac{E_a}{RT^2} \tag{6.4.3}$$

以上各公式皆为Arrhenius公式的不同形式。大量实验事实表明,Arrhenius公式的适用面相当广泛,对气相反应、液相反应和复相反应、包括在一定温度范围内的酶反应皆适用。

6.4.2 活化能的概念及从实验求活化能

1. 活化分子和活化能的概念

Arrhenius对其经验式进行了解释,提出了活化分子与活化能的概念。他认为,反应分子相互作用的首要条件是必须相互碰撞,但不是每次碰撞都能发生反应,而必须是活化分子碰撞才能引起反应。所谓活化分子,是指那些比一般分子高出一定能量,足以参加反应的分子。活化分子比一般分子的平均能量所高出的能量称为反应的活化能。后来,Tolman(托尔曼)证明,对于基元反应,活化能 E_a 是能发生反应分子的平均能量 $\overline{E}^*$ 与所有反应分子的平均能量 $\overline{E}_r$ 之差,即

$$E_a = \overline{E}^* - \overline{E}_r$$

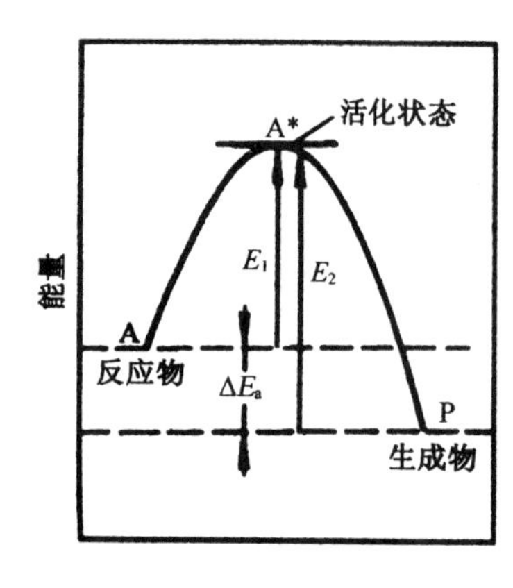

图6.9 活化能与活化状态

活化能的概念可用化学反应的能量变化示意图(图6.9)表示。图中:A为反应物,P为产物。由A变成P时,中间要经过一个活化状态 A^*。从物质结构的角度来考虑,要使反应分子接近并起反应,必须应具有足够的能量来克服分子间的电子斥力、核间斥力,并使旧键断裂或减弱,然后才能转变为P。从A到P,最后的总结果是放出能量 ΔE_a,但A必须克服一定的势

垒，成为具有活化能 E_1 的活化分子 A^*，反应方能进行。E_1 为正反应的活化能。同理，对于逆反应的进行，P 必须吸收 E_2 的能量，经过活化状态 A^*，才能转化为 A。E_2 是逆反应的活化能。对于一般的化学反应，活化能的数值约为 40～400 kJ · mol^{-1}。化学反应速率与活化能密切相关，降低反应的活化能，可以显著地提高反应速率。

对一等容对峙反应，式(6.4.3)可表示为

$$\frac{\mathrm{dln}k_1}{\mathrm{d}T}=\frac{E_1}{RT^2} \quad 与 \quad \frac{\mathrm{dln}k_{-1}}{\mathrm{d}T}=\frac{E_2}{RT^2}$$

两式相减，得

$$\frac{\mathrm{dln}k_1}{\mathrm{d}T}-\frac{\mathrm{dln}k_{-1}}{\mathrm{d}T}=\frac{E_1}{RT^2}-\frac{E_2}{RT^2} \tag{6.4.4}$$

Arrhenius 将式(6.4.4)与该对峙反应的平衡常数 $K^\ominus$ 对温度的关系作比较，即

$$\frac{\mathrm{dln}K^\ominus}{\mathrm{d}T}=\frac{\Delta_r U_m^\ominus}{RT^2}=\frac{E_P-E_A}{RT^2}=\frac{Q_V}{RT^2} \tag{6.4.5}$$

式中：E_P 和 E_A 分别为生成物和反应物的平均能量。因为 $K^\ominus=k_1/k_{-1}$，代入式(6.4.5)中，得

$$\frac{\mathrm{dln}k_1}{\mathrm{d}T}-\frac{\mathrm{dln}k_{-1}}{\mathrm{d}T}=\frac{Q_V}{RT^2} \tag{6.4.6}$$

对比式(6.4.4)与式(6.4.6)，可以看出，若反应在等容条件下进行

$$E_1-E_2=Q_V=\Delta_r U_m^\ominus$$

同理，反应在恒压条件下进行

$$E_1-E_2=Q_p=\Delta_r H_m^\ominus$$

即正反应的活化能与逆反应活化能的差值为反应热。若 $E_1>E_2$，Q 为正值，是吸热反应；反之，$E_1<E_2$，则 Q 为负值，是放热反应。无论是吸热反应还是放热反应，反应分子都必须首先活化，达到活化态 A^*，才能变成产物。

Arrhenius 提出的活化状态与活化能的概念在反应速率理论的发展中起了很大作用。对于基元反应，Arrhenius 公式中各项的物理意义都很明确。但是对于非基元反应，E_a 称为“表观活化能”，该公式基本上显示出大多数化学反应速率随温度变化的规律，是一个半经验公式。有时 $\ln k$ 对 $1/T$ 的图形是弯曲的，而不是很好的直线。这是因为活化能也并非一成不变的常数，严格地讲，它也是温度的函数，这在碰撞理论中还要提及。

2. 活化能的实验测定

活化能的数值可利用 Arrhenius 公式从实验中求出。通常有两种方法。

(1) 作图法　测得几个不同温度下的反应速率常数，根据式(6.4.1)，以 $\ln k$ 对 $1/T$ 作图，即可得一条直线，其斜率为 $-E_a/R$，则 $E_a=-R\times$斜率。

(2) 数值计算法　将式(6.4.3)在两个温度下作定积分，以 k_1、k_2 分别代表 T_1 与 T_2 时的速率常数，可得

$$\ln\frac{k_2}{k_1}=\frac{E_a}{R}\left(\frac{T_2-T_1}{T_1T_2}\right) \tag{6.4.7}$$

只要将两个温度下的 k 值代入上式，即可算出反应的活化能。

此外，若已知一反应的活化能和一个温度下的速率常数，利用式(6.4.7)还能够很方便的求出另一温度下的速率常数。

【例 6.5】 某药物溶液若分解 30% 即告无效。今测得该药物在 323 K、333 K、343 K 时的速率常数分别为 $7.08\times10^{-4}\ h^{-1}$、$1.70\times10^{-3}\ h^{-1}$、$3.55\times10^{-3}\ h^{-1}$，试计算此反应的活化能及 298 K 时药物的有效期限。

解

T/K	323	333	343
$\frac{1}{T}\times10^3/K^{-1}$	3.10	3.00	2.92
$k\times10^3/h^{-1}$	0.708	1.70	3.55
$\ln k$	−7.253	−6.377	−5.641

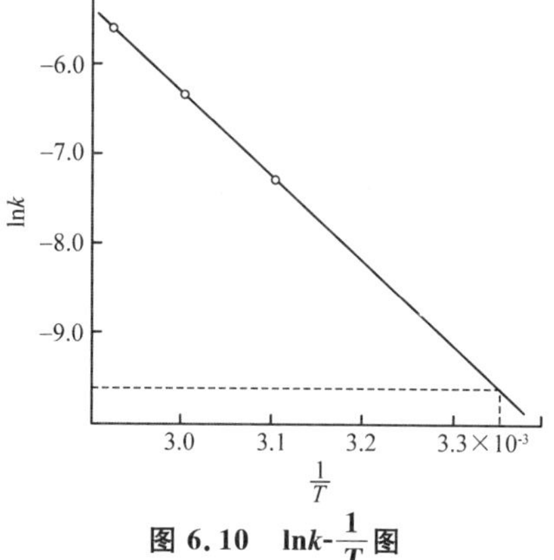

图 6.10　$\ln k$-$\frac{1}{T}$ 图

以 $\ln k$ 对 $1/T$ 作图，如图 6.10 所示，其斜率为 -8.80×10^3K。

$$E_a = -R\times斜率$$
$$= -8.314\ J\cdot K^{-1}\cdot mol^{-1}\times(-8.80\times10^3\ K)$$
$$= 73.2\ kJ\cdot mol^{-1}$$

由图中得出 298 K($1/T=3.36\times10^{-3}K^{-1}$)时对应的 $\ln k$ 为 −9.557，即 $k=7.07\times10^{-5}h^{-1}$[也可由积分式(6.4.7)计算出]。

从已知的速率常数单位可以看出，该反应为一级反应，其反应物浓度与时间的关系为

$$t=\frac{1}{k_1}\ln\frac{a}{a-x}$$
$$=\frac{1}{7.07\times10^{-5}h^{-1}}\ln\frac{1}{1-0.3}$$
$$=5.05\times10^3\ h$$
$$=7\ month$$

在 298 K 时，该药物的有效期限为 7 个月。

6.5　基元反应速率理论

反应速率理论是从分子的运动和分子结构的微观角度来寻找化学反应速率的规律，解释和预言反应的速率常数。有关的两个速率理论是碰撞理论和过渡态理论。

6.5.1　碰撞理论

1918 年 Lewis(路易斯)从气体分子运动论出发，提出了碰撞理论，他接受了 Arrhenius 关于活化状态与活化能的概念，对气相的双分子反应作出阐述。碰撞理论认为：

(1) 两个反应物分子必须相互碰撞才有可能发生反应。

(2) 不是每次碰撞都能引起反应，只有当反应物分子的能量超过一定数值时，碰撞后才能发生反应。

若用单位时间、单位体积内起作用的反应分子数来表示化学反应的速率，则通过气体分子运动论求出单位时间、单位体积中分子碰撞的总次数 Z 和有效碰撞在总碰撞数中所占的比例 q，就可以求算出反应的速率常数。

若有 A 与 B 的双分子反应，两种分子的摩尔质量分别为 M_A 与 M_B，直径各为 σ_A 与 σ_B。假设它们为无结构的刚性球，单位体积内两种不同分子每秒钟发生的碰撞次数为

$$Z_{AB} = n_A n_B \pi \left(\frac{\sigma_A + \sigma_B}{2}\right)^2 \left(\frac{8RT}{\pi} \frac{M_A + M_B}{M_A M_B}\right)^{\frac{1}{2}} = n_A n_B \pi d_{AB}^2 \left(\frac{8RT}{\pi\mu}\right)^{\frac{1}{2}} \tag{6.5.1}$$

式中：n_A 与 n_B 为分子 A 与 B 的数密度，即 1 cm^3 中的分子个数；$d_{AB}=(\sigma_A+\sigma_B)/2$，为 A、B 分子的平均直径；$\mu=M_A M_B/(M_A+M_B)$，称为折合质量。

在一定温度下，只有少数平动能足够高的分子之间的碰撞，能引起分子中键的松动或破坏，从而发生反应，此种属于有效碰撞。而其他一般性的弹性碰撞，由于能量不够，则属于无效碰撞。A 和 B 分子碰撞的激烈程度，不取决于两个分子的总动能，而是与 A、B 两分子在质心连线方向上的相对平动能有关。当这种相对平动能超过化学反应的临界能 ε_c（又称阈能）时，才能发生反应。化学反应不同，阈能 ε_c 的数值亦不同。在碰撞理论中，把 $\varepsilon_c N_A = E_c$，称为反应的临界能，式中 N_A 为 Avogadro 常数。

根据 Boltzmann 能量分布定律，能量在 E_c 以上的分子数占总分子的分数为

$$q = e^{-\frac{E_c}{RT}}$$

反应速率应等于单位体积、单位时间内的有效碰撞次数，即

$$r = Z_{AB} q = n_A n_B \pi d_{AB}^2 \left(\frac{8RT}{\pi\mu}\right)^{\frac{1}{2}} e^{-\frac{E_c}{RT}} \tag{6.5.2}$$

根据质量作用定律，得

$$r = -\frac{dn_A}{dt} = -\frac{dn_B}{dt} = k n_A n_B$$

与式(6.5.2)对比，可得到自碰撞理论导出的速率常数 k，其数值随浓度表示方法不同而异。

$$k = \pi d_{AB}^2 \left(\frac{8RT}{\pi\mu}\right)^{\frac{1}{2}} e^{-\frac{E_c}{RT}} \qquad (\text{molec}^{-1} \cdot \text{cm}^3 \cdot \text{s}^{-1})$$

$$= \frac{N_A}{1000} \pi d_{AB}^2 \left(\frac{8RT}{\pi\mu}\right)^{\frac{1}{2}} e^{-\frac{E_c}{RT}} \qquad (\text{mol}^{-1} \cdot \text{dm}^3 \cdot \text{s}^{-1}) \tag{6.5.3}$$

式(6.5.3)为自碰撞理论得到的 k，单位为 $\text{mol}^{-1} \cdot \text{dm}^3 \cdot \text{s}^{-1}$。

若是同种类分子 A 的碰撞反应，也可用类似的处理得出反应速率常数

$$k = 2\pi\sigma_A^2 \left(\frac{RT}{\pi M_A}\right)^{\frac{1}{2}} e^{-\frac{E_c}{RT}} \qquad (\text{molec}^{-1} \cdot \text{cm}^3 \cdot \text{s}^{-1})$$

$$= \frac{N_A}{1000} 2\pi\sigma_A^2 \left(\frac{RT}{\pi M_A}\right)^{\frac{1}{2}} e^{-\frac{E_c}{RT}} \qquad (\text{mol}^{-1} \cdot \text{dm}^3 \cdot \text{s}^{-1}) \tag{6.5.4}$$

将式(6.5.3)简化为

$$k = Z' T^{\frac{1}{2}} e^{-\frac{E_c}{RT}}$$

式中：常数 $Z' = \frac{N_A}{1000} \pi d_{AB}^2 \left(\frac{8R}{\pi\mu}\right)^{\frac{1}{2}}$ 与温度无关。对上式取对数，得

$$\ln k = \ln Z' + \frac{1}{2}\ln T - \frac{E_c}{RT}$$

对 T 微分，可得

$$\frac{d\ln k}{dT} = \frac{E_c + \frac{1}{2}RT}{RT^2} \tag{6.5.5}$$

将式(6.5.5)与 Arrhenius 公式(6.4.3)比较，可得到实验活化能 E_a 与临界能 E_c 的关系

$$E_a = E_c + \frac{1}{2}RT \tag{6.5.6}$$

在反应中，临界能 E_c 是常数，而实验的活化能 E_a 严格地说应与温度有关。若 T 不很高，E_c 的数值又很大时，$RT/2$ 相对于 E_c 可以忽略时，$E_a \approx E_c$，此情况已为实验证实。由此可知，碰撞理论中的临界能 E_c 是指反应物分子碰撞时质心连线上相对平动能所需的最小临界能值。而 Arrhenius 公式中的活化能 E_a 是反应分子的平均能量与所有分子的平均能量之差。两者的物理意义不同，但在数值上却十分相近。若用 E_a 代替 E_c，则式(6.5.3)可改写为

$$k = \frac{N_A}{1000}\pi d_{AB}^2\left(\frac{8RT}{\pi\mu}\right)^{\frac{1}{2}} e^{-\frac{E_a}{RT}} \tag{6.5.7}$$

与 Arrhenius 指数公式(6.4.2)对比，可得

$$A = \frac{N_A}{1000}\pi d_{AB}^2\left(\frac{8RT}{\pi\mu}\right)^{\frac{1}{2}} \tag{6.5.8}$$

它表明了指前因子的内涵。A 的数值不需用实验测定，可根据反应物分子的摩尔质量、分子大小及温度等有关参数求算出。

自碰撞理论，可解释 T 及 E_c 两者对 k 为何有较大的影响。

(i) 温度升高，使产生有效碰撞的分子分数增大，使 k 值增大。例如，某反应 $E_a = 1\times 10^5\ \mathrm{J\cdot mol^{-1}}$，温度由 373 K 升至 383 K，有效碰撞的分子分数增大 2～3 倍，而指前因子 A 仅增加 1.01 倍。

(ii) 临界能 E_c 值大，有效碰撞分子所占的分数小，k 值则小。例如，在室温下有 A 和 B 两个反应，后者的 E_c 比前者的小4000 $\mathrm{J\cdot mol^{-1}}$，则两反应 q 之比为

$$\frac{q_A}{q_B} = e^{-(E_A - E_B)/RT} = e^{-4000\ \mathrm{J\cdot mol^{-1}}/(8.314\ \mathrm{J\cdot K^{-1}\cdot mol^{-1}}\times 298\ \mathrm{K})} = \frac{1}{5}$$

这表明反应 B 的有效碰撞分子所占的分数比反应 A 高 5 倍。因此降低 E_c，可显著地增大反应速率。

碰撞理论对简单的气体反应，以及某些溶液反应的理论计算与实验结果都能较好符合。例如，在 556 K 碘化氢的分解反应，其中 $E_c = 184\ \mathrm{kJ\cdot mol^{-1}}$，$\sigma(\mathrm{HI}) = 3.5\times 10^{-10}\ \mathrm{m}$，$M(\mathrm{HI}) = 127.9\times 10^{-3}\ \mathrm{kg\cdot mol^{-1}}$。利用式(6.5.4)计算，结果为$k = 2.5\times 10^{-7}\ \mathrm{mol^{-1}\cdot dm^3\cdot s^{-1}}$，与实验结果$k = 3.5\times 10^{-7}\ \mathrm{mol^{-1}\cdot dm^3\cdot s^{-1}}$，基本一致。但有不少反应理论计算所得的速率常数高于实验值，有的甚至高达 10^8 倍。这一问题的产生，是由于碰撞理论忽略了反应分子的性质，把分子间的复杂相互作用看成是没有结构的刚性球的简单机械碰撞，以反应分子能量的大小作为发生反应的唯一判据。显然，这对于一些分子结构较复杂的反应是不准确的，因为还有其他的影响因素应考虑。例如，碰撞的方向性。对复杂分子，其相对平动能已超过阈值 E_c，但仅限于某一方位上的碰撞才是有效碰撞。此外，在反应键附近有较大的原子团，因空间效应也会影响反应速率。因此，需将式(6.5.3)修正为

$$k = P\frac{N_A}{1000}\pi d_{AB}^2\left(\frac{8RT}{\pi\mu}\right)^{\frac{1}{2}} e^{-\frac{E_c}{RT}} = PZe^{-\frac{E_c}{RT}} \tag{6.5.9}$$

式中：P 称为概率因子或空间因子。对简单分子，$P=1$；对于复杂分子，$P<1$，一般在 $1\sim 10^{-9}$ 之间。但碰撞理论不能从理论上阐明 P 的物理意义和求算 P 的数值，因而它只是一个经验校正系数。

碰撞理论的另一个缺点是，理论本身不能预言临界能的大小，还需通过 Arrhenius 公式从实验中求得 E_a。欲从碰撞理论来求算 k 时，必须用到 E_a。为此，这一理论仍是半经验的。

6.5.2 过渡态理论

过渡态理论又称绝对反应速率理论或活化络合物理论。它考虑了空间结构、能量重新分配等影响因素，根据反应物和过渡态活化络合物的性质、利用量子力学与统计力学的原理得出反应体系势能变化图，由此计算出反应速率常数。现对过渡态理论作简单介绍。

1. 势能面

过渡态理论在描述反应进行时采用了反应体系势能面的模型。原子间的相互作用表现为原子间有势能 E_p，该势能是原子之间距离 r 的函数，即 $E_p=E_p(r)$。例如有一简单反应

$$A + BC \longrightarrow [A—B—C]^{*} \longrightarrow AB + C$$

当 A 沿 BC 的轴线方向接近 BC 时，首先是使 B—C 间的键减弱，同时也开始生成新的 A—B 键，体系经过一个生成活化络合物[A—B—C]* 的活化状态，这时原子 B 在同样程度上既属于原先的分子 BC，也属于新分子 AB，反应物和络合物之间保持平衡。经过此过渡状态后，活化络合物再分解为生成物。形成活化络合物时要吸收活化能，因而当分解为分子 AB 和 C 时，反应放出能量。随着 AB 与 BC 之间的距离 r_{AB} 与 r_{BC} 变化，体系的势能 E_P 亦相应变化，即 $E_P=E_P(r_{AB},r_{BC})$，这种变化的关系可用三维空间的坐标表示。E_P 的数值随 r_{AB} 与 r_{BC} 的变化可以通过量子力学的某些规律作近似计算，所得体系的势能图，如图 6.11 所示。图中坐标分别表示

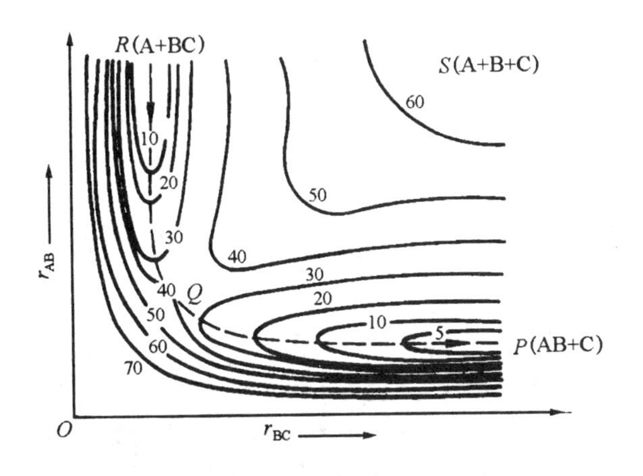

图 6.11 反应体系势能面投影图

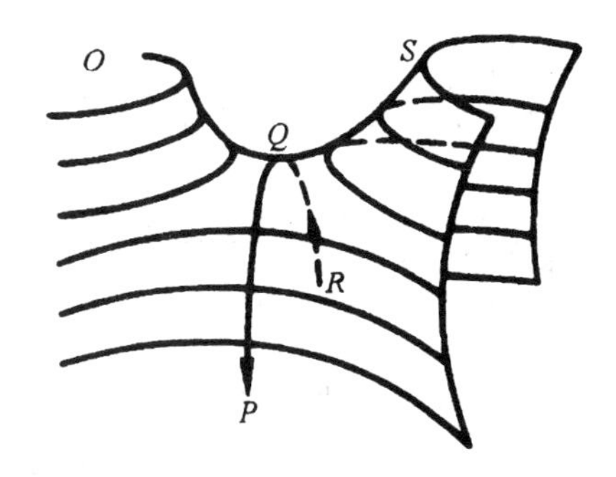

图 6.12 反应途径示意图

AB 和 BC 的距离。势能由垂直于纸面的坐标表示，图中的实线表示等势能线，它代表相同能量的投影，类似于地图上地形的等高线。每条线标明了能量的数值，数值愈大，势能愈高。整个势能面类似于解析几何中的马鞍形的双抛物面。中间点 Q 对两边的山峰 S 与 O 是最低点，而对 R 与 P 点的势能深谷来说又是最高点(见图 6.12)。作用前，体系(A+BC)的能量处于图中的最低点 R 点；作用完毕后的产物(AB+C)，其能量则为 P 点。从 R 到 P，必须经过一个能峰 Q 点，称为马鞍点，在反应中体系选择经过马鞍点的途径(如图 6.11 中虚线所示)，是需要活化能最少的途径。马鞍点与体系始态 R 点的势能差为过渡态理论中反应的活化能。原则上，可以用量子力学方法计算反应体系的势能面，进而推测出最可能的反应途径。自马鞍点

的位置,可知活化络合物的构型及反应势垒的高度,得知活化能 E_a 的大小。

2. 反应速率常数公式的建立

过渡态理论认为:

(1) 元反应中,反应物分子 A 与 B 先结合成为活化络合物 $[AB]^{\ne}$,然后再分解为产物 P。这两个步骤无明显界线,活化络合物为一过渡状态,即

$$A + B \overset{K_c^{\ne}}{\rightleftharpoons} [AB]^{\ne} \longrightarrow P$$

(2) 反应物与活化络合物之间具有平衡,则

$$K_c^{\ne} = \frac{c_{AB^{\ne}}}{c_A c_B}$$

$K^{\ne}$ 为平衡常数。活化络合物与反应物浓度之间应有

$$c_{AB^{\ne}} = K_c^{\ne} c_A c_B \tag{6.5.10}$$

(3) 活化络合物分子很不稳定。沿着反应轴方向的不对称伸缩振动会引起活化络合物的分解,因此,反应速率 r 与活化络合物的浓度 c 及伸缩振动的频率 ν 皆有关,即

$$r = -\frac{dc_A}{dt} = \nu c_{AB^{\ne}} = \nu K_c^{\ne} c_A c_B$$

根据量子力学知,$\nu = \varepsilon / h$(h 为 Planck 常数,ε 是一个振动自由度的能量)。按照能量均分定律,$\varepsilon = h\nu = k_B T$($k_B$ 为 Boltzmann 常数),则有

$$\nu = \frac{k_B T}{h}$$

代入前公式,得

$$r = \frac{k_B T}{h} K_c^{\ne} c_A c_B \tag{6.5.11}$$

根据质量作用定律,元反应 $A + B \longrightarrow P$ 的速率为

$$r = k c_A c_B$$

与式(6.5.11)比较,可得到反应速率常数为

$$k = \frac{k_B T}{h} K_c^{\ne} \tag{6.5.12}$$

式(6.5.12)为过渡态理论的基本公式。根据分子的基本性质,如键长、质量及振动频率等,可计算出反应速率常数,因此该理论又称为绝对反应速率理论。其中速率常数与反应物转变为活化络合物的某些热力学变量有关。平衡常数 $K_c^{\ne}$ 与标准平衡常数 $K^{\ne}$ 的关系为

$$K^{\ne} = K_c^{\ne} (c^{\ominus})^{n-1}$$

式中:n 为所有反应物的系数之和。以浓度为标度的标准摩尔活化自由能为

$$\Delta_r^{\ne} G_m^{\ominus} = -RT \ln K^{\ne} = -RT \ln K_c^{\ne} (c^{\ominus})^{n-1}$$

或

$$K_c^{\ne} = (c^{\ominus})^{1-n} e^{-\Delta_r^{\ne} G_m^{\ominus}/RT} \tag{6.5.13}$$

根据热力学函数之间的基本关系,应有

$$\Delta_r^{\ne} G_m^{\ominus} = \Delta_r^{\ne} H_m^{\ominus} - T \Delta_r^{\ne} S_m^{\ominus}$$

则

$$K_c^{\ne} = (c^{\ominus})^{1-n} e^{\Delta_r^{\ne} S_m^{\ominus}/R} e^{-\Delta_r^{\ne} H_m^{\ominus}/RT} \tag{6.5.14}$$

以上 $\Delta_r^{\ne} G_m^{\ominus}$、$\Delta_r^{\ne} H_m^{\ominus}$、$\Delta_r^{\ne} S_m^{\ominus}$ 代表反应物和活化络合物浓度皆为标准态时的各热力学改变量,分别称为标准摩尔活化自由能、标准摩尔活化焓和标准摩尔活化熵。将式(6.5.13)、(6.5.14)代

入式(6.5.12)中,可得

$$k=\frac{k_{\mathrm{B}}T}{h}(c^{\ominus})^{1-n}\mathrm{e}^{-\Delta_{\mathrm{r}}^{\neq}G_{\mathrm{m}}^{\ominus}/RT}=\frac{k_{\mathrm{B}}T}{h}(c^{\ominus})^{1-n}\mathrm{e}^{\Delta_{\mathrm{r}}^{\neq}S_{\mathrm{m}}^{\ominus}/R}\mathrm{e}^{-\Delta_{\mathrm{r}}^{\neq}H_{\mathrm{m}}^{\ominus}/RT} \tag{6.5.15}$$

这就是过渡态理论的热力学公式。若能计算出活化自由能或活化熵与活化焓,可求算出反应的速率常数。

若对式(6.5.12)取对数后对 T 求微商,得

$$\frac{\mathrm{d}\ln k}{\mathrm{d}T}=\frac{1}{T}+\frac{\mathrm{d}\ln K_c^{\neq}}{\mathrm{d}T} \tag{6.5.16}$$

根据平衡常数与温度的关系式

$$\left(\frac{\mathrm{d}\ln K_c^{\neq}}{\mathrm{d}T}\right)_V=\frac{\Delta_{\mathrm{r}}^{\neq}U_{\mathrm{m}}^{\ominus}}{RT^2}$$

式中:$\Delta_{\mathrm{r}}^{\neq}U_{\mathrm{m}}^{\ominus}$ 为标准态下活化络合物与反应物的热力学能之差,即活化热力学能。根据热力学的关系式

$$\Delta_{\mathrm{r}}^{\neq}H_{\mathrm{m}}^{\ominus}=\Delta_{\mathrm{r}}^{\neq}U_{\mathrm{m}}^{\ominus}+\Delta(pV)_{\mathrm{m}}^{\neq}$$

式中:$\Delta(pV)_{\mathrm{m}}^{\neq}$ 是反应物形成活化络合物后体系 pV 的改变。将以上关系式代入式(6.5.16),得

$$\frac{\mathrm{d}\ln k}{\mathrm{d}T}=\frac{1}{T}+\frac{\Delta_{\mathrm{r}}^{\neq}U_{\mathrm{m}}^{\ominus}}{RT^2}=\frac{RT+\Delta_{\mathrm{r}}^{\neq}H_{\mathrm{m}}^{\ominus}-\Delta(pV)_{\mathrm{m}}^{\neq}}{RT^2}$$

将该式与 Arrhenius 微分式(6.4.3)对比,可得

$$E_{\mathrm{a}}=\Delta_{\mathrm{r}}^{\neq}H_{\mathrm{m}}^{\ominus}+RT-\Delta(pV)_{\mathrm{m}}^{\neq} \tag{6.5.17}$$

对于凝聚相反应,$\Delta(pV)_{\mathrm{m}}^{\neq}$ 很小,可以忽略,则

$$E_{\mathrm{a}}=\Delta_{\mathrm{r}}^{\neq}H_{\mathrm{m}}^{\ominus}+RT \tag{6.5.18}$$

在温度不太高时,E_{a} 与 $\Delta_{\mathrm{r}}^{\neq}H_{\mathrm{m}}^{\ominus}$ 可看成近似相等。

将式(6.5.15)与碰撞理论的式(6.5.9)比较,可得到

$$PZ=\frac{k_{\mathrm{B}}T}{h}(c^{\ominus})^{1-n}\mathrm{e}^{\Delta_{\mathrm{r}}^{\neq}S_{\mathrm{m}}^{\ominus}/R}$$

$k_{\mathrm{B}}T/h$ 项相当于碰撞频率 Z,它们数量级接近。因此可以认为

$$P\approx\mathrm{e}^{\Delta_{\mathrm{r}}^{\neq}S_{\mathrm{m}}^{\ominus}/R} \tag{6.5.19}$$

由此可知,碰撞理论中的概率因子 P 与标准活化熵的变化有关。对于结构简单的分子,形成活化络合物时,有序度略有增加,ΔS 的负值不大,P 接近于 1。对结构复杂的分子,则相应的有序度增加较多,ΔS 负值较大,P 远小于 1。碰撞理论不能预测 P;而在过渡态理论中,若知活化络合物的结构,可以从光谱数据,用统计力学的方法求出 $\Delta_{\mathrm{r}}^{\neq}S_{\mathrm{m}}^{\ominus}$,便能得到 P。

过渡态理论克服了碰撞理论不能从理论上估计活化能数值和定量阐明概率因子的缺陷,提出了用量子力学与统计力学的方法来计算活化能与活化熵,且其有关势能面、过渡态、活化络合物的概念已得到广泛的应用。

6.6 链 反 应

在动力学中有一类常见的特殊规律的反应,只要采用某种方法(如光、热、辐射、加引发剂等),体系就能产生活性组分(自由基或原子),相继发生一系列连续反应,像链条一样自动反应下去,这类反应称为链反应。石油的裂解、高分子的合成、燃料的燃烧、大气的光化学过程皆与

链反应有关。

链反应都是由以下 3 个步骤构成。

1. 链的引发

起始反应的分子须借助外界的热、辐射引发或引发剂的作用，获得使化学链断裂所需的活化能，生成高活性的自由基或游离原子。

这一步在链反应中最难进行，需要较大的活化能，约在 200～400 kJ・mol^{-1}的范围。所得的产物中有一类具有未成对电子的原子或原子团的物质，称为自由基，如氢原子 H・、氢氧基 OH・、甲基 CH_3・、氯原子 Cl・，乙酰基 CH_3CO・等，它们有非常高的化学活性。

2. 链的传递(链的增长)

自由基很不稳定，立即与其他分子作用生成新的分子，同时又产生一个或几个新的自由基。如此不断循环进行，构成了链传递过程。由于自由基有较强的反应能力，反应所需的活化能通常小于 40 kJ・mol^{-1}，条件宜适时可形成很长的反应链。例如

$$Cl\cdot + H_2 \longrightarrow HCl + H\cdot \qquad E_a = 25\ kJ\cdot mol^{-1}$$

$$H\cdot + Cl_2 \longrightarrow HCl + Cl\cdot \qquad E_a = 12.6\ kJ\cdot mol^{-1}$$

3. 链终止

当自由基被销毁时，链就终止，它是链反应的最后阶段。断链的方式可以是 2 个自由基相互结合成稳定分子，也可以将能量传递给其他物体(如器壁)而损失能量。例如

$$2Cl\cdot + M(器壁) \longrightarrow Cl_2 + M$$

反应器的体积或形状，都可能使反应速率改变，这种器壁效应也是链反应的特点之一。

链反应可分为直链反应和支链反应两种类型，如图 6.13 所示。凡一个自由基消失的同

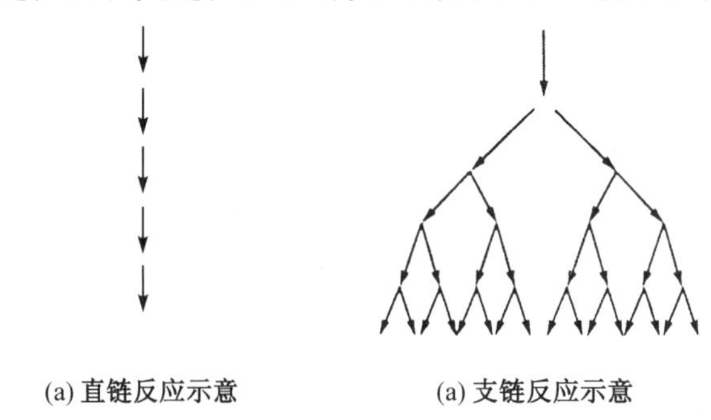

(a) 直链反应示意　　(a) 支链反应示意

图 6.13　链传递方式示意图

时，又产生一个新的自由基，即自由基数(或反应链数)保持不变的称为直链反应。一些高分子化合物的聚合反应常为直链反应。凡是一个自由基消失时，同时又产生 2 个或 2 个以上的新自由基，即自由基数(或反应链数)不断增加的反应称为支链反应。通常的爆炸反应为支链反应。

6.7　溶液中的反应

6.7.1　扩散控制反应

溶液中的反应除反应物外还有大量的溶剂分子。研究溶剂对化学反应速率的影响是十分重要的。在气相中，分子运动的平均自由路径较大，一对分子连续碰撞的机会较少，分子间的作用可以忽略。在溶液中，分子间距离很小，一对分子可以连续多次碰撞，分子间较强的相互

作用不可忽略。溶液中的溶剂好似一个“分子笼”。首先,反应物分子A和B要穿过周围的溶剂分子扩散到同一笼中,持续$10^{-11}\sim10^{-12}$s的时间,大约要进行$10^2\sim10^3$次碰撞,形成一“偶遇对”A∶B,它可以是中间物、或生成产物P、或分离成反应物分子;然后,再从笼中“挤出”,扩散到别处。其过程为

$$A+B \underset{k_{-d}}{\overset{k_d}{\rightleftharpoons}} A:B$$

$$A:B \xrightarrow{k_r} P$$

式中:k_d为扩散过程的速率常数,k_{-d}是偶遇对分离过程的速率常数,k_r是偶遇对发生反应的速率常数。假设一定时间后,偶遇对达稳态,则

$$\frac{dc_{A:B}}{dt}=k_d c_A c_B-k_{-d}c_{A:B}-k_r c_{A:B}=0$$

$$c_{A:B}=\frac{k_d c_A c_B}{k_{-d}+k_r}$$

反应速率

$$r=\frac{dc_P}{dt}=k_r c_{A:B}=\frac{k_r k_d}{k_{-d}+k_r}c_A c_B \tag{6.7.1}$$

当$k_r \ll k_{-d}$时,为活化控制的反应,此时

$$r=k_r\frac{k_d}{k_{-d}}c_A c_B \tag{6.7.2}$$

一般分子反应的活化能在$40\sim400\ kJ\cdot mol^{-1}$之间,而反应物分子穿越溶剂分子所需的活化能不超过$21\ kJ\cdot mol^{-1}$。前者比后者高得多,因此$k_r$远比$k_d$和$k_{-d}$要小,扩散作用不会影响反应速率。反应总速率取决于偶遇对的化学反应速率。但有些反应活化能很小,如水溶液中的离子反应、自由基复合反应等,反应分子在相遇后的第一次碰撞中就发生反应,这时反应速率受到反应分子扩散速率的控制。此时$k_r \gg k_{-d}$,$r=k_d c_A c_B$,为扩散控制反应。与气相反应相比,在溶液中虽限制了远距离反应分子的碰撞,但增加了近距离分子的重复碰撞,总的碰撞频率与气相反应大致相同。若溶剂仅作为介质,对同一反应在气、液相中速率相近。

6.7.2 溶剂对反应速率的影响

在多数情况下,溶剂与反应物有相互作用,对反应速率产生十分显著的影响。例如,C_6H_5CHO在溶液中的溴化反应,在CCl_4中比在$CHCl_3$或CS_2中进行快1000倍。此外,对于平行反应,常有一种溶剂只加速其中一种反应的情况。因此,选择适当的溶剂,有时既可加速反应,又能抑制副反应。由于溶剂的影响原因复杂,一般定性地说有以下几方面的规律。

(1) 溶剂的介电常数大小对有离子参加的反应有影响

介电常数大的溶剂常不利于正、负离子间的化合反应,而有利于解离为正、负离子的反应,因为溶剂的介电常数愈大,离子间引力愈弱。

(2) 溶剂极性的影响

若产物的极性比反应物大,极性溶剂常能促进反应的进行。反之,若产物的极性比反应物小,则极性溶剂往往抑制反应的进行。

(3) 溶剂化的影响

若活化络合物的溶剂化的作用比反应物大,从而使活化能降低,则可以使反应速率加快。反之,若活化络合物的溶剂化程度小于反应物,常能使活化能增高,从而减缓反应速率。

6.7.3　离子强度的影响(原盐效应)

向溶液中加入电解质使离子强度变化，导致离子反应速率的变化，称为原盐效应。离子强度对溶液中离子反应速率常数影响的定量关系，可自过渡态理论导出。设溶液中离子 A^{z_A} 与 B^{z_B} 的反应为

$$A^{z_A} + B^{z_B} \rightleftharpoons [(A\cdots B)^{z_A+z_B}]^{\neq} \longrightarrow P$$

式中：z_A 和 z_B 分别为两种离子 A 与 B 的电荷数。根据过渡态理论基本公式(6.5.12)，知

$$k = \frac{k_B T}{h} K_c^{\neq}$$

在通常的溶液的浓度范围，$K_c^{\neq}$ 并非常数，用活度表示的 $K_a^{\neq}$ 才是常数，即

$$K_a^{\neq} = \frac{a^{\neq}}{a_A a_B} = \frac{c^{\neq}/c^{\ominus}}{(c_A/c^{\ominus})(c_B/c^{\ominus})} \frac{\gamma^{\neq}}{\gamma_A \gamma_B} = K_c^{\neq}(c^{\ominus})^{n-1} \frac{\gamma^{\neq}}{\gamma_A \gamma_B} \tag{6.7.3}$$

式中：n 为反应离子的系数总和。速率常数 k 为

$$k = \frac{k_B T}{h}(c^{\ominus})^{1-n} K_a^{\neq} \frac{\gamma_A \gamma_B}{\gamma^{\neq}} = k_0 \frac{\gamma_A \gamma_B}{\gamma^{\neq}} \tag{6.7.4}$$

由式(6.7.4)知，自实验所得的 k 应与活度系数有关。根据 Debye-Hückel 极限公式，活度系数 γ 为

$$\lg \gamma_i = -Az_i^2 \sqrt{I}$$

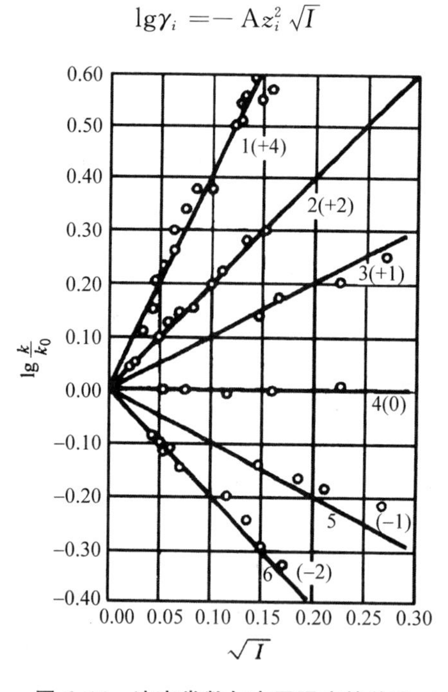

图 6.14　速率常数与离子强度的关系

1. $2[Co(NH_3)_5Br]^{2+} + Hg^{2+} + 2H_2O \longrightarrow 2[Co(NH_3)_5H_2O]^{3+} + HgBr_2$
2. $S_2O_8^{2-} + 2I^- \longrightarrow 2SO_4^{2-} + I_2$
3. $[NO_2NCOOC_2H_5]^- + OH^- \longrightarrow N_2O + CO_3^{2-} + C_2H_5OH$
4. 蔗糖转化
5. $H_2O_2 + 2H^+ + 2Br^- \longrightarrow 2H_2O + Br_2$
6. $[Co(NH_3)_5Br]^{2+} + OH^- \longrightarrow [Co(NH_3)_5OH]^{2+} + Br^-$

将式(6.7.4)两边取对数后,代入上述关系,得

$$\begin{aligned}\lg\frac{k}{k_0}&=\lg\gamma_A+\lg\gamma_B-\lg\gamma^{\neq}\\&=-A[z_A^2+z_B^2-(z_A+z_B)^2]\sqrt{I}\\&=2z_Az_BA\sqrt{I}\end{aligned}\tag{6.7.5}$$

若以 $\lg k$ 或 $\lg(k/k_0)$ 对离子强度的平方根 $\sqrt{I}$ 作图,应得到一条直线,其斜率与 z_A、z_B 有关。这一理论上的推论已为大量实验事实证明。在图 6.14 中,直线是根据上述公式绘制的,圆点是不同类型离子反应的实验结果,图中括号内为 z_A 与 z_B 的乘积。

由式(6.7.5)可以看出,当反应物之一是中性分子时,$z_Az_B=0$。也就是说,非电解质与电解质之间的反应或非电解质间的反应,其反应速率与溶液中的离子强度无关。蔗糖转化及乙酸乙酯的皂化反应的实验结果证实了这一点。若当 z_A、z_B 同号,则 z_Az_B 为正值,反应速率随离子强度的增加而增大,称为正原盐效应;若 z_A、z_B 异号,则 z_Az_B 为负值,反应速率随离子强度的增加而减小,称为负原盐效应。

6.8　催 化 反 应

6.8.1　催化作用及其特征

催化剂是能加快化学反应速率、而自身在反应前后物质的量及化学性质都不改变的物质,加入催化剂的化学反应体系称为催化反应。催化剂与浓度、温度一样都能影响化学反应速率,但催化剂的作用尤为显著。现代化学工业产品 80%以上是由催化过程来生产的。生物体内的各种生化反应是靠酶催化而进行的。

催化反应按催化剂和反应物的相态不同,可分为均相催化和多相催化。在均相催化中,催化剂和反应物都为同一相,如均为气态或液态。多相催化反应中,催化剂和反应物质相态不同,反应在相界面上进行。例如,V_2O_5 固相催化剂对 SO_2 气体的催化氧化反应。

在某些反应中,生成物本身可作为催化剂使反应加速,这类反应称为自催化反应。

通常,催化剂具有以下共同特征。

(1) 催化剂能改变化学反应的历程,使反应以活化能较小的新途径进行。某一反应为

$$A+B\xrightarrow{k}P$$

在体系中加入催化剂 C,其反应机制为

$$A+C\underset{k_{-1}}{\overset{k_1}{\rightleftharpoons}}AC\ (\text{中间体})$$

$$AC+B\xrightarrow{k_2}P+C$$

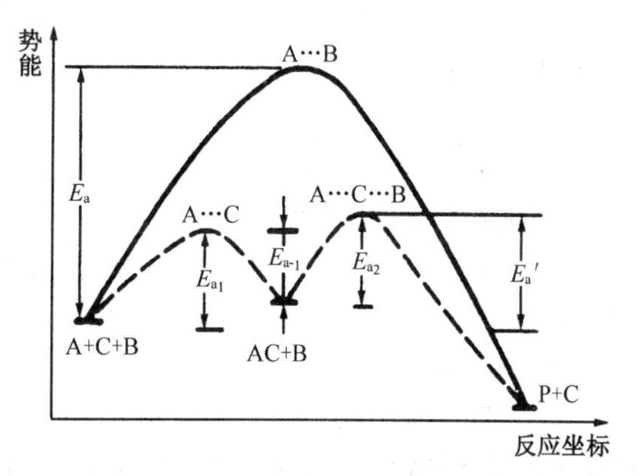

图 6.15　催化反应活化能与反应途径

催化剂 C 参与反应,形成了中间体,使反应沿新的途径进行。图 6.15 表示一般反应与催化反应进程中势能的变化。无催化剂时,反应按图中实线的途径进行,活化能为 E_a。有催化剂 C 存在时,按虚线所示的途径进行,A 与 C 形成中间体的活化能为 E_{a_1},中间体与 B 反应的

活化能为 E_{a_2}，两者都较低。若该历程中第二步为决速步骤，第一步处于近似平衡态。可用稳态假定，并得出催化反应速率公式

$$k_1 c_A c_C = k_{-1} c_{AC}$$

$$c_{AC} = \frac{k_1}{k_{-1}} c_A c_C$$

$$r = k_2 c_{AC} c_B = \frac{k_1 k_2}{k_{-1}} c_A c_C c_B \tag{6.8.1}$$

催化反应的总速率常数 $k=\frac{k_1 k_2}{k_{-1}}$。上述每一步骤的反应速率常数和活化能的关系均可用 Arrhenius公式表示，总反应速率常数为

$$k = \frac{A_1 A_2}{A_{-1}} e^{-(E_{a_1}+E_{a_2}-E_{a_{-1}})/RT}$$

该催化反应的表观活化能为 $E_a'=E_{a_1}+E_{a_2}-E_{a_{-1}}$，通常 E_{a_1}、E_{a_2}、$E_{a_{-1}}$ 都比 E_a 小得多，结果 $E_a'<E_a$，因此，反应按活化能低的途径进行。例如，H_2O_2 在 310 K 的分解反应，无催化剂时 $E_a=71.0\ \mathrm{kJ\cdot mol^{-1}}$；若以过氧化氢酶为催化剂，$E_a'=8.4\ \mathrm{kJ\cdot mol^{-1}}$，催化反应的速率常数比非催化反应的增大 3.5×10^{10} 倍。

由以上分析知，一个反应可能同时以两种机制进行，一是缓慢的非催化机制，另一是快速的催化机制。只有当催化机制占绝对优势时，方可忽略非催化机制的动力学作用。

(2) 催化剂参与化学反应，在反应前后化学性质和物质的量都不改变。但有时它的物理状态可能改变，例如由块状固体变为粉末状。

(3) 催化剂可使化学反应的速率发生很大的改变，但它不影响化学平衡。对于一个热力学上可以进行的反应，催化剂能同时加大正、逆两个方向的反应速率，缩短达到平衡的时间，但不能改变平衡状态。对已平衡的反应，不能用加入催化剂的方法来增加产物的产率。

(4) 催化剂对反应的加速作用有特殊的选择性。对不同类型的反应，需要不同的催化剂。对同一种反应物若选择不同的催化剂，也可能得到不同的产物。例如，乙醇的分解反应，以 Cu 为催化剂，在 473～523 K 得到 CH_3CHO 和 H_2；以 Al_2O_3 为催化剂，在 623～633 K 得到 C_2H_4 和 H_2O；以 ZnO-Cr_2O_3 催化，673～723 K 时得到丁二烯、H_2O 和 H_2。

6.8.2　酶催化反应

1. 酶催化作用的特征

酶是具有催化能力的蛋白质，是生物体内催化反应中催化剂的总称。它除具有一般催化剂的共性外，还有下述特点。

(1) 酶具有非常高的催化效能

酶的催化效能比一般催化剂效率高 10^8～10^{12} 倍。若以每分钟每个分子能催化多少个反应物分子变化的转换数来表示酶的催化能力，多数酶的转换数约为 10^3，最大可到达 10^6 以上。

(2) 高度的选择性

酶对所作用的底物(反应物)有严格的选择性，一种酶只对某一类物质或某一种物质起催化作用，对其他物质无催化作用。有的酶只对一种物质的某种旋光异构体或几何异构体起作

用。普通催化剂无如此高的专一性。

(3) 反应条件温和

酶反应通常在常温、常压、接近中性酸碱度的条件下进行。一般无机催化剂在较高的温度与压力下使用。例如工业上合成氨用氧化铁催化剂，反应在 770 K、3×10^6 Pa的条件下进行，而豆科植物根瘤菌中的固氮酶能在常温常压下完成此反应。

但是，由于酶是蛋白质，对外界条件很敏感，高温、强酸、强碱、紫外线、重金属盐都能使酶失去活性，丧失催化能力。

2. 酶反应动力学

酶催化反应的速率与底物浓度、酶浓度、温度、pH、抑制剂、激活剂等影响因素有关。

通常在恒定温度、pH 及酶浓度的条件下，用测定反应初始速率的方法来研究反应速率随底物浓度变化的规律。实验表明，当底物浓度较低时，反应速率与底物浓度成正比，表现为一级反应；当底物浓度很大时，反应速率达到一极限值 r_{max}，表现为零级反应。反应速率与底物浓度变化的曲线如图 6.16 所示。

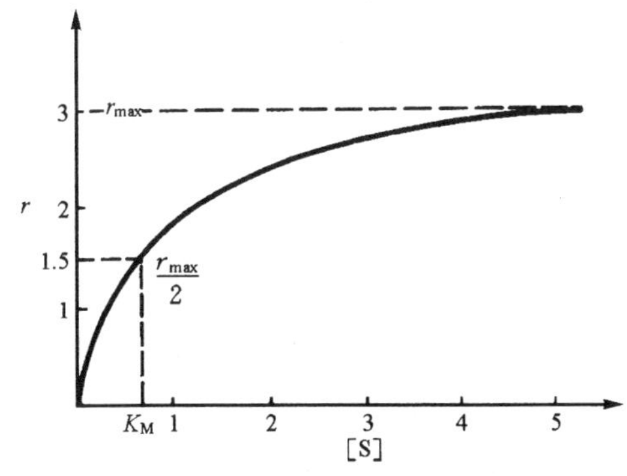

图 6.16 酶催化反应初速率与底物浓度的关系

Michaelis(米恰利)和 Menten(曼顿)提出中间物学说来阐明酶反应的历程，即酶 E 与底物 S 先形成不稳定中间络合物 ES，然后 ES 进一步分解出产物 P，并释放出 E。可将其表示为

$$E + S \underset{k_{-1}}{\overset{k_1}{\rightleftharpoons}} ES \xrightarrow{k_2} P + E$$

式中：k_1、k_{-1}和 k_2 是 3 个过程相应的速率常数。总反应的速率公式为

$$r = \frac{d[P]}{dt} = k_2[ES] \tag{6.8.2}$$

ES 分解为 P 的速率很慢。对 ES，可采用稳态近似法处理。

$$\frac{d[ES]}{dt} = k_1[E][S] - k_{-1}[ES] - k_2[ES] = 0$$

$$[ES] = \frac{k_1[E][S]}{k_{-1} + k_2} = \frac{[E][S]}{K_M} \tag{6.8.3}$$

式中：$K_M = \frac{k_{-1} + k_2}{k_1}$ 称为米氏常数，[E]和[S]是游离酶和底物的浓度。一般[E]很难准确测量，而酶的起始浓度(总浓度)$[E_0]$能够确知，即

$$[E_0] = [E] + [ES] \quad 或 \quad [E] = [E_0] - [ES] \tag{6.8.4}$$

将此代入式(6.8.3)并重排各项，得

$$[ES] = \frac{[E_0][S]}{K_M + [S]}$$

将此代入式(6.8.2)中，得

$$r = k_2 \frac{[E_0][S]}{K_M + [S]} \tag{6.8.5}$$

若以 r 为纵坐标，以[S]为横坐标作图，所得图形如图 6.16。当反应中[S]很高时，使所有

的酶都以 ES 的形式存在，即$[E_0]=[ES]$。此时，反应速率达到最大速率 r_{max}，则有

$$r_{max}=k_2[E_0]\quad 或 \quad [E_0]=\frac{r_{max}}{k_2}$$

代入式(6.8.5)，得

$$r=\frac{r_{max}[S]}{K_M+[S]} \tag{6.8.6}$$

这就是米氏方程。当 $r=r_{max}/2$ 时，$K_M=[S]$，这表明当反应速率达到最大速率一半时的底物浓度等于米氏常数的数值。K_M 是酶的特征常数，它反映酶与底物的亲和力，其值越小，酶的活性越高。将式(6.8.6)重排，可得

$$\frac{1}{r}=\frac{K_M}{r_{max}}\frac{1}{[S]}+\frac{1}{r_{max}} \tag{6.8.7}$$

以$\frac{1}{r}$对$\frac{1}{[S]}$作图，所得直线的截距为$\frac{1}{r_{max}}$，斜率为$\frac{K_M}{r_{max}}$。两者联立，可得出 K_M 和 r_{max}。

此外，酶催化反应的速率与酶的总浓度有关。在其他条件固定时，r 与$[E_0]$成正比，即随着酶浓度的增加，底物转换率线性地增加。酶的催化反应速率受 pH 影响很大。一种酶一般仅在某一 pH 下才有最大催化效率；低于或高于此最适宜 pH，酶的催化效率递减或丧失。酶反应速率能因一些极微量物质的加入而发生显著改变，能促使反应速率大大提高的物质称为酶激活剂；而使酶催化速率降低的物质称为酶抑制剂。通常的抑制剂有可逆与不可逆两类。在可逆抑制时，当抑制剂解除后，酶能恢复其活性；而在不可逆抑制时，则不能恢复活性。研究酶的抑制机理，对生理和医学有重要意义。

6.8.3　酸碱催化

化学反应大多是在液相中进行的，其中常见的是均相酸碱催化反应，例如，酯的水解、醇醛缩合、脱水、水合、聚合、烷基化等反应，它们大多可被酸或碱所催化。淀粉的水解是以 H^+ 离子为催化剂，而过氧化氢的分解是以 OH^- 为催化剂。此外，能够放出质子的物质或能接受质子的物质，即广义酸或广义碱也能起酸碱催化作用。酸碱催化的主要特征就是质子的转移。

酸催化的机理是，反应物 S 接受质子 H^+，形成质子化物 SH^+，不稳定的中间物 SH^+ 再放出 H^+，生成产物，即

$$S+HA(酸催化剂)\longrightarrow SH^+ + A^-$$

$$SH^+ + A^- \longrightarrow P(产物)+HA$$

在酸催化中，反应的第一步是催化剂分子把质子转移给反应物，因此催化剂的效率与其失去质子的能力，即与酸的强度有关，可用酸的离解常数 K_a 来衡量。

$$HA+H_2O \rightleftharpoons H_3O^+ + A^- \qquad K_a=\frac{[H_3O^+][A^-]}{[HA]}$$

Brönsted(布朗斯特)用实验证实了酸的催化常数 k_a 与酸的电离常数 K_a 的对数呈线性关系，即

$$k_a=G_aK_a^{\alpha}\quad 或 \quad \lg k_a=\lg G_a+\alpha\lg K_a \tag{6.8.8}$$

式中：酸催化常数 k_a 表示催化剂活性的大小，k_a 大，活性大；G_a 与 α 为常数，与反应的种类和反应条件有关。

碱催化的机理是：碱接受反应物的质子，使反应物变为不稳定的中间物，再进一步生成产

物并使碱复原。

$$S(\text{反应物}) + B(\text{碱催化剂}) \longrightarrow S^- + HB^+$$
$$S^- + HB^+ \longrightarrow P(\text{产物}) + B$$

例如硝基胺在水中分解是典型的碱催化反应，可用 OH^-（也可用广义碱 CH_3COO^-）做催化剂，反应为

$$NH_2NO_2 + OH^- \longrightarrow NHNO_2^- + H_2O \tag{1}$$
$$NHNO_2^- \longrightarrow N_2O + OH^- \tag{2}$$

通常反应的速率取决于第一步。若以[B]表示广义碱浓度，则反应速率方程为

$$r = k_b[B][NH_2NO_2]$$

式中：k_b 是碱催化常数，说明反应速率与广义碱浓度有关。碱催化剂获得质子的能力，可用碱的电离常数 K_b 来衡量。

$$B + H_2O \rightleftharpoons BH^+ + OH^- \quad K_b = \frac{[BH^+][OH^-]}{[B]}$$

与酸催化类似，碱催化反应的 k_b 与 K_b 的关系为

$$k_b = G_b K_b^\beta \quad \text{或} \quad \lg k_b = \lg G_b + \beta \lg K_b \tag{6.8.9}$$

式中：G_b 与 β 皆为碱催化反应的特性常数。同样，碱的电离常数愈大，则碱催化常数 k_b 也愈大，即催化能力强。对某一碱催化反应，可用不同的碱作催化剂，以 $\lg k_b$ 对 $\lg K_b$ 作图，应有线性关系，$\lg G_b$ 与 β 的数值可自截距与斜率求得。类似的方法用于酸催化，亦可求得 $\lg G_a$ 与 α。

有些反应，例如很多药物水解反应，既可被酸催化，又可被碱催化。其反应速率可表示为

$$-\frac{dc_s}{dt} = k_o c_s + k_a c_{H^+} c_s + k_b c_{OH^-} c_s$$

式中：c_s 表示反应物浓度，k_o 为溶剂中反应自身的速率常数，k_a 与 k_b 分别为酸、碱催化常数，c_{H^+} 和 c_{OH^-} 分别表示 H^+ 离子和 OH^- 离子的浓度。

上述反应的总速率常数 k 应为

$$k = k_o + k_a c_{H^+} + k_b c_{OH^-} \tag{6.8.10}$$

在水溶液中，水的离子积为 k_W，则上式可表示为

$$k = k_o + k_a c_{H^+} + k_b \frac{k_W}{c_{H^+}} \tag{6.8.11}$$

水溶液中进行的酸碱催化反应的速率常数与溶液 pH 的关系密切相关，如图 6.17 所示。当溶液 pH 较小时，反应以酸催化为主，$k \approx k_a c_{H^+}$，如图中曲线的左侧；当 pH 较大时，反应以碱催化占优势，$k = k_b c_{OH^-}$，为图中曲线的右侧；pH 居中时，酸与碱的催化作用都不大，$k \approx k_o$，为曲线的中段。

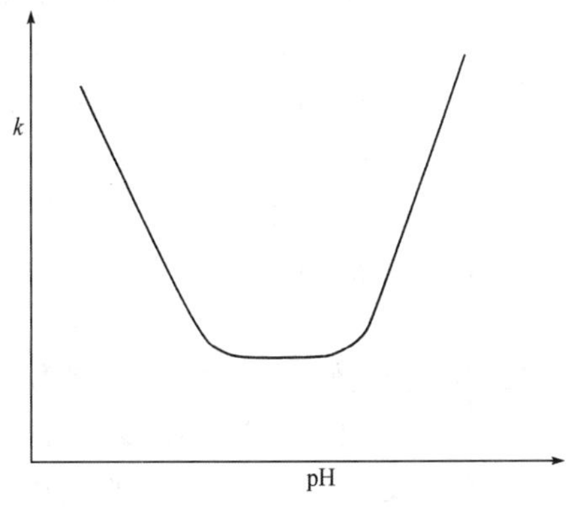

图 6.17　pH 与反应速率常数的关系

生物体内有许多重要的酸碱催化反应，如蛋白质的水解脱聚反应，它们的中间产物为带电粒子，能接受或放出质子，使反应完成，但反应机制都很复杂。一些药物在一定的 pH 下能进行催化水解反应，如维生素 C、阿司匹林、普鲁卡因的水溶液在配制成溶液时，应注意调节 pH，以保持稳定。

6.9 光 化 学

在光作用下才能进行的反应称为光化学反应，即反应分子吸收光能，被活化后方能进行反应。相对于光化反应，普通的化学反应可称为热反应。两者有许多不同之处。

(1) 在恒温恒压下，热反应总是朝着体系自由能降低的方向进行。但有许多光反应可在自由能增加的情况下进行，因为在光化反应中来源于辐射能的活化能可转化为体系的自由能。例如，植物的叶绿素将 CO_2 与 H_2O 合成为碳水化合物，并放出 O_2 的光合作用，在光的照射下反应向自由能增加的方向进行。若切断光源，反应则向自由能降低的逆向进行。

(2) 热反应的活化能来源于分子碰撞，反应速率受温度的影响很大。光化反应的活化能来源于光子的能量，光化反应速率主要取决于光的强度，受温度的影响小。它可以在热反应不能发生的条件下引起化学变化。例如某些反应物，即使在液氮或液氦下冻成固体时也可以光解。

(3) 光化学反应比热反应更具有选择性。加热混合物，所有组分的平动能都增加，而利用单色光可以只使混合物中某一组分激发为高能状态，从而使化学反应具有高度的选择性。例如天然氢元素中含有 H、D 两种同位素，后者的含量极低。通常在 CH_3OH 中也含有少量 CD_3OD，其中 —OH 振动频在 3681 cm^{-1}，—OD 在 2724 cm^{-1}。若用 HF 气体激光器发出 3644 cm^{-1} 的光激发 CH_3OH，在室温下可与 Br_2 反应；而 CD_3OD 则无变化。用此法可分离两种同位素，使后者富集浓度可达 50%～95%，从而获得生产重水所需的原料。

此外，光化学反应还有自身的特点。以下将对光化学反应的基本原理作一些简要介绍。

6.9.1 光化学基本定律

光化反应与光的吸收密切相关，在这方面有几个重要定律。

1. Grotthus(格罗图斯)-Draper(德雷珀)定律

当光照射反应体系时，可能透过、反射或被吸收。该定律认为，只有被体系吸收的光，才能有效地引起化学反应。它被称为光化学第一定律。这并非说光的吸收一定能引起化学反应，而是凡能产生光化反应的光，一定是被体系所吸收的部分。因此在光化反应中光源的选择很重要。红外光的能量较低，很难促使分子中的电子激发，一般不能引发化学反应。而可见光与紫外光能量稍高，可以被光化反应分子吸收。

2. Lambert(朗伯)-Beer(比尔)光吸收定律

Lambert 经实验证明，入射光被吸收的分数与透过介质的厚度成正比。若入射光强为 I_0，当光进入透光介质距离 l 后的光强为 I，则被吸收的光强 I_a 可表示为

$$I_a = I_0 - I = I_0(1 - e^{-\varepsilon l}) \qquad (6.9.1)$$

上式称为 Lambert 定律，其中比例常数 ε 为吸收系数，它适用于非溶液或非气体体系。对于浓度为 c 的溶液或气体，则可用 Beer 定律表示

$$I_a = I_0 - I = I_0(1 - e^{-\varepsilon c l}) \qquad (6.9.2)$$

式中：ε 也是常数，称为摩尔吸光系数，它与入射光波长、溶剂、温度有关。

3. Einstein(爱因斯坦)光化当量定律

光化学反应首先是在光的直接作用下，反应物吸收光子使分子活化，称为初级过程。然后活化分子可能与其他正常分子发生反应生成产物；或与低能分子碰撞失活；或引发其他一系列

热反应。这些后一步反应称为次级过程。光化当量定律认为："在光化反应的初级过程中，一个光子只活化一个原子或分子。"这种过程称为单光子吸收过程。此定律称为光化学第二定律。

近来，使用激光后，发现光化反应的初级过程中出现一个分子吸收多光子现象。例如复杂分子 SiF_6，一个分子可同时吸收 20～40 个光子而分解。这种情况只有在激光高强度的照射下才会发生。在一般光源强度下（约 10^{14}～10^{18} 光子 · s^{-1}）仍遵守 Einstein 光化当量定律。根据该定律，若要活化 1 mol 的分子就要吸收 1 mol 光子的能量，此能量称为爱因斯坦，用 E 表示。一个光子的能量应等于光的频率 ν 与 Planck 常数 h 的乘积，E 应为

$$E = N_A h\nu = N_A h \frac{c}{\lambda}$$

$$= \frac{1}{\lambda} \times 6.02 \times 10^{23}\ \mathrm{mol^{-1}} \times 6.63 \times 10^{-34}\ \mathrm{J \cdot s} \times 3.0 \times 10^{8}\ \mathrm{m \cdot s^{-1}}$$

$$= \frac{1}{\lambda} \times 0.1197\ \mathrm{J \cdot m \cdot mol^{-1}}$$

光的波长 λ 不同，E 的数值不同，波长愈短，光能愈大。

为了表示被吸收光子在光化学反应中的效率，引入量子产率的概念。

$$\text{量子产率}\ \phi = \frac{\text{生成产物的分子数}}{\text{吸收的光子数}} = \frac{\text{生成产物物质的量}}{\text{吸收光子物质的量}}$$

量子产率也可用反应速率 r 和吸收光子的速率 I_a 的比值来表示

$$\phi = \frac{r}{I_a} \tag{6.9.3}$$

反应速率可用动力学方法测定。单位体积、单位时间吸收光子的速率 I_a，即吸收光强度可用露光计测量，因此可由实验测出量子产率。多数光化学反应的量子产率并不等于 1，这是由于次级过程不同而造成的。例如 $H_2 + Cl_2$ 的反应，次级过程引起了链反应，ϕ 达 10^5；而血红蛋白 · O_2 的脱氧反应，ϕ 为 10^{-2}。

从式(6.9.3)量子产率的定义出发，可得出光化反应的动力学特点。将 Beer 定律中的 I_a 代入，得

$$r = \phi I_a = \phi I_0 (1 - \mathrm{e}^{-\varepsilon cl})$$

将 $\mathrm{e}^{-\varepsilon cl}$ 展开为级数

$$\mathrm{e}^{-\varepsilon cl} = 1 - \varepsilon cl + \frac{(\varepsilon cl)^2}{2!} - \cdots$$

对很稀的溶液，$\varepsilon cl \ll 1$，浓度高次方项可忽略，则

$$r = \phi I_0 (1 - 1 + \varepsilon cl) = \phi I_0 \varepsilon cl$$

若 I_0 恒定，光化学反应速率与反应物浓度一次方成正比，为一级反应。若反应物浓度较大时，εcl 较大，反应吸收的光较多，则

$$1 - \mathrm{e}^{-\varepsilon cl} \approx 1, \quad r = \phi I_0$$

此时反应速率与反应物浓度无关，只与入射光强成正比。高浓度下，光化反应表现为零级反应。

6.9.2　光合作用

有些物质不能直接吸收适当波长的光进行反应，但有感光剂存在时它能吸收光，并将其能量传递给反应物，使反应进行，这种反应称为感光反应。植物的光合作用就是重要的感光反应。在阳光下，二氧化碳和水不能直接吸收光子进行反应，生成葡萄糖和放出氧气。但是依靠叶绿素作为感光剂，反应就能进行，可表示为

$$CO_2+H_2O \xrightarrow[\text{叶绿素}]{8h\nu} \frac{1}{6}(CH_2O)_6+O_2$$

光合作用在绿色植物细胞的叶绿体中进行，作用机制较复杂，它包含光化反应与暗反应(一般的化学反应)两种过程。在光化反应中，需要光合色素作媒介来获得光能，并将它变为 ATP 和某些还原剂(如 NADPH，生物体内的一种重要的氧化还原辅酶)的化学能。在此过程中，氢原子从水分子中脱出，使 $NADP^+$ 还原为 NADPH，放出氧分子；同时，ADP 被磷酸化，生成 ATP。光反应的总反应为

$$2H_2O+2NADP^+ +2ADP+2Pi \xrightarrow[\text{叶绿体}]{h\nu} 2NADPH+2ATP+2H^+ +O_2$$

在暗反应中，由光化反应中得到的高能产物 NADPH 和 ATP 可以使 CO_2 还原为葡萄糖，同时 NADPH 被氧化成 $NADP^+$，而 ATP 再次分解为 ADP 与磷酸 Pi，暗反应总方程式可以表示为：

$$CO_2+2NADPH+2ATP+2H^+ \xrightarrow[\text{酶催化}]{\text{暗反应}} \frac{1}{6}(CH_2O)_6+2NADP^+ +2ADP+2Pi+H_2O$$

此过程为一般酶促反应，不需要光。它与光反应的总合，就是 CO_2 与 H_2O 产生葡萄糖并放出 O_2。

叶绿素是光合色素，为含镁的卟啉衍生物。只有叶绿素 a 和类似的细菌叶绿素才能进行光化反应，它在 700 nm 与 680～690 nm 处各有一吸收高峰，光照时能激发出高能电子，该电子沿着一系列电子传递体转移，光反应方程也是经过许多中间过程来完成的。在叶绿体内的叶绿素 b、胡萝卜素、叶黄素等其他色素，能分别吸收不同波长的光能，并把此激发能传递给叶绿素 a，使后者获得能量，产生高能电子，进行光化反应。光合作用的量子产率随着植物不同的生长条件而变化。在最适宜的水分、土壤养料和 CO_2 压力下，固定 1 mol CO_2，需吸收 8～9 爱因斯坦(1 爱因斯坦≈6.023×10^{23} 个光量子的能量)，通过它能将 485 kJ 的太阳能作为植物的化学能储存起来。目前，人类生产与生活所利用能量的 90%以上是百万年以前光合作用所捕获的太阳能，光合作用是自然界将日光能转化为化学能的主要途径。

6.9.3　空气的光化学

太阳光穿过大气层时会产生许多光化作用，在地面上 10 km 高度的大气对流层中，CO_2 的浓度约为 320 $\mu g\cdot g^{-1}$(10^{-6}数量级，即原 ppm)。CO_2 对红外辐射有活性，可吸收红外光

$$CO_2 \xrightarrow{h\nu} CO_2^*$$

CO_2^* 为振动激发分子，可自发地以热的形式释放多余的能量，或与空气中其他气体分子碰撞，发生能量传递，通过其他分子转变为热能。这样使大气温度增加了 20 K，CO_2 对地球温度的影响称为温室效应。由于人类的活动，使大气中 CO_2 的浓度在逐年递增。在 2000 年，CO_2 的含量已达 380 $\mu g\cdot g^{-1}$。随着温室效应加强，它对人类的生活的影响也在逐渐增大，正在引起

全世界的关注。

在大气对流层之上的平流层中，最重要的是形成臭氧的光化反应。O_2 吸收 135～176 nm 和 240～260 nm 的太阳辐射，分解为自由氧原子，再与 O_2 反应生成 O_3。O_3 在地球的上空形成对生物有重要作用的保护罩，因为它能吸收对生物危害最大的紫外辐射。紫外辐射会损伤脱氧核酸的修复基因，易引发皮肤癌，并使人的免疫功能下降。它也会破坏植物的光合作用和浮游生物的生长。人类造成的大气污染，已使臭氧层遭到破坏。作为制冷剂、溶剂、灭火剂、塑料发泡剂、气溶胶喷雾剂用的氟利昂类化合物，它们会发生紫外光解反应

$$CF_2Cl_2\text{(氟利昂 12)} \xrightarrow{h\nu} CF_2Cl + Cl$$

自由的氯原子进行下列链反应

$$Cl + O_3 \longrightarrow ClO + O_2$$

$$ClO + O \longrightarrow Cl + O_2$$

净反应为

$$O + O_3 \longrightarrow 2O_2$$

在平流层中一个 Cl 原子可与 10^5 个 O_3 发生链反应。即使进入平流层的氟利昂数量甚微，也能导致臭氧层的破坏。近年来发现 Br 原子对臭氧的破坏能力是 Cl 原子的 50 倍，对含溴化合物对臭氧层的破坏有了新的认识。

自 1969 年发现南极上空出现臭氧层空洞以来，空洞在不断扩大，出现的地区也在增多。为此，保护臭氧层已成为全世界的重要而紧迫的任务，绝大多数国家在 20 世纪末已禁止生产与使用所有特定的氟利昂及其他损害臭氧层的物质。

此外，光化学形成的烟雾也是一个重要的环保问题。它主要包括来自工业和交通运输工具排放的氮氧化物、一氧化碳和未燃烧完的脂肪烃与芳香烃等初级污染物。它们在光作用下能引发许多光化学烟雾反应，生成硝酸过氧化乙酰、醛、NO_2 等次级污染物。这些次级污染物可以引起流泪和呼吸体系损伤，重者会诱发癌症。

6.9.4 视觉

视觉是动物的眼睛吸收辐射能，并将此刺激传导为神经脉冲的结果。在眼的视网膜中约有 10^8 个视杆细胞和 5×10^6 个视锥细胞。细胞中存在视紫红质和视紫蓝质的两类色素——视蛋白络合物。受光激发后它们发生的变化基本相同，其中能吸收可见光的色素称视黄醛，它有顺式与反式两种异构体

$$\text{11-顺式视黄醛} \xrightleftharpoons{h\nu} \text{全反式视黄醛}$$

11-顺式视黄醛　　　　全反式视黄醛

11-顺式视黄醛的醛基可与视蛋白中的赖氨酸残基的氨基等部位键合，在立体结构上两者能非

常好地契合。当受到光激发时，视黄醛发生从顺式变为反式的异构化作用，成为直线型的全反式视黄醛，因不能与视蛋白结合而分离，此时视网膜产生信号并传递给神经纤维。当光很弱时，如在夜间观察物体，视紫红质起作用，因为它只有一种色素，不能区别不同的颜色。当光强时，视紫蓝质起作用。视紫蓝质有三种类型，它们所含色素的最大吸收波长分为 450 nm（蓝光）、525 nm（绿光）、555 nm（黄光）。最后者色素的灵敏度可以延伸到红光，对红色亦能感受，使我们能看到五彩缤纷的颜色。

6.9.5　激光在化学中的应用

激光是受激发射并被强化的光。其原理是当光子击中一个受激分子或原子时，同时发射出同频、同方向、同相位及同偏振方向的光子，这些光子在谐振腔中重复反射、强化、产生更多的光子，形成稳定的光振荡。激光的优点是光强度大、相干性高、单色性好、方向性强。红外激光在化学反应中应用较多，其特点如下：

（1）断裂化学键的高度选择性

由于激光的单色性好，激发化学键的选择性极高。若选择与断键振动频率相匹配的红外激光，可以使该键断裂、其他的键依然完好，起到“分子剪裁”的作用。

（2）合理利用能量

对于热反应，其能量平均消耗在平动、转动、振动自由度上。而激光可将能量集中消耗于选定需要活化的化学键上，从而减少能量的浪费。

（3）反应速率快

激光可使反应物分子激发到振动激发态，使活化分子数大大增加，因而提高其反应速率。例如 HCl 与 Br 的反应，激光照射能使反应速率增加近 10 个数量级。

由于激光的上述特点，它在同位素分离、光有机合成、生物化学切断大分子化学键及分子反应动力学方面得到广泛的应用。

6.10　分子反应动态学简介

6.10.1　分子反应动态学

以上章节中介绍的宏观反应动力学，由于反应体系内分子相互频繁的碰撞，能量多次重新分配，得出的总反应速率常数、活化能都是在热平衡条件下的平均值。若要真正了解某化学反应的过程，必须直接研究基元反应，在分子水平上从微观来观察分子在一次碰撞行为中的动态性质，即进入分子反应动态学的研究领域。

分子反应动态学（Molecular Reaction Dynamics）就是研究分子如何碰撞及交换能量、旧键如何被破坏及新键怎样形成、产物分子的角分布及能量分布、分子碰撞的取向对反应速率如何影响等，因此，它又称为微观化学动力学。

在微观化学反应动力学研究中，主要用到交叉分子束、红外化学发光和激光诱导荧光等实验方法。其中交叉分子束是目前研究分子碰撞最重要的方法，其基本原理是分别从两个夹角为 90°的束源中发射至高真空（10^{-5} Pa）散射室中的反应物分子，以分子间无碰撞的定向、定速的分子流相互交叉，发生弹性、非弹性或反应性散射。散射分子由一台四极质谱仪检测，可检测出反应产物的散射强度及散射角分布。红外化学发光是处于振动、转动激发态的反应产物向低能态跃迁时所发出的辐射，由此可得出初生产物在振动、转动态上的分布。激光诱导荧光是用一束可调激光将处于电子基态的初生产物分子激发到高电子态的某一振动能级，检测后者发出的荧光强度，可确定产物分子在振动能级上振动能的分布。上述实验技术及大型快速的电子计算机的应用，为分子反应动态学的发展提供了重要的实验和理论研究的基础。

6.10.2　态-态反应及其主要特征

1. 态-态反应

分子碰撞是发生化学反应的必要条件。从微观动力学角度出发，化学反应是从一个确定能态的反应物到确定能态的生成物，在分子水平上一次碰撞的传能过程。这是一个真正的分子水平上的一次碰撞行为，称作态-态反应。例如，在恒温下简单的双分子基元反应可表示为

$$A(i) + BC(j) \longrightarrow AB(m) + C(n)$$

态-态反应是研究量子态分别为 i 和 j 的反应物分子 A 与 BC 如何碰撞、交换能量并发生反应、生成量子态各为 m 和 n 的产物 AB 和 C 的过程，由此阐明基元反应的微观历程。

分子碰撞可分为弹性碰撞、非弹性碰撞和反应碰撞。前两种碰撞，分子的能量发生交换(弹性碰撞为平动能交换，非弹性碰撞为平动能与内能交换)，但能量分布不变，分子保持完整性，不发生化学反应。后一种碰撞，分子由于化学反应而发生变化。从态-态反应的观点出发，分子间碰撞不能导致化学反应可能有以下原因：碰撞能不够高；能量虽满足要求，但能量的形式不合适；碰撞的方位不恰当；相对平动能太高，碰撞时间太短，没有引起足够的核位移；分子靠近程度不够；轨道对称性不守恒等诸多因素。

2. 态-态反应的主要特征

(1) 产物分子的角分布

自分子束实验，可得到经典动力学实验无法得到的基元反应中产物分子的角分布和速率分布。若以互撞分子的质心作为原点(即质心坐标系)作图，相对于入射原子或分子的方向，在不同反应中产物分子的角分布有三种基本类型：向前、向后、前后对称散射，如图 6.18 所示。其中(a)是 $K+I_2$ 生成 KI 的角分布图，产物分子向前散射，此类反应称为剥离机理反应。(b)是 $K+ICH_3$ 反应、生成 KI 的角分布图，产物分子向后散射，此类反应称为回弹机理反应。这两种反应产物分子角分布的共同特点是各向异性、非对称型，在某一方向特别集中，在态-态反应中属于直接反应模式。因反应活化络合物的寿命比其自身转动周期($1\sim5\times10^{-12}$ s)短，称为短寿命络合物，在它未完成一次转动前已分解了，络合物衰变时还保持着入射分子的初始“记忆”，所以产物分子会以向前或向后的锥体形式散开。图 6.18(c)中，产物的角分布前后都有，呈各向同性的散射，在态-态反应中属于复合反应模式。因为反应过渡态的活化络合物寿命比自身转动周期长，称为长寿命络合物。它转动时，体系能量可以分散在不同运动模式

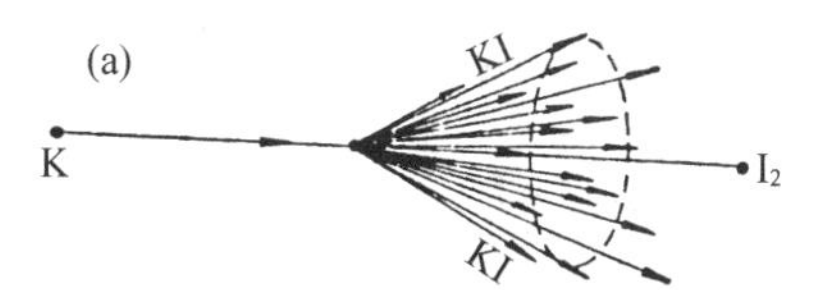

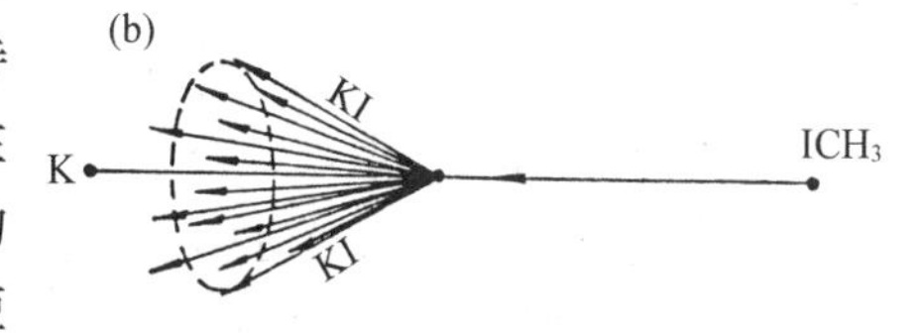

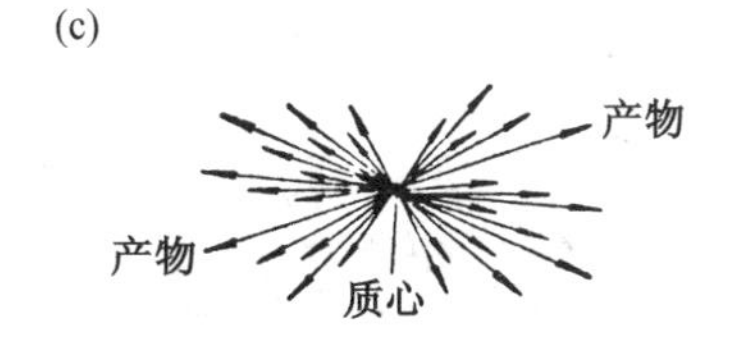

图 6.18　产物角分布示意图

上。当络合物衰变时，产物分子以旋转轴为中心，按随机方式对称飞散开。

对于碱金属原子 M 和卤素 X_2 的反应，如 K 和 I_2，实际是一个电子转移过程，因卤素原子的电子亲和势较大，而碱金属的电离势数值较低，M 与 X_2 在较远的距离（即使相距 0.1 nm 以上）就可以完成电子的转移，即碱金属 M 很容易抛出价电子给 X_2，就像把鱼叉（电子）投向鱼一样，结果形成离子对 $M^+X_2^-$。此时，库仑力（像一根绳子）将卤素离子 X^-（鱼）拉回来，形成稳定的 MX 分子，而推斥另一个原子 X。这种反应机理称为鱼叉机理。

（2）反应能量消耗的选择性

在总包反应或基元反应中，对反应的发生只有总能量上的要求，而态-态反应对能量形态有更进一步的要求。若反应需要振动激发，但只提供平动能，即使数量能满足要求，反应仍不能发生。说明不同能量形式对反应有不同的影响，不同能级对反应也有不同影响，此称为反应分子能量消耗的选择性，类似于各种人对食物的“择食性”。一般讲，反应分子能量消耗的选择性和产物分子能量分配的特殊性是相对应的。

（3）碰撞方向的影响

分子束实验证明化学反应有空间效应。例如，Cl＋HI 的反应存在一个反应性锥体，Cl 在此锥体内攻击 H 是有效的；而在锥体外攻击，则不会发生化学反应。Cl 在不同攻击角时的能量变化如图 6.19 所示。

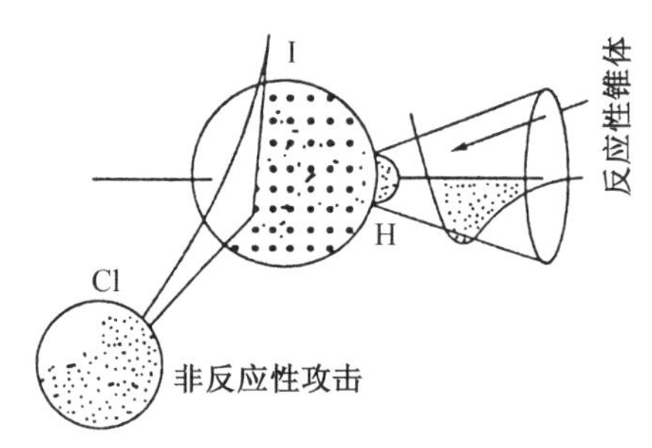

图 6.19　Cl＋HI 不同攻击角时的能量变化曲线

（4）质量效应

反应物分子的质量对产物的散射方向、能量分配、反应截面等性质有很大影响，称为质量效应。一般说来，决定产物散射的因素有 3 个，即势能面的类型、碰撞条件与质量因子。其中质量因子大，有利于向前散射；质量因子小，有利于向后散射。以反应 Cl＋HI $\longrightarrow$ HCl＋I 为例，可了解反应的质量效应。在反应物中三种原子的相对原子质量分别为 35.5、1、127，差别较大。当 Cl 原子从 HI 中夺走较小的 H 原子时，笨重的 I 原子运动方向大致不变，反应后 I 原子的运动方向和速率与入射时的 HI 分子基本相同；产物 HCl 分子的运动方向和速率与 Cl 原子大致相同，即向前散射。上述现象称为“旁观者-掠夺”模型。其中 Cl 原子夺走了 HI 中的 H 原子，继续前进，而 I 原子未受干扰，类似一“旁观者”。

显然，研究态-态反应可在分子层次上了解基元反应的真实过程和机理，阐明化学反应的本质。

6.10.3　飞秒化学

飞秒化学（Femtochemistry）是研究以飞秒（fs，10^{-15}s）作为时间尺度的超快化学反应过程的学科，是分子反应动态学与激光化学范畴的新学科分支。

在基元反应的过渡态理论中，活化络合物十分重要，但其寿命极短。分子内部能量的传递都是在瞬间完成，时间间隔在皮秒(ps，10^{-12}s)和飞秒的量级。通常电子学方法仅能测到纳秒(ns，10^{-9}s)的量级。飞秒时间的分辨是通过脉冲宽度短至6 fs的超短激光的光程差来实现的。在1 fs时间内，光只能走0.3 μm的距离。若将飞秒激光分为两束，让它们走过不同的距离，并对光路作十分精确的控制(达 μm 量级)，就可产生控制 fs 量级的时间延迟。通常第一束激光用于启动化学反应，叫泵浦光；第二束光叫探测光，它经过不同延时之后再作用于体系，相当于在反应启动后在不同时刻给体系照"快照"，可得到反应过程演变的信息。改变探测光的波长，还可得到反应中不同物种或能量的信息。

1987年，Zewail(兹韦尔)首次利用飞秒激光技术观测了以下光解反应

$$\mathrm{ICN} \xrightarrow{h\nu} \mathrm{I} + \mathrm{CN}$$

图6.20左方为此解离过程的示意图，空白曲面代表处于基电子态的ICN分子、被能量为 $h\nu$ 的激光激发到高能解离态(阴影曲面)，然后分子自动解离。若用CN的吸收波长作为探测光的波长，可观测到图6.20右方的时间分辨谱图。其横坐标是两束激光间的延时；纵坐标是探测光的吸收，反映产物的形成过程。从图谱知，反应在200 fs内已完成。这是人类第一次直接从实验上观察到化学反应的过程。为此，Zewail获得1999年的诺贝尔化学奖。

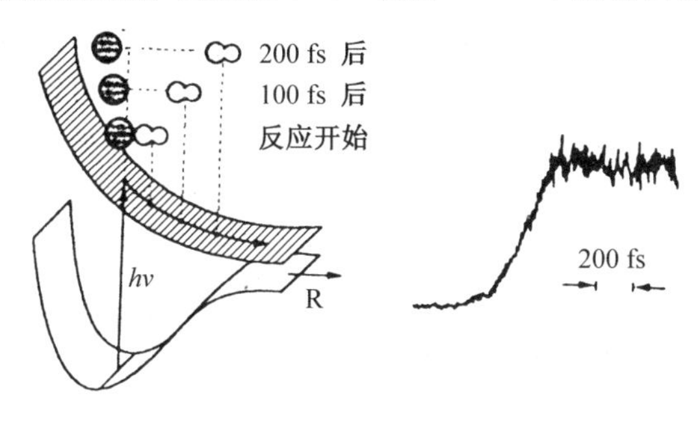

图6.20 ICN光解离反应

飞秒化学可使人们了解发生在气相、液相、固相、团簇和界面中分子的动力学行为及生物体系中的各类变化，同时也提供了从量子态-态相互作用的层次上控制化学反应过程的可能性。

参 考 读 物

[1] 李远哲．化学反应动力学的现状与将来．化学通报，1987(1)：1

[2] 金玳，张报安．反应速率控制步骤定义的更新．化学通报，1989(10)：50

[3] 徐政文，李作骏．论化学动力学的稳态处理．化学通报，1987(6)：47

[4] 李大珍．关于活化能的两个问题．化学教育，1980(5)：14

[5] 罗谕然．过渡态理论的进展．化学通报，1983(10)：8

[6] 林智信，黄道行．反应级数的唯象性．化学通报，1988(2)：34

[7] 张敢衍，钟文士．速率常数和活化参数．大学化学，1987(2)：25

[8] 宋心琦．光化学原理及其应用．大学化学，1986(2)：1

[9] 罗渝然，高盘良．分子反应动态学讲座．化学通报，1986(8)～(10)

(1) 化学动力学进入微观层次．1986(8)：56

(2) 态-态反应的动态特征．1986(9)：58

(3) 关于反应机理及(4) 从微观到宏观．1986(10)：50

思　考　题

1. 试说明基元反应与非基元反应、反应分子数与反应级数的区别。

2. 对基元反应 $A+2B \longrightarrow 3C$，若 $-\dfrac{d[A]}{dt}=1\times10^{-3}\,mol\cdot dm^{-3}\cdot s^{-1}$，那么 $\dfrac{d[C]}{dt}=?$，反应速率 $r=?$

3. 一个反应在相同的温度及不同起始浓度时，反应速率是否相同？速率常数是否相同？转化率是否相同？平衡常数是否相同？

4. 一个反应在不同温度及相同的起始浓度时，反应速率是否相同？速率常数是否相同？活化能是否相同？

5. 是否任何一种反应的速率都随时间而变？

6. 对反应 $A+2B \longrightarrow C$，速率方程式为什么不一定是 $-\dfrac{d[A]}{dt}=k[A][B]^2$？在什么条件下，速率方程才是上式？

7. 哪种级数反应速率与浓度无关？哪种级数反应的半衰期与浓度无关？

8. 某反应物反应掉7/8所需的时间，是它反应掉3/4所需时间的1.5倍，此反应的级数是多少？

9. 设物质A可发生两个平行的一级反应：(a) $A \xrightarrow{k_a} B+C$；(b) $A \xrightarrow{k_b} D+E$。其中反应(a)为期望的产物，反应(b)为不需要的产物。设两反应的频率因子相同，并与温度无关；反应(a)的活化能大于反应(b)的活化能。

(1) 试在同一张图中画出 $\ln k$-$(1/T)$ 的示意图。

(2) 试问反应(a)和反应(b)中，哪个反应速率大？

(3) 温度升高对哪个反应更有利？

10. 若正向反应活化能等于 $15\,kJ\cdot mol^{-1}$，逆向反应的活化能是否等于 $-15\,kJ\cdot mol^{-1}$？为什么？

11. 催化剂对速率常数、平衡常数是否都有影响？

12. 若基元反应 $A \longrightarrow 2B$ 的活化能为 E_a，而 $2B \longrightarrow A$ 的活化能为 E_a'，问：

(1) 加催化剂后，E_a 和 E_a' 各有何变化？

(2) 加不同的催化剂，对 E_a 的影响是否相同？

(3) 提高反应的温度，对 E_a 和 E_a' 各有何变化？

(4) 改变起始浓度后，E_a 有何变化？

13. 下述反应，若增加溶液的离子强度，反应的速率常数是增大、减少，还是不变？

(1) $CH_3COOC_2H_5+OH^- \longrightarrow CH_3COO^-+C_2H_5OH$；

(2) $NH_4^++CNO^- \longrightarrow CO(NH_2)_2$；

(3) $CH_2BrCOO^-+S_2O_3^{2-} \longrightarrow CH_2(S_2O_3)COO^{2-}+Br^-$；

(4) $Co(NH_3)_5Br^{2+}+Hg^{2+}+H_2O \longrightarrow [Co(NH_3)_5H_2O]^{3+}+HgBr^+$。

习　　题

1. 蔗糖在稀的酸溶液中，依下式水解

$$C_{12}H_{22}O_{11}(蔗糖)+H_2O = C_6H_{12}O_6(葡萄糖)+C_6H_{12}O_6(果糖)$$

当温度与酸的浓度一定时，已知反应的速率与蔗糖的浓度成正比。今有一溶液，在1000 g水中含有0.3 mol的蔗糖和0.01 mol的HCl，在321 K、20 min内有32%的蔗糖水解(由旋光仪测定旋光度而推知)。

(1) 计算反应的速率常数 k，反应开始时及反应20 min时的水解速率；

(2) 计算40 min时蔗糖的水解速率。

2. 在某一级反应中，将一半物质分解所需要的时间是 1000 s。

(1) 若要使原来物质只剩下 10%，需要多少时间？

(2) 若要使反应有 99%完成，需要多少时间？

3. 配制 pH=5.5、浓度为 $6.33\times10^{-4}\text{mol}\cdot\text{dm}^{-3}$的金霉素溶液，在 37℃放置，经 22 h 后测得浓度降至 $6.19\times10^{-4}\text{mol}\cdot\text{dm}^{-3}$。假设金霉素的水解为一级反应，分解 20%即失效。试求：

(1) 金霉素的水解速率常数 k；

(2) 储存 13 d 后，金霉素还剩多少？

(3) 药物降解到原浓度一半的时间；

(4) 在 37℃贮存的有效期。

4. 298 K 时乙酸乙酯与 NaOH 的皂化作用，反应的速率常数为 $6.36\ \text{mol}^{-1}\cdot\text{dm}^{3}\cdot\text{min}^{-1}$。若起始时酯和碱的浓度均为 $0.02\ \text{mol}\cdot\text{dm}^{-3}$，试求 10 min 后酯的水解百分率。

5. 某物质 A 与等量的物质 B 混合，1 h 后 A 作用了 75%。试问，2 h 后还剩余多少没有作用？若该反应对 A 来说是：(1) 一级反应；(2) 二级反应(等量的 A 与等量的 B 混合)；(3) 零级反应。

6. 液相反应 $2\text{A}\longrightarrow\text{B}$，其组成是时间的函数。用光谱法得到下表所列结果，求其反应级数和反应速率常数。

t/min	0	10	20	30	40	∞
$c_{\text{B}}/(\text{mol}\cdot\text{dm}^{-3})$	0	0.089	0.153	0.200	0.230	0.314

7. 氯-乙酰基代苯胺慢慢转化为对氯代乙酰基苯胺。测其反应物浓度与时间之关系列于下表，求其反应级数及反应速率常数。

t/min	0	1	2	3	5
$c/(\text{mmol}\cdot\text{dm}^{-3})$	31	21.7	15.5	11	5.5

8. $1\ \text{mmol}\cdot\text{dm}^{-3}$的 N-乙酰半胱氨酸与 $1\ \text{mmol}\cdot\text{dm}^{-3}$的碘乙酰胺反应，可得下表所列数据。在化学计量式中两反应物之比为 1∶1，试确定反应级数及速率常数。

t/s	10	20	40	60	100	150	200
$\dfrac{c(\text{乙酰半胱氨酸})}{\text{mmol}\cdot\text{dm}^{-3}}$	0.770	0.580	0.410	0.315	0.210	0.155	0.115

9. 证明比值 $t_{\frac{1}{2}}/t_{\frac{3}{4}}$可以写成只是 n 的函数，因而可用它来估计反应级数。其中 $t_{\frac{1}{2}}$为半衰期，$t_{\frac{3}{4}}$为反应物浓度消耗掉初始值 3/4 的时间，且 $t_{\frac{3}{4}}>t_{\frac{1}{2}}$。

10. 化合物 A 可以产生两种平行的产物 B 和 C(见右式)。在式中，两个一级反应的速率常数各为 $k_1=0.15\ \text{min}^{-1}$和 $k_2=0.06\ \text{min}^{-1}$，问 A 的半衰期是多少？如果 A 的起始浓度为 $0.1\ \text{mol}\cdot\text{dm}^{-3}$，在什么时间 B 的浓度可达到 $0.05\ \text{mol}\cdot\text{dm}^{-3}$？

$$\text{A}\begin{cases}\xrightarrow{k_1}\text{B}\\ \xrightarrow{k_2}\text{C}\end{cases}$$

11. 已知下列元反应或复杂反应的反应历程，请根据质量作用定律写出各物质的反应速率表示式。

(1) $\text{HI}+\text{HI}\xrightarrow{k}\text{H}_2+\text{I}_2$

(2) $\text{A}+\text{B}\xrightarrow{k}2\text{C}$

(3) $A+A+M \xrightarrow{k} B+M$

(4) $A \xrightarrow{k_1} B \underset{k_{-2}}{\overset{k_2}{\rightleftharpoons}} C$, $A \xrightarrow{k_3} D$

(5) $A \underset{k_{-1}}{\overset{k_1}{\rightleftharpoons}} B$, $B+C \xrightarrow{k_2} D$

12. 今有一化学反应,其反应历程如下式所示。其中间产物 M 的量不随时间变化,试写出产物的生成速率表达式。

$$A \underset{k_2}{\overset{k_1}{\rightleftharpoons}} M+C, \quad M+B \xrightarrow{k_3} P$$

13. 若反应 $A_2+B_2 \longrightarrow 2AB$ 按下述三种机理进行,求各机理的速率方程。

(1) $A_2 \xrightarrow{k_1} 2A$ (慢)

$B_2 \overset{K_2}{\rightleftharpoons} 2B$ (快速平衡,平衡常数 K_2 很小)

$A+B \xrightarrow{k_3} AB$ (快)

(2) $A_2 \overset{K_1}{\rightleftharpoons} 2A$, $B_2 \overset{K_2}{\rightleftharpoons} 2B$ (皆为快速平衡,平衡常数 K_1、K_2 很小)

$A+B \xrightarrow{k_3} AB$ (慢)

(3) $A_2+B_2 \xrightarrow{k_1} A_2B_2$ (慢)

$A_2B_2 \xrightarrow{k_2} 2AB$ (快)

14. 已知 HI(g)分解反应为 $2HI \longrightarrow H_2+I_2$。其速率常数随温度的变化列于下表,求反应的活化能。

T/K	573	673	773
$k/(mol^{-1} \cdot dm^3 \cdot s^{-1})$	2.19×10^{-6}	8.38×10^{-4}	7.50×10^{-2}

15. 某一反应的速率常数在 298 K 时为 15 $mol^{-1} \cdot dm^3 \cdot min^{-1}$;在 308 K 时为 37 $mol^{-1} \cdot dm^3 \cdot min^{-1}$。求此反应的活化能及在 283 K 时的速率常数。

16. 青霉素的分解为一级反应。从下列实验结果求此反应的活化能及 298 K 的速率常数 k。

T/K	310	316	327
$T_{1/2}$/h	32.1	17.1	5.8

17. 对于在室温下进行的许多化学反应,假如温度升高 10 K,其速率增加到原来的 2～3 倍。那么,凡遵守这个规则的反应,其活化能的数值在什么范围内?

18. 某溶液含有 NaOH 和 $CH_3COOC_2H_5$,浓度均为 0.01 $mol \cdot dm^{-3}$。在 298 K 时,10 min 有 39% 的 $CH_3COOC_2H_5$ 分解;而在 308 K 时,10 min 有 55%的 $CH_3COOC_2H_5$ 分解。

(1) 计算 288 K 时,在 10 min 时分解多少?

(2) 计算 293 K 时,若有 50%的 $CH_3COOC_2H_5$ 分解,需时若干?

19. 在 651.7 K 时,$(CH_2)_2O$ 的热分解是一级反应,其半衰期为 363 min,活化能为 217568 $J \cdot mol^{-1}$。根据以上数据估计,在 723.2 K 时,欲使 75%的$(CH_2)_2O$ 分解,需多少时间?

20. 在不同温度时,丙酮二羧酸在水溶液中分解反应的速率常数列于下表。

T/K	273	293	313	333
$k\times10^7/\mathrm{s}^{-1}$	4.08	79.2	960	9133

(1) 以 $\ln k$ 对 $1/T$ 作图,求反应的活化能;

(2) 求指前因子 A;

(3) 求在 373 K 时该反应的半衰期。

21. 连续反应

$$\mathrm{A}\xrightarrow{k_1}\mathrm{C}\xrightarrow{k_2}\mathrm{D}$$

其中:$k_1=0.1\ \mathrm{min}^{-1}$,$k_2=0.2\ \mathrm{min}^{-1}$;在 $t=0$ 时,$c_\mathrm{C}=0$,$c_\mathrm{D}=0$,$c_\mathrm{A}=1\ \mathrm{mol\cdot dm^{-3}}$。试求算:

(1) C 的浓度达到最大的时间 $t_{\mathrm{C,max}}$为多少?

(2) 该时刻 A、C、D 的浓度为多少?

22. 溴乙烷的分解为一级反应,活化能为 $230.12\ \mathrm{kJ\cdot mol^{-1}}$,频率因子为 $33.58\times10^{13}\mathrm{s}^{-1}$。求算:反应以每分钟 0.1%的速率进行分解时的温度,以及反应以每小时分解 95%的速率进行时的温度。

23. 某双原子分子分解的活化能为 $83.68\ \mathrm{kJ\cdot mol^{-1}}$。试分别计算:300 K 及 500 K 时,具有足够能量可能分解的分子占总分子的百分数。

24. (1) 紫外光的波长为 400 nm,每一光子的能量是多少?

(2) 1 个爱因斯坦(6.023×10^{23}个光量子的能量)相当于多少 $\mathrm{kJ\cdot mol^{-1}}$?

25. 某光化反应中,每吸收 8 个 600 nm 光子可产生一生成物分子,生成物的燃烧热为 $468.6\ \mathrm{kJ\cdot mol^{-1}}$。试求所吸收光转化为化学能之效率。

26. 某一有机分子吸收波长为 549.6 nm 的光。若用 1.43 爱因斯坦的光,可激活 0.031 mol 的分子,试计算此过程的量子产率和吸收的总能量。

27. 一酶催化反应,其反应速率随底物浓度变化,得到下表所列数据。根据表中数据作图,求出此反应的米氏常数 K_M 和最大速率 $r_{\max}$。

底物浓度/($\mathrm{mmol\cdot dm^{-3}}$)	2.5	5.0	10.0	15.0	20.0
速率/($\mathrm{mmol\cdot dm^{-3}\cdot s^{-1}}$)	0.024	0.036	0.053	0.060	0.064

28. 对于一酶催化反应,可得到下表所列数据。求出此反应的活化能,并解释高温的数据。

T/K	293	301	308	315	323	326
$r_{\max}$(相对的)	1.0	1.88	3.13	5.15	4.22	2.12

第 7 章　表面化学

7.1　表　　面

两种物理相态之间存在界面，界面可分为气-液、气-固、液-液、液-固和固-固等，通常把与气相组成的界面称为表面。界面化学是研究任何相界面上发生的物理化学过程的科学，对界面性质的了解与认识十分重要。在人体内，红血球的总表面积可达 1500 m^2，在血液通过肺部毛细血管的短暂时间内，由于红血球有极大的吸收氧的表面积，能保证血红蛋白与氧结合。又如，生物体系中物质输运出入细胞，都必须先在细胞膜上吸附、穿透膜，然后再吸附在膜另一侧的表面上，这些过程与膜的结构和表面性质都有关。本章将讨论有关界面的现象与特性。

7.1.1　表面张力与表面自由能

在通常的情况下，液体总是力图使自己保持最小的表面积，因而在没有外力影响的情况下，液体总是趋向于形成球形，如水银珠、荷叶上的水珠那样。体积一定的几何形体中，球形的表面积最小，因此一定量的液体自其他形状变为球形时就伴随着表面积的缩小，这反映液体表面有自动收缩的能力。可用一实验说明此现象：图 7.1 为一方形的框架，AB 边可以自由滑动，若在方框中形成一液膜(如肥皂水膜)，要保持液膜不收缩，必须在 AB 边挂一重物，重力 W 与膜的收缩力相等时，边 AB 保持平衡。AB 的长度为 l，l 越长，膜的收缩力越大，其数值为 $W=\gamma\times 2l$(因为膜有两面)，则可得

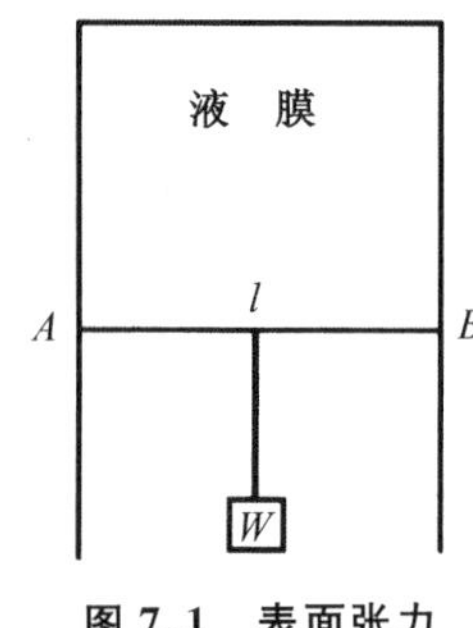

图 7.1　表面张力

$$\gamma = \frac{W}{2l} \tag{7.1.1}$$

式中：γ 是比例系数，称为表面张力，它是在液体表面内垂直作用于单位长度上的收缩表面的力，通常以 $N\cdot m^{-1}$(牛[顿]·米$^{-1}$)或 $mN\cdot m^{-1}$(毫牛[顿]·米$^{-1}$)为单位。表面张力是液体的基本物化性质之一。

液体自动收缩表面的趋势也可以从能量的角度来解释。若将上图中的 AB 向下拉 d 的距离，则新增加了 $2dl$ 的表面积。为了克服液膜的收缩力，外界对液膜作了 Wd 的功。将式(7.1.1)的关系代入其中，可得

$$Wd = 2dl\gamma = S\gamma,\ \gamma = \frac{Wd}{S} \tag{7.1.2}$$

式中：S 为新增加的液膜面积。因此 γ 也可以称为表面自由能，其意义是增加单位表面积液体时所需的能量。γ 的单位通常以 $J\cdot m^{-2}$(焦[耳]·米$^{-2}$)表示。由于 $J=N\cdot m$，故 $J\cdot m^{-2}=N\cdot m^{-1}$。可以看出，表面张力与表面自由能数值完全相同，但物理意义有所不同，所用单位也不同。

如从分子的角度考虑，物体表面的分子与内部的分子处境不同，因而能量也不同。例如图7.2中处于液体内部的分子，周围邻近的分子对它的吸引是对称的，结果相互抵消，因而分子在液体内部移动时无需作功。但处在表面的分子却不同，液体内部分子对它的引力大，而外部气相分子对它的引力小，结果是受到向内的吸引力，将表面的分子拉向内部，因而液体有自动缩小表面的趋势。若将分子由液体内部移至表面，就需对抗吸引力作功。也就是说，表面分子的能量比内部的分子能量要大，增加表面实际上就是将液体内部的分子移至表面，体系的能量自然要增加。因而表面自由能就是单位表面积上的分子比相同数量的内部分子过剩的自由能。

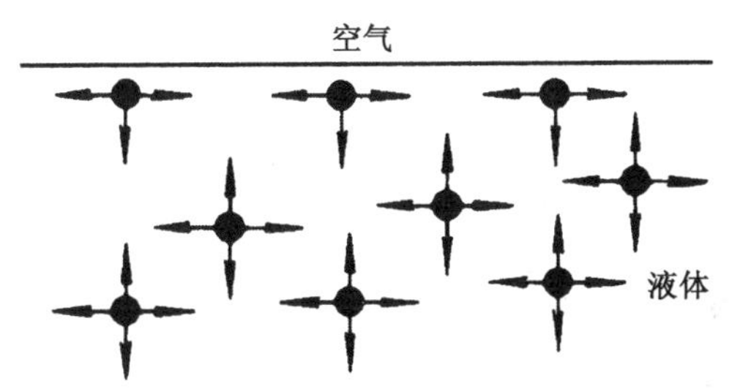

图 7.2　分子在液体内部和表面所受吸引力场的不同

表面过剩自由能(或表面张力)与体系的性质、成分有关，并随温度而变化。一般有机液体及水的表面张力约在 0.01～0.08 $N \cdot m^{-1}$的范围；金属及熔融盐的表面张力则较高，一般在零点几至几个 $N \cdot m^{-1}$的范围内。表 7.1 列出一些液体的表面张力数值。温度升高，分子间引力减弱，表面张力呈下降趋势。到达临界温度时，气-液界面消失，表面张力趋向于零。

表 7.1　一些液体的表面张力(20 ℃)

液体名称	表面张力/($N \cdot m^{-1}$)	液体名称	表面张力/($N \cdot m^{-1}$)
水	0.07275	乙　醚	0.0169
苯	0.02888	四氯化碳	0.0268
醋酸	0.0276	正己烷	0.0184
丙酮	0.0237	正辛烷	0.0218
乙醇	0.0223	汞	0.476

若界面不是气-液，而是液-液的，因界面两边的引力不可能恰好抵消，因而有界面张力存在，一些体系的界面张力数值列于表 7.2 中。

表 7.2　一些体系的界面张力

界　面	温度/℃	界面张力/($N \cdot m^{-1}$)	界　面	温度/℃	界面张力/($N \cdot m^{-1}$)
水-汞	20	0.375	水-苯	25	0.0336
苯-汞	20	0.362	水-乙醚	25	0.0081
水-四氯化碳	20	0.0450	水-异戊醇	20	0.0050
水-异戊烷	20	0.0496	水-丁醇	20	0.00176

对一般的体系，因表面积不大，可以不考虑其表面积的问题。但对高度分散的多相体系，必须考虑其表面积。

对一纯液体，考虑其表面积的变化：这时，在热力学第一定律的公式中 δW 一项中除体积功外，还应包括表面功 $\gamma \mathrm{d}A$，其中：$\mathrm{d}A$ 为表面积的改变，γ 为表面张力(或表面自由能)。若此过程可逆，代入热力学的基本公式，可得

$$\mathrm{d}G = -S\mathrm{d}T + V\mathrm{d}p + \gamma \mathrm{d}A$$

$$\gamma = \left(\frac{\partial G}{\partial A}\right)_{T,p} \tag{7.1.3}$$

从式(7.1.3)看出，γ 也可以理解为在 T、p 恒定的条件下，增加单位面积时，体系 Gibbs 自由能(G)的增加。若将 1 g 水自大块液体中取出，形成一个水珠，其表面积为 4.85 cm^2，需要 3.4×10^{-5} J的能量，此能量是一个微不足道的数值。但若将此水珠分散为半径为 1×10^{-7} cm 的小球时，可得 2.4×10^{20} 个，其总表面积为 $3.0\times10^{7}\ \mathrm{cm}^2$，需要 220 J 的能量，相当于把 1 g 水温度升高 50 ℃所需供给的能量。显然，这是一个不可忽视的数值。因为有巨大的表面体系，表面过剩自由能使其本身处于能量较高的不稳定状态，有借助于一些方式降低其表面能而趋于稳定的倾向。对此，以后将加以讨论。

7.1.2　弯曲液面的一些现象

1. 液体的附加压力与表面曲率

任何液体都有尽量缩小其表面的趋势。如果液面是弯曲的，表面上的收缩力将对该曲面球心所在的方向产生一附加压力 Δp。利用表面能的概念，可以得出该液体的附加压力和表面曲率间的关系。

若有一个液滴，其曲率半径为 r，该液滴外部的大气压为 p，则液滴处于平衡状态时它内部所受的压力将是 $p+\Delta p$，现求 Δp 和 r 的关系。设有一毛细管，管内充满液体，管端有一半径为 r 的球状小液滴与之成平衡，如图 7.3 所示。如忽略重力的影响，若稍加压力，改变毛细管中液体的体积，使液滴体积增加 $\mathrm{d}V$，相应地其表面积增加 $\mathrm{d}S$。此时，体系自外界所得的净功为

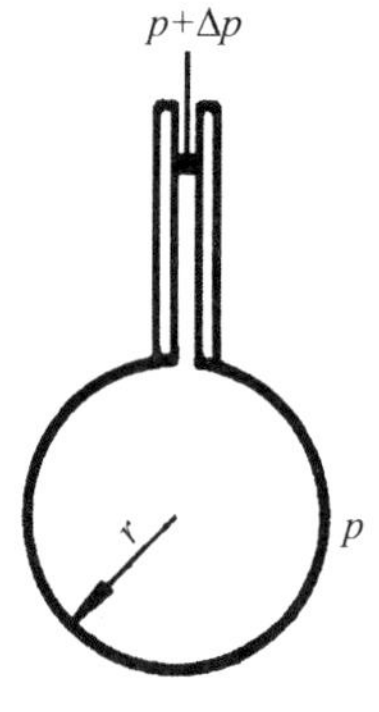

$$(p + \Delta p)\mathrm{d}V - p\mathrm{d}V = \Delta p \mathrm{d}V$$

此功用于克服表面张力 γ 而增大液滴的表面积 $\mathrm{d}S$，即

$$\Delta p \mathrm{d}V = \gamma \mathrm{d}S$$

因为　　球面积　$S = 4\pi r^2$，$\mathrm{d}S = 8\pi r \mathrm{d}r$

　　　　球体积　$V = \frac{4}{3}\pi r^3$，$\mathrm{d}V = 4\pi r^2 \mathrm{d}r$

则

$$\frac{\mathrm{d}S}{\mathrm{d}V} = \frac{8\pi r \mathrm{d}r}{4\pi r^2 \mathrm{d}r} = \frac{2}{r}$$

即可得

$$\Delta p = \frac{2\gamma}{r} \tag{7.1.4}$$

图 7.3　弯曲面所产生的附加压力

式(7.1.4)为弯曲液面下附加压力的公式，又称 Laplace(拉普拉斯)公式。由它可知：

(i) 液滴半径越小，则受到向内的附加压力 Δp 越大。

(ii) 若液面呈凹形，则 r 为负值，Δp 为负值。

(iii) 若液面是平的，则 $r\to\infty$，Δp 为零，即平液面不受到附加压力。

(iv) 对不同的液体，若液滴半径相同，其曲面下的附加压力与表面张力成正比。

此外，若液珠不是球形，则有

$$\Delta p = \gamma\left(\frac{1}{r_1} + \frac{1}{r_2}\right) \tag{7.1.5}$$

式中：r_1 与 r_2 是液珠的主要半径。

根据液体附加压力与液面曲率的关系，可测定液体的表面张力。例如，气泡最大压力法就是测定通过半径为 R 的毛细管在液体中形成气泡的最大压力。根据式(7.1.4)，求算液体的表面张力。又如，把毛细管插入水中，管中水柱表面呈凹形曲面。$\Delta p<0$，凹面下的液体受的压力小于平面液体所受的压力，玻璃毛细管中的液体将上升，液体表面张力 γ 向上拉力的垂直分量应等于液柱高度为 h、半径为 R 的毛细管中液柱的质量(如图 7.4 所示)，即

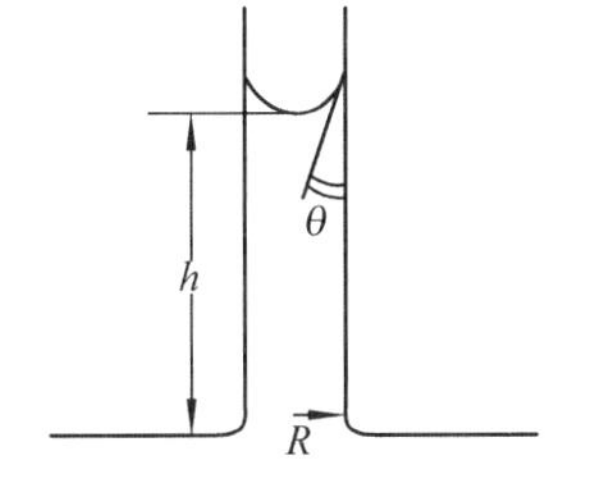

图 7.4　毛细管上升的示意图

$$2\pi R\gamma\cos\theta = \pi R^2 h\rho g$$

在液体可润湿玻璃的情况下，$\theta=0°$，则有

$$\gamma = \frac{Rh\rho g}{2} \tag{7.1.6}$$

式中：ρ 为液体的密度，g 为重力加速度。此式即为毛细管上升法测表面张力的依据。通常，毛细管越细，形成凹液面的曲率半径就越小，液体上升的高度就大。在土壤中也存在许多毛细管，它可以使地下水上升至表面。农业生产中锄地，一方面是铲除杂草，同时也是为了破坏土壤中构成的毛细管而保墒(防止水分沿毛细管蒸发掉)。

2. 蒸气压与曲率的关系

通常人们所说的一定温度下的饱和蒸气压，是指与大块平表面液体呈平衡时的蒸气压。当液体分散成小液珠后，其饱和蒸气压会增加，其大小与液滴的半径有关。

在一定温度下，液体与其饱和蒸气压呈平衡。设平面液体所受的压力为 p_l^0，与其平衡的饱和蒸气压力为 p_g^0。若将 1 mol 液体分散成半径为 r 的小滴后，液体受的压力为 $p_l^0+\Delta p$，相应的平衡蒸气压为 p_r。设此蒸气为理想气体，则上述过程发生时，体系 Gibbs 自由能的变化应满足以下关系

$$\left(\frac{\partial G_m(l)}{\partial p_l}\right)_T dp_l = \left(\frac{\partial G_m(g)}{\partial p_g}\right)_T dp_g$$

因为
$$\left(\frac{\partial G_m(l)}{\partial p_l}\right)_T = V_m(l),\ \left(\frac{\partial G_m(g)}{\partial p_g}\right)_T = V_m(g) = \frac{RT}{p_g}$$

故可得
$$V_m(l)dp_l = RT d\ln p_g$$

积分上式，得
$$V_m(l)\int_{p_l^0}^{P_l^0+\Delta p} dp_l = RT\int_{p_g^0}^{p_r} d\ln p_g$$

即
$$V_m(l)\Delta p = RT\ln\frac{p_r}{p_g^0}$$

因为 $\Delta p=\dfrac{2\gamma}{r}$，$V_m(l)=\dfrac{M}{\rho}$($M$ 是液体的摩尔质量，ρ 为液体密度)，可得

$$RT\ln\frac{p_r}{p_g^0} = \frac{2\gamma M}{\rho r} \tag{7.1.7}$$

此式称为 Kelvin(开尔文)公式。由式中可以看出，液滴半径越小，其饱和蒸气压越大。例如，在293 K时水的饱和蒸气压是 2.33 kPa。由式(7.1.7)计算，得出下表所列数据。

r/cm	1×10^{-4}	1×10^{-5}	1×10^{-6}	1×10^{-7}
$\frac{p_r}{p_g^0}$	1.001	1.011	1.114	2.95

从表中数据可见：当 r 小至 10^{-7}cm 时，饱和蒸气压几乎为原来的3倍。若空气中不存在任何可以作为凝结中心的粒子，则水蒸气可达到很大的过饱和度而不会凝结出来；如果人为地提供一些凝结核心，则可使凝聚水滴的初始曲率半径加大，其对应的饱和蒸气压小于高空中已有的蒸气压，使水蒸气迅速凝结。这就是人工降雨的原理。

7.2　吸附现象

如果一个体系的表面积很大，则表面自由能很高，体系不稳定，因而在表面上常常发生吸附现象。以这种方式来降低表面自由能，可使体系不稳定的程度降低。吸附现象在不同的界面上皆能观察到，并有其规律。现分别加以讨论。

7.2.1　液-气界面

1. 溶液的表面张力

表面张力的测定可以帮助人们了解各种体系的表面性质。实验证明，对于纯液体，只要温度与压力确定，表面张力就有确定的数值。而对于溶液来说却不相同，在同样的条件下其表面张力还随加入溶质的性质和浓度而变化，变化规律也各不相同。以水溶液为例，大致可分为三种情况（如图7.5所示）。

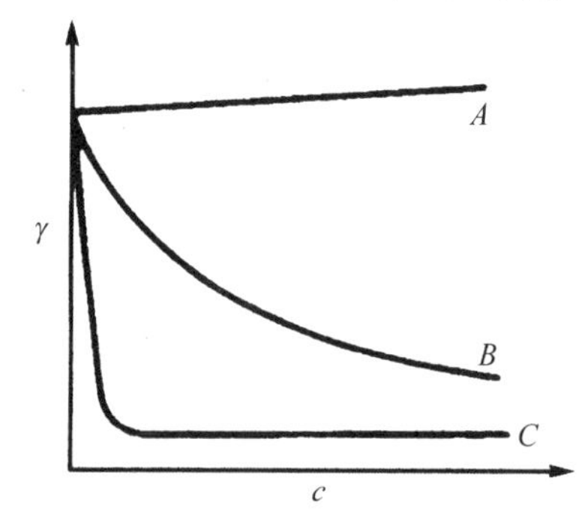

图7.5　水溶液的表面张力与溶质浓度的关系

A—表面张力随溶质浓度的增加而升高，而且近于直线。这类溶质为无机盐类及蔗糖、甘露醇等多羟基化合物。

B—表面张力随溶质浓度增加而降低。这类溶质通常是醇、醛、酸、酯等绝大多数有机物。

C—表面张力在溶质浓度很低时急剧下降，至一定浓度后表面张力几乎不再变化。这类溶质通常包括皂类、八碳以上的直链有机酸碱金属盐、高碳直链烷基硫酸盐或磺酸盐、苯磺酸盐等。

如果我们根据物质溶于水后，对水表面张力的影响大小来把化合物分类，则可以分为两类：

(1) 表面活性物质——能显著降低水的表面张力的物质。

(2) 非表面活性物质——使水的表面张力升高或略为降低的物质。

在此，我们所说的表面活性物质是对水而言的。从广义上说，如果甲物质能显著降低乙物质的表面张力，则对乙来说，甲物质是表面活性物质。但通常我们所说的表面活性剂，是指能显著降低水的表面张力的物质。许多实际的应用，如乳化、去污、润湿、起泡等，都与表面活性剂的此特性有关。

2. 溶液的表面吸附和Gibbs(吉布斯)吸附公式

表面活性物质有明显降低纯液体表面张力的作用，与它在溶液表面上的吸附有关。在纯液体中，体系是均匀的，表面层的组成与内部相同。但溶剂中加入溶质后，由于它们之间的亲和力不同,会对溶剂表面张力产生不同的影响。若溶质与溶剂分子间的引力小于溶剂分子间的引力,则加入溶质后,分子间的引力总的说来是有所下降,导致表面张力降低。根据能量最低原则,溶质分子上升至表面所需之功小于溶剂分子上升至表面所需之功,故此时溶质在表面上的浓度将大于在溶液内部的浓度。表面活性物质属于此种情况。反之,若溶质与溶剂分子间的引力大于溶剂分子间的引力,则加入溶质后,分子间的引力总的说来是有所上升,导致表面张力升高,溶质分子上升至表面所需之功大于溶剂分子上升至表面所需之功,故溶质在表面上的浓度必小于它在溶液内部的浓度。非表面活性物质属于此类情况。

通常,我们将这种表面浓度与溶液内部浓度不同的现象叫作吸附。

显然,在指定的温度与压力下,吸附与溶液的表面张力及溶液的浓度有关。Gibbs 从热力学出发推导出上述关系的公式。和普通的体系类似,对于表面相的热力学能 U^σ 变化,可表示为

$$\mathrm{d}U^\sigma = T\mathrm{d}S^\sigma + \gamma \mathrm{d}A + \sum \mu_i^\sigma \mathrm{d}n_i^\sigma \tag{7.2.1}$$

式中：μ_i^σ 为表面相中 i 组分的化学势。在恒定强度量的条件下将上式积分,得到

$$U^\sigma = TS^\sigma + \gamma A + \sum \mu_i^\sigma n_i^\sigma$$

U^σ 是状态函数,对其全微分,于是得

$$\mathrm{d}U^\sigma = T\mathrm{d}S^\sigma + S^\sigma \mathrm{d}T + \gamma \mathrm{d}A + A\mathrm{d}\gamma + \sum \mu_i^\sigma \mathrm{d}n_i^\sigma + \sum n_i^\sigma \mathrm{d}\mu_i^\sigma \tag{7.2.2}$$

将式(7.2.2)与式(7.2.1)相比较,得

$$S^\sigma \mathrm{d}T + A\mathrm{d}\gamma + \sum n_i^\sigma \mathrm{d}\mu_i^\sigma = 0 \tag{7.2.3}$$

恒温时

$$A\mathrm{d}\gamma + \sum n_i^\sigma \mathrm{d}\mu_i^\sigma = 0$$

$$-\mathrm{d}\gamma = \frac{\sum n_i^\sigma \mathrm{d}\mu_i^\sigma}{A} = \sum \Gamma_i \mathrm{d}\mu_i^\sigma \tag{7.2.4}$$

式中：$\Gamma_i = n_i^\sigma / A$,为 i 组分在表(界)面相的吸附量。它为单位表(界)面积上 i 物质的量,它的数值与表(界)面位置确定的规则有关。

若体系中只有两个组分,组分 1 为溶剂,组分 2 为溶质,则

$$-\mathrm{d}\gamma = \Gamma_1 \mathrm{d}\mu_1^\sigma + \Gamma_2 \mathrm{d}\mu_2^\sigma$$

Gibbs 将表面位置规定在溶剂吸附量为零处,即 $\Gamma_1 = 0$。也就是说,单位面积的表面层溶液中溶剂的量与等体积本体溶液中溶剂的量相等,则

$$-\mathrm{d}\gamma = \Gamma_2 \mathrm{d}\mu_2^\sigma \tag{7.2.5}$$

平衡时,$\mu_2^\sigma = \mu_2^\mathrm{b}$(溶液中)。根据溶液化学势公式 $\mu_2^\mathrm{b} = \mu^\ominus(T, p) + RT\ln a_2$,得

$$\mathrm{d}\mu_2 = RT\mathrm{d}\ln a_2$$

代入式(7.2.5),整理后,可得

$$\Gamma_2 = -\frac{1}{RT}\left(\frac{\partial \gamma}{\partial \ln a_2}\right)_T = -\frac{a}{RT}\left(\frac{\partial \gamma}{\partial a}\right)_T \tag{7.2.6}$$

此式即为 Gibbs 吸附定律。式中：Γ_2 是溶质的吸附量,a 为溶液中溶质的活度,γ 为溶液的表面张力。如果溶液的浓度较稀,可用浓度 c 代替活度 a,上述公式就可以写成通常的表示形式

$$\Gamma = -\frac{c}{RT}\left(\frac{\partial \gamma}{\partial c}\right)_T \tag{7.2.7}$$

式中：Γ 代表溶质的吸附量。此式的物理意义是：当加入溶质能降低溶剂的表面张力，即 $(\mathrm{d}\gamma/\mathrm{d}c)<0$ 时，则 $\Gamma>0$，溶质在表面发生正吸附，溶质在表面层中的浓度大于溶液内部的浓度；若加入溶质使溶剂的表面张力增加，即 $(\mathrm{d}\gamma/\mathrm{d}c)>0$ 时，则 $\Gamma<0$，溶质在表面发生负吸附，溶质在表面层中的浓度低于溶液内部的浓度。

在此要说明的是，表示吸附量有各种不同的方式。在上面求 Γ_2 的推导中，将表面的位置定在 $\Gamma_1=0$ 之处，因此 Gibbs 公式中的 Γ_2（溶质吸附量）有着严格的定义，即相应于相同量的溶剂时，在表面单位面积上溶质比溶液内部多出的量，这样的过剩量就是 Gibbs 吸附量。其意义可通过下例来了解，设溶液内部每 1000 g 溶剂中含有 m_{v}(mol)溶质，而在面积为 A 的表面中才有 1000 g 溶剂，其中含有 m_{s}(mol)溶质，则

$$\Gamma=\frac{m_{\mathrm{s}}-m_{\mathrm{v}}}{A} \tag{7.2.8}$$

在了解吸附量 Γ 的意义时，要注意，它不是表面浓度，而是单位表面上与溶液内部相比时溶质的过剩量。但对表面活性物质来说溶液浓度相当小时，表面浓度和溶液内部浓度相比较要大得多，所以此时吸附量可以近似看作是表面浓度。

Gibbs 吸附定律的应用范围很广，在推导时并未具体规定是哪种界面，因此适用于气-液，液-固、液-液，气-固等各种界面。此外，推导时对吸附层厚度也未予规定，故对单分子层吸附或多分子层吸附都能适用。

3. 吸附层的结构

自溶液 γ-c 曲线，应用 Gibbs 吸附公式可求出相应的吸附量 Γ，由此得到 Γ-c 曲线，叫作吸附等温线。对于有表面活性溶质的溶液，一般 Γ-c 曲线有图 7.6 所示的形式。这类曲线的特点是：在浓度很低时，Γ 与 c 成线性关系；在浓度高时，吸附量达到最高值 Γ_∞；再继续增大浓度，吸附量不再增大。我们称 Γ_∞ 为饱和吸附量。该类曲线可用以下经验公式表示

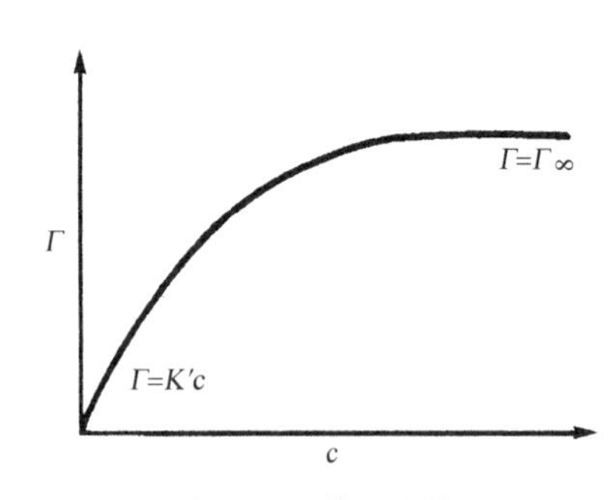

图 7.6　溶液吸附等温线的一般形式

$$\Gamma=\Gamma_\infty\frac{Kc}{1+Kc} \tag{7.2.9}$$

式中：c 为浓度；K 为经验常数，与溶质的表面活性大小有关。当浓度很小时，$Kc\ll1$，上式即可写为

$$\Gamma=\Gamma_\infty Kc=K'c$$

此时吸附量与浓度成正比，呈线性关系。当 c 很大时，$Kc\gg1$，式(7.2.9)可写为

$$\Gamma=\Gamma_\infty$$

此时吸附量为一常数，与浓度无关，即表面上溶质的吸附已达到饱和。

对直链脂肪酸、醇、胺等而言，不论碳氢链的长短($C_2\sim C_6$)，自 γ-c 曲线计算出同系物 Γ_∞ 的值总是相同的。Γ_∞ 的单位为 $\mathrm{mol\cdot m^{-2}}$，在饱和吸附时每个吸附分子所占的面积应为

$$S_\infty=\frac{1}{\Gamma_\infty N_{\mathrm{A}}} \tag{7.2.10}$$

式中：N_{A} 是 Avogadro 常数。

已求出的一些 ROH 的 S_∞ 约在 27.8～28.9 Å^2；RCOOH 约为30.2～31.0 Å^2；RNH_2 约 27 Å^2。此结果说明，饱和吸附时表面上吸附的分子是定向排列的（如图 7.7 所示）。在饱和吸附时，表面活性物质将其分子的极性基朝向水，非极性部分朝向空气而直立排列。因为同系物中各化合物非极性基链长不同，而极性基的横截面积相近，只有直立才会占有同样的截面积。否则，无法解释“为什么不管链长如何（如 C_2H_5COOH 和 $C_6H_{13}COOH$的链长比为 1∶2），而每个分子所占的表面积却相同”这一实验结果。此外，从 Γ_∞，还可以算出饱和吸附层的厚度 δ

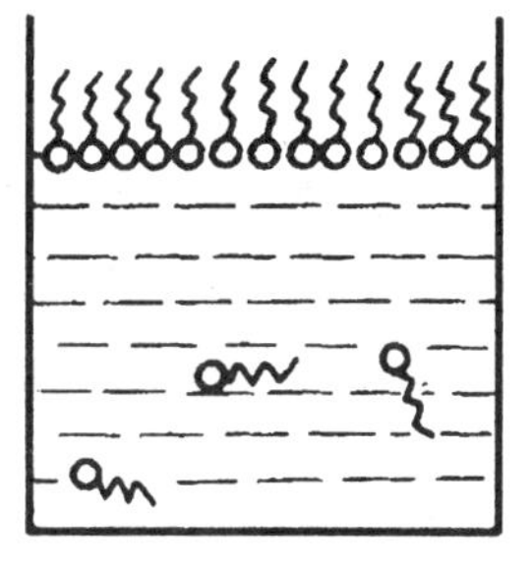

图 7.7 饱和吸附层中分子的定向排列

$$\Gamma_\infty M = \rho\delta$$

$$\delta = \frac{\Gamma_\infty M}{\rho} \tag{7.2.11}$$

式中：M 是吸附物的摩尔质量，ρ 是其密度。直链脂肪族同系物的链长增加，厚度 δ 也有规则地随之增加——碳链增加一个 CH_2 基团时，δ 增加约 1.3～1.5 Å，这与 X 射线分析结果相符。

7.2.2 固-气界面

1. 气体在固体表面的吸附

与液体表面一样，固体表面上的分子有过剩的表面自由能，但它不能像液体那样以缩小表面积的方式来降低体系的表面能。但固体表面分子能对碰撞到固体表面上来的气体分子产生吸引力，使气体分子在固体表面发生吸附，这样可以减小剩余力场，降低固体的表面能。通常，把气体在固体表面上的吸附称为“气-固吸附”，吸附气体的固体称为“吸附剂”。

吸附作用发生在固体的表面上，可分为物理吸附与化学吸附两种类型。现将两者间主要的几项差别列于表 7.3 中。

表 7.3 物理吸附与化学吸附特征之比较

特征＼差别＼类型	物理吸附	化学吸附
吸附力	范德华力	化学键力
吸附热	较小，近于液化热	较大，近于反应热
吸附层	单分子层或多分子层	单分子层
吸附选择性	无选择性，任何固体都能吸附任何气体，易液化者易被吸附	有选择性，指定的吸附剂只对某些气体有吸附作用
吸附速率	较快，受温度的影响较小，易达平衡，较易脱附	较慢，需活化能，升温使速率加快，不易达平衡，较难脱附

物理吸附与化学吸附两者分子作用力性质不同。在物理吸附中，固体表面分子与气体分子之间是范德华引力，类似于气体分子在固体表面上发生凝聚。在化学吸附中，固体表面上的分子与气体分子间的作用力与化学键力相似，在吸附过程中有化学键的破坏与形成，类似于化学反应。因此，这两种吸附所放出的热量大小悬殊。物理吸附热的数值和液化热相近，约 10^2～10^3 J·mol^{-1}；而化学吸附热和化学反应热相近，一般大于 10^4 J·mol^{-1}。通常任何气体在其临界温度下皆可液化，因此物理吸附一般没有选择性，只要条件合适，任何固体皆可吸附任何气体，其吸附量的多少因吸附剂和被吸附物的种类不同而有所不同。但化学吸附只有在特

定的固-气体系之间才能发生，例如许多催化反应。物理吸附的速率一般很快；而化学吸附却像化学反应那样，需要一定的活化能，故进行较慢。此外，化学吸附时表面和被吸附物之间要形成化学键，因而化学吸附总是单分子层的；但物理吸附却可以是多分子层的。物理吸附往往很容易脱附(吸附的反过程)，而化学吸附则很难解吸，即物理吸附是可逆的，化学吸附是不可逆的。概括地说，我们可将物理吸附看作是在表面上的液化，而化学吸附则是表面上的化学反应。本节只讨论物理吸附。

在固-气吸附时，气相中的分子可以被吸附到固体表面上来；另外，已被吸附的分子也可以脱附而逸回气相。固定温度与被吸附气体的压力后，经过一定的时间，当吸附速率与脱附速率相等时，即达到吸附平衡。在平衡时，表示吸附量的最好方法是单位面积上吸附气体的物质的量或标准状态时的体积，但因吸附固体的表面积往往不知道，因而用单位质量的固体(m)所吸附气体的物质的量(x)或在标准状态下的体积(V)来表示，称之为吸附量 a，即

$$a=\frac{x}{m} \quad 或 \quad a=\frac{V}{m}$$

吸附量的大小可以用实验进行测定。在测定吸附量过程中，发现一种固体吸附剂吸附气体时，其吸附量与温度及气体压力有关，可以表示为

$$a = f(p, T)$$

上式共有 3 个变量，在实验中常固定 1 个变量而求出另外 2 个变量之间的关系，以了解吸附的规律。若分别保持 T、p 或 a 不变，在实验中相应可得吸附等温线、等压线及等量线。其中最常用的是吸附等温线；而自吸附等压线，可判别吸附的类型；自吸附等量线，可算出吸附热的大小。

2. 吸附等温线方程式

吸附等温线是反映在指定的温度下，某气体平衡的压力与吸附量 a 之间的关系的曲线。从吸附等温线的研究，可以了解吸附剂的表面性质，以及吸附剂与气体的相互作用情况，因而有重要的实际意义。常见的吸附等温线有五种形状，如图 7.8 所示。

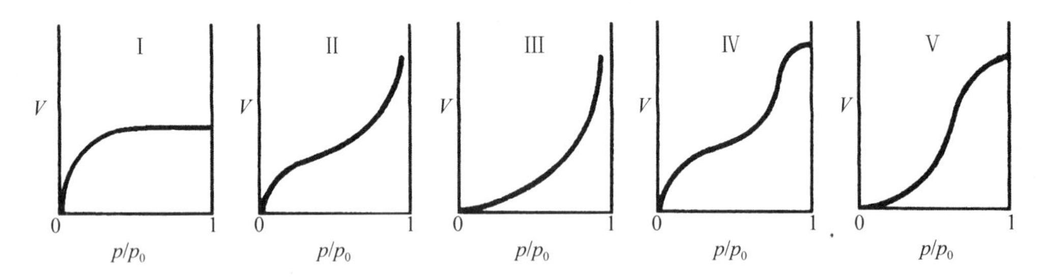

图 7.8 物理吸附的五种等温线

其中：I 型为单分子层吸附，其余均为多分子层吸附。曾有许多表达各种吸附等温线的公式，现对最常用的分述如下。

(1) Langmuir(朗缪尔)单分子层吸附等温式

Langmuir 在 1916 年提出了固体对气体的吸附理论：气体分子碰撞在固体表面时，可以是弹性的，也可以是非弹性的。前者只使气体分子反弹回来，并无能量的交换；而后者使分子在固体表面停留一段时间，吸附现象就是这种停留所造成的。且其假设：

(i) 只有撞在空白表面上的分子才可能被吸附。倘若撞在一个已被吸附的分子上，则发

生弹性碰撞,也就是说吸附是单分子层的。

(ii) 分子撞在表面上的任何地方,被吸附的机会是相同的,即表面是均匀的。

(iii) 分子撞在表面被吸附或吸附分子从表面上脱附的概率都不受邻近吸附分子的影响,即吸附分子之间无相互作用。

在吸附达到平衡时,气体分子被吸附的速率与自固体表面上脱附的速率相等。吸附速率是和气体分子在单位时间内碰撞固体表面的次数成正比,也就是和气体的压力成正比;同时,也和空白表面的分数成正比,即吸附速率 r_1 为

$$r_1 = k_1(1-\theta)p$$

式中:θ 为吸附了分子的表面分数,$(1-\theta)$ 则为空白表面分数,k_1 为常数,p 为气体平衡压力。脱附的速率 r_2 则和 θ 成正比,即

$$r_2 = k_2\theta$$

平衡时 $r_1=r_2$, $k_1(1-\theta)p=k_2\theta$,则

$$\theta = \frac{Kp}{1+Kp} \qquad \left(K = \frac{k_1}{k_2}\right)$$

若以 a 代表在平衡压力 p 下的吸附量,$a_{\max}$ 代表饱和吸附量,即表面完全被覆盖时的吸附量,则 $\theta=a/a_{\max}$,上式即变为

$$a = \frac{a_{\max}Kp}{1+Kp} \tag{7.2.12}$$

这就是 Langmuir 的单分子层吸附方程式。自式(7.2.12)知,若压力很小时,$Kp\ll1$,于是

$$a=a_{\max}Kp$$

即吸附量 a 与气体平衡分压成正比,这与第Ⅰ类吸附等温线的低压部分相符合。当压力很大时,$Kp\gg1$,于是式(7.2.12)变为 $a=a_{\max}$,即吸附量 a 为一常数 $a_{\max}$,不随气体的分压而变化,反映气体分子已经在固体表面盖满了一层,达到饱和吸附,这与第Ⅰ类吸附等温线的高压部分相符。

若将式(7.2.12)改写为

$$\frac{p}{a} = \frac{1}{a_{\max}K} + \frac{p}{a_{\max}} \tag{7.2.13}$$

若以 p/a 对 p 作图,应得一直线,其斜率为 $1/a_{\max}$,截距为 $1/a_{\max}K$。由此,可求出 $a_{\max}$ 及 K。

如果将覆盖度 θ 表示为 $V/V_{\max}$。其中 V 和 $V_{\max}$ 分别是气体的分压为 p 时吸附的气体与饱和吸附时的气体在标准状态下(273.15 K,100 kPa)的体积,则式(7.2.12)可写为

$$\frac{V}{V_{\max}} = \frac{Kp}{1+Kp} \quad 或 \quad \frac{p}{V} = \frac{1}{V_{\max}K} + \frac{p}{V_{\max}} \tag{7.2.14}$$

可按类似上面的方法,由斜率和截距求得 $V_{\max}$ 与 K。

不少吸附实验证明,在一定的压力范围内,其 p/a 或 p/V 对 p 作图,能得到直线,即符合 Langmuir 等温式。此外,在复相催化中也常用到 Langmuir 等温式。对以后的某些吸附等温式的建立,Langmuir 吸附理论也起了奠基作用。但应当指出,倘若表面很不均匀,或吸附层不是单分子层时,上式则不适用。

(2) BET 多分子层吸附等温式

在 Langmuir 吸附理论的基础上,Brunauer(勃劳纳尔)、Emmett(爱密特)和 Teller(泰勒)三人提出了多分子层吸附理论。这个理论接受了 Langmuir 关于固体表面是均匀的和被吸附

分子逃逸时不受周围其他分子的影响这两个假定，而放弃了吸附是单分子层的假定。他们认为，物理吸附是靠范德华引力使气体吸附在固体上，因而被吸附的气体分子也有引力，在第一吸附层之上，还可以发生第二层、第三层，以至更多层的吸附，即不只是单分子层吸附，也可以是多分子层吸附。不过在第一层吸附时是靠固气间的范德华引力，而第二层以上是靠气体分子间的引力。这两类引力不同，因此它们的吸附热也是不同的，后者可以看作是气体的液化热，气体的吸附量就是各层吸附量的总和。根据此假设，经过复杂的数学处理，得出 BET 方程式

$$V = \frac{V_{\max} C p}{(p_0 - p)\left[1 + (C-1)\dfrac{p}{p_0}\right]} \tag{7.2.15}$$

式中：V 与 $V_{\max}$ 分别是气体分压为 p 时和吸附剂被盖满一层时被吸附气体在标准状态下的体积；p_0 是在实验温度下能使气体凝聚为液体的最低压力，即被吸附气体的饱和蒸气压；C 是与吸附热有关的常数。BET 方程式对图 7.8 中的 Ⅰ、Ⅱ、Ⅲ 种吸附等温线都可以给予说明。BET 方程式可用于测定、计算固体吸附剂的比表面（即 1 g 吸附剂所具有的表面积）。此时，将式(7.2.15)重排，得

$$\frac{p}{V(p_0 - p)} = \frac{1}{V_{\max} C} + \frac{C-1}{V_{\max} C}\frac{p}{p_0} \tag{7.2.16}$$

若以 $\dfrac{p}{V(p_0-p)}$ 对 $\dfrac{p}{p_0}$ 作图时，应得一直线，斜率是 $(C-1)/V_{\max}C$，截距是 $1/V_{\max}C$。从斜率和截距之值可以求出 $V_{\max}$，即

$$V_{\max} = \frac{1}{\text{斜率} + \text{截距}}$$

在求得了 $V_{\max}$ 之后，如果又知道被吸附分子的截面积 σ，就可以算出固体吸附剂的比表面积 $S_{\text{比}}$

$$S_{\text{比}} = \frac{V_{\max} N_A}{22400\ \text{cm}^3 \cdot \text{mol}^{-1}} \times \frac{\sigma}{m}$$

式中：m 是固体吸附剂的质量，N_A 是 Avogadro 常数。对于固体吸附剂和催化剂，比表面 $S_{\text{比}}$ 是一个很重要的物理量，对吸附能力和催化性能有很大影响，因而测定固体比表面是很重要的工作。目前，利用 BET 公式测定计算比表面的方法被公认为是所有方法中最好的一种。现在采用最广的被吸附气体是氮气，其分子横截面积是 16.2 Å^2。作比表面测定需在低温进行，最好是在液氮的温度(−195.8 ℃)，因为在低温下一般不致有化学吸附的干扰。此法的误差一般为±10%。许多实验证明，式(7.2.16)应用的范围约在 $p/p_0 = 0.05 \sim 0.35$ 之间。

(3) Freundlich(弗兰德利希)吸附等温式

Freundlich 从许多等温线中总结出有关吸附量的经验方程式，其吸附量 a 与平衡压力 p 的函数关系为

$$a = Kp^{\frac{1}{n}} \tag{7.2.17}$$

式中：K 和 n 是与吸附剂、气体种类及吸附温度有关的常数，一般 n 的数值是大于 1 的。如果将上式取对数，则得到

$$\lg a = \lg K + \frac{1}{n}\lg p \tag{7.2.18}$$

若以 $\lg a$ 对 $\lg p$ 作图，应得一直线，其斜率是 $1/n$，截距为 $\lg K$，因此可以在一定的条件下求出 K 与 n 之值。例如，CO 在活性炭上的吸附符合此吸附关系式。

Freundlich 等温式能与许多吸附实验结果相符合。但也有不少实验，用其 $\lg a$ 对 $\lg p$ 作图并不成真正的直线而稍有弯曲，特别是在压力较大时偏差更加明显。所以这一经验公式只是近似地概括了这一部分实验事实，它也不能说明吸附作用的机理，这是其不足之处。另一方面，由于它简单方便，因而应用相当广泛。

7.2.3 固-液界面

1. 固体自溶液中吸附

在溶液中的固体界面上的吸附要考虑三种相互作用，即固体和溶质、固体和溶剂、溶剂和溶质的相互作用。将固体放入溶液后，溶质与溶剂分子都可能在固-液界面上被吸附，这时溶质与溶剂分子争夺固体表面。若固体表面上溶质的浓度比溶液内部溶质的浓度大，就是正吸附；若固体表面上溶质的浓度小于溶液内部的浓度，则是负吸附。这就使固体对溶液中溶质吸附的问题变得较为复杂，而气相吸附总是正吸附。

一般溶液吸附速率比气体的吸附要慢得多。决定吸附速率的主要因素是被吸附分子和固体孔隙的大小。若溶质分子越大，扩散就越慢，则进入吸附剂孔中的速率就小。对于同一溶质，决定速率的是吸附剂孔的大小。例如，用小孔的活性炭自水中吸附有机酸，几百小时之后仍未达吸附平衡；但若将此炭经高温处理，使小孔扩大，则数小时后即基本可达到吸附平衡。

在一定的温度下，将定量的固体与定量的溶液混合摇荡，待吸附平衡后，测定溶液浓度的变化，可求出每克固体所吸附溶质的物质的量 a

$$a = \frac{x}{m} = \frac{(c_0 - c)V}{m} \tag{7.2.19}$$

式中：x 为吸附溶质的物质的量，m 为吸附剂的质量，c_0 与 c 分别是吸附前后溶液的浓度，V 是溶液的体积。此种计算并未考虑溶剂的吸附，故通常称为表观吸附量。

固-液吸附等温线的形式与具体体系有关。若溶液较稀，吸附等温线的形式与气体吸附很相似，它们可以分别用 Freundlich 式、Langmuir 式、BET 式表示。但这纯粹是经验性的，式中的常数含义不明确，亦不能从理论导出。

2. 影响溶液吸附的各种因素

由大量实验总结出吸附剂、溶剂、溶质三者之间相互作用的规律，这些规律只有在其他条件相同时才能加以运用，在实际应用中可作为考虑问题的依据。

(1) 极性的吸附剂易吸附极性溶质，非极性的吸附剂易吸附非极性的溶质

例如，活性炭是非极性吸附剂，故自苯-乙醇二元溶液中吸附时，主要吸附苯；反之，硅胶是极性吸附剂，主要吸附乙醇。

(2) 溶解度越小的溶质越易于被吸附

因为溶质的溶解度越小，自溶液中逃出的倾向也越大，结果越容易被吸附。例如，用硅胶自 CCl_4 和 C_6H_6 中吸附苯甲酸的量，在前者中比在后者中大一倍，苯甲酸在 CCl_4 和 C_6H_6 中的溶解度分别是 4.18 和 12.43 $g \cdot (100\,cm^3)^{-1}$，在此处两种溶剂在硅胶上被吸附的能力相近，因此可以不考虑固体对溶剂的吸附。由此看出，溶解度越小，吸附得越多。

(3) 通常,同系物的吸附总是有规律地增加或减小

例如,活性炭自水溶液中吸附脂肪酸,吸附量随酸的碳氢链长增加而增加,即丁酸>丙酸>乙酸>甲酸;而自 CCl_4 溶液中吸附脂肪酸时,吸附量随酸的链长增加而降低,即甲酸>乙酸>丙酸>丁酸(见图 7.9)。以上两种相反的结果是因为脂肪酸的碳氢链越长,在水中的溶解度越小,容易被吸附,所以丁酸吸附量最大;反之,在 CCl_4 中,脂肪酸的碳氢链越长,溶解度越大,故越不易被吸附,因而甲酸的吸附量最大,丁酸的最小。

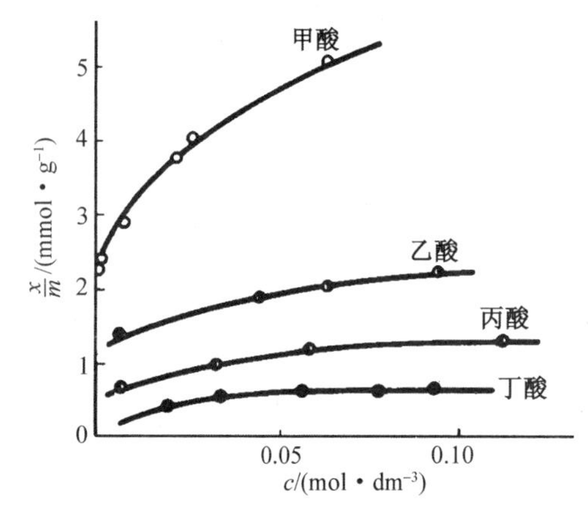

图 7.9　活性炭自四氯化碳中吸附脂肪酸

(4) 温度对溶液吸附的影响

因吸附均为放热过程,故温度越高,吸附量应当越低。有许多体系确实如此。例如,炭自水溶液中吸附醋酸就符合这个规律。但另一方面,尚需注意温度对溶解度的影响。倘若温度升高时溶解度下降(例如,丁、戊、己、庚、辛醇等在水中的溶解度即是如此),则吸附量可以增加。因此,在考虑温度的影响时,必须兼顾溶解度对吸附的影响。

3. 溶液吸附的应用

溶液吸附体系虽比较复杂,但应用十分广泛。液相色谱对混合组分的分离,是基于固定相(吸附剂)对流动相(混合溶液)中各组分吸附能力的差异;胶体粒子表面扩散双电层的形成、胶体粒子的制备等,都涉及固-液界面的吸附;洗涤作用、矿石浮选、石油开采、固体表面改性等,也都要考虑溶液吸附的原理和性质。生物医用材料的使用,更进一步证明固体表面性质和溶液吸附的重要性。

生物医用材料是对生物体进行治疗和置换损坏的组织、器官或增进其功能的材料,通常包括金属、医用高分子、生物陶瓷和生物医学复合材料等。生物医用材料首先要求其具有生物相容性,即材料要具有血液相容性与组织相容性,包括抗血凝性、抗血溶性、抗炎症性、无诱变性等等。仅以血液相容性为例,其涉及的问题就很复杂。它与材料表面上血浆蛋白的吸附、血小板的黏附、聚集、变形以及凝血体系和纤溶体系的激活、最终形成血栓的过程有关。因此,生物医用材料的表面能、表面电荷、亲(疏)水性、表面成分与结构等性质,以及它们对蛋白质的选择吸附能力、吸附分子在表面上的定向排到、吸附后的变性状态等等,这些因素都影响到它与血液的相容性。通常,表面能低的材料不易吸附蛋白质;带阴离子的表面与具有负离子电荷的血小板之间有排斥作用,使其难以在表面吸附;亲水-疏水型微相分离的表面结构具有抗血凝性。若采用化学与生物的各种技术来改善生物医用材料的表面性质,可大幅度地提高医用材料的血液相容性。肝素是一种带负电的硫酸化官能团的多糖类物质。将强阴离子特性的肝素结合在生物医用材料表面,能抑制纤维蛋白原向纤维蛋白的转化,还能阻止血小板的黏附、聚集,具有优良的抗血凝性能。肝素可用于与血液直接接触的人工肾,还可制成各种人工器官的膜及血液插管等器具。

7.3　表面活性剂溶液

表面活性剂是一类应用极为广泛的物质,其特点是很少的用量就可大大降低溶剂的表

(界)面张力,并能改变体系的界面组成与结构。表面活性剂溶液浓度超过一定值,其分子在溶液中会形成不同类型的分子有序组合体。这些特性使表面活性剂在石油、纺织、农药、医药、食品、化妆品、洗涤、采矿和机械等生产领域得到广泛应用。不仅如此,生命活动与生物体内的天然表面活性剂的作用密切相关,研究它们在生物体系中相关的界面膜的结构与性能和形成分子有序组合体的规律,对生命现象的探索、仿生技术的发展皆有重要的意义。

7.3.1　表面活性剂的分类和化学结构

表面活性剂分子的结构具有不对称性,即分子由极性部分与非极性部分组成。极性部分与水亲和力强,称为亲水基;非极性部分称为疏水基或亲油基。因此,表面活性剂分子具有两亲性质,常称为两亲分子。

表面活性剂普遍按其化学结构分类,根据亲水基的类型和它们的电性不同来区分。其中一些重要的表面活性剂类型可归纳如下(见表7.4)。

表7.4　表面活性剂的分类

	按离子型分类	按亲水基的种类分类	
离子型表面活性剂	阴离子型表面活性剂	$R—COONa$	羧酸盐
		$R—OSO_3Na$	硫酸酯盐
		$R—SO_3Na$	磺酸酯盐
		$R—OPO_3Na$	磷酸酯盐
	阳离子型表面活性剂	RNH_3Cl	伯胺盐
		R_2NH_2Cl	仲胺盐
		R_3NHCl	叔胺盐
		$R_4N^+ \cdot Cl^-$	季胺盐
	两性表面活性剂	$R—NHCH_2—CH_2COOH$	氨基酸型
		$R(CH_3)_2N^+—CH_2COO^-$	甜菜碱型
非离子型表面活性剂		$R—O—(CH_2CH_2O)_nH$	聚氧乙烯型
		$R—COOCH_2C(CH_2OH)_3$	多元醇型

在水中不电离的表面活性剂称为非离子型表面活性剂,在水中电离的称为离子型表面活性剂。在离子型表面活性剂中,根据它与憎水基相连的亲水基是阴离子还是阳离子,又分为阴离子型和阳离子型表面活性剂。所谓两性表面活性剂,是指同时具有阴离子和阳离子的表面活性分子。在生物学中常用的十二烷基硫酸钠、人体胆汁中的胆盐,皆属于阴离子型表面活性剂。

上表所列的亲水基虽不很完全,但实际应用的表面活性剂一般不超出这个范围。憎水基R可分为脂肪烃和芳香烃两种。若再要细分,那就是憎水基中碳原子数目的多少、有无支链、亲水基的位置、数目等等。表面活性剂之所以有多种多样的应用,就是靠结构上的这种差异而演变出来的。

此外,还有一些特殊类型的表面活性剂,例如碳氢链中氢原子全部被氟原子取代了的全氟表面活性剂、以聚硅氧烷为憎水基的硅表面活性剂。前者的表面活性极高，化学稳定性也非常好；后者的表面活性仅次于氟表面活性剂，但比普通表面活性剂要高许多。

7.3.2　表面活性剂溶液的物理化学特性

本节着重讨论表面活性剂在界面上的吸附及定向排列，还包括表面活性剂在其浓度较大时在溶液中形成“胶束”等重要性质。

1. 表面活性剂溶液的表面性质

表面活性剂分子具有两亲结构，其极性基团，如$-COO^-$、$-NH_3^+$、$-OH$ 等，亲水性强，使分子有进入水中的趋势；同时，分子中的非极性基团——碳氢链部分，疏水性强，使表面活性剂分子有逃出水面的趋势。两种趋势的大小决定于分子中极性基与非极性基的强弱对比，非极性的成分大，则表面活性亦大。在相同浓度下，同系物中(如 RCOOH)碳原子数多，则降低水的表面张力也多，即表面活性愈大，愈易于吸附在表面上。

这种现象在两种不相溶的液体(如水和苯)的界面上也同样存在，而且其定向作用更为显著，因为分子中非极性基的性质和不溶于水的液体——油的性质相同，所以分子“逃”入油相的趋势就加大了。吸附在油水界面上的表面活性剂分子作定向的排列——将其极性基头朝向水相，非极性基尾链朝向油相。分子在水相及油相中的分布决定于极性部分与非极性部分的强弱程度，非极性成分多，则分子分布于油相中多；极性成分多，则分子分布在水相中多。为了衡量和比较各种表面活性剂的亲水性(或憎水性)，提出了亲水亲油平衡值(Hydrophile-Lipophile Balance，即 HLB 值)的概念。此数值可以从实验中测得。HLB 值愈高，表示亲水性愈大；相反，HLB 值愈小，亲油性愈大。根据经验，表面活性剂的 HLB 值与表面活性剂的作用之间大致有以下的关系(见表 7.5)。在有关表面活性剂的书籍中，常列出各种表面活性剂商品的 HLB 值，这对我们根据不同的需要去选择合适的表面活性剂将会有所帮助。

表 7.5　表面活性剂的 HLB 值与各种性能的关系

表面活性剂的性能	表面活性剂的 HLB 值
消泡作用	1～3
乳化作用(油包水型)	3～6
润湿作用	7～9
乳化作用(水包油型)	8～18
去污作用	13～15
增溶作用	15～18

2. 胶束的形成

在水溶液内部，表面活性物质的另一性质是能形成胶束。在讨论表面活性剂溶液的表面张力时已经知道，表面张力随溶液浓度增加而降低，但在低至一定值之后几乎不再变化。实验还发现，其他一些现象也有类似的变化，如该溶液的渗透压、电导率(对离子型表面活性剂而言)、去污作用等性质随溶液浓度的变化皆有突变，而且这些突变均出现在浓度相近的一个范围内(如图 7.10 所示)。经研究证明，表面活性剂在浓度极稀时，它是以单个分子状态溶解在水中；随着浓度的增加，它们定向地吸附在界面上；当浓度达到饱和吸附时，再增加溶液浓度，表面上不能容纳更多的表面活性剂分子，因此表面张力不再下降。根据降低体系能量的原则，

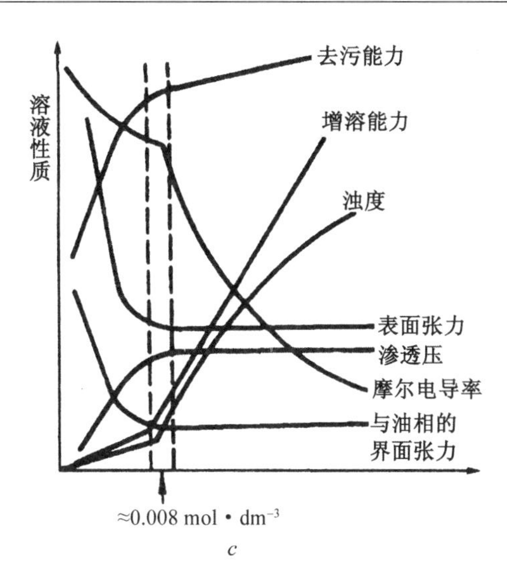

图 7.10 十二烷基硫酸钠水溶液的各种性质与浓度的关系

此时,溶液内部的表面活性剂分子会自动地结合为胶体粒子大小的聚集体。它们具有特殊的结构,其极性基朝向水,而憎水基则相互接触,这样的聚集体就称为胶束(胶团)。胶束的形状随表面活性剂浓度增大而变化,可能是球形、棒状或层状的(如图 7.11 所示)。胶束中表面活性剂分子的极性基朝外与水接触,而非极性基都朝里,被包藏在胶束内部,几乎完全脱离与水分子的接触,因此在浓度较高时,表面活性剂以胶束的形式存在于溶液中是比较稳定的。

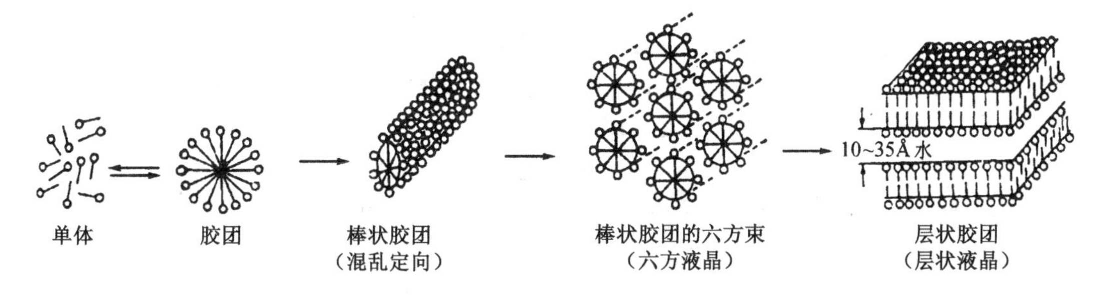

图 7.11 表面活性剂溶液中的结构形成

表面活性剂在水溶液中形成胶束所需的最低浓度,称为临界胶束浓度(critical micelle concentration),通常以 cmc 表示。这一浓度与它在溶液表面上形成饱和吸附层对应的浓度是一致的,因此在图 7.10 中各曲线转折点所对应的浓度,就是临界胶束浓度。由于在胶束形成的前后,水中的粒子数目变动很大,因而其依数性质、电导等,都发生很大的变化。于是,就可以通过上述性质随浓度增加而发生显著变化处来求出某物质的 cmc,最常用的性质包括渗透压、光散射、电导、表面张力、染料吸收等。表面活性物质的临界胶束浓度都很低,一般约在$1\times10^{-3}\sim2\times10^{-2}\,\mathrm{mol\cdot dm^{-3}}$左右。许多非离子型表面活性剂的 cmc 达到 $10^{-4}\ \mathrm{mol\cdot dm^{-3}}$,或更低。通常以 cmc 和在此浓度下的表面张力 γ_{cmc} 的大小来评价表面活性剂的表面活性大小:数值愈低者,表面活性愈高。例如氟表面活性剂水溶液的 cmc,一般约为 $10^{-3}\sim10^{-4}\ \mathrm{mol\cdot dm^{-3}}$,$\gamma_{cmc}$ 可在 $20\,\mathrm{mN\cdot m^{-1}}$以下,是目前表面活性最高的表面活性剂。

表面活性剂在非水溶液中也能形成胶束,与水溶液中的胶束相反,它是以分子的疏水基朝外、亲水基朝里构成内核的聚集体，称为反胶束。反胶束在非极性介质中也具有增溶能力，其增溶物可以是水、水溶液和一些极性有机物。

表面活性剂由于具有上述特性，因而在许多方面皆有应用，其主要应用有润湿、增溶、乳化、去污、起泡等。在此仅对润湿、增溶、乳化以及在生物学中的应用作一些讨论。

3. 润湿作用

(1) 液体对固体的润湿

我们在日常生活中都有这样的经验，将玻璃棒插入水中，玻璃棒上会沾上一薄层水；而将蜡烛插入水中，再取出，却不沾水。前一种情形叫润湿，而后一种情况叫不润湿。这种说法只给出了粗浅的概念。较严格地说，应以固液两相接触后，Gibbs 自由能降低的多少来表示润湿的程度。设有面积为 1 cm^2 的某液体及固体，接触前体系的表面自由能为 $\gamma_{LG}+\gamma_{SG}$，固液接触后形成了 1 cm^2 的固液界面，其界面自由能是 γ_{SL}（见图 7.12）。

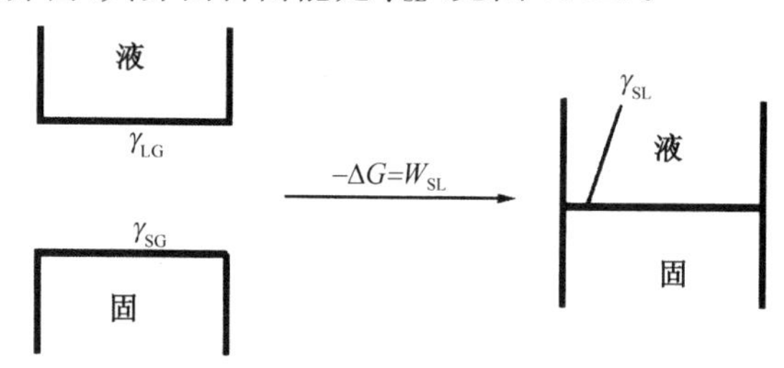

图 7.12 液体对固体的黏附功

在恒温恒压下，体系 Gibbs 自由能降低为

$$-\Delta G=\gamma_{LG}+\gamma_{SG}-\gamma_{SL}=W_{SL} \tag{7.3.1}$$

式中：W_{SL}称为黏附功，可以衡量润湿的程度。式(7.3.1)需知固-气和固-液的界面张力 γ_{SG}和 γ_{SL}。但它们皆无可靠的测定方法，于是，用测量接触角的方法来解决此困难。

将液体滴在固体表面上，液滴展开到一定程度达到平衡。此时，液滴保持一定的形状。在三相交界处取任何一点 O，并作液面的切线，此切线与固-液交界线的夹角(通过液体)即为接触角 θ（见图 7.13）。

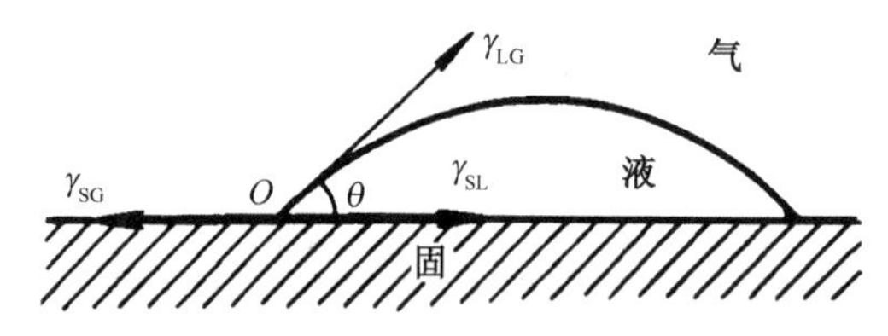

图 7.13 接触角与各种表面张力的关系

θ 角的大小取决于 γ_{LG}、γ_{SG}、γ_{SL}三力间的关系。三力作用达到平衡时，其关系可以用矢量表示之，即

$$\gamma_{SG}=\gamma_{SL}+\gamma_{LG}\times\cos\theta \tag{7.3.2}$$

代入式(7.3.1)，成为

$$-\Delta G=\gamma_{LG}+\gamma_{LG}\times\cos\theta=\gamma_{LG}(1+\cos\theta) \tag{7.3.3}$$

由该式得知：θ 角越小，$-\Delta G$ 越大，润湿程度越高。当 $\theta=0°$时，$-\Delta G$ 最大，此时称液体对固体“完全润湿”，液体将在固体表面上完全展开，铺成一薄层；当 $\theta=180°$时，$-\Delta G$ 最小，此时称液

体对固体“完全不润湿”，若液体量很少，则在固体表面收缩成一个圆球。通常表示润湿的程度以 $\theta=90^\circ$ 为分界线：$\theta<90^\circ$，称为“润湿”，而 $\theta>90^\circ$，称为“不润湿”。

(2) 润湿的应用

表面活性剂可以改变液体的表面张力，并能吸附在固体表面上形成一定结构的吸附层，从而改变液体在固体表面上的润湿性。通常，将能使液体润湿或加速润湿固体的表面活性剂称为润湿剂，将使液体能渗透或加速渗透进入固体组织(如织物)的表面活性剂称为渗透剂，两者常通用。

(i) 农药。在喷洒农药消灭病虫害时，要求药液对植物的枝叶表面有良好的润湿性，以使喷洒下来的液滴能均匀地在叶面上铺展，待水分蒸发后，能在叶面上留下一薄层农药，起到较好的杀虫效果。若药液的润湿性不好，农药以分散的液珠留在上面，风一吹动便滚落下来，或水分蒸发后留下若干断续的农药斑点，影响杀虫效果。为此，在农药中常加入少量润湿剂，以提高农药的润湿性能。一般都使用阴离子表面活性剂和非离子表面活性剂作润湿剂，如烷基芳基磺酸盐、烷基酚聚氧乙烯醚等。

(ii) 纺织品的处理。对于织物或棉絮等多孔性的固体，将它们浸入水中，往往水不易很快将其浸透。在纺织工业中织物的漂白和染色工艺连续化操作，速度较快，若次氯酸漂白液或染料溶液不能快速、均匀地渗透进入织物的内部将其浸透，将直接影响产品的质量，因此在漂白液与染料溶液中都需加入渗透剂。常用的渗透剂是壬基酚聚氧乙烯醚(Triton X-100)。它是一种非离子表面活性剂，其特点是对酸、碱、盐不敏感，泡沫少。

另一种相反的情况是要制备防水的棉布，普通的棉布因纤维中有醇羟基团而呈亲水性，所以能被水沾湿，不能防雨。用表面活性剂处理棉布，使其极性基与棉纤维的醇羟基结合，而非极性基伸向空气，这样就使 θ 加大而变原来的润湿为不润湿，制成了既能防水、又可透气的雨布。经实验证明，用季胺盐类与含氟表面活性剂混合处理过的棉布可经大雨冲淋 168 小时而不透湿。这种布的好处是水不能透过，但空气可以透过，用它做成的雨衣比塑料雨衣好。

此外，如彩色胶片感光乳剂的多层涂布、油漆中各种颜料和填充粉体在涂料中的分散、矿物的浮选、注水采油等，都与润湿有密切的关系。

4. 乳化作用

表面活性剂的另一重要作用是使乳状液易于生成并变得稳定。乳状液是一种液体分散到另一种与其不相混溶液体中的分散体系。以小液珠形式存在的液相称为分散相或内相，作为连续相的液体称为分散介质或外相。通常，乳状液中一相是水，另一相是与水不相混溶的有机液体，统称为油。乳状液可分为两类：一类为水包油型，用 O/W 表示，即油分散在水中，如牛奶；另一类为油包水，用 W/O 表示，为水分散在油中，如天然含水原油。乳状液的应用十分广泛，在医药、食品、化妆品、农药、污水处理等方面都涉及乳状液制备和破坏的问题。

多重乳状液是分散相为乳状液的液珠分散于另一液体介质中所形成的分散体系。通常可分为 W/O/W 型和 O/W/O 型两种，W/O/W 型是包有小水滴(内相)的油珠(液膜)分散在水连续相(外相)中，如图 7.14 所示；O/W/O 型是包有小油滴的水珠，分散在油连续相中。用这种夹在内相与外相之间的液膜对各种溶质和溶剂在膜内溶解及扩散速率不同，来进行物质的分离称

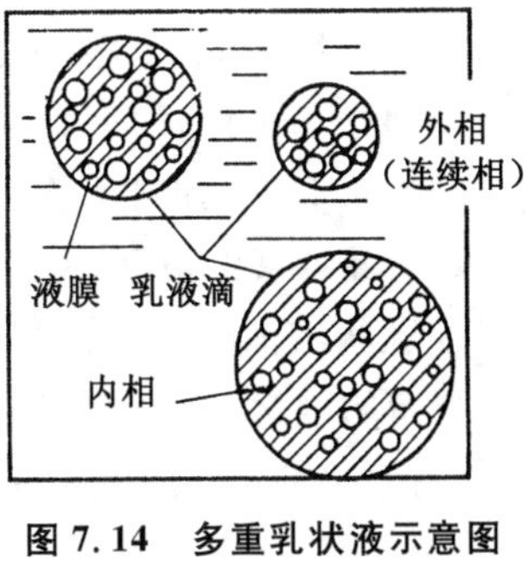

外相
(连续相)
液膜
乳液滴
内相

图 7.14 多重乳状液示意图

为液膜分离，可以较高的效率处理废水中的酸性及碱性化合物。

(1) 乳状液的稳定性

使得乳状液稳定的物质称为乳化剂。表面活性剂、天然大分子物质、电解质或固体粉末可作为乳化剂，它们的存在能够减缓或阻止液珠的合并。乳化剂的作用可表现为：

(i) 降低界面张力。乳状液液滴大小约为 0.1～100 μm。这些细小液珠的相界面很大，总界面能高，是热力学不稳定体系。加入表面活性剂，能大大降低界面张力。例如，聚醚型非离子表面活性剂可使煤油-水的界面张力由 49 mN·m^{-1}降至 2.8 mN·m^{-1}，从而增加乳状液的稳定性。

(ii) 形成有一定强度的界面膜。表面活性剂或天然大分子在油水界面上定向排列，形成有一定机械强度的吸附膜，当液滴碰撞时，保护膜能阻止液滴聚结。当保护膜局部受损时，在表面压的作用下能自动弥补“伤口”，使乳状液变得稳定。

(iii) 形成扩散双电层。因为小液珠带电，在液珠周围形成扩散双电层，当分散相相碰时，由于同性电荷的排斥作用，能阻止液滴的聚结，这在稀的 O/W 型乳状液中能起一些作用。

(2) 决定乳状液类型的因素

在绝大多数情况下，所用乳化剂的性质决定乳状液的类型。若乳化剂在某相中的溶解度大，则该相将是乳状液的外相。例如，乳化剂在水中溶解度比在油中大，乳化剂分子呈亲水性，在油-水界面上定向吸附时，倾向结合更多的水分子。这样，吸附膜必然弯曲，凸面向水相，凹面向油相，而将油滴包围，形成 O/W 型乳状液。对于单价金属皂类的乳化剂，它仅有一个碳氢链，亲水性较强，故形成 O/W 型乳状液；反之，多价金属皂具有 2 个或 3 个碳氢链，亲油性较强，即形成W/O型乳状液(见图 7.15)。

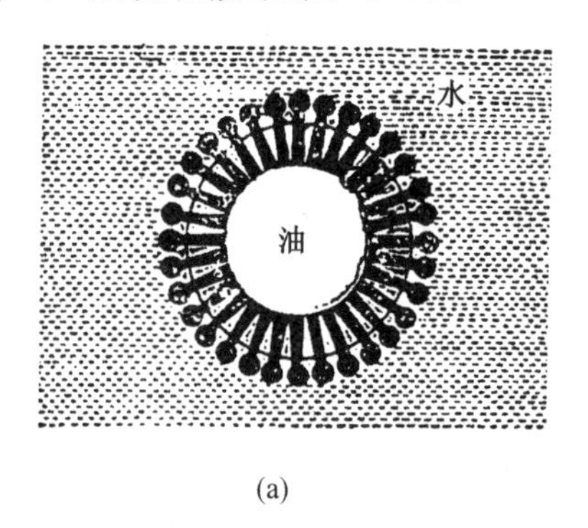

(a)

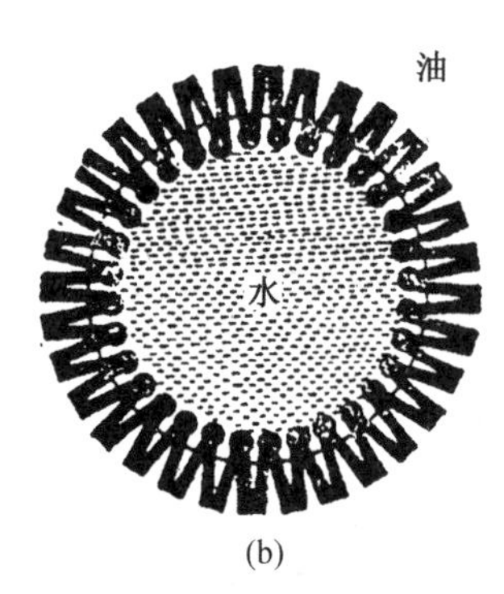

(b)

图 7.15　一元金属皂对 O/W 乳状液的稳定作用(a)与二元金属皂对 W/O 乳状液的稳定作用(b)

当乳化剂是固体粉末时，情况亦类似。若水对固体润湿性强($\theta<90°$)，粉末薄膜凸向水相，形成 O/W 型乳状液；反之，则得到 W/O 型乳状液。

非离子表面活性剂的亲水性随温度升高而降低，亲油性则增加。对此乳化体系，存在一相转变温度(PIT)。低于此温度，乳状液为 O/W 型；高于此温度，则变型，成为 W/O 型。

(3) 乳状液的破坏

使乳状液油水分离为两层，称为破乳。破乳可采用化学、物理或机械方法，其原则是降低乳状液稳定的因素。最有效的方法是加破乳剂。破乳剂是结构特殊的表面活性剂，其表面活性很强，能将乳化剂从界面上顶替出去，但自身却不能在界面上形成坚固的保护膜，从而使乳状液稳定性下降而破乳。如加入万分之一浓度的破乳剂,可使W/O型原油中的水很快分离出。乳化剂若是皂类,可以加酸,使脂肪酸析出而破乳。天然橡胶汁加酸破乳后分离出橡胶就是一例。此外,利用加热、离心分离、加压通过吸附层或加高压电场等方法,也可达到破乳效果。

5. 增溶作用

(1) 增溶作用

在表面活性剂水溶液的浓度达到或超过临界胶束浓度时,它能“溶解”相当量的几乎不溶于水的非极性有机物,形成完全透明的、外观与真溶液相似的溶液。例如,100 mL 10%的油酸钠水溶液可“溶解”10 mL 的苯,而不呈现混浊。我们将这种由于表面活性剂的存在而使不溶性液体溶解度增大的现象称为增溶作用。

实验发现,当增溶作用发生时被增溶物的蒸气压会下降。这就表示增溶作用可以使被增溶物的化学势降低,使整个体系更加稳定。增溶作用又是一个可逆的平衡过程,无论是用什么方法,达到平衡后的增溶结果都是一样的,因而它形成的是热力学的稳定体系。另一方面,增溶与通常的溶解过程也不同。在通常的溶液中溶质以单个分子的状态分散于溶剂之中,溶液的依数性质(凝固点降低,渗透压等)有很大的变化。但碳氢化合物被增溶后,溶液的依数性质很少受影响,其变化几乎测不出来。这证明增溶后溶质并未拆成分子,而是以远比分子为大的分子集团整体溶入的。

增溶作用只是在表面活性剂浓度达到或超过 cmc 之后才会发生,说明它与胶束的形成有关。胶束内部相当于液态的碳氢化合物,根据性质相近相溶的原理,非极性的溶质较易被溶解到胶束内部的碳氢链当中去,这就形成了增溶现象。因此,虽然有机物的溶解度增大,但胶束的数量不变,只是胶束的体积胀大了一些。许多研究结果证明,随表面活性剂和有机增溶物的性质不同,增溶的方式亦不同。增溶主要有四种方式,如图 7.16 所示。

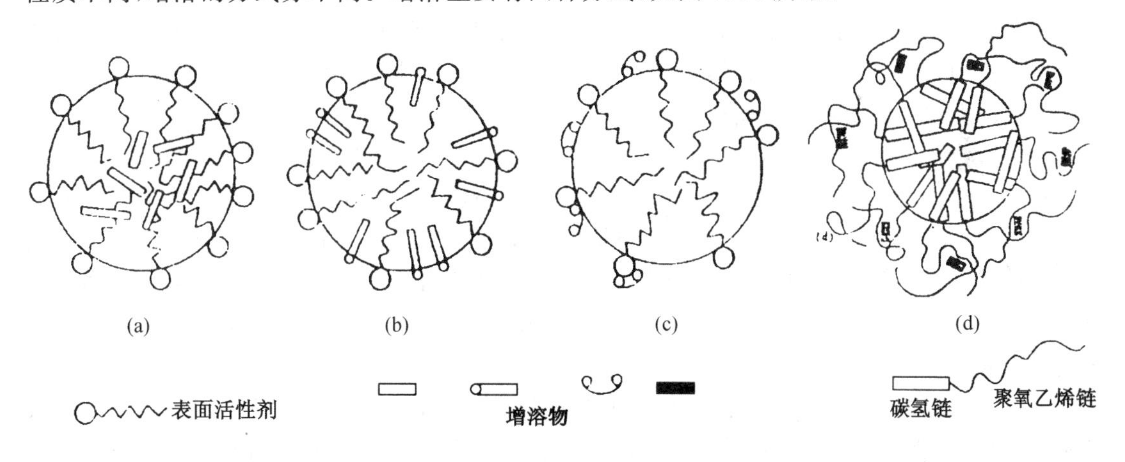

图 7.16 胶束的几种增溶方式

(i) 增溶物是非极性分子,增溶于胶束的内核中[图 7.16(a)]。

(ii) 增溶物为较长的极性分子,与表面活性剂分子一起定向排列,形成“栅栏”结构[图 7.16(b)]。

(iii) 对某些小的极性分子,增溶于胶束的表面,即胶束-溶剂交界处[图 7.16(c)]。

(iv) 对聚氧乙烯型非离子表面活性剂胶束,极性物质被增溶于亲水基团之间的外壳区

[图 7.16(d)]。

增溶作用的应用是十分广泛的。在人工合成高聚物时常采用乳液聚合的方法，就是将原料单体增溶于表面活性剂的胶束之中，聚合反应在胶束中进行，使聚合过程放出的热量容易散发。又如，一些生理现象也与增溶作用有关，如人体摄入的脂肪之所以能被小肠有效地吸收，是因为胆汁具有增溶作用，它能将脂肪"溶解"。

(2) 微乳状液

在表面活性剂胶束水溶液中，不断加入不溶于水的油相，油分子会增溶进入胶束，使胶束不断变大，形成胀大的胶束。随着油量增加，油分子在胶束内形成微滴。我们将此种由水、油、表面活性剂(通常还加入适量中碳醇作为助表面活性剂)自发形成的外观透明的热力学稳定的分散体系称为微乳状液，有时也称其为"肿胀胶束"溶液。在微乳液中，分散相为 10～100 nm 的小液滴，分散介质为水的体系称为 O/W 型微乳液；在分散介质为油相的反胶束中增溶水后，所得到的体系称为 W/O 型微乳液；此外，还有双连续相微乳液，即油与水是无序镶嵌的分隔结构。

通常微乳液中表面活性剂的含量较高，约为 5%～30%。在制备微乳液时，可采用表面活性剂复配、加助表面活性剂、改变水中含盐度或变化温度等方法，促使表面活性剂或其混合物在油-水界面上有尽可能高的吸附量，从而使界面张力降至 10^{-2}mN · m^{-1} 以下，同时界面膜具有较好的流动性。这是微乳液形成的必要条件。

微乳液与普通乳状液的根本区别在于，它能自发形成，为热力学稳定体系，长期存放不会出现相分离现象。它具有许多优于普通乳状液的特点，如：有非常细小而均匀的液珠，一般粒度小于 100 nm，可以作为制备纳米尺寸匀均粒子的反应器；具有非常大的界面面积，1 mL 油与 1 mL 水形成的微乳液，拥有 60 m^2 以上的界面，使它有极好的吸附、传热、传质等界面功能，并可加速界面上的反应；很低的界面张力，使它易变形和具有高渗透能力；对油与水皆有很大的相互增溶作用，使它具有既亲油又亲水的两重性；外观透明，便于用光谱检测等。

上述特点使微乳状液在工业技术与生物医学上得到广泛地应用。下面举数例予以说明。

(i) 三次采油。油田建成后靠油井自喷和动力机械抽油(一次采油)。采用的二次采油手段(注水、注蒸气等)，一般只能采出 30%的原油。如采用化学驱油的方法(三次采油)，可将原油采收率提高到 80%～85%。化学驱油包括碱水驱油、表面活性剂驱油，其中微乳液驱油受到极大重视。若以等体积的盐水、油与定量的表面活性剂、助表面活性剂混合，平衡时会出现油、微乳状液、水三相共存的情况，存在于油与水相之间的微乳液称为中相微乳。中相微乳液在此混合体系中所占的体积分数随加入试剂量及含盐量变化。当配比适宜时，中相微乳液的体积分数达到最大值，此时微乳液与共存的水相和油相之间出现 10^{-3}～10^{-5}mN · m^{-1} 的超低界面张力，同时能增溶相等体积的盐水和油。利用此原理，在已开采过的油层中注入表面活性剂水溶液，它与地层中剩留的油相混合可形成中相微乳液，从而对油和水皆有很强的增溶能力，超低界面张力使其具有很强的渗透力，驱油能力极强，极大地提高三次采油的采收率。

(ii) 纳米粒子的制备。微乳状液是一种高度分散的间隔化液体，分散相以纳米尺度范围的液滴分散于介质中，形成分立的微区，用它做微反应器可实现各类化学反应。改变微乳液的制备条件，可以很好地控制微区的尺寸，从而制备出不同大小和形状的粒子。在微乳液中进行高分子聚合反应，可得到尺寸分布很窄的高分子纳米颗粒。在 W/O 型微乳液中进行氧化还原或沉淀反应，可制备出金属纳米粒子、半导体纳米粒子及磁性纳米粒子。此外，在双连续相微乳液水通道中进行矿化反应，可制得微米级无机网状结构。

(iii) 微乳制品。利用微乳液既亲水(油)、又溶解油(水)的特点，制备出微乳药剂，可让亲油性药物与酶增溶在油相，水溶性药物溶解在水相中，使不同溶解性质的药物集于一剂之中。能提高疗效。基于微乳液透明、渗透性好、黏度小、稳定性好的特点，可用于生产现代化妆品，制备液体上光剂，还可制备成既可清洗油污、又能清除极性污垢的全能清洁剂，其去污效能很高。

6. 洗涤作用

表面活性剂作为洗涤剂得到迅速的发展与广泛的应用。一个优良的洗涤剂应具备以下特点：

(i) 有好的润湿性能，使它与需清洗的固体表面有密切的接触；

(ii) 有清除污垢的能力；

(iii) 使污垢增溶或分散；

(iv) 能防止被清洗掉的污垢重新沉积在干净的固体表面上或形成浮渣。

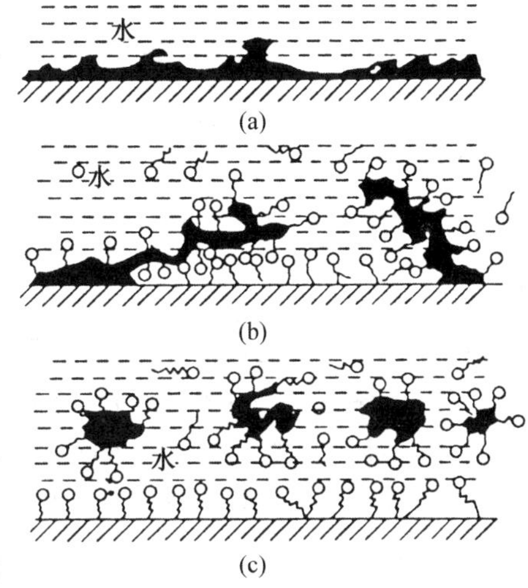

图 7.17 去污机理示意图

表面活性剂的各种性能可很好地满足上述要求，作为洗涤剂，其去污的机理可用图 7.17 表示。图(a)表明水的表面张力大，润湿性不好，不能除去固体上的污垢。加入洗涤剂后，洗涤剂分子以疏水基一端朝向固体表面和污垢的方式吸附在界面上，改变了固体表面的润湿性，在机械力的作用下，能使污垢脱离固体表面，如图(b)所示。洗涤剂的分子所形成的胶束能增溶油性的污垢，吸附有洗涤剂分子的洗净固体表面，可防止重新被洗下的污垢所玷污。特别是洗涤剂分子带电或能形成水化屏障时，此作用更显著。加之表面活性剂的分散作用、乳化作用，使脱离表面的污垢悬浮于水相中，易被水冲走，如图(c)所示。

7.4 两亲分子的有序组合体

两亲分子组成的有序排列的集合体可分为两类：一类是在界面上形成的超薄膜，如单分子膜、双层类脂膜(BLM)、LB 膜等；另一类是在溶液中形成的集合体，如胶束、囊泡、微乳液、溶致液晶等。在其中，两亲分子以一定的方式集合，形成各种组合体在结构、形态、尺寸上不同的一级排列，或进一步以组合体为基元单位作二级排列，形成特定形态的超分子结构，使体系显示出许多独特的性质与功能。由于构成组合体的两亲分子的组成和结构、形成条件可以调节，因此可以通过控制组合体的大小和形态，使有序组合体具有特定的性质与功能。它们为生命科学的研究提供了最适宜的模拟体系，也为材料、能源、环境等领域高新技术的发展提供了新的途径。

7.4.1 不溶性表面膜

1. 单分子膜

许多不溶于水的物质，如长链脂肪酸、醇等，溶于挥发性的溶剂中，滴在水面上，可铺展成极性基朝向水、非极性基朝向空气的定向排列的不溶物单分子膜。由于在膜中分子之间横向黏附力的大小不同，单分子膜以不同的二维空间状态存在，使我们可以了解有关分子的大小、形状和它们定向的情况。

(1) 表面压

在膜天平的小盘中盛满了干净的水，上面放一云母浮片，把水面隔开。将少量的脂肪酸溶解在苯中，滴在玻璃片与云母片之间的水面上(图7.18)，硬脂酸迅速展开(溶剂苯瞬间即挥发

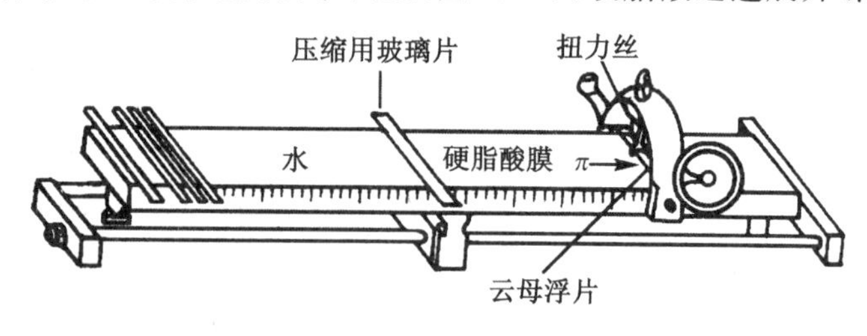

图7.18　膜天平

掉)，并能推动云母片向另一边的水面移动。我们将推动云母片的力叫作表面压，以π代表之。在此可以将π看作是硬脂酸分子碰撞云母片的结果，正像容器壁所受的压力p是气体分子碰撞器壁的结果一样。从另一角度，我们也可以把π看作是表面张力作用的结果。设干净水面的表面张力是γ_0，硬脂酸膜的表面张力是γ，因表面张力是代表液面收缩的能力，也就是说云母片两边所受的力不相等，表面压就是此原因造成的，其大小为两边表面张力之差所决定

$$\pi = \gamma_0 - \gamma \qquad (7.4.1)$$

由上式不难看出，π的单位与表面张力相同，也是$N \cdot m^{-1}$。

(2) 不溶物单分子膜的各种状态

膜天平中的云母片直接与扭力丝相连，可以测定表面膜作用在云母浮片上的表面压；自加入的硬脂酸量和玻璃片与云母片之间膜的面积，可计算出每个膜分子所占的面积a。移动玻璃片的位置，改变膜面积，并测定相应的π，可得到不溶物分子在水面上的二维空间π-a关系(图7.19)。

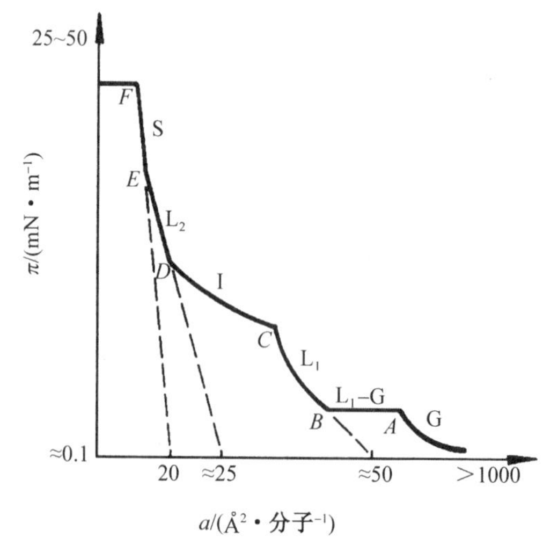

图7.19　不溶物表面膜可能出现的各种状态

我们知道，三维空间中有气态、液态和固态。与此类似，二维空间的单分子膜，不仅有三维空间的这些状态，甚至还有一些三维空间中不存在的状态。若按压缩膜的顺序变化，在膜分子所占面积 a 很大（$>4000\,\text{Å}^2$）、π 很小（$<0.1\,\text{mN}\cdot\text{m}^{-1}$）时，单分子膜为气态膜 G，在 π-a 图中与理想气体的 p-V 图形状相似，可用式表示为

$$\pi a = kT \quad \text{或} \quad \pi A = nRT$$

式中：k 为 Boltzmann 常数，a 为一个分子所占的表面积，A 为 n (mol)分子在表面上所占的面积，T 为热力学温度。这种膜称为理想气态膜。若将气态膜压缩至图 7.19 中的 A 点后，a 即使再不断减少，π 值都不变化；直到 B 点之后，π 又很快上升。这与将气体体积压缩后液化的情况相似，AB 段代表膜的气-液共存平衡状态，相应的 π 可当作膜的饱和蒸气压。图中 BC 区为液态扩张膜 L_1；CD 区为转变膜 I，这些膜没有对应的三维空间的物态，它们都是凝聚性的，本质是液态的，但压缩系数比正常液体的大得多；DE 区为液态凝聚膜 L_2；EF 区为固态凝聚膜 S，它们的π-a 关系为线性的，膜的压缩系数很小，如同液体和固体。将 L_2 膜或 S 膜的 π-a 曲线外延到$\pi=0$时，可得出构成凝聚膜的分子面积。例如，直链脂肪酸同系物（$C_{12}\sim C_{26}$）的 S 膜，其极限面积是 $20.5\,\text{Å}^2\cdot$分子$^{-1}$，直链脂肪醇的是 $21.6\,\text{Å}^2\cdot$分子$^{-1}$。此结果可证明分子是定向直立排列在水的表面上。

单分子膜的物态取决于不溶物分子之间的横向吸引力。选择适当的分子组成、链长、几何构型和温度，可以呈现不同状态的单分子膜。对于像直链脂肪酸、醇这类化合物，只要链长合适、温度适宜，就可以得到上述的各种膜型。通常，分子的碳氢链很长或温度较低，易得 L_2 或 S 膜；若碳氢链较短或温度较高，则易得 I 和 L_1 膜。增加一个$-CH_2-$，其效应相当于温度降低 5°C。

(3) 应用

(i) 测定物质的摩尔质量和分子截面积。将待测物在液面上展开成单分子膜，当 π 很低，膜呈气态时，则有

$$\pi A = nRT = \frac{m}{M}RT, \quad M = \frac{mRT}{\pi A} \tag{7.4.2}$$

式中：m 和 M 分别为成膜物质的质量与摩尔质量。例如，求一多肽抗生素的摩尔质量，在 20°C时取 0.10 mg 的该物质，在 π 很低时得到 $\pi A = 2.0\times10^{-4}\,\text{N}\cdot\text{m}$，由此得

$$M=\frac{1.0\times10^{-7}\,\text{kg}\times8.314\,\text{N}\cdot\text{m}\cdot\text{K}^{-1}\cdot\text{mol}^{-1}\times293\,\text{K}}{2.0\times10^{-4}\,\text{N}\cdot\text{m}}=1.22\,\text{kg}\cdot\text{mol}^{-1}$$

上述结果与用渗透压方法测得的结果 $1.15\,\text{kg}\cdot\text{mol}^{-1}$ 基本相符。但此法的优点是测定时间短、所需量极少。

若将膜压缩到凝聚膜（S 或 L_2）状态，沿图 7.16 中 FE 或 ED 直线外推至 $\pi=0$ 处，即可得分子的横截面积 a_0。这可辅助复杂分子结构的确定。

(ii) 研究表面或界面的化学反应。一些重要的反应，如油脂在碱溶液中的水解等，是在相界面上发生的，这对生理化学是很有意义的。在界面上分子的定向对界面反应有很大影响。例如十六酸乙酯，它在凝聚膜中的水解速率比未形成凝聚膜时的速率慢好几倍。此现象可解释为：未成凝聚膜时，$C_{16}H_{33}-$与 C_2H_5-疏水基皆在表面上；压缩表面成凝聚膜时，C_2H_5-被挤到酯基的下面，形成了空间阻碍，使水解反应速率下降。

(iii) 抑制水的蒸发。单分子膜可以降低水分的蒸发速率，这对于干旱地区节水有很大价值，因为一般水库每日蒸发损失数万吨水。若用 C_{16}～C_{22} 的直链脂肪酸和脂肪醇在水面上铺展成紧密排列的单分子膜，风吹动水面它不易破裂；即使破裂，亦能自动愈合。实验证明，此方法在夏季可减少 40% 的蒸发量。另一方面，抑制水蒸发就减少了因蒸发而损失的热量。将单分子膜用于水田中，可使水温升高，使早稻插秧期提前，促进秧苗生长，并能防旱，对水稻增产有利。应用效果较好的成膜物质是 β-羟己基二十二烷基醚。

此外，单分子膜在生物膜的模拟、混合单分子膜的性能、非线性光学、分子器件、电极修饰等方面的研究中也有重要的价值。

2. 双层类脂膜(bilayer lipid membrane，BLM)

生物膜是由镶嵌着蛋白质分子的类脂双分子层构成。自界面化学的观点出发，生物膜可看作是由双分子厚的类脂相将两个水相分开的三相体系，即细胞内液-细胞膜-细胞外液。因而利用各种天然生物膜的成膜物质，如卵磷脂、蛋白类脂、氧化胆固醇等，在不同的 pH 及盐浓度下，可以人为地制备出不同性质的双层类脂膜。双层类脂膜是双分子层厚度的、能分隔开两个水溶液的超薄类脂膜，其厚度小于 10 nm，对可见光的反射表现为黑色，因此常称此类双分子膜为黑膜。用这种较简单的双分子类脂膜作为模拟体系来探讨复杂的生物膜的活动规律性，是有实验与理论价值的。表 7.6 列出双层类脂膜与天然膜的某些性质比较。

表 7.6　双层类脂膜与天然膜的某些性质的比较

性　质	天然膜	双层类脂膜
厚度/nm	4～13	6～9
电势差/mV	10～88	0～140
电阻/($\Omega \cdot cm^2$)	10^2～10^6	10^3～10^9
击穿电压/mV	100	100～550
界面张力/($mN \cdot m^{-1}$)	0.03～3.0	0.2～6.0
水渗透性/($m \cdot s^{-1}$)	2.5×10^{-7}～4×10^{-4}	8×10^{-6}～5×10^{-5}
折射率	1.6	1.37～1.66
离子选择性	有	有
光激活性	有	有

由表可见，双层类脂膜具有与生物膜相近的厚度、电性质、渗透性和可激发性。双层类脂膜具有液态性质，在接近体温的条件下，类脂分子有侧向移动，扩散系数约为 $10^{-11}\,m^2 \cdot s^{-1}$，低温时膜有相变。用叶绿素与类脂形成的双层类脂膜的光电效应模拟光合作用，可考察其中电子传送和电荷分离的机理。在卵磷脂与氧化胆固醇混合物形成的双层类脂膜中加入环形肽缬氨霉素(药物)后，表现出对碱金属离子有选择性。由此，通过双层类脂膜与药物的相互作用，可了解药物与膜的结合对离子通道状态的影响而触发的药理作用。

3. LB 膜(Langmuir Blodgett film)

LB 膜技术是由美国科学家 Langmuir 和 Blodgett 建立的一种单分子膜堆积技术，即在水-气界面上使分子定向紧密地排列，然后将其转移到固体上的技术，20 世纪 80 年代以后受到科学与技术领域的高度重视。由于微电子学与仿生学的发展，需要在分子尺寸水平上构筑各种新功能材料，而 LB 膜是人工模拟分子构筑的有力手段。例如，动物眼中的视杆细胞和视觉光敏分子都是有序排列的,研究生物分子的堆积与排列对其性能的影响是了解生物过程、模拟生物组合体功能的一个重要方面。利用LB膜技术,可将所要研究的分子形成单分子膜,并能逐层的将其转移到同一板状固体上,可在组成上、次序上作任意安排,其层数与厚度皆可以在分子水平上控制。根据累积膜中各层之间分子排列的方式不同,LB膜可分为三种类型:亲水基朝外的X型;分子链头、尾交替排列的Y型;疏水基皆朝外的Z型。如图7.20所示。

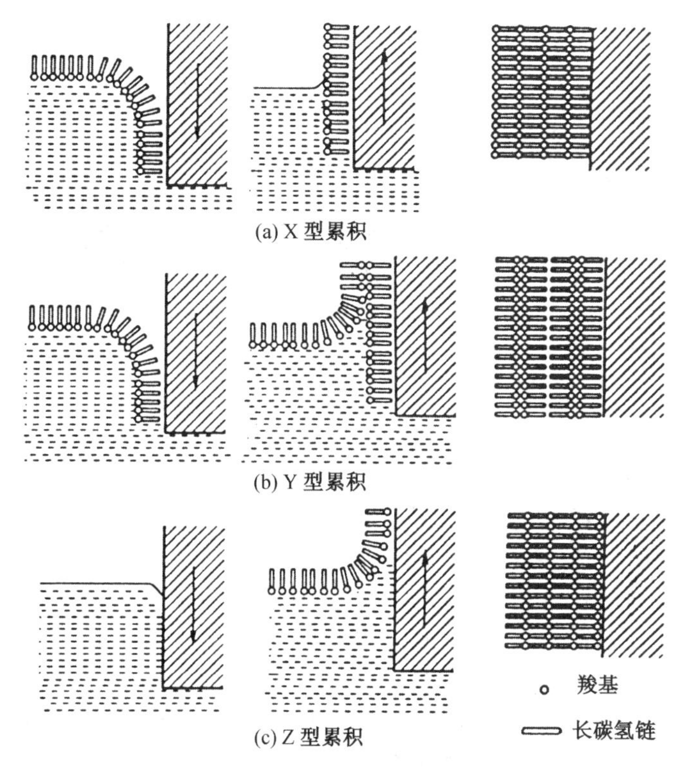

图 7.20 LB膜的累积方式与类型

制备的LB膜具有以下特点:(i) 得到的单分子膜几乎没有缺陷;(ii) 膜的厚度能薄至十分之几纳米到数十纳米;(iii) 膜具有高度紧密有序的层状结构,可以有控制地制备不同的复合层数,加之在组成、结构方式和尺寸上都能控制,可以在许多领域中得到应用。例如,脂肪酸LB膜具有非常有效的绝缘功能,其电阻可达 $10^9\,\Omega$,电击穿电压场强达到 $1\ \mathrm{MV\cdot cm^{-1}}$。在生物膜的功能模拟研究中,以叶绿素、维生素、磷脂和胆固醇等各类物质形成的LB膜,可用以研究生物膜中的电子传递、能量传递、生物膜电现象、物质跨膜输运过程等。利用LB膜可制成仿生薄膜,作为仿生传感器。此外,非线性光学的LB膜可制成频率转换、参数放大,开关效应和电光调制等特殊器件。光色互变的LB膜可作为光记忆材料。由此可见,LB膜在生物学、光电子科学、信息科学等现代高科技领域均表现出巨大的应用前景。目前由于LB膜存在稳定性较低、膜与固体基板的结合不很牢固等问题,尚处于研究过程中。

7.4.2 囊泡与脂质体

囊泡是由封闭双分子层所组成的、内部包藏了水溶液的球形或椭球形的单层或多层(多室)结构(见图7.21)。囊泡与生物细胞相似,由磷脂形成的囊泡称为脂质体。完全由合成表面活性剂形成的则称为表面活性剂囊泡。当磷脂分散于水中,常形成大小混杂的囊泡,呈同心球壳的多层磷脂双层,称为多室囊泡,其大小不均匀,在0.2～10 μm的范围。将该悬浮体系作超声分散,可得到直径范围为25～50 nm的小单室囊泡。表面活性剂囊泡常需采用超声和其他分散方法方可形成。囊泡这种两亲分子有序组合体在水中的分散体系与胶团、微乳体系不同,囊泡一般是热力学不稳定体系,有的可暂时稳定几周、甚至达数月,但经过一定时间后,会破坏、消失,即囊泡有一定的寿命。

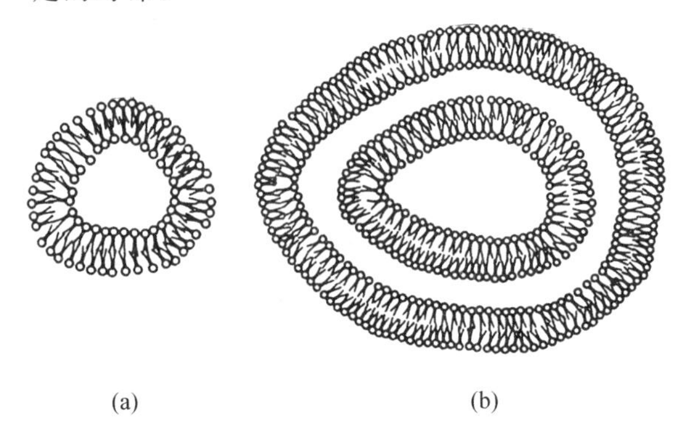

图7.21　单室囊泡(a)与多室囊泡(b)

囊泡体系具有温度变化引起的相转变性质,即存在相转变温度,这种相转变是由于双分子层内碳氢链的构象发生变化而产生的。此外,囊泡双分子层有水容易透过而电解质不易透过的性质,因此囊泡在高渗溶液中会缩小,而在低渗溶液中会胀大。囊泡能够包容多种溶质,它将亲水溶质包容在它的“水室”之中,将疏水溶质包容在两亲分子双层的碳氢基的夹层之中。

囊泡作为模拟生物膜体系和药物、大分子载体,步入了新型的生物工程领域。例如,将药物包容在脂质体中,既可防止酶和免疫体系对它的破坏,又可使药物缓慢释放,使药效期延长。若在脂质体表面附加上特殊的化学基团,使药物具有导向性,可停留在特定的靶器官上,这样可大大减少药物的剂量,还可提高药物的疗效。脂质体与蛋白质、细胞的相互作用的研究可以了解蛋白质与生物膜作用的模式,细胞的融合、吸附、脂质交换及内含作用的机制。

7.4.3　溶致液晶

通常高度有序的晶态固体与无序分子的液态之间有显著的区别。但对某些物质及体系存在一种介晶态,它在一定的条件下既有液态的流体性质,又有晶态的各向异性,称为液晶态或介晶态。已知的液晶有两种类型:热致液晶与溶致液晶。

热致液晶是由加热一些液晶物质而出现的液晶态。液晶物质的分子一般为直形的长棒状,在低温时为晶态固体。将晶体加热熔化时先变成浑浊的液体,其分子被约束成彼此平行的、只能沿长轴旋转的活动状态,此时体系沿不同的方向表现出不同的性质,有各向异性;若继续加热,浑浊液体变得澄清,成为通常的分子排列完全无序的液体,叫各向同性。例如,4-氧化偶氮茴香醚在117～137 ℃的温度范围内具有液晶态。据热致液晶按分子长轴排布的方式不同,可分为三类:向列型、近晶型、胆甾型液晶。向列型液晶在电场作用下的光学动力散射(液晶由透明变得不透明)性质,使液晶广泛用于钟表、计算器的显示装置中。

溶致液晶是由两亲分子与溶剂组成的二元或多元均相体系。随两亲分子的结构、浓度和温度的变化，溶致液晶有不同的类型，通常有层状液晶、六方液晶(见图7.11)、立方液晶等。溶致液晶是两亲分子在溶液中形成有序组合体的一种重要形式。构成溶致液晶的两亲分子包括磷脂等生物物质、各类合成表面活性剂及两亲性大分子聚合物，溶剂通常为水。在表面活性剂与水的二元体系中，随表面活性剂的比例增大，表面活性剂的组合状态变化顺序如下：

溶液中的分子→胶束→六方液晶→立方液晶→层状液晶→固体

从仿生学的概念出发，以液晶结构作为模板，来转录、复制由分子自组织形成的确定结构的无机物质是一种创新的举措。以此可制备出一系列尺度可控、结构一定，并能满足多种功能要求的等级结构材料，即无机材料的结构可事先设计。根据表面活性剂分子结构和品种的多样性来构筑符合需要的液晶模板，使无机材料在其界面上定向与生长，形成形态和结构相当于模板的复制品，此种操作称为转录机制。此外，用无机物前体与表面活性剂分子共同形成无机-表面活性剂共组合的液晶模板，再经无机反应后定型，此种操作称为协同机制。在模板上，无机物质形成确定的结构后，常采用溶剂萃取、煅烧、等离子体处理或超临界萃取等方法除去模板导向剂，最后得到预期结构的无机材料。利用模板合成法来制备介孔(孔径为2～50 nm)材料和纳米材料，成为新兴材料化学的研究方向之一。例如，1992年首次使用季氨盐阳离子表面活性剂液晶模板合成出新型介孔的二氧化硅和硅酸铝分子筛，突破了传统分子筛微孔孔径的范围(<1.5 nm)。介孔材料被用作有序化的催化剂载体、具有生物活性的陶瓷材料以及功能梯度材料等。又如，以非离子表面活性剂六方液晶为模板，可制备出平行排布的CdS纳米线以及CdS和CdSe的半导体——有机物超晶格，预期该类体系将产生新颖的电学与化学性质。这些规则排布的纳米线和纳米粒子间的耦合作用，可能产生许多新奇的物理性质，在电子、信息、光学等领域有潜在的应用价值。

在生物体中存在着大量的液晶态结构，如生物的许多器官与组织(如人的皮肤与肌肉)、植物的叶绿体、甲壳虫的甲壳质等，都具有液晶态的有序排列。许多生理现象及某些病态都与液晶的形成与变化有关，例如：皮肤的老化与真皮组织层状液晶的含水量及两亲分子层对水的渗透有关，胆结石的形成与胆汁中溶致液晶相的组成或含量发生变化有关。溶致液晶的研究对于了解生命过程、生理现象和药物作用的机制都有重要意义。

参考读物

[1] 周祖康，顾惕人，马季铭.胶体化学基础(第2版).北京：北京大学出版社，1996
[2] 朱珖瑶，赵振国.界面化学基础.北京：化学工业出版社，1996
[3] 顾惕人等.表面化学.北京：科学出版社，1999
[4] 赵国玺.表面活性剂物理化学(修订版).北京：北京大学出版社，1991
[5] 朱珖瑶.表面和表面自由能.大学化学，1987(4)：23
[6] 顾惕人.表面过剩和吉布斯公式.化学教育，1984(4)：20
[7] 宋心琦.膜模拟化学.化学通报，1987(7)：5
[8] 江龙.LB膜与分子器件.化学教育，1991(6)：4
[9] 周晴中，文重.胶束催化与胶束模拟酶研究.化学通报，1987(5)：21
[10] 包信和，邓景发.表面化学.大学化学，1987(2)：5
[11] 沈钟，赵振国，王果庭.胶体与表面化学.北京：北京工业出版社，2004
[12] 葛泉波等.生物材料与细胞相互作用及表面修饰.化学通报，2005(1)：43

[13]　成国祥等.反相胶束微反应器及其制备纳米微粒的研究进展.化学通报,1997(3):14

[14]　齐利民,马季铭.超分子模板法合成具有复杂形态的无机材料.化学通报,1997(5):1

思 考 题

1. 若将下图中的活塞两边连通时,两边的肥皂泡会变成什么样子?若连通大气,又如何?为什么?

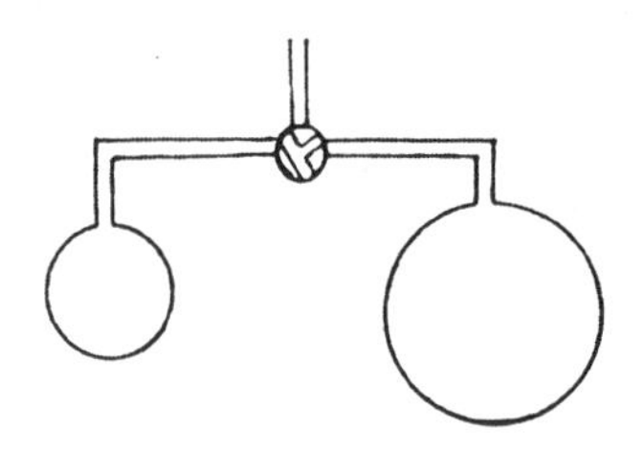

2. 两平板玻璃间夹一层水时,为什么不易将玻璃拉开?若夹水银,又当如何?

3. 将上端弯曲的毛细管插入水中,当毛细管露出水面的高度低于毛细管升高的数值时,水能否从弯管口中流出?

4. 物体总有降低本身 Gibbs 自由能的趋势,试说明液体、溶液、固体是如何降低自己的表面自由能的。

5. 如何由表面张力与溶液浓度的关系数据构筑吸附等温线?

6. 判断下述说法是否正确,并说明理由:

(1) 一般说,沸点越高的气体越易被吸附;

(2) 一般,摩尔质量越大的气体越易被吸附;

(3) 在气相中易被吸附的分子,也易于从溶液中被固体吸附。

7. 为什么说固体自溶液中吸附比固-气界面的吸附要复杂?

8. 将水滴在清洁的玻璃表面,水会自动铺展,使水的表面积变大。这与液体有自动缩小其表面积的趋势是否矛盾?说明理由。

9. 什么是表面活性剂的主要性能参数?它们能指示体系的哪些性质?

10. 请论述表面活性剂对水-固体体系润湿性的影响。

习 题

1. 将 1 cm^3 的油分散到水中,使它形成直径为 1×10^{-6} cm 的液滴的分散体系。设油-水之间的界面张力为 0.057 $N\cdot m^{-1}$,求分散过程所需的功。

2. 已知 293 K 时水的表面张力为 0.0728 $N\cdot m^{-1}$。如果把水分散成小水珠,试计算水珠半径分别为 10^{-3}、10^{-4}、10^{-5} cm 时,曲面下附加压力是多少?

3. 把半径为 R 的毛细管插在某液体中,设该液体与玻璃间的接触角为 θ,毛细管中液体所成凹面的曲率半径为 R',液面上升到 h 高度后达到平衡。试证明,液体的表面张力可近似地表示为

$$\gamma=\frac{gh\rho R}{2\cos\theta}$$

式中:g 为重力加速度,ρ 为液体的密度。已知 $R/R'=\cos\theta$。

4. 在 298 K、101.325 kPa 下,将直径为 0.2 mm 的毛细管插入水中,问管内需要加多大压力才能防止水面上升?若让水面自由上升,达平衡后,管内液面上升高度是多少?已知接触角为 0°,重力加速度为 9.8 $m\cdot s^{-2}$,该温度下水的表面张力为 0.072 $N\cdot m^{-1}$,水的密度为 1000 $kg\cdot m^{-3}$。

5. 水蒸气骤冷会发生过饱和现象。在夏天的乌云中,用飞机撒干冰微粒,使气温骤降至 293 K,水气的过饱和度(p/p_s)达 4。已知在 293 K 时,水的表面张力为 0.07288 $N\cdot m^{-1}$,密度为 997 $kg\cdot m^{-3}$,试计算:

(1) 在此时开始形成雨滴的半径；

(2) 每一雨滴中所含的水分子数。

6. 298 K 时，乙醇水溶液的表面张力 $\gamma(\mathrm{N\cdot m^{-1}})$ 与浓度 $c(\mathrm{mol\cdot dm^{-3}})$ 的关系为

$$\gamma=0.072-5\times10^{-4}c+2\times10^{-4}c^2$$

试计算浓度为 0.5 $\mathrm{mol\cdot dm^{-3}}$ 时，乙醇的吸附量(表面过剩量)。

7. 303 K 时，苯酚在水中的稀溶液(表中给出溶质的质量分数 w)的表面张力列于下表。试从 Gibbs 吸附公式计算 0.1%溶液的表面吸附量。

$w/(\%)$	0.024	0.047	0.118	0.471
$\gamma/(\mathrm{N\cdot m^{-1}})$	0.0726	0.0722	0.0713	0.0665

8. 在 292 K，丁酸水溶液的表面张力及浓度的关系可表示为：$\gamma=\gamma_0-A\ln(1+Bc)$。其中 γ_0 是纯水的表面张力，c 为丁酸浓度，A 与 B 是常数。

(1) 试求出此溶液表面吸附量 Γ 与浓度 c 的关系；

(2) 已知 $A=0.0131\ \mathrm{N\cdot m^{-1}}$，$B=19.62\ \mathrm{dm^3\cdot mol^{-1}}$，试求丁酸浓度为 0.20 $\mathrm{mol\cdot dm^{-3}}$ 时的吸附量 Γ 应为多少？

(3) 丁酸在溶液表面的饱和吸附量 Γ_∞ 为多少？

(4) 若饱和吸附时表面全部被丁酸分子占据，求算每个丁酸分子的截面积。

9. 下表为 273.2 K 时不同压力下每克活性炭吸附 N_2 的毫升数(已换算为 273.2 K 和标准压力 $p^\ominus$ 下的体积)。请根据 Langmuir 等温式绘图，并求出该式的常数 $V_{\max}$ 和 K。

p/Pa	524.0	1730.2	3057.9	4533.5	7495.5
V/mL	0.987	3.04	5.08	7.04	10.31

10. 在 80.8 K 用硅胶吸附 N_2 气，不同平衡压力之下每克硅胶吸附 N_2 的标准状态下的体积列于下表。已知 80.8 K 时 N_2 的饱和蒸气压为 1103 mmHg，N_2 分子截面积为 16.2 Å²，求此硅胶的比表面。

p/mmHg	66.65	104.5	154.7	208.0	253.3	279.8
$V/\mathrm{cm^3}$	33.55	36.56	39.80	42.61	44.66	45.92

11. 在液态 N_2 的沸点下(78 K)，测定 7.403 g ZnO 粉末上 N_2 的吸附体积(已换算到 273.2 K、标准压力 $p^\ominus$ 下)，得到下表所列数据。

p/mmHg	56	95	145	183	223	267
$V/\mathrm{cm^3}$	5.91	6.45	7.24	7.84	8.58	9.86

(1) 如所用的 ZnO 样品上形成一单分子层，求所需 N_2 的体积；

(2) 求 ZnO 的比表面。

12. 下表给出 90 K、用云母吸附 CO 时，不同平衡分压 p 之下，被吸附的 CO 在标准状态下的体积 V。

p/mmHg	100	200	300	400	500	600
$V/\mathrm{cm^3}$	0.130	0.150	0.162	0.166	0.175	0.180

(1) 问对 Langmuir 等温式和 Freundlich 等温式中，哪一个符合得更好些？

(2) 若符合 Langmuir 等温式，K 为多少？

(3) 样品总表面积为 $6.2\times10^3\,cm^2$，试计算每一个吸附分子所占面积。

13. 298 K 时，在不同浓度的醋酸溶液中各取 100 mL，分别放入 2 g 活性炭，测得吸附前后各溶液的浓度列于下表。根据表中所列数据作出吸附等温线(对数式)，并从中求出具体的吸附经验式。

吸附前 $c/(mmol \cdot dm^{-3})$	177	239	330	496	785	1151	1709
吸附后 $c/(mmol \cdot dm^{-3})$	18	31	62	126	268	471	882

14. 氧化铝瓷料上需镀银，当烧至 1273 K 时，液态银能否润湿氧化铝瓷件表面？已知 1273 K 时，各物质界面张力如下：$\gamma_{GS}(Al_2O_3)=1.00\,N\cdot m^{-1}$，$\gamma_{GL}(Ag)=0.92\,N\cdot m^{-1}$，$\gamma_{LS}(Ag\text{-}Al_2O_3)=1.77\,N\cdot m^{-1}$。

15. 1 mg 血红蛋白在 298 K 的盐酸稀水溶液上形成单分子膜，测得表面压数据列于下表。试计算气态膜中蛋白质的摩尔质量。

A/m^2	4.3	5.0	5.7	7.3	10.0
$\pi/(mN\cdot m^{-1})$	0.280	0.160	0.105	0.060	0.035

第 8 章 胶体分散体系

8.1 分散体系的分类及特征

8.1.1 分散体系的分类及胶体分散体系

分散体系由一种均匀的介质及分散在其中的粒子组成，前者叫分散介质，后者叫分散相。其粒子大小无一定限制。分散介质与分散相均可以是固态、液态或气态。分散体系可以是均匀的单相体系，也可以是不均匀的多相体系。例如空气就是一均匀的气态分散体系。$Fe(OH)_3$水溶胶和牛奶，它们的分散相分别是固态与液态，分散介质都是液态，皆为不均匀的分散体系。

分散体系中因分散相粒子大小不同，体系常具有不同的特征，按此可分为三大类。即粗分散体系，颗粒大小大于 100 nm；胶体分散体系，粒子大小在 1～100 nm 之间；分子分散体系，颗粒小于 1 nm。这种划分并不是绝对的，也有人将粒子大小在 1～1000 nm 之间的分散体系称为胶体分散体系. 表 8.1 列出各类分散体系粒子大小及主要特征。在这三类分散体系中，本章涉及的是前两类，后一类在溶液中已讨论过。

表 8.1 按分散相颗粒大小对分散体系的分类

类型		实例	颗粒大小/nm	主要特征
非均相分散体系	粗分散体系	悬浮液 乳状液	>100	颗粒不能通过滤纸，不扩散，不渗析（不能透过半透膜），一般显微镜下可见。
非均相分散体系 均相分散体系	胶体分散体系	溶胶 大分子溶液 胶束溶液	1～100	颗粒能通过滤纸，扩散极慢，不能渗析，一般显微镜下看不见，在超显微镜下可以看见。
均相分散体系	分子与离子分散体系	溶液	<1	颗粒能通过滤纸，扩散很快，能渗析，普通显微镜下及超显微镜下都看不见。

胶体分散体系可分为三种基本类型：

(1) 溶胶

胶体大小的固体粒子分散于液体中形成的分散体系。分散相与分散介质互不溶解，两者无亲和力，并存在很大的相界面，为热力学不稳定体系，通常称之为憎液胶体。例如金溶胶、碘化银溶胶等。

(2) 大分子溶液

分散相粒子是一个个大分子，其大小在胶体范围之内。它由大分子物质溶于适当的溶剂中形成，分散相与分散介质间有亲和力，故又称亲液胶体，为热力学稳定的均相体系。例如蛋白质和复杂糖类的水溶液、橡胶的苯溶液等。

(3) 缔合胶体

分散相是水溶性的两亲性小分子化合物，在一定的浓度范围内，它们可缔合成胶体大小的大粒子，称为胶束。胶束与溶解的分子呈平衡。属于这一类的有各种表面活性剂的胶束溶液。

胶体分散体系与生物体系密切相关，人体各部分的组织及体液(如血液、淋巴等)都是含水胶体。因此要了解生理的机制，病理、药物的作用，皆需掌握胶体化学的基本知识和研究方法。

8.1.2　粒子的形状与大小

在胶体化学中，粒子的形状对分散体系的性质有重要的影响。例如，球形的胶体粒子浓度高达 20%，体系的黏度仅比纯介质的高若干倍。而呈线状的粒子浓度低达 0.01%时，体系已成为凝胶而失去流动性。因而粒子的形状及大小在胶体体系中是重要的考虑因素。

粗略地按形状分类，胶体粒子可分为微粒状、片状和棒状。不同粒子的确切形状可能很复杂，但用适当的几何型体来表示它们，便于作理论处理也是合理的。球形粒子，如球蛋白分子、炭黑、金溶胶等用半径 r 表示。对椭球体则以旋转轴方向半径 a 与垂直的最大旋转半径 b 的比值 a/b 表示其特征：$a/b>1$，是长椭球体；$a/b\gg1$，是棒状；$a/b<1$，是扁椭球体；$a/b\ll1$，呈盘状或片状。黏土粒子就是片状；自然界中大分子的结构以线状为主：植物主要由纤维素构成，动物主要由线状蛋白质组成。线状高聚物分子链因碳-碳链以及其他化学键旋转而表现出相当好的柔顺性，通常采用无规线团的模型。

严格地说，摩尔质量和粒子大小只对所有分子或粒子大小都完全相同的单分散体系才有明确的意义。胶体体系一般都是多分散体系，即体系内粒子大小不完全相同，通常采用求其平均值的方法。因不同大小粒子对被测体系性质所起作用不同，各种平均值的含意与数值皆不同，这在大分子相对分子质量的求算中可体现出来。例如，用渗透压法是按溶液依数性质测定相对分子质量为数均相对分子质量 $\overline{M}_n$，用光散射法测得的为质均相对分子质量 $\overline{M}_w$，用离心沉降平衡法测得的是 Z 均相对分子质量 $\overline{M}_z$。假定有质量为 W 的高分子化合物，摩尔质量为 M_1、M_2、…、M_i 的各组分分子数相应为 n_1、n_2、…、n_i。单个摩尔质量为 M_i 的 i 组分质量为

$$W_i=n_iM_i$$

i 组分所占的质量分数为

$$W_i=W_i/W=W_i/\sum W_i$$

它的摩尔分数 $x_i=n_i/\sum n_i$。各种平均相对分子质量的意义如下：

数均相对分子质量 $\overline{M}_n$

$$\overline{M}_n=\frac{n_1M_1+n_2M_2+\cdots+n_iM_i}{n_1+n_2+\cdots+n_i}=\frac{\sum\limits_i n_iM_i}{\sum\limits_i n_i}=\sum_i x_iM_i \tag{8.1.1}$$

质均相对分子质量 $\overline{M}_w$

$$\overline{M}_w=\frac{\sum\limits_i W_iM_i}{\sum\limits_i W_i}=\frac{\sum\limits_i n_iM_i^2}{\sum\limits_i n_iM_i}=\sum_i \overline{W}_iM_i \tag{8.1.2}$$

Z 均相对分子质量 $\overline{M}_z$

$$\overline{M}_z=\frac{\sum_i W_iM_i^2}{\sum_i W_iM_i}=\frac{\sum_i n_iM_i^3}{\sum_i n_iM_i^2} \tag{8.1.3}$$

对于单分散体系，$\overline{M}_n=\overline{M}_w=\overline{M}_z$；对多分散体系，$\overline{M}_z>\overline{M}_w>\overline{M}_n$。通常用 $\overline{M}_w/\overline{M}_n$ 表示相对分子质量的不均匀情况，偏离 1 越大，多分散性愈显著。以某聚合物为例，其中含有 10 mol $M_1=10\ \text{kg}\cdot\text{mol}^{-1}$，80 mol $M_2=50\ \text{kg}\cdot\text{mol}^{-1}$ 和 10 mol $M_3=100\ \text{kg}\cdot\text{mol}^{-1}$ 的大分子，则各种平均相对分子质量分别为

$$\overline{M}_n=\frac{10\ \text{mol}\times10\ \text{kg}\cdot\text{mol}^{-1}+80\ \text{mol}\times50\ \text{kg}\cdot\text{mol}^{-1}+10\ \text{mol}\times100\ \text{kg}\cdot\text{mol}^{-1}}{10\ \text{mol}+80\ \text{mol}+10\ \text{mol}}$$

$$=51.00\ \text{kg}\cdot\text{mol}^{-1}$$

$$\overline{M}_w=\frac{10\ \text{mol}\times(10\ \text{kg}\cdot\text{mol}^{-1})^2+80\ \text{mol}\times(50\ \text{kg}\cdot\text{mol}^{-1})^2+10\ \text{mol}\times(100\ \text{kg}\cdot\text{mol}^{-1})^2}{10\ \text{mol}\times10\ \text{kg}\cdot\text{mol}^{-1}+80\ \text{mol}\times50\ \text{kg}\cdot\text{mol}^{-1}+10\ \text{mol}\times100\ \text{kg}\cdot\text{mol}^{-1}}$$

$$=59.02\ \text{kg}\cdot\text{mol}^{-1}$$

$$\overline{M}_z=\frac{10\ \text{mol}\times(10\ \text{kg}\cdot\text{mol}^{-1})^3+80\ \text{mol}\times(50\ \text{kg}\cdot\text{mol}^{-1})^3+10\ \text{mol}\times(100\ \text{kg}\cdot\text{mol}^{-1})^3}{10\ \text{mol}\times(10\ \text{kg}\cdot\text{mol}^{-1})^2+80\ \text{mol}\times(50\ \text{kg}\cdot\text{mol}^{-1})^2+10\ \text{mol}\times(100\ \text{kg}\cdot\text{mol}^{-1})^2}$$

$$=66.48\ \text{mol}^{-1}$$

生物体中的许多蛋白质是单分散的，如血清蛋白 $\overline{M}_n=69\ \text{kg}\cdot\text{mol}^{-1}$，$\overline{M}_w=70\ \text{kg}\cdot\text{mol}^{-1}$，$\overline{M}_w/\overline{M}_n\approx1.0$。而大多数人工合成的大分子则是多分散的，如未分级的聚苯乙烯 $\overline{M}_n=785\ \text{kg}\cdot\text{mol}^{-1}$，$\overline{M}_w=1550\ \text{kg}\cdot\text{mol}^{-1}$，$\overline{M}_w/\overline{M}_n=1.97$。

8.2 胶体的动力性质

胶体的动力性质主要指胶体粒子的 Brown(布朗)运动、扩散、渗透及沉降等运动性质。胶体粒子的大小形状与动力性质密切相关。

8.2.1 Brown(布朗)运动与扩散

如果在显微镜下观察极细的悬浮体，可以看到固体小颗粒在不停的作无规则运动。这种现象称为 Brown 运动，它是由液体介质分子热运动撞击粒子所引起的粒子无规行走。粒子在液体中每秒钟要受到无数次不同方向、不同速率的液体分子的撞击，粒子受到的力不平衡，因而随时在不同的方向，以不同的速率运动。尽管粒子 Brown 运动的轨迹无规则，但只要观测时间固定，在一定时间间隔 t 内，粒子在某一方向的平均位移 $\overline{x}$ 却具有一定的数值，可用 Einstein-Brown运动公式表示，即

$$\overline{x}=(\overline{x^2})^{\frac{1}{2}}=\left(\frac{RT}{N_A}\frac{t}{3\pi\eta r}\right)^{\frac{1}{2}} \tag{8.2.1}$$

式中：R 为摩尔气体常数，T 为热力学温度，N_A 为 Avogadro 常数，η 是介质黏度，r 是分散相粒子半径。由式(8.2.1)看出，分散相粒子半径愈小，粒子 Brown 运动的平均位移就愈大。胶体粒子比粗分散体系的粒子小得多。Brown 运动使胶体粒子不同于一般的悬浮体，不会因重力而沉积。

胶体粒子的运动在微观层次上表现为 Brown 运动，在宏观层次上即表现为扩散和渗透作用。在有浓差存在的情况下，粒子会由高浓度处向低浓度处扩散。若沿着 x 方向发生扩散

时，在 $\mathrm{d}t$ 时间内，穿过截面积 A 的物质的量 $\mathrm{d}m$ 可用 Fick（菲克）第一定律表示

$$\mathrm{d}m = -DA\frac{\mathrm{d}c}{\mathrm{d}x}\mathrm{d}t \tag{8.2.2}$$

该式表示经过某截面的扩散量与截面的大小、该处的浓度梯度（$\mathrm{d}c/\mathrm{d}x$）、时间等成正比。比例系数 D 称为扩散系数（负号表示在扩散方向上浓度梯度为负值），表示体系中粒子的扩散能力，其物理意义是单位浓度梯度下，在单位时间内，穿过单位截面积的物质的量，单位是$\mathrm{m^2 \cdot s^{-1}}$。在室温下，对蛋白质等大分子 $D \approx 10^{-10} \sim 10^{-11}\ \mathrm{m^2 \cdot s^{-1}}$，而对小分子约为 $10^{-9}\ \mathrm{m^2 \cdot s^{-1}}$，可相差 100 倍。

Einstein 曾导出扩散系数与粒子运动的阻力系数 f 的关系为

$$D = \frac{kT}{f} \tag{8.2.3}$$

式中：T 为热力学温度，k 为 Boltzmann 常数，f 的数值与粒子的大小和形状有关。对于球形粒子

$$f = 6\pi\eta r$$

式中：η 为介质黏度，r 为粒子半径。非球形粒子的阻力系数均大于同体积的球形粒子。对于球形粒子来说，扩散系数与粒子半径成反比关系

$$D = \frac{kT}{6\pi\eta r} = \frac{RT}{N_\mathrm{A}}\frac{1}{6\pi\eta r} \tag{8.2.4}$$

结合式（8.2.1），可得

$$\overline{x}^2 = 2Dt \tag{8.2.5}$$

从实验测得 Brown 运动的 $\overline{x}^2$，按式（8.2.5）可求出 D，再自式（8.2.4）可计算出球形粒子的半径 r。若知粒子的密度 ρ，可求出粒子或大分子的摩尔质量 M

$$M = \frac{4}{3}\pi r^3 \rho N_\mathrm{A} = \frac{\rho}{162(N_\mathrm{A}\pi)^2}\left(\frac{RT}{\eta D}\right)^3 \tag{8.2.6}$$

自扩散系数还可了解粒子形状。若从实验直接测定的扩散系数为 D。然后再配合其他方法测出粒子的摩尔质量，代入式（8.2.6），可计算出等效圆球的扩散系数 D_0。若 $D_0/D \approx 1$，说明粒子是球形的。但实验测得的 D 一般比 D_0 小，即非球形粒子 D_0/D 永远大于 1。粒子越不对称，偏离 1 的程度越大，所以 D_0/D 称为不对称因子或摩擦比。例如核糖核酸，其 $D_0/D=1.40$，此酶分子近于球形。烟草花叶病毒 $D_0/D=3.12$，分子为雪茄形。从不对称因子，还可以按椭球体模型计算出长短轴比 a/b 的数值。

8.2.2 沉降

若分散相的密度比分散介质密度大，则在重力场的作用下，分散相粒子会下沉。一球形粒子，如其下沉的重力 $4\pi r^3(\rho-\rho_0)g/3$ 与粒子所受的阻力 $6\pi\eta r u$ 相等时，粒子则以速度 u 匀速下沉。

$$u = \frac{2r^2 g(\rho-\rho_0)}{9\eta} \tag{8.2.7}$$

式中：r 为球形颗粒半径，g 为重力加速度，ρ 与 ρ_0 分别为颗粒与介质的密度，η 为介质黏度。根据式（8.2.7）测定粒子下沉的速度，可求得其半径 r，利用沉降的快慢来测定颗粒大小的方法称为沉降分析。在重力场中可观测到沉降作用的粒子大小在 1 μm 以上，小于此低限的粒子在重力场中沉降太慢，沉降效应会被扩散和对流的作用抵消。通常的胶体粒子或大分子，因粒

子尺寸太小，只有在离心场中才能观测到沉降作用。离心场中的沉降测定可分为两类：测定大分子的沉降速度和测定沉降平衡时大分子的分布。1924 年瑞典物理学家 Svedberg(斯威德堡)发明了超离心机。用超离心法可测定大分子的相对分子质量，如蛋白质、核酸等的相对分子质量及其分布。

1. 沉降速度法

当离心力约为重力的 4×10^5 倍时，离心场中的沉降作用占绝对优势，由沉降引起的浓差所产生的扩散作用可忽略不计。离心力等于粒子在介质中运动的摩擦阻力时，粒子以匀速 $\mathrm{d}x/\mathrm{d}t$ 沉降，即

$$M(1-\overline{V}\rho_0)\omega^2 x = N_{\mathrm{A}} f \frac{\mathrm{d}x}{\mathrm{d}t} \tag{8.2.8}$$

式中：M 为粒子或大分子的摩尔质量，$\overline{V}$ 为粒子的偏微比容(单位质量的体积)，ρ_0 为溶剂的密度，ω 和 x 分别是离心机的角速度及样品离旋转轴的距离，$M(1-\overline{V}\rho_0)\omega^2 x$ 为排除溶剂对粒子的浮力后，粒子在距转轴 x 处所受的离心力；f 代表粒子沉降时的阻力系数。自式(8.2.3)知

$$f = \frac{kT}{D} = \frac{RT}{DN_{\mathrm{A}}}$$

将此关系代入式(8.2.8)，应为

$$M = \frac{RT\dfrac{\mathrm{d}x}{\mathrm{d}t}}{D(1-\overline{V}\rho_0)\omega^2 x}$$

积分后，可得

$$M = \frac{RT\ln\dfrac{x_2}{x_1}}{D(1-\overline{V}\rho_0)(t_2-t_1)\omega^2} \tag{8.2.9}$$

式中：x_2 及 x_1 分别为时间 t_2 及 t_1 时粒子离转轴的距离。令

$$s = \frac{\dfrac{\mathrm{d}x}{\mathrm{d}t}}{x\omega^2} = \frac{\ln\dfrac{x_2}{x_1}}{\omega^2(t_2-t_1)} \tag{8.2.10}$$

代入式(8.2.9)，则可得

$$M = \frac{RTs}{D(1-\overline{V}\rho_0)} \tag{8.2.11}$$

式中：s 称为沉降系数，是单位离心加速度下的沉降速度，以 s(秒)为量纲。大分子的 s 值约在 $1\times10^{-13}\sim200\times10^{-3}$ s的范围，因此常取 10^{-13} s 为单位，称为 Svedberg。对给定溶剂中的某种分子，在一定温度下沉降系数具有特征的数值。

超离心机是装有光学体系、能显示沉降行为的高速离心机。图 8.1 为沉降过程中用光学方法记录所得的 c-x 和($\mathrm{d}c/\mathrm{d}x$)-x 图，从图 8.1(b)中高峰位置的移动速度，可计算出 s。此外，还需采用其他方法测出扩散系数 D。沉降速度法测相对分子质量的优点是测量时间短，并且可测定相对分子质量的分布。

2. 沉降平衡

当离心力为重力的 10^4 倍时，大分子沉降产生浓差，同时会引起与离心作用相反方向的扩散作用。当这两种作用达到平衡时，大分子的浓度由起始浓度均匀的状态最后变为有一定浓梯的平衡状态。在平衡时，离转轴不同距离 x 处的浓度按一定值分布。根据这种分布，可求

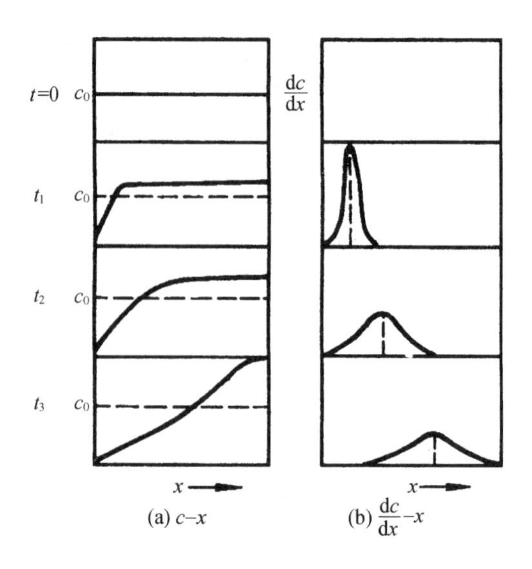

图 8.1　沉降速度法中界面的移动

算大分子的相对分子质量。

在离心管中，设大分子通过截面 A 的浓度为 c，A 处的浓度梯度为 $\mathrm{d}c/\mathrm{d}x$。若大分子以 $\mathrm{d}x/\mathrm{d}t$ 的速度沉降，则由沉降产生的粒子流动速率是 $cA\mathrm{d}x/\mathrm{d}t$。根据 Fick 第一定律，可得出因扩散作用的粒子流动速率是 $-DA\mathrm{d}c/\mathrm{d}x$。当沉降平衡时，通过 A 的净流动为零，则

$$cA\frac{\mathrm{d}x}{\mathrm{d}t}=DA\frac{\mathrm{d}c}{\mathrm{d}x}$$

因

$$\frac{\mathrm{d}x}{\mathrm{d}t}=\frac{MD(1-\overline{V}\rho_0)\omega^2 x}{RT}$$

所以

$$\frac{\mathrm{d}c}{c}=\frac{M(1-\overline{V}\rho_0)\omega^2 x\mathrm{d}x}{RT}$$

积分，可得

$$M=\frac{2RT\ln\frac{c_2}{c_1}}{(1-\overline{V}\rho_0)\omega^2(x_2^2-x_1^2)} \tag{8.2.12}$$

式中：c_1 与 c_2 分别为离旋转轴 x_1 及 x_2 处的浓度。在实验中通过光学的方法，测出平衡时距旋转轴不同距离处的浓度，就可以计算出 M。用沉降平衡法求相对分子质量时，不必知扩散系数 D，是测定相对分子质量的独立方法，所测得的是 Z 均相对分子质量。但沉降平衡需要较长的时间才能达到，有时竟需要几天的时间。

8.3　胶体的光学性质

光射到粒子上除了可能发生光的吸收之外，还可能发生两种情况：(i) 粒子大小大于入射光波长许多倍，发生光的反射。(ii) 粒子大小比入射光波长小，则会发生光的散射。胶体粒子大小正属于此范围，由光散射的测定可得到粒子的相对分子质量、均方半径和扩散系数等信息，在溶胶、缔合胶体及大分子溶液性质的研究中应用十分广泛。

传播介质具有光学不均匀性是产生光散射的必要条件。产生这种条件的方式有两种：(i) 存在胶体粒子，其折射率与分散介质的不同，这种差异越大，散射光越强。(ii) 分子热运动引起介质的折射率出现局部的涨落。溶胶的光散射属于前者，大分子溶液的光散射属于后者。两者相比，溶胶的光散射要强得多。

8.3.1 溶胶的光散射

从外观上看，溶胶和真溶液一样清澈，如果将一束光线从侧面通过溶胶，在光线行进的垂直方向观察，可以在光前进的途径上看到一个光柱，这称为 Tyndall(丁铎尔)现象，即光散射现象。若光束从真溶液中通过，则无此现象。

Rayleigh(瑞利)从电磁理论导出了溶胶光散射公式，对于小于光波波长，非导电的球形粒子引起的散射光强为

$$\frac{I_\theta}{I_0}=\frac{9\pi^2\nu V^2}{2\lambda^4 r^2}\left(\frac{n^2-n_0^2}{n^2+2n_0^2}\right)^2(1+\cos^2\theta) \tag{8.3.1}$$

式中：I_0 为入射光强度，θ 为观察方向与入射方向的夹角，I_θ 为 θ 方向、散射距离为 r 处的散射光强，n 与 n_0 分别是分散相与介质的折射率，ν 为单位体积中的粒子数，V 为粒子的体积，λ 为入射光的波长。由式(8.3.1)可知：

(1) 散射光强度与入射光波长的四次方成反比

故入射光的波长愈短，散射愈强，假如照射在粒子上的是白光，则其中蓝光与紫光将发生较大的散射作用。故白光照射溶胶时，侧面的散射光呈淡蓝色，而透射光呈现橙红色。

(2) 散射光强度(即乳光强度)与单位体积内胶体粒子数 ν 成正比

乳光强度又称浊度。浊度计就是利用这种性质，测定两个分散度相等而浓度不同的溶胶的乳光强度，其中一种溶胶浓度已知时，即可计算另一种溶胶的浓度。

(3) 散射光强度与粒子体积的平方成正比

对于一定质量浓度的溶胶($V\nu$ 固定)，散射光强度随粒子的大小增加而增大。粒子越大，散射光的强度也大，若已知相关的数据，可以从散射光的强度求粒子的大小。

(4) 散射光强与粒子和介质间的折射率之差有关

在大分子溶液(亲液胶体)中，分散相和分散介质的折射率之差比溶胶(憎液胶体)的要小得多，所以亲液胶体的散射光很弱，而憎液胶体的散射现象很强。故蛋白质溶液的粒子大小虽同于硫溶胶，但后者的光散射作用要显著得多。

8.3.2 大分子溶液的光散射

纯液体和溶液也有光散射现象，这种散射是由于体系内分子热运动引起的密度或浓度的涨落造成的，即瞬时间体系内局部密度或浓度与其平均值发生偏离，从而引起折射率的瞬间差异，产生光散射。大分子溶液的光散射中浓度的涨落作用比密度的涨落作用要大，其大小与溶液的 $\partial\Pi/\partial c$ 有关(Π 为渗透压，c 为浓度)。浓度的涨落产生局部的浓差，也就产生渗透压；渗透压的作用相反，使浓差减少，抑制了溶液浓度的局部涨落。

根据涨落理论，1944 年 Debye(德拜)导出大分子溶液的入射光强 I_0 与垂直方向(散射角 $\theta=90°$)散射光强 $I_{90°}$ 的关系，即

$$R_{90^\circ}=\frac{I_{90^\circ}}{I_0}r^2=\frac{KC}{\dfrac{1}{RT}\dfrac{\partial \Pi}{\partial C}} \tag{8.3.2}$$

式中：R_{90°称为 Rayleigh 比，是光散射实验中最重要的测量参数，它代表散射光对入射光的相对强度(乘以 r^2 是消除观测距离的影响，因为光强与 r^2 成反比)；$\partial \Pi/\partial C$ 是渗透压随溶质的质量浓度的变化率；K 为常数，其值如下

$$K=\frac{2\pi^2 n_0^2\left(\dfrac{\partial n}{\partial C}\right)^2}{N_A\lambda^4}$$

式中：n_0 为溶剂的折射率，$\partial n/\partial C$ 为溶液折射率随浓度的改变率，λ 为入射光波长。

自大分子稀溶液的渗透压公式(3.10.3)可知

$$\frac{\partial \Pi}{\partial C}=RT\left(\frac{1}{M}+2A_2C\right) \tag{8.3.3}$$

代入式(8.3.2)，可得

$$R_{90^\circ}=\frac{KC}{\dfrac{1}{M}+2A_2C}$$

即

$$\frac{KC}{R_{90^\circ}}=\frac{1}{M}+2A_2C \tag{8.3.4}$$

自实验中测定几个浓度下溶液的 I_{90°，并测出 K 值；以(KC/R_{90°)-C 作图，自式(8.3.4)看出，应得一直线；外推至 $C=0$ 处，截距为 $1/M$，即可求得大分子的相对分子质量。利用光散射法求得的相对分子质量为质均相对分子质量。

近年来，由于激光技术的发展，已能观测到运动粒子散射光频率相对于入射光频率的微小变化以及散射光强随时间的涨落，称为动态光散射。自动态光散射，可求出粒子的扩散系数及流体力学半径。

8.4　胶体的流变性质

胶体的流动与变形行为，称为流变性质，这些性质在许多体系中很重要，如涂料、食品等产品的适用性能在很大程度上由其流变性能决定。生物体内的流变现象很多，人的正常血液循环要求血液黏度保持在合适的水平上，血液黏度的异常及流变性质的变化有助于发现与判断许多疾病。此外，研究胶体稀溶液(主要是大分子溶液)的黏度，可以了解粒子的大小、形状、粒子与介质间的相互作用等情况。

胶体分散体系的流变特性主要由以下因素决定：(i) 分散介质的黏度；(ii) 粒子的浓度；(iii) 粒子的大小和形状；(iv) 粒子相互之间，粒子与分散介质之间的作用。由于胶体分散体系的流变现象十分复杂，在此仅对稀胶体分散体系的流变性质及大分子溶液的黏度作简要的讨论。

8.4.1　稀胶体体系的黏度及流变性

液体的黏度是液体中内摩擦的量度。当两个相距为 dx 的平行液层之间发生相对运动时，根据 Newton(牛顿)黏度定律知，内摩擦力 F 与液层的速率梯度 du/dx 及液层的接触面积 A 成正比，可表示为

$$F = \eta A \frac{\mathrm{d}u}{\mathrm{d}x} \tag{8.4.1}$$

比例系数 η 称为黏度系数，简称黏度。其物理意义是相距单位距离的两液层相差单位速率时，作用在单位面积上的内摩擦力。黏度的单位在 SI 制中是 Pa·s[在 CGS 制中为 Poise ($\mathrm{cm^{-1} \cdot g \cdot s^{-1}}$)，1 Pa·s=10 P(泊)]。牛顿黏度定律从另一角度也可理解为：在指定的面积 A 上，对液体施加切变应力 F 与液层产生的速率梯度成正比，即切应力与速梯呈线性关系。大多数纯液体和多种溶液皆遵守牛顿黏度定律，在层流的情况下，不论切变应力多大，η 总是一个常数，这些液体称为牛顿液体。

若将胶体粒子分散在一种液体中，液体的流动将会受到干扰，它的黏度会比纯液体高。分散相粒子性质的影响，由黏度变化的程度可反映出。对无相互作用的、刚性球形粒子在液体中的稀分散体系，Einstein 从流体力学得出的黏度公式为

$$\eta = \eta_0(1 + 2.5\phi) \tag{8.4.2}$$

式中：ϕ 是分散相粒子的体积分数。

如用某些孢子、真菌、聚苯乙烯粒子的稀分散体系($\phi < 0.02$)做实验，证实该公式是正确的。若对中等浓度的分散体系，必须考虑粒子周围被扰动区域的相互干扰。经修正后，其黏度以 Guth-Simha(古茨-西姆哈)方程表示

$$\eta = \eta_0(1 + 2.5\phi + 14\phi^2 + \cdots) \tag{8.4.3}$$

不对称粒子比同样体积浓度的球形粒子分散体系的黏度高，粒子越不对称溶液的黏度越高。

含有带电粒子的分散体系受到剪切力作用时，需克服粒子周围双电层中的离子与粒子表面上所带电荷之间的相互作用，结果使黏度增加。

纯液体和许多小分子溶液属于牛顿型流体。通常以速梯与切变应力作图所得到的曲线称为流变曲线，牛顿型液体的流变曲线是通过原点的直线(见图 8.2，线 1)。但大分子溶液的流变曲线是弯曲的，当切应力增加时，流动速率增加很快(见图 8.2，线 2)，属于假塑型流体，即溶液在低切速下黏度高，在高切速下黏度降低，黏度随切应力变化，不是常数。这种现象与大分子的结构及它们之间的相互作用有关。大分子在溶液中由于 Brown 运动其形状是混乱无序的，在足够高的外力作用下，液体流速变大，使大分子沿流线方向定向，以减少流动阻力，从而使黏度降低。此外，在较浓的溶液中分子间的链段相互接触并结合，形成内部结构，使体系有较高的黏度，当切应力足够破坏这些结构时，黏度就减小。所以非牛顿体系的大分子溶液的黏度被认为是由两部分黏度组成，即

$$\eta = \eta_{牛顿} + \eta_{结构}$$

结构黏度 $\eta_{结构}$ 可看成是由于结构的原因引起额外增加的黏度，在机械作用下或温度升高时都可以消失。

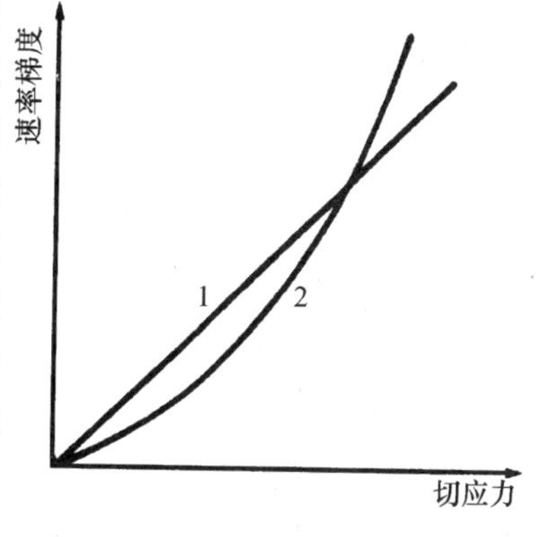

图 8.2 不同流型的流变曲线

1—牛顿型 2—假塑型

正常人的血清或血浆具有牛顿型黏度，血浆的 η_r 在 1.5～1.7 之间。但血液则表现为非牛顿型黏度，主要与血红细胞的大小、形态、聚集状态，变形能力有关。若上述因素变化，如血红细胞由圆盘状变为镰刀状(患镰刀状贫血症)，血液黏度明显地增高。

8.4.2　大分子溶液的黏度与黏均相对分子质量

大分子溶液的黏度与相对分子质量的大小有关，自黏度的变化可以测定大分子的黏均相对分子质量。在研究黏度变化的有关公式中，涉及几种不同定义的黏度。若以 η_0 表示纯溶剂或分散介质的黏度，η 表示溶液或分散体系的黏度，则

不同定义的黏度	定义式[a]	物理意义
相对黏度	$\eta_r=\dfrac{\eta}{\eta_0}$	代表溶液黏度比溶剂黏度增大的倍数
增比黏度	$\eta_{sp}=\dfrac{\eta-\eta_0}{\eta_0}=\eta_r-1$	代表溶质对黏度的贡献
比浓黏度	$\dfrac{\eta_{sp}}{c}=\dfrac{\eta_r-1}{c}$	代表单位浓度溶质对黏度的贡献
特性黏度	$[\eta]=\lim\limits_{c\to 0}\dfrac{\eta_{sp}}{c}=\lim\limits_{c\to 0}\dfrac{\ln\eta_r}{c}$	代表单个溶质分子对黏度的贡献

[a] 定义式中 c 为浓度，常用 $g\cdot(100\ cm^3)^{-1}$ 或 $kg\cdot dm^{-3}$ 表示；η_r 与 η_{sp} 量纲为一，η_{sp}/c 与$[\eta]$的量纲是浓度的倒数。

由于黏度的测量方法简单、精确，故用黏度法测定大分子的黏均相对分子质量被广泛地使用。对于有柔顺性的长链大分子，浓度与黏度的变化关系可用不同的经验公式表示

$$\frac{\eta_{sp}}{c}=[\eta]+k'[\eta]^2c \qquad (8.4.4)$$

$$\frac{\ln\eta_r}{c}=[\eta]-\beta[\eta]^2c \qquad (8.4.5)$$

式中：k'与 β 为比例常数，$[\eta]$为特性黏度，当 $c\to 0$ 时，$[\eta]$是 η_{sp}/c 与 $\ln\eta_r/c$ 的极限值。在一定的溶剂中，$[\eta]$值决定于单个大分子的黏均相对分子质量 $\overline{M}_v$ 及在溶液中的形态，它可当作大分子的特征值。

特性黏度$[\eta]$和大分子的黏均相对分子质量 $\overline{M}_v$ 之间有以下经验关系式

$$[\eta]=K\overline{M}_v^{\alpha} \qquad (8.4.6)$$

式中：α 是对某一大分子和某一溶剂的特性常数。对于球型分子，$\alpha=0$，即特性黏度与黏均相对分子质量无关；刚性棒状分子的 $\alpha=2$；线团柔性分子的 α 在 0.5～1.0 之间。α 与大分子的形态有关：在良溶剂中大分子比较松弛，则 $\alpha>0.5$；在不良溶剂中大分子无规线团卷较紧，这时 α 近于 0.5。此外，式中的 K 也是一经验常数，它在一定的黏均相对分子质量范围内适用。

对于许多大分子或高聚物，其 K 与 α 值已被测定，可以从文献中查出有关的数值，根据式(8.4.6)，通过特性黏度的测定计算出大分子的黏均相对分子质量。黏度法测黏均相对分子质量是一个经验的方法，没有健全的理论，它需要借助渗透压、超离心等其他方法测出大分子的黏均相对分子质量后，来确定其常数 K 与 α，因而只是一个相对的方法。但因许多高聚物和溶剂体系的 K 和 α 值都已知，使用此法测黏均相对分子质量是非常方便的。在实验时，只需测定不同浓度稀溶液的黏度，同时作出(η_{sp}/c)-c 和$(\ln\eta_r/c)$-c 两条直线，它们应在纵轴上有相同的截距$[\eta]$，自$[\eta]$可求算出黏均相对分子质量。

另一方面，如果大分子的黏均相对分子质量已知，则通过黏度的测定可以得知大分子在溶液中的形态。特性黏度的测定常用来研究蛋白质的变性行为。当球蛋白被加热，或在酸、碱作用下变性时，其分子形状由球形变为无规线团形，它们的特性黏度增加。当长棒形的蛋白质(如骨胶原)变性时，因分子不对称性下降，其特性黏度减小。

8.5 胶体的电学性质

电动现象是胶体粒子表面带电的直接表现，粒子带电不仅对胶体的动力学、光学、流变性质有影响，而且能增强胶体的稳定性，电性质的研究为胶体稳定性理论的建立和发展奠定了基础。此外胶体的电性质在实际生产与科研中也有很广泛的应用。在此，我们讨论电动现象、胶体粒子的双电层和电泳的某些应用。

8.5.1 电动现象

电动现象包括电泳、电渗、流动电势与沉降电势四种现象。

在电场的作用下，分散相的粒子在液体介质中作定向移动，称为电泳。在U形管中装入红棕色的 $Fe(OH)_3$ 溶胶，小心地在上面注入清水，使溶胶与清水之间有明晰的界面，在水中分别插入正、负电极。通电后可观察到管中负极一侧的界面的上升、正极一侧的界面下降(见图8.3)，证明 $Fe(OH)_3$ 溶胶的粒子荷正电。其他金属氧化物溶胶通常也属于这种情况。相反，一些金属硫化物及贵金属溶胶在U形管中则是正极一侧上升、负极一侧下降，证明此类溶胶粒子荷负电。在外电场作用下，测定胶体粒子的迁移速率约为 $(2\sim4)\times10^{-8}\,m^2\cdot s^{-1}\cdot V^{-1}$，与普通小离子的迁移速率相近，说明胶体粒子所带的电量是相当大的，否则质量比普通小离子大得多的胶体粒子不可能具有相近的迁移速率。

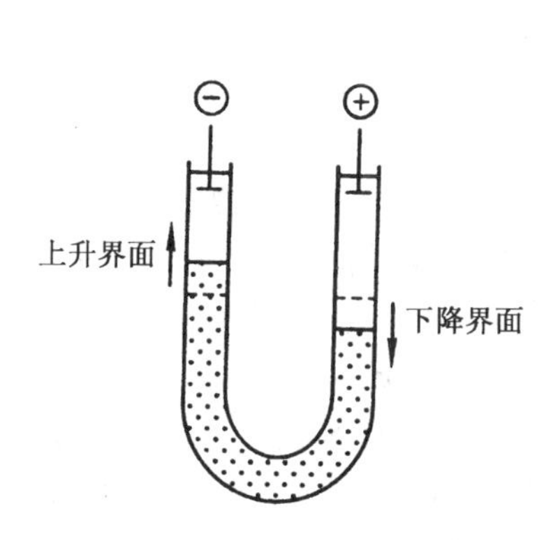

图8.3 氢氧化铁溶胶的电泳

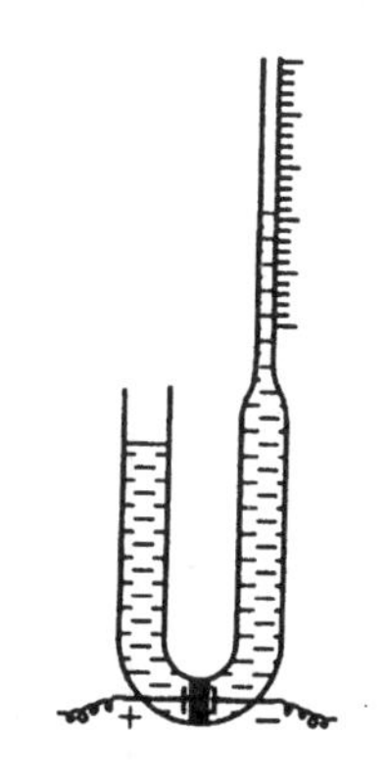
图8.4 电渗示意图

若使固相不动，而液体在电场中发生定向移动的现象称为电渗。例如，在一充满液体的黏土或用粉末压成的多孔素瓷片两端加以电场，则可观察到液体向负极移动并渗出(见图8.4)，说明液相带正电荷，而土壤胶体或素瓷片内的毛细管壁是带负电的。

与电渗相反，当加压力使液体流过粉末压成的多孔塞或毛细管时，在多孔塞和毛细管的两端产生电势差，此即为流动电势。与电泳相反，固体粒子在液相中急剧下降，在液体上层和下层之间产生电势差被称为沉降电势。

由上看出，电动现象是因电而动(电泳、电渗)，或因动而生电(流动电势、沉降电势)。它说明分散相与分散介质带有数量相等、符号相反的电荷，以保持溶胶的电中性。关于以上现象产生的原因，直到建立了双电层的理论后，才完全清楚。

8.5.2　双电层与电动电势

1. 粒子表面电荷的产生

(1) 吸附。胶体粒子有很大的表面，它能选择地吸附与它本身结构相似的离子。例如像 AgI 这些难溶的离子晶体构成的胶体，在制备时若 $AgNO_3$ 过量，表面吸附 Ag^+ 离子而带正电；若 KI 过量，则吸附 I^- 离子而带负电。因而 AgI 溶胶的荷电情况由 Ag^+ 或 I^- 何者过量而定。溶液中的其他离子，如 K^+ 或 NO_3^- 被表面吸附的能力比 Ag^+ 或 I^- 要弱得多，对 AgI 溶胶则属于不相干离子。

(2) 电离。若胶体粒子本身可以电离，则构成粒子的分子在介质中将电离出一种离子到介质中去，而使粒子本身带相反的电荷。例如蛋白质之类的大分子电解质，它的羧基或胺基在水中可离解生成—COO^- 或—NH_3^+ 的带电基团，从而使整个大分子带电。

(3) 晶格取代。此为较特殊的情况。在一些硅铝酸盐的黏土矿物中，晶体中的三价铝离子被低价的镁或钙离子取代，为维持电中性，表面上吸附了一些可交换的正离子，这些正离子在水中会水化而离开晶体表面，使黏土粒子带负电。晶格取代是黏土粒子带电的主要原因。

2. 扩散双电层模型

Gouy(古依)、Chapman(查普曼)及 Stern(施特恩)等提出了扩散双电层模型，即胶体粒子的表面带有电荷，由于静电吸引作用，必然在固-液界面周围的溶液中存在着与固体表面电性相反、电荷相等的离子，于是在界面上形成双电层的结构。由于溶液中的反离子的热运动，使得它们不能整齐地排列在固体粒子附近，而是扩散地分布在粒子的周围，形成“扩散双电层”。若取颗粒的一部分来看，其扩散双电层的电荷分布及其电势的变化大致如图 8.5 所示。

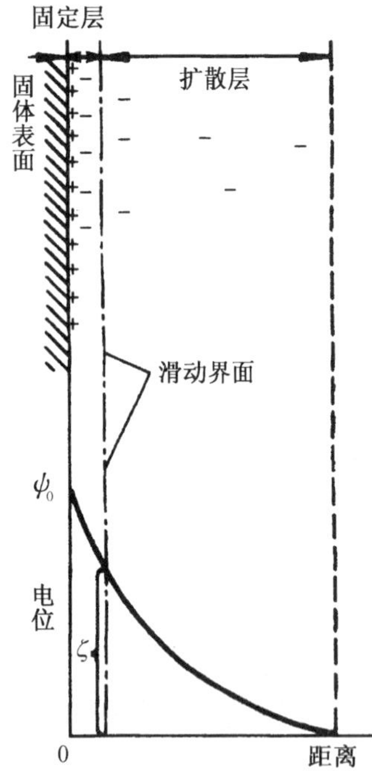

图 8.5　扩散双电层的结构和相应的电势

在最靠近粒子表面的地方，由于强烈的静电吸引，一部分反离子紧紧地附着在表面上，同时粒子表面上还紧附着一个约 1～2 分子厚的溶剂化层。上述那部分反离子即浸于此溶剂化层中，与胶体粒子一起运动，构成了固定吸附层，在此固定层中有一个显著的电势降。在固定层外，其余的反离子则扩散地分布在界面附近的液体中，形成扩散层，即扩散双电层是由固定吸附层与扩散层构成的。扩散双电层的电势随距离的变化，如图 8.5 的下面部分所示。随着离界面的距离增大，液相中过剩的反离子数目减少，直至到零。即从固体粒子表面至反离子过剩为零处，就是扩散双电层的范围，其电势差叫热力学电势，用 ψ_0 表示。热力学电势只与使粒子表面带电的离子在溶液中的浓度有关，而与其他电解质无关。

当胶体粒子与介质作相对运动时，移动面并不在固体表面上，而是粒子上的固定吸附层随粒子一起运动，构成一个滑动面。自滑动面到溶液内部电势为零处的电势差称为电动电势，用 ζ 表示。胶体粒子与介质作相对运动时与 ψ_0 电势并无直接关系，而 ζ 电势才与电动现象密切有关。

3. 电动电势

既然用扩散双电层和 ζ 电势的概念能够说明电动现象，反过来，测定电泳或电渗的速率可得出电动电势的数值。

电泳速率 u 与电动电势 ζ 的关系为

$$\zeta = \frac{\eta u}{\varepsilon E} \tag{8.5.1}$$

式中：η 为介质的黏度，E 为电势梯度，ε 是介质的介电常数。通常所用的相对介电常数 D 是介质的介电常数 ε 与真空介电常数 $\varepsilon_0 = 8.854\times10^{-12}\ \mathrm{F\cdot m^{-1}}$ 的比值，因此 $\varepsilon = D\varepsilon_0$，其量纲为 $\mathrm{F\cdot m^{-1}}$。单位电场强度下的电泳速率(u/E)也称作电泳淌度，单位为 $\mathrm{m^2\cdot V^{-1}\cdot s^{-1}}$。

单位时间内电渗通过多孔隔膜的液体体积 V 与电动电势的关系为

$$\zeta = \frac{V\eta}{Q\varepsilon E} \tag{8.5.2}$$

式中：Q 为多孔隔膜的总毛细管截面积，其他各符号意义同式(8.5.1)。

实验表明，胶体粒子的 ζ 电势一般在几十毫伏左右。电动电势与溶液中电解质的性质与浓度有关。当溶液中电解质浓度增加时，反离子浓度加大，固定层中反离子的数量必然相应增加，结果导致 ζ 电势降低(由 ζ_1 变为 ζ_2)和扩散双电层变薄(见图 8.6)。此外，离子的价数及被粒子表面吸附的能力也有影响。特别是表面吸附了多价的或具有表面活性的异号离子时，会使 ζ 电势显著降低，有时甚至会引起 ζ 电势反号(见图 8.7)。

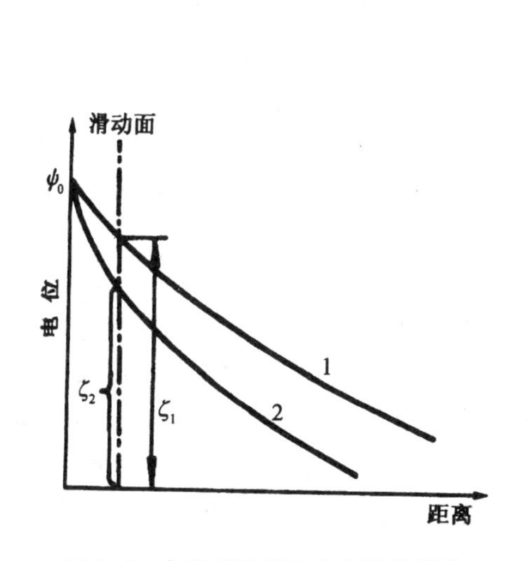

图 8.6　电解质浓度对 ζ 电势的影响

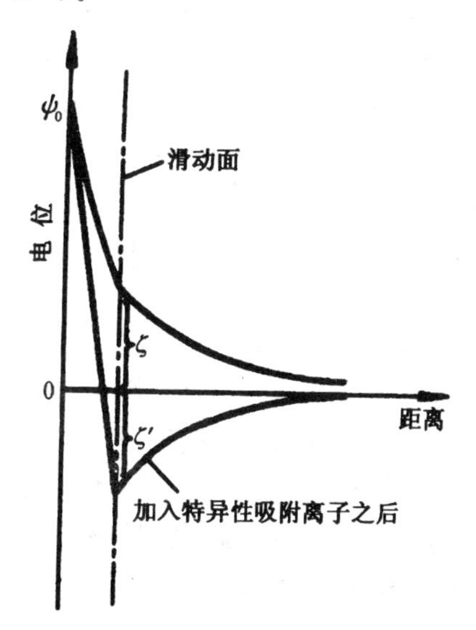

图 8.7　ζ 电势符号的转变

4. 胶体粒子的结构

溶胶按其粒子所带的电荷不同，可分为正电胶体与负电胶体。例如氢氧化铁溶胶为正电胶体，在电场中胶体粒子向负极运动；硫化物溶胶为负电胶体，在电场中则向正极运动。根据胶体粒子扩散双电层的结构可以了解胶体粒子的结构。胶体粒子的中心是由许多原子或分子聚集成的胶核，其外围是固定吸附层，构成胶体粒子的运动单位，叫作胶粒。胶粒的外面包围着扩散层，构成胶团。在无电场的情况下，整个胶体粒子是电中性的；有电场时，胶粒发生电泳，扩散层中的反离子则向反方向运动。例如 $Fe(OH)_3$，其胶体粒子结构可以表示如下

$$\{[Fe(OH)_3]_m \cdot nFeO^+ \cdot (n-x)Cl^-\}^{x+} \cdot xCl^-$$

又如，以 KI 稳定的 AgI 胶体粒子结构可表示在图 8.8 中，其结构表示式为

$$\{[AgI]_m \cdot nI^- \cdot (n-x)K^+\}^{x-} \cdot xK^+$$

|←— 胶核 —→|
|←——— 胶粒 ———→|
|←———— 胶团 ————→|

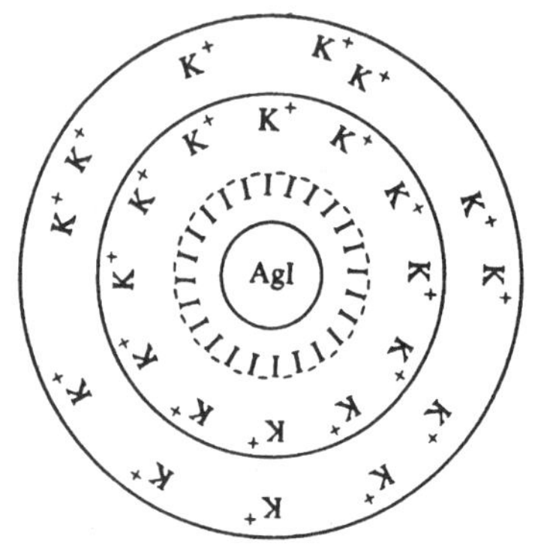

图 8.8　以 KI 稳定的碘化银粒子示意图

8.5.3　细胞与蛋白质的电泳

1. 细胞电泳

胶体电性质的研究可帮助我们了解胶体粒子的结构、胶体体系稳定的机制，并对胶体体系物质的分离、分析有重要的实际意义。细胞电泳在生物及医学的研究中有广泛应用。例如，生物及人的细胞与作为细胞外液的介质可看作胶体体系。构成细胞表面的蛋白质、脂类和多糖等组分可以电离，使细胞表面带电，因此，在外电场作用下细胞的移动称为细胞电泳。其电泳速率与细胞表面电荷所产生的 ζ 电势有关，电泳公式符合式(8.5.1)。细胞电泳可以作为研究细胞表面的分子结构与功能的细微差异的有效分析方法。实验中发现，老鼠的肾与肝上的癌细胞的电泳速率比正常细胞的快，而且癌细胞的恶性程度愈高，其电泳速率也愈高。此外，还发现癌细胞的恶性分裂和增殖与细胞表面负电荷密度的增加密切有关，这是由于癌细胞表面比正常细胞有更多的神经氨酸。癌细胞表面电荷密度愈高，癌细胞之间的接着性就越弱，因而极易脱离原来的部位转移到身体其他部位进行繁殖。若用神经氨酸酶处理癌细胞，可以使癌细胞的电泳速率降低。实验证明，在用腹水癌细胞接种小鼠之前，先注射神经氨酸酶，可以使癌病变转移减少 50%。由此可见，细胞的电泳行为的研究可为了解癌肿的病因，发生、发展规律以及诊断、防治提供许多线索。

此外，研究血细胞的电泳图，可以从血细胞电泳图的变异情况判断出各种血液疾病。对于血红细胞、血小板电泳性质的研究，有助于了解血凝与血栓形成的原因。对于血管栓塞病人来说，其血液中的一些促血液凝固物质，对血小板的电泳速率有明显影响。血小板表面的电荷密度和它与血浆溶液之间的 ζ 电势大小是决定血小板黏附与凝结的重要因素。凡是能使 ζ 电势减少的物质，对血小板能起促进凝结和黏附作用。饱和脂肪酸可以降低血小板的 ζ 电势，导致血小板的凝结；但非饱和脂肪酸则无此作用。因而，如患血管栓塞病，最好少吃动物脂肪，而食用植物油。

2. 蛋白质的电泳

蛋白质的电性除了与本身的组成有关外，还与溶液的 pH 有关。如果逐步改变其溶液的 pH，可以使带一种电荷的蛋白质，经等电状态(在电场中不发生移动)而带另一种相反的电荷。我们把蛋白质处于等电状态时水溶液的 pH 称为蛋白质的等电点。通常，蛋白质的等电点不等于 7。各种蛋白质有各自不同的等电点。在大于等电点的任何 pH，蛋白质会带有净负电荷，并将朝正极移动。其负电荷的数量随 pH 的升高而增多。同样，在小于等电点的任何 pH，

蛋白质则带有净正电荷，并朝负极移动。因此蛋白质的等电点是一很重要的参数。利用蛋白质的电性不同，并随溶液 pH 改变的特点，用电泳来分析、分离蛋白质，是十分重要的方法。

界面移动电泳常采用 Tiselius（蒂塞利乌斯）电泳装置：具有长方形截面的 U 形管电泳池分为几段，接头处磨成平板，彼此间可以平面滑移，在被截开的中段电泳管中分别注入蛋白质混合物的缓冲液和纯缓冲液，然后将都装有纯缓冲液的上、下段滑动，与中段接通，如图 8.9 所

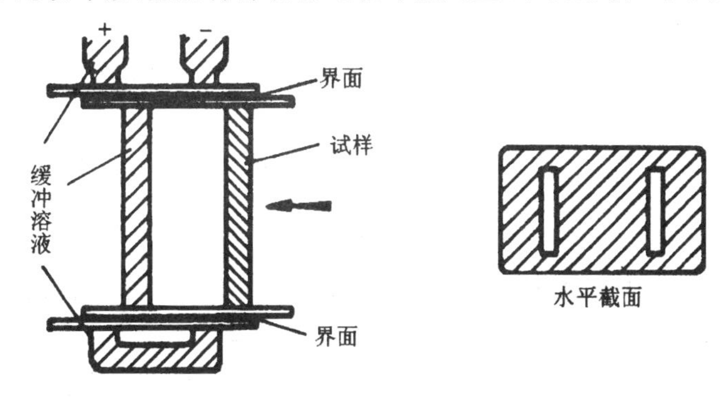

图 8.9 Tiselius 电泳仪

示。这样可使蛋白质溶液与其介质间形成一清晰的界面。电极与介质上部接通。为了要得到混合物的完全图谱，通常选择 pH 时使全部蛋白质都能带相同的电荷，但其迁移速率各异。当蛋白质分子由溶液中迁移到纯缓冲液中时，就形成一个界面，而蛋白质分子与纯缓冲液的折射率不同，在该界面上的折射率就会急剧改变。若沿 U 形管进行折射率变化的光学测量，即可得到电泳图谱，它能表示出混合物中大多数蛋白质的迁移方向和相对速率。根据电泳图谱可以精确地识别出各种组成的蛋白质。例如，人的血清，原先简单地认为其含有球蛋白，通过电泳分析发现它有多种组成，如白蛋白和 α_1、α_2、β、γ 等四种球蛋白。

此外，各种区带电泳法使用更普遍。它比界面移动电泳法操作简便，具有更强的分辨率，并且所需样品少。区带电泳法要求把蛋白质水溶液固定到一种固体支持物中。后者是一种水化的多孔物质，具有机械韧性，还能消除对流与振动的干扰。目前用得最广泛的支持物是滤纸或醋酸纤维素条。在支持物两端加电场后，电泳过程可在上面持续进行，直到蛋白质组分被分离为分散的区带为止，因而取名为区带电泳。然后用蛋白质染色剂染色，用扫描光密度计加以测定，即可得出各区带中的蛋白质的位置及数量。

如果将支持物改为凝胶，通常用淀粉、琼脂和聚丙烯酰胺的凝胶，则这些支持物还能按蛋白质分子大小起到排阻作用，这样能达到更高的电泳分辨率。

8.6 胶体的稳定性

8.6.1 胶体的稳定性理论

胶体粒子有 Brown 运动，从动力性质考虑溶胶是稳定体系，胶粒不会下沉。溶胶为憎液胶体，分散相粒子与分散介质无亲和力，为多相体系。由于颗粒小，体系具有很大的界面自由能，为热力学不稳定体系。胶粒都有自发聚结的趋势，使体系的能量降低。一旦溶胶粒子聚结变大，动力稳定性将丧失，因此聚结稳定性是保持溶胶稳定的关键问题。

在生产中常涉及胶体稳定或破坏的问题，例如感光胶片中使用的 AgBr 乳胶、高活性的催

化剂的溶胶要保持稳定；而三废处理中水的净化，则系相反的过程。胶体稳定性的理论对实践是有指导意义的。目前有关的理论是在扩散双电层模型基础上建立的 DLVO 理论（由 Derjaguin、Landan、Verwey、Overbeek 分别提出）和基于大分子保护作用的空间稳定效应理论。

1. DLVO 理论

DLVO 理论认为影响聚结稳定性的主要因素有两方面：

(1) 胶粒间的相互吸引作用

胶粒间的吸引力在本质上是范德华引力，但胶体粒子是许多分子的聚集体，胶粒间的引力是所有分子引力的总和。因此，这种胶粒间的吸引作用的范围远大于分子间引力的距离，是一种远程作用的引力。对于同一物质组成、半径为 r 的两个球形粒子，其间的相互吸引的势能

$$E_{\mathrm{A}} = -\frac{Ar}{12H} \tag{8.6.1}$$

式中：A 为 Hamaker（哈马克）常数，它与构成粒子的分子之间的相互作用参数（如极化率等）有关，约为 $10^{-19} \sim 10^{-20}$ J；H 为两粒子表面之间的最短距离。式(8.6.1)适用于球间距离 H 比粒子半径小得多的情况。

(2) 胶粒间的相互排斥作用

根据扩散双电层的模型知，带电的胶体粒子四周包围着离子氛，整个胶团是电中性的。只要两个粒子的双电层不交联，胶体粒子间不存在静电排斥作用。当两粒子相互接近到离子氛发生重叠时，会引起双电层的电势与电荷分布的变化，从而产生排斥作用。这种排斥力可看作是两离子氛重叠之处过剩离子的渗透压力所引起的。对于两个表面相距为 H、半径为 r 的球形粒子，在表面电势 ψ_0 较低时，其排斥势能 E_{R} 可近似表示为

$$E_{\mathrm{R}} = \frac{1}{2}\varepsilon r \psi_0^2 \mathrm{e}^{-\kappa H} \tag{8.6.2}$$

式中：ε 为介质的介电常数，κ 为离子氛半径或双电层厚度的倒数。由式(8.6.2)知，排斥势能随粒子的表面电势和粒子半径的增大而升高，随着粒子间的距离增加呈指数下降。

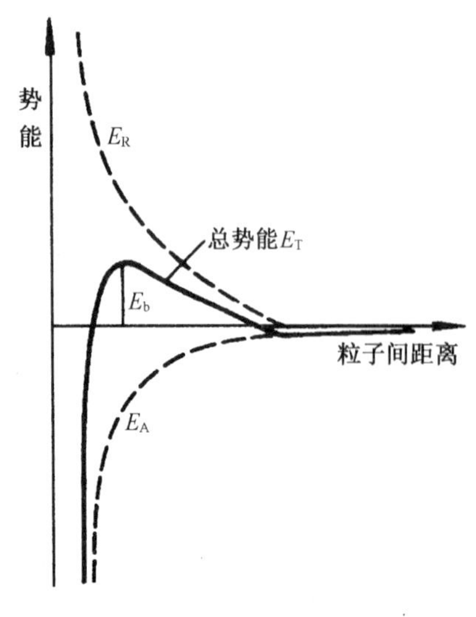

图 8.10　两粒子间相互作用能与距离的关系

胶体粒子之间相互作用的总势能 E_{T} 应是吸引势能与排斥势能之和，即 $E_{\mathrm{T}} = E_{\mathrm{A}} + E_{\mathrm{R}}$，其数值随两胶粒之间距离的变化如图 8.10 所示：当两胶粒相距较远时，离子氛尚未重叠，只是胶粒间的吸引力起作用，总势能为负值；距离缩短，离子氛重叠，斥力起作用，总势能逐渐上升为正值；但随着距离继续缩小，吸引力迅速增大，并占优势时，总势能开始下降，这样在 E_{b} 处出现一个位垒，总势能达到最大值。一般粒子的动能小于此势垒，因而不能逾越，被离子氛重叠时产生的斥力分开，这就是溶胶能在一定时间内相对稳定的原因。若个别胶粒的相对动能大，足以越过此势垒，使相互间距离很小，结果吸引力占优势，E 为负值，胶粒在吸引力作用下自动聚结，表现出聚结不稳定性。

一般外界因素很难改变吸引能的大小，但改变分散介质中电解质的浓度与价态，则可显著影响胶粒之间的排斥势能。当溶液中电解质浓度较低时，胶粒的双电层厚度

大，离子氛半径就大，离子氛发生重叠时胶粒间的距离较大，吸引能较弱，因而总势能的势垒较高。当溶液中电解质浓度加大时，双电层的厚度减小，总势能的势垒高度降低。若加入的电解质的量使总势能曲线上的势垒高度为零，即曲线的最高点恰好与图 8.10 中的横轴相切，溶胶将变得不稳定，会发生聚沉。此时电解质的浓度是使溶胶发生聚沉所需的最低浓度，称为聚沉值。由 DLVO 理论，可以得出电解质对溶胶影响的聚沉值 γ_c 为

$$\gamma_c = C\frac{\varepsilon^3 (kT)^5 r^4}{A^2 z^6} \tag{8.6.3}$$

式中：ε 为介质的介电常数，k 为 Boltzmann 常数，T 为热力学温度，r 是与表面电势有关的物理量，A 为 Hamaker 常数，z 为反离子的价数，C 为常数。由式(8.6.3)可知，当其他条件相同时，电解质对溶胶的聚沉值 γ_c 与反离子价数的 6 次方成反比。这与下面要讨论的 Schulze-Hardy(舒尔策-哈代)自实验所得的价数规则是一致的。例如对 As_2S_3 溶胶，不同价数的反离子的聚沉值实验结果与理论计算结果是很相近的。

反离子价数	实验聚沉值/($mmol \cdot dm^{-3}$)	实验聚沉比值	理论聚沉比值
1	55	1	1
2	0.69	0.013	0.016
3	0.091	0.0017	0.0013

2. 空间稳定效应理论

另一个影响胶体稳定性的是空间稳定效应，例如在溶胶中加入非离子表面活性剂或大分子，它们并不带电，却使胶体稳定性提高许多。即除了电的因素外，由于大分子等其他物质吸附在粒子表面上形成保护层的这种空间稳定作用，防止了胶体粒子的聚结。通常形成这种保护层的物质一方面能牢固地吸附在粒子表面上，另一方面又能与溶剂有较强的亲和力。吸附在胶体粒子表面上的大分子链可以有许多构型，若两个粒子接近到小于大分子链两倍的距离后，由于存在空间的限制，大分子链可能采取的构型数减小，从而使构型熵降低。熵减少将引起自由能增加，因而显示出排斥作用。这种排斥作用的范围由吸附分子的链长决定。经计算，这种斥力的势能曲线随粒子间距的变化是一条很陡的曲线。

如果考虑空间稳定效应的存在，综合粒子间总的相互作用能应该将三种势能相加，即

$$E_T = E_R + E_A + E_S \tag{8.6.4}$$

式中：E_S 代表空间稳定效应产生的排斥能。总势能曲线的形状如图 8.11 所示。由于粒子相距很近时 E_S 很大，此时总的势能 E_T 迅速增大，两粒子将不能进一步接近。通常在电场较强的水溶胶中，靠电解质使其稳定，溶胶的稳定性主要取决于范德华引力和静电斥力的作用。但在非水溶胶中，其双电层的相互作用可能很弱或者根本不存在，此时溶胶的稳定是靠加入大分子保护剂的保护作用，这样溶胶的稳定性主要就决定于粒子间的相互吸引作用和空间稳定效应。

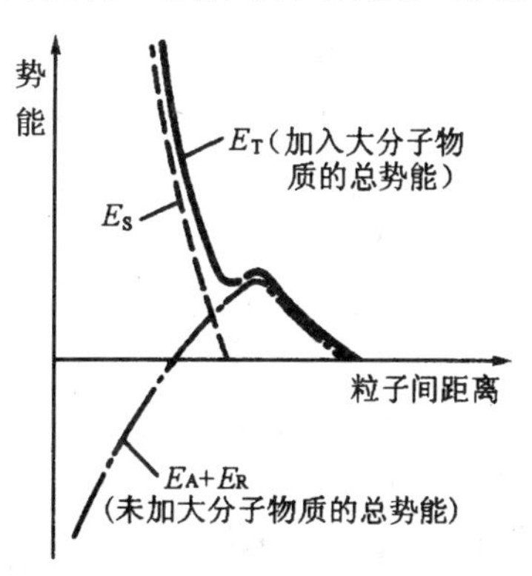

图 8.11 吸附大分子对溶胶的稳定作用示意图

8.6.2　溶胶的聚沉

聚沉是溶胶不稳定的主要表现，温度升高、浓度增大、长时间渗析和加入电解质都会降低溶胶的稳定性。其中最重要的是电解质的影响，溶胶对电解质特别敏感，加入少许电解质就足以促使它聚沉，因为电解质能改变扩散双电层的厚度、降低 ζ 电势。下面就溶胶的聚沉现象进行讨论。

1. 外加电解质的聚沉作用

电解质对溶胶聚沉作用，有以下几项经验规则。

(1) 外加电解质需要达到一定浓度方能使溶胶发生明显的聚沉

在指定条件下使溶胶发生明显聚沉(即完全沉淀)所需的最低电解质浓度称为聚沉值，以 $mmol \cdot dm^{-3}$ 表示。聚沉值是某种电解质对溶胶聚沉能力的衡量，聚沉值越小，聚沉能力越强。实验表明，当电解质浓度达到聚沉值时，并未使胶粒的电荷量减小到零，一般 ζ 电势的数值仍有 25～30 mV 左右。此时，胶粒的 Brown 运动强度已能克服胶粒之间较小的静电斥力，故能发生聚沉。聚沉值一般与实验条件有关，不能认为是一个绝对的数值，但在相同的实验条件下测定，其数值大小可以进行比较。

(2) Schulze-Hardy(舒尔策-哈代)规则

电解质起聚沉作用的主要是与胶粒带相反电荷的离子——反离子。反离子的价数越高，聚沉能力越大，聚沉值越小。一般而言，一价反离子的聚沉值约在 25～150 $mmol \cdot dm^{-3}$；二价反离子的约在 0.5～2 $mmol \cdot dm^{-3}$；三价反离子的约在0.01～0.1 $mmol \cdot dm^{-3}$。它们之间聚沉值的比例基本符合

$$1 : \left(\frac{1}{2}\right)^6 : \left(\frac{1}{3}\right)^6$$

即聚沉值与反离子价数的 6 次方成反比。应当指出，当离子在胶体表面上有强烈吸附或发生表面化学反应时，Schulze-Hardy 规则不能应用。

(3) 同价离子的聚沉能力虽然相近，但略有不同

对于一价正离子，聚沉能力排列顺序：

$$H^+ > Cs^+ > Rb^+ > NH_4^+ > K^+ > Na^+ > Li^+$$

对于一价负离子，其顺序为：

$$F^- > IO_3^- > H_2PO_4^- > BrO_3^- > Cl^- > ClO_3^- > Br^- > I^- > CNS^-$$

以上顺序称为 Hofmeister(霍夫梅斯特)感胶离子序。此顺序与离子水化半径的次序相反。水化离子半径越小，越易靠近胶体粒子，故聚沉效率就高一些。例如，阳离子中 Li^+ 半径最小，水化能力最强，水化半径最大，聚沉能力最小。感胶离子序是对无机小离子而言，有机离子因为易被吸附，其聚沉能力比同价无机离子强得多。

2. 溶胶的相互聚沉作用

把两种电性相反的溶胶混合，能发生相互聚沉作用。与电解质聚沉溶胶的不同点在于它要求的浓度条件比较严格。只有其中一种溶胶的总电荷恰能中和另一种溶胶的总电荷量时，才能发生完全聚沉；否则只能发生部分聚沉，甚至不聚沉。日常生活中用明矾净水就是溶胶相互聚沉的实际应用。天然水中含有许多负电性的污物胶粒，加入明矾[$KAl(SO_4)_2 \cdot 24H_2O$]后，能水解生成正电性的 $Al(OH)_3$ 溶胶，它与负电性污物发生相互聚沉作用，使水得到净化。

8.6.3 大分子化合物的保护与敏化作用

明胶、蛋白质、淀粉等大分子化合物具有亲水性质。在溶胶中加入一定量的大分子溶液(即亲液胶体)可以显著提高溶胶的稳定性,使溶胶在加入少量电解质时也不聚沉。这种作用称为大分子对溶胶的保护作用。大分子的保护作用,只有当它在被保护的溶胶中有一定浓度时才会出现,其原因是被吸附的亲液大分子包围了胶体粒子,而将亲水基团伸向水中,使粒子表面出现亲水性;同时由于大分子吸附层有一定的厚度,胶体粒子在接近时的相互引力就被大大削弱;大分子的增稠作用也使粒子相互碰撞的机会减少,这些都增加了胶体的稳定性。

明胶、阿拉伯胶及其他亲液胶曾被广泛地用作溶胶的保护胶体。保护胶体在生理上也起着很重要的作用。血浆中间的一部分磷酸钙可能就是由于血浆蛋白质的保护作用而处于胶态的悬浮状态中。乳汁的蛋白质也可以作为乳汁中悬浮的磷酸钙聚集体的保护胶体。胆盐和胆汁蛋白质都具有保护胶体的作用,可以维持微溶的胆固醇和胆红素钙盐处于悬浮的状态。胆结石可能就是由于这些物质因保护胶体的量不足,以至发生沉淀而引起的。尿中的保护胶体可以防止膀胱结石的生成。

溶胶的聚沉往往是不可逆的,即沉淀不能再重新悬浮成为胶体,但是大分子所保护的胶体由于表面具有亲水性,则聚沉有可逆性。将其吸附的电解质渗析后,又可得到溶胶。这种保护作用也有很大的实用价值,例如工业上一些贵金属催化剂的溶胶,在加入大分子进行保护以后,可以烘干便于运输,使用时只要再加入溶剂,又可变为便于使用的溶胶。

如果当保护胶体的大分子所用的量不足以覆盖溶胶胶粒的表面时,反而会使胶体粒子聚集到大分子四周,大分子会起到聚集胶粒的搭桥作用。这样不但没有保护作用,反而在加入电解质时使聚沉更易发生。这种促进聚沉的作用,称为大分子的敏化作用。实验证明,许多大分子能直接导致溶胶聚沉。为了和电解质的聚沉相区别,通常将大分子所引起的聚沉称为“絮凝作用”。对于大分子的絮凝作用,20 世纪 60 年代以来发展很快,广泛应用于各种工业部门的污水处理和有用矿泥的回收等。它与无机聚沉剂(如明矾)相比,有不少优点,如效率高、絮块大、易分离、沉降快等,一般只要几个 ppm(10^{-6})即有明显的絮凝作用,在很短的时间内,可沉降完全。此外,在合适的条件下,可以有选择性絮凝,这对有用矿泥的回收特别有用。

除了天然的大分子化合物外,现在又发展了人工合成的高分子絮凝剂,最常用的是聚丙烯酰胺,其通式为 $H(CH_2CHCONH_2)_nH$。如果其中一部分酰胺基团水解,生成羧基,则产生沉淀的絮块体积较大,絮凝效率也最高。

8.7 凝　胶

8.7.1 凝胶的基本特征

凝胶是一种半固体,它由两种或两种以上的组分所组成,其中大分子或胶体粒子交联成空间网状骨架,其余组分同液体介质一起充满网状结构的孔隙。根据凝胶含液量的多少,可分为软胶(冻胶)或干凝胶(干胶)。软胶的含液量常高于 90%,比较柔软、富于弹性,如琼脂冻胶、凝固的血液等。若凝胶中液体含量比固体少则为干凝胶,如干明胶(含水 15%),皮革,动、植物组织中的薄膜等。根据分散相粒子的刚柔性,可分为弹性凝胶和刚性凝胶。柔性的线形高分子所形成的凝胶都属于弹性凝胶(如橡胶、明胶等),它们在吸收或释放出液体时,体积会发生显著变化，显示出溶胀的性质；而大多数无机凝胶都是刚性凝胶（如硅胶、氧化钒干凝胶等），它们在吸收或释放出液体时，自身体积变化很小。

凝胶中的液体充满在分散相粒子形成的网状结构的孔隙内，体系失去了流动性，并具有一定的强度、弹性、屈伏值等，显示出固体的某些力学性质。但凝胶又和真正的固体不完全一样，它由固、液两相组成，属于分散体系，其内部结构的强度有限，改变温度、分散介质成分或外加作用力等，常使其结构破坏，产生不可逆形变而能流动。因此，凝胶是性质介于固体和液体之间的一种特殊形式的分散体系。

凝胶是一类具有重要研究价值并得到广泛应用的分散体系。例如，凝胶色谱、凝胶电泳和膜分离技术等，都要用到特殊孔结构的凝胶；细胞膜和肌肉纤维等都是凝胶状物质，而且许多生理过程（如血液的凝结、人体的衰老等）也都与凝胶的性质有关。近年来受到广泛关注的一种智能型水凝胶，通常是由功能性高分子构成的弹性凝胶，这种智能型水凝胶能够对外界刺激产生敏感响应，在药物控释等领域有着广阔的应用前景。

8.7.2 凝胶的形成与结构

1. 凝胶的形成

形成凝胶，可以用干凝胶吸收亲和性的液体，体积膨胀形成软胶，这只限于高聚物。也可以改变条件，使大分子或溶胶自分散介质中析出，而析出的粒子既不沉降，也不能自由行动，而是搭成骨架，形成连续的网状结构，使整个体系结构化。具体方法有：

(i) 改变温度。许多大分子物质溶于热溶剂中，温度降低，溶解度下降，粒子析出后互相连接而形成凝胶。如0.5%的琼脂水溶液冷却到35 ℃即可制得凝胶。也有因升温而转变成凝胶的。

(ii) 加入非溶剂。在果胶水溶液中加入酒精就可形成凝胶。

(iii) 加入盐类。在亲水性较强和粒子形状不对称的溶胶中，加入适量的电解质就能形成凝胶。例如，在亲水性较强的 $Fe(OH)_3$ 溶胶中加入适当浓度的KCl，溶胶便可发生胶凝。

(iv) 化学反应。利用化学反应生成不溶物的凝胶。如浓的铝盐溶液和氨水反应，可得到 $Al(OH)_3$ 凝胶。

2. 凝胶的结构

凝胶网状结构中，粒子相互作用力的特性对凝胶的性质有重要影响。按其作用，可分为以下三种情况：

(i) 依靠粒子间的范德华引力形成结构，但不稳定，往往在外力作用下遭到破坏、静置时又可恢复，如泥浆、$Al(OH)_3$ 等凝胶属于此类。

(ii) 极性分子依靠氢键发生缔合，形成结构。这类凝胶的结构较前一类牢固，如明胶等蛋白质类凝胶。

(iii) 线型大分子间靠化学桥键形成网状结构。这类结构非常稳定，如硫化橡胶等。

8.7.3 凝胶的性质

1. 凝胶的膨胀（溶胀）和离浆

膨胀是凝胶吸收液体后自身体积明显增大的现象。膨胀作用只在亲和性很强的液体中才表现出来，它具有选择性，如明胶在水中能膨胀，在苯中则不能。

凝胶的膨胀分为两个阶段。第一阶段是溶剂分子钻入凝胶中，与大分子相互作用形成溶剂化层，并放出膨胀热。由于这部分溶剂与大分子结合紧密，体系膨胀后的总体积小于凝胶体积与吸收液体体积之和。这个阶段时间很短。第二阶段是液体的渗透作用，凝胶吸收大量液体，体积大大增加，几乎没有热效应。

当凝胶膨胀时，使凝胶内外溶液浓度差别很大，溶剂分子进入凝胶结构的过程与渗透过程相似，膨胀物表现出很大的膨胀压。例如明胶浓度为50%时，膨胀压为1.28×10^6 Pa。古代埃及人利用木头遇水后产生很大的膨胀压来开采建造金字塔的石料。植物种子遇水膨胀产生的膨胀压，能够挤开坚硬的泥土，种子才得以生长发育。

凝胶老化时，一部分液体自动从软胶中分离出来使凝胶体积缩小，这种现象称为离浆。离浆不是由于干燥引起的脱水作用，而是组成凝胶骨架的大分子或粒子由于热运动和分子间的吸引，使它们进一步靠近，骨架空间收缩的结果。凝胶体积虽变小，但仍能保持其原始的几何形状。即使在非常潮湿的地方都能发生离浆。

2. 凝胶中的扩散与化学反应

凝胶和液体一样，可以作为介质在其中进行物理扩散和化学反应。凝胶中的扩散作用与凝胶浓度、孔隙大小及扩散物质的本性有关。当浓度低时，凝胶网状结构的孔洞较大；浓度高时，孔洞变小。由于扩散物质分子大小不同，在凝胶中的移动速率亦不相同，因此凝胶可起分子筛的作用。例如，浓度为7.5%的聚丙烯酰胺凝胶，平均孔径为5 nm，对直径3.8 nm、长度为15 nm的血清蛋白较易通过筛孔，而对直径为18.5 nm的球形β-脂蛋白则很难通过，可分离大小不同的分子。此外，凝胶的网状结构有相当大的柔性与活动度。若蛋白质分子在电场力作用下通过凝胶，能“挤过”这些相形之下较小的筛孔，因此凝胶电泳的分离效果就特别好。目前，凝胶色谱与凝胶电泳已成为生物学领域的分析与分离的重要研究工具。

在凝胶中也可以发生化学反应。由于没有对流与混合作用，在凝胶中化学反应生成的不溶物具有周期性分布的现象。例如把明胶和$K_2Cr_2O_7$溶液加热溶解，放在试管中冷却形成软胶，在软胶上倒一些$AgNO_3$溶液，$AgNO_3$向软胶中扩散与其中的$K_2Cr_2O_7$反应，生成砖红色的$Ag_2Cr_2O_7$沉淀。砖红色是一层层间歇分布的。这种现象是Liesegang(利泽冈)发现的，称为Liesegang环。其原因可认为是沉淀反应造成了浓差，引起附近的$K_2Cr_2O_7$向反应处扩散，使第一层沉淀近处的$K_2Cr_2O_7$浓度降低，不足以生成沉淀，出现空白；当$AgNO_3$再深入到软胶内部$K_2Cr_2O_7$浓度较大的区域时，才能再进行沉淀反应，生成第二层沉淀物的环；依此类推。在自然界中许多矿石、玛瑙的层状花纹都有这种周期性结构。生物体的组织器官都是不同的凝胶，肾、胆以及其他器官因病患所形成的结石的层状结构与Liesegang环相似。

8.8　纳米粒子与纳米生物技术

8.8.1　纳米材料概述

1. 纳米科技与纳米材料

纳米科技是20世纪80年代末逐步发展起来的前沿交叉学科领域，它的发展正在大大拓展和深化人们对客观世界的认识，并将带来新一轮的技术革命。纳米科技在信息、材料、能源、环境、化学、生物、医学、微电子、微制造和国防等方面具有广阔的应用前景，将会给人类社会带来巨大的变化，已成为全世界关注的重要科技前沿。近年来，纳米科技正向各个学科领域全面渗透，速度之快、影响之广、潜力之大，都出乎人们的预料。人们有理由相信，纳米科技将成为 21 世纪的一项主导科学技术。

纳米科技通常是指在纳米尺度（1～100 nm）范围内研究物质的特性和相互作用（包括原子、分子的操纵）以及充分利用这些特性的多学科交叉的科学和技术。纳米尺度物质或纳米体系处于微观粒子（如原子、分子）和宏观物体交界的中间过渡区域，属于人类过去较少涉及的、介于微观领域和宏观领域之间的介观领域，它构成了纳米科技的主要关注对象。这里值得指出的是，诞生于 1861 年的胶体化学的一个主要研究对象便是纳米尺度的胶体分散体系，因此早期的胶体化学及其应用可以在一定程度上看作为原始状态的纳米科技。在胶体化学诞生大约 100 年之后，人们在纳米体系的相关理论研究和纳米材料的制备与表征等方面陆续取得了一系列重要进展，为现代纳米科技的诞生奠定了必要的理论和实验基础。1990 年在美国召开了第一届国际纳米科技会议，这标志着纳米科技作为一项刚刚诞生并正在蓬勃发展的高新科技被人们普遍认可。目前，纳米技术、生物技术和信息技术在国际上被列为 21 世纪的三大关键技术。

纳米科技的一个显著特点是众多基础学科（如物理、化学、生命科学、材料科学、电子学等）和高新技术的交叉融合，其研究内容主要包括纳米材料学、纳米机械学、纳米电子学、纳米化学、纳米生物学、纳米医学等以及各相关技术。其中，纳米材料科学与技术是纳米科技的研究基础，也是纳米科技中最为活跃、最接近应用的重要组成部分。纳米材料是指在三维空间中至少有一维处于纳米尺度范围的材料，或由它们（包括纳米孔洞）作为基本单元构成的材料。如果按维数来分类，纳米材料的基本单元可以大致分为三类：零维纳米材料（如纳米球、纳米颗粒等）、一维纳米材料（如纳米棒、纳米管等）和二维纳米材料（如纳米片、纳米薄膜等）。习惯上将在三维方向均处于纳米尺度的固体微粒称为纳米粒子。纳米粒子在自然界中广泛存在，浩瀚的海洋就是一个庞大的纳米粒子的聚集场所，而生物体内也存在着多种功能性纳米粒子（如起导航功能的磁性纳米粒子）。人工制备纳米材料的历史可追溯到很久远的年代，例如我国古代铜镜、宝剑的表面上就覆盖有氧化物纳米粒子构成的保护膜；Faraday 在 19 世纪中叶就制备出了红色的金纳米粒子的溶胶；随着胶体化学的建立，人们就开始了对由纳米粒子构成的胶体分散体系的研究。但直到 20 世纪 60 年代，人们才开始对单个纳米粒子的结构、形态和性能展开深入的理论和实验研究。在 20 世纪 80 年代末，有关纳米材料的研究形成了世界性的研究热潮，也在很大程度上推动了纳米科技的诞生。

2. 纳米粒子的特性

当材料的尺寸逐渐由宏观尺度减小到纳米尺度时，其各项性能会发生显著变化，进而呈现出不同于原来的宏观材料的物理与化学特性。纳米粒子通常具有以下一些特殊效应。

(1) 表面效应

随着粒子尺寸的减小，其比表面逐渐增加，表面原子数占总原子数的比例也将逐渐增加。当粒子尺寸小到纳米尺度时，表面原子比例随粒子尺寸的减小而急剧增加。例如，粒径为 10 nm的铜纳米粒子的比表面约为 $66\ m^2 \cdot g^{-1}$，表面原子所占比例为 20%；当粒径下降为2 nm时，比表面猛增到 $330\ m^2 \cdot g^{-1}$，表面原子所占比例增加到 80%。表面原子由于未达到饱和成键状态（即表面存在大量的悬键），因而较之体相原子更为活泼。具有较高表面原子比例的纳米粒子自然也就具有很高的表面能和反应活性。例如，金属纳米粒子遇到空气会迅速自燃，纳米尺度的催化剂粒子具有较高的催化活性。纳米粒子通常有发生表面吸附或自发团聚以降低表面能的倾向。

(2) 量子尺寸效应

所谓量子尺寸效应，主要是指随着粒子尺寸的减小，金属材料 Fermi(费米)能级附近的电子能级由准连续变为分立能级的现象和半导体材料的导带和禁带能级变为分立能级且能隙变宽的现象。该效应可以通过量子力学理论得到解释。由于量子尺寸效应的存在，金属材料在小到一定程度时变为半导体，甚至完全变为绝缘体；而半导体材料在小到一定程度时将会发生吸收和荧光光谱的蓝移。尺度小于激子 Bohr(玻尔)半径的半导体纳米粒子因呈现出显著的量子尺寸效应而被称作为量子点。

(3) 小尺寸效应

当纳米粒子的尺寸与光波波长、物质的 de Broglie(德布罗意)波长、超导材料的超导态相干长度、磁性材料的单磁畴尺寸等物理特征尺度相当或更小时，它在声、光、电、磁、热、力学等方面的性质将发生显著变化，呈现出小尺寸效应。例如，与块体材料相比，金属纳米粒子的熔点显著降低，对光的反射率也显著降低，等离子共振吸收频率会发生移动；随着纳米粒子尺度的减小，还可能发生超导相向非超导相、磁有序态向磁无序态的转变等。

此外，纳米粒子还呈现出许多奇异特性，如宏观量子隧道效应、库仑堵塞、量子隧穿、巨磁阻效应、介电限域效应等。随着纳米科技的发展，与纳米粒子相关的一些新的物理现象还将可能被不断揭示出来。

纳米粒子所具有的这些异乎寻常的特性体现了纳米粒子的魅力所在。它为人们改进传统产品和设计新产品提供了新的机遇，也使得纳米材料在高韧性陶瓷、磁性材料、光学材料、光电器件、微电子学、催化反应以及生物医学等领域都展现出诱人的应用前景。在充满生机的 21 世纪，生物技术、信息、能源、环境、先进制造技术和国防的高速发展必然对材料提出新的需求，元件的小型化、智能化、高集成、高密度存储和超快传输等对材料的尺寸要求越来越小，航空航天、新型军事装备及先进制造技术等对材料性能要求越来越高，这些都为纳米材料提供了广阔的应用空间。可以预料，纳米材料将在 21 世纪的人类社会发展中发挥举足轻重的作用。

8.8.2 胶体化学法合成纳米粒子

具有特定大小、形貌与结构的纳米粒子的可控合成是纳米材料研究领域中一个十分重要的研究方向，一直以来受到人们的高度重视。纳米粒子的合成方法多种多样，根据制备过程所发生的变化，可以分为物理方法和化学方法；根据制备过程物质的状态，可以分为气相法、液相法、固相法等。此外，根据制备过程的特点，还可以人为地归纳总结出一些各具特色的合成方法，如借助于软、硬模板的复制作用的模板合成法、基于有机分子及其有序聚集结构的诱导作用的仿生合成法、基于特定能量供给方式的超声合成和微波合成等。这里将着重介绍基于溶液中的化学反应来合成胶体纳米粒子的胶体化学法。该方法不仅有着悠久的发展历史，更重要的是在近年来取得了许多令人瞩目的新进展，在现有的各种纳米粒子的合成方法中占有重要地位。

1. 受控沉淀法

所谓受控沉淀法，是指在溶液中通过某些特定保护剂(或配体)的表面包覆(或配位)作用来严格控制纳米粒子的成核与生长过程，进而沉淀出具有特定大小与形貌的胶体纳米粒子。该合成方法中反应前驱体、保护剂和溶剂的选择至关重要。经常用到的保护剂包括表面活性剂、聚合物分子、带有特定功能团的有机小分子以及一些无机离子等。早期的受控沉淀法主要在水溶液中进行，可以在低于 100℃的温度下得到多种金属、金属氧化物、半导体等无机材料的纳米粒子。例如目前合成胶体金纳米粒子，最常用的方法便是在水溶液中以柠檬酸钠同时作为保护剂和还原剂来还原氯金酸。1993 年，人们在三辛基膦(TOP)溶液中利用在三辛基氧化膦(TOPO)作为保护剂、二甲基镉作为反应前驱体，在 120～300℃的高温下反应，可以合成得到直径小于 10 nm 且粒径可控的单分散 CdSe 纳米粒子。这种基于高温有机溶剂的受控沉淀法有利于获得单分散性好且晶化程度高的胶体纳米粒子，因而受到人们的高度重视，并不断得到改进和发展。此外，多元醇也经常被用作合成纳米粒子的溶剂，例如以乙二醇为溶剂和还原剂、以聚乙烯吡咯烷酮(PVP)为保护剂，在加热回流条件下，可以合成出粒度均一的立方形银纳米粒子。

2. 反胶束或微乳液法

反胶束或微乳液法通常是指利用反胶束或反相微乳状液作为纳米结构化反应介质或“纳米反应器”来进行纳米粒子合成的方法。反胶束或反相微乳状液是由油、水、表面活性剂等组成的以油相为连续相、水相为分散相且热力学稳定的间隔化液体，其中内水核的大小约为 1～100 nm，其表面包覆有致密的表面活性剂单分子膜。通常将增溶水量较大的反胶束称为 W/O型微乳状液或反相微乳状液，但两者之间没有明显的分界线，它们共同的结构特征使其成为合成纳米粒子的天然反应介质，而水核之间不断的碰撞、融合与分离也使得水核之间的物质交换及化学反应的发生成为可能。在反胶束水核中生成的纳米粒子的大小将受到水核自身大小的显著影响，同时还会受到表面活性剂界面膜的弹性、反应物种类及浓度等多种因素的影响，这也为实现纳米粒子粒度与形貌的可控性提供了有利条件。利用反胶束法合成纳米粒子的报道最初始于 1982 年，迄今已实现多种材料的纳米粒子的合成，并且在粒子大小和形貌的调控方面取得了很大进展，甚至可以控制合成出一些具有复杂形貌或高级有序结构的新型纳米材料。

3. 水热或溶剂热法

水热或溶剂热法通常是指在密闭容器中、在高于反应溶液体系沸点温度和一定压力下进行的物质合成，其中反应体系为水溶液的称为水热法，反应体系为非水溶剂的则称为溶剂热法。水热合成最早是为了模拟地球内部地矿生成的反应条件而发展起来的合成方法，目前水热和溶剂热技术已被广泛应用于各种纳米粒子的合成。水热和溶剂热合成体系处于高温高压状态，溶剂的溶解性能、流动性能等都与常态的溶剂大不相同，整个反应体系一般也处于非平衡的状态，因而在纳米粒子的合成方面具有一些独特的优点。合成过程中通过调节溶剂、反应温度、反应物及添加剂的种类和浓度等条件，可以有效地控制纳米粒子的组成、结构、尺寸和形貌等。

4. 溶胶-凝胶法

溶胶-凝胶法通常是指在金属醇盐或无机盐经水解得到均匀溶胶后，使其进一步聚合交联转化成为凝胶，然后将凝胶干燥、热处理得到所需的纳米粒子。溶胶-凝胶法最初是在 20 世纪 60 年代发展起来的一种制备玻璃、陶瓷等无机块体材料的工艺，后来该方法被成功地用于制备无机纳米粒子粉体材料，尤其被广泛用于各种氧化物纳米粒子的合成。溶胶-凝胶过程易于控制，可在较低温度下合成化学均匀性好、纯度高、粒度小且分布窄的纳米粒子。但该方法多数情况下采用金属醇盐作为原料，致使成本偏高，另外，还需要采取适当措施，以避免干燥和热处理过程引起的粒子团聚。

8.8.3 纳米粒子在纳米生物技术中的应用

纳米生物技术是指用于研究生命现象的纳米技术，它是纳米科技与生物技术相互融合而成的一门综合性前沿交叉学科。目前，有关纳米生物技术的研究主要包括两个方面：(i) 利用新兴的纳米技术研究和解决生命科学问题；(ii) 了解和模拟各种纳米生物结构（如分子马达、离子通道和光合器等），仿生制造可应用于不同技术领域的功能性纳米器件或装置。经过生物偶联(bioconjugation)的纳米粒子在纳米生物技术中发挥着十分重要的作用。以下简要介绍几类在纳米生物技术受到广泛关注的纳米粒子。

1. 金纳米粒子

金纳米粒子也称作纳米金，它是在生物和医学领域研究和应用较早的一种纳米粒子，通常分散在水溶液中以胶体金的形式存在。金纳米粒子具有优良的生物相容性且易于与生物分子偶联，同时具有独特的光学性质和氧化还原性质，这使得它在纳米生物技术中得到了广泛应用。金纳米粒子在可见光区域存在较强的表面等离子共振(SPR)吸收，并且该吸收峰的位置和形状受到粒子的大小、形貌和聚集状态的显著影响。普通胶体金的吸收峰一般位于510～550 nm，随粒径增大而发生红移（表观颜色由淡橙黄色向深红色、蓝紫色变化），且随着粒子聚集也会发生红移和宽化。近年还发现，通过控制金纳米粒子的形貌和结构，还可以在可见到近红外波长范围内人为地调控其SPR吸收。此外，金纳米粒子还具有很强的光散射能力和显著的表面增强Raman散射(SERS)效应。这些光学特性十分有利于金纳米粒子在生物检测等领域的应用。

目前金纳米粒子主要应用于以下方面：

(i) 免疫分析。胶体金在1971年被引入免疫学实验，开创了纳米金免疫标记技术，此后逐渐发展成为四大免疫标记技术之一（其他三种技术使用的检测标记物分别为酶、放射性同位素和荧光物质）。在基于抗体-抗原特定作用的免疫分析中，作为免疫标记物的纳米金可以通过光镜、电镜、电学等手段进行检测，也可以应用于肉眼水平的比色检测，例如利用斑点金免疫渗滤试验可以快速检测早孕、乙肝表面抗原和艾滋病抗体等。

(ii) DNA检测。1996年Mirkin等发展了利用寡核苷酸修饰的金纳米粒子进行DNA比色分析的新技术，当寡核苷酸修饰的金纳米粒子与互补的靶DNA分子杂交后形成网状聚集体，SPR吸收峰发生红移，颜色由红变蓝。此后利用纳米金作为光学探针检测DNA的工作便蓬勃开展起来；与此同时，纳米金还被广泛用于增强电化学DNA传感器和石英晶体微天平(QCM)在DNA检测方面的灵敏度。

(iii) 单细胞分析。纳米金可以作为标记物用于细胞染色或光学成像，还可用于单细胞中超灵敏的Raman光谱测定以给出细胞内部的成分组成。

(iv) 靶向治疗。表面偶联有特异性靶向分子的金纳米粒子可以用作药物载体以实现靶向给药；而具有近红外SPR吸收的金纳米粒子因其特有的光热效应，可以在近红外光照射下发生局部升温，因而可以选择性杀死癌细胞。

2. 半导体纳米粒子

作为一种性能优异的新型荧光标记材料，半导体纳米粒子在生物医学领域的应用近年来受到人们的极大关注。由于量子尺寸效应的存在，半导体纳米粒子的荧光发射光谱随着粒子尺度的减小发生蓝移，因而其发射波长具有很好的人为可调性；量子点同时具有连续的吸收光谱或很宽的激发光谱，因而可以选用同一激发光源来实现对不同量子点标记区域的同步检测。不仅如此，相对于传统的有机荧光染料，半导体纳米粒子还具有以下优势：窄而对称的荧光发射峰、高的亮度和光稳定性、较长的荧光寿命、较大的 Stokes 位移等。这些光学特性使得量子点在生物标记、生物成像、生物传感和医学诊断等领域呈现出广阔的应用前景。

目前，半导体纳米粒子主要应用于以下方面：

(i) 免疫分析与 DNA 检测。采用量子点-抗体偶联物或量子点-DNA 偶联物作为荧光标记物或荧光探针，可以广泛用于抗原或毒素的免疫荧光分析和 DNA 分子的荧光检测，并可以实现多种待测物的同步检测。

(ii) 体外细胞成像。量子点用于体外细胞标记始于 1998 年。此后的研究表明，生物偶联的量子点可以特异性标记亚细胞水平的分子靶点，并且可以进行多组分的同时检测和长时间观察，进而可以进行细胞内过程的实时检测和跟踪，这是传统的有机染料所无法实现的。

(iii) 活体成像。极强的荧光稳定性和高亮度使得量子点在生物活体成像中的应用成为可能，这方面的研究报道在 2002 年开始出现。最初的研究是将量子点注射到小鼠等动物活体内，然后通过剖检进行荧光观测，或通过多光子荧光成像技术进行浅表组织观测。通过使用荧光发射波长在近红外区的量子点作为荧光探针，可以实现活体深部组织的光学成像并达到光学活检的目的，目前这种近红外发光量子点已被用于活体肿瘤检测。

需要指出的是，若要实现量子点在生物医学领域的广泛应用，仍存在一些需要解决的问题，如生物毒性和非特异性黏附等。

3. 磁性纳米粒子

磁性纳米粒子由于存在与外磁场的特异相互作用而在生物医学领域得到了广泛应用，主要体现在以下方面：

(i) 生物分离和纯化。通过合成生物偶联的磁性微米或纳米粒子，可以在外加磁场的定向控制下简单地从复杂生物体系中分离得到所需的蛋白、DNA、细胞、细菌和病毒等。

(ii) 靶向药物载体。携带药物的磁性纳米粒子在磁场引导下定位于特定的病变部位，再把药物释放出来，可以更大程度地发挥药物疗效并减少毒副作用。

(iii) 肿瘤的磁热治疗。磁性纳米粒子在磁场引导下靶向肿瘤部位，同时由于磁热效应而局部升温，从而选择性地杀死癌细胞。

(iv) 磁共振成像(MRI)。具有超顺磁性的氧化铁纳米粒子可以作为一种新型的 MRI 造影剂而大大增强磁共振成像，从而促进了磁共振细胞影像和分子影像新技术的诞生。该技术近来已被成功应用于肿瘤的高灵敏度活体检测。

4. 其他纳米粒子

除了上述三类应用最为广泛的纳米粒子之外，还有其他许多种类的纳米粒子也在生物医学中得到应用。例如，二氧化硅纳米粒子因其良好的生物相容性和化学稳定性而受到人们的关注，其中荧光染料掺杂的二氧化硅纳米粒子和内部包裹有荧光或磁性纳米粒子的二氧化硅纳米粒子已被应用于生物医学领域。具有生物相容性的羟基磷灰石纳米粒子与胶原形成的纳米复合材料是良好的骨修复医用材料。一些医用药物被制作成纳米尺度的颗粒，以提高药物的利用率。目前，人们还在不断致力于开发新的纳米粒子体系，例如单壁碳纳米管最近还被尝试用于活体肿瘤治疗的研究。该研究领域的一个重要发展方向是合成同时具有多重功能的新型纳米粒子，如集发光和磁性于一体的复合纳米粒子等。

参 考 读 物

[1] 周祖康，顾惕人，马季铭. 胶体化学基础. 北京：北京大学出版社，1996
[2] 沈钟，赵振国，王果庭. 胶体与表面化学(第三版). 北京：化学工业出版社，2004
[3] 江龙. 胶体化学概论. 北京：科学出版社，2002
[4] 陈宗淇，王光信，徐桂英. 胶体与界面化学. 北京：高等教育出版社，2001
[5] 张立德，牟季美. 纳米材料和纳米结构. 北京：科学出版社，2001
[6] 白春礼. 纳米科技的内涵及其发展趋势. 武汉理工大学学报，2002，24(5)：5
[7] 解思深. 发展纳米生物学和纳米医学的重要性. 中国医学科学院学报，2006，28(4)：469
[8] 张阳德. 我国纳米生物技术的医学应用及研究进展. 中国医学科学院学报，2006，28(4)：579
[9] 赵强，庞小峰，张怀武. 纳米生物技术及其应用. 物理，2006，35(4)：299
[10] 王楠，徐淑坤，王文星. 纳米金生物探针及其应用. 化学进展，2007，19(2/3)：408
[11] 张海丽，刘天才，王建浩，黄振立，赵元弟，骆清铭. 量子点成像的新研究进展. 分析化学，2006，34(10)：1491
[12] 肖旭贤，何琼琼，黄可龙. 磁性纳米生物材料在医学中的应用. 生物技术通报，2006，(3)：11
[13] Cushing B L, Kolesnichenko V L, O'Connor C J. Recent advances in the liquid-phase syntheses of inorganic nanoparticles. Chem. Rev., 2004, 104: 3893
[14] Alivisatos P, Yin Y. Colloidal nanocrystal synthesis and the organic-inorganic interface. Nature, 2005, 437: 664
[15] Alivisatos P. The use of nanocrystals in biological detection. Nat. Biotechnology, 2004, 22: 47
[16] Pellegrino T, Kudera S, Liedl T, Javier A M, Manna L, Parak W J. On the development of colloidal nanoparticles towards multifunctional structures and their possible use for biological applications. Small, 2005, 1: 48
[17] Hu M, Chen J, Li Z-Y, Au L, Hartland G V, Li X, Marquez M, Xia Y. Gold nanostructures: engineering their plasmonic properties for biomedical applications. Chem. Soc. Rev., 2006, 35: 1084
[18] Michalet X, Pinaud F F, Bentolila L A, Tsay J M, Doose S, Li J J, Sundaresan G, Wu A M, Gambhir S S, Weiss S. Quantum dots for live cells, in vivo imaging, and diagnostics. Science 2005, 307: 538
[19] Medintz I L, Uyeda H T, Goldman E R, Mattoussi H. Quantum dot bioconjugates for imaging, labelling and sensing. Nat. Mater., 2005, 4: 435
[20] Klostranec J M, Chan W C W. Quantum dots in biological and biomedical research: recent progress and present challenges. Adv. Mater., 2006, 18: 1953

思 考 题

1. 用离心沉降平衡法测得某物质的相对分子质量为 1.5×10^5 g·mol^{-1}，而用渗透压法测得的相对分子质量为 1.0×10^5 g·mol^{-1}，由此得出可能的结论是：(1) 测量存在较大误差，(2) 相对分子质量为 1.25×10^5 g·mol^{-1}，(3) 体系为单分散体系，(4) 体系为多分散体系。试问，其中哪个结论正确？

2. 为什么晴朗的天空呈现为蓝色？为什么危险信号灯规定用红色？

3. 试讨论电解质浓度增加对扩散双电层厚度、ζ 电势及电动性质的影响。

4. 往新生成的 $Fe(OH)_3$ 沉淀中加入少量的稀 $FeCl_3$ 溶液，为什么沉淀会重新分散为溶胶？若再加入一定量的硫酸钠溶液，为什么又会析出沉淀？

5. 在制作墨汁时往往要加入一定量的阿拉伯胶作为稳定剂，为什么？

6. 在 20 mL 试管中加入 1 mL 饱和醋酸钙水溶液，迅速加入 9 mL 无水乙醇，立即倒转试管摇匀(2～3次即可)，生成凝胶状固体酒精。试解释胶凝的原因。

习　　题

1. 设有一聚合物样品，其中摩尔质量为 10.0 kg·mol^{-1}的分子有 10 mol，摩尔质量为 100 kg·mol^{-1}的分子有 2 mol。试分别计算该样品的各种平均相对分子质量 $\overline{M}_n$、$\overline{M}_w$、$\overline{M}_z$。

2. 293 K 水中，烟草花叶病毒和牛胰岛素的扩散系数分别为 5.30×10^{-11} m^2·s^{-1}和 7.53×10^{-11} m^2·s^{-1}。计算这些分子扩散 10 μm(活细胞的直径)的平均时间。假定水的黏度为 1.009×10^{-3} Pa·s，若分子为球形，计算两种分子的半径。

3. 某水溶胶中粒子平均直径为 4.2 nm，已知 $\eta_{298}(H_2O)=9.075\times10^{-4}$ Pa·s，试计算 298 K 时的扩散系数。

4. 293 K 时卵蛋白在稀的盐水溶液中的扩散系数为 7.8×10^{-11} m^2·s^{-1}。设分子为球形，已知 $\eta_{293}(H_2O)=1.009\times10^{-3}$ Pa·s，卵蛋白的比容为 0.75 cm^3·g^{-1}，试计算其相对分子质量。

5. 直径为 1 μm 的石英微尘，从高度为 1.7 m 处(人的呼吸带附近)降落到地面需要多少时间？已知石英的密度为 2.63×10^3 kg·m^{-3}，空气的黏度为 1.81×10^{-5} Pa·s。

6. 已知在 293 K 时白蛋白的 Svedberg 沉降系数为 3.6×10^{-13} s，扩散系数为 7.8×10^{-11} m^2·s^{-1}，比容为7.2×10^{-4} m^3·kg^{-1}，水的密度在 293 K 为 998 kg·m^{-3}。求白蛋白的相对分子质量。

7. 利用毛细管黏度计在 298 K 时测得一系列不同浓度的聚苯乙烯在甲苯中的相对黏度如下：

浓度 c/[g·(100 cm^3)$^{-1}$]	0.249	0.499	0.999	1.998
相对黏度 η_r	1.355	1.782	2.879	6.090

已知此聚合物的 $K=3.7\times10^{-4}$，$\alpha=0.62$，求其相对分子质量。

8. 在 298 K，溶解在有机溶剂中的聚合物的特性黏度如下：

相对分子质量/(kg·mol^{-1})	34	61	130
特性黏度[η]	1.02	1.60	2.75

求该体系的 α 和 K 值.

9. 在 293 K，测得 $Fe(OH)_3$ 水溶胶的电泳速率为 1.65×10^{-5} m·s^{-1}，两极间距离为 20 cm，所加电压为 110 V，求 ζ 电势(已知水的黏度为 1.1×10^{-3} Pa·s，介电常数为 7.172×10^{-10} F·m^{-1})。

10. 某一胶态铋在 293 K 时的 ζ 电势为+0.016 V，求它在电势梯度为 100 V·m^{-1}条件下的电泳速率(水的黏度及介电常数同上题)。

11. 已知水和玻璃间的 ζ 电势为 40 mV，若在直径为 1 mm、长为 20 cm 的毛细管两端加 200 V 的电压，试求 298 K 时水通过毛细管的电渗速率(已知水的黏度为 1.0×10^{-3} Pa·s，介电常数为7.17×10^{-10} F·m^{-1})。

12. 在 pH 6.5，正常一氧化碳血红蛋白的电泳淌度是 2.23×10^{-9} m^2·s^{-1}·V^{-1}，而镰刀状红细胞一氧化碳血红蛋白是 2.63×10^{-9} m^2·s^{-1}·V^{-1}。如果电势梯度为 500 V·m^{-1}，计算把这两种蛋白质分开1 cm需多长时间。

13. 将 12 cm^3、0.02 mol·dm^{-3}的 KI 溶液与 100 cm^3、0.05 mol·dm^{-3}的 $AgNO_3$ 溶液混合以制备 AgI 溶胶，试写出胶体粒子的胶团表示式。

14. 取 3 个试管，各盛 20 cm^3 $Fe(OH)_3$ 溶胶：在第一管中加入 2.1 cm^3、1.0 mol·dm^{-3}的 KCl 溶液，在第二管中加入 12.5 cm^3、0.01 mol·dm^{-3}的 Na_2SO_4 溶液，在第三管中加入 7.4 cm^3、0.001 mol·dm^{-3}的 Na_3PO_4 溶液。如它们均能恰好使溶胶聚沉，试计算各电解质的聚沉值，并确定溶胶的电荷符号。

第 9 章　分子结构与分子光谱

分子是具有物质基本特征的最小单元，是由原子通过化合作用结合而成的。所谓分子结构，它包括分子的化学组成，分子中原子间的结合方式（化学键型）和排列方式（空间结构、构型、构象）及其能级分布。

分子中将原子结合在一起的强烈相互作用通常称为化学键。广义而言，化学键还包括分子间的相互作用。从一定意义上说，关于分子内化学键的描述就是分子内电子分布的描述。化学键理论就是要阐明在原子结合成分子的过程中，分子内电子的分布和行为，以及由此产生的后果。依据分子中原子间结合方式的不同，化学键有多种类型。典型的化学键有三类：

电价键　依靠正、负电荷之间的 Coulomb（库仑）引力而结合，如离子键。

共价键　依据原子间的共享电子对结合。

金属键　依靠导带电子的公有化作用结合，某种意义上相当于多原子共价键。

此外，在一定场合下，分子间（或分子内）还存在较弱的相互作用，包括 van der Waals（范德华）力和氢键。

近代化学键理论是建立在量子力学基础上的。它依据量子力学原理来处理化学问题，形成了量子化学。目前，量子化学中有关共价键的理论主要有价键理论和分子轨道理论两种。它们从不同角度表述了化学键的本质，相互间又有一定联系，可以互相取长补短。配位场理论主要是处理有关配位物分子的结构，它是晶体场理论与分子轨道理论相结合的产物。

分子中存在多种不同类型的运动，包括分子中原子内、外层电子的运动；分子的振动、转动和电子、原子核的自旋运动等。这些运动的能量都是量子化的。由于不同分子的组成及其结合方式不同，每种分子都有它自身特定的运动能级分布。当不同波长（或性质）的电磁波与分子相互作用时，引起分子内不同运动能级间的跃迁，同时发生对不同波长电磁波的吸收（或发射），产生相应的分子吸收（或发射）光谱。分子中，各种不同层次运动能级跃迁与相应吸收或发射的电磁波波长的关系列于表 9.1 中。

表 9.1　分子运动与电磁波谱

波谱区	X 射线	紫外光	可见光	红外光	微波	无线电波
波长	10^{-2} nm	10 nm	400 nm	800 nm	1 mm	300 mm
能量	10^{5} eV	100 eV	3 eV	1.6 eV	10 cm^{-1}	0.03 cm^{-1}
分子运动类型	内层电子能级跃迁	外层价电子能级跃迁		分子振动、转动能级跃迁	分子转动能级跃迁	电子、原子核自旋能级跃迁
光谱	X 光光谱	紫外-可见光谱		红外光谱	微波谱	ESR，NMR
		分子光谱				

测定和研究各种不同类型的分子光谱是探测分子中不同类型运动能级分布的最好方法。借助于分子光谱，可以测定分子的价电子能级、键长、键振动的力常数、解离能等。同时，根据

分子光谱还可以鉴别分子中的官能团，因而分子光谱成为研究、测定分子结构的一类最有用的工具。

9.1　双原子分子的结构与分子轨道理论

9.1.1　氢分子离子(H_2^+)的结构

氢分子离子(H_2^+)是最简单的双原子分子，它是由两个氢原子核和一个电子组成。虽然H_2^+不稳定，但光谱证明它确实存在。由于电子的质量比原子核的质量小得多，而且电子运动的速度又比原子核运动的速度快得多。因此，在讨论原子中电子的运动时，可近似假定原子核固定不动，而电子处在固定的原子核势场中运动，称之为"定核近似"。

用原子单位制表示的氢分子离子的Schrödinger(薛定谔)方程为

$$\hat{H}\psi=\left[-\frac{1}{2}\nabla^2-\frac{1}{r_a}-\frac{1}{r_b}+\frac{1}{R}\right]\psi=E\psi \tag{9.1.1}$$

式中：$\hat{H}$为Hamilton(哈密顿)算符，∇^2为Laplace(拉普拉斯)算符。ψ和E分别为H_2^+分子离子的波函数和能量。方程左边括号中第一项代表电子的动能算符；第二和第三项分别代表电子受a核和b核的吸引能；第四项代表两个原子核间的静电排斥能。因为假定原子核不动，所以解Schrödinger方程得出的波函数ψ表征电子相对于原子核的运动状态，它将随核间距离R的改变而变化，同时其能量E也将随之变化。

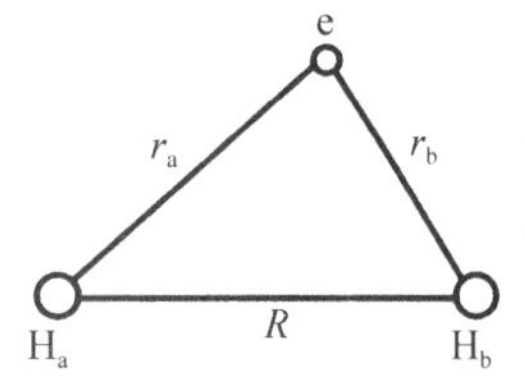

图9.1　H_2^+分子离子

用线性变分法解H_2^+的Schrödinger方程，可得H_2^+分子离子的两个状态的能量

$$E_1=\frac{H_{aa}+H_{ab}}{1+S_{ab}} \tag{9.1.2a}$$

$$E_2=\frac{H_{aa}-H_{ab}}{1-S_{ab}} \tag{9.1.2b}$$

和两个相应的波函数

$$\psi_1=c_1(\phi_a+\phi_b)=\frac{1}{\sqrt{2+2S_{ab}}}(\phi_a+\phi_b) \tag{9.1.3a}$$

$$\psi_2=c_2(\phi_a-\phi_b)=\frac{1}{\sqrt{2-2S_{ab}}}(\phi_a-\phi_b) \tag{9.1.3b}$$

它们是原子a和b的波函数ϕ_a和ϕ_b的线性组合，c_1和c_2为组合系数。ψ_1、E_1和ψ_2、E_2分别表征H_2^+处在两种状态时的波函数和相应能量。其中，H_{aa}和H_{bb}为Coulomb积分，又称为α积分，它近似等于氢原子基态的能量E_H。因此，在粗略计算中可近似认为

$$\alpha=H_{aa}=H_{bb}=E_H=-13.6\text{eV}$$

H_{ab}和H_{ba}称为交换积分，又称为β积分

$$\beta=H_{ab}=H_{ba}$$

它与分子结合能的大小有密切关系。

S_{ab}称为重叠积分，表征原子a和b结合成分子时，两个原子轨道(波函数)的重叠情况。当两核a和b相距很远时，$S_{ab}\approx0$；当a和b渐渐接近时，原子轨道ϕ_a和ϕ_b的"重叠"程度增加，S_{ab}亦随之逐渐增大；至$R=0$，即a和b完全重合(一种假想极限情况)时，$S_{ab}=1$。

S_{ab}值的符号与互相重叠的两个原子轨道的符号有关。当同号重叠时($S_{ab}>0$),体系能量降低;当异号重叠时($S_{ab}<0$),体系能量升高;若是一部分同号重叠,另一部分异号重叠,总结果为 $S_{ab}=0$。后两种情况都不能有效成键(图 9.2 示出轨道重叠的对称性与成键情况的关系),故

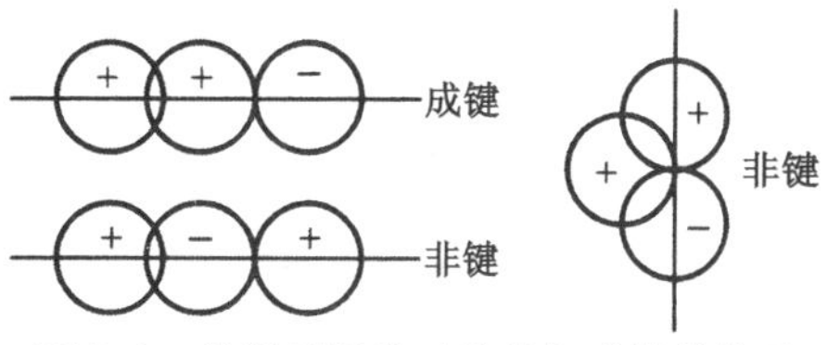

图 9.2 轨道重叠的对称性与成键的关系

$$|S_{ab}|\leqslant 1$$

将式(9.1.2a)和(9.1.2b)变换重排,得

$$E_1=E_H+\beta,\quad E_2=E_H-\beta^* \qquad (9.1.4)$$

式(9.1.4)可用图 9.3(a)表示。根据式(9.1.2a)和(9.1.2b)(H_{aa},H_{ab}和 S_{ab}是 R 的函数),可以画出 E 随 R 变化的曲线[图 9.3(b)]。

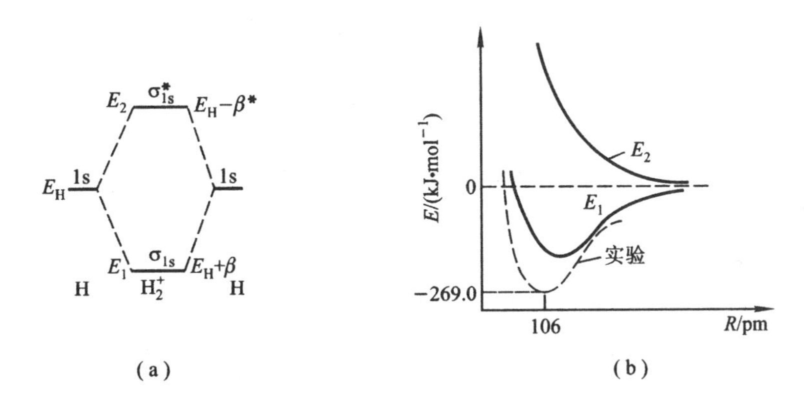

图 9.3 H_2^+ 的分子轨道能级图(a)及其能量曲线(b)

由图 9.3(b)可见:

(1) 与 $\psi_1=c_1(\phi_a+\phi_b)$相对应的能量曲线 E_1 有一最低点,这说明 H 与 H^+ 能结合生成 H_2^+ 分子离子。这种较稳定的状态称为基态。

(2) 计算得到的能量曲线 E_1 与由实验得到的能量曲线形状相似。这说明上述处理 H_2^+ 分子离子的方法基本上是正确的,但是定量上还有很大误差。这与所使用的变分函数比较简单有关。

(3) 与 $\psi_2=c_2(\phi_a-\phi_b)$相对应的能量曲线 E_2 没有最低点,处于该状态的 H_2^+ 分子离子是不稳定的,它将自动解离为 H 和 H^+,并放出能量。这种不稳定状态称为推斥态。

(4) 曲线 E_1 中与能量最低点对应的核间距 R 即为 H_2^+ 分子离子处于基态时的平衡核间距。

(5) ψ_1 轨道的能量比 H 原子 1s 轨道的能量低。当 H 与 H^+ 结合形成 H_2^+ 时,若电子从 H 原子的 1s 轨道进入 ψ_1,体系能量降低,故 $\psi_1(\sigma_{1s})$称为成键轨道;若电子进入 ψ_2 轨道,则体系能量将升高,故 $\psi_2(\sigma_{1s}^*)$称为反键轨道[如图 9.3(a)]。在成键轨道中,集中于两核之间的电子云同时把两个带正电的核吸引在一起,构成化学键,此即共价键的本质。在反键轨道中,电子云从两核外侧对核的吸引再加上核间斥力使两核趋于分离(见图 9.4)。

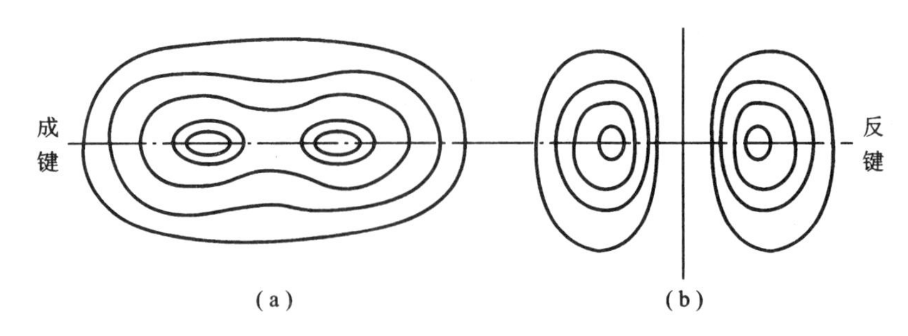

图 9.4　成键(a)与反键(b)分子轨道中的电子云密度分布示意图

9.1.2　分子轨道理论

分子轨道理论是量子化学中一种处理分子结构问题的近似方法。可以认为,它是由线性变分法处理 H_2^+ 分子离子时所建立的关于化学键(共价键)形成原理和概念的推广。分子轨道理论的基本出发点是把分子作为一个整体,原则上它认为分子中的每个电子(特别是外层价电子)是属于分子整体的,假定每个电子独立运动于分子中原子核势场和其余电子的平均势场合成的有效单电子势场中,每个电子的运动可用单电子波函数 ψ_i 来描述。这种单电子波函数称为"分子轨道"。

1. 分子轨道理论的要点

(1) 假设分子中每个电子的运动状态可用单电子全波函数 $\psi_i\sigma_i$ 来描述,其中单电子全波函数的空间部分 ψ_i 称为分子轨道,σ_i 为波函数的自旋部分。ψ_i^2 表征第 i 个电子在空间分布的概率密度(即电子云密度),$\psi_i^2 \mathrm{d}\tau$ 表示第 i 个电子在空间微体积元 $\mathrm{d}\tau$ 内出现的概率,而描述分子状态的全波函数 Ψ 可近似表示为各单电子全波函数的乘积,即

$$\Psi = \prod_i \psi_i\sigma_i$$

(2) 分子轨道 ψ 可近似用原子轨道 ϕ 的线性组合(LCAO)表示

$$\psi = \sum_i c_j\phi_j \qquad (9.1.5)$$

组合系数 c_j 可用变分法或其他方法确定。原子轨道线性组合成分子轨道时,轨道数目不变,轨道能量改变。在新组合成的分子轨道中,成键分子轨道的能量比组合前原子轨道的能量低,反键分子轨道的能量比组合前原子轨道的能量高。组合前后能量相等的轨道称为非键轨道。

(3) 每一分子轨道 ψ_i 有一相应的能量 E_i。E_i 近似等于处在该分子轨道上的电子的电离能。

(4) 原子结合成分子后,其中的电子按照能量最低原理、Pauli(泡利)不相容原理和 Hund(洪德)规则,依次排布在诸分子轨道上。

(5) 为了有效地组成分子轨道,参与组成该分子轨道的原子轨道必须满足下述条件:

(i) 轨道能量近似。参与形成分子轨道的原子轨道的能量越接近,组合形成的成键分子轨道的能量越低,形成的化学键越稳定。

(ii) 轨道最大重叠。为了有效地组成分子轨道,参与成键的两个原子轨道同号重叠越多,形成的成键分子轨道的能量降低越多,相应的化学键越稳定。除 s 轨道外,其他原子轨道的角度分布都不是球对称的。在由原子轨道组合形成分子轨道时,只有在某个特定方向才能实现

最大重叠,这是共价键具有方向性的根源。

(iii) 对称性匹配。由原子轨道组合形成分子轨道时,不仅要求相应的原子轨道应尽可能最大重叠,而且要求重叠部分的原子轨道波函数必须有相同的符号,称为“对称性匹配”。同号重叠使体系能量降低,异号重叠使体系能量升高。若原子轨道的对称性不匹配,体系能量不能降低,无法有效地组成分子轨道。

在形成化学键过程中,只要对称性匹配条件合适,反键与非键分子轨道在一定条件下也可与其他轨道重叠形成化学键,从而使分子体系能量降低。例如,某些过渡金属配合物中配价键的形成与此有关。

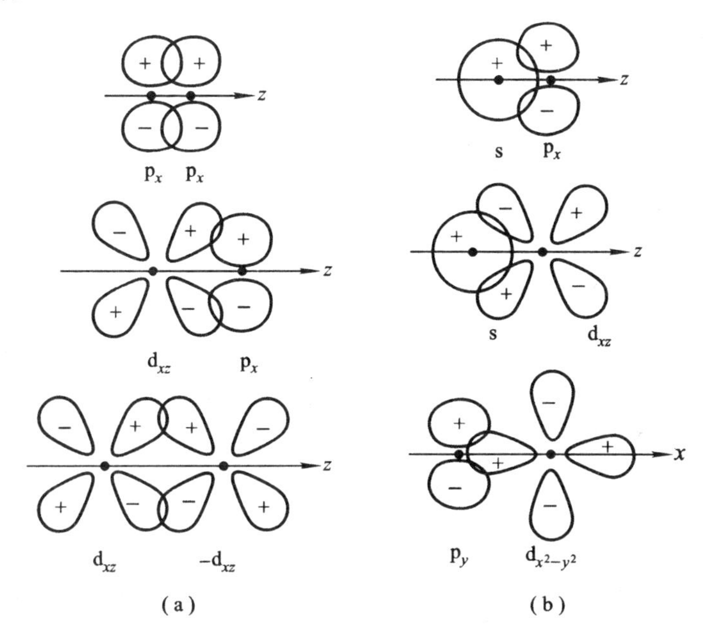

图 9.5 轨道重叠时的对称性条件

(a) 对称性匹配 (b) 对称性不匹配

2. 分子轨道的空间分布特征和分类

按分子轨道沿键轴在空间分布的特征,可以分为 σ 轨道、π 轨道和 δ 轨道三种。

(1) σ 轨道和 σ 键

沿连接两原子核的键轴呈圆柱对称分布的轨道称为 σ 轨道。以键轴为对称轴旋转时,σ 轨道的符号和大小不变。由 ns 原子轨道线性组合成的成键 σ 轨道用 σ_{ns} 表示,相应的反键 σ 轨道用 σ_{ns}^* 表示,n 为主量子数。

除 s 轨道外,原子的 p 轨道之间也可组成 σ 分子轨道。若以 z 轴为键轴,则 A、B 两个原子的 p_z 轨道沿它们的对称轴方向重叠,可以构成 σ_{np} 成键分子轨道和 σ_{np}^* 反键分子轨道。在异核双原子分子中,s 和 p_z 轨道也可以组成 σ_{ps} 和 σ_{ps}^* 轨道(见图 9.6)。

由成键 σ 轨道上的一对自旋反平行的 σ 电子的成键作用构成的共价键称为 σ 键,又称为单键,如 H_2 分子中,这是最常见的。由成键 σ 轨道上的一个 σ 电子构成的共价键称为单电子 σ 键,如 H_2^+ 分子离子中。由成键 σ 轨道上的一对自旋反平行的 σ 电子和反键 σ 轨道上的一个 σ^* 电子构成的共价键称为三电子 σ 键,如 He_2^+ 分子离子中。三电子 σ 键的稳定性与单电子

σ 键的稳定性大致相似(见图 9.7)。

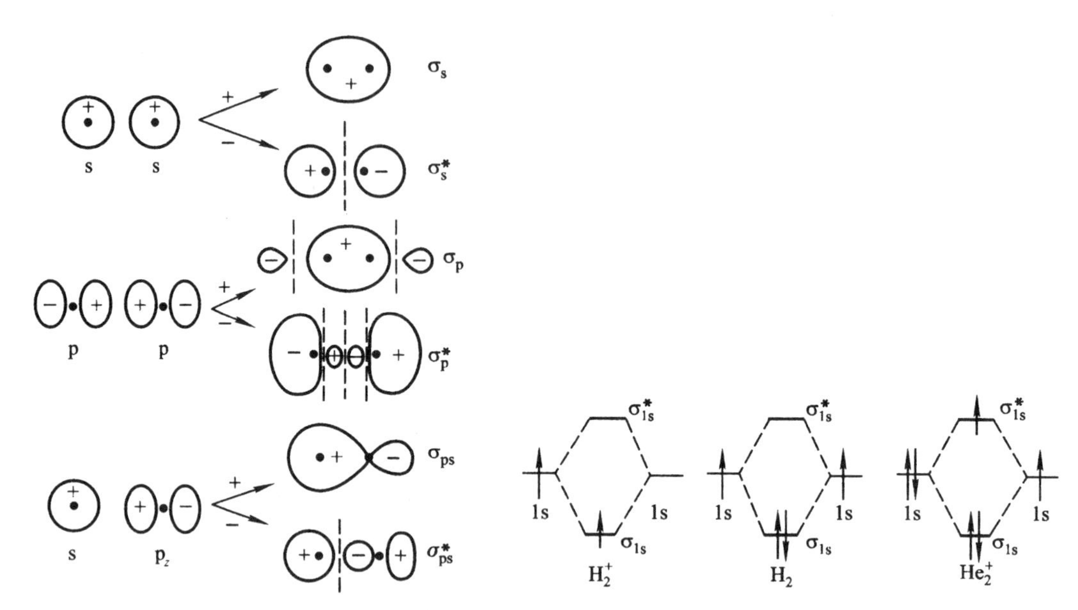

图 9.6　由 s 和 p 轨道组成的 σ 轨道示意图　　**图 9.7　H_2^+、H_2 和 He_2^+ 的电子排布图**

若成键轨道和反键轨道都填满电子，它们的成键作用与反键作用相互抵消，则不能成键，如 He_2。通常，可用键级来粗略估计化学键的相对强度

$$\text{键级}=\frac{\sum n-\sum n^*}{2} \tag{9.1.6}$$

式中：$\sum n$ 为成键电子总数，$\sum n^*$ 为反键电子总数，$\sum n-\sum n^*$ 为净成键电子数。

分子或离子	H_2^+	H_2	He_2^+	He_2
键　级	$\frac{1}{2}$	1	$\frac{1}{2}$	0

对于更复杂的同核双原子分子，由于原子内层电子的原子轨道在形成分子时基本上不发生相互重叠，因此内层电子的分子轨道基本上保留原来原子轨道的形式。根据上述讨论，Li_2 和 Na_2 分子的分子轨道可以表示为

$$Li_2:\ KK(\sigma_{2s})^2$$

$$Na_2:\ KKLL(\sigma_{3s})^2$$

此处：K 表示 K 层原子轨道上的 2 个电子，L 表示 L 层 4 个原子轨道上的 8 个电子。

(2) π 轨道和 π 键

通过键轴有一个 ψ 为零的节面的分子轨道称为 π 轨道。若键轴与 z 轴平行，当两个原子沿 z 轴接近时，它们的 p_x 轨道(或 p_y 轨道)组合形成成键 π 轨道 π_{np_x}(或 π_{np_y})和反键 π 轨道 $\pi_{np_x}^*$(或 $\pi_{np_y}^*$)($n\geqslant 2$ 的正整数)，如图 9.8 所示。由成键 π 轨道上一对自旋反平行的 π 电子构成的共价键称为 π 键。同样，π 键中亦有单电子 π 键和三电子 π 键。若成键 π 轨道与反键 π 轨道都填满电子，则由于其成键与反键作用相互抵消而不能形成共价键。

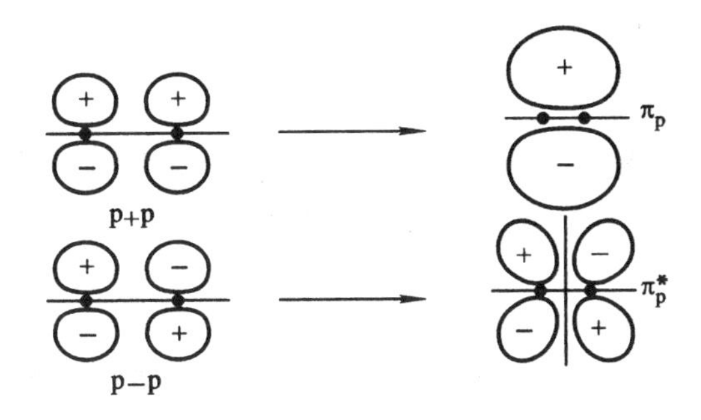

图 9.8 由 2 个 p 轨道组成 π_p 和 π_p^* 示意图

2 个对称性匹配的 d 原子轨道可以组合形成成键 π_d 轨道和反键 π_d^* 轨道(见图 9.9)。由成键 π_d 轨道中的一对自旋反平行的 d 电子形成 d—d π 键。对称性匹配的 p 轨道与 d 轨道可以组合形成 π_{dp} 和 π_{dp}^* 分子轨道,由 π_{dp} 轨道中的一对自旋反平行电子构成 d—p π 键。这两种 π 键在配合物和含氧酸中常会遇到。

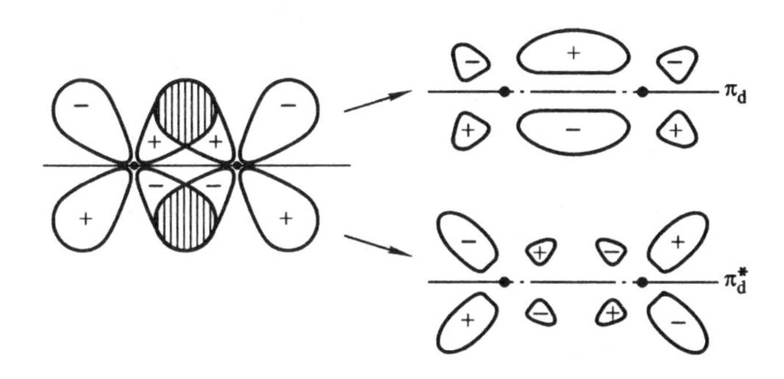

图 9.9 由 2 个 d 轨道组成的 π_d 和 π_d^* 轨道示意图

(3) δ 轨道和 δ 键

通过键轴(z 轴)有 2 个 ψ 为零的节面的分子轨道称为 δ 轨道。δ 轨道通常由对称性匹配的 d 轨道组成,例如由 2 个 d_{xy} 或 2 个 $d_{x^2-y^2}$ 轨道重叠而成,如图 9.10 所示。s 和 p 轨道组合不可能形成 δ 轨道,这种分子轨道存在于某些过渡金属配合物中。

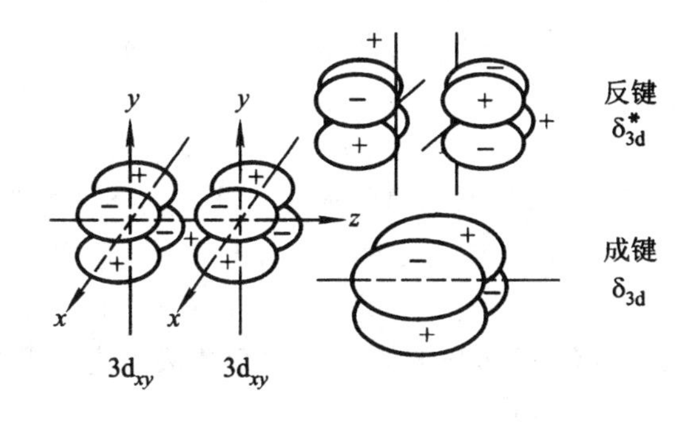

图 9.10 由 2 个 nd_{xy} 轨道组合而成的 δ_{nd} 和 σ_{nd}^* 轨道

9.1.3　同核双原子分子的结构

(1) 分子轨道的能级顺序

分子轨道的能量与参与组合的原子轨道的能量及它们之间的重叠程度有关。

(i) 参与组合的原子轨道的能量越低,组合形成的分子轨道的能量也越低。因此主量子数越小的轨道,能量越低。

(ii) 原子轨道间的重叠程度越大,形成的分子轨道能量越低。σ 轨道的重叠积分比 π 轨道的大,所以主量子数相同的成键 σ 轨道的能量比成键 π 轨道的能量低,而反键 σ^* 轨道的能量比反键 π^* 轨道的能量高。

根据上述原则,同核双原子分子中分子轨道的能级顺序为

$$\sigma_{1s} < \sigma_{1s}^* < \sigma_{2s} < \sigma_{2s}^* < \sigma_{2p_z} < \pi_{2p_x} = \pi_{2p_y} < \pi_{2p_x}^* = \pi_{2p_y}^* < \sigma_{2p_z}^* \qquad (9.1.7)$$

分子光谱和光电子能谱的研究证明,F_2 和 O_2 分子中分子轨道的能级顺序确是如此。但是对于第二周期中 N_2 及其以前的同核双原子分子,实验测定的分子轨道能级顺序与(9.1.7)中略有不同,其顺序为

$$\sigma_{1s} < \sigma_{1s}^* < \sigma_{2s} < \sigma_{2s}^* < \pi_{2p_x} = \pi_{2p_y} < \sigma_{2p_z} < \pi_{2p_x}^* = \pi_{2p_y}^* < \sigma_{2p_z}^* \qquad (9.1.8)$$

两者的差别是 σ_{2p} 与 π_{2p} 的顺序颠倒。其原因主要是由于价层 2s 和 2p 原子轨道能级相近,由它们组成分子轨道时可能产生 s-p 混杂的结果。

(2) 第二周期元素中同核双原子分子的结构

除 H_2 外,第二周期中各元素的同核双原子分子的结构最简单,键型具有一定代表性。下面用分子轨道理论讨论若干同核双原子分子的结构。

F_2　F_2 分子的分子轨道式为

$$F_2[KK(\sigma_{2s})^2(\sigma_{2s}^*)^2(\sigma_{2p_z})^2(\pi_{2p})^4(\pi_{2p}^*)^4]$$

在 F_2 分子中 K 层 1s 电子基本上保持各自的原子轨道,用 KK 表示。$(\sigma_{2s})^2$ 与 $(\sigma_{2s}^*)^2$;$(\pi_{2p})^4$ 与 $(\pi_{2p}^*)^4$ 6 对电子的成键、反键作用大致抵消,成为 6 对孤对电子。它们不能单独成键,但在适当场合可向其他原子的空轨道提供电子形成配键。F_2 分子的 14 个价电子中,实际成键的只有 1 对 σ_{2p_z} 电子,形成 σ 键,其价键结构式可表示为

$$:\ddot{\underset{..}{F}}-\ddot{\underset{..}{F}}: \quad 或 \quad F-F$$

F_2 分子中无未成对电子,因此是逆磁性的。F_2 分子中只有一个 σ 键,多对孤对电子相互排斥,因此键焓相对较低,容易打开,因而 F_2 是最活泼的非金属和卤素中最强的氧化剂。

O_2　O_2 分子的分子轨道式为

$$O_2[KK(\sigma_{2s})^2(\sigma_{2s}^*)^2(\sigma_{2p_z})^2(\pi_{2p})^4(\pi_{2p_x}^*)^1(\pi_{2p_y}^*)^1]$$

O_2 比 F_2 少 2 个电子。按 Hund 规则,电子应尽可能分占不同的简并轨道,且自旋平行。因此在 O_2 分子的 2 个简并的反键 π_{2p}^* 轨道上各有一个电子,而且这 2 个电子的自旋平行,故 O_2 分子的总自旋量子数 $S=2\times(1/2)=1$,呈现顺磁性。在磁场中,O_2 分子的自旋有三种可能取向,相应的自旋磁量子数 $M_s=1、0、-1$,对应于 3 个能级。这表明 O_2 分子的基态为自旋三重态。实验证实了分子轨道理论的结论。

图 9.11 为 O_2 的分子轨道能级示意图。在 O_2 分子中,成键的 $(\sigma_{2s})^2$ 与反键的 $(\sigma_{2s}^*)^2$ 的作用大致抵消;$(\sigma_{2p_z})^2$ 构成 1 个 σ 键;成键的 2 个 $(\pi_{2p})^2$ 分别与反键的 $(\pi_{2p_x}^*)^1$ 和 $(\pi_{2p_y}^*)^1$ 构成2 个

三电子 π 键。每个三电子 π 键中只有一个净成键 π 电子，其键能约为单键（π 键）键能的一半，2 个三电子 π 键相当于一个 π 键。因此，从总体上看，可以认为 O_2 是以双键结合的，其价键结构式可表示为

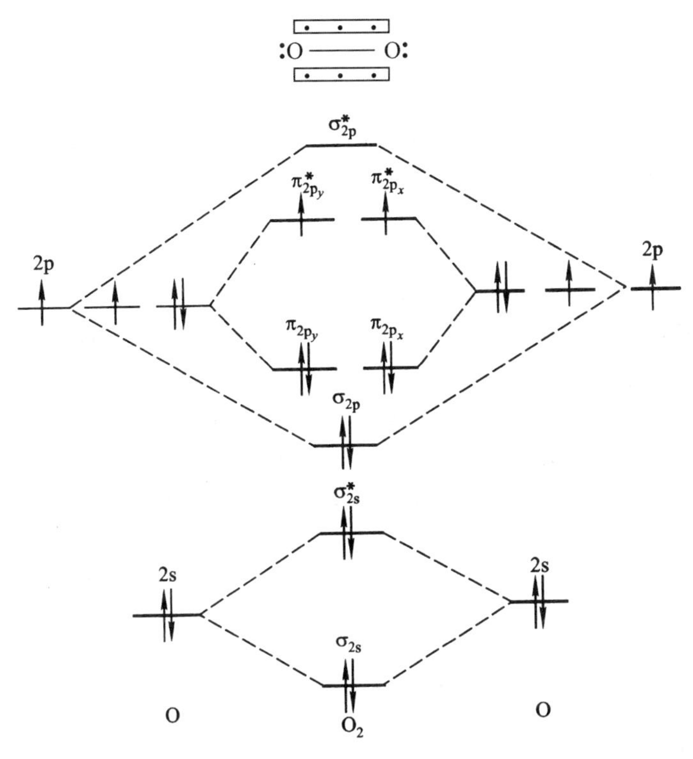

图 9.11　O_2 的分子轨道能级示意图

N_2　N_2 分子的分子轨道式为

$$N_2[KK(\sigma_{2s})^2(\sigma_{2s}^*)^2(\pi_{2p})^4(\sigma_{2p})^2]$$

N_2 分子由 1 个 σ 键和 2 个 π 键构成，3 个键彼此互相垂直，键级为 3。因为基态的 N_2 分子中无不成对电子，所以 N_2 是逆磁性的，其价键结构式为

:N —— N:

N_2 分子中（π_{2p}）能级比（σ_{2p}）能级低，因此要打开 N_2 中的 π 键发生加成反应比较困难。

9.1.4　异核双原子分子的结构

用分子轨道理论处理异核双原子分子时，原则上与处理同核双原子分子类似，但需注意以下几点：

(i) 异核双原子分子中，由于 2 个原子的电负性不同，在由原子轨道组合成分子轨道时组合系数一般不再相等（$c_1 \neq c_2$），由此产生共价键的极性。

(ii) 在形成异核双原子分子时，2 个原子中只有对称性匹配、能量又相近的原子轨道才能有效地组合成分子轨道。

(iii) 异核双原子分子的分子轨道通常不一定是由 2 个原子的相同量子数的原子轨道线性组合而成，因此使用分类按能量顺序编号的分子轨道记号比较合适，即首先按 σ、π、δ 键型分类依次编号，然后按它们的能量顺序排列。对于同核双原子分子，两种表示法的对应关系为

σ_{1s}	σ_{1s}^*	σ_{2s}	σ_{2s}^*	σ_{2p}	π_{2p}	π_{2p}^*	σ_{2p}^*	σ_{3s}	σ_{3s}^*
1σ	2σ	3σ	4σ	5σ	1π	2π	6σ	7σ	8σ

下面以 CO 和 HF 为例，讨论异核双原子分子的结构。

CO CO 分子的形成过程可表示为

$$C[(1s)^2(2s)^2(2p)^2]+O[(1s)^2(2s)^2(2p)^4] \longrightarrow CO[(1\sigma)^2(2\sigma)^2(3\sigma)^2(4\sigma)^2(1\pi)^4(5\sigma)^2]$$

分子轨道理论计算表明：1σ 主要由 O 的 1s 构成，2σ 主要由 C 的 1s 构成，两者基本上属于各自原来的原子轨道，不参与成键。3σ 可视为 O 上的孤对电子，5σ 为 C 上的孤对电子，它是 CO 分子中电子的最高占据轨道。4σ 和 1π 是成键分子轨道，分别填入 3 对自旋反平行电子，形成 1 个 σ 键和 2 个 π 键，键级为 3。图 9.12 为 CO 的分子轨道能级示意图。从表 9.2 中键长与键能的比较，也说明 CO 中 C 与 O 是以三重键结合的。

表 9.2 CO 与 C—O(单键)、C═O(双键)的比较

	键长/pm	键能/(kJ · mol^{-1})
C—O(醚)	143	358
C═O(羰基)	121	738
CO	112.9	1071.9

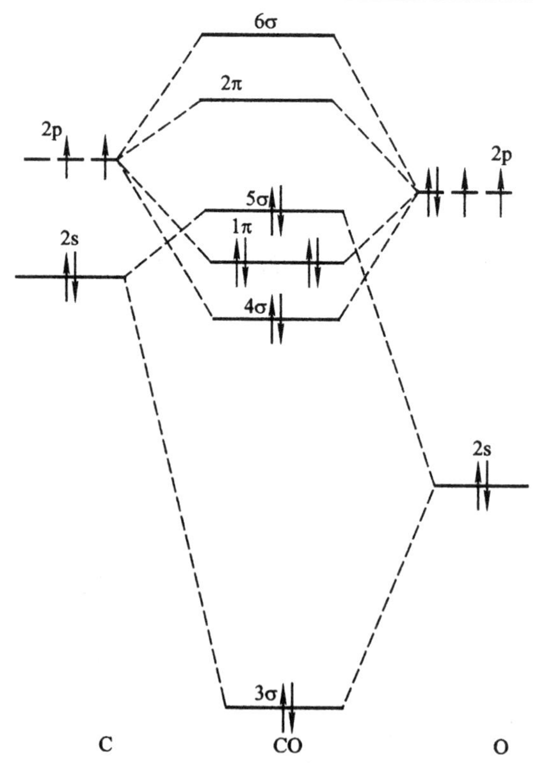

图 9.12 CO 的分子轨道能级示意图

在原子状态时，O 比 C 多 2 个电子，所以在 CO 的三重键中有一个 π 键的一对电子是由 O 原子单独提供的，故 CO 的价键结构式为

:C⁻ ⇚ C⁺:　　或　　:C ═══ O:（带 π 配键框）

式中：“←”或“▭”表示 π 配键。氧原子的电负性(3.44)比碳原子的电负性(2.55)高，由于 π 配键的存在抵消了 O 和 C 原子之间由于电负性差别产生的极性，使 CO 分子的极性很小。实验测定 CO 分子中的偶极为 C^-O^+，即由于 π 配键的形成使本来电负性强的 O 原子端反而呈现电正性，而原本电负性弱的 C 原子端显示电负性，分子的偶极矩为 $\mu = 0.37\,C \cdot m = 0.11\,D$。在金属羰基化合物中，CO 以 C 与金属相结合，显示出强的配位能力。

CN^- 与 CO 是等电子分子，具有与 CO 类似的分子轨道。

HF　根据能量近似条件和最大重叠原则，H 的 1s 轨道（-13.6 eV）与 F 的 $2p_z$ 轨道（-17.4 eV）能量较接近，可沿键轴方向（z 轴）实现最大重叠，线性组合成一个 σ 轨道

$$\psi=c_1(1s)_H+c_2(2p_z)_F$$

由于 F 的电负性比 H 的大，故 F 的 $2p_z$ 轨道对形成的 σ 成键分子轨道的贡献更大，即 $c_2>c_1$，因此 HF 中的 σ 键是极性共价键，HF 是极性分子，其偶极矩 $\mu=6.60\ C\cdot m=1.98\ D$。HF 的分子轨道式为

$$HF[K(2\sigma)^2(3\sigma)^2(1\pi)^4]$$

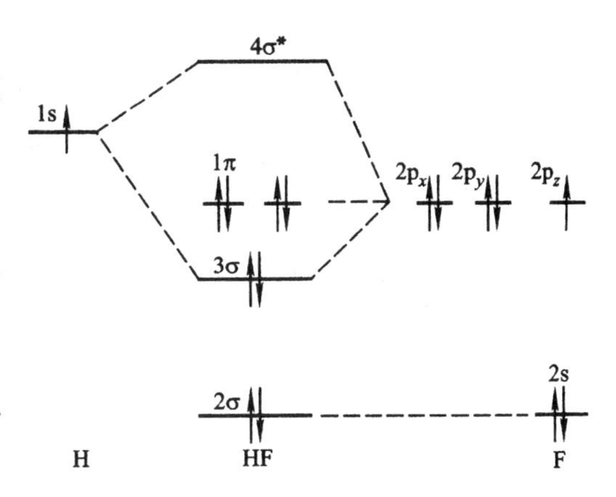

图 9.13　HF 的分子轨道能级示意图

式中：K 是 F 的 1s 电子，其余 8 个价电子中有 6 个$[(2s)^2(2p)^4]$基本上在 F 的原子轨道上，不参与成键，属于非键的 3 对孤对电子。3σ 轨道上的 1 对电子构成 1 个极性共价键。图 9.13 为 HF 的分子轨道能级示意图。

9.2　多原子分子的结构

包含 2 个以上原子的分子统称为多原子分子。由于组成分子的原子在三维空间的排列顺序与方式的不同，多原子分子的结构呈现出多样性。通常用键长、键角、扭角等结构参数及分子的几何构型、构象、对称性等来描述多原子分子的几何结构。用分子轨道的组成、性质、能级高低及其中的电子排布等来描述分子的电子结构与化学键。分子的几何结构、电子结构及键型共同决定了分子的性质。描述多原子分子结构的理论主要有价电对互斥理论、杂化轨道理论和分子轨道理论。下面简要介绍杂化轨道理论。

9.2.1　分子的立体构型与杂化轨道理论

简单价键理论在阐明多原子分子的立体结构时遇到很大困难。例如，它不能说明为什么 H_2O 分子的键角为 104.5°，而 CH_4 分子中的键角为 109°28′。1931 年，Pauling（泡令）和 Slater（斯莱特）在价键理论的基础上提出了杂化轨道理论。

1. 杂化轨道理论的要点

杂化轨道理论的要点归纳如下：

(i) 在原子结合成分子时，由于共价键的形成，改变了原子的状态，使原来不相同的原子轨道可以“线性组合”而形成新的原子轨道。这个过程称为“杂化”，新形成的原子轨道称为“杂化轨道”。例如，由一个 s 轨道和一个 p 轨道杂化形成的轨道称为 sp 杂化轨道。

(ii) 参与杂化的原子轨道必须满足能量近似和对称性合适的条件。例如，C 原子的 2s 和 2p 轨道能量相近，可以组成 sp 杂化轨道，但 2s 与 3p、3d 轨道能量相差甚远，不能杂化。

(iii) 原子轨道组合形成的新的杂化轨道，其数目与参与杂化的原子轨道总数相等。如 1 个 s轨道与 3 个 p 轨道组合成 4 个 sp^3 杂化轨道。

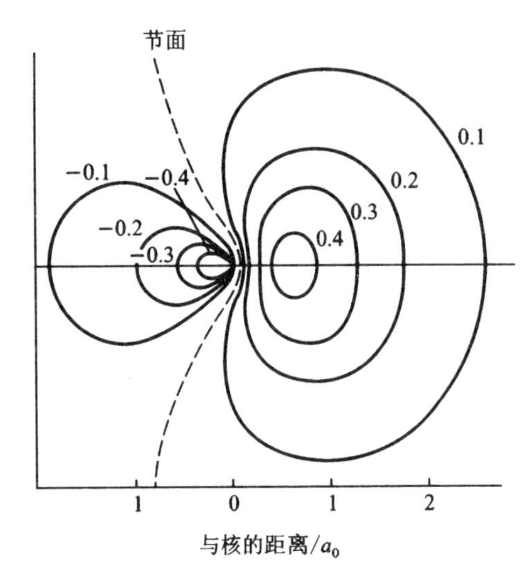

图 9.14　碳原子的 sp^3 杂化轨道等值线图

(iv) 与单纯的原子轨道相比,杂化轨道具有更强的方向性和成键能力。杂化轨道具有更强的成键能力,是由于原子轨道组成杂化轨道后,电子云密集于一端(图9.14 示出一个 sp^3 杂化轨道的角度分布情况),使其与其他原子成键时轨道重叠部分增大,键更稳定。

杂化轨道一般只参与形成 σ 键,而 σ 键是构成分子骨架的键,因此,原子在键合成分子时所采用的杂化轨道类型对多原子分子的立体构型起决定性作用。

(v) 等性杂化与不等性杂化。由原子轨道线性组合构成一组含有相同成分的等价杂化轨道称为等性杂化。如 CH_4 中 4 个 sp^3 杂化轨道。若由于某些原因(如含有未成键的孤对电子)所形成的各杂化轨道 s、p 或 d 的成分不相等,则各杂化轨道不等价,称为不等性杂化轨道。如 NH_3 和 H_2O 中的 4 个 sp^3 杂化轨道。不等性杂化轨道间的夹角一般只能通过实验测定。

(vi) 杂化轨道间的夹角(θ_{ij})。为了确定分子的几何构型,必须知道键长和键角。杂化轨道中心轴之间的夹角即为键角。设有 2 个由 s 和 p 轨道组成的杂化轨道,其 s 成分分别为 α_i 和 α_j,夹角为 θ_{ij},它们之间的关系为

$$\cos\theta_{ij}=\frac{-\sqrt{\alpha_i\alpha_j}}{\sqrt{(1-\alpha_i)(1-\alpha_j)}} \tag{9.2.1}$$

对于等性杂化,$\alpha_i=\alpha_j=\alpha$,则

$$\cos\theta_{ij}=\frac{-\alpha}{(1-\alpha)} \tag{9.2.2}$$

s 轨道与 p 轨道组成等性杂化轨道时,轨道间的夹角 θ_{ij} 与杂化轨道中 s 成分的关系列于表 9.3。

表 9.3　轨道间夹角与 s、p 杂化轨道中 s 成分的关系

α	轨 道 名 称	θ_{ij}	α	轨 道 名 称	θ_{ij}
0	p	90°	1/3	sp^2	120°
1/4	sp^3	109°28′	1/2	sp	180°

2. 常见杂化轨道类型及有关分子的构型

(1) sp 杂化

s 轨道与 p 轨道杂化通常组成 sp、sp^2、sp^3 三种类型的杂化轨道。

(i) sp 杂化。一个 $ns(\phi_{ns})$ 和一个 $np(\phi_{np_z})$ 轨道杂化,可组成 2 个等性 sp 杂化轨道,其波函数分别为

$$\psi_1=\frac{1}{\sqrt{2}}(\phi_{ns}+\phi_{np_z}) \tag{9.2.3a}$$

$$\psi_2=\frac{1}{\sqrt{2}}(\phi_{ns}-\phi_{np_z}) \qquad (9.2.3b)$$

ψ_1 和 ψ_2 之间的夹角为 180°。

ⅡB 族元素 Zn、Cd、Hg 的电子组态为 $d^{10}s^2$。当它们与其他元素或基团形成共价结合时，其中 1 个 s 电子先激发到 p 轨道，形成 $d^{10}s^1p^1$，s^1p^1 杂化，形成 2 个等价的 sp 杂化轨道。它们可以形成直线形的共价化合物，例如(见下表)：

双烷基化合物	双芳基锌	卤化汞	氰化汞
R_1—Zn—R_2	Φ_1—Zn—Φ_2	X—Hg—X	N≡C—Hg—C≡N
R_1—Hg—R_2	(Φ 表示芳基)	(X 表示 Cl，Br，I)	

在不饱和碳化合物中，如 A≡C—B、A═C═B 型化合物，C 原子以 2 个 sp 杂化轨道形成 2 个 σ 键，另两个 π 键加在 1 个 σ 键或 2 个 σ 键上，形成三键或聚集双键。这类分子的几何构型均为直线形。

(ii) sp^2 杂化。1 个 ns 与 2 个 np 轨道杂化，可构成 3 个等性 sp^2 杂化轨道。3 个杂化轨道中心轴之间的夹角均近似为 120°，成平面三角形取向配置。

BF_3 和 BCl_3 分子的几何构型为平面三角形，其中心 B 原子采用 sp^2 杂化轨道。在有机化合物中，凡是以 1 个双键和 2 个单键与其他原子结合的碳原子一定是采用 sp^2 杂化轨道。例如 CH_2═CH_2，其中 2 个 C 原子分别采用 sp^2 杂化轨道与其周围的 2 个 H 和另一个 C 原子构成 3 个 σ 键，键角为 120°。由这 3 个 σ 键相连接的 4 个原子必定在同一平面内。

(iii) sp^3 杂化。1 个 ns 轨道与 3 个 np 轨道可杂化，构成 4 个等性 sp^3 杂化轨道。选择适当的坐标轴取向，4 个 sp^3 杂化轨道指向立方体的相间的 4 个角顶成正四面体取向配置。一个最典型的例子是 CH_4 分子，其 C 原子以 4 个 sp^3 杂化轨道与周围 4 个 H 原子以 σ 键相结合，如图 9.15 所示。

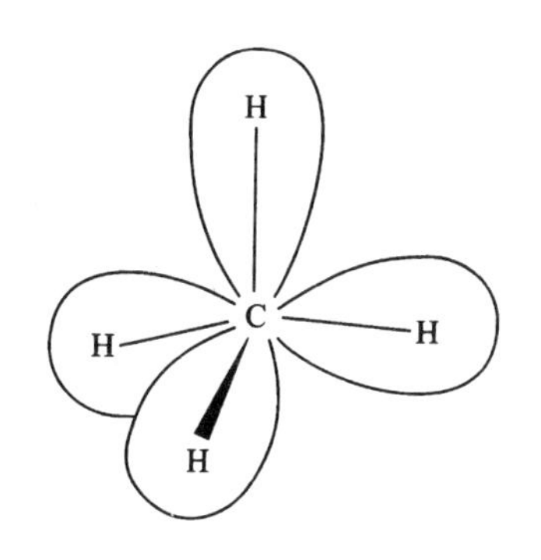

图 9.15 sp^3 杂化轨道

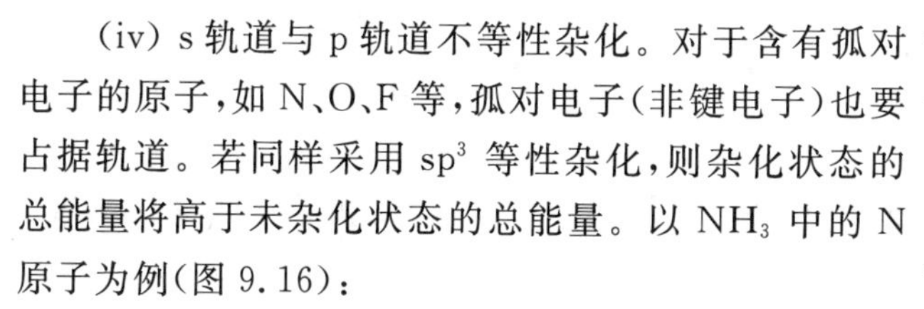

(iv) s 轨道与 p 轨道不等性杂化。对于含有孤对电子的原子，如 N、O、F 等，孤对电子(非键电子)也要占据轨道。若同样采用 sp^3 等性杂化，则杂化状态的总能量将高于未杂化状态的总能量。以 NH_3 中的 N 原子为例(图 9.16)：

总 能 量	状 态
未杂化时	$E_{\text{I}}=2E_s+3E_p$
sp^3 等性杂化	$E_{\text{II}}=5\left(\frac{1}{4}E_s+\frac{3}{4}E_p\right)$

$$\Delta E=E_{\text{II}}-E_{\text{I}}=\frac{3}{4}(E_p-E_s)>0$$

这说明原子轨道杂化时是需要提供能量的。但由于杂化轨道具有更强的成键能力，在形成化学键时可以得到更多的能量补偿，使体系能量降低。这也表明，只有当原子间结合形成分子时，原子轨道才能进行杂化。对于孤对电子来说，它们要占据杂化轨道而又不参与成键，因而体系能量将增加。

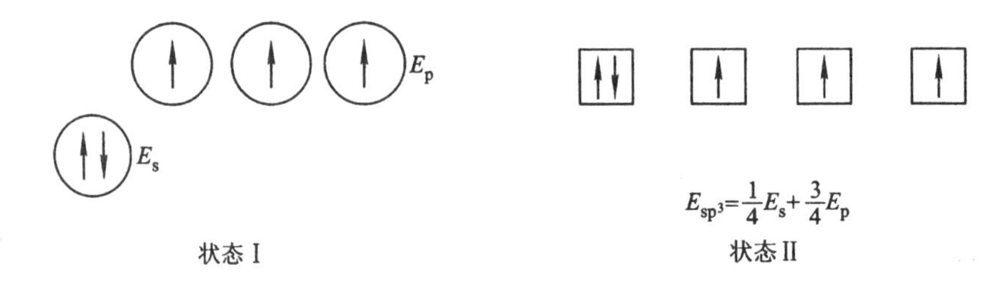

图 9.16　N 原子的外层电子在 sp^3 等性杂化前后总能量比较

为了使体系能量尽可能降低，在包含有孤对电子的场合最好采用不等性杂化。即在满足成键杂化轨道具有尽可能大的成键能力的同时，适当增加非键杂化轨道中的 s 成分，相应地减少成键杂化轨道中的 s 成分，使杂化后体系的总能量比等性杂化时有所降低。令成键杂化轨道中的 s 成分为 α，sp^3 不等性杂化后体系的总能量为

$$\begin{aligned} E_{\mathrm{III}} &= 2[(1-3\alpha)E_s+3\alpha E_p]+3[\alpha E_s+(1-\alpha)E_p] \\ &= (2E_s+3E_p)+3\alpha(E_p-E_s) \end{aligned}$$

$$\Delta E' = E_{\mathrm{III}} - E_{\mathrm{I}} = 3\alpha(E_p-E_s) < \Delta E \quad (\alpha < \frac{1}{4})$$

NH_3、PH_3、H_2O 及 HCl 等分子的中心原子在成键时都采用 sp^3 不等性杂化方式，其中最适宜的 α 值通常是由实验上测定的键角来推算的。例如在 NH_3 中 $\theta=107°$，$\alpha=0.226$，比 sp^3 等性杂化时的 0.25 有所减少。这表明在 NH_3 中，中心原子采用不等性杂化时体系能量比等性杂化时的要低些(图 9.17)。

在 AB_3 型分子中，若中心原子 A 具有孤对电子，它以 sp^3 不等性杂化方式与 B 原子键合成 AB_3 分子，孤对电子占据 s 成分高的能量相对较低的杂化轨道。相应分子的几何构型为三角锥形(图 9.18)。

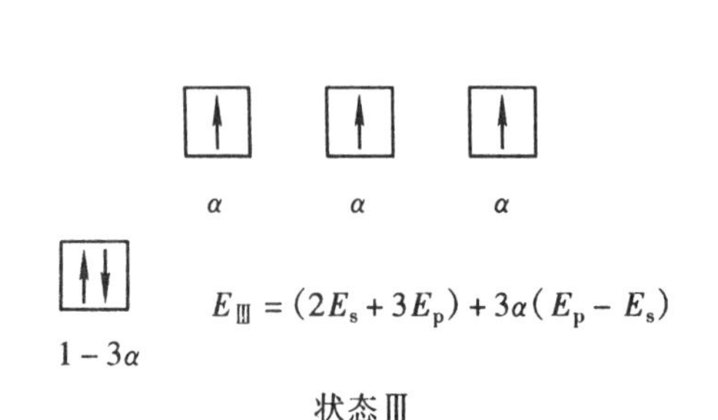

图 9.17　sp^3 不等性杂化后，N 原子外层电子的总能量

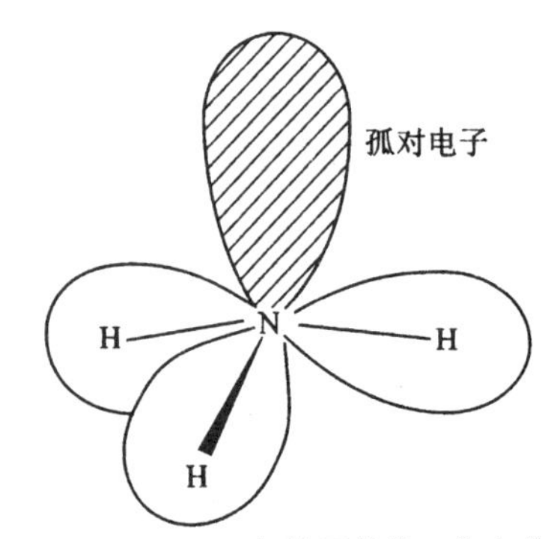

图 9.18　NH_3 中的不等性 sp^3 杂化

(2) dsp 杂化

构成杂化轨道的条件之一是要求参与杂化的原子轨道能量接近。dsp 杂化可能出现两种情况：

过渡元素　其 $(n-1)$d 轨道的能量与 ns、np 轨道的能量比较接近，可能形成 dsp 杂化轨道。

p 区元素(ⅢA—ⅧA 族)　其 ns、np 与 nd 轨道的能量比较接近，可以形成 spd 杂化轨道。

由杂化轨道互相正交归一的条件，可推出 dsp 等性杂化轨道之间的夹角(θ)遵守下述公式

$$\alpha+\beta\cos\theta+\gamma\left(\frac{3}{2}\cos^2\theta-\frac{1}{2}\right)=0 \tag{9.2.4}$$

式中：α、β、γ 依次表示杂化轨道的 s、p、d 成分，显然

$$\alpha+\beta+\gamma=1$$

当 $\gamma=0$ 时，式(9.2.4)还原为式(9.2.2)。重要的 dsp 杂化轨道有下述几种。

(i) d^2sp^3 杂化轨道。由 2 个 d 轨道、1 个 s 轨道和 3 个 p 轨道等性杂化，组合构成 6 个 d^2sp^3 杂化轨道，其中每个杂化轨道的 s、p、d 成分依次为

$$\alpha=\frac{1}{6}, \quad \beta=\frac{1}{2}, \quad \gamma=\frac{1}{3}$$

在适当的坐标配置下，6 个 d^2sp^3 杂化轨道正好指向正八面体的 6 个顶角[图 9.19(a)]。一些配位数为 6 的过渡金属元素的配合物，其中心原子采用 d^2sp^3 杂化方式。例如$[Co(NH_3)_6]^{3+}$配离子中，中心离子 Co^{3+} 的价层电子组态为 $3d^6$，价层中有 2 个空的 3d、1 个空的 4s 和 3 个空的 4p。它们杂化后构成 6 个空的 d^2sp^3 杂化轨道，每个杂化轨道与配体 NH_3 中 N 原子上的一对孤对电子结合形成共价配键，因此$[Co(NH_3)_6]^{3+}$配离子的几何构型为正八面体形。

(ii) sp^3d^2 杂化轨道。一些第三周期的 p 区元素，因为有空的 d 轨道，3s 和 3p 电子可以被激发到 3d 轨道上。例如，S 原子的价层组态为 $3s^23p^4$。若把 1 个 3s 电子和 1 个 3p 电子激发到 3d 上，构成 $3s^13p^33d^2$，杂化后构成 6 个等价的 sp^3d^2 杂化轨道。每个轨道中有 1 个未成对电子，它可以与 6 个 F 键合生成具有正八面体构型的 SF_6。O 原子的价层电子结构为 $2s^22p^4$，与 S 相似，但因为没有 2d 轨道，而 3d 能级与 2p 能级相差又太大，故 O 原子中不能构成 sp^3d^2 杂化轨道。

(iii) dsp^2 杂化轨道。由 1 个 d 轨道、1 个 s 轨道和 2 个 p 轨道等性杂化，组合构成 4 个 dsp^2 杂化轨道。其中，每个轨道的 s、p 和 d 成分依次为

$$\alpha=\frac{1}{4}, \quad \beta=\frac{1}{2}, \quad \gamma=\frac{1}{4}$$

在适当的坐标配置下，4 个杂化轨道指向平面正方形的 4 个角[图 9.19(b)]。一些配位数为 4 的过渡金属配合物，其中心原子采用 dsp^2 杂化轨道。例如 $PtCl_4^{2-}$。

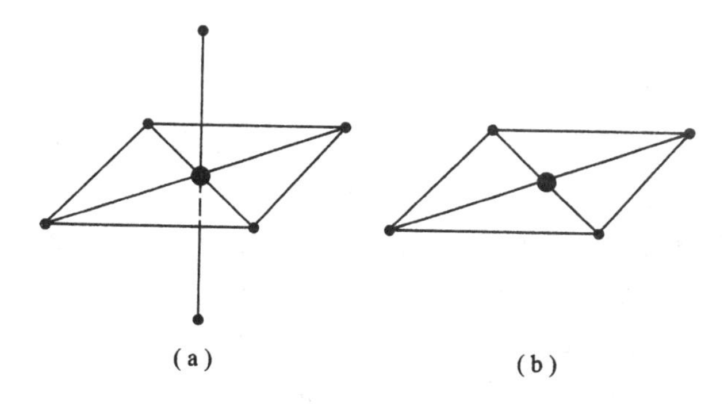

图 9.19 d^2sp^3 杂化(a)和 dsp^2 杂化(b)轨道的取向

若配位体不同，如$[Pt(NH_3)_2Cl_2]$，则可以形成顺式和反式异构体，其中顺式(顺铂)是一种重要的治癌药物。

其他类型的 dsp 杂化轨道还有多种，例如 d^3sp、sp^3d 等。

9.2.2 离域 π 键与共轭分子的性质

在讨论有机平面构型共轭分子的结构时，通常可把 π 电子与 σ 电子分开处理。将分子中的原子核、内层电子、非键电子和 σ 电子一起作为“分子实”，构成由 σ 键连接的“分子骨架”，其中每个骨架原子可视为只带有一个正电荷，而 π 电子就处在该分子骨架的势场中运动。π 电子的运动状态决定了共轭分子的基本性质，这种 π 电子称为离域 π 电子，由它形成的化学键称为离域 π 键。

共轭分子中，π 电子 i 的波函数 ψ_i 及其相应能量 E_i 可用 Hückel(休克尔)分子轨道法(即 HMO 法)近似求解 π 电子运动的 Schrödinger 方程求得。

1. 离域 π 键的类型

包含 n 个原子和 m 个 π 电子的离域 π 键用符号 π_n^m 表示。例如，丁二烯中的离域 π 键为 π_4^4，苯中为 π_6^6。依据 n 与 m 的不同关系，离域 π 键可分为三类：

(1) 正常离域 π 键($m=n$)。参与离域 π 键的每个原子提供 1 个 p 电子。例如(见下表)：

萘	丁二炔	NO_2	环戊二烯	吡啶	嘧啶
π_{10}^{10}	π_4^4(2 个，互相垂直)	π_3^3	π_4^4	π_6^6	π_6^6

(2) 多电子离域 π 键($2n>m>n$)。参与离域 π 键的某些杂原子(如 N、O、Cl 等)在一定条件下提供一对电子参与共轭。例如(见下表)：

$H_2C{=}CHCl$	硝基苯	酰胺($O{=}C(R){-}NH_2$)	苯酚	咪唑	嘌呤
π_3^4	π_9^{10}	π_3^4	π_7^8	π_5^6	π_9^{10}

一些 AB_2、AB_3 型无机分子或离子中亦可形成离域 π 键，如 CO_2—2 个 π_3^4，NO_3^-—π_4^6。

(3) 缺电子离域 π 键($m<n$)。这类离域 π 键较少，典型的例子有烯丙基阳离子—π_3^2，三苯基甲基阳离子—π_{19}^{18}。

2. 共轭分子的化学性质

(1) 在共轭分子中，由于 π 电子的离域化使分子更趋稳定。例如苯环具有特殊的稳定性，苯环上的加成与氧化反应都不易发生。

(2) 共轭分子中由于 π 电子的离域化，分子中 π 电荷分布趋于均匀化(但并不一定完全均匀分布)，从而使共轭分子中的键长趋于平均化。例如，苯分子中 6 个 C—C 键长均等于 0.139 nm，介于 C—C 单键键长 0.154 nm 与 C ═C 双键键长 0.133 nm 之间。1,3-丁二烯中 C_2—C_3 键长为 0.146nm，比正常的 C—C 单键键长要短。

(3) 共轭分子中的反应位置定域化。例如，吡啶分子中，N 原子的邻、对位原子处的 π 电荷密度相对较小，易与亲核试剂发生反应；间位原子处的 π 电荷密度较大，易与亲电子试剂反应。

(4) 酸碱性。脂肪族伯胺(如甲胺，CH_2—NH_2)呈现较强的碱性，而芳香族伯胺(如苯胺)的碱性要弱得多。这是由于苯胺中 N 原子上的孤对电子参与苯环共轭，使 N 带正电，因而接受 H^+ 的能力大大减弱。苯酚呈现弱酸性，是由于羟基中 O 原子上的孤对电子参与苯环共轭，使 O 带正电，有利于羟基中 H^+ 的电离。羧酸呈酸性、酰胺呈碱性，也都与其中 O 和 N 原子上的孤对电子参与形成共轭 π 键有关。

苯胺　　苯酚

3. 共轭分子的物理性质

(1) 电学性质

由于离域 π 键中 π 电子的易流动性，大大增加了此类物质的导电能力。一个典型的实例是石墨。石墨中的 C 原子以 sp^2 杂化形成平面型分子，每个 C 原子剩余的 p_z 轨道垂直于分子平面，相互重叠形成离域 π 键，因此石墨分子具有良好的导电性。而金刚石虽然同样是由 C 原子所构成，但由于其中 C 原子是 sp^3 杂化，相互间形成的是定域共价键(σ 键)，因此金刚石是典型的绝缘体。

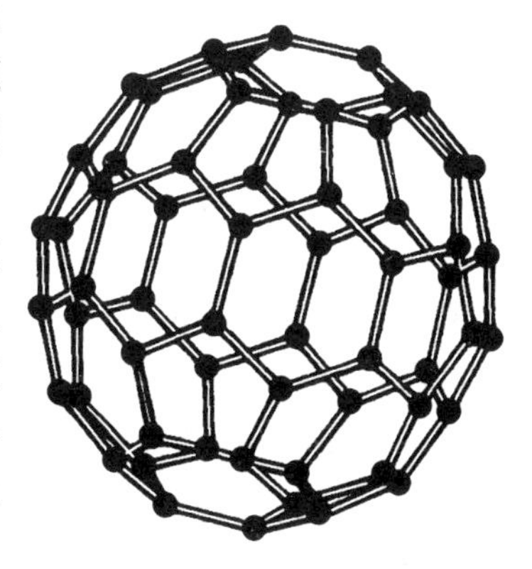

图 9.20　C_{60} 分子的笼状结构

C_{60} 是由 60 个碳原子组成的、由 12 个正五边形和 20 个正六边形构成的一个空心笼状分子(图 9.20)，因为形状像足球，故又称为足球烯。其中每个 C 原子近似以 sp^2 杂化轨道与相邻 3 个 C 原子相连，剩余的 p_z 轨道在 C_{60} 分子中形成一弯曲、变形了的离域 π 键。除 C_{60} 外，具有封闭笼状结构的还有 C_{70}、C_{84}、…、C_{240}、…，它们也都能形成封闭笼状结构体系，统称为富勒烯(fullerenes)。这是一类全新的球形共轭大分子。若在笼内引入某些金属离子，如 K^+、Rb^+、Cs^+ 等，C_{60} 将成为超导体(K_3C_{60}、Rb_3C_{60})。最近研究发现，一些 C_{60} 衍生物具有抑制人体免疫缺乏病毒酶的生物活性的作用。

所有有机和高分子导体及半导体分子中都必定包含有离域 π 键。

(2) 光学性质

许多有机物，其颜色的产生都与分子中存在离域 π 键有关。由于离域 π 键的形成，扩大了 π 电子的活动范围，使分子中电子的能级间隔缩小，在可见光激发下，其中的 π 电子有可能产生能级跃迁，因而在可见光区产生强的吸收，显示出其互补色。有机染料、指示剂、植物色素颜色的产生大多与此有关。例如：酚酞是一种常用的酸碱指示剂，它在酸性介质中无色，而在碱性溶液中变成红色。这是由于在碱性溶液中，分子结构发生了变化，形成了一个大的离域 π 键 (π_{24}^{26})。

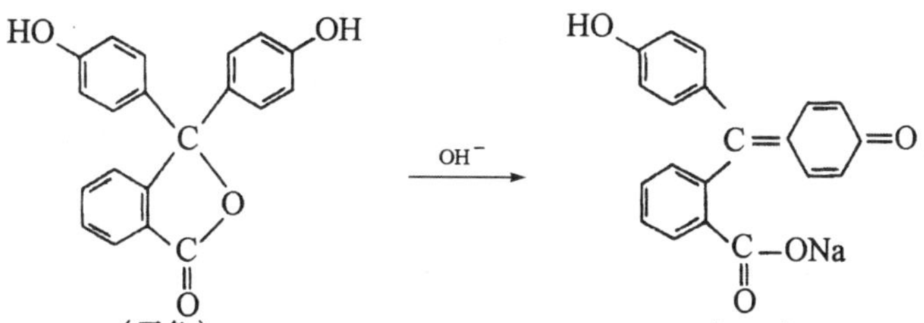

(无色)　$\xrightarrow{OH^-}$　(红色)

β-胡萝卜素、番茄红素等植物色素分子中存在一个较长的链状共轭体系。

随着非线性光学的发展，有机非线性光学材料有着广阔的应用前景。这类材料分子结构上的共同特征是其中π电子高度离域，因而在光频电场作用下易产生极化，而且响应速度快，在10^{-12}～10^{-13}s内便可达到电荷平衡，比无机非线性光学材料的光响应速度要快10^5倍。

由于离域π键的形成，使共轭分子的化学性质(稳定性、反应活性等)相应发生了变化。在生物学中，含有碳原子和杂原子的共轭体系的离域化具有特别重要的作用，它常常是决定生物分子在能量传递、吸收与发射中的重要因素。实际上，和活体的基本机能有关的生物分子几乎都由共轭体系组成，生命的基本表现和高度共轭化合物的存在关系密切。

4. 超共轭效应

当π轨道或p轨道的邻位有C—H键时，C—H键的σ轨道与相邻的π轨道或p轨道之间会产生弱的重叠，从而引起σ电子的离域，发生σ—π或σ—p共轭，此即为超共轭效应。超共轭效应比共轭效应要弱得多，但它对有机分子的物理化学性质仍有一定影响。例如，烯烃双键碳邻位的C—H键可与C═C双键发生超共轭效应(σ-π共轭)，它对烯烃的稳定性有明显影响。与C═C键发生超共轭的C—H键越多，烯烃分子越稳定。超共轭效应使烯烃中参与超共轭的C—H键强度增加，而α-碳氢键的强度减小。

9.3 配合物的结构

配位化合物简称配合物，又称络合物。它是由具有空的价电子轨道的金属原子或离子(称为中心原子，用M表示)与含有孤对电子或π键的分子或离子(称为配体，用L表示)按一定组成和空间构型结合而成的配位单元。只含一个中心原子(离子)的配合物称为单核配合物，包含一个以上中心原子(离子)的称为多核配合物。就配体而言，每个配体中至少应有一个原子含有孤对电子，或配体中含有π键，它们能向中心原子(离子)的空价电子轨道提供电子，这种结合方式称为配(位)键。能与中心原子(离子)结合形成配键的原子中，最重要的是N和O，其次是C、P、S、Cl、F等。配体与中心原子(离子)结合的位置称为配位点。

配合物的结构理论主要有价键理论、晶体场理论和配位场理论。配位场理论是晶体场理论与分子轨道理论的结合。

9.3.1 晶体场理论

配合物中配体施加于中心离子(原子)的势场称为晶体场。晶体场理论的物理模型是静电作用模型。该模型认为，配合物中心离子与配体之间以纯静电力结合。配体以一定形式排列在中心离子的周围，其中的孤对电子对中心离子d轨道中的电子将产生排斥作用。由于不同空间取向的d轨道受到的排斥作用不等，使原来简并的d轨道发生能级分裂，由此影响到配合物的各种物理、化学性质。

1. d轨道能级的分裂

在中性原子和自由离子中，量子数n和l相同的原子轨道其能级是简并的。但在配合物中，中心离子(原子)能量简并的d轨道的空间取向不同，因而受配体晶体场排斥的程度不同，导致d轨道能级发生分裂。分裂的情况由晶体场的对称性决定。图9.21中示出了几种常见

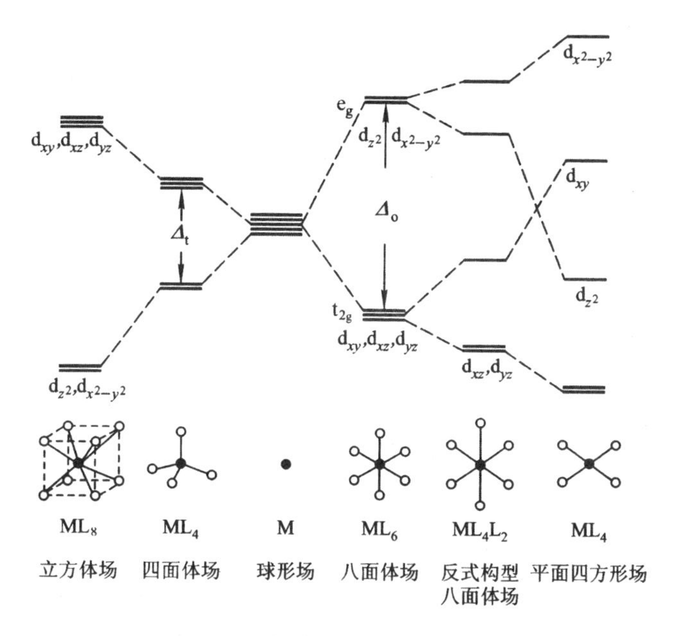

图 9.21 各种配位场条件下,金属 d 轨道能级的分裂情况

的不同对称性晶体场对 d 轨道能级分裂的影响。

以八面体形配合物为例,设 6 个配体(L)沿 x、y、z 坐标接近中心金属离子(M),配体的负电荷(孤对电子或 π 电子)对中心离子的 $d_{x^2-y^2}$ 和 d_{z^2} 轨道上的电子的推斥作用大,使这两个轨道的能量较高;而夹在两坐标轴之间的 d_{xy}、d_{xz} 和 d_{yz} 轨道上的电子受到的推斥作用较小,因而这 3 个轨道的能量相对较低。这样,就使原来 5 个能量简并的 d 轨道分裂成两组。3 个能量较低的 d 轨道常用 t_{2g} 表示,2 个能量较高的 d 轨道常用 e_g 表示。这两组轨道之间的能量差值称为晶体场分裂能,用"Δ"表示(图 9.22)。

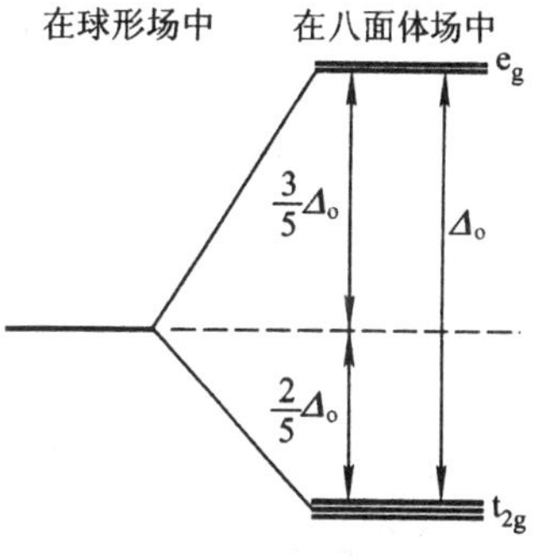

图 9.22 八面体晶体场中 d 轨道的能级分裂

量子力学原理指出,受微扰后产生分裂的 d 轨道能级的平均能量等于球对称晶体场的能量 E_s。选取 E_s 作为能量计算的相对零点,对八面体场,有

$$\begin{cases} 2E_{e_g} + 3E_{t_{2g}} = 0 \\ E_{e_g} - E_{t_{2g}} = \Delta_o = 10Dq \end{cases} \tag{9.3.1}$$

解此联立方程组,得

$$E_{e_g} = 6Dq, \quad E_{t_{2g}} = -4Dq \tag{9.3.2}$$

式中: Dq 称为晶体场的场强参数,它表征晶体场使中心离子 d 轨道能级分裂的程度。不同配合物中,其场强参数值不同。

晶体场的对称性不同,中心离子 d 轨道能级分裂的程度以及分裂后轨道的能级顺序不同。例如,在中心离子和配体相同情况下,四面体场的分裂能(Δ_t)为

$$\Delta_t = \frac{4}{9}\Delta_o \tag{9.3.3}$$

分裂后,d 轨道的能级顺序正好与八面体场相反,d_{xy}、d_{xz} 和 d_{yz} 三个轨道上的电子由于受到按四面体向排布的配体上负电荷的排斥作用相对较大,故能量较高,用 t_2 表示;而 d_{z^2} 和 $d_{x^2-y^2}$ 轨

道上的电子受配体负电荷的排斥作用相对较小，故能量较低，用 e 表示。同时，从总体来看，四面体场对中心离子的作用比八面体场的小，因而分裂能(Δ_t)也比八面体场的小。

在同一种构型的配合物中，对于同一中心离子，分裂能还与配体的电荷或偶极矩有关。根据光谱实验数据，结合理论计算，可归纳出不同配体配位场强弱的顺序(配体的光谱化学序列)：

$$I^- < Br^- < Cl^- < F^- < OH^- < C_2O_4^{2-} < H_2O < SCN^- < NH_3 < en < SO_3^{2-} < o\text{-}phen < NO_2^- < CN^-, CO$$

弱场配体　　　　　　　　中等强场配体　　　　　　　　强场配体

大体上以 H_2O 和 NH_3 作为分界线，将配体分成强场配体(Δ 大，如 CN^- 等)和弱场配体(Δ 小，如 I^-、F^- 等)。对不同的中心离子，以上顺序有所差异。

2. d 轨道中电子的排布

配合物中，中心离子 d 轨道能级分裂后，其中电子的排布方式由能量最低原理和 Hund 规则确定。依据 Hund 规则，简并轨道上电子的排布要尽可能分占不同的轨道，且自旋平行。若使本来自旋平行、分占两个简并轨道的电子挤入同一轨道(自旋反平行)，则会使体系能量升高。这部分增加的能量称为电子成对能，用 P 表示。根据最低能量原理，最终 d 轨道中电子的排布方式取决于分裂能 Δ 与电子成对能 P 的相对大小。电子成对能由中心离子的结构决定，与配体无关。晶体场分裂能的大小，则与中心离子和配体都有关系。下面以八面体配合物为例，说明 d 轨道中电子的排布。

在正八面体配合物中，中心离子的 d 轨道分裂成 t_{2g} 和 e_g 两组。当其中的 d 电子数 N 为 1,2,3,8,9,10 时，满足最低能量和 Hund 规则的排布方式只有一种：

$$d^1—t_{2g}^1,\quad d^2—t_{2g}^2,\quad d^3—t_{2g}^3,\quad d^8—t_{2g}^6e_g^2,\quad d^9—t_{2g}^6e_g^3,\quad d^{10}—t_{2g}^6e_g^4$$

当 d 电子数 N 为 4,5,6,7 时，d 电子的排布方式可以有两种：

(1) 强场情况：$\Delta > P$

d 电子尽可能占据能量较低的 t_{2g} 轨道，相应的排布方式(S 为配合物的自旋量子数)为

$$d^4—t_{2g}^4\ (S=1),\quad d^5—t_{2g}^5\ \left(S=\frac{1}{2}\right)$$

$$d^6—t_{2g}^6\ (S=0),\quad d^7—t_{2g}^6e_g^1\ \left(S=\frac{1}{2}\right)$$

按此方式排布的配合物中未成对电子数少，故称为低自旋配合物。

(2) 弱场情况：$\Delta < P$

d 电子尽可能分占各个 d 轨道，使自旋多重性最大，相应的排布方式为

$$d^4—t_{2g}^3e_g^1(S=2),\quad d^5—t_{2g}^3e_g^2(S=5/2),$$

$$d^6—t_{2g}^4e_g^2(S=2),\quad d^7—t_{2g}^5e_g^2(S=3/2)$$

按此方式排布的配合物中未成对电子数多，故称为高自旋配合物。

晶体场理论成功地解释了许多配合物的结构和性质，特别是有关配合物的颜色、磁性、立体构型等。但是由于其物理模型过于简单，完全忽略了配位体与中心离子间的共价结合成分，因而在解释与分裂能大小有关的配体光谱化学序列、羰基配合物的稳定性等方面遇到困难。配位场理论吸取分子轨道理论的优点，适当考虑了配体与中心离子间的共价结合，特别是 π 配键的形成，同时仍采用晶体场理论的计算方法。因此，可以认为配位场理论是晶体场理论与分子轨道理论结合的产物。

9.3.2　生物体内的配合物

生物体内的许多酶与蛋白质中包含金属离子，这些金属离子与生物分子的相互作用一般都具有配位特征。多数生物活性金属，特别是与酶催化反应有关的都是过渡金属。过滤金属的特性之一，是它们能够呈现不同的氧化态。因此，它们容易参与生物体内发生的氧化还原反应。例如，Fe 和 Cu 常作为酶的活性中心，催化电子转移、氧化反应和氧合反应。它们也是生物体内载氧蛋白活性部分的基本成分。又如，Mn、Co、Zn 等构成某些酶的活性部位，催化生物体内发生的水解、水合及脱羧反应等。生物体内的某些中毒现象，如重金属（Pb、Cd、Hg 等）中毒、煤气中毒（CO）、氰化物（CN^-）中毒等，都与金属离子的配位性质有关。

铁是生物体内丰度最高的金属之一。在哺乳类动物中，铁大多以卟啉配合物或血红素的形式存在。例如，血红蛋白（hemoglobin）、细胞色素 C（cytochrome C）、过氧化物酶（peroxidase）、过氧化氢酶（catalase）等。卟啉的骨架结构是卟吩。卟吩的衍生物统称为卟啉（porphyrin），其中的金属衍生物称为金属卟啉。

(1) Fe(Ⅱ)和 Fe(Ⅲ)的配合物

原卟啉Ⅸ是自然界中最普通的一种卟啉。血红蛋白、肌红蛋白（myoglobin）、过氧化物酶以及细胞色素 C 中的卟啉是 Fe-原卟啉Ⅸ（图 9.23）。在去氧血红蛋白中，Fe(Ⅱ)与原卟啉Ⅸ

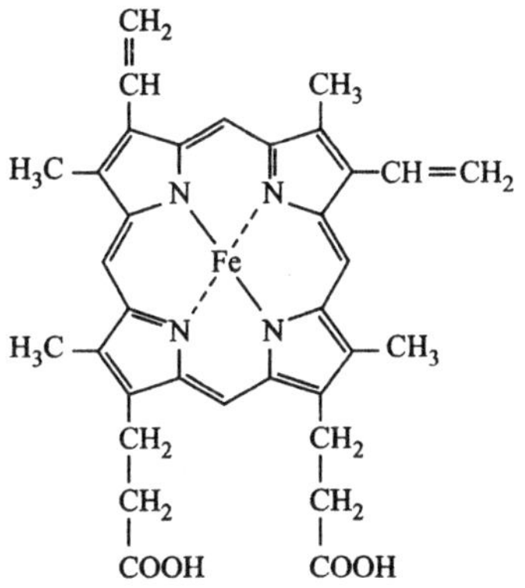

Fe—原卟啉Ⅸ

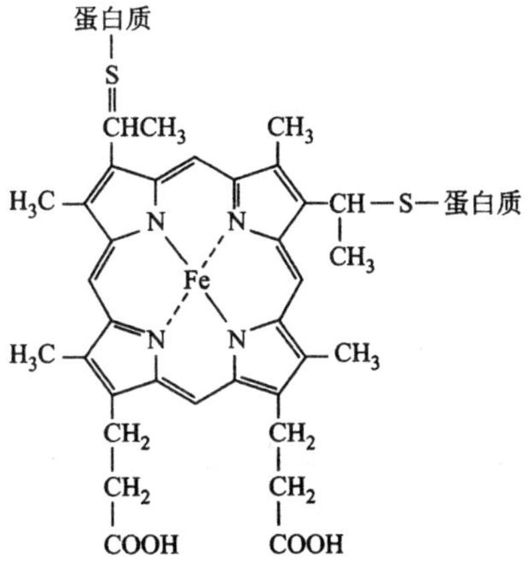

细胞色素

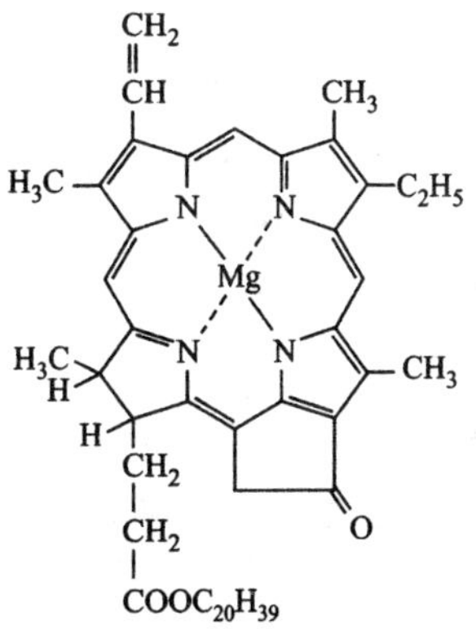

叶绿素

图 9.23　卟啉及其衍生物的结构

环内的 4 个吡咯 N 和环外一邻接组氨酸侧链上的 N 形成五配位的 Fe(Ⅱ)-卟啉，其中 Fe(Ⅱ)不在原卟啉Ⅸ环平面内，而是位于平面之上约 0.075 nm。磁性测量表明，去氧血红蛋白中的 Fe(Ⅱ)($3d^6$)处于高自旋态。在五配位的 Fe(Ⅱ)和 Fe(Ⅲ)卟啉衍生物中有类似情况，但中心铁离子离卟啉平面的距离稍有差别。当去氧血红蛋白与 O_2 结合形成氧血红蛋白之后，Fe(Ⅱ)与O_2 形成一强的配位键，将 Fe(Ⅱ)拉进卟啉环平面。此时 Fe(Ⅱ)为六配位(图 9.24)。碳氧血红蛋白和氰基高铁血红蛋白也属于这种情况。磁性测量表明，氧血红蛋白中的 Fe(Ⅱ)处于低自旋态。

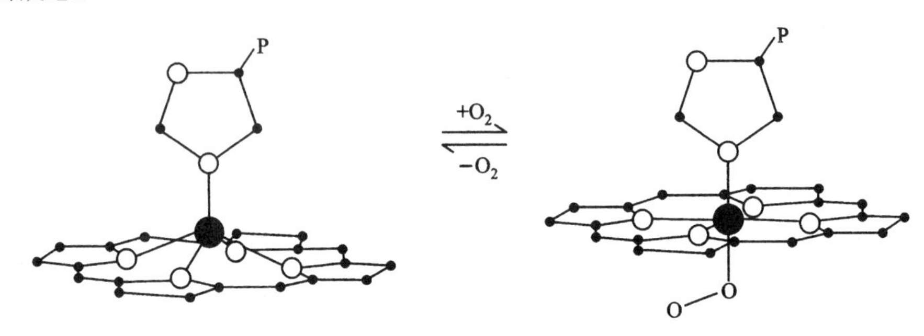

图 9.24　血红蛋白的可逆载氧作用

铁在人体内除主要以血红蛋白和肌红蛋白的形式存在外，还存在于多种其他蛋白质和酶中。例如，具有储存和运输铁功能的铁蛋白和铁传递蛋白，具有电子传递功能的铁-硫蛋白(红氧还蛋白，铁氧还蛋白，固氮酶等)。光谱实验表明，铁蛋白中的中心铁原子具有八面体[Fe(Ⅲ)O_6]配位结构。

(2) Cu(Ⅰ)和 Cu(Ⅱ)的配合物

铜也是生物体内一种重要的金属元素。铜的氧化态通常有 Cu(Ⅰ)($3d^{10}$)和 Cu(Ⅱ)($3d^9$)。Cu(Ⅰ)的配合物一般具有直线形或四面体结构。Cu(Ⅱ)配合物中最常见的结构是平面正方形，变形的四面体和变形的八面体。Cu(Ⅰ)配合物多数是无色的。Cu(Ⅱ)配合物通常是绿色或蓝色，具有顺磁性。

生物体内的铜蛋白和铜酶的生物功能主要有 O_2 的运输(血蓝蛋白)、直接或间接的氧合与氧化作用(细胞色素 C 氧化酶、抗坏血酸氧化酶、超氧化物歧化酶等)和电子转移(蓝蛋白)。其中的 Cu(Ⅱ)大多具有假四面体配位结构。植物和藻类的叶绿体中的质体蓝素分子中含有 2 个 Cu(Ⅱ)，它与光合作用中的电子传递有密切关系。豆质体蓝素中，Cu(Ⅱ)的配位体为 2 个组氨酸的氮、1 个半胱氨酸的硫和 1 个脱质子肽(—NH)的 N。Cu(Ⅱ)催化 ATP 水解与 Cu－ATP活性配合物的形成有关。

(3) 钼和钴的配合物

含钼的酶通常还包含铁蛋白(铁-硫蛋白或细胞色素)，后者作为电子载体，而钼作为底物结合部位或氧化-还原部位。一种重要的钼酶是固氮酶，此外，还有黄嘌呤氧化酶等。

维生素 B_{12}是天然存在的最复杂的配合物之一，如图 9.25 所示。环绕钴原子的环形配体称为咕啉，结构上与卟啉有些类似。与 Co(Ⅲ)配位的 4 个吡咯氮原子几乎是成平面状，另外 2 个配体随不同衍生物而异，它们沿轴向位于咕啉环平面的上方与下方。在母体 B_{12} 中，环下方为一苯并咪唑基，环上方为一氰基。维生素 B_{12}俗称氰钴胺素，它在治疗恶性贫血症方面效果显著。

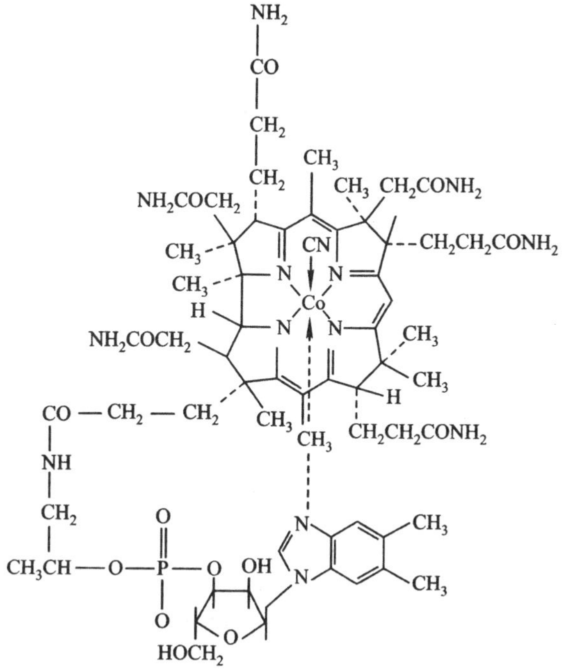

维生素B_{12}的结构

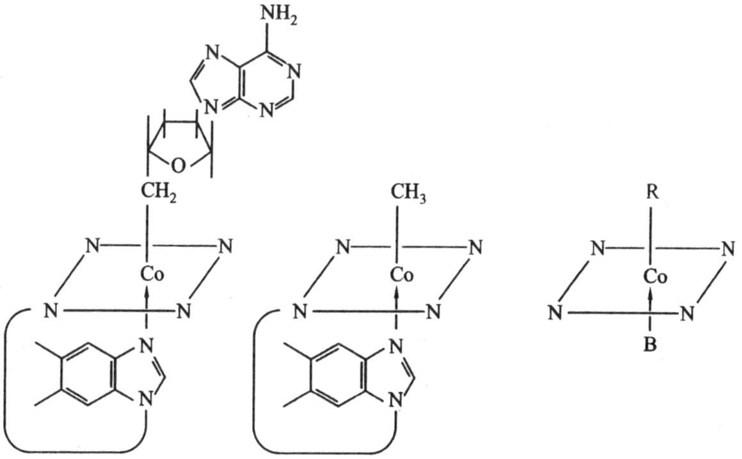

(a) 辅酶B_{12}　　(b) 甲基-B_{12}　　(C) B_{12}烷基衍生物

图 9.25 维生素 B_{12} 及其衍生物的结构

Co(Ⅲ)($3d^6$)的配合物一般具有正八面体或略变形的八面体结构。对于 B_{12} 烷基衍生物，由于烷基的强排斥电子性，使正对烷基的另一轴向配体被强烈地活化而脱离中心钴原子，结果形成五配位的 Co(Ⅲ)配合物。有人提出，五配位的 B_{12} 烷基衍生物的中心离子应是 Co(Ⅱ)($3d^7$)，但磁性测量结果与 Co(Ⅱ)不符。

(4) 锌、锰和钙的配合物

锌是生物体内的又一种重要微量元素。近来人们发现，与 DNA 和 RNA 的形成有关的各种酶几乎都是含锌的酶。此外,Zn(Ⅱ)($3d^{10}$)作为路易斯酸是生物体内重要的酸催化剂(如碳酸酐酶、碱性磷酸酶等)。与生物体内糖代谢功能有关的胰岛素分子中亦含有Zn(Ⅱ)。由于Zn(Ⅱ)具有全满的d电子层,因而没有配位场稳定效应。它的配合物立体结构仅取决于半径大小、静电力和共价键力。由于Zn(Ⅱ)的离子半径小(0.069 nm),所以Zn(Ⅱ)配合物最常见的结构是四面体。

有一类含锰蛋白质,称为外源凝集素(lectins),它能与糖类结合。通过与肿瘤细胞膜的相互作用而抑制肿瘤的生长。从刀豆中分离出的伴刀豆球蛋白(con A)即具有上述特性。在晶态时,由4个亚基形成假四面体簇,每个亚基有238个氨基酸残基,并包含有Mn(Ⅱ)和Ca(Ⅱ)两种金属离子。晶体结构测定表明,肽链中第10位和19位的天冬氨酸用它们的2个羧基氧分别与Mn(Ⅱ)和Ca(Ⅱ)配位,从而将它们固定在相互很接近的位置上(相距0.5 nm)。Mn(Ⅱ)是六配位,它的其余4个配位基是8位谷氨酸的羧酸根、24位组氨酸(咪唑N-3)和2个H_2O分子。Ca(Ⅱ)为五配位,它的其余3个配位基分别是12位酪氨酸的肽羰基、14位天冬酰胺的羧酸根和1个与209位天冬氨酸形成氢键的H_2O分子。Mn(Ⅱ)周围配位基的排列接近八面体。Ca(Ⅱ)周围的5个配位基中,有4个以四面体方式占据确定位置。上述Mn(Ⅱ)和Ca(Ⅱ)的配位方式使蛋白质的构象得到稳定。

生物体内的配合物是多种多样的,它们与生物体内的新陈代谢过程密切相关。本节仅仅是很简略的介绍。

9.4　分子间作用力

分子间作用力通常是指除价键(共价键、离子键、金属键)以外,基团间和分子间相互作用力的总称。它主要包括荷电基团、偶极子(永久、诱导与瞬时偶极)之间的相互作用力,氢键、疏水基团相互作用力及非键电子排斥力等。分子间作用能比通常的共价键键能小1~2个数量级,一般低于10 kJ·mol^{-1},作用范围约为0.3~0.5 nm,属于短程力。其中除氢键外,一般无饱和性与方向性。分子间作用力与物质的许多性质密切相关。

9.4.1　van der Waals(范德华)力

van der Waals力是指不带静电荷的分子之间的作用力。由van der Waals力产生的分子间作用势能与r^6(r为分子质心之间的距离)成反比。van der Waals力有下述三种来源。

1. 静电力(又称Keeson力)

极性分子的永久偶极矩之间由于静电吸引作用产生的力称为静电力(亦称取向力)。

2. 诱导力(又称Debye力)

极性分子中的永久偶极使其周围的其他分子极化,产生诱导偶极。永久偶极矩和诱导偶极矩之间产生的吸引力称为诱导力。这种相互作用能与分子的极化率(α)有关,诱导力一般很小。

3. 色散力(又称London力)

原子核周围的电子云分布从时间平均来说是球对称的。但在某一瞬间,这种分布可能发生变形,使正、负电荷的中心不重合,从而产生瞬时偶极矩。这种瞬时偶极矩可诱导处在邻近的其他原子或分子产生相应的诱导偶极矩。这种瞬时偶极矩与相应的诱导偶极距之间的相互作用称为色散作用。

在非极性分子之间，只有色散力的作用；而在极性分子和非极性分子之间，有诱导力和色散力的作用；在极性分子之间，除了有取向力的作用外，还有色散力和诱导力的作用。除极少数强极性分子（如 HF，H_2O）外，大多数分子间的作用力以色散力为主。可见，色散力是普遍存在于各种分子之间的。

分子间作用力大小与物质的物理化学性质，如沸点、熔点、气化热、熔化热、溶解度、黏度等密切有关。例如 F_2、Cl_2、Br_2、I_2 的熔点随相对分子质量增大而依次升高，在常温下 F_2、Cl_2 是气体，Br_2 是液体，而 I_2 是固体。因为它们都是非极性分子，分子间色散力随相对分子质量增加、分子变形性增大而加强。稀有气体从 He 到 Xe 在水中溶解度依次增加，也是因为由 He 到 Xe 原子体积逐渐增加，致使水分子与稀有气体间的诱导力依次增大。烷烃（C_nH_{2n+2}）的熔点与沸点随相对分子质量和分子体积加大而依次增加，二十（碳）烷的沸点比乙烷的沸点高出 500 多度。

在酶与底物的相互作用中，电荷-电荷相互作用使两分子基本上稳定，而 van der Waals 力则精细调整相互的空间关系。van der Waals 力对保持核酸大分子的结构稳定性也起着重要作用。

9.4.2 氢键

氢键是一种分子间（或基团间）作用力。它是由分子中电负性小的氢原子与同一分子或另一分子中电负性较强、原子半径较小的原子（如 F、O、N 等）相互作用而形成的。氢键的键长比一般共价键长，而键能比化学键的低，约为 10～40 kJ · mol^{-1}。氢键键长是指 X—H⋯Y—R 中 X 与 Y 原子中心之间的距离。其键能是指由 X—H⋯Y—R 分解为 X—H 和 Y—R 所需的能量。各种氢键中，F—H⋯F 氢键最强，O—H⋯O 次之。C 原子的电负性很小，因此形成的氢键较弱，但在生物体系中仍十分重要。氢键的强弱与 X、Y 原子的电负性和半径大小有密切关系。表 9.4 中列出一些氢键的键能与键长。

表 9.4 一些氢键的键长与键能

氢　键	键长/pm	键能/(kJ · mol^{-1})	实　例
F—H⋯F	255	28.1	$(HF)_n$
O—H⋯O	276	18.8	冰
	266	25.9	甲醇、乙醇
N—H⋯F	268	20.9	NH_4F
N—H⋯O	286	20.9	CH_3CONH_2
N—H⋯N	338	5.4	NH_3

1. 氢键的方向性和饱和性

氢键的一个重要特征是具有方向性和饱和性。氢键的 X、H、Y 三原子通常近似处在一直线上，键角大致为 180°，这即是氢键的方向性。由于氢原子很小，当它与 2 个较大的（相对于氢核而言）X、Y 原子接触后，其他较大原子很难再接近它，因此每个氢原子只能形成一个氢键，这就是氢键的饱和性。

2. 氢键的分类

氢键有分子内氢键和分子间氢键两类，例如

分子内氢键　　　　分子间氢键

分子内氢键的形成与相关物质的浓度无关，而分子间氢键的形成与相关物质的浓度有关。

氢键的形成对物质的性质有重要影响。例如，在同族元素的氢化物中，由于氢键的形成使 NH_3、H_2O 和 HF 的熔点和沸点明显增高。氢键的存在使冰形成“空旷”的晶体结构(图 9.26)，从而使冰的密度比水的小，所以当冰、水共存时，冰大约有 1/9 浮出水面。生物体内许多与生命密切相关的生物大分子，其空间构型(如蛋白质中的 α 螺旋、β 折叠；DNA 中的双螺旋等)在很大程度上是依靠酰胺氮和羰基氧之间的氢键来维系的。

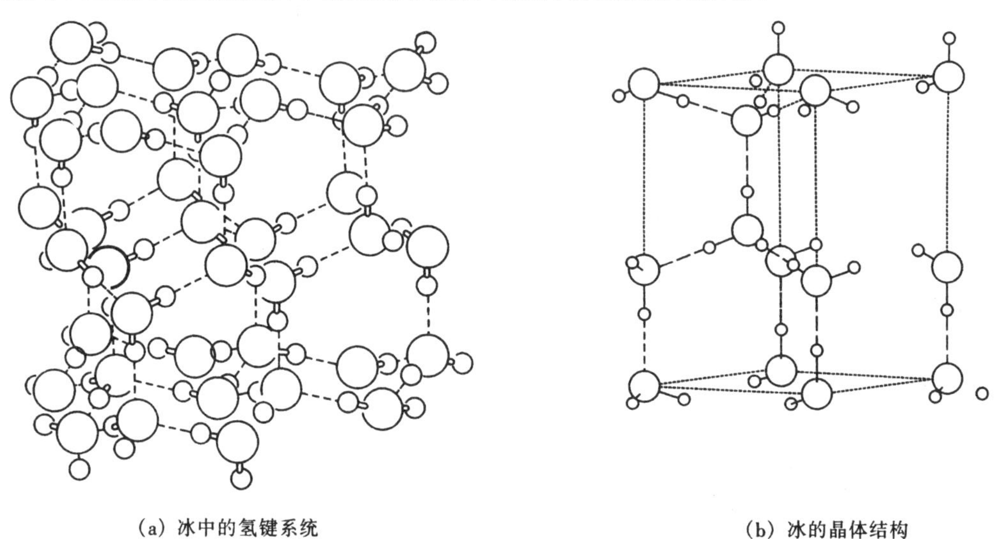

(a) 冰中的氢键系统　　　　(b) 冰的晶体结构

图 9.26　冰中的氢键体系及其晶体结构

9.4.3　疏水基团相互作用

由于带电基团或极性基团彼此间的相互作用较强，再加上氢键的形成使它们倾向于聚集在一起，而将非带电基团或非极性基团排挤在外。同时由于 van der Waals 力作用促使这些非极性基团也相互聚集在一起，这即是疏水基团相互作用。这种“分类”聚集作用将产生一定的熵效应和焓效应。

在纯水中，水分子可以自由取向，并与周围其他水分子形成氢键，使体系的能量尽可能降低。当溶质分子加入水中时，在某些方向上将阻碍水分子间的强烈相互作用。为使体系的能量尽可能降低，溶质分子周围的水分子将按尽可能多地形成氢键的方向定位，形成类似冰中水分子的排列，称为“似冰结构”。结构的有序化将使水的构型熵减少，从而使体系的自由能升高。对于具有极性基团的分子来说，由于极性基团与水分子间可形成氢键或其他强的相互作用而使体系自由能降低，由此补偿了溶质分子阻断水分子间氢键的影响，使溶液体系稳定。但对于非极性基团，由于它与水分子之间无强烈相互作用，不能补偿由于熵减少而引起的自由能增高，因而将出现非极性基团逃离水相的趋势，此即为“疏水效应”。疏水效应使非极性基团周围水的似冰结构消失，从而可使体系的熵增加，自由能降低。由此可见，所谓疏水效应或疏水基团相互作用，实质是由熵效应驱动的。它们在水溶液中受水分子的排挤而相互聚集在一起，这是分子间作用力和熵效应综合作用的结果，而并非存在一种新的其他作用力。

疏水效应或疏水基团相互作用是产生溶液表面吸附和胶团化作用的主要原因。它对于自然界，特别是生物体内的各种自组织现象起着非常重要的作用。例如，脂质体与细胞膜的形成、生物大分子在溶液中结构的形成等，都与疏水基团间的相互作用相关。

9.5 分子的电子结构与分子光谱

分子中的电子依据最低能量原理、Pauli 不相容原理和 Hund 规则从低到高依次排布在各分子轨道上，构成分子的电子结构(亦称电子组态)。电子占据的最高分子轨道称为最高占有分子轨道(HOMO)，电子未占据的最低分子轨道称为最低空分子轨道(LUMO)，两者共同构成分子的前线轨道。前线轨道能级的位置及其能级间隔是分子结构的特征参数之一。

光是一种电磁波，光与分子的相互作用是一个相当复杂的过程，它涉及多个光物理与光化学过程。光吸收与荧光发射是其中最重要的两个光物理过程，相应产生分子的吸收光谱与荧光光谱。

多原子分子的光吸收是一个比较复杂的过程。分子的总能量(不包括平动能)为

$$E=E_{电子}+E_{振动}+E_{转动} \tag{9.5.1}$$

分子的每一电子能态都包含若干可能的振动能态；同样，每个振动能态又包含若干可能的转动能态，如图 9.27 所示。分子从较低能级 E'' 跃迁到较高能级 E' 时，吸收相应能量的电磁波，其波数(波长的倒数)为

$$\begin{aligned}\sigma&=\frac{1}{\lambda}=\frac{E'-E''}{hc}=\frac{E'_{\mathrm{e}}-E''_{\mathrm{e}}}{hc}+\frac{E'_{\mathrm{v}}-E''_{\mathrm{v}}}{hc}+\frac{E'_{\mathrm{r}}-E''_{\mathrm{r}}}{hc}\\&=(T'-T'')+(G'-G'')+(F'-F'')\end{aligned} \tag{9.5.2}$$

式中：$T=E_{\mathrm{e}}/hc$，$G=E_{\mathrm{v}}/hc$，$F=E_{\mathrm{r}}/hc$，分别称为电子、振动和转动谱项。分子所吸收的辐射的波数(σ)等于受激发前后两个能级的谱项之差。

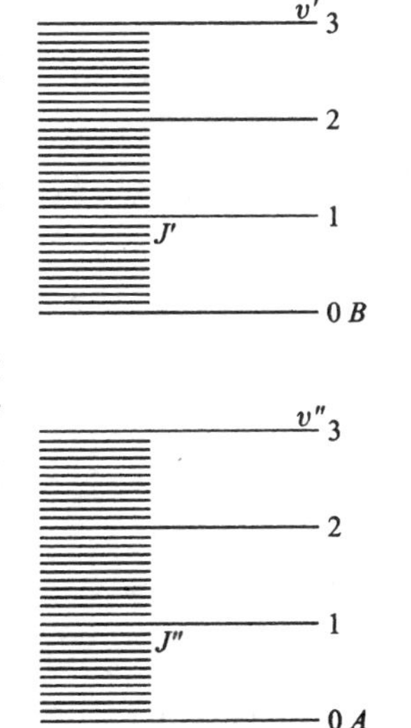

图 9.27 双原子分子的电子能级(A,B)、振动能级(υ″,υ′)和转动能级(J″,J′)

依据所吸收电磁波的波长范围不同，分子吸收光谱分为：

紫外-可见光谱	红外光谱	远红外光谱，微波谱
电子光谱	振动光谱	转动光谱

此外，由于电子与原子核具有自旋运动，它们的自旋能级受外磁场作用时将产生分裂，这些由磁场诱导产生的附加量子能级的间隔很小，能级跃迁时吸收长波电磁波，相应产生核磁共振(NMR)和电子自旋共振(ESR)。若入射光是偏振光，则由于光学活性物质对左、右圆偏振光的吸收系数不同以及左、右圆偏振光在光学活性介质中的传播速率不同，将产生圆二色性(CD)和旋光色散。

9.5.1　紫外-可见光谱

紫外-可见光谱是分子吸收波长为 200～750 nm 的光波(电磁波)引起分子电子能级的跃迁而产生的。单纯的电子能级跃迁很少发生，通常伴随有振动-转动能级的跃迁，在紫外-可见光谱图上显示为一个或多个谱带系，每个谱带系代表相关的一对电子能级间的跃迁。每个谱带系包括若干个谱带，每个谱带是由伴随着同一电子能级跃迁发生的某一振动能级跃迁所产生。每个谱带又包含若干条谱线。每条谱线是由伴随同一电子能级、振动能级跃迁发生的某一转动能级跃迁所产生。但是，在目前的光谱技术条件下，对于一般的固体和液体样品，由于分子之间的相互作用，很难分辨出谱带和谱线，仅能记录下谱带系的带型、呈现出宽的吸收带。

(一) 多原子分子的紫外-可见光谱

多原子分子中外层价电子的能级跃迁所吸收的波长范围在紫外-可见区，称为紫外-可见(吸收)光谱。

1. 跃迁的基本类型

对于多数结构简单的多原子分子，一般具有三类分子轨道：σ，π 和 n。其中，成键 σ 轨道和成键 π 轨道能量较低，反键 π^* 和 σ^* 轨道能量较高，非键 n 轨道能量介于两者之间。分子轨道的能级图及可能发生的能级跃迁如图 9.28 所示。

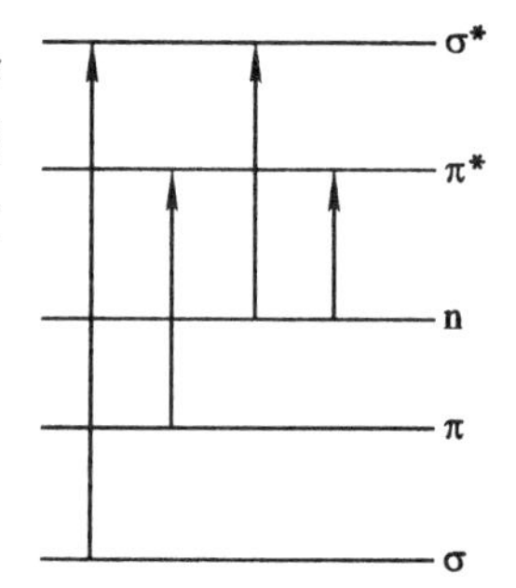

图 9.28　多原子分子的分子轨道及可能发生的能级跃迁

这些能级间可能发生四种类型的跃迁：

$$\sigma\to\sigma^*,\pi\to\pi^*,n\to\sigma^*,n\to\pi^*$$

(1) $\sigma\to\sigma^*$ 跃迁

不含孤对电子的饱和化合物中，只能发生 $\sigma\to\sigma^*$ 跃迁。由于 σ 轨道的能量较低，因此这类跃迁一般需吸收较高的能量($\lambda<200$ nm)，相应的吸收带在真空紫外区，用常规的光谱仪无法检测到。例如：甲烷的 $\lambda_{max}=122$ nm；乙烷的 $\lambda_{max}=135$ nm；正己烷与正庚烷的 $\lambda_{max}<150$ nm。它们在 150～1000 nm 波长范围内无吸收，因此常用作紫外-可见光谱测定时的非极性溶剂。

(2) $n\to\sigma^*$ 跃迁

当分子中存在孤对电子时，如饱和烃的含 O、N、S 和卤素的衍生物。其中除 $\sigma\to\sigma^*$ 跃迁外，还可以观察到能量相对低一些的 $n\to\sigma^*$ 跃迁，吸收波长约在 150～250 nm 之间。这类跃迁的摩尔吸收系数 ε 一般在 10～3000 $dm^3\cdot mol^{-1}\cdot cm^{-1}$之间，属中强吸收。

水、甲醇及其他一些低级醇的 $n\to\sigma^*$ 跃迁所吸收的波长也在真空紫外区，因此它们常被用作紫外-可见光谱测定时的极性溶剂。

(3) $\pi\to\pi^*$ 跃迁

不饱和烃中含有 π 键，$\pi\to\pi^*$ 跃迁能量相对较低，发生的概率也大。$\pi\to\pi^*$ 吸收带的波长比 $\sigma\to\sigma^*$ 吸收带的波长要长，一般在 200～300 nm 范围内。随共轭 π 键体系的形成及共轭范围的扩大，$\pi\to\pi^*$ 吸收带发生红移(向长波方向移动)。这类跃迁的吸收强度大，摩尔吸收系数 ε 在 10^4 $dm^3\cdot mol^{-1}\cdot cm^{-1}$左右。

(4) $n\to\pi^*$ 跃迁

若双键上连有含孤对电子的杂原子(如 O、N、S 及卤素),则处于非键轨道上的孤对电子受激发可能跃迁到反键 π^* 轨道,产生 $n\to\pi^*$ 跃迁。此类跃迁产生的吸收带波长比 $\pi\to\pi^*$ 跃迁的更长,通常在 250～600 nm 范围内。但跃迁概率较小,吸收峰强度不大,摩尔吸收系数 ε 为 $10^1\sim10^2\ dm^3\cdot mol^{-1}\cdot cm^{-1}$。

此外,在多原子分子中还有两种重要跃迁可产生紫外-可见光吸收。

(i) 配位场跃迁。在过渡金属配合物中,由于 d 轨道能级分裂,若中心离子的 d 轨道未充满,受光激发时可产生 d—d 跃迁,吸收特定波长的紫外-可见光,显示出相应的互补色。配位场跃迁的摩尔吸收系数一般不大,ε 约为 $10^{-1}\sim10^2\ dm^3\cdot mol^{-1}\cdot cm^{-1}$。

(ii) 电荷转移跃迁。受光激发,某化合物(或配合物)分子中的电荷重新分布,使电荷从分子的一部分转移至分子的另一部分,即

$$D-A \xrightarrow{h\nu} D^+-A^-$$

此过程中产生的光吸收一般也处在紫外-可见区,其中 D 称为电子给体,A 称为电子受体。受光的激发,电子给体中最高占据轨道中的电子跃迁到电子受体的最低空轨道中,形成电荷转移跃迁。此类跃迁的摩尔吸收系数一般都很大,ε 为 $10^3\sim10^4\ dm^3\cdot mol^{-1}\cdot cm^{-1}$。

2. 生色基与助色基

凡是在饱和碳氢化合物中引入一个含 π 键的基团,能使该化合物的最大吸收波长处在石英分光光度计可测量的范围内(200～1000 nm),该基团称为生色基。这类基团主要是具有不饱和键和未成对电子的基团。随共轭 π 键的形成及其范围的扩大,其最大吸收波长(λ_{max})向长波方向移动。

若一个分子中含有一个以上的生色基,当它们相距较远时,无相互作用,这些相互“独立”的生色基的吸收带合在一起就构成该化合物的紫外-可见吸收光谱。若这些生色基彼此相邻,形成共轭体系,则原来生色基的吸收带消失,产生新的吸收带。

有些取代基本身不是生色基,但它能使化合物的吸收峰波长发生红移,这类基团称为助色基。典型的助色基中包含具有孤对电子的杂原子,例如,—OR、—OH、$—NH_2$、$—NR_2$、—SR 及卤素等。

3. 影响光谱的外部因素

除了内部结构因素对光谱有影响外,还有一些外部因素影响光谱,主要有温度、溶剂、pH 等。

(i) 温度。降低温度可削弱分子间的相互作用,使光谱的精细结构显现出来。

(ii) 溶剂。溶剂的极性对谱带的形状和位置有明显影响。极性增加常使谱带精细结构模糊,甚至消失。因此在测定紫外-可见光谱时,应尽量采用非极性溶剂。在极性溶剂中反映 $\pi\to\pi^*$ 跃迁的谱带红移,而 $n\to\pi^*$ 跃迁的谱带蓝移。

(iii) pH。溶液的 pH 对某些化合物的颜色影响很大。一些有机染料、酸碱指示剂等随 pH 改变而发生结构变化,导致相应的吸收光谱发生改变。pH 对多肽、蛋白质的构型与构象也有重要影响,从而使其紫外-可见光谱发生改变。反过来,根据这些变化可以研究 pH 对蛋白质结构的影响。图 9.29 中示出聚 L-赖氨酸在水溶液中的构型随 pH 和温度的变化。

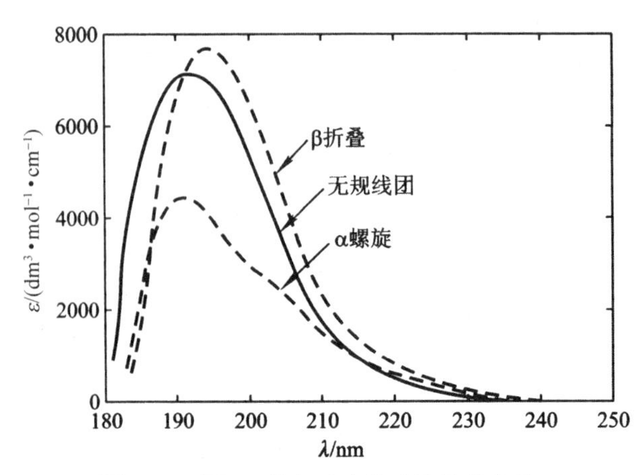

图 9.29 聚 L-赖氨酸水溶液的紫外光谱

无规线团(pH 6.0,25℃);α 螺旋(pH 10.8,25℃);β 折叠(pH 10.8,52℃)

(二) 应用

紫外-可见(吸收)光谱在分析化学中应用很广。这些应用大部分是基于在某一波长(单色光)处的吸光度测定,在分析化学中称为紫外-可见分光光度法。该方法仪器比较简单,操作方便,灵敏度和准确度高,是最常用的定量分析方法之一。

从结构化学来说,分子的紫外-可见光谱给出关于分子电子结构的信息。分析这些信息,可推测分子中不同分子轨道的能级。但是,由于分子对紫外-可见光的吸收基本上是分子中生色基或助色基的特征,而不是整个分子的特征。因此,一般来说它不能独立作为一种定性分析和结构分析的工具。

根据紫外-可见光谱,可以推测分子中含有某些功能基。例如,若在 210～250 nm 处有强吸收,可能含有 2 个双键的共轭单位;在 250～300 nm 处有强吸收带,表示有 3～5 个双键共轭单位;若在 250～300 nm 处有弱吸收带,表示该分子结构中可能有羰基;有中等强度吸收带,表示可能有苯环。

利用不同异构体具有不同的吸收峰,可以判别样品以何种异构体形式存在。例如,1,2-二苯乙烯有顺、反两种异构体。顺式无对称中心,2 个苯环相距很近,有空间障碍,影响分子的共面性及共轭效应。反式具有对称中心,2 个苯环无空间障碍,共面性好。因此,一般来说,反式异构体的吸收峰波长比相应顺式异构体的更长。又如,乙酰乙酸乙酯存在酮式-烯醇式互变异构反应:

$$\underset{\substack{\text{酮式(非共轭)} \\ \lambda_{max}=204\ \text{nm}}}{CH_3-\overset{\overset{\displaystyle O}{\|}}{C}-CH_2-\overset{\overset{\displaystyle O}{\|}}{C}-OC_2H_5} \rightleftharpoons \underset{\substack{\text{烯醇式(共轭)} \\ \lambda_{max}=245\ \text{nm}}}{CH_3-\overset{\overset{\displaystyle OH}{|}}{C}=CH-\overset{\overset{\displaystyle O}{\|}}{C}-OC_2H_5}$$

在不同溶剂中,其吸收曲线不同。在己烷(非极性)溶剂中,$\lambda=245$ nm 附近的摩尔吸收系数 ε 最大;而在水中,相应的 ε 较小。此结果表明,在非极性溶剂中,乙酰乙酸乙酯主要以烯醇式存在;在极性溶剂中,主要以酮式存在。

活性蛋白质都具有特定的空间结构。由于本身构象的限制,使分子内氨基酸处于不同的位置,其状态有隐藏的、半暴露的和暴露的。当蛋白质中的生色基团处于这三种不同状态时,其吸收特性不同。当生色基团经受一定的环境变化时,例如溶剂极性的改变、pH、浓度、温度的变化等,将引起蛋白质构象的变化,从而可能引起吸收峰的位移或吸收带形状和宽度的改变。生色基团经受的这种环境变化称之为微扰作用。变化前后的吸光度之差随波长的变化称为差光谱。根据微扰作用的不同,目前常用的差光谱有:溶剂差光谱、pH 差光谱、浓度差光谱、温度差光谱、变性剂差光谱等。例如,改变溶剂的极性,可使生色团的吸收带发生蓝移或红移,由此可以推算蛋白质中暴露生色团残基的分数。由温度差光谱,可以研究蛋白质和核酸的热变性动力学。由 pH 差光谱和浓度差光谱,可以研究生物大分子在溶液中的形态与构象;变性剂差光谱可研究蛋白质的变性动力学等。总之,各种差光谱与 Raman 光谱、圆二色谱、核磁共振谱等配合,在蛋白质、核酸等生物大分子的构象研究中是一种有效的工具。

(三) 配合物的颜色与吸收光谱

颜色是人的大脑对不同波长的光投射到视网膜上时所作出的反映。人眼视膜上的锥体细胞有分辨颜色的能力。它含有分别对红、绿、蓝三原色敏感的三种不同光感色素。当三种光感色素同时受到一定量的光刺激时,在视觉体系中形成"白色"反映。当成对的互补色光同时刺激光感色素时亦产生"白光"感。因此,若在白光中滤掉某一段波长的光之后,就相应产生其互补色的光感(见表 9.5)。例如,若白光通过某一能吸收波长为 400～480 nm 光的溶液,紫色与蓝色光全部被吸收,肉眼观察该溶液呈现黄色。这种黄色感觉并不是波长为 580～595 nm 的黄色光的作用,而是波长为 480～700 nm 的混合光作用于人眼视网膜的结果。当物质在可见区只有一个吸收峰时,则显示出与该吸收峰波长对应的互补色。当有 2 个或 2 个以上的吸收峰时,颜色主要由最大吸收峰波长的互补色决定。例如,氧化血红蛋白在 420 nm 和 560 nm 处有 2 个吸收峰。当浓度稀时,420 nm 处吸收峰较强,起主要作用,因此呈现黄色。当浓度高时,2 个吸收峰强度差不多,溶液呈现深红色。通常所说的颜色的深浅与吸收光补色的波长有关,波长越长,颜色越深。而颜色的亮度(浓淡)主要与吸收峰的强度有关,吸收峰强度越大,物质颜色越浓。总之,配合物的颜色与其吸收光谱有密切关系。

表 9.5 吸收光的颜色与观察到的颜色的关系

吸收光			观察到的颜色
λ/nm	σ/cm^{-1}	颜色	
400	25 000	紫	绿黄
425	23 500	深蓝	黄
450	22 200	蓝	橙
490	20 400	蓝绿	红
510	19 600	绿	玫瑰
530	18 900	黄绿	紫
550	18 500	黄	深蓝
590	16 900	橙	蓝
640	15 600	红	蓝绿
730	13 800	玫瑰	绿

配合物的吸收光谱是由于其中电子在不同能级的分子轨道之间跃迁产生的。根据跃迁所涉及的轨道不同，可把跃迁分为两类。

1. d—d(或 f—f)跃迁

含有 d^1—d^9 金属离子的配合物一般都有颜色，这主要是由于 d 轨道能级分裂后中心离子中电子的 d—d 能级跃迁引起的。配合物的 Δ 大约在 10 000 cm^{-1}～30 000 cm^{-1}波数之间(相应波长大约在 1000 nm～330 nm)，故配合物中的 d—d 跃迁的吸收波长在近紫外-可见-近红外区。而物体所显示的颜色通常是它所吸收光的补色。因此配合物所呈现的颜色与 Δ 的大小直接有关。例如，同一中心离子随配体的 $f_{配}$ 增大($f_{配}$ 表示配体对晶体场分裂能大小的贡献)，所形成的配合物中与同一 d—d 跃迁相对应的吸收峰向短波方向移动。Cr^{3+} 与 H_2O、NH_3 和 CN^- 所形成的配合物，其吸收峰的波数分别为 17 400、21 500 及 26 600 cm^{-1}。$Cu^{2+}(3d^9)$离子本身是无色的，而$[Cu(H_2O)_6]^{2+}$呈蓝色，$[Cu(NH_3)_6]^{2+}$呈深蓝色。

又如，$CoCl_2$ 晶体为蓝色，吸水后变为红色。根据这一特性，将其掺入用作干燥剂的硅胶中，制成变色硅胶。变色的原因与形成不同的配合物有关。在 $CoCl_2$ 晶体中，$Co^{2+}(3d^7)$是四面体配位，形成一周期性结构。由于四面体场的分裂能相对较小以及 Cl^- 是弱场配体，故 $CoCl_2$ 中的 d—d 跃迁能较小，只吸收可见区长波段的光，因而呈现蓝色。吸水后，配体变为 H_2O，形成$[Co(H_2O)_4]Cl_2$ 八面体配合物。同时，H_2O 是比 Cl^- 更强的配位体，因此，配位场分裂能增加，相应的 d—d 跃迁能增大，吸收峰蓝移，因而呈现红色。

配合物的立体异构对配位场强度也有一定影响，从而影响配合物的吸收光谱与颜色。以$[Co(NH_3)_4Cl_2]^+$配离子为例，其顺式呈紫色，反式呈绿色。这主要是由于配体 NH_3 和 Cl^- 所提供的配位场强度不同。在顺-，反-$[Co(NH_3)_3Cl_2]^+$中，中心离子 Co^{3+} 处于不同对称性的配位场中，因而产生不同的能级分裂，相应吸收不同波长的光，呈现出不同的颜色。

电子在 d—d 能级间跃迁要服从一定的光谱选律，满足光谱选律的跃迁概率大，相应的吸收峰强，称为允许跃迁。不满足光谱选律的跃迁概率很小，吸收峰很弱，称为禁阻跃迁。光谱选律之一是电子只能在自旋相同的能级间跃迁。

2. 电荷转移跃迁

电子从一个原子向另一原子转移产生荷移吸收。在配合物中，中心离子与配位体之间的电荷转移产生的荷移吸收带一般在紫外-可见区的蓝端。根据电荷转移的方向，可分为金属还原带与金属氧化带。前者为电子从主要定域于配位体的成键分子轨道跃迁到主要定域在金属离子的反键轨道。例如，$Mn^{7+}(3d^0)$中不出现 d—d 跃迁。在水溶液中以四面体型的 MnO_4^- 存在，呈现紫色。这是由于电子从 O^{2-} 向 Mn^{7+} 转移产生的金属还原吸收带所致。对于具有 d^{10} 构型的卤化物，硫化物，如 SnS_2，其颜色是由于 $S^{2-} \rightarrow Sn^{4+}$ 的电子转移产生的荷移吸收引起的。金属氧化带则相反，它是由主要定域在金属离子的 π 键分子轨道上的电子转移到主要定域在配体的 π^* 反键分子轨道上时产生的。CO、NO 及 CN^- 等强场配位体所形成的配合物，如$[Fe(CN)_6]^{4-}$ 呈现黄色即是由于金属氧化吸收带所致。一般而言，金属离子越易氧化，其金属氧化吸收带越向长波方向移动。

电荷转移跃迁还常发生在具有混合价的化合物中。例如，$[Fe(H_2O)_6]^{3+}$ 几乎近于无色，$[Fe(CN)_6]^{4-}$ 为淡黄色，而 $KFe_{Ⅲ}[Fe_{Ⅱ}(CN)_6]$为深蓝色，这是由于 Fe^{2+} 与 Fe^{3+} 之间的电荷转移跃迁引起的。

9.5.2 荧光光谱

分子受光激发，由基态跃迁至激发态。处于激发态的分子由于能量较高而不稳定，可能通过各种光化学和光物理过程回到基态。在光化学过程中，光激发能转变为化学能。在光物理过程中，各激发态之间或各激发态与基态之间的跃迁，激发能以光(荧光或磷光)或热的形式释放出来。

大多数分子含有偶数电子，在基态时，根据 Hond 规则，以自旋反平行方式成对地分布在相应的能级上。分子的总电子自旋 $S=0$，属于逆磁性，其电子能级在磁场中不会发生分裂，因而称之为单线态(或单重态)。当基态分子吸收光能而被激发时，一般其电子自旋方向不变($\Delta S=0$)，即分子激发态的总电子自旋 $S=0$，称之为激发单线态。若分子被激发后，处于激发态能级上的电子发生自旋反转，从而使分子中的 2 个电子(处在不同能级上)的自旋方向相同。此时，分子的总电子自旋 $S=1$。这种分子的电子能级在外磁场中将发生分裂，其多重性 $m_s=2S+1=3$，称之为激发三线态(或三重态)。三线态的能量比相应的单线态的能量稍低。单线态之间的跃迁($\Delta S=0$)是允许跃迁，跃迁概率大。单线态与三线态之间的跃迁是禁阻的，跃迁概率小。

(一) 基本原理

1. 光物理过程与荧光的产生

图 9.30 示出分子的态能级图。处于激发态的分子通过光物理过程回到基态通常有两种方式：

(1) 辐射跃迁

激发态分子发射出一个光量子使体系能量降低而回到基态的过程称为辐射跃迁。其中又因激发态的电子自旋状态的不同而区分为荧光和磷光。

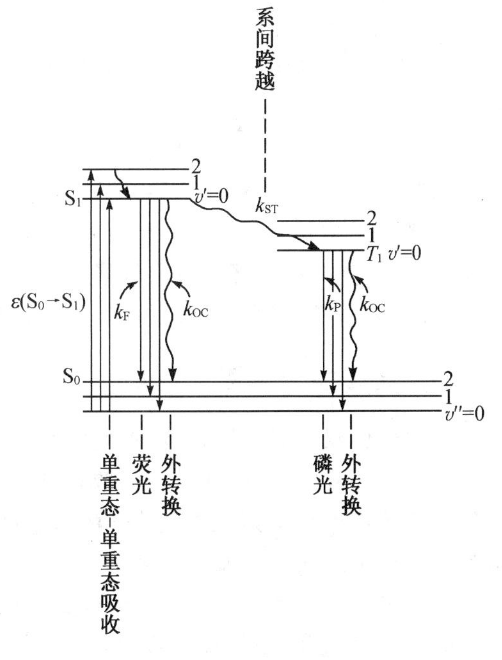

图 9.30 分子的态能级图

(i) 荧光($S_1 \to S_0 + h\nu'$)。分子由激发单重态(S_1)回到基态单重态(S_0)时发射出的光称为荧光。处于基态单重态的分子吸收光子的能量 $h\nu$ 后，通常是跃迁至激发单重态。处于激发态的分子通过与周围其他分子碰撞失去部分能量而首先回到激发态能级的最低振动态($\upsilon'=0$)，然后再跳回到分子电子能级基态的各不同振动能级(υ'')，同时发射出相应的不同能量的光量子，称为“荧光”。因此，荧光的波长一般比激发光的波长要长些。若处于激发态的分子直接跳回其初始基态，发出与吸收波长相同的光子，称为“共振荧光”。这种激发单重态的寿命约为 $10^{-6} \sim 10^{-9}$ s。因为寿命很短，故当激发光停止时，荧光的发射几乎同时熄灭。

(ii) 磷光($T_1 \rightarrow S_0 + h\nu''$)。分子由激发三重态($T_1$)回到基态单重态($S_0$)时发射出的光称为磷光。根据跃迁选律($\Delta S=0$),分子吸收光子后不能从基态单重态直接跃迁到激发三重态,但可能经过迂回途径,即先激发到单重态 S_1,然后经由系间跨越到达三重态(T_1),再由三重态 T_1 跳回到基态,同时发射出相应能量的光子,称为"磷光"。激发三重态 T_1 是一种介稳态。由 $T_1 \rightarrow S_0$ 的跃迁是自旋禁阻的,因此跃迁概率很小。分子处在激发三重态的寿命较长,可达 $10^{-4} \sim 10$ s。在室温下,处于三重态的激发分子可能会受溶质或溶剂分子的作用而猝灭,将多余的能量转化为热能,从而不产生磷光。为此,磷光通常在低温(77 K)下刚性介质中观察。

(2) 无辐射跃迁

激发态分子通过碰撞将其一部分能量转变为热能,而自己回到较低能态或基态的过程称为无辐射跃迁。无辐射跃迁包括外转换和系间跨越。

2. 荧光的量子效率(Φ_F)

激发态分子发射荧光的量子数与分子吸收激发光的总量子数之比称为荧光的量子效率

$$\Phi_F = \frac{\text{发射荧光的量子数}}{\text{吸收激发光的量子数}}$$

(二) 荧光与分子结构的关系及其应用

分子产生荧光必须具备两个条件:(i) 分子具有能吸收紫外-可见光的能级结构;(ii) 分子吸收紫外-可见光后具有一定的荧光量子效率。

实验表明,多数可产生荧光的化合物都是由 $\pi \rightarrow \pi^*$ 或 $n \rightarrow \pi^*$ 跃迁激发,然后经过不同的光物理过程,再发生 $\pi^* \rightarrow \pi$ 或 $\pi^* \rightarrow n$ 跃迁而产生荧光。由于 $\pi \rightarrow \pi^*$ 跃迁的摩尔吸收系数大,跃迁寿命短以及 $\pi^* \rightarrow \pi$ 跃迁过程中通过系间跨越跃迁至三重态(T)的速率常数较小,因此 $\pi \rightarrow \pi^*$ 跃迁的荧光量子效率较高。

具有 π 共轭结构的分子,由于其中 π 电子的离域性,使其容易被激发。而且 π 电子共轭程度越大,π 电子离域性越大,越易被激发,因而越易产生荧光。随 π 电子共轭程度的增加,其相应荧光发射波长越向长波方向移动。

影响荧光产生的结构因素主要包括分子结构的共面性与刚性、取代基等。

荧光分析主要用于定量分析,例如,借助于形成不同荧光配合物进行元素分析;在医学与药学方面,荧光分析是测定肾上腺素、青霉素、苯巴比妥、维生素、普鲁卡因等药物的灵敏方法。此外,通过氨基酸、蛋白质、核酸的荧光,可以研究蛋白质、核酸的结构。

9.5.3 旋光色散与圆二色性

存在螺旋状二级结构,是许多生物大分子结构具有的重要特征之一。例如,蛋白质、多肽中的 α 螺旋,核酸中的单、双与三股螺旋以及某些多糖的螺旋构象等。这些特征结构对其生物功能有重要作用。研究生物大分子的这些独特结构,并给予定性、定量的测定,有助于深入了解生物大分子结构与性能的关系。

偏振光作用于某些物质所产生的旋光色散和圆二色性,可为研究溶液中生物大分子的形态、构型及构象提供十分有用的信息。

(一) 旋光色散

图 9.31 中示出光学活性物质中旋光和圆二色性产生的原理图。当面偏振光进入具有旋

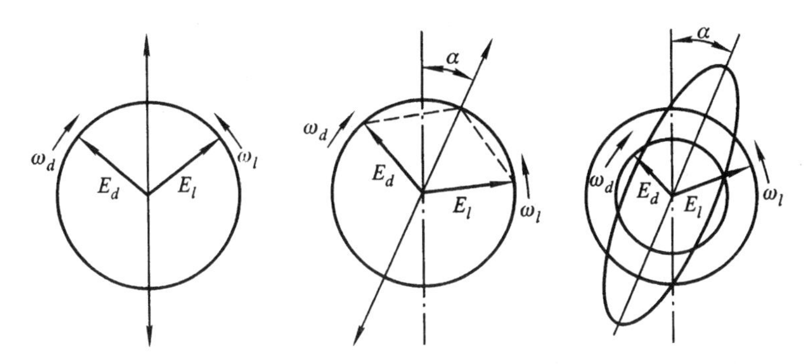

图 9.31 旋光和圆二色性的产生

光性的物质(又称光学活性物质)中时,由于偏振光与物质的相互作用,使面偏振光的右(d)和左(l)圆偏振光组分在光学活性物质中的传播速率不同,亦即该物质对 d 和 l 圆偏振光的折射率 n_d 和 n_l 不同,从而使面偏振光通过光学活性物质时其偏振面发生旋转。这种现象称为旋光现象。旋光随偏振光波长的不同而变化称为旋光色散。

(二) 圆二色性

光学活性物质对偏振光除产生旋光色散外,在特定波长处将产生吸收,而且其吸收率依赖于圆偏振光的左右旋性。在某些吸收带处可能更多地吸收左圆偏振光,在另一些吸收带处可能更强地吸收右圆偏振光。光学活性物质对左、右圆偏振光吸收系数的差异称为该物质的圆二色性。图 9.32 表示光学活性物质的光吸收、旋光色散与圆二色性之间的关系。

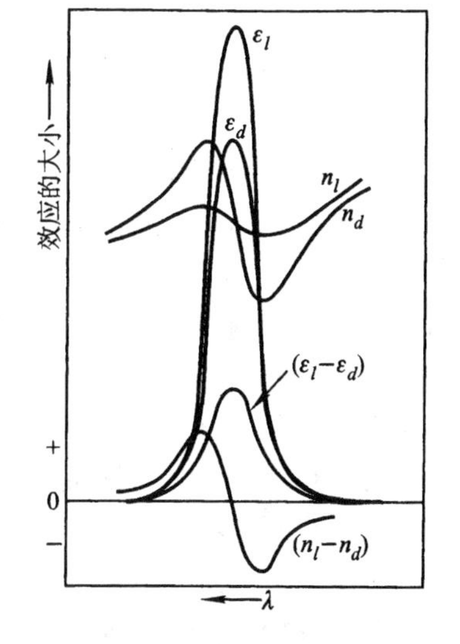

图 9.32 光吸收、旋光色散和圆二色性的关系

在某一波长 λ 处的圆二色性 $\Delta\varepsilon$ 为

$$\Delta\varepsilon=\varepsilon_l-\varepsilon_d \tag{9.5.3}$$

式中:ε 为物质对偏振光的摩尔吸收系数。圆二色性也可用吸光度 A 来表示

$$\Delta A=A_l-A_d \tag{9.5.4}$$

光学活性物质的圆二色性 $\Delta\varepsilon$ 随波长 λ 而变化的曲线称为该物质的圆二色谱。

(三) 旋光产生的分子基础

1. 光学活性与旋转强度

一个分子之所以能产生光学活性,其基本条件是:当它受到光的电磁感应作用时,能使其中的电荷同时产生线性和圆形位移(即螺旋形位移)。量子理论指出,一个光活性跃迁将产生一个允许的电跃迁偶极矩 μ_{oa}(与电荷的线性位移有关)和一个允许的磁跃迁偶极矩 m_{oa}(与电荷的旋转位移有关)。通常用旋转强度 R_{oa} 来描述物质的光学活性,其定义为

$$R_{oa}=I_m(\mu_{oa}\times m_{oa})=\mu_{oa}\times m_{oa}\cos\theta \tag{9.5.5}$$

式中:I_m 表示 2 个矢量标积的"虚部",θ 为 μ 与 m 取向间的夹角。

μ_{oa}与分子基态和激发态的电偶极矩之差有关，它反映这两种状态中电荷分布的差别，因而也反映跃迁时分子中电荷的迁移。若分子具有对称中心或对称面，则会导致 $\mu_{oa}=0$ 或者 $m_{oa}=0$。若分子中的电子跃迁时，只在一个平面内发生位移，那么其 $\mu_{oa}\perp m_{oa}$。上述情况都将使 $R_{oa}=0$。这类分子都不会产生旋光性或圆二色性。

旋转强度 R_{oa}可正、可负，与两种跃迁矩矢量的方向有关。两者平行为正；反平行为负。相应给出正与负的 Cotton（科顿）效应。这样，就将分子的电跃迁偶极矩和磁跃迁偶极矩与分子的构象和环境联系起来了。分子出现光学活性的基本要求是受偏振光激发时产生的旋转强度不为零，即

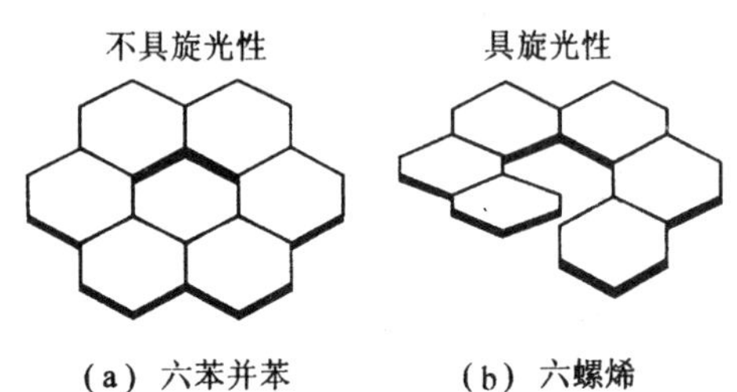

图 9.33　两种结构相似的物质：其中之一是旋光的(b)，另一种无旋光(a)

$$\sum R_{oa}\neq 0$$

也就是说，分子受激跃迁时，其中的电子既有沿轴向的位移，又绕轴旋转，由此产生的电矩和磁矩互相不垂直。若分子中产生的电矩和磁矩互相垂直，该分子就是非光学活性的。一个典型的实例是六苯并苯与六螺烯（图 9.33）。两者结构很相似，在近紫外区都有吸收带，涉及共轭环体系中电子的跃迁位移。但是，六苯并苯是一个平面分子，其中有一对称面（分子平面），因而它不具有旋光性；而六螺烯是一个螺旋状分子，分子是不对称的，因而具有很强的旋光色散和圆二色性。

物质的光学活性通常是由两种原因引起的：

(i) 分子在空间排列的不对称性。某些晶体中，由于分子空间排列的不对称性而产生左、右旋异构体。例如石英，当晶体熔化或溶解时，其光学活性随之消失。

(ii) 分子结构的不对称性。对称性理论和大量实际观察结果都证实，具有对称中心、对称面和反轴的分子都不可能具有光学活性。

有机化合物中结构最简单的光学活性分子是乳酸分子，其中中心碳原子周围呈四面体向配置的 4 个基团不同。酒石酸分子是另一个结构简单的光学活性分子，但它可能产生内消旋或外消旋而失去光学活性。

2. 生物大分子产生光学活性的结构因素

在生物大分子中，通常具有三种可能导致产生光学活性的不对称结构因素。

(i) 一级结构中的不对称碳原子。例如氨基酸和多肽分子中的 α 碳原子具有 4 个不同的取代基，α 碳原子邻近价电子的跃迁是光学活性的。

(ii) 许多生物大分子的二级结构是螺旋状的，这可能使链骨架或螺旋形排列的侧基中的电子跃迁具有光学活性。

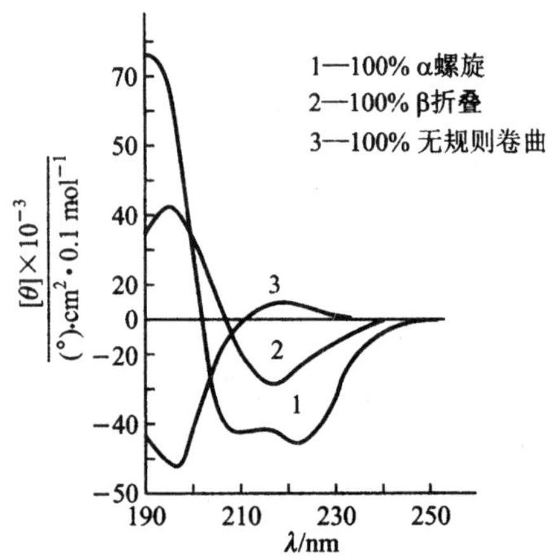

图 9.34　多聚-L-赖氨酸(PLL)三种构象的圆二色谱

(iii) 大分子的三级结构可能把一个原来对称的基团挤入一个不对称的环境中。例如，酪氨酸中环电子的正常跃迁只呈弱的旋光性。但在有些球状蛋白质

中，酪氨酸被包埋在其内部，周围环境的不对称电场可能使环电子的跃迁产生位移歪扭，从而导致强的旋光性。

在蛋白质和核酸的旋光色散和圆二色性研究中，螺旋状二级结构对旋光性的影响最引人注目。图 9.34 是多聚-L-赖氨酸三种不同构象的圆二色谱。

9.6 分子中基团的振、转运动与红外光谱

9.6.1 红外光谱

红外光是波长为 0.75～1000 μm 的电磁波，通常它可分为 3 个区域(见下表)。

	$\lambda/\mu m$	σ/cm^{-1}	
近红外区	0.75～2.5	13 200～4000	泛频区
中红外区	2.5～25	4000～400	基本振动区
远红外区	25～1000	400～10	转动区

当用近、中红外光照射分子时，辐射的能量不足以产生分子电子能级的跃迁，只能引起分子振动和转动能级的跃迁。由此产生的吸收光谱称为“振动-转动光谱”或称“红外光谱”。若用能量更低的远红外线照射分子，只能引起分子转动能级的跃迁，由此得到的是“转动光谱”或称“远红外光谱”。

红外光谱是测定分子结构，特别是有机物分子结构的重要方法之一。其最大特点是具有高度的特征性，不同分子内的同种官能团或基团具有大致相同的“特征吸收”频率。这是应用红外光谱进行官能团鉴定的主要依据。同时，每一种化合物都有其特定的一组吸收峰(包括波长位置、吸收强度和峰形)，如同每个人的指纹一样。从理论上讲，除光学异构体外，不可能有红外光谱完全相同的两种化合物。因此，红外光谱用作化合物指纹鉴定的可靠性很高。但是也应指出，对于一个复杂化合物的结构分析、鉴定，单独使用红外光谱是难以完成的，需要与其他结构分析方法配合。

(一) 红外光谱的基本原理

分子吸收一定频率的红外光后，在它的两个相应振动能级之间产生跃迁，记录吸光度(或透射比)随波长(或波数)的变化即为红外(吸收)光谱。分子中存在许多不同类型的振动，相应地有许多不同的振动能级。同时，同一振动能级中又包含若干个转动能级。对于简单的双原子或三原子分子，振动的数目、类型比较容易确定。但对于多原子分子，情况比较复杂，分子中的振动数目很多，而且彼此间又有相互作用，从而使分析变得十分困难。因此，目前实际上只有双原子分子的红外光谱才能进行精确的理论分析。由此得出的某些结果，可以定性地推广到多原子分子。

1. 双原子分子的转动与振动光谱

在讨论双原子分子的转动运动与转动光谱的关系时，可近似把双原子分子看作是一个刚性转体。

量子力学证明，分子转动时，其角动量 P_θ 是量子化的，因此分子的转动能是量子化的。分子转动能级之间的跃迁产生转动光谱。

若把双原子分子中的两个原子看成刚性小球，将两原子间的化学键设想为无质量的弹簧。双原子分子沿键轴方向的伸缩振动可近似用谐振子模型来处理。谐振子的振动波数 σ 与折合质量 μ 和键的力常数 K 的关系为

$$\sigma=\frac{1}{2\pi c}\sqrt{K\mu^{-1}},\quad \sigma c=\nu \tag{9.6.1}$$

式中：ν 为振动频率，c 为真空中光速。

实验表明，对于多原子分子中的一些由化学键连接的"原子对"的振动频率，式(9.6.1)也基本适用。由此式可以估算各种基团的伸缩振动基频峰的位置。例如，羟基(—OH)的 $K=770\ \mathrm{N\cdot m^{-1}}$。根据式(9.6.1)估算得到 $\sigma(\mathrm{OH})=3700\ \mathrm{cm^{-1}}$，与实验结果基本符合。

按经典电动力学观点，只有当分子的振动会引起其偶极矩发生变化时，才能吸收或发射电磁波。因此，凡是不改变分子偶极矩的振动都不会产生红外吸收。这一规则对双原子分子和多原子分子都适用。极性分子中，当某种振动使分子中正、负电荷的重心间距离发生变化时，其偶极矩即发生改变。这类振动称为具有红外活性的振动，它可以产生红外吸收。非极性的双原子分子，如同核双原子分子 H_2、O_2、N_2、Cl_2 等，无振动光谱。

2. 多原子分子的红外光谱

(1) 振动形式

双原子分子只有一种振动形式，即伸缩振动。而多原子分子有两类振动形式：伸缩振动与弯曲振动。

键长沿键轴方向发生周期性变化的振动称为伸缩振动。若一个原子同时与 2 个或 2 个以上相同原子结合，则 2 个(或 2 个以上)键同时伸长或缩短，称为对称伸缩振动；2 个键彼此交替伸长与缩短，称为不对称伸缩振动。

键角发生周期性变化的振动称为弯曲振动(或变形振动)。弯曲振动可分为面内弯曲(剪式、摇摆)、面外弯曲(卷曲、摇摆)等多种形式。

(2) 振动自由度

分子中可能产生的基本振动的数目称为它的振动自由度。

在由 N 个原子组成的分子中，共应有 $3N$ 个运动自由度。分子作为一个整体，有 3 个平动自由度。对于非线性分子，除平动外，分子整体可以绕 3 个坐标轴转动，因而有 3 个转动自由度。余下的 $3N-6$ 个自由度都涉及分子中原子间距离的改变，因而都属于振动自由度。对于线性分子，以键轴为转轴的转动，其转动惯量为零，转动过程中无能量变化。因此，线性分子只有 2 个转动自由度。相应地，线性分子的振动自由度为 $3N-5$。

每个振动自由度对应于一个基本振动，又称为分子的简正振动。简正振动的特点是在振动过程中分子的质心位置保持不变。每个简正振动代表一种振动方式，具有自身的特征振动频率。但是由于某些原因，并不是所有的简正振动都能在红外光谱中观察到。

下面以 H_2O 和 CO_2 分子为例，说明非线性分子和线性分子的基本振动形式。

H_2O 分子　H_2O 是非线性分子，其振动自由度为 $3N-6=3$，表示 H_2O 分子有三种基本振动形式。H_2O 分子的面外摇摆和卷曲振动相当于分子整体的摆动与转动，对分子中各原子间的距离不产生影响，因此不是独立的基本振动形式(图 9.35)。

图 9.35　H_2O 分子的基本振动形式

CO_2 分子　CO_2 是线性分子，其振动自由度为 $3N-5=4$。表明 CO_2 有四种基本振动形式

(a) 对称伸缩振动	$\overleftarrow{O}=C=\overrightarrow{O}$	$\nu_s(C=O)\approx1388\ cm^{-1}$
(b) 不对称伸缩振动	$\overrightarrow{O}=\overleftarrow{C}=\overrightarrow{O}$	$\nu_{as}(C=O)\approx2349\ cm^{-1}$
(c) 面内弯曲振动	$\overset{\uparrow}{O}=\underset{\downarrow}{C}=\overset{\uparrow}{O}$	$\delta(C=O)\approx667\ cm^{-1}$
(d) 面外弯曲振动	$\overset{+}{O}=\overset{-}{C}=\overset{+}{O}$	$\tau(C=O)\approx667\ cm^{-1}$

其中面内弯曲与面外弯曲振动实际上属于同一类型，因此其能量是简并的。

(3) 特征峰与相关峰

实验发现，不同化合物中相同的键或基团具有大致相近的吸收频率，称之为该键或基团的特征振动频率。相应的吸收峰称为该化学键或基团的特征峰，它是红外光谱用于定性分析和官能团分析的主要依据。

特征峰可用于鉴别各种基团的存在。在多数场合，一种基团可能存在若干种振动形式，其中每一种具有红外活性的振动将相应产生一个吸收峰，有时还可能观察到泛频峰。因此，一般来说，最终确认某种基团的存在与否应依据一组特定的相互有关的特征峰。这一组峰称为该基团的相关峰。依据一组相关吸收峰确认一个基团的存在是光谱解析的一条基本原则。有些基团也可能只有一个特征峰。

图 9.36 中示出 CH_3OH 的红外光谱。3350 cm^{-1} 处的宽峰是—OH 的伸缩振动，由于羟基间的氢键缔合，因此峰明显宽化。2935 与 2825 cm^{-1} 处是—CH_3 的反对称与对称伸缩振动。1450 cm^{-1} 处是—CH_3 的变形振动。1034 cm^{-1} 处是 C—O 基的伸缩振动。650 cm^{-1} 处是—OH的面外弯曲振动。

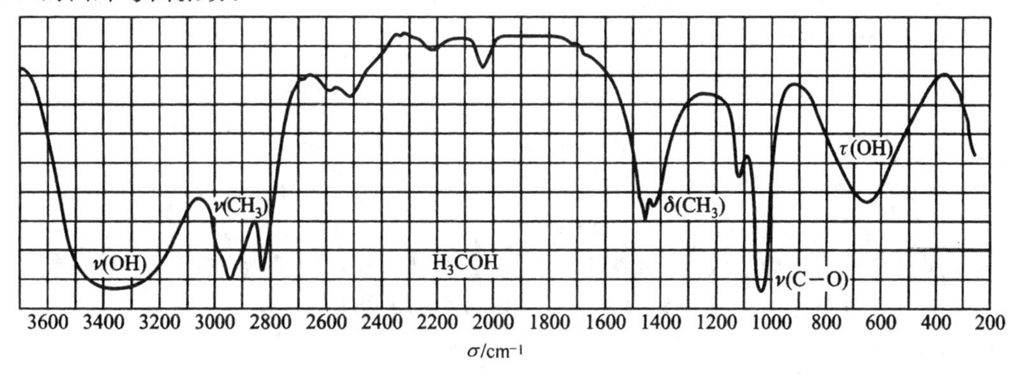

图 9.36　CH_3OH 的红外光谱

对多原子分子中的各种振动进行理论分析是困难的。吸收峰的识别主要是通过对比大量标准化合物的谱图而总结出的一些规律,然后从理论上给予一定证明。

(二) 影响红外光谱的因素

不同基团由于其折合质量和键的力常数不同,故相应的振动频率不同。对于同一种基团而言,由于周围化学环境等因素的影响,相应的振动吸收峰位置也会有所改变。也就是说,每一种基团的特征吸收频率不是完全固定的,而是有一定的变化范围。影响吸收峰频率位置的因素可分为两类:内部与外部因素。

1. 内部因素

内部因素主要指结构因素,包括取代基、共轭、偶联、空间效应及氢键形成等。

(1) 取代基的诱导效应

不同取代基的电负性不同,通过静电诱导作用,引起分子中电子云分布发生变化,从而使键的力常数改变,导致基团的特征振动频率产生位移,称为取代基的诱导效应。

吸电子取代基的引入常使吸收峰向高频方向移动。例如,当有吸电子基团与羰基的碳原子相连时,由于它和羰基的氧原子争夺电子,使羰基的极性减小,使 C=O 键的力常数增大,相应的吸收峰向高频方向移动。

	$R-C(=O)-R'$	$R-C(=O)-OR'$	$R-C(=O)-Cl$	$CH_3-C(=O)-OC_2H_5$	$C_2H_5-C(=O)-OC_2H_5$
σ(C=O)	1715 cm^{-1}	1735 cm^{-1}	1780 cm^{-1}	1733 cm^{-1}	1728 cm^{-1}

相反,推电子基团使羰基的极性增加,电子云更容易变形,键的力常数减小,相应的吸收峰向低频方向移动。例如,乙基的推电子作用比甲基强,使丙酸酯中羰基吸收峰的波数比乙酸酯中的低。

(2) 共轭效应

共轭效应使共轭体系中的电子云分布趋于均匀化,电子云流动性增加,键的力常数减小,相应吸收峰向低频方向移动。例如,苯乙酮(见右式),由于羰基与苯环共轭,其羰基吸收峰移至 1680 cm^{-1}。

$C_6H_5-C(=O)-CH_3$

(3) 氢键

氢键的形成使基团的伸缩振动频率降低,谱峰变宽。分子内氢键的形成对相应基团的吸收峰位有明显影响,但峰位不受浓度影响,例如

	$C_6H_5-C(=O)-CH_3$	邻羟基苯乙酮(分子内氢键 C=O…H—O)
σ(C=O)	**1680 cm^{-1}**	**1635 cm^{-1}**

分子间氢键受浓度影响较大,随浓度增大,缔合程度增加,OH 基吸收峰位向低波数移动。用红外光谱研究蛋白质中氢键的影响有助于了解蛋白质的构象。

2. 外部因素

影响吸收峰位置的外部因素主要包括制样方法、样品状态(气、液、固及溶液)、溶剂的性

质、温度等。一般来说,样品状态对吸收峰波数的影响为

气态>非极性溶剂中>极性溶剂中>液态>固态

极性基团的伸缩振动频率随溶剂极性增大而减小。因此,测定红外光谱时应尽量用非极性溶剂。在用标准样品或标准图谱对照进行定性分析时,必须采用相同的实验条件。

(三)红外光谱的应用——定性分析与结构分析

定性分析的目的是要确定样品为何种物质,主要是通过与已知物的红外图谱对照或与红外标准谱图对照来确认。定性分析时应注意:样品的物态或晶态应与标准物一致,并尽可能采用与标准物相同的溶剂及其他测定条件。

同时,红外光谱也是测定分子结构的重要方法之一。

随计算机应用软件的发展,红外光谱的解析更为快速、方便。下面简单介绍美国 Sadtler 公司的 Sadtler Suite 综合软件包。

美国 Sadtler 公司以编辑出版各种标准谱图集而闻名,如红外(IR)、紫外(UV)、核磁共振(NMR)等谱图以及相应的数据库。1998 年,Sadtler 为化学家推出 Sadtler Suite 综合软件包,它由 4 个子软件组成:SearchMaster 6.0、IR Mentor Pro 2.0、ChemWindow 6.0 和 SymApps 6.0,内容包括红外光谱检索、红外光谱智能解释、^{13}C-NMR 化学位移预测、质谱(MS)解释、化学结构和反应装置的绘画、三维立体化学和点群计算,此外,还有 2500 张标准红外光谱数据库和 4500 个化学结构库供红外光谱检索和结构检索。Sadtler Suite 为化学家分析谱学数据和化学结构方面提供了有利工具,实现从光谱到结构和从结构到光谱的互通途径。

IR SearchMaster 6.0 是最新版本的红外光谱检索软件,可在 Windows95/98 或 NT 下运行。SearchMaster 6.0 可用多种检索方法对未知光谱进行检索。检索方法有光谱检索[全光谱范围(full spectrum),或选择范围(limited range)]、峰检索、化合物名称检索、化合物理化性质检索、结构检索。这些方法可单独使用,也可以几种检索方法相互结合同时进行。

IR Mentor Pro 是 Sadtler 的红外光谱专家解释软件,IR Mentor Pro 能对红外光谱峰进行解释、归属和功能团分析。IR Mentor Pro 中的数据库含有 700 个峰,对应 200 多个功能团,它是从光谱到结构和从结构到光谱互通的软件。

ChemWindow 6.0 包括三大部分:(i) 绘画化学结构、化学反应式和化学实验装置;(ii) 光谱曲线处理;(iii) 光谱解释工具:ChemWindow 6.0 可将化学结构与红外光谱、质谱和^{13}C 核磁共振谱相互关联,实现从光谱到结构(from spectra to structure)和从结构到光谱(from structure to spectra)的联通。

SymApps6.0 是有关分子三维立体化学和点群对称性计算的软件。

北京微量化学研究所分析中心已推出 Sadtler 红外光谱数据库联网检索服务(网址:http://www.microchem.org.cn/hwjs.htm),该中心拥有 Sadtler 红外光谱数据库 133 000 多张谱图。读者可登陆中国国家科学数字图书馆——化学信息网(http://chin.csdl.ac.cn)查询相关信息。

9.6.2 Raman(拉曼)光谱

当频率为 ν_0 的单色光入射到某一透明物质上时,大部分光透过物质。同时大约有 10^{-3}~10^{-5} 的入射光被样品分子散射。散射可分为弹性散射和非弹性散射两类。光量子与物质分子

不发生能量交换的散射称为弹性散射，其频率与入射光的频率相同，只是方向改变，这种散射称为 Rayleigh(瑞利)散射。若入射光量子与物质分子间发生能量交换，使散射光的频率和方向都发生改变，这种散射称为非弹性散射，其强度约为入射光强度的 $1/10^7$。

1923 年，Smekal(史梅克)曾从理论上预言，当频率为 ν_0 的入射光经物质散射时，在散射光中应含有频率为 $\nu_0 \pm \Delta\nu$ 的辐射。由于散射光极弱，直到 1928 年，印度物理学家 Raman 等才从实验上观察到这种散射效应，故称之为 Raman 散射。由于 Raman 散射效应很弱，其应用受到很大限制。到 20 世纪 60 年代，激光的发现与应用使 Raman 光谱焕发了青春，激光 Raman 光谱迅速发展，被广泛应用于分子结构研究，涉及物理、化学、生物学等领域。

在最简单的 Raman 光谱图中有三种线，其中：位于中央位置、频率与入射光频率相同的最强散射线是 Rayleigh 线；位于中央线左侧、频率低于入射光频率($\nu_0 - \Delta\nu$)的散射线称为 Stokes(斯托克斯)线；位于中央线右侧，频率高于入射光频率($\nu_0 + \Delta\nu$)的散射线称为反 Stokes 线。$\Delta\nu$ 称为 Raman 频移(或 Raman 位移)，它与分子振动-转动能级间的跃迁有关。Raman 光谱就是 Raman 散射频移谱。

1. Raman 散射的量子理论

量子理论认为，Raman 散射是光量子与分子相碰撞时产生的非弹性散射。在非弹性散射过程中，光量子与分子发生能量交换，光量子把部分能量转移给散射分子，或从散射分子中吸收部分能量，从而使散射光量子的频率发生改变。光量子吸取或给予散射分子的那部分能量只能是该分子的某两个定态之间的能量差值，即

$$\Delta E = E_2 - E_1 = h\Delta\nu \tag{9.6.2}$$

其中：Raman 频移 $\Delta\nu$，它与入射光的频率 ν_0 无关。

Raman 频移的范围一般为 25～4000 $\mathrm{cm^{-1}}$，相当于中红外～远红外区的波数，即 Raman 效应与分子中的振动-转动能级间的跃迁相对应。因此，Raman散射要求入射光的能量必须大于分子振动跃迁所需的能量，而又小于分子电子能级跃迁所需的能量。通常采用可见光作为激发光。

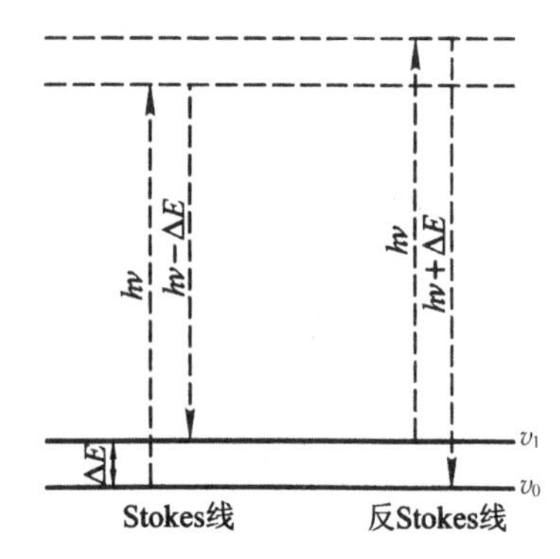

图 9.37　Raman 光谱的能级跃迁

当处于振动-转动基态 v_0(或激发态 v_1)的散射分子吸收入射光量子的能量后进入某一虚能态，分子处在该能态时很不稳定，几乎立刻(大约 10^{-15} s)往回跳，其中绝大部分跳回到原来能级，发射出与入射光相同频率的光量子，这就是 Rayleigh 散射线。同时，有少部分跳回到分子的振动激发态 v_1(或基态 v_0)，相应发射出一个光量子，其频率分别为

$$\nu_- = \nu_0 - \Delta\nu, \quad \nu_+ = \nu_0 + \Delta\nu \tag{9.6.3}$$

此散射线即为 Stokes 线(或反 Stokes 线)(见图 9.37)。因为处于基态的分子数比处在激发态的更多，所以 Stokes 线比反 Stokes 线更强。

实验和量子力学理论证明，只有当分子的振动-转动运动改变分子沿入射光方向的极化率时，才能与入射光子发生能量交换，产生 Raman 散射。若其极化率不发生改变，或这种改变互相抵消，则只有 Rayleigh 散射而没有 Raman 散射。因此，分子在振动或转动时，其极化率发生改变是产生 Raman 散射的必要条件。

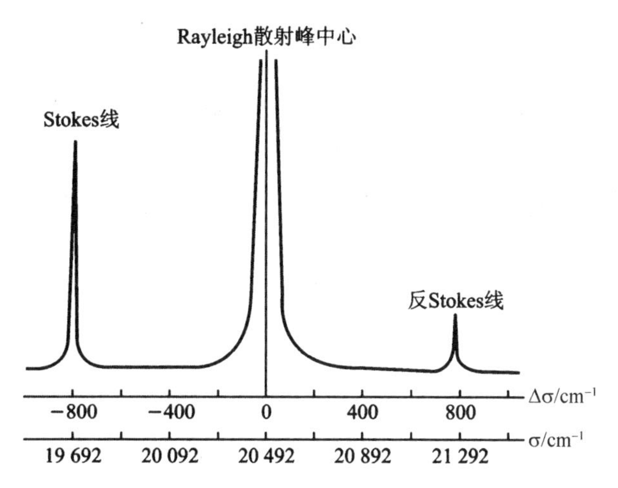

图 9.38 Raman 散射线与入射光的频率关系

（入射光为 $\lambda=188.0$ nm 的 Ar 离子激发）

2. 分子的转动 Raman 光谱

根据前述 Raman 光谱产生的必要条件，只有具有各向异性极化率的分子才可能产生转动 Raman 光谱。因此，具有球对称极化率的分子，如 CH_4、CCl_4 等，不具有转动 Raman 光谱。而线形分子，如 CO_2，当其分子绕垂直于分子轴的轴线转动时，在固定方向上的极化率必定发生改变，因而 CO_2 具有转动 Raman 光谱。

3. 分子的振动 Raman 光谱

双原子分子沿键轴方向振动时，其极化率将发生改变。因此，原则上所有双原子分子均能产生振动 Raman 光谱。由于反 Stokes 线的强度比 Stokes 线弱得多，因此，在许多 Raman 光谱中只记录 Stokes 线。

振动能级的间隔比转动能级间隔大得多，所以振动 Raman 频移比转动 Raman 频移大很多。对于振动 Stokes 线

$$\Delta\nu=\nu_0-\nu_- \tag{9.6.4}$$

式中：$\Delta\nu$为振动 Stokes 线的 Raman 频移，与红外光谱中的基频带相对应（表 9.6），在红外与 Raman 光谱中，常用波数(σ)表示。

表 9.6 一些异核双原子分子的振动 Raman 位移和近红外光谱主吸收带的位置

分　　子	Raman 位移/cm^{-1}	近红外光谱的主吸收带/cm^{-1}
HCl	2886	2885.9
HBr	2558	2559.3
HI	2233	2230.1
NO	1877	1875.9
CO	2145	2143.2

Raman 光谱是散射光谱。Raman 散射是当分子的振动-转动使分子的极化率发生改变时，与入射光量子交换能量而产生的非弹性散射。因此，凡是能使分子的极化率发生改变的振动、转动称为具有 Raman 活性，它们在 Raman 光谱中将会有所反映。

红外光谱是吸收光谱。当分子的振动-转动使分子的永久偶极矩发生改变时，对入射光中具有特定波长的光的不同程度的吸收即为红外光谱。因此，凡是能使分子的偶极矩发生改变的振动、转动称为具有红外活性，它们在红外光谱中也将会有所反映。

Raman 光谱与红外光谱产生的机理虽然不同，但它们都与分子振动-转动能级的跃迁有关，这两种光谱所反映的信息是相同的。分子的 Raman 光谱与红外光谱既有区别，又有联系，可以相互补充。

4. Raman 光谱的主要优点

与红外光谱相比较，Raman 光谱对于生物体系来说主要有下述优点。

(i) 样品用量少，数微克即可。

(ii) H_2O 的 Raman 散射较弱，对光谱的干扰小。因此，H_2O 可作为样品的溶剂。

(iii) 对于 S—S、N—N、C—C、C ═C 等一些红外非活性或弱活性的同核键的振动，其 Raman光谱的灵敏度较高。

(iv) 玻璃是一种弱 Raman 散射体，可作为样品的容器。

9.7　磁场中原子核与电子的自旋运动与磁共振谱

原子核和电子都是带电粒子，它们各自有自旋运动，相应产生自旋磁矩。在外磁场中，由于自旋磁矩与磁场的相互作用而使其磁能级发生分裂。当受到合适能量的电磁波照射时，它们可以吸收相应能量的电磁波，从基态跃迁至激发态。此现象即为核磁共振(NMR)和电子自旋共振(ESR)。

9.7.1　核磁共振

1. 核磁共振的产生

原子核是带正电的粒子，它的自旋用核自旋量子数 I 表征。I 的大小与核的质量数和它所包含的质子数(原子序数)有关。依据 I 的不同，原子核可分为三类：

$I=0$　质量数与原子序数都为偶数的原子核属于此类，称为非磁性核。这类核不能产生核磁共振，例如 ${}^{12}_{6}C$、${}^{16}_{8}O$、${}^{32}_{16}S$ 等。

$I=$ 整数　质量数为偶数，原子序数为奇数的核，例如 ${}^{2}_{1}H$、${}^{14}_{7}N$ 等。

$I=$ 半整数　质量数为奇数的核，例如 ${}^{1}_{1}H$、${}^{19}_{9}F$、${}^{13}_{6}C$、${}^{31}_{15}P$ 等。

后两类核属于磁性核，在磁场中可产生核磁共振。$I=1/2$ 的 ${}^{1}H$ 核是核磁共振中研究最多的，通常称为氢谱，在有机化合物的结构分析中应用很广。此外，${}^{13}C$、${}^{19}F$ 和 ${}^{31}P$ 等的核磁共振研究正不断发展，在生物体系中的应用日渐显得重要。

原子核的自旋运动产生自旋角动量 P_N，相应的核磁矩为 μ_N。μ_N 与 P_N 之比称为磁旋比 γ_N

$$\gamma_N = \mu_N / P_N \tag{9.7.1}$$

当一个磁性原子核处在外磁场 B_0 中时，其磁矩 μ_N 与 B_0 的相互作用，使原来简并的能级发生分裂，称为 Zeeman(塞曼)效应。分裂后的能级能量是量子化的，即

$$E_m = -\mu_N B_0 \cos\theta = -\mu_{NZ} \times B_0 = -m g_N B_0 \beta_N \tag{9.7.2}$$

$$\beta_N = \gamma_N h / 2\pi g_N$$

式中：g_N 为原子核的 Laude(朗德)因子，β_N 为核磁子。m 为整数或半整数，它的取值范围为

从 $I\sim-I$，共$(2I+1)$个。

处在磁感应强度为 B_0 的磁场中的 H 核($I=1/2$)，当其受到电磁波($h\nu$)照射时，若满足条件

$$\Delta E=h\nu=\gamma_N hB_0/2\pi \tag{9.7.3}$$

时，可从基态($m=1/2$)跃迁到激发态($m=-1/2$)，同时产生核磁共振吸收(图 9.39)。

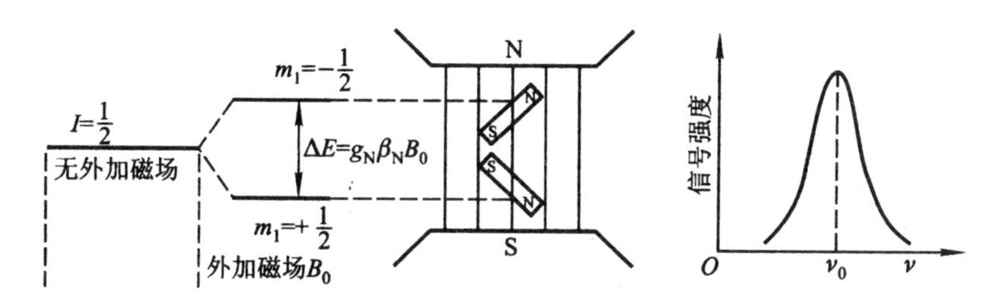

图 9.39　^{1}H 核在磁场中的能级分裂

2. 化学位移

实验发现，磁性核的共振吸收频率不仅与核的磁旋比和外磁场强度有关，而且还受核周围的化学环境的影响，从而使不同化学环境下同一种磁性核的共振频率稍有不同。核磁共振正是依据这种差别来研究、鉴别分子结构的。

(1) 局部抗磁屏蔽效应

化合物中的氢核并非裸核，核外有电子围绕。在外磁场的诱导下，绕核运动的电子产生与外磁场方向相反的感应磁场(B')。同时，还受到邻近其他核磁场的影响，使原子核实际感受到的磁场强度与外磁场强度不同。这种现象称为局部抗磁屏蔽效应(图 9.40)。

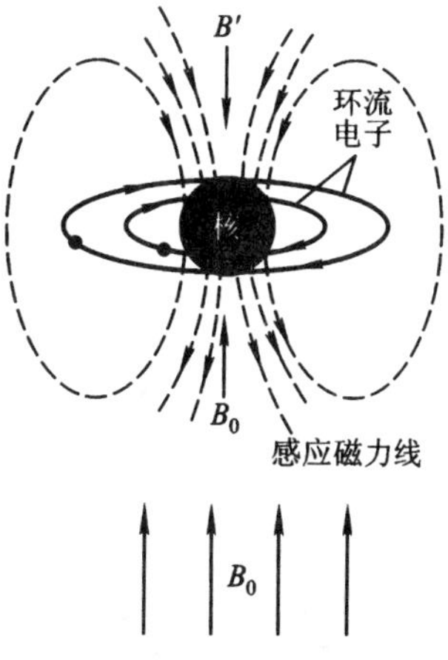

核的实受磁感应强度为

$$B=(1-\sigma)B_0 \tag{9.7.4}$$

σ 称为屏蔽常数，它与氢核周围的电子云分布情况有关。由共振吸收条件

$$\nu=\frac{\gamma}{2\pi}B=\frac{\gamma}{2\pi}(1-\sigma)B_0 \tag{9.7.5}$$

图 9.40　环流电子的反磁性屏蔽

可知，当外加磁感应强度 B_0 一定时，屏蔽常数 σ 大的氢核，其实受磁感应强度减小，相应的共振吸收频率 ν 也减小，共振吸收峰出现在相对较低频端。若辐射频率 ν_0 一定，则 σ 大的氢核需在较大的外磁感应强度 B_0 下才能产生共振吸收，共振峰出现在高场端。在核磁共振谱图上，右端为低频、高场，左端为高频、低场。

(2) 化学位移

由于不同化合物或基团中，氢核所处的化学环境不同，因而它所受到的局部抗磁屏蔽效应不同。在外磁场(B_0)中，核的实受磁感应强度 B 不同，核磁共振的吸收频率将发生相应的改变。为了便于比较，通常选用一标准物，用与标准物共振吸收频率的相对差别来表征处于不同化学环境中的氢核。这种与标准物共振吸收频率的相对差别称为化学位移，用 δ 表示。由于该数值很小，故通常乘以 10^6，这样化学位移就为一相对值。化学位移是核磁共振谱的重要定性分析参数。

影响化学位移的因素很多，如磁各向异性、诱导效应、氢键等。

3. 自旋偶联与自旋分裂

若在一氢核(H_A)的近邻无其他氢核(也无其他磁性核)，则 H_A 产生核磁共振的条件为

$$\nu = \frac{\gamma}{2\pi}(1-\sigma)B_0$$

在 ν 处产生一个吸收峰。当 H_A 邻近有一个 H_B 核存在时(以 $R_1—\underset{H_A}{\underset{|}{C}}—\underset{H_B}{\underset{|}{C}}—R_2$ 为例)，H_B 在外磁场中可以有两种自旋取向(分明用 x 和 y 表示)，相应产生方向不同的两种附加磁场($\pm\Delta B$)，H_A 核产生共振吸收的频率由原来的 ν 变为 ν_1 和 ν_2

$$\nu_1 = \frac{\gamma}{2\pi}[(1-\delta)B_0 + \Delta B] \tag{9.7.6a}$$

$$\nu_2 = \frac{\gamma}{2\pi}[(1-\delta)B_0 - \Delta B] \tag{9.7.6b}$$

相应地，H_A 核的共振吸收峰分裂为双峰，其化学位移由原来的 δ_A 变成 δ_x 和 δ_y。同理，H_B 也将受到 H_A 的影响，使 H_B 峰分裂为等高的双峰(图 9.41)。

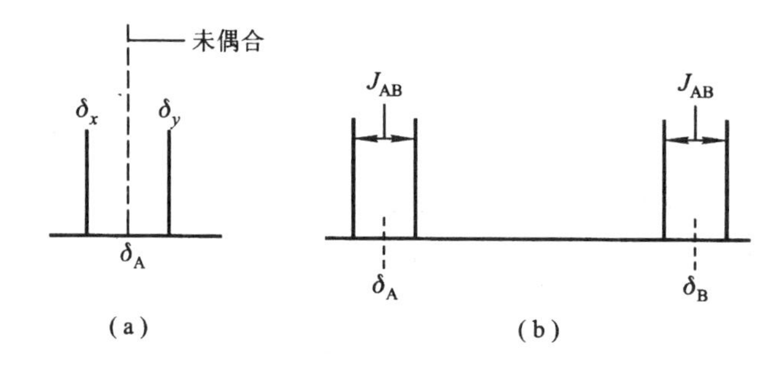

图 9.41　自旋分裂

(a) 偶联产生的吸收峰分裂　(b) 质子 A 和 B 相互干扰，形成的 2 个二重峰

这种邻近磁性核自旋之间的相互作用称为自旋偶联，由于自旋偶联引起的核磁共振吸收峰的分裂称为自旋分裂。当某一基团的氢与相邻的 n 个等价氢偶联时，其共振吸收峰分裂为(n+1)重峰，而与该基团本身的氢数无关。此规律称为(n+1)律。服从(n+1)律的多重峰，其各峰高之比为二项式展开式的系数之比。

4. 应用

由核磁共振氢谱，可以得到不同化学环境氢核的化学位移、耦合常数、吸收峰面积比及吸收峰高比等，根据这些信息可对样品进行定性分析和结构分析。

目前，各种氨基酸和核苷酸单体的 NMR 标准谱图已经测定。但是在蛋白质和核酸中由于多肽链和核酸复杂的走向，其中氢核周围的化学环境与相应的单体中的情况可能有较大差别。因此，多肽链和核酸中各类氢核的化学位移与相应的氨基酸和核苷酸中氢核的化学位移可能不同。根据这些变化，可进一步推测生物大分子在溶液中的结构。

由于生物大分子结构的复杂性，常使其核磁共振吸收峰产生重叠，因而谱图解析比较困难。随着高磁感应强度的超导核磁共振谱仪和脉冲 Fourier 变换核磁共振谱仪的应用，分辨

率和灵敏度都有很大提高,因而在生物学领域将会有广阔的应用前景。近年来发展的二维核磁共振谱,可以测定相对分子质量不大的蛋白质、核酸或其片段在溶液中的空间结构,研究蛋白质的多肽链的折叠机理及动力学过程、酶催化、蛋白质与核酸的相互作用等,成为研究生物大分子结构与功能关系的一种重要工具。

核磁共振成像是 20 世纪 80 年代发展起来的先进医疗诊断技术,它可以提供类似 X 射线断层扫描(CT)的纵向截面图像,而患者又可免受 X 射线照射的伤害,因而很受欢迎,但其价格较贵。

除氢核外,还有 100 多种同位素核具有磁矩。在外磁场中,它们于适当条件下也可产生核磁共振吸收,其中以^{13}C、^{19}F、^{31}P 等研究得较多。绝大多数有机化合物都具有碳链骨架,因此对于有机化合物,包括生物大分子的结构分析,应用^{13}C-NMR 更为有利。

9.7.2 电子自旋共振

电子自旋共振(ESR)又称为电子顺磁共振(EPR)。它的研究对象是具有未成对电子的一类特殊化合物,主要包括自由基、双基或多基、三重态分子和 d、f 轨道未充满的过渡金属与稀土元素离子及其配合物等。

1. 电子自旋共振的产生

电子具有自旋运动,相应产生自旋磁矩。电子的自旋磁矩与外磁场(B)的相互作用能为

$$E=-\mu B=g_e\beta\mu_0 Bm_s \qquad (9.7.7)$$

式中:g_e 为电子的 Laude 因子,μ_0 为真空磁导率(相对值为 1),m_s 为电子的自旋磁量子数,β 为 Bohr 磁子,且

$$\beta=\frac{eh}{4\pi m_e}=0.927\times10^{-23}\ \mathrm{J\cdot T^{-1}}$$

电子的自旋量子数为 $s=1/2$,它在磁场中有两种取向,即 $m_s=\pm1/2$,相应的磁能级为

$$E_\alpha=E\left(+\frac{1}{2}\right)=\frac{1}{2}g_e\beta\mu_0 B$$
$$E_\beta=E\left(-\frac{1}{2}\right)=-\frac{1}{2}g_e\beta\mu_0 B \qquad (9.7.8)$$

当 $B=0$ 时,$E_\alpha=E_\beta$,两种自旋状态的电子具有相同能量。

当 $B\neq0$ 时,$E_\alpha>E_\beta$,能级分裂为二,分裂的大小与 B 成正比

$$\Delta E=E_\alpha-E_\beta=g_e\beta\mu_0 B \qquad (9.7.9)$$

若在垂直于磁场 B 方向加一频率为 ν 的电磁波,当满足下式

$$h\nu=g_e\beta\mu_0 B \qquad (9.7.10)$$

电子将在 E_α 和 E_β 能级之间发生受激跃迁。由于 $N_\beta>N_\alpha$(分别为 E_β 和 E_α 能级上的未成对电子数),因此净结果为低能级 E_β 上的电子有一部分吸收电磁波的能量后跃迁到高能级 E_α 上。此过程称为电子自旋共振(图 9.42)。

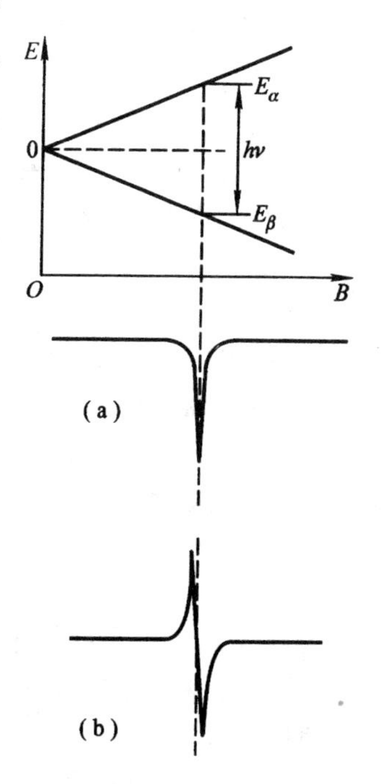

图 9.42 ESR 产生的原理
(a) 吸收曲线 (b) 微分曲线

2. g_e 因子

由于样品内部存在局部磁场(B'),因此,实际产生电子自旋共振吸收的条件为

$$h\nu = g_e \beta \mu_0 B_r = g_e \beta B_r \qquad (9.7.11)$$

$$B_r = |B + B'|$$

对于自由电子,$g_e = 2.002\ 32$。实受磁场 B_r 可以看成是外磁场 B 与样品内部局部磁场 B' 叠加的结果。而 B' 与分子结构及其所处的化学环境有关,因而能够提供有关分子结构的某些信息。若把式(9.7.11)中的 B_r 定义为共振吸收时的外磁场 B,而把局部磁场的影响看作是 g_e 因子的变化,即

$$g_e = \frac{h\nu}{\beta B} \qquad (9.7.12)$$

这样,B' 的影响反映在 g_e 因子的变化中。也就是说,g_e 因子的大小与相应的未成对电子所处的化学环境有关。反过来,从 ESR 谱上观察 g_e 因子的变化,可以提供有关分子结构的某些信息。

g_e 因子的测量通常采用与已知 g_e 值的标准样品对照的方法由下式计算

$$g_x = \frac{g_s B_s}{B_x} = \frac{g_s B_s}{B_s - \Delta B} \approx g_s\left(1 + \frac{\Delta B}{B_s}\right) \qquad (9.7.13)$$

式中:g_s 为标准样品的 g_e 因子,B_s 和 B_x 分别为标准样品和待测样品的共振吸收磁感应强度。$\Delta B = B_s - B_x$。若 ΔB 很大,式(9.7.13)不能用。

3. 精细结构和超精细结构

当分子中含有 2 个或 2 个以上未成对电子时,由于未成对电子之间的自旋-自旋或自旋-轨道相互作用,使分子的磁能级在未加外磁场时即产生分裂,称为零场分裂。在外磁场中由此而产生的多重吸收峰称为 ESR 谱的精细结构。

若顺磁性分子中含有磁性核,未成对电子与磁性核之间有磁相互作用,由此产生吸收峰的进一步分裂,称为超精细结构。分裂峰数服从($2nI+1$)律,I 为磁性核的核自旋。

4. 应用

ESR 谱在确定顺磁分子中未成对电子的位置、研究自由基反应动力学、研究金属酶参与的细胞代谢过程,特别是涉及电子转移和氧化还原反应的过程、植物的光合作用等方面,具有独特的、不可替代的作用。

此外,在医学研究方面,如癌变机理、某些血液病、抗体与抗原的反应以及生物膜中的微环境等方面,ESR 谱亦可发挥一定作用。

参考读物

[1] 周公度,段连运. 结构化学基础(第 3 版). 北京:北京大学出版社,2002

[2] 徐光宪,王祥云. 物质结构(第 2 版). 北京:高等教育出版社,1989

[3] Moore W J 著,江逢霖等译. 基础物理化学. 上海:复旦大学出版社,1992

[4] 张纯喜. 固氮酶的固氮机理和其人工模拟问题的探讨. 化学进展,1997,9(2):131 及 9(3):265

[5] 倪行,包建春. 无机物的颜色与电子光谱. 大学化学,1992,7(1):53

[6] Ochiai E I 著,罗锦新等译. 生物无机化学导论. 北京:化学工业出版社,1987

[7] 段连运,周公度. 决定物质性质的一种重要因素——分子间作用力. 大学化学,1989,4(2):1

[8] 顾惕人,朱珧瑶,李外郎等. 表面化学. 北京:科学出版社,1994

[9]　高月英．疏水效应．见：唐有祺主编．当代化学前沿．北京：中国致公出版社，1997
[10]　于如嘏主编．分析化学(下)．北京：人民卫生出版社，1986
[11]　唐恢同．有机化合物的光谱鉴定．北京：北京大学出版社，1992
[12]　Jones D W 主编，江丕栋等译．生物聚合物波谱学导论．北京：科学出版社，1983
[13]　钟海庆．红外光谱法入门．北京：化学工业出版社，1984
[14]　谢晶曦．红外光谱在有机化学和药物化学中的应用．北京：科学出版社，1987
[15]　鲁子贤，崔涛等．圆二色性和旋光色散在分子生物学中的应用．北京：科学出版社，1987
[16]　Van Holde K E 著，郁贤章译．物理生物化学(第十章)．北京：科学出版社，1978
[17]　裘祖文，裴奉奎．核磁共振波谱．北京：科学出版社，1991
[18]　赵天增．核磁共振氢谱．北京：北京大学出版社，1983
[19]　Swartz H M 等编，翻译组译．电子自旋共振的生物应用．北京：科学出版社，1978
[20]　石津和彦等著，王者福，穆运转译．电子自旋共振简明教程．天津：南开大学出版社，1992
[21]　何林涛．Sadtler Suite 综合软件包．现代科学仪器，1999，4：35

思　考　题

1. 分子轨道理论的基本出发点是什么？它与价键理论有什么不同？

2. 共价键具有饱和性、方向性的根源是什么？

3. 根据分子轨道理论，“成键轨道中一对自旋反平行的电子构成一共价单键”。这样理解是否全面、正确？

4. 试用晶体场理论解释，为什么变色硅胶(其中含 $CoCl_2$)吸水后由蓝色变为红色？

5. 举例说明生物体内的配合物及其所起的作用。

6. 何谓氢键？举例说明氢键与生命现象的关系。

7. 疏水相互作用的本质是什么？说明它在生物体系中的作用。

8. 紫外-可见光谱是如何产生的？它与分子结构有什么关系。

9. 荧光和磷光是如何产生的？具有哪种类型结构的分子有利于荧光的产生？

10. Raman 光谱与红外光谱产生的机理有何不同？怎样鉴别分子的振动-转动具有红外活性或 Raman活性？

11. 具有旋光活性的分子在结构上有什么特点？生物大分子中哪些结构因素可能产生旋光活性？

12. NMR 和 ESR 产生的条件是什么？在 NMR 和 ESR 谱中，主要包含哪些与分子结构有关的信息？

习　　题

1. 写出 Cl_2、O_2、N_2、C_2、Li_2、CO 的分子轨道表示式和结构式。

2. 画出 NO 和 CN^- 的分子轨道能级示意图，计算键级和未成对电子数，说明其磁性。

3. CCl_4，PH_3，H_2S 和 CO_2 分子中的中心原子采用什么杂化轨道成键？分子具有什么几何构型？

4. 多肽链中的 C 和 N 原子采用什么杂化轨道？

5. 下列分子中哪些形成离域大 π 键，请写出相应的大 π 键符号。

(1) 丁二炔　$CH\equiv C-C\equiv CH$

(2) 蒽

(3) 苯乙酮　$C_6H_5-C(=O)-CH_3$

(4) 苯乙烯　$C_6H_5-CH=CH_2$

(5) 醌　　(6) 硝基苯　　(7) 酰氯　　(8) CO_2

$-NO_2$　　R—C(=O)—Cl

(9) 对硝基苯胺　　(10) 环戊二烯　　(11) 苯乙醇　　(12) NH_3

$H_2N-C_6H_4-NO_2$　　$-CH_2OH$

(13) $CH_2=CH-CH_2-CH=CH_2$　　(14) 吡啶

N

6. 画出$[Pt(NH_3)_2]Cl_2$ 和$[Ni(NH_3)_4]Cl_2$ 可能的结构式。

7. 请计算下列类型 C—H 键的力常数 K。

(1) 芳香族 C—H，$\nu=3030\ cm^{-1}$　　(2) 炔烃 C—H，$\nu=3300\ cm^{-1}$

(3) 醛 C—H，$\nu=2750\ cm^{-1}$　　(4) 烷烃 C—H，$\nu=2900\ cm^{-1}$

8. 如何依据红外光谱鉴别下列各组化合物。

(1) C_2H_5COOH，C_2H_5CHO，CH_3COCH_3，$C_2H_5CH_2OH$

(2) $CH_3-C(=O)-O-C(=O)-CH_3$，$CH_3-C(=O)-O-CH_3$，$CH_3-C(=O)-NH_2$

(3) $C_6H_5-C(=O)-NH_2$，$C_6H_5-NH-C_6H_5$，C_6H_5-COOH，C_6H_5-OH，$C_6H_5-C(=O)-C_6H_5$

9. 请指出下列振动形式中，哪些具有红外活性？

(1) CH_3-CH_3 中的 $\nu(C-C)$　　(2) CH_3-CCl_3 中的 $\nu(C-C)$

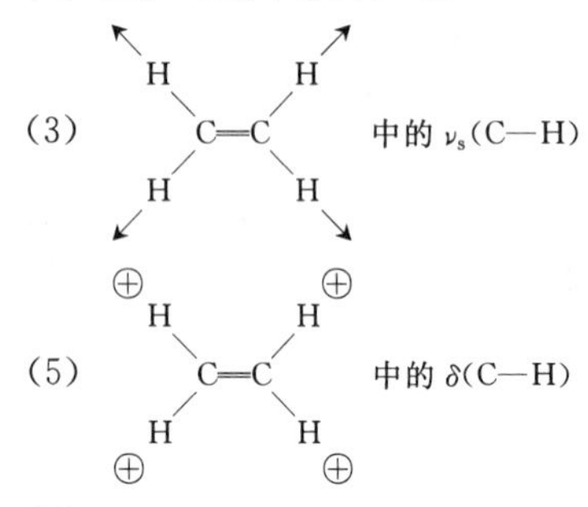

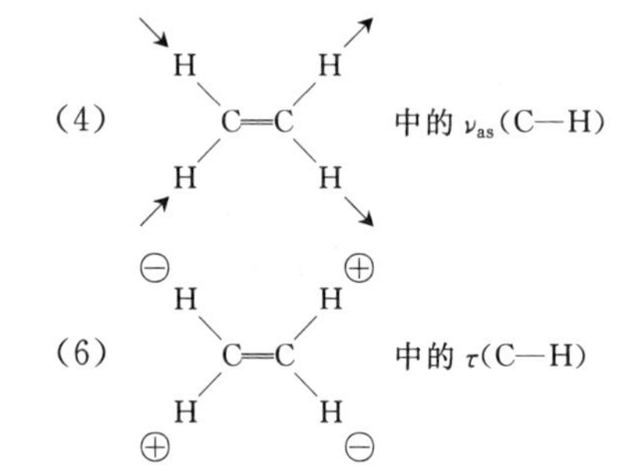

(7) $H_2C=CH_2$ 中的 $\nu(C=C)$

10. 下列各化合物的^1H 谱上只有一个共振吸收峰，它们可能的结构是什么？

(1) C_2H_6O； (2) $C_3H_6Cl_2$； (3) C_4H_9Br； (4) C_3H_6O(在 IR 谱中 $1715\ cm^{-1}$处有强吸收)。

11. 下列离子中，哪些可产生 ESR 信号？

Ca^{2+}，Na^+，V^{5+}，$[Fe(H_2O)_6]^{2+}$，$[Fe(CN)_6]^{4-}$，$[Fe(CN)_6]^{3-}$，$[Cu(H_2O)_4]^{2+}$，$[Ag(NH_3)_2]^+$。

12. $\cdot CH_3$ 自由基的 ESR 谱有几个峰？它们的强度比是多少？

13. 推测苯负离子的 ESR 谱，并画出示意图。

第10章 晶体结构

在我们周围丰富多彩的物质世界中，经常会遇到各式各样的固体。例如，立方体形的食盐($NaCl$)，菱形的方解石($CaCO_3$)，多面体形的石英、水晶(SiO_2)，层状的云母、石墨，纤维状的石棉以及各种金属、合金、水泥……它们是由许多细小的粒子构成的，其中，有的具有整齐规则的外形，但更大量的是无确定的形状。这些固态物质虽然形状、大小各异，但具有若干共同的基本特性。例如：确定的熔点，物理性质的各向异性，对X射线、电子射线等产生衍射效应……这些固体称为晶体。有些蛋白质、核酸在一定条件下也可能形成晶体。但是，有些固体物质，例如玻璃，虽然它亦透明光亮，但并不具备晶体的特性，它既没有确定的熔点、对X射线也不产生衍射效应。对于这类固体，即使把它们加工成规则的多面体，也不是晶体。那么，晶体和非晶体的本质区别究竟是什么呢？

10.1 晶体结构的周期性与点阵

用X射线衍射法对大量晶体研究的结果表明：一切晶体，不论其形状、大小如何，其内部的原子(离子、分子)总是按照一定的方式在三维空间作有规律的重复排列，这称为晶体结构的周期性。根据这一观点，凡是其中的原子(离子、分子)在空间呈现周期性有序排列的物质称为晶体；反之，则为非晶体。固体中绝大部分都是晶体。有些物质，如动植物的纤维、毛发、橡胶、液晶等，它们在某一方向上也具有不同程度的有序排列。有一类物质是由极微小的晶体组成，其线度只有几个到几十纳米(nm)，称为纳米微晶，这是介于宏观与微观之间的一种物质状态，称为介观态，它们具有许多特异的性质。实际上，只有少数固体，如玻璃、塑料、沥青、松香、干凝胶等才是真正的非晶体，称之为无定形物质。这类物质的内部原子排列无规律，与液体相似，故也可看作是一种过冷液体。图10.1示出晶态与非晶态在结构上的差别。

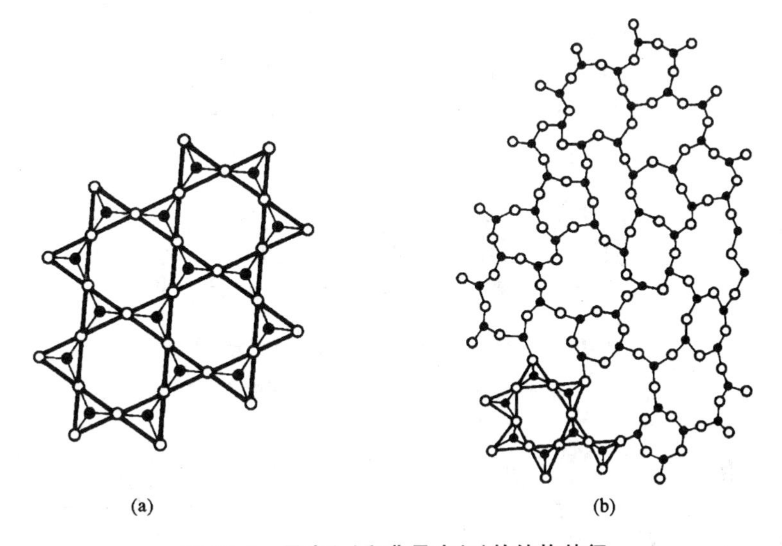

图10.1 晶态(a)和非晶态(b)的结构特征

晶体内部的原子在三维空间作周期性重复排列。每个重复单位的化学组成、原子排列方式及其周围环境(忽略表面和内部缺陷的影响)都相同。这种周期性结构包括两个要素:一是周期性重复的内容,即重复单位,称为晶体结构的"基元";二是周期性重复的方式(重复周期的长度与方向),用单位平移矢量来表示。每个基元包含的内容可以是一个原子或一个分子,也可能是若干个原子或分子。例如 NaCl 晶体中,每个基元由 1 个 Na^+ 和 1 个 Cl^- 组成。在复杂的蛋白质晶体中,每个基元可能是由成百上千个原子组成。我国科学工作者测定的猪胰岛素晶体中,每个基元包含 6 个胰岛素分子(每个胰岛素分子由 51 个氨基酸构成)。可见,在不同晶体中,每个基元包含的具体内容差别很大。

为了突出研究晶体结构的周期性规律,可以暂且不考虑每个基元所包含的具体内容,而把它抽象成一个几何点。因为每个重复单位(基元)相对于宏观的晶体来说是如此之小(例如,NaCl 立方体的晶棱上每个重复单位的长度为 0.564 nm,那么 1 mm 长的晶棱上包含的重复单位数为 $10^6/0.564=177\times10^4$ 个),因此,可以认为晶体是由无限多个重复单位构成的。这些由无限多个重复单位抽象出来的无限多个点在空间沿三维方向排列,构成一组按一定周期重复的点群,称之为点阵。点阵中的每个点称为点阵点。

点阵具有两项重要的基本性质:

(i) 点阵是由无限多个周围环境相同的等同点组成;

(ii) 从点阵中任一点阵点出发,按连接其中任意 2 个点阵点的矢量进行平移,整个点阵图形必能复原。

我们可以依据这两项性质来考查某一组点是否构成点阵。

10.1.1 一维点阵

一维点阵称为直线点阵,如图 10.2 所示。在 Se 晶体中,Se 原子呈链状排列,每个重复单位包含 3 个 Se 原子。可用一直线点阵来表征 Se 晶体中 Se 原子链的周期性。聚乙烯在一定条件下可以形成晶态,此时,聚乙烯链伸展呈直线状排列,其中重复单位为一个$\text{-}\!\!(CH_2-CH_2)\!\!\text{-}$单元。连接直线点阵中任意 2 个相邻点阵点的矢量称为"单位平移矢量"或"素矢量"。

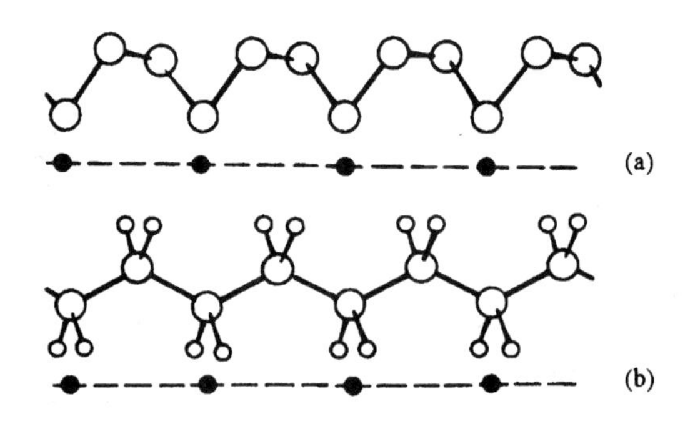

图 10.2 一维周期排列的结构及其点阵(黑点)

(a) Se (b) 伸展的聚乙烯链

10.1.2 二维点阵

二维点阵称为平面点阵。例如,石墨是层状结构分子,其中 C 原子以 sp^2 杂化与另外 3 个

C 原子以 σ 键相连,剩余的 1 个 p 电子参与形成共轭大 π 键,构成一个平面层状分子。在每一层中,C 原子按正六角形方式排列[图 10.3(a)]。在从石墨晶体中抽象出相应的点阵时,可首先假定每个基元包含 1 个 C 原子,然后用点阵的两项基本性质去考查抽象出来的一组点。可以发现:一是每个点的周围环境并不相同;二是若按连接相邻 2 个点的矢量进行平移,图形不会复原。因此,上述假定是不正确的。若把相邻的一对 C 原子作为基元,相应的点阵点位置可以定在其中任一 C 原子上,或放在正六角形的中心(每个正六角形平均包含 2 个 C 原子),构成一个平面点阵。这种划分方式是否正确,同样可用点阵的两项基本性质去考查。结果表明,这样的划分是正确的。图 10.3(b)是 $B(OH)_3$ 的二维周期结构及相应的点阵,其中每个基元包含 2 个 $B(OH)_3$ 单位。

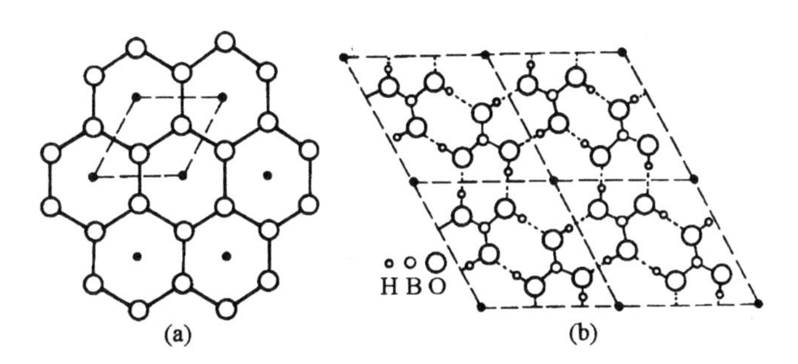

图 10.3 二维周期排列的结构及其点阵(黑点表示点阵点)

(a) 石墨 (b) $B(OH)_3$

平面点阵必定可以划分为一组组平行的直线点阵。按平面点阵中任意 2 个不相平行的单位平移矢量,可将平面点阵划分为相互平行排列的平行四边形单位。每个平行四边形单位顶点上都分布有点阵点。这样划分以后的平面点阵称为平面格子。平面格子的划分方式不是唯一的,可以有多种形式。但基本上可归结为两类:(i) 素单位——每个平行四边形单位包含 1 个点阵点;(ii) 复单位——每个平行四边形单位包含 2 个或 2 个以上的点阵点(图 10.4)。

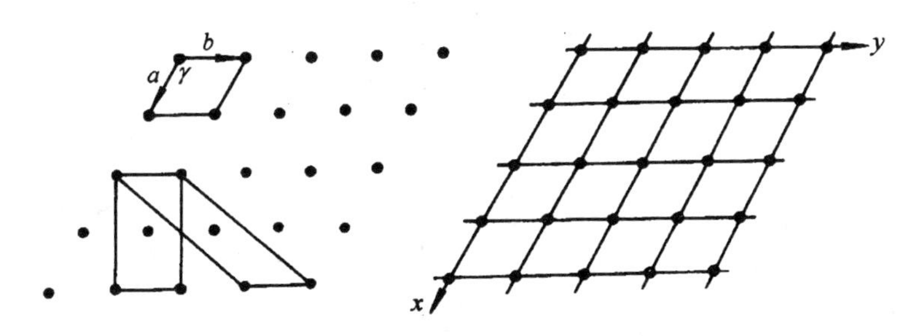

图 10.4 平面格子的划分

10.1.3 三维点阵

三维点阵又称空间点阵。图 10.5 中示出 NaCl 和金刚石晶体的三维周期结构及其相应的点阵。NaCl 晶体中,每个基元包含 1 个 Na^+ 和 1 个 Cl^-。金刚石晶体中,每个基元包含相应的 2 个相邻 C 原子。由图 10.5 中的点阵可见,虽然 NaCl 和金刚石的晶体结构不同,因而它们的重复基元不同,但它们的点阵结构型式却是相同的。

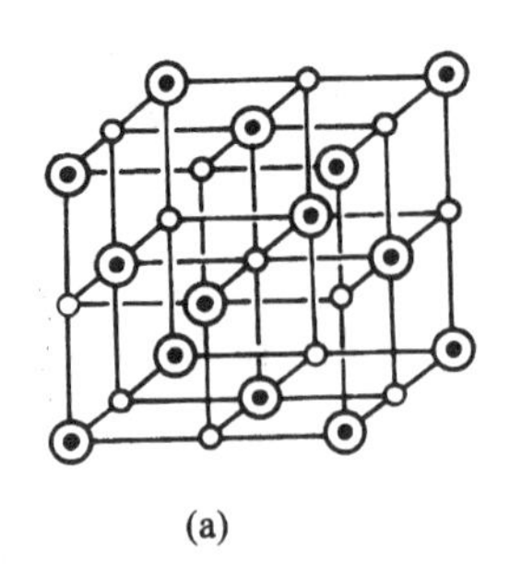
(a)

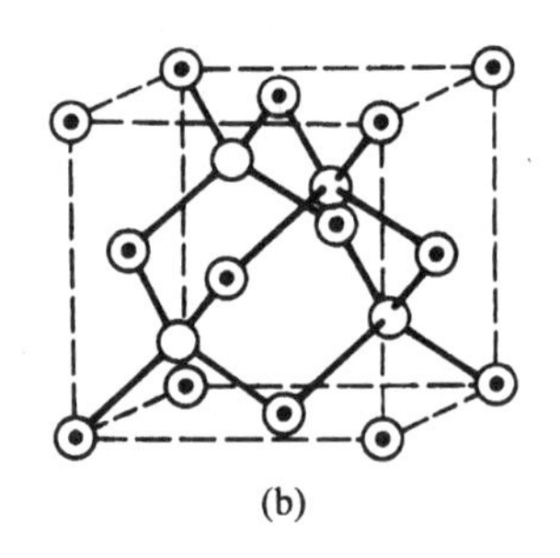
(b)

图 10.5　三维周期排列的结构及其点阵(黑点表示点阵点)

(a) NaCl　(b) 金刚石

空间点阵必定可以划分为一组组平行的平面点阵。按空间点阵中任意 3 个不相平行的单位平移矢量,可以将空间点阵划分为相互平行叠置的平行六面体单位,每个平行六面体单位的顶角上都分布有点阵点。这样划分以后的空间点阵称为空间格子,用它来表示晶体的空间点阵结构称为晶格。平行六面体单位的划分方式也不是唯一的,基本上也可归结为两类。

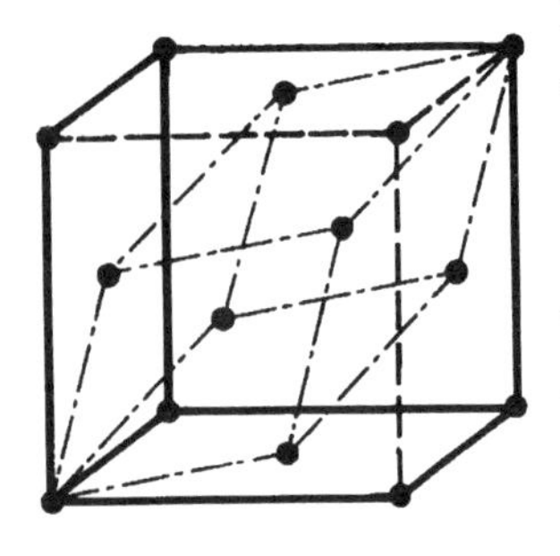
图 10.6　立方面心格子中的素单位与复单位

(i) 素单位——每个平行六面体单位包含一个点阵点;(ii) 复单位——每个平行六面体单位包含 2 个或 2 个以上的点阵点。在计算每个平行六面体单位所包含的点阵点数时,应注意:每个角顶上的点为周围各平行六面体单位所共有,每条棱上的点为 4 个平行六面体单位共有,每个面上的点为 2 个平行六面体单位共有。例如,NaCl 和金刚石的每个立方体点阵单位中,8 个角顶上的点阵点,每个占 1/8;6 个面心处的 6 个点阵点,每个占 1/2,共计 4 个点阵点,即每个 NaCl 和金刚石的立方点阵单位中各包含 4 个点阵点,都属于复单位。若按素单位划分,在 NaCl 和金刚石的点阵中,都可以划出一个菱面体形的平行六面体单位(图10.6)。点阵中连接任意 2 个点阵点之间的矢量称为平移矢量。点阵中所有平移矢量的集合称为该点阵的平移群,可以表示为

$$T = m\underline{a} + n\underline{b} + p\underline{c} \qquad (10.1.1)$$

$$m, n, p = 0, \pm 1, \pm 2, \cdots$$

式中:$\underline{a}$,$\underline{b}$,$\underline{c}$ 为点阵中的 3 个互相不平行的单位平移矢量。点阵按其平移群中任一平移矢量进行平移,必能复原。因此可以说,点阵是反映晶体结构周期性的几何形式,而平移群表达式是反映晶体结构周期性的代数形式。

空间点阵和晶格是从晶体内部的周期性结构中抽象出来的,它反映了晶体中原子排列的周期性规律,因此可以说

晶体结构 = 点阵 + 结构基元

这种空间点阵式的周期性结构决定了晶体的许多基本共同特征。近代 X 射线晶体结构分析的大量实践充分肯定了晶体的这一基本特征,同时也指出:由于实际晶体有一定大小,晶体中不同程度都会存在一定的缺陷,晶体中的原子不断在其平衡位置附近进行热振动等原因,所以一切实际晶体的结构又都是近似的空间点阵结构。我们把一块基本上具有一个完整的周期性结构的晶体称为单晶体,而把由许多取向杂乱无章的小晶体结合成的晶块或粉

末称为多晶体。

近年来在研究合金时发现,在特定条件下,存在着一种介于晶态与玻璃态之间的准晶态物质,这是一种新的物质凝聚态。在准晶态物质中存在长程取向有序,而无长程平移有序,称之为准周期性晶体。在此类晶体中,发现有 5、8、10和12等旋转对称性。

10.2 晶体结构的对称性

10.2.1 晶体的对称元素与对称操作

在我们的周围经常会遇见各式各样的对称物体,它们具备一个基本共同点——都是由若干个等同部分组成,通过一定的操作后,各等同部分调换位置,整个物体恢复原状。能使对称物体复原的操作称为对称操作(或对称动作)。对称操作据以进行的几何元素称为对称元素。例如,旋转操作,是指一个正方形绕垂直于正方形平面并通过其中心的轴旋转 90°能复原,相应的对称元素即为旋转轴。

晶体的对称性是由其内部点阵结构决定的,因而要受到点阵结构的制约,这是晶体的对称性与一般物体(包括分子)对称性的质的区别。

晶体的对称操作可分为两类:

1. 宏观对称操作与相应的对称元素

晶体的宏观对称操作有四种:旋转、反映、倒反和旋转倒反,相应的对称元素为旋转轴、镜面、对称中心和旋转反轴。

(1) 旋转

绕轴旋转一定角度能使物体复原的操作称为旋转操作。旋转操作据以进行的对称元素称为旋转轴,用 n 表示。能使物体复原的最小旋转角度称为基转角(α)

$$\alpha = 360°/n \tag{10.2.1}$$

n 称为旋转轴的轴次。由于受晶体内部点阵结构的制约,晶体中旋转轴的轴次只能为 1、2、3、4 和 6 共五种。除此之外,其他轴次都不允许。因为若有其他轴次对称性时,将违背点阵的基本特性。图 10.7 表示点阵结构不允许有五重轴存在,因为若按其中某一单位矢量 a 进行平移,O 点将平移至 O' 点,结构不能复原。而在分子的对称性中是可以允许有五重轴的。

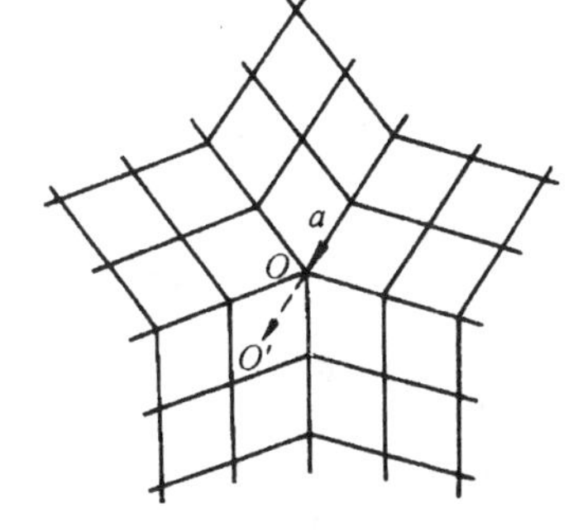

图 10.7 晶体点阵结构不允许五重轴

(2) 反映

反映操作据以进行的对称元素是镜面,用 m 表示。进行反映操作时,镜面两边的各部分对称地互换位置,晶体能够复原。

(3) 倒反

倒反操作据以进行的对称元素是对称中心,用 i 表示。若以对称中心为坐标原点,在倒反操作进行时,坐标反号的各对应点互换位置,晶体能够复原。

(4) 旋转倒反

旋转倒反操作据以进行的对称元素是旋转反轴,用 $\bar{n}$ 表示。旋转倒反是旋转一定角度后紧接着进行倒反的复合操作。同样，受点阵结构的制约，旋转反轴的轴次也只能为 1，2，3，4，6 五种，其中 $\bar{1}=i$，$\bar{2}=m$。因此，旋转反轴的轴次通常只有 $\bar{3}$，$\bar{4}$ 和 $\bar{6}$ 三种。晶体的宏观对称元素列于表 10.1 中。在进行宏观对称操作时，物体中至少有一个点是不动的，故又称为点操作。

表 10.1　晶体的宏观对称元素

对称元素	国际记号	国际符号	对称动作
对称中心	i	O	倒反
镜面	m	一或|	反映
二重旋转轴	$\underline{2}$	⬮	旋转 180°
三重旋转轴	$\underline{3}$	▲	旋转 120°
四重旋转轴	$\underline{4}$	■	旋转 90°
六重旋转轴	$\underline{6}$	⬢	旋转 60°
三重反轴	$\bar{3}$	◬	旋转 120°，倒反
四重反轴	$\bar{4}$	⧅	旋转 90°，倒反
六重反轴	$\bar{6}$	⏣	旋转 60°，倒反

2. 微观对称操作与相应的对称元素

微观对称操作是对晶体的点阵结构而言的。由于晶体点阵结构具有平移对称性，平移与宏观对称操作中的旋转和反映组合形成两个新的微观对称操作——螺旋旋转与滑移反映。

（1）螺旋旋转

螺旋旋转是绕一轴旋转一定角度，然后紧接着沿此轴平移一个量而能使图形复原的对称操作。螺旋旋转操作赖以进行的对称元素称为螺旋轴。螺旋旋转操作中，旋转与平移两个对称操作是密切不可分的。在螺旋旋转操作中，不能分解出独立的旋转操作。图 10.8 中示出 2_1 螺旋轴的操作。

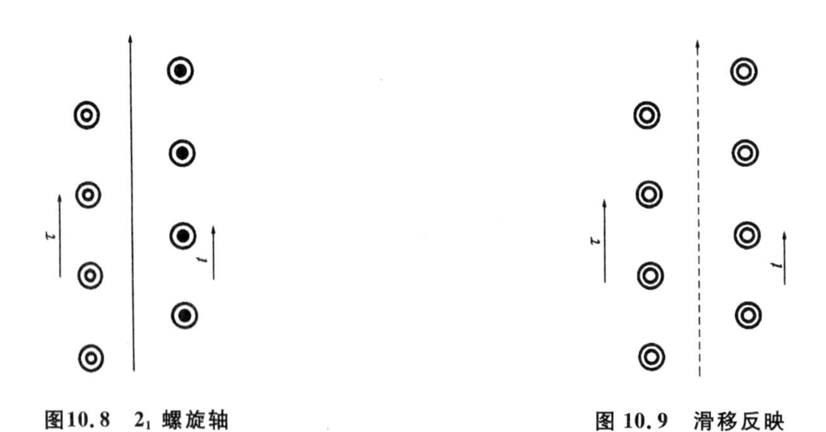

图10.8　2_1 螺旋轴　　　　图 10.9　滑移反映

在进行螺旋旋转操作时，图形中每个点的位置都变动了，因而不再是点操作。螺旋轴的轴次必须与晶体的点阵结构相适应，晶体结构中可能存在的螺旋轴共有 11 种：2_1；3_1，3_2；4_1，4_2，4_3；6_1，6_2，6_3，6_4，6_5。若用 n_m 表示螺旋轴，它对应的操作为

$$L(2\pi/n)T(mt)$$

其中：L—旋转，T—平移；$m=\pm1,\pm2,\cdots,\pm(n-1)$；$n=1,2,3,4,6$；$t=\tau/n$，$\tau$ 为与螺旋轴平行的平移素矢量。

（2）滑移反映

滑移反映是依据某一平面进行反映，然后紧接着沿此平面内某一特定方向平移一个量而能使图形复原的对称操作。滑移反映赖以进行的平面称为滑移面。同样，在滑移反映操作中不存在单独的反映操作。图 10.9 中示出滑移反映的操作。

在进行滑移反映操作时，图形中每个点也都变换了位置。因此滑移反映也不是点操作。滑移反映对应的操作为

$$\mathrm{MT}(t)$$

其中：M—反映，T—平移；$t=\tau/2$；τ—滑移方向的平移素矢量。

按滑移面的平移矢量 t 与空间点阵的素矢量的关系以及受点阵结构的制约，滑移面共有五种，分别用 a，b，c，n 和 d 表示，其定义列于表 10.2 中。

表 10.2　滑移面及其相应的平移矢量

滑移面	平移矢量
a	$a/2$
b	$b/2$
c	$c/2$
n	$(a+b)/2,(b+c)/2,(a+c)/2$
d	$(a\pm b)/4,(b\pm c)/4,(a\pm c)/4$

10.2.2　晶胞与晶胞参数

按照晶体内部原子（离子、分子）排列的周期性，可以把晶体划分成一个个平行六面体单位。每个平行六面体单位的形状和大小完全相同，彼此紧密地叠置在一起。这种平行六面体基本重复单位称为晶胞。晶胞是构成晶体的基本单元，整个晶体是由晶胞在三维空间周期性地重复排列堆砌而成的。

晶胞形状一定是平行六面体，否则不可能在空间连续紧密堆砌排列。但是，晶胞的 3 个边长不一定相等，也不一定互相垂直。晶胞的形状和大小由晶体的点阵结构决定。

晶体中平行六面体的划分方式不是唯一的，在实际确定晶胞时，通常都是按一定原则进行的：

(i) 尽可能取对称性高的素单位（素晶胞）。

(ii) 尽可能反映晶体结构的对称性。当取素单位不能充分反映晶体结构的对称性时，宁可取复单位（复晶胞）。

例如，NaCl 晶体中的素晶胞是一个菱面体形单位，它不能充分反映 NaCl 晶体结构的对称性，因此通常取立方面心单位为晶胞（参看图 10.6）。

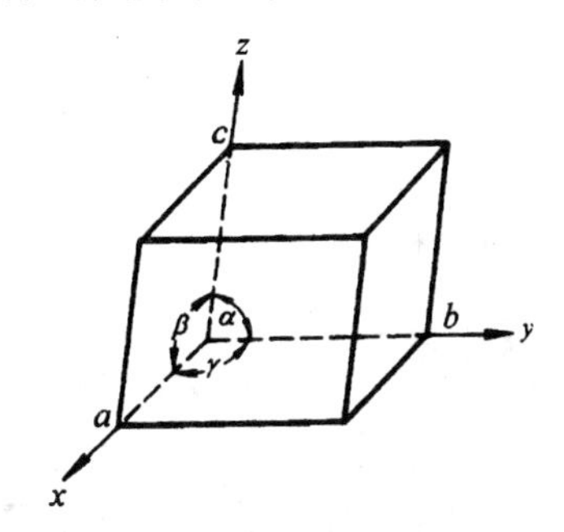

图 10.10　晶胞与晶胞参数

晶胞是晶体结构的基本重复单位，知道了晶胞的大小、形状和内容就知道了相应晶体的空间结构。测定晶体结构实际上就是要测定晶胞的大小、形状以及晶胞中原子的位置。图10.11 示出了一些晶体的晶胞。

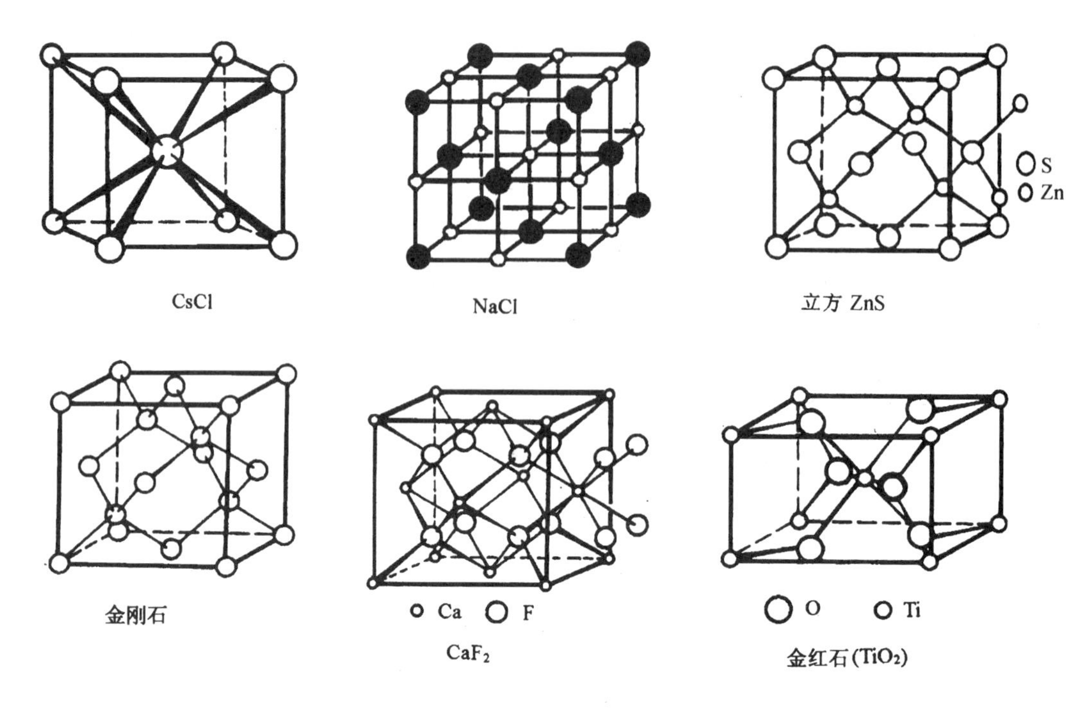

图 10.11　一些晶体的晶胞

每种晶体结构都有其相应的点阵(图 10.10)。按点阵单位,可以划分出晶胞。晶胞的大小和形状用晶胞参数表示。晶胞参数包括 3 个边长 **a**、**b**、**c** 和 3 个边的夹角 $\alpha(\mathbf{b}\wedge\mathbf{c})$、$\beta(\mathbf{a}\wedge\mathbf{c})$、$\gamma(\mathbf{a}\wedge\mathbf{b})$。它们随不同晶体而改变。

晶胞的具体内容由晶胞中原子的种类、数目和位置分布(坐标)来描述。晶胞中原子的位置用晶胞原点指向该原子的矢量 **r** 表示

$$\mathbf{r} = x\mathbf{a} + y\mathbf{b} + z\mathbf{c}$$

其中:**a**、**b**、**c** 分别为以晶胞的 3 个边为坐标轴的轴上的单位矢量。晶胞中原子的坐标参数 $x,y,z\leqslant 1$,故又称为原子的分数坐标。以 NaCl 晶胞为例:若以其中一个 Cl^- 所在位置为原点,则其中 Cl^- 和 Na^+ 的分数坐标分别为

$$Cl^-:0,0,0;\frac{1}{2},0,\frac{1}{2};0,\frac{1}{2},\frac{1}{2};\frac{1}{2},\frac{1}{2},0$$

$$Na^+:\frac{1}{2},0,0;0,\frac{1}{2},0;0,0,\frac{1}{2};\frac{1}{2},\frac{1}{2},\frac{1}{2}$$

若坐标原点移动,则各原子的分数坐标也相应改变,但它们之间的相对位置不变。

10.2.3　晶系

晶胞是晶体结构的基本重复单元。因为晶体的种类很多,它们晶胞的形状和大小也各不相同。但是,按对称性来划分,晶胞的类型只有 7 种,分属 7 个晶系。每个晶系都具有其相应的特征对称元素和晶胞参数间关系。晶体学中,根据这些特征对称元素或晶胞参数间关系划分晶系。表 10.3 列出 7 个晶系各自的特征对称元素及晶胞参数间关系。

表 10.3 晶系的划分

晶　系	特征对称元素	晶胞参数间关系
立方	4 个按立方体的对角线取向的三重轴	$a=b=c;\alpha=\beta=\gamma=90^\circ$
六方	六重对称轴	$a=b\neq c;\alpha=\beta=90^\circ;\gamma=120^\circ$
四方	四重对称轴	$a=b\neq c;\alpha=\beta=\gamma=90^\circ$
三方	三重对称轴	菱面体晶胞 $a=b=c;\alpha=\beta=\gamma\neq 90^\circ<120^\circ$
		六方晶胞 $a=b\neq c;\alpha=\beta=90^\circ,\gamma=120^\circ$
正交	2 个互相垂直的对称面或 3 个互相垂直的二重对称轴	$a\neq b\neq c;\alpha=\beta=\gamma=90^\circ$
单斜	二重对称轴或对称面	$a\neq b\neq c;\alpha=\gamma=90^\circ,\beta\neq 90^\circ$
三斜		$a\neq b\neq c;\alpha\neq\beta\neq\gamma\neq 90^\circ$

10.2.4 晶体的空间点阵型式

根据晶体空间点阵的对称性，可划分出尽可能小而又能充分反映其对称性的点阵单位，其中有素单位，也有复单位。由晶体学原理推算，7 个晶系共有 14 种独立的空间点阵型式，称为 14 种 Bravias（布拉维）格子，如图 10.12 所示。例如，正交晶系有 4 种点阵型式：简单（*P*）、体心（*I*）、面心（*F*）和底心（*C*）。立方晶系有 3 种点阵型式：简单、体心和面心。立方晶系中无底心格子。四方晶系中只有简单和体心两种独立的格子，因为四方面心格子中可以划分出更小的四方体心格子；四方底心格子中可划分出更小的四方简单格子。

表 10.3 中，三方晶系的晶胞有两种选择方法：菱面体晶胞和六方晶胞。三方晶系和六方晶系均可选择六方晶胞。在晶体学国际表中，将三方晶系和六方晶系均按六方晶胞形状表示其空间点阵形式。六方晶系的空间点阵形式只有简单六方（*hP*）。三方晶系按六方晶胞划分时，其空间点阵型式可以有两种：简单六方（*hP*）和 *R* 心六方（*hR*）。归纳起来，独立的空间点阵型式共有 14 种。

晶胞、晶系和点阵型式三者之间既有联系又有区别。晶胞是晶体结构的基本单位，它有一定形状、大小和所包含的具体内容，晶胞不是抽象的东西，而是具体的实体。晶系是根据晶胞的对称性划分的类别，它不涉及晶胞的大小和具体内容。不同晶体的晶胞，只要其对称性相同，就属于同一晶系。点阵型式是根据从晶体结构中抽象出来的点阵结构的对称性划分的，点阵型式代表晶胞中的结构基元在空间的重复方式，它是晶体结构周期性的集中反映。

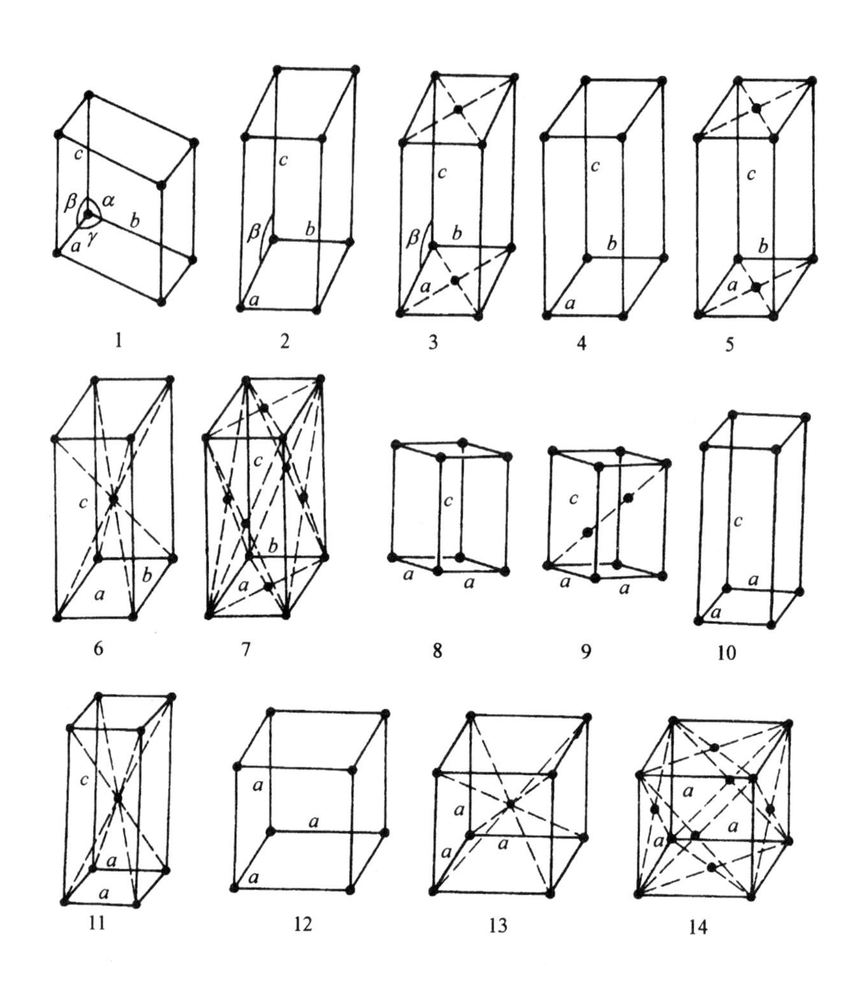

图 10.12　14 种空间点阵型式

(1) 简单三斜(aP)　(2) 简单单斜(mP)　(3) C 心单斜(mC)　(4) 简单正交(oP)
(5) C 心正交(oC)　(6) 体心正交(oI)　(7) 面心正交(oF)　(8) 简单六方(hP)
(9) R 心六方(hR)　(10) 简单四方(tP)　(11) 体心四方(tI)　(12) 简单立方(cP)
(13) 体心立方(cI)　(14) 面心立方(cF)

表 10.4　14 种空间点阵型式[a]

记　号	晶　系	晶胞参数的限制	空间点阵型式	
a	三斜	—	aP	简单三斜
m	单斜	$\alpha=\gamma=90°$	mP	简单单斜
			$mC(mA,mI)$	C 心单斜
o	正交	$\alpha=\beta=\gamma=90°$	oP	简单正交
			$oC(oA,oB)$	C 心正交
			oI	体心正交
			oF	面心正交

续表

记　号	晶　系	晶胞参数的限制	空间点阵型式	
h	三方	$a=b$ $\alpha=\beta=90°$ $\gamma=120°$	hP hR	简单六方 R 心六方
	六方		hP	简单六方
t	四方	$a=b$ $\alpha=\beta=\gamma=90°$	tP tI	简单四方 体心四方
c	立方	$a=b=c$ $\alpha=\beta=\gamma=90°$	cP cI cF	简单立方 体心立方 面心立方

10.2.5 晶面指标与晶面间距

晶体的空间点阵可以划分成一族族平行等间距的平面点阵，平面点阵族的取向随划分的不同方式而异。实际晶体外形的每个晶面都与某一相应的平面点阵族平行。常用“晶面指标”来标记晶体内部不同取向的平面点阵族或晶面。

在晶体点阵中，任取一点阵点为坐标原点 O，取晶胞的 3 个边为坐标系的 3 个坐标轴(x、y、z)，以晶胞相应的 3 个边长 a、b、c 分别为 x、y、z 轴的单位长度。设有一平面点阵族与坐标轴相交，其中一个平面点阵在 3 个坐标轴上的截数分别为 r、s、t(分别以 a、b、c 为单位的截数)。同一平面点阵族中不同平面点阵在 3 个坐标轴上的截数虽然不同，但截数之比相同(依据相似三角形原理，读者可自己证明)。不同平面点阵族在坐标轴上的截数之比不同。因此，一个平面点阵族可以用其中任一平面点阵在 3 个坐标轴上的截数之比(rst)来表示。但是，这种表示法有一个缺点，即当平面点阵与某一坐标轴平行时，其截数将为∞，使用不方便。为此，规定用截数的倒数(倒易截数)之比$\left(\frac{1}{r}:\frac{1}{s}:\frac{1}{t}\right)$来标记平面点阵族(或晶面)。为应用方便，将倒易截数之比化为互质的整数比作为平面点阵族或晶面的指标，即

$$\frac{1}{r}:\frac{1}{s}:\frac{1}{t}=h:k:l \tag{10.2.1}$$

因此，晶面指标是由一组 3 个互质的整数(可正可负)构成，它代表该晶面在 3 个坐标轴上的倒易截数之比。例如，某一平面点阵族(晶面)在 x、y、z 轴上的截数之比为 3∶4∶2，倒易截数之比为 4∶3∶6，故此晶面指标为(436)，见图 10.13。图 10.14 中示出立方晶体中常见的几组晶面指标(100)、(110)、(111)。

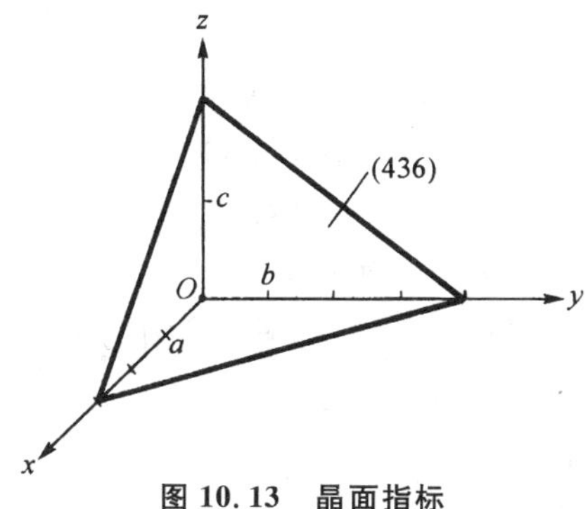

图 10.13 晶面指标

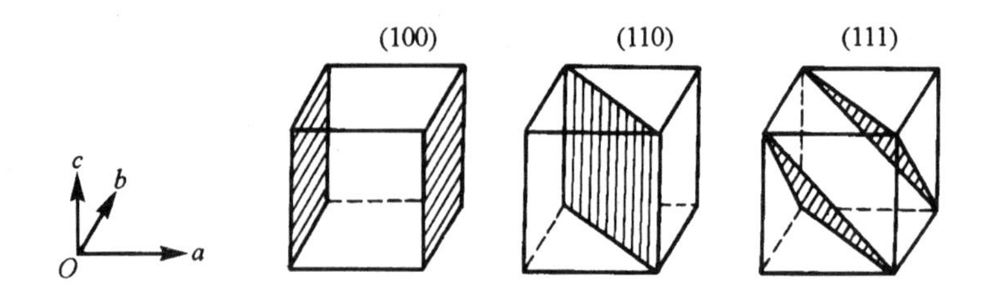

图 10.14 立方晶系中常见的几组晶面指标

平面点阵族中,相邻 2 个平面点阵之间的垂直距离称为晶面间距,用 $d_{(hkl)}$ 表示。依据立体解析几何,$d_{(hkl)}$ 可由晶胞参数和晶面指标来计算。不同晶系的晶面间距的计算公式不同,例见式(10.2.2)~(10.2.5)。

立方晶系
$$d_{(hkl)} = \frac{a}{\sqrt{h^2 + k^2 + l^2}} \tag{10.2.2}$$

四方晶系
$$d_{(hkl)} = \frac{a}{\sqrt{h^2 + k^2 + l^2\left(\frac{a}{c}\right)^2}} \tag{10.2.3}$$

正交晶系
$$d_{(hkl)} = \frac{1}{\sqrt{\frac{h^2}{a^2} + \frac{k^2}{b^2} + \frac{l^2}{c^2}}} \tag{10.2.4}$$

六方晶系
$$d_{(hkl)} = \frac{a}{\sqrt{\frac{4}{3}(h^2 + hk + k^2) + l^2\left(\frac{a}{c}\right)^2}} \tag{10.2.5}$$

10.2.6 晶体的点群与空间群

晶体中独立的宏观对称元素共计有 8 种,即 C_1、C_2、C_3、C_4、C_6、m、i 和 I_4。这 8 种对称元素中,共有 32 种是独立的、满足晶体点阵结构要求的组合方式,在晶体学中称为 32 个点群。

每个点群都有其独立的特征对称元素。

在晶体学中,表示对称操作和对称元素的符号体系有两种:Schoenflies(申夫利斯)记号和国际记号。用 Schoenflies 记号表示的点群,大致可分为下述类型。

(1) C_n 群 特征对称元素只有一个 $\underline{n}$ 轴。

(2) C_{nv} 群 C_n 中增加一个平行于 $\underline{n}$ 的镜面(m_v)。

(3) C_{nh} 群 C_n 中增加一个垂直于 $\underline{n}$ 的镜面(m_h)。

(4) D_n 群 C_n 中增加一个垂直于 $\underline{n}$ 的 C_2 轴。

(5) D_{nh} 群 D_n 中增加一个垂直于主轴的镜面(m_h)。

(6) D_{nd} 群 D_n 中增加一个平行于主轴、且平分副轴夹角的镜面(m_d)。

(7) T 群 按立方体对角线方向有 4 个 $\underline{3}$ 轴。

(8) O 群 3 个互相垂直的 $\underline{4}$ 轴。

(9) S_n 和 C_{ni} 群 特征对称元素只有一个 $\bar{n}$ 轴。

表 10.5　32 个晶体学点群

晶体	点群			对称元素[a]	实　　例
	序号	Schoenflies 记号	国际记号		
三斜	1	C_1	1	—	$Al_2Si_2O_5(OH)$(高岭土)
	2	C_i	$\bar{1}$	i	$CuSO_4 \cdot 5H_2O$
单斜	3	C_2	2	C_2	$BiPO_4$
	4	C_s	m	σ	KNO_2
	5	C_{2h}	$2/m$	σ, C_2, i	$KAlSi_3O_8$
正交	6	D_2	222	$3C_2$	HIO_3
	7	C_{2v}	$mm2$	$C_2, 2\sigma$	$NaNO_2$
	8	D_{2h}	mmm	$3C_2, 3\sigma, i$	Mg_2SiO_4
四方	9	C_4	4	C_4	$I(NH)C(CH_2)_2COOH$
	10	S_4	$\bar{4}$	I_4	BPO_4
	11	C_{4h}	$4/m$	C_4, σ, i	$CaWO_4$
	12	D_4	422	$C_4, 4C_2$	$NiSO_4 \cdot 6H_2O$
	13	C_{4v}	$4mm$	$C_4, 4\sigma$	$BaTiO_3$
	14	D_{2d}	$\bar{4}2m$	$I_4, 2\sigma, 2C_2$	KH_2PO_4
	15	D_{4h}	$4/mmm$	$C_4, 5\sigma, 4C_2, i$	TiO_2(金红石)
三方	16	C_3	3	C_3	Ni_3TeO_6
	17	C_{3i}	$\bar{3}$	C_3, i	$FeTiO_3$
	18	D_3	32	$C_3, 3C_2$	α-SiO_2(石英)
	19	C_{3v}	$3m$	$C_3, 3\sigma$	$LiNbO_3$
	20	D_{3d}	$\bar{3}m$	$C_3, 3\sigma, 3C_2, i$	α-Al_2O_3
六方	21	C_6	6	C_6	$NaAlSiO_4$
	22	C_{3h}	$\bar{6}$	$I_6(C_3, \sigma)$	$Pb_5Ge_3O_{11}$
	23	C_{6h}	$6/m$	C_6, σ, i	$Ca_5(PO_4)_3F$
	24	D_6	622	$C_6, 6C_2$	$LaPO_4$
	25	C_{6v}	$6mm$	$C_6, 6\sigma$	ZnO
	26	D_{3h}	$\bar{6}m2$	$I_6(C_3, \sigma)3\sigma, 3C_2$	$CaCO_3$(方解石)
	27	D_{6h}	$6/mmm$	$C_6, 7\sigma, 6C_2, i$	$BaTiSi_3O_9$
立方	28	T	23	$4C_3, 3C_2$	$NaClO_3$
	29	T_h	$m3$	$4C_3, 3\sigma, 3C_2, i$	FeS_2
	30	O	432	$4C_3, 3C_4, 6C_2$	β-Mn
	31	T_d	$\bar{4}3m$	$4C_3, 3I_4, 6\sigma$	ZnS
	32	O_h	$m3m$	$4C_3, 3C_4, 9\sigma, 6C_2, i$	NaCl

[a] 对称元素符号前的数字代表对称元素的数目,未注数字的表示为 1。

晶体的微观对称元素的组合方式共有 230 种,称为 230 个空间群。这是根据结晶学推算得出的结果。实际上,从已测定的晶体结构的统计来看,其中常遇见的重要空间群大约只有 30 种。晶体的空间群全面、完整地反映了晶体结构的周期性和对称性。

结构化学的基本任务是研究物质的化学组成、结构与性能的关系。晶体是物质存在的最主要形态之一。不仅大量的无机物、有机物以结晶状态存在,而且很多生物活性物质,如蛋白质、核酸、酶等，在一定条件下也可以形成晶体。生物大分子在体内大多存在于“溶液”中，此时的构型、构象虽与以晶体状态存在时的构型、构象不同，但它们之间具有一定的联系和类似性。目前，测定溶液中生物大分子的三维结构还很困难。近年来，已尝试用二维核磁共振与计算机模拟相结合的方法来测定一些相对分子质量较低(<20 000)的蛋白质和核酸片段在溶液中的三维结构，取得了可喜的结果。但实际上，绝大多数已测定的蛋白质和核酸的三维结构是由单晶 X 射线衍射法完成的。生物大分子晶体结构的测定对分子生物学的建立和发展起了非常重要的作用。所谓测定晶体结构，首先是测定晶胞的大小和形状(用晶胞参数表示)；第二步是定出晶胞中各原子的分数坐标；然后，依据一定的几何关系计算出晶胞中相应原子间的键长、键角，确定原子间的相互成键关系，进而确定“分子”的三维立体构型；在此基础上，讨论所形成的各类化学键的性质，探讨结构与性能的关系等。

下面简要介绍测定晶体结构最重要的方法——X 射线衍射法。

10.3　晶体的 X 射线衍射效应

晶体具有原子、分子水平上的周期性结构，使它可以成为波长与原子间距同一数量级的 X 射线的衍射光栅。晶体可以对 X 射线产生衍射效应，从而形成了 X 射线衍射法。

近 30 年来，X 射线衍射法有了很大发展，大量采用计算机和自动控制技术，大大加快了晶体结构测定的速度，为生物大分子晶体结构的测定创造了十分有利的条件。现在测定生物大分子晶体结构的主要困难在于生物大分子晶体的培养而不再是测定方法本身了。20 世纪 80 年代以来，在已积累的大量晶体结构数据基础上，建立了多功能晶体结构数据库，为化学、生物学、物理学、矿物学等各方面的应用提供体系的结构资料与信息，X 射线晶体结构分析已形成一个专门的研究领域。

10.3.1　X 射线的产生

X 射线是一种波长范围为 0.001～10 nm 的电磁波。用于测定晶体结构的 X 射线，其波长一般为 0.05～0.25 nm，大致与晶面间距的数量级相当。

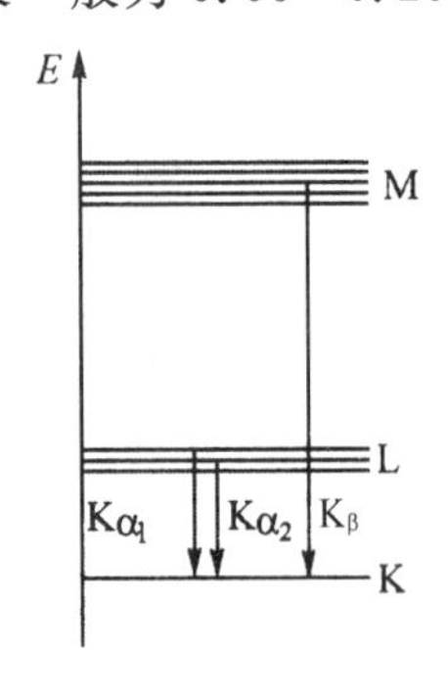

图 10.15　特征 X 射线的产生示意图

在高真空的 X 射线管内，热阴极发射的热电子经高电压加速以高速度投射到阳极金属靶(如 Cu，Fe，Mo，Ag 等)上。当加速电压增加到某一临界值时，高速运动的电子获得足够的动能，将阳极金属原子内层轨道上的电子激发，进入能量较高的外层轨道或电离。此时，原来在较外层轨道上的电子跃入内层轨道填补空位，多余的能量以光子形式辐射出来，形成具有一定波长的特征 X 射线。当 K 层电子被击出后，由较外层电子跃入 K 层填补空位，同时产生的特征 X 射线称为 K 系辐射。其中，由 L→K 层产生的特征 X 射线称为 Kα 辐射，由 M→K 层的特征 X 射线称为 Kβ 辐射。因受跃迁选律限制，L 层中只有 2 个 2p 能级($l=1$，内量子数 $j=1/2,3/2$)上的电子可以跃入 K 层，相应产生 $K\alpha_1$ 和 $K\alpha_2$ 辐射。对于 Cu 阳极靶来说，其波长分别为 $CuK\alpha_1=0.15405$ nm和 $CuK\alpha_2=0.15433$ nm，其强度比为 2∶1。当分辨率差时，$K\alpha_1$ 和 $K\alpha_1$ 分不开，用 $K\alpha$ 表示，其波长习惯表示为

$$\lambda(K\alpha)=\frac{2}{3}\lambda(K\alpha_1)+\frac{1}{3}\lambda(K\alpha_2) \qquad (10.3.1)$$

Cu 的 $K\alpha$ 辐射波长为 0.15418 nm。为了获得单色 X 射线，通常选用合适的滤波材料将 $K\beta$ 吸收掉。例如，用 Ni 箔可以滤掉 $CuK\beta$，从而得到基本上是单色的 $CuK\alpha$ 辐射。

10.3.2 Bragg(布拉格)方程

X 射线投射到晶体上，与晶体中原子内的电子发生相互作用，除产生光电效应、Compton(康普顿)效应外，还可以发生相干散射。

晶体具有周期性的空间点阵结构。晶体点阵的周期与 X 射线波长的数量级相当，因此，晶格可以作为 X 射线的光栅。晶体对 X 射线的散射即是按点阵排列的原子对 X 射线的散射。晶体的空间点阵可以划分为一组组平面点阵族，每一平面点阵族(hkl)是一组相互平行、等间距的平面点阵。当波长为 λ 的 X 射线入射到某一平面点阵族上时，每一平面点阵所代表的原子都对 X 射线产生散射。首先，考虑任一平面点阵 1 对 X 射线的散射[图 10.16(a)]。

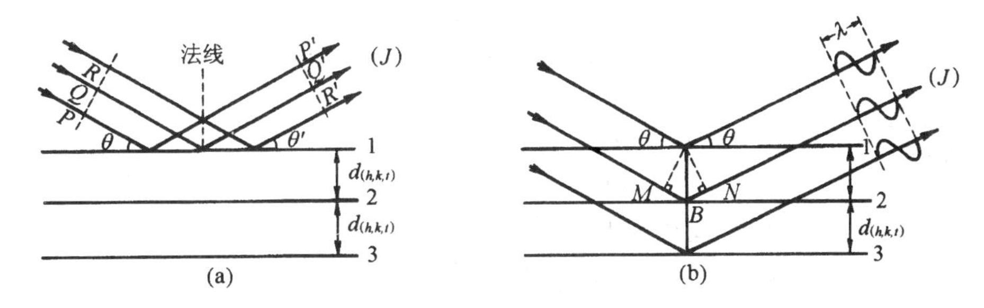

图 10.16 Bragg 公式的推引

设一束平行的 X 射线以入射角 θ 投射到平面点阵 1 上。若散射的 X 射线在某一方向(J)上能互相干涉加强。根据光的干涉原理，此场合必定是它们的光程相等(光程差 $\Delta=0$)。这要求散射角 θ' 与入射角 θ 相等，而且入射线、散射线和平面点阵的法线在同一平面内。在这个意义上，这个特定方向的散射就相当于反射。我们把这种由于波的叠加、互相干涉而产生的最大程度加强称之为衍射，而最大程度加强的方向称为衍射方向。如上所述，若我们把晶体的空间点阵结构看作是由平面点阵族所构成，那么，晶体对 X 射线的衍射就可简化为"反射"来处理。因此，能够产生衍射的必要条件之一是

$$\theta' = \theta$$

(散射角) (入射角)

再进一步考虑整个平面点阵对入射 X 射线的作用[图 10.16(b)]。相邻两个平面点阵的间距为 $d_{(hkl)}$，投射到平面点阵 1 和 2 上的 X 射线在反射方向(J)上的光程差 $\Delta=(MB+BN)$。

$$MB = BN = d_{(hkl)}\sin\theta$$

$$\Delta = MB + BN = 2d_{(hkl)}\sin\theta$$

根据衍射条件，只有当光程差为波长的整数倍($\Delta=n\lambda$)时，散射光才能相互干涉加强，即

$$2d_{(hkl)}\sin\theta_n = n\lambda \qquad (10.3.2)$$

这就是晶体对 X 射线衍射的最重要的基本公式，称为 Bragg 方程。式中：整数 $n=1,2,3,\cdots$；θ 为衍射角。Bragg 方程把衍射方向(θ)与平面点阵族(hkl)的间距 $d_{(hkl)}$ 和 X 射线的波长 λ 联系

在一起，也就是说，只有满足 Bragg 方程的条件才能产生衍射。Bragg 方程的另一个重要意义是它把晶体对 X 射线的衍射当作反射来处理，从而使衍射效应的处理大大简化了。

对于某一晶体的平面点阵族(hkl)来说，其晶面间距 $d_{(hkl)}$ 已确定。当波长 λ 确定后，Bragg 方程中，n 数值不同相应于衍射角 θ(即衍射方向)不同。对应于 $n=1,2,3,\cdots$，分别在衍射角 $=\theta_1,\theta_2,\theta_3,\cdots$ 时，满足 Bragg 方程条件，相应产生的衍射称为晶面(hkl)的一级、二级、三级…衍射。为了区分不同的衍射方向，通常用一组非互质的整数 nh、nk、nl 来标记，称为衍射指标；衍射指标 nh、nk、nl 与相应的平面点阵族(或晶面)指标(hkl)为 n 倍数关系。例如，晶面(110)由于它与入射线的取向不同，可以产生衍射指标为 110、220、330、…衍射(图 10.17)。

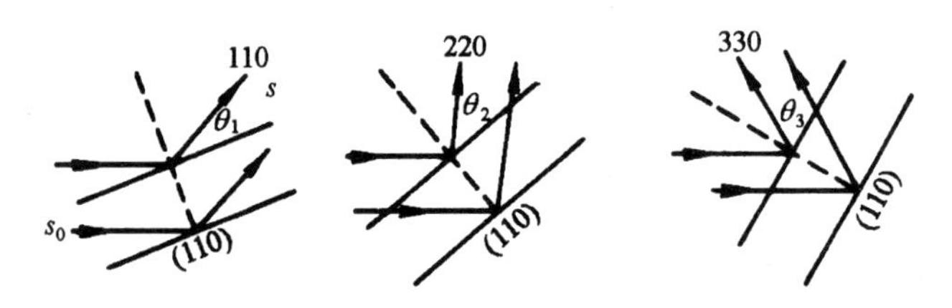

图 10.17　(110)晶面上产生的不同指标的衍射

因此，Bragg 方程更确切的表达式应为

$$2d_{(hkl)}\sin\theta_{nh,hk,nl} = n\lambda \tag{10.3.3}$$

我们也可以设想，将相邻两个平面点阵间的距离 $d_{(hkl)}$ 划分成 n 等分，$d_{(hkl)}/n$ 就相当于假想的平面 nh、nk、nl 的面间距。这样一来，当处于某一特定衍射角 θ_n 时，对于(hkl)晶面来说，产生的 n 级衍射就相当于假想的 nh、nk、nl 面(又称衍射面)产生的一级衍射

$$d_{nh,nk,nl} = \frac{d_{(hkl)}}{n} \tag{10.3.4}$$

$$2d_{nh,nk,nl}\sin\theta_{nh,nk,nl} = \lambda \tag{10.3.5}$$

为讨论方便，规定晶面指标用有括号的符号(hkl)表示，衍射指标用不带括号的 hkl 表示，后者不要求为互质整数。这样，Bragg 方程可表示为

$$2d_{hkl}\sin\theta_{hkl} = \lambda \tag{10.3.6}$$

衍射角 θ_{hkl} 与衍射面间距 d_{hkl} 通过 Bragg 方程呈现一一对应关系。也就是说，当 X 射线波长 λ 确定时，衍射线的方向(θ)就完全由晶面间距 $d_{(hkl)}$ 所规定。而 $d_{(hkl)}$ 是由晶体的点阵结构决定的，亦即由晶胞的大小和形状决定的；反过来，从实验上测定了衍射线的方向(θ)，根据 Bragg 方程可计算出相应的 d 值。在进行指标化后(即确定每个 d 所对应的衍射指标 hkl)，可根据一定的几何关系计算出晶胞参数，从而可以确定晶胞的形状和大小。

10.3.3　衍射强度与晶胞中原子的分布

在讨论衍射方向时，我们把结构基元的内容抽象成一个无结构的点阵点。实际上，每个结构基元都是由若干原子按一定方式结合的。基元中每个原子的电子发射的次级波彼此亦将产生干涉。这种干涉的结果随基元内原子分布不同而异。由此决定不同衍射方向上的相对衍射强度的大小；反过来，通过对相对衍射强度的分析，可以推算出晶胞中各原子的分布。

1. 原子散射因子

原子由原子核和若干核外电子组成。原子核的质量比电子大得多，而散射光的强度与散射粒子质量的平方成反比。因此，原子对X射线的散射主要是由电子引起的，原子核散射的影响可不予考虑。

原子对X射线的散射能力随原子中电子数增加而增加，同时还与散射角和波长有关。原子在某一方向上散射波的振幅用原子散射因子 f 表示，它等于一个自由电子在相同条件下散射波振幅的 f 倍。当散射角 $\theta=0$ 时，$f=Z$(原子序数)。随 θ 增大，f 减小。当 θ 固定时，f 随波长 λ 缩短而变小。总之，f 随 $\sin\theta/\lambda$ 增加而减小。f-$(\sin\theta/\lambda)$曲线称为原子散射因子曲线。

2. 晶体的结构因子

设晶胞中有 n 个原子，其中第 j 个原子在晶胞中的分数坐标为(x_j, y_j, z_j)，原子散射因子为 f_j。从晶胞原点到 j 原子的矢量为 r_j

$$r_j = x_j\mathbf{a} + y_j\mathbf{b} + z_j\mathbf{c} \tag{10.3.7}$$

在衍射 hkl 方向上(s)，由位于晶胞原点 O 处的原子与 j 原子发出的散射波相互间的光程差 δ_j(见图10.18)为

$$\delta_j = OQ - jP = r_j(\cos\alpha_2 - \cos\alpha_1)$$

$$r_j \cdot s_0 = r_j \times s_0\cos\alpha_1 = r_j\cos\alpha_1$$

$$r_j \cdot s = r_j \times s\cos\alpha_2 = r_j\cos\alpha_2$$

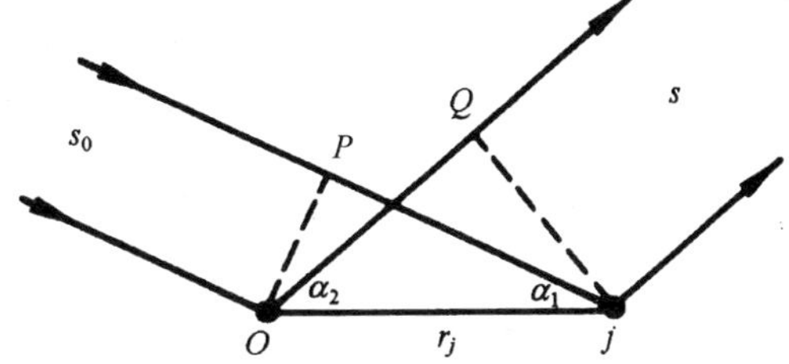

图10.18 原子间散射波相位差的推引

代入上式，得

$$\delta_j = r_j(s-s_0) = r_j H_{hkl}\lambda^* = (hx_j + ky_j + lz_j)\lambda \tag{10.3.8}$$

s_0 和 s 分别为入射方向和衍射方向的单位矢量。相应的散射波的相位差 α 为

$$\alpha_j = \frac{2\pi\delta_j}{\lambda} = 2\pi(hx_j + ky_j + lz_j) \tag{10.3.9}$$

晶胞中 n 个原子的散射因子分别为 f_1、f_2、…、f_j、…、f_n，相应的散射波的相位差分别为 α_1、α_2、…、α_j、…、α_n。这 n 个原子的散射波互相叠加而形成的合成波，可用指数形式表示为

$$F = f_1\exp(\mathrm{i}\alpha_1) + f_2\exp(\mathrm{i}\alpha_2) + \cdots + f_n\exp(\mathrm{i}\alpha_n) = \sum_{j=1}^{n} f_j\exp(\mathrm{i}\alpha_j) \tag{10.3.10}$$

在衍射 hkl 方向上的合成波(见图10.19)为

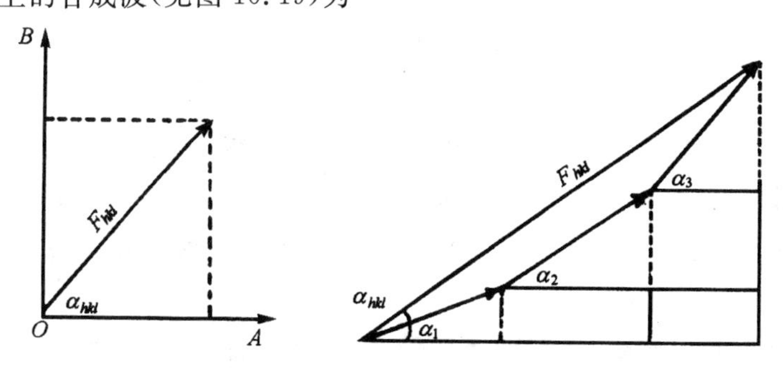

图10.19 结构因子在复数平面上的表示法

* $H_{hkl}=ha^*+kb^*+lc^*$，H_{hkl}称为倒格矢；$a\cdot a^*=1, b\cdot b^*=1, c\cdot c^*=1$；$a\cdot b^*=a\cdot c^*=b\cdot c^*=\cdots=0$。

$$F_{hkl} = \sum_{j=1}^{n} f_j \exp[i2\pi(hx_j + ky_j + lz_j)] \tag{10.3.11}$$

F_{hkl}(向量)称为衍射 hkl 的结构因子,其模量$|F_{hkl}|$称为结构振幅。$|F|$的物理意义为

$$|F| = \frac{一个晶胞内全部原子散射波的振幅}{一个电子散射波的振幅}$$

$$F_{hkl} = |F_{hkl}| \exp(i\alpha_{hkl}) \tag{10.3.12}$$

衍射 hkl 的衍射强度 $I_{hkl} \propto |F_{hkl}|^2$,即

$$I_{hkl} = K|F_{hkl}|^2 \tag{10.3.13}$$

式中:比例常数 K 与一些几何因素和物理因素(温度、吸收、多重性等)有关。从实验上能够直接测量的只有衍射强度数据 I_{hkl}。经过适当修正处理后,从中可以引出结构振幅$|F_{hkl}|$。但是相角 α_{hkl} 数据不能直接得到,这是晶体结构测定工作的主要困难所在。

10.4　单晶结构测定简介

用 X 射线衍射法测定晶体结构,根据样品的不同,可分为单晶法和多晶法。对于结构比较复杂的分子,特别是生物大分子晶体结构的测定,必须用单晶法。单晶衍射法首先要求培养出线径为 0.1～1 mm 结构完整的单晶样品,然后收集 X 射线衍射的强度数据,经过一系列修正后还原为结构振幅$|F|$,再通过适当方法求出相应的位相角 α 和结构因子 F。在此基础上,计算电子密度函数,求出晶胞中各原子的分数坐标,定出结构化学的相关参数(如键长、键角、配位数……),探讨组成、结构与性能之间的关系。

10.4.1　衍射强度的收集

收集 X 射线衍射强度的方法有照相法和衍射仪法。照相法是用 X 射线感光胶片记录衍射点的方向和强度。实验上收集衍射强度时,入射 X 射线的方向固定。依据晶体和感光胶片的相对运动方式不同,照相法又可分为回转法、Weissenberg(魏森贝格)法和旋进法。图10.20 中示出用旋进法摄取的肌红蛋白和溶菌酶单晶的 X 射线衍射照片。获得照片后,用光密度计逐点测量底片上各衍射斑点的影像密度(黑度),得出各衍射点的相对衍射强度。根据衍射图的分布特征,可进行衍射点的指标化,计算晶胞参数,确定晶系、点群和空间群。

衍射仪法是用单晶衍射仪来收集各衍射点的衍射强度。单晶衍射仪是将计算机和自动控制技术与 X 射线结晶学原理相结合设计的。现在常用的单晶衍射仪为四圆衍射仪(图 10.21)。其中包括与样品有关的 3 个互相垂直的圆,可将晶体调节到任意所需的取向位置,以满足各个衍射 hkl 产生的条件。另一个为沿赤道圆运动的计数器圆,可把计数器调到适当位置,记录各衍射点的衍射强度。

实验上测定的衍射强度除与结构振幅有关外,还受其他一些几何与物理因素的影响,例如:X 射线波长,晶体的形状、大小与吸收系数,衍射角 θ,温度,消光,多重性因子等。因此,得到衍射强度后,应对各种影响强度的因素进行修正,将各衍射强度数据统一起来,还原成结构振幅。现在这些工作都可由计算机来进行,从而大大提高了测定晶体结构的速度。

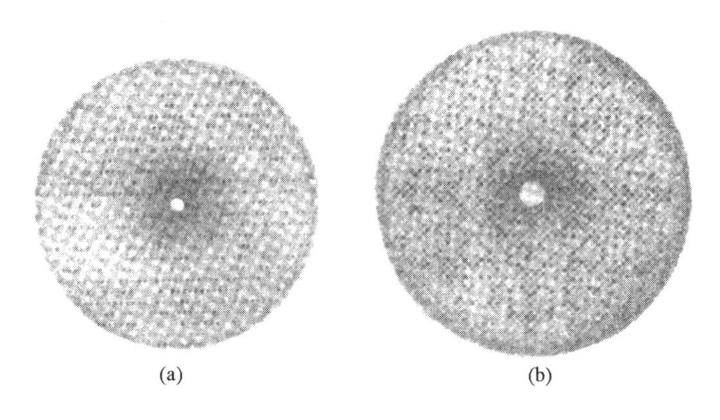

图 10.20　肌红蛋白(a)和溶菌酶(b)晶体的单晶衍射照片(旋进法拍摄)

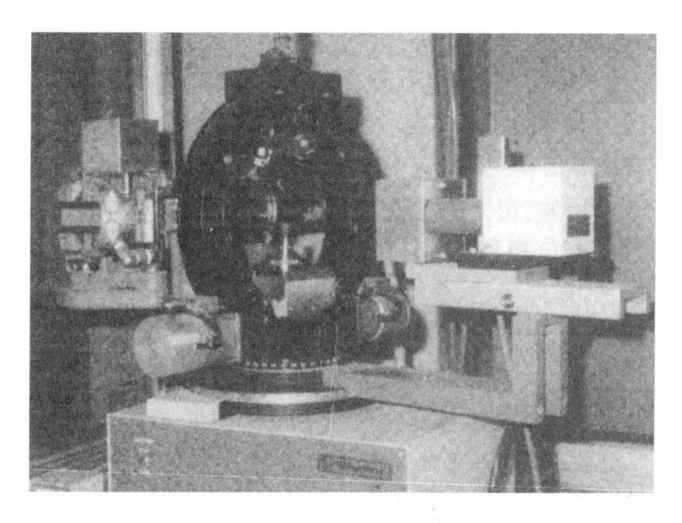

图 10.21　四圆衍射仪

近年来,随着对大相对分子质量蛋白质、核酸晶体高分辨率研究的需要,可以同时收集多个衍射点强度数据的二维检测技术已得到很大发展,从而显著缩短了收集强度数据的时间,为生物大分子晶体结构的测定创造了更有利的条件。

10.4.2　电子密度函数

晶胞中原子的分布除了用原子散射因子(f_j)和相应的原子分数坐标(x_j,y_j,z_j)表示外,还可以把它看成是电子密度的分布。不同原子包含的电子数不同,相应的电子密度也不同,可用电子密度分布函数 $\rho(xyz)$来描述。这样,晶体的结构因子可表示为

$$F_{hkl}=\iiint_0^1 \rho(xyz)\mathrm{e}^{\mathrm{i}2\pi(hx+ky+lz)}\,\mathrm{d}V=V_0\iiint \rho(xyz)\mathrm{e}^{\mathrm{i}2\pi(hx+ky+lz)}\,\mathrm{d}x\mathrm{d}y\mathrm{d}z$$

$$\mathrm{d}V=V_0\,\mathrm{d}x\mathrm{d}y\mathrm{d}z \tag{10.4.1}$$

晶体结构具有周期性,也就是说,晶体内部原子的分布具有周期性。因此,描述晶体结构的电子密度函数 $\rho(xyz)$是一个周期函数。一个周期函数一定可以用 Fourier(傅里叶)级数来表

示。同样,描述晶体结构的电子密度函数也一定可以用 Fourier 级数来表示。可以证明,式(10.4.1)经 Fourier 变换,可得到

$$\rho(xyz) = V_0^{-1} \sum_h \sum_{k=-\infty}^{\infty} \sum_l F_{hkl} \exp[-i2\pi(hx+ky+lz)] \tag{10.4.2}$$

式中:V_0 为晶胞体积,$\rho(x,y,z)$表示晶胞中坐标为(xyz)点处的电子密度值或该处微体积元内单位体积中的电子数。

由式(10.4.2)可见,晶胞中任一点(xyz)处的电子密度 $\rho(xyz)$与全部结构因子 F_{hkl} 有关。因为每一衍射点的结构因子(F_{hkl})是晶胞中所有原子散射的 X 射线在该衍射方向上的矢量和,所以,反过来,每个衍射 hkl 都对(xyz)处的电子密度有贡献。若能从实验上测定结构因子 F_{hkl},即可根据式(10.4.2)计算出相应的电子密度函数,进而确定晶胞中各原子的分数坐标,即定出晶体结构。但是,正如前所述,由于从实验上只能测定衍射强度,经过修正、统一,还原为结构振幅$|F_{hkl}|$,而无法直接得到相位角 α_{hkl}。这给晶体结构的测定带来了很多困难。目前解决相位角问题的方法主要有模型法、重原子法、直接法、反常散射法等。获得相位角 α_{hkl} 后,与相应的结构振幅结合,即可得到结构因子

$$F_{hkl} = |F_{hkl}| \exp(i\alpha_{hkl})$$

然后将全部 F_{hkl} 代入式(10.4.2),计算出晶胞中各点的电子密度 $\rho(xyz)$(通常按分辨率要求将 x、y、z 分成若干等分,分辨率越高,等分间隔越小)。将 ρ 相等的点连起来,称为等电子密度线(类似于地图上的等高线)。由等电子密度线表示的 $\rho(xyz)$图称为电子密度图。电子密度图上各极大值点与晶胞中的原子位置相对应。原子序数(Z)高的原子,核外电子数多,相应的 ρ 亦大。据此,一般可以从电子密度图上大致区分出各种原子,并定出它们在晶胞中的坐标参数。

对于一些结构比较简单的晶体,通常不必计算它的三维电子密度函数,而只需计算沿晶胞两个不同方向轴的投影,从而可以大大减少数据处理的工作量。

设电子密度函数沿 z 轴投影在 xy 面上。在 xy 面上,电子密度函数的投影 $\rho(xy)$为

$$\rho(xy) = \int_0^1 \rho(xyz) c\,dz \tag{10.4.3}$$

将式(10.4.2)代入式(10.4.3),得

$$\begin{aligned}\rho(xy) &= \int_0^1 V_0^{-1} \sum\sum\sum F_{hkl} \exp[-i2\pi(hx+ky+lz)] c\,dz \\ &= S_{ab}^{-1} \sum_h \sum_k F_{hkl} \exp[-i2\pi(hx+ky)]\end{aligned} \tag{10.4.4}$$

式中:S_{ab}是晶胞沿 z 轴在 xy 面上的投影面积。由式(10.4.4)可知,计算电子密度函数沿 z 轴在 xy 面上的投影,只需要 F_{hkl} 数据。图 10.22 是酞菁晶体沿 b 轴在(010)面(即 xz 平面)上的部分电子密度投影图。

图 10.23 是三方二锌猪胰岛素晶体中沿三重轴方向锌离子周围配位情况的电子密度投影。根据电子密度函数,可以搭出晶体结构的三维模型,为进一步研究物质的组成、结构和性能的关系提供可靠的依据。图 10.24 中示出肌红蛋白晶体结构的高分辨模型,从中可以清楚地看到蛋白质结构中普遍存在的 α 螺旋结构。

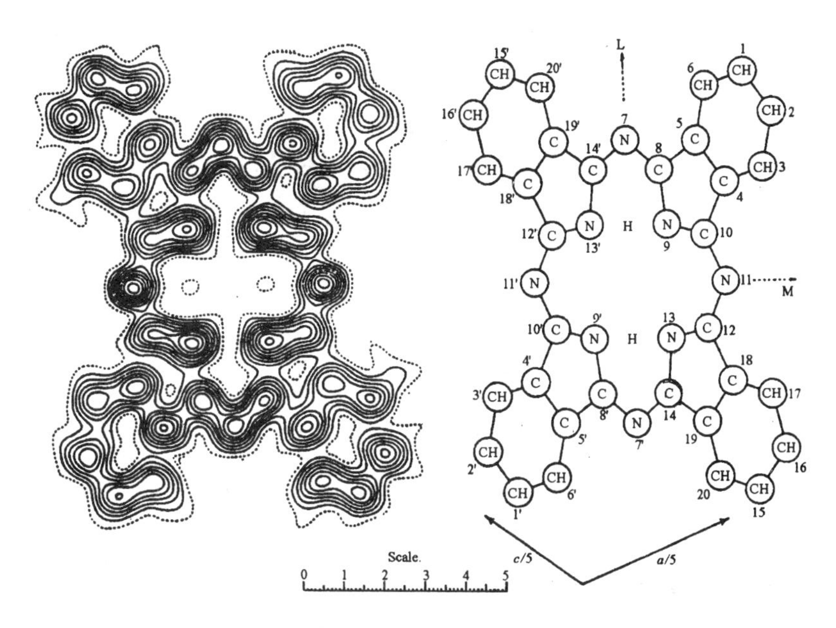

图 10.22 酞菁晶体沿 b 轴的部分电子密度投影图

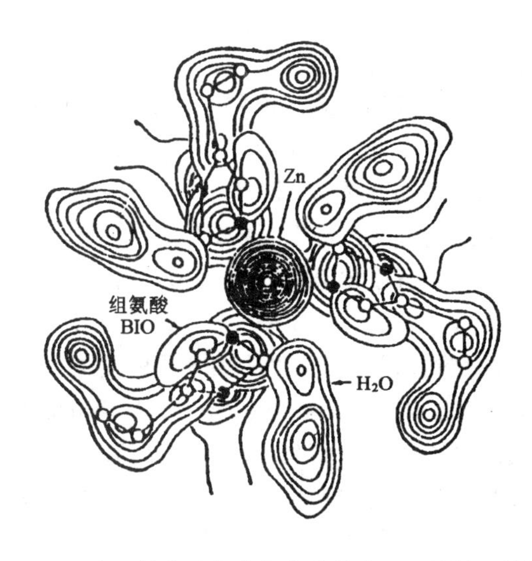

图 10.23 三方二锌猪胰岛素晶体中锌离子配位情况的投影图

20 世纪 50 年代，Pauling(泡令)关于蛋白质中 α 螺旋与 β 折叠结构模型和 Watson(沃森)、Crick(克里克)关于 DNA 双螺旋模型的提出(为晶体 X 射线结构分析证实)，大大推进了生物学的发展，使生物学迈入分子生物学时代——从分子水平上去理解生物大分子的结构与功能。自那时以后，特别是近 30 年来，计算机的广泛应用和自动控制技术的不断改进和发展，大大提高了测定晶体结构的速度和精度，为生物大分子晶体结构的测定提供了十分良好的条件。目前，已测定结构的生物大分子(蛋白质、核酸、酶等)已超过 3000 种，其中独立结构有 300 多种。这些研究成果为深入了解生物大分子的组成、结构与功能关系提供了丰富的资料与信息。生物大分子晶体结构的测定，对当代分子生物学的发展起了重要作用。

图 10.24　肌红蛋白晶体结构的高分辨率模型

10.4.3　结构生物学简介

自 20 世纪 90 年代以来，一个以测定生物大分子结构及其运动为基础来阐明生命现象的科学——结构生物学，迅速兴起和发展，它在分子生物学研究中已占主流地位，并且毫无疑问将成为生物学各前沿领域的基石。结构生物学的目标已完全超越了生物大分子单纯空间结构的测定，而是更侧重于结构与功能的联系，瞄准那些与功能有密切联系的生物大分子复合物的结构和由许多生物大分子组成的复杂的大分子组装体(macromolecular assembly)的结构。例如，DNA 聚合酶-DNA、人生长激素与其受体、TATA box 与其结合蛋白、核小体、核糖体等复合物结构的阐明为 DNA 复制、激素作用、基因调控、遗传信息转录翻译等重要生命活动的分子机理提供了关键信息。对生物大分子复合物结构细节的深入研究，将对其生物功能的认识产生新的突破。

生命的结构必然是运动的结构，因而有关生物大分子的结构分析也必须分析结构的运动。因此，生物大分子静态结构的测定对于结构生物学来说已不能满足要求，需要进一步探求与生物大分子的生物功能相伴随的动态结构的变化。X 射线晶体结构分析正努力在第四维时间坐标上跟踪、分辨和描述生物大分子的结构变化，即所谓动态四维结构的测定正在建立。这方面，XRD、NMR 和 SPM(扫描探针显微镜)等将发挥重要作用。

当今，学科的交叉与融合已成为科学发展的必然趋势。传统的生物学各分支之间的界限已经打破，生命科学的每一分支都在运用分子生物学的概念、技术与成果，它们与结构生物学的联系与结合愈来愈密切。在生命科学领域中，一个新的结构生物学时代已经开始，它将成为 21 世纪整个生命科学的前沿和基石。

参 考 读 物

[1]　周公度，郭可信. 晶体和准晶体的衍射. 北京：北京大学出版社，1999

[2]　周公度. 晶体结构测定. 北京：科学出版社，1981

[3]　周公度. 无机结构化学. 北京：科学出版社，1982

[4]　Sherwood(舍伍德)D 著，范世藩译. 晶体、X 射线和蛋白质. 北京：科学出版社，1985

[5] 唐有祺主编.当代化学前沿.北京：中国致公出版社，1997
[6] 邹承鲁.结构生物学时代已经开始.科技导报，1995(4)：7

思 考 题

1. 晶体与无定形体在结构上的区别是什么？

2. 什么是点阵？构成点阵必须具备的条件是什么？

3. 晶体的宏观对称元素包括有哪些？为什么晶体中不存在五重轴？

4. 一个具有面心格子的单位晶胞中有多少基元？为什么没有立方底心格子？

5. 晶体衍射的两个基本要素是什么？它们与晶体结构有什么关系？

6. 如何理解 Bragg 方程的下述表达式

$$2d_{hkl}\sin\theta_{hkl} = \lambda$$

7. 用衍射法测定晶体结构的主要困难是什么？如何解决？举例说明之。

8. X 射线晶体结构分析与分子生物学和结构生物学的建立和发展有什么关系？

习 题

1. 金红石具有四方晶胞，298 K 时，$a=0.4594$ nm，$c=0.2959$ nm，每个晶胞内含有 2 个化学式单位(TiO_2)。计算 298 K 时金红石的密度。

2. P_4S_3 晶体属正交晶系，晶胞参数如下：$a=1.364$ nm，$b=1.056$ nm，$c=0.962$ nm；晶体密度为 2.11 g·cm^{-3}。求晶胞中的分子数。

3. NaCl 晶体的点阵型式为立方面心，晶胞参数 $a=0.564$ nm，密度为 2.163 g·cm^{-3}。计算 Avogadro 常数。

4. 结晶溶菌酶(lysozyme)的晶胞参数为 $a=b=7.91$ nm，$c=3.79$ nm，$\alpha=\beta=\gamma=90°$，密度为 1.242 g·cm^{-3}。每个晶胞中有 8 个溶菌酶分子，化学分析表明其中溶菌酶的质量分数为 64.4%，其余是水和盐。根据以上数据，计算溶菌酶的相对分子质量。

5. 写出 NaCl、CsCl、Na、金刚石、CaF_2 晶体所属的晶系及点阵型式。

6. 某一晶面在坐标轴 x、y、z 上的截数分别为 1、2、3，该晶面的指标(hkl)是什么？

7. CuCl 的晶胞参数为 $a=b=c=540.6$ pm，$\alpha=\beta=\gamma=90°$，计算 d_{200}、d_{111}、d_{220}。

附　　录

附录Ⅰ　本书中使用的符号名称一览表

1. 物理量符号及名称

A　化学反应亲和势,指数前因子
a　活度,分子截面积
C　热容,独立组分
c　物质的量浓度,真空中光速
D　介电常数,扩散系数
d　直径,晶层间距
E　能量,电动势,电场强度
e　元电荷
F　Helmholtz 自由能,Faraday 常数
f　自由度,逸度,力
G　Gibbs 自由能,电导
g　重力加速度,简并度
H　焓,磁场强度
$\hat{H}$　Hamilton 算符
h　高度,Planck 常数
I　转动惯量,电流强度,离子强度,透射光强度,核自旋,电离能
J　转动量子数
K　平衡常数,键的力常数,分配系数
k　Boltzmann 常数,反应速率常数
M　摩尔质量
M_r　物质的相对分子质量
M_S　分子的自旋磁量子数
m　粒子质量
m_e　电子质量
m_B　物质 B 的质量摩尔浓度
m_s　电子自旋磁量子数
m_I　核自旋磁量子数
N　系统中的分子数
N_A　Avogadro 常数
n　物质的量,反应级数,折射率
Q　热量,电量
P　动量,退偏度
p　压力
p_θ　角动量
R　摩尔气体常数,电阻
r　半径,反应速率
S　熵,组分数,分子的自旋量子数
s　电子自旋量子数
T　热力学温度,动能
$t_{1/2}$　半衰期
t　时间,离子迁移数
t_B　离子 B 的迁移数
U　热力学能,淌度
u　速率
V　体积,位能
$V_m(B)$　物质 B 的摩尔体积
$V_{B,m}$　物质 B 的偏摩尔体积
v　振动量子数
W　功,概率,质量
w_B　物质 B 的质量分数
x_B　物质 B 的摩尔分数
γ　$C_{p,m}/C_{V,m}$之值,活度系数,表面张力
Γ　表面吸附超量
δ　非状态函数的微小量,化学位移
Δ　状态函数变化量
ζ　电动电势
η　热机效率,黏度
ε　介电常数,原子轨道能级,吸收系数
θ　接触角,覆盖度,衍射角
κ　电导率
λ　波长
Λ_m　摩尔电导率
μ　化学势,折合质量,偶极矩,磁矩
ν　振动频率
σ　波数

ν_B	物质B的计量系数	ξ	反应进度
Π	渗透压	NMR	核磁共振
ρ	密度,电阻率,概率密度,电子密度	α	极化率,旋光角
n^{σ}	表面过剩	$[\alpha]_{\lambda}^{T}$	旋光
τ	弛豫时间,切应力	$[m]_{\lambda}^{T}$	摩尔旋光
Φ	相数,量子效率	∇^2	Laplace 算符
φ	电极电势,表面电势,波函数	$\Delta\varepsilon$	圆二色性
ω	角速度	$[\theta]$	椭圆度
Ω	微观状态数	h,k,l	晶面指标
AO	原子轨道		
MO	分子轨道		

2. 常用的上、下标及其他有关符号名称

$\ominus$	标准态	fus	熔化
$\oplus$	生物化学中的标准态	sln	溶液
*	纯物质	sol	溶解
∞	无限稀薄,饱和	sub	升华
b	沸腾	trs	晶形改变
c	燃烧,临界	vap	蒸发
f	生成,凝固	$\pm$	离子平均
s,l,g	物质固、液、气三态	$\neq$	活化络合物或过渡状态
mol	摩[尔]	Π	连乘号
e	电子,平衡,自然对数的底	$\sum$	加和号
r	化学反应	exp	指数函数
v	振动	$\vert\rangle$	右矢量
aq	水溶液	$\langle\vert$	左矢量

附录Ⅱ　298.15 K、100 kPa 时一些物质的标准热力学函数[a]

物　质	$\Delta_f H_m^{\ominus}$ / $kJ\cdot mol^{-1}$	$\Delta_f G_m^{\ominus}$ / $kJ\cdot mol^{-1}$	$S_m^{\ominus}$ / $J\cdot mol^{-1}\cdot K^{-1}$	$C_{p,m}^{\ominus}$ / $J\cdot mol^{-1}\cdot K^{-1}$
Ag(s)	0	0	42.9	25.49
C(s,石墨)	0	0	5.73	8.64
C(s,金刚石)	1.88	2.85	2.43	6.05
CO(g)	−110.54	−137.15	197.7	29.14
CO_2(g)	−393.51	−394.38	213.8	37.13
H_2(g)	0	0	130.7	28.84
H_2O(g)	−241.84	−228.61	188.74	33.58
H_2O(l)	−285.85	−237.19	69.96	75.30

续表

物　质	$\frac{\Delta_f H_m^\ominus}{kJ \cdot mol^{-1}}$	$\frac{\Delta_f G_m^\ominus}{kJ \cdot mol^{-1}}$	$\frac{S_m^\ominus}{J \cdot mol^{-1} \cdot K^{-1}}$	$\frac{C_{p,m}^\ominus}{J \cdot mol^{-1} \cdot K^{-1}}$
H_2S(g)	−20.17	−33.01	205.64	33.97
N_2(g)	0	0	191.6	29.12
NH_3(g)	−45.94	−16.4	192.8	35.66
NO(g)	90.37	87.6	210.8	29.86
NO_2(g)	33.2	51.3	240.1	37.91
NaCl(s)	−411.2	−384.1	72.1	49.71
NaOH(s)	−425.6	−379.5	64.5	80.3
O_2(g)	0	0	205.2	29.36
SO_2(g)	−296.81	−300.16	248.2	39.79
SO_3(g)	−395.7	−371.1	256.8	50.63
C_6H_6(l)苯	49.1	124.50	173.4	
$C_6H_5CH_3$(l)甲苯	11.996	114.15	219.58	
HCOOH(l)甲酸	−425.0	−361.4	128.95	
CH_3OH(l)甲醇	−239.2	−166.6	126.78	
CH_3COOH(l)乙酸	−484.3	−389.9	159.8	
C_2H_5OH(l)乙醇	−277.63	−174.77	160.7	
CH_3COCH_3(l)丙酮	−248.11	−155.39	200.41	
C_2H_4(g)乙烯	52.4	68.4	219.45	
C_2H_6(g)乙烷	−84.0	−32.0	229.2	
$C_{12}H_{22}O_{11}$(s)蔗糖*	−2221.7	−1544.31	360.24	
$C_2H_2O_4$(s)草酸	−826.76	−697.89	120.1	
$CO(NH_2)_2$(s)尿素	−333.19	−197.15	104.60	
$C_5H_5N_5$(s)腺嘌呤	97.07	300.41	151.04	
CH_3CHNH_2COOH(s)L-丙氨酸	−562.75	−370.29	129.20	
$C_4H_7NO_4$(s)天冬氨酸	−972.53	−729.36	170.12	
$C_3H_6O_3$(s)L-乳酸	−694.04	−523.25	143.51	
$HSCH_2CHNH_2COOH$(s)L-半胱氨酸	−532.62	−342.67	169.87	
$C_6H_{12}N_2O_4S_2$(s)L-胱氨酸	−1044.33	−685.76	280.58	
$C_5H_9NO_4$(s)L-谷氨酸	−1009.18	−730.95	188.20	
CH_2NH_2COOH(s)甘氨酸	−537.3	−377.69	103.51	
$C_5H_5N_5O$(s)鸟嘌呤	−183.93	47.40	160.25	
$C_6H_{13}NO_2$(s)L-异亮氨酸	−638.06	−347.15	207.99	
$C_6H_{13}NO_2$(s)L-亮氨酸	−646.85	−356.48	209.62	
$C_6H_{14}N_4O_2$(s)L-精氨酸	−621.74	−656.89	250.62	
$C_5H_{10}N_2O_3$(s)L-谷氨酰胺	−825.92	−532.21	195.10	
$C_5H_{11}NO_2S$(s)L-蛋氨酸	−758.56	−505.76	231.46	
$C_9H_{12}NO_2$(s)L-苯丙氨酸	−466.93	−211.54	213.64	

续表

物　质	$\frac{\Delta_f H_m^{\ominus}}{kJ \cdot mol^{-1}}$	$\frac{\Delta_f G_m^{\ominus}}{kJ \cdot mol^{-1}}$	$\frac{S_m^{\ominus}}{J \cdot mol^{-1} \cdot K^{-1}}$	$\frac{C_{p,m}^{\ominus}}{J \cdot mol^{-1} \cdot K^{-1}}$
$CH_3COCOOH$(l)丙酮酸	−584.50	−463.38	179.49	
$HOCH_2CHNH_2COCH$(s)L-丝氨酸	−726.34	−509.19	149.16	
$(\text{-}CH_2COOH)_2$(s)琥珀酸	−940.81	−747.35	175.73	
$C_{11}H_{12}N_2O$(s)L-色氨酸	−415.05	−119.41	251.04	
$C_9H_{11}NO_3$(s)L-酪氨酸	−671.53	−385.68	214.01	
$C_5H_{11}NO_2$(s)L-缬氨酸	−617.98	−358.99	178.87	
反式$(=CHCOOH)_2$(s)延胡索酸	−810.65	−653.25	166.11	
$C_6H_{12}O_6$(s)α-D-半乳糖	−1285.37	−919.43	205.43	
$C_6H_{12}O_6$(s)α-D-葡萄糖	−1274.45	−910.52	212.13	
$C_3H_5(OH)_3$(l)甘油	−670.70	−479.49	204.60	
$C_5H_{10}N_2O_3$(s)L-丙氨酰甘氨酸	−826.42	−532.62	195.06	
$C_4H_8N_2O_3$(s)甘氨酰甘氨酸	−746.01	−491.50	189.95	
$C_{12}H_{22}O_{11}$(s)β-乳糖	−2236.77	−1566.99	386.18	

[a] 表中 $C_{p,m}^{\ominus}$数据摘自 Barrow G W. Physical Chemistry. 1973

$\Delta_f H_m^{\ominus}$,$\Delta_f G_m^{\ominus}$,$S_m^{\ominus}$数据摘自 David R Lide. CRC Handbook Chemistry and Physics(82nd Ed.)，(2001～2002)5—5～60(蔗糖* 以上)和 Wilhoit R C. Thermodynamic Properties of Biochemical Substances, Chapter 2, in Biochemical, Microcalorimetry. Brown H D(Ed.). New York: Academic Press Inc,1969(蔗糖* 以下)

附录Ⅲ　物理化学基本常数

真空中光速	$c=2.99792458\times10^{8}\ m\cdot s^{-1}$
真空电容率	$\varepsilon_0=8.854188\times10^{-12}\ C^2\cdot J^{-1}\cdot m^{-1}$
真空磁导率	$\mu_0=4\pi\times10^{-7}J\cdot s^2\cdot C^{-2}\cdot m^{-1}$
元电荷	$e=1.602177\times10^{-19}C$
Planck 常数	$h=6.6260755\times10^{-34}\ J\cdot s$
$h/2\pi$	$\hbar=1.05457266\times10^{-34}\ J\cdot s$
电子质量	$m_e=0.91093897\times10^{-30}\ kg$
质子质量	$m_p=1.6726231\times10^{-27}\ kg$
Avogadro 常数	$N_A=6.0221367\times10^{23}\ mol^{-1}$
摩尔气体常数	$R=8.314510\ J\cdot K^{-1}\cdot mol^{-1}$
Faraday 常数	$F=96485.309\ C\cdot mol^{-1}$
Boltzmann 常数	$k=1.380658\times10^{-23}\ J\cdot K^{-1}$

附录Ⅳ　SI基本单位和常用的导出单位

量		单　位		
名　称	符号	名　称	符号	定　义　式
长度	l	米	m	
质量	m	千克(公斤)[a]	kg	
时间	t	秒	s	
电流	I	安[培][a]	A	
热力学温度	T	开[尔文]	K	
物质的量	n	摩[尔]	mol	
发光强度	I_v	坎[德拉]	cd	
频率	ν	赫[兹]	Hz	s^{-1}
能量	E	焦[耳]	J	$N\cdot m=kg\cdot m^2\cdot s^{-2}$
力	F	牛[顿]	N	$kg\cdot m\cdot s^{-2}=J\cdot m^{-1}$
压力	p	帕[斯卡]	Pa	$kg\cdot m^{-1}\cdot s^{-2}=N\cdot m^{-2}$
功率	P	瓦[特]	W	$kg\cdot m^2\cdot s^{-3}=J\cdot s^{-1}$
电荷量	Q	库[仑]	C	$A\cdot s$
电势,电压,电动势	U	伏[特]	V	$kg\cdot m^2\cdot s^{-3}\cdot A^{-1}=J\cdot A^{-1}\cdot s^{-1}$
电阻	R	欧[姆]	Ω	$kg\cdot m^2\cdot s^{-3}\cdot A^{-2}=V\cdot A^{-1}$
电导	G	西[门子]	S	$A\cdot V^{-1}=kg^{-1}\cdot m^{-2}\cdot s^3\cdot A^2=\Omega^{-1}$
电容	C	法[拉]	F	$C\cdot V^{-1}=A^2\cdot S^4\cdot kg^{-1}\cdot m^{-2}=A\cdot s\cdot V^{-1}$
磁通量	Φ	韦[伯]	Wb	$V\cdot s=kg\cdot m^2\cdot s^{-2}\cdot A^{-1}$
电感	L	亨[利]	H	$W_b\cdot A^{-1}=kg\cdot m^2\cdot s^{-2}\cdot A^{-2}=V\cdot A^{-1}\cdot s$
磁通量密度(磁感应强度)	B	特[斯拉]	T	$kg\cdot s^{-2}\cdot A^{-1}=V\cdot s\cdot m^{-2}$

[a] 按《中华人民共和国法定计量单位》规定:[　]内的字,是在不致引起混淆的情况下,可以省略的字;(　)内的字为前者同义词,下同.摘自中华人民共和国国家标准　量和单位.北京:中国标准出版社,1994.

附录Ⅴ　常用的换算因数

能量

	J (焦耳)	cal (卡)	erg (尔格)	$cm^3\cdot atm$	eV (电子伏特)	cm^{-1}
1 J	1	0.2390	10^7	9.869	6.242×10^{18}	5.035×10^{22}
1 cal	4.184	1	4.184×10^7	41.29	2.612×10^{19}	2.106×10^{23}
1 erg	10^{-7}	2.390×10^{-3}	1	9.869×10^{-7}	6.242×10^{11}	—
1 $cm^3\cdot atm$	0.1013	2.422×10^{-2}	1.013×10^5	1	6.325×10^{17}	—
1 eV	1.602×10^{-19}	3.829×10^{-20}	1.602×10^{-12}	1.581×10^{-18}	1	8.065×10^3

压力

	Pa（帕）	atm（大气压）	mmHg（毫米汞柱）	bar（巴）	dyn·cm^{-2}（达因·厘米$^{-2}$）
1 Pa	1	9.869×10^{-5}	7.501×10^{-3}	10^{-5}	10
1 atm	1.013×10^{-5}	1	760.0	1.013	1.013×10^{6}
1 mmHg(Torr)	133.3	1.316×10^{-3}	1	1.333×10^{-3}	1333
1 bar	10^{5}	0.9869	750.1	1	10^{6}
1 dyn·cm^{-2}	10^{-1}	9.869×10^{-7}	7.501×10^{-4}	10^{-6}	1

0°C(冰点)	273.15 K
升(L)	1 dm^3(1964 年后的定义)
升(L)	1.000028 dm^3(1964 年前的定义)
埃(Å)	1×10^{-10} m＝0.1 nm

附录Ⅵ　习题参考答案

（缺答案者多为非计算题，答案略去）

第 1 章

1. $Q_1=2900.7$ J，$W_1=-2277.1$ J，
$\Delta U_1=623.6$ J，$\Delta H_1=1039.3$ J，
$Q_2=2612.6$ J，$W_2=-1989.0$ J，
$\Delta U_2=623.6$ J，$\Delta H_2=1039.3$ J

2. $Q=-W=800$ J，$\Delta U=\Delta H=0$

3. $\Delta U=6.24$ kJ，$\Delta H=8.73$ kJ

4. $Q=325.0$ J，$W=-61.4$ J，$\Delta U=263.6$ J，
$\Delta H=325.0$ J

5. $W=2240$ J，$\Delta U=-1679.7$ J，
$\Delta H=-2799.5$ J

6. $W=-1230$ J，$Q=17160$ J，$\Delta U=15930$ J，
$\Delta H=17160$ J

7. $\Delta H=54146$ J，$\Delta U=51045$ J

8. $T=273.2$ K，$\Delta H=0$，$x=6.354$ g

9. $V_1=8.97\times10^{-2}$ m^3，$T=1093$ K

10. -247.4 kJ·mol^{-1}

11. 43.27 kJ·mol^{-1}

12. $Q_V=-166.42$ kJ，$Q_p=-166.77$ kJ

13. -34.69 kJ·mol^{-1}

14. -563.5×10^{4} J，-2230 kJ

15. -23.22 kJ·mol^{-1}

16. 896 112 J，57.3 g，57.1 g

17. 41.7°C，4.35 kg

第 2 章

2. -86.6 J·K^{-1}

3. 1.40 J·K^{-1}

4. -133.9 J·K^{-1}

5. $Q=-W=-4439$ J，$\Delta U=\Delta H=0$
$\Delta S_{体}=-14.9$ J·K^{-1}，$\Delta S_{环}=14.9$ J·K^{-1}
$\Delta S_{总}=0$，$\Delta F=4439$ J，$\Delta G=4439$ J

6. $W=-3184$ J，$Q=33318$ J，$\Delta U=30134$ J
$\Delta H=33318$ J，$\Delta S=86.99$ J·K^{-1}，$\Delta G=0$

7. $\Delta G=-1717$ J，$\Delta S=5.76$ J·K^{-1}，$\Delta H=0$

8. 8583.8 J

9. 142 J

10. 2850 J，1.5×10^{6} kPa

11. $\Delta_r S_m=13.42$ J·K^{-1}·mol^{-1}
$\Delta S_{环}=134.2$ J·K^{-1}
$\Delta S_{总}=147.6$ J·K^{-1}
$W=44000$ J

12. -30.5 kJ·mol^{-1}

13. 谷氨酸盐＋NH_4^+＋ATP＝谷酰胺＋ADP＋Pi
$\Delta_r G_m^{\ominus}=-15.36$ kJ·mol^{-1}

14. -27.62 kJ·mol^{-1}

15. -4.43 kJ·mol^{-1}，-2.56 kJ·mol^{-1}

第3章

1. (1) $a=0.4259$

(2) $-2516.6\ J\cdot mol^{-1}$

2. 42%

3. M(乙醇中)=124

M(苯中)=241

4. 63.1 m

5. 6.24 kPa

6. 396.4 kPa, 3.159 kPa

7. (1) $a=0.181$

(2) $\gamma=0.630$

8. 666.52, $n=3.7\approx4$

9. $12817\ J\cdot mol^{-1}>0$

10. $35.61\ kJ\cdot mol^{-1}$

11. (1) $I(NaCl)=0.025\ mol\cdot kg^{-1}$

(2) $I(CuSO_4)=0.1\ mol\cdot kg^{-1}$

(3) $I(LaCl_3)=0.15\ mol\cdot kg^{-1}$

12. $\gamma_{\pm}(ZnSO_4)=0.574$

$\gamma_{\pm}(K_3Fe(CN)_6)=0.762$

13. (1) HCl: $a=0.02359$, $a_{\pm}=0.1536$

(2) H_2SO_4: $a=0.000296$, $a_{\pm}=0.06667$

14. $142\ kg\cdot mol^{-1}$

15. 左边: $c(R^+)=0.1\ mol\cdot dm^{-3}$

$c(Na^+)=0.227\ mol\cdot dm^{-3}$

$c(Cl^-)=0.327\ mol\cdot dm^{-3}$

右边: $c(Na^+)=c(Cl^-)=0.273\ mol\cdot dm^{-3}$

$\Pi=267.7\ kPa$

16. (1) $f=2$　(2) $f=1$　(3) $f=2$　(4) $f=1$

17. (1) $f=2$　(2) $f=3$　(3) $f=2$　(4) $f=1$

18. 2，三相共存

19. (1) 39.5 kPa

(2) 366.4 K

20. 433.1 K

21. (1) $315\times10^3\ kPa$

(2) 251.5 K

第4章

1. $\Delta_r G_m=-66.83\ kJ\cdot mol^{-1}$

2. (1) $K_a^{\ominus}=19$, $\Delta_r G_m^{\ominus}=-7296.4\ J\cdot mol^{-1}$

(2) $\Delta_r G_m=-18708\ J\cdot mol^{-1}$

3. 6.85 Pa

4. (1) 29.4 kPa

(2) $171.5(Pa)^{\frac{1}{2}}$, $0.0595(mol\cdot dm^{-3})^{\frac{1}{2}}$

5. $K_p=10.54\ kPa$

6. 无

7. $30.51\ kJ\cdot mol^{-1}$, 4.5×10^{-6}

8. (1) $8537\ J\cdot mol^{-1}$

(2) $-1883\ J\cdot mol^{-1}$

(3) $6654\ J\cdot mol^{-1}$

9. $0.005612\ mol\cdot dm^{-3}$

10. $0.06745\ mol\cdot dm^{-3}$

$0.02901\ mol\cdot dm^{-3}$

$0.003544\ mol\cdot dm^{-3}$

11. 1.78×10^5; 3.74×10^5

12. $\Delta_r H_m^{\ominus}=28.56\ kJ\cdot mol^{-1}$

$\Delta_r G_m^{\ominus}=-10.08\ kJ\cdot mol^{-1}$

13. $\Delta_r H_m^{\ominus}=20.9\ kJ\cdot mol^{-1}$

$\Delta_r G_m^{\ominus}=25.16\ kJ$

$\Delta_r S_m^{\ominus}=-13.82\ J\cdot K^{-1}$

14. 23.57

15. 2.174×10^{11}; 3.211×10^{11}

16. $-228.60\ kJ\cdot mol^{-1}$

17. $11.97\ kJ\cdot mol^{-1}$

18. $-79.12\ kJ\cdot mol^{-1}$

第5章

1. 25.7 min

2. $V(H_2)=2.297\ L$, $V(O_2)=1.148\ L$,

$W=9\times10^4\ J$

3. $\kappa(NaNO_3)=0.451\ S\cdot m^{-1}$,

$\Lambda_m=0.00902\ S\cdot m^2\cdot mol^{-1}$,

$0.009145\ S\cdot m^2\cdot mol^{-1}$

4. $0.02714\ S\cdot m^2\cdot mol^{-1}$

5. $1.55\times10^{-4}\ mol\cdot dm^{-3}$

6. $2.5\times10^{-3}\ g\cdot dm^{-3}$

7. $\lambda_m(Cl^-)=76.33\times10^{-4}\ S\cdot m^2\cdot mol^{-1}$

$\lambda_m(Li^+)=38.70\times10^{-4}\ S\cdot m^2\cdot mol^{-1}$

8. $\alpha=1.8\times10^{-9}$, $[H^+][OH^-]=1\times10^{-14}$

9. $\Lambda_m=6.48\times10^{-4}\ S\cdot m^2\cdot mol^{-1}$, $\alpha=0.0186$,

$k=1.76\times10^{-5}$, pH=3.03

10. $0.0628\ mol\cdot dm^{-3}$

11. $\Delta_r G_m^{\ominus}=5.59\times10^4\ J\cdot mol^{-1}$

S(AgCl)$=1.43\times10^{-5}$ mol·dm^{-3}

12. (1) 1.1037 V

(2) 0.7996 V

(3) 0.2223 V

(4) 1.218 V

(5) 0.135 V

14. 0.403 V

15. $E=1.72\times10^{-2}$ V,

$\left(\frac{\partial E}{\partial T}\right)_p=3.34\times10^{-4}$ V·K^{-1}

16. $\Delta_r G_m^\ominus=-196.5$ kJ·mol^{-1}

$\Delta_r S_m^\ominus=-9.53$ J·K^{-1}·mol^{-1}

$\Delta_r H_m^\ominus=-199.4$ kJ·mol^{-1}

17. 3.9×10^{-6}

18. $E^\ominus=1.136$ V

$\Delta_r G_m^\oplus=-219.2$ kJ·mol^{-1}

$K^\oplus=2.67\times10^{38}$

19. 1.148 V

20. 0.752 V

21. $E_1=0.0296$ V, $E_2=0.0207$ V

22. 1.39

23. 4.71

24. 8.64

25. $a_\pm=0.0114$, $\gamma_\pm=0.703$

26. $\varphi^\ominus=-0.189$ V

第 6 章

1. (1) $k=1.93\times10^{-2}$ min^{-1}

$r(t=0)=5.79\times10^{-3}$ mol·dm^{-3}·min^{-1}

$r(20\text{ min})=3.94\times10^{-3}$ mol·dm^{-3}·min^{-1}

(2) $r(40\text{ min})=2.68\times10^{-3}$ mol·dm^{-3}·min^{-1}

2. (1) 3323 s

(2) 6645 s

3. (1) 1.02×10^{-3} h

(2) 4.60×10^{-4} mol·dm^{-3}

(3) 28 天

(4) 9 天

4. 56%

5. (1) 6.25%

(2) 14.3%

(3) 1.33 h 反应完毕

6. $n=1$, $k=5.56\times10^{-4}$ s^{-1}

7. $n=1$, $k=0.347$ min^{-1}

8. $n=2$, $k=3.85\times10^{-2}$ dm^3·mmol^{-1}·s^{-1}

9. $t_{\frac{1}{2}}:t_{\frac{3}{4}}=1:(2^{n-1}+1)$

10. $t_{\frac{1}{2}}=3.30$ min

$t(c_B=0.05\text{ mol}\cdot\text{dm}^{-3})=5.73$ min

14. 192 kJ·mol^{-1}

15. $E_a=69$ kJ·mol^{-1}

$k=3.44$ mol^{-1}·dm^3·min^{-1}

16. $E_a=85$ kJ·mol^{-1}, $k=5.7\times10^{-3}$ h^{-1}

17. 52.9～83.8 kJ·mol^{-1}

18. (1) 24.2%

(2) 22 min

19. 13.7 min

20. (1) $E_a=97$ kJ·mol^{-1}

(2) $A=1.5\times10^{12}$ s^{-1}

(3) $t_{\frac{1}{2}}=18.0$ s

21. (1) 6.93 min

(2) 0.50, 0.25, 0.25 mol·dm^{-3}

22. $T_1=622.6$ K, $T_2=682.7$ K

23. 2.69×10^{-13}%, 1.8×10^{-7}%

24. (1) 4.97×10^{-19} J·光子$^{-1}$

(2) 299.2 kJ·mol^{-1}

25. 29.3%

26. $\varphi=0.0217$, $E=311$ kJ

27. $K_M=6.6\times10^{-3}$ mol·dm^{-3}

$r_{max}=8.8\times10^{-5}$ mol·dm^{-3}·s^{-1}

28. $E_a=57.3$ kJ·mol^{-1}

第 7 章

1. 34.2 J

2. 14.56 kPa, 145.6 kPa, 1456 kPa

4. 1.44 kPa, $h=0.147$ m

5. (1) $r=7.8\times10^{-10}$ m

(2) 66 个

6. 6.1×10^{-8} mol·m^{-2}

7. 5.4×10^{-7} mol·m^{-2}

8. (1) $\Gamma=\frac{ABc}{RT(1+Bc)}$

(2) 4.30×10^{-6} mol·m^{-2}

(3) 5.40×10^{-6} mol·m^{-2}

(4) 30.8 Å^2

9. $V_{max}=35.5$ cm^3, $K=5.4\times10^{-5}$ Pa^{-1}

10. 152 m^2·g^{-1}

11. $V_{max}=6.2$ cm^3, $S=3.6$ m^2·g^{-1}

12. (2) 0.020 $mmHg^{-1}$
(3) 12$Å^2$
13. $K=22.6$, $n=2.3$
14. $\theta=147°$
15. 11.3 $kg \cdot mol^{-1}$

第 8 章

1. $\overline{M}_n=25\ kg \cdot mol^{-1}$
$\overline{M}_w=70\ kg \cdot mol^{-1}$
$\overline{M}_z=96\ kg \cdot mol^{-1}$
2. $t_1=0.94\ s$, $t_2=0.66\ s$
$r_1=4\ nm$, $r_2=2.8\ nm$
3. $1.145\times10^{-10}\ m^2 \cdot s^{-1}$
4. 68.2 $kg \cdot mol^{-1}$
5. 5.97 h
6. 40 $kg \cdot mol^{-1}$
7. 500 $kg \cdot mol^{-1}$
8. $\alpha=0.74$, $k=4.5\times10^{-4}$
9. 0.046 V
10. $1.04\times10^{-6}\ m \cdot s^{-1}$
11. $2.87\times10^{-5}\ m \cdot s^{-1}$
12. 13.9 h
14. $c(KCl)=95\ mmol \cdot dm^{-3}$
$c(Na_2SO_4)=3.85\ mmol \cdot dm^{-3}$
$c(Na_3PO_4)=0.27\ mmol \cdot dm^{-3}$

第 9 章

2. CO：2.5,1,顺磁性
CN：3,0,逆磁性
3. CCl_4：sp^3,正四面体
PH_3：不等性 sp^3,三角锥
H_2S：不等性 sp^3,V 形
CO_2：sp,直线形
5. 丁二炔：2 个 π_4^4
蒽：π_{14}^{14}
苯乙酮：π_8^8
苯乙烯：π_8^8
醌：π_8^8
硝基苯：π_9^{10}
酰氯：π_3^4；
CO_2：2 个 π_3^4
对硝基苯胺：π_{10}^{12}
环戊二烯：π_4^4
苯乙醇：π_6^6
NH_3：无
1,4-戊二烯：无
吡啶：π_n^m
6.
```
H3N     NH3          Cl      NH3
   \   /                \   /
    Pt                   Pt
   /   \                /   \
 Cl     Cl           H3N     Cl
```
顺式　　反式
7. (1) 500 $N \cdot m^{-1}$
(2) 593 $N \cdot m^{-1}$
(3) 412 $N \cdot m^{-1}$
(4) 458 $N \cdot m^{-1}$
9. (2),(4),(5) 具有红外活性
10. (1) $CH_3—O—CH_3$
(2)
```
        Cl
        |
  CH3—C—CH3
        |
        Cl
```
(3)
```
        CH3
        |
  CH3—C—Br
        |
        CH3
```
(4)
```
        O
        ‖
  CH3—C—CH3
```
11. $[Fe(H_2O)_6]^{2+}$
$[Fe(CN)_6]^{3+}$
$[Cu(H_2O)_6]^{2+}$
12. 4，1∶3∶3∶1
13. 7，1∶6∶15∶20∶15∶6∶1

第 10 章

1. $4.25\times10^3\ kg \cdot m^{-3}$
2. 8
3. $6.024\times10^{23}\ mol^{-1}$
4. 14.280 $kg \cdot mol^{-1}$
5. NaCl—立方面心；CsCl—简单立方；
Na—立方体心；金刚石—立方面心；
CaF_2—立方面心。
6. (632)
7. $d_{200}=0.2703\ nm$
$d_{111}=0.3121\ nm$
$d_{220}=0.1911\ nm$

附录Ⅶ　参 考 书 目

[1] 南京大学物理化学教研室傅献彩，沈文霞，姚天扬编. 物理化学(第四版). 北京：高等教育出版社，1990
[2] 印永嘉，李大珍编. 物理化学简明教程(第二版). 北京：高等教育出版社，1984
[3] 沈文霞编. 物理化学核心教程. 北京：科学出版社，2004
[4] 北京大学基础化学编写组编. 大学基础化学. 北京：高等教育出版社，2003
[5] Atkins P W. Physical Chemistry (7th Ed.). Oxford University Press, 2002
[6] Adamson A W. A Textbook of Physical Chemisty (3rd Ed.). Academic Press, 1986
[7] Mark Ladd. Introduction to Physical Chemistry (3rd Ed.). Cambridge University Press, 1998
[8] Levine I N. Physical Chemisty (2nd Ed.). McGraw-Hill, 1983
褚德萤，李芝芬，张玉芬译；韩德刚，周公度校. 物理化学(中译本). 北京：北京大学出版社，1987
[9] Tinoco I, Sauer K & Wang J C. Physial Chemistry: Principles and Applications in Biological Sciences (4th Ed.). Prentice-Hall, 2001
[10] Chang R. Physical Chemistry with Applications to Biological Systems. Macmillan, 1977
虞光明，陈飘等译. 物理化学在生物学中的应用(中译本). 北京：科学出版社，1986
[11] 徐光宪，王祥云编. 物质结构(第二版). 北京：高等教育出版社，1987
[12] 周公度，段连运编. 结构化学基础(第3版). 北京：北京大学出版社，2002
[13] Moore W J著，江逢霖等译. 基础物理化学. 上海：复旦大学出版社，1992
[14] 唐有祺编. 结晶化学. 北京：高等教育出版社，1957